基因功能研究范式系列丛书

植物基因功能研究范式

李　阳　李　杨　佟　亚　夏晓娇　向仕昆　许张珂
尤　娟　张珂飞　赵静怡　赵琦闻　郑子飞　编著

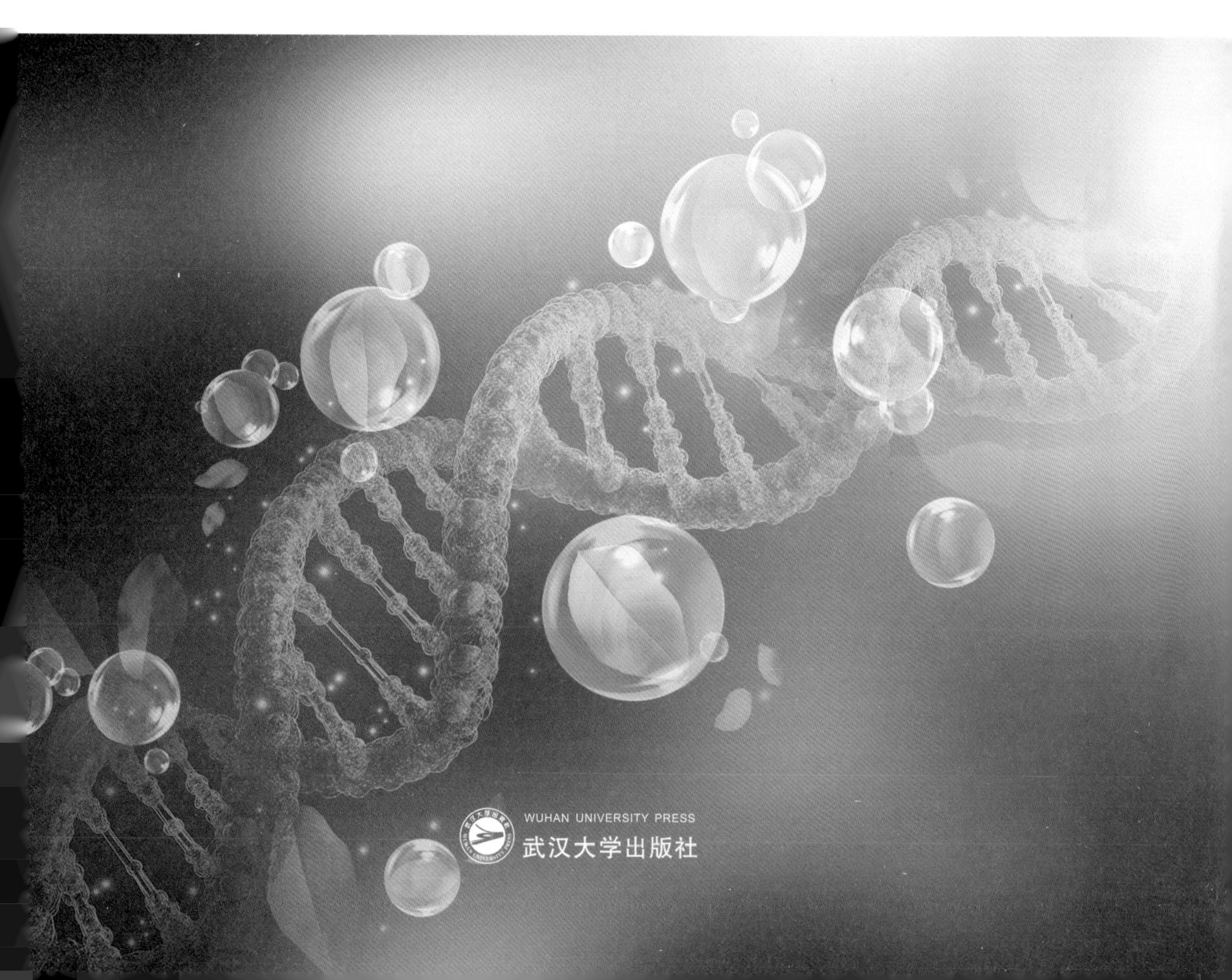

图书在版编目(CIP)数据

植物基因功能研究范式/李阳等编著.—武汉：武汉大学出版社，2024.10(2024.12 重印)
基因功能研究范式系列丛书
ISBN 978-7-307-24394-1

Ⅰ.植… Ⅱ.李… Ⅲ.植物基因工程—研究 Ⅳ.Q943.2

中国国家版本馆 CIP 数据核字(2024)第 102034 号

责任编辑:胡 艳　　责任校对:汪欣怡　　版式设计:马 佳

出版发行：**武汉大学出版社** (430072 武昌 珞珈山)
(电子邮箱：cbs22@ whu.edu.cn 网址：www.wdp. com.cn)
印刷:湖北金港彩印有限公司
开本:787×1092 1/16 印张:20.25 字数:554 千字 插页:2 插图:1
版次:2024 年 10 月第 1 版 2024 年 12 月第 2 次印刷
ISBN 978-7-307-24394-1 定价:138.00 元

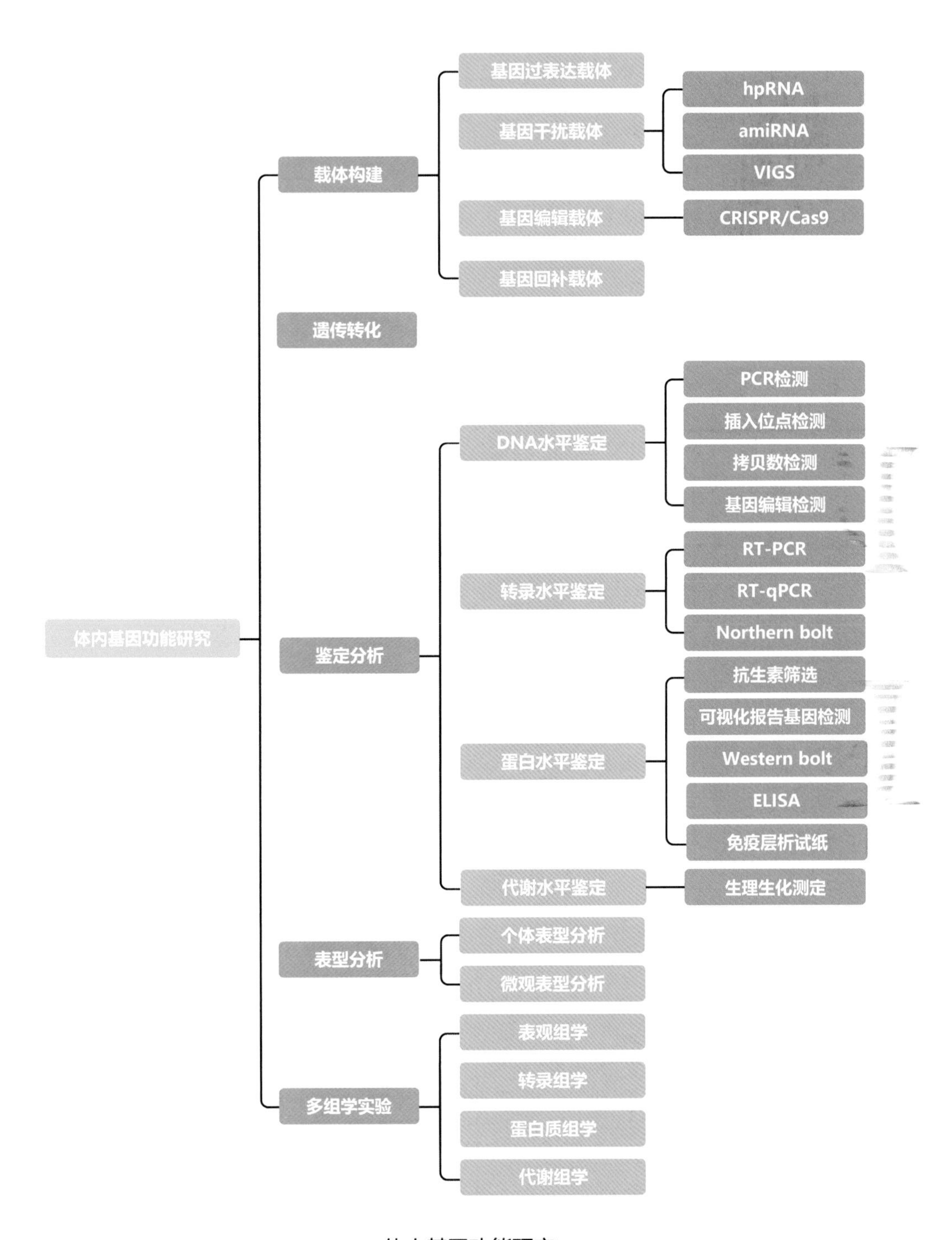
体内基因功能研究
载体构建
基因过表达载体
基因干扰载体
hpRNA
amiRNA
VIGS
基因编辑载体
CRISPR/Cas9
基因回补载体
遗传转化
鉴定分析
DNA水平鉴定
PCR检测
插入位点检测
拷贝数检测
基因编辑检测
转录水平鉴定
RT-PCR
RT-qPCR
Northern bolt
蛋白水平鉴定
抗生素筛选
可视化报告基因检测
Western bolt
ELISA
免疫层析试纸
代谢水平鉴定
生理生化测定
表型分析
个体表型分析
微观表型分析
多组学实验
表观组学
转录组学
蛋白质组学
代谢组学

体内基因功能研究

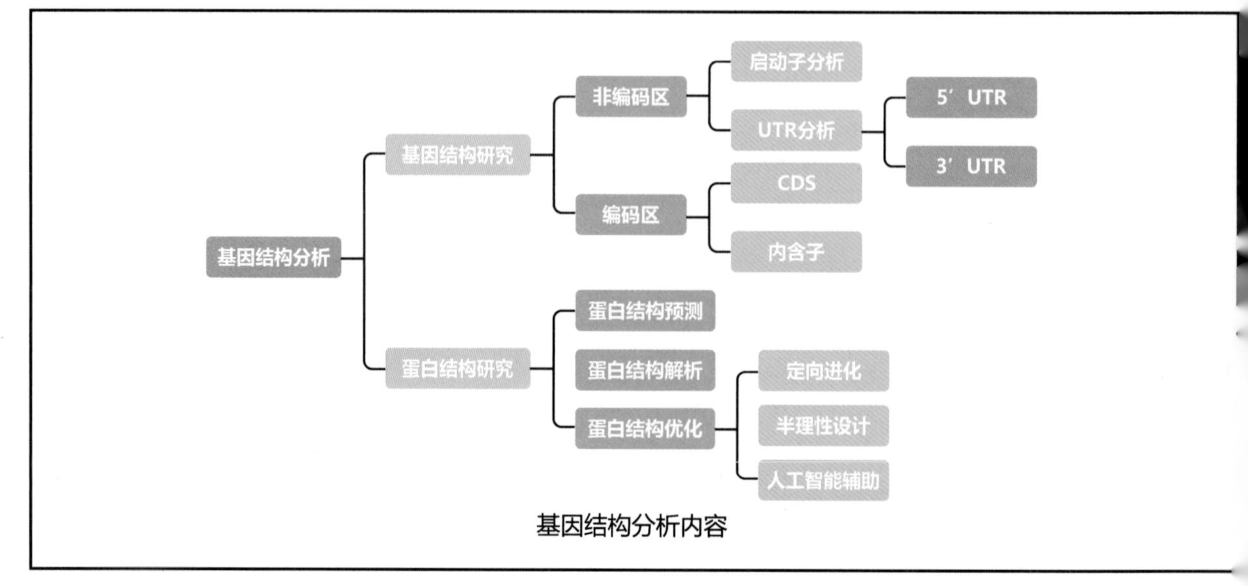

基因结构分析内容

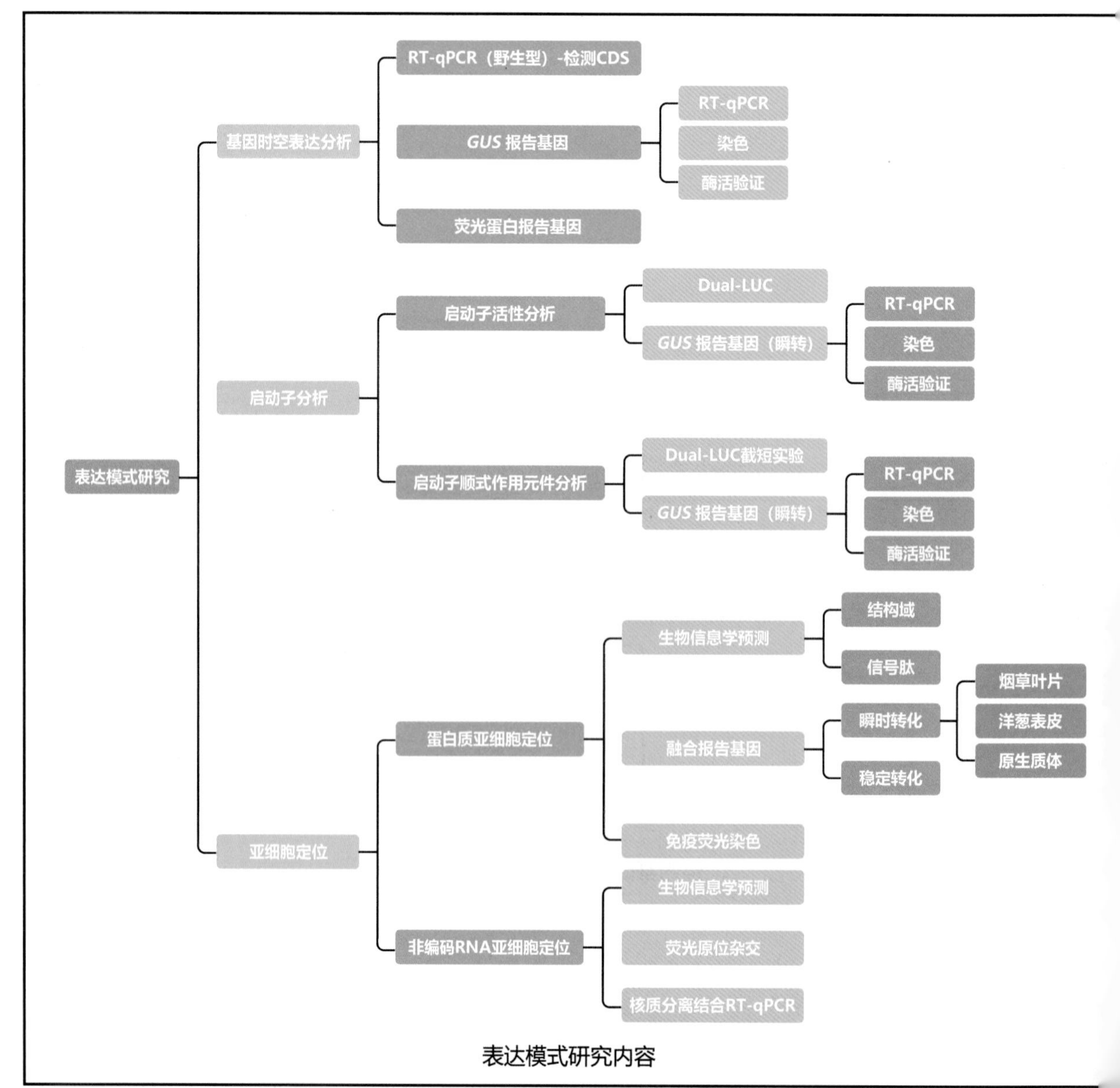

表达模式研究内容

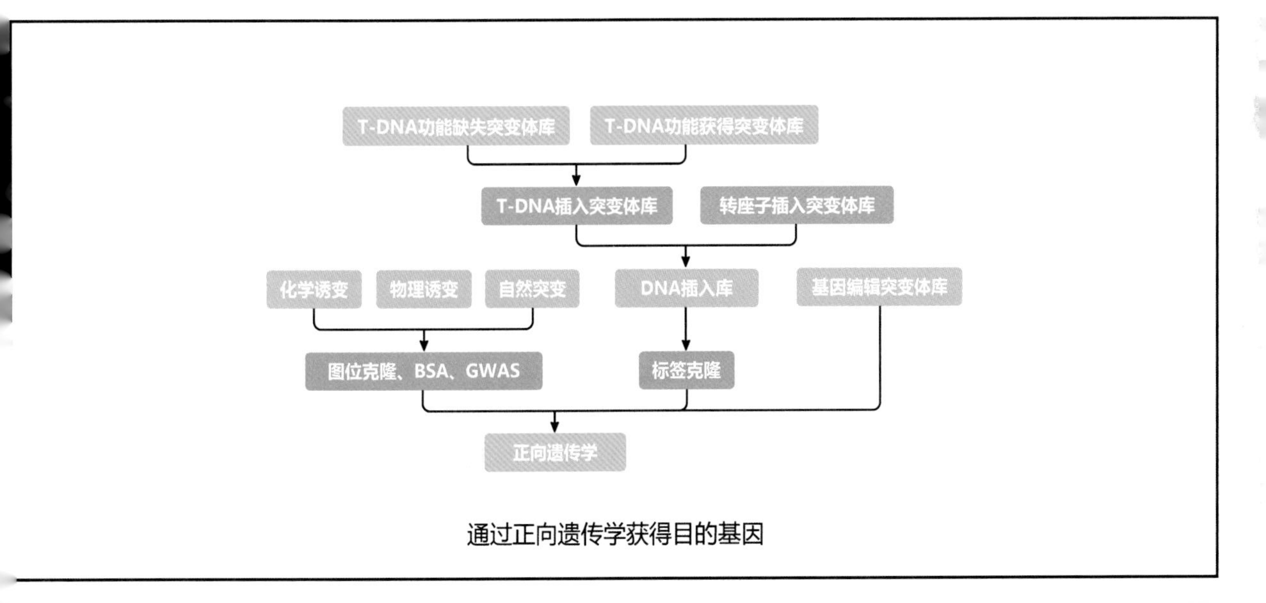

通过正向遗传学获得目的基因

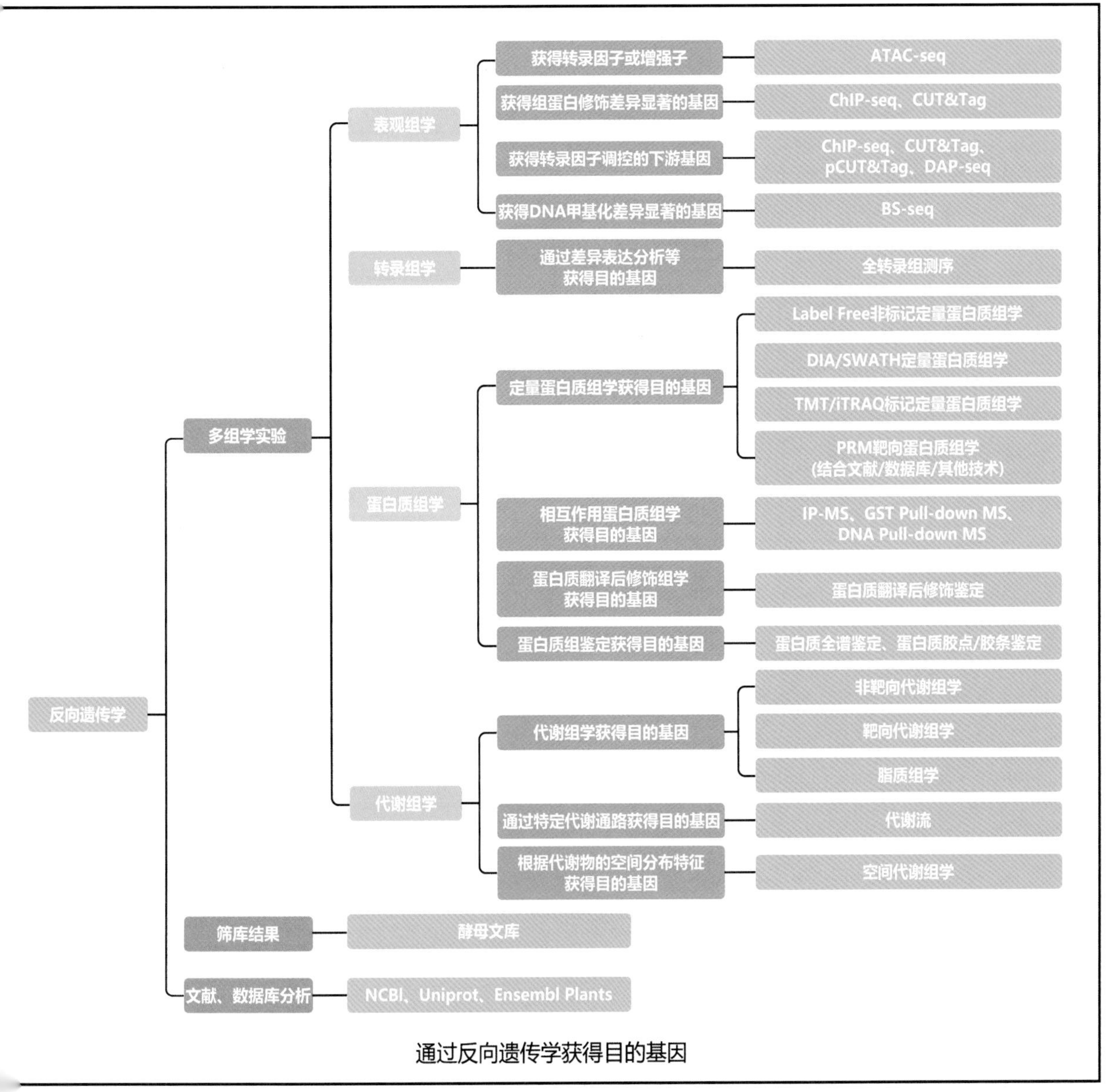

通过反向遗传学获得目的基因

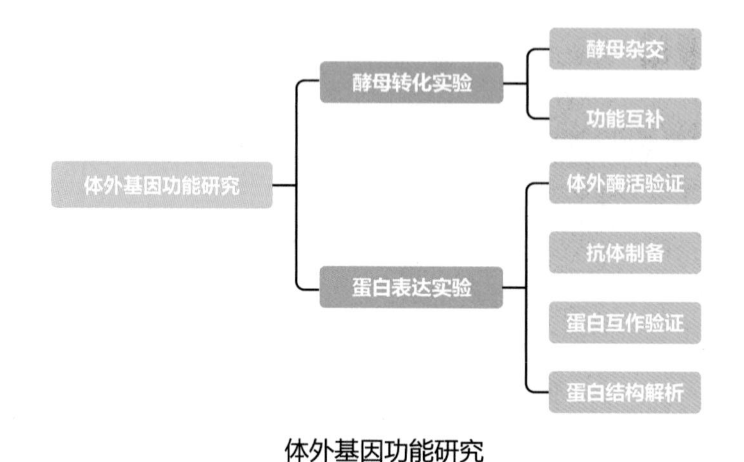

体外基因功能研究

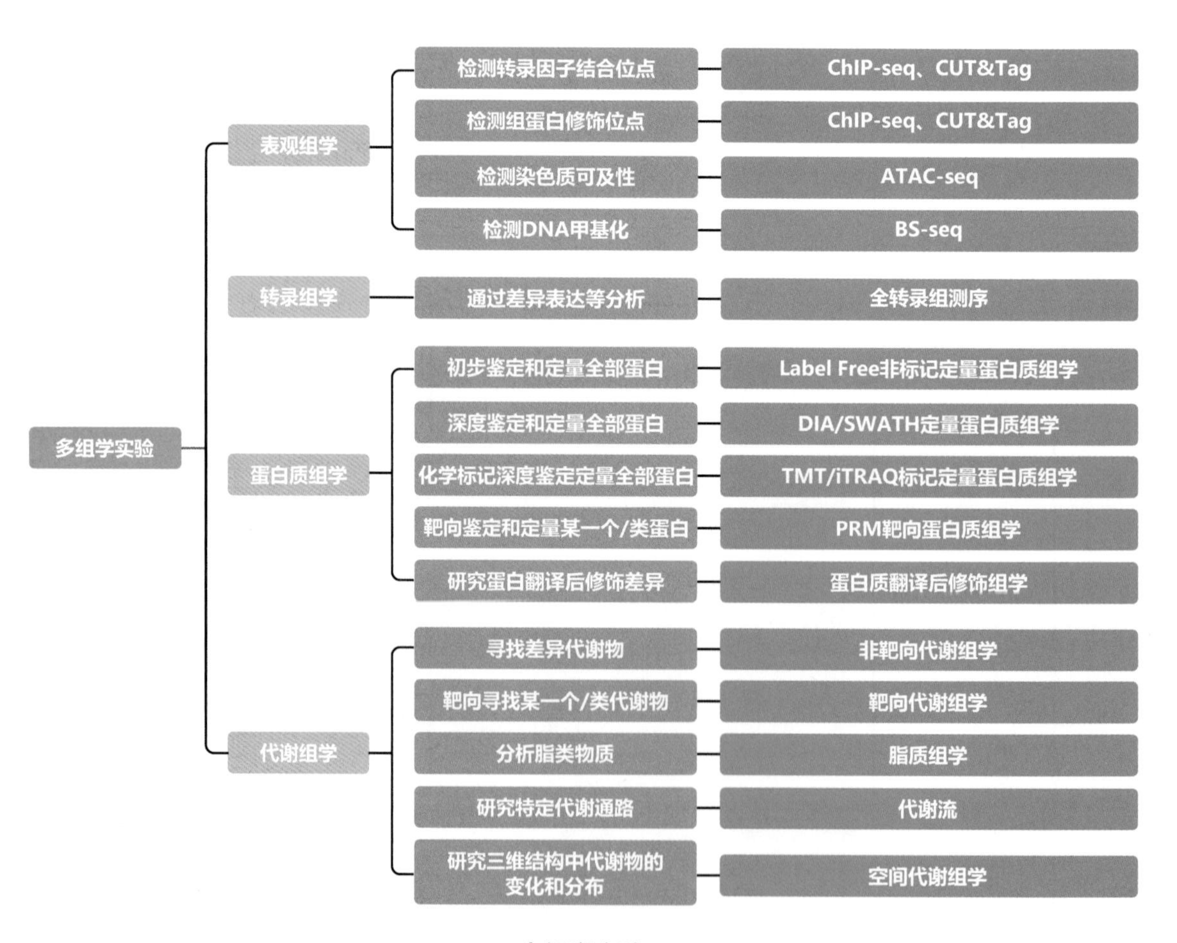

多组学实验

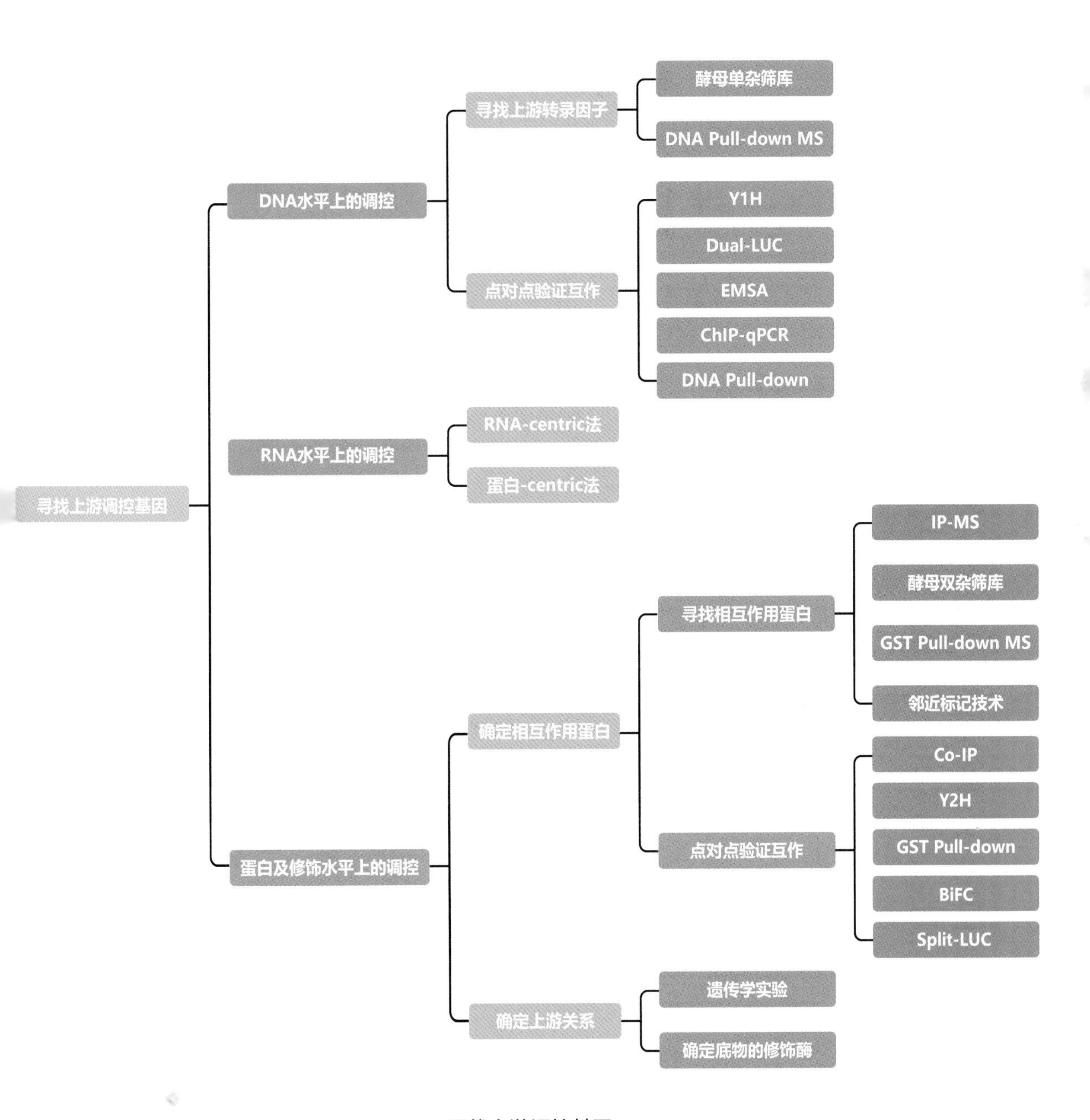
寻找上游调控基因
DNA水平上的调控
寻找上游转录因子
酵母单杂筛库
DNA Pull-down MS
点对点验证互作
Y1H
Dual-LUC
EMSA
ChIP-qPCR
DNA Pull-down
RNA水平上的调控
RNA-centric法
蛋白-centric法
蛋白及修饰水平上的调控
确定相互作用蛋白
寻找相互作用蛋白
IP-MS
酵母双杂筛库
GST Pull-down MS
邻近标记技术
点对点验证互作
Co-IP
Y2H
GST Pull-down
BiFC
Split-LUC
确定上游关系
遗传学实验
确定底物的修饰酶

寻找上游调控基因

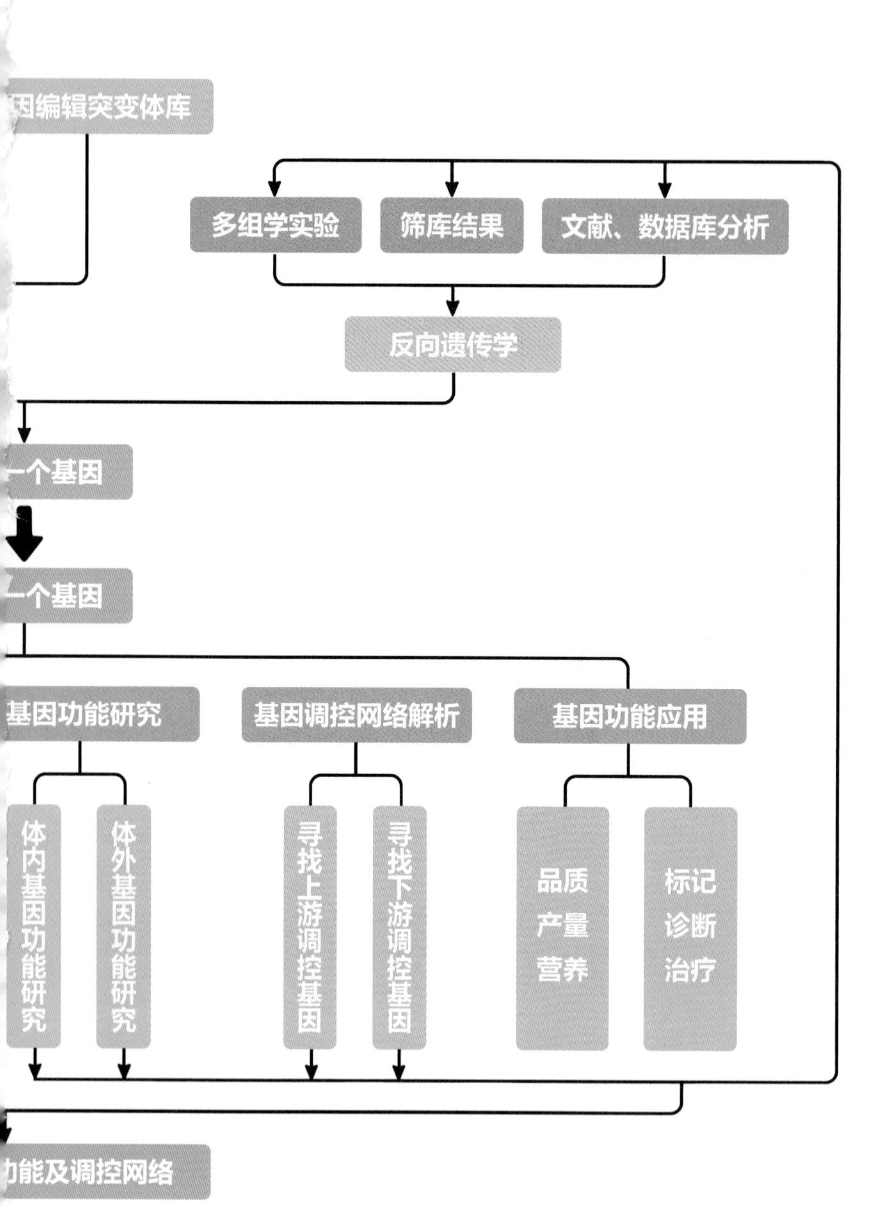

因编辑突变体库
多组学实验
筛库结果
文献、数据库分析
反向遗传学
一个基因
一个基因
基因功能研究
基因调控网络解析
基因功能应用
体内基因功能研究
体外基因功能研究
寻找上游调控基因
寻找下游调控基因
品质
产量
营养
标记
诊断
治疗
功能及调控网络

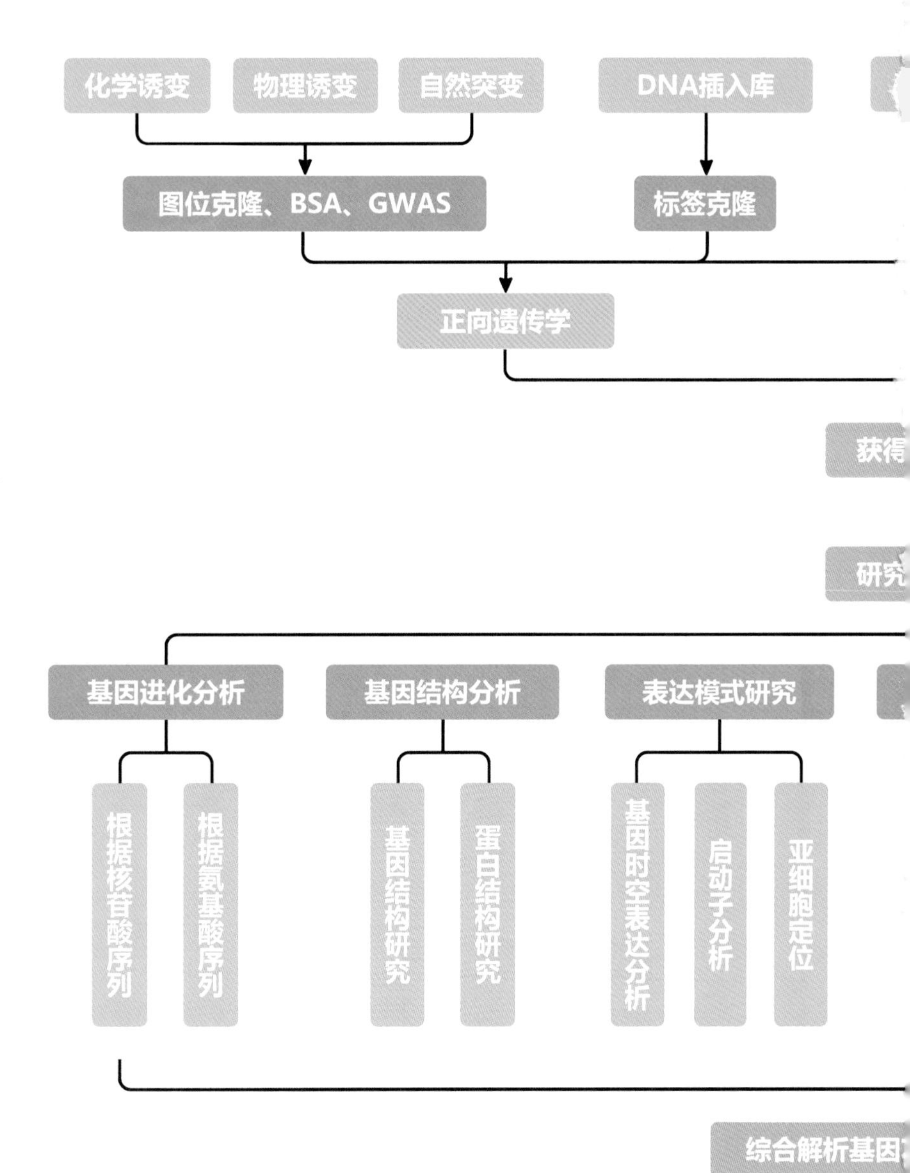

化学诱变
物理诱变
自然突变
DNA插入库
图位克隆、BSA、GWAS
标签克隆
正向遗传学
获得
研究
基因进化分析
基因结构分析
表达模式研究
根据核苷酸序列
根据氨基酸序列
基因结构研究
蛋白结构研究
基因时空表达分析
启动子分析
亚细胞定位
综合解析基因

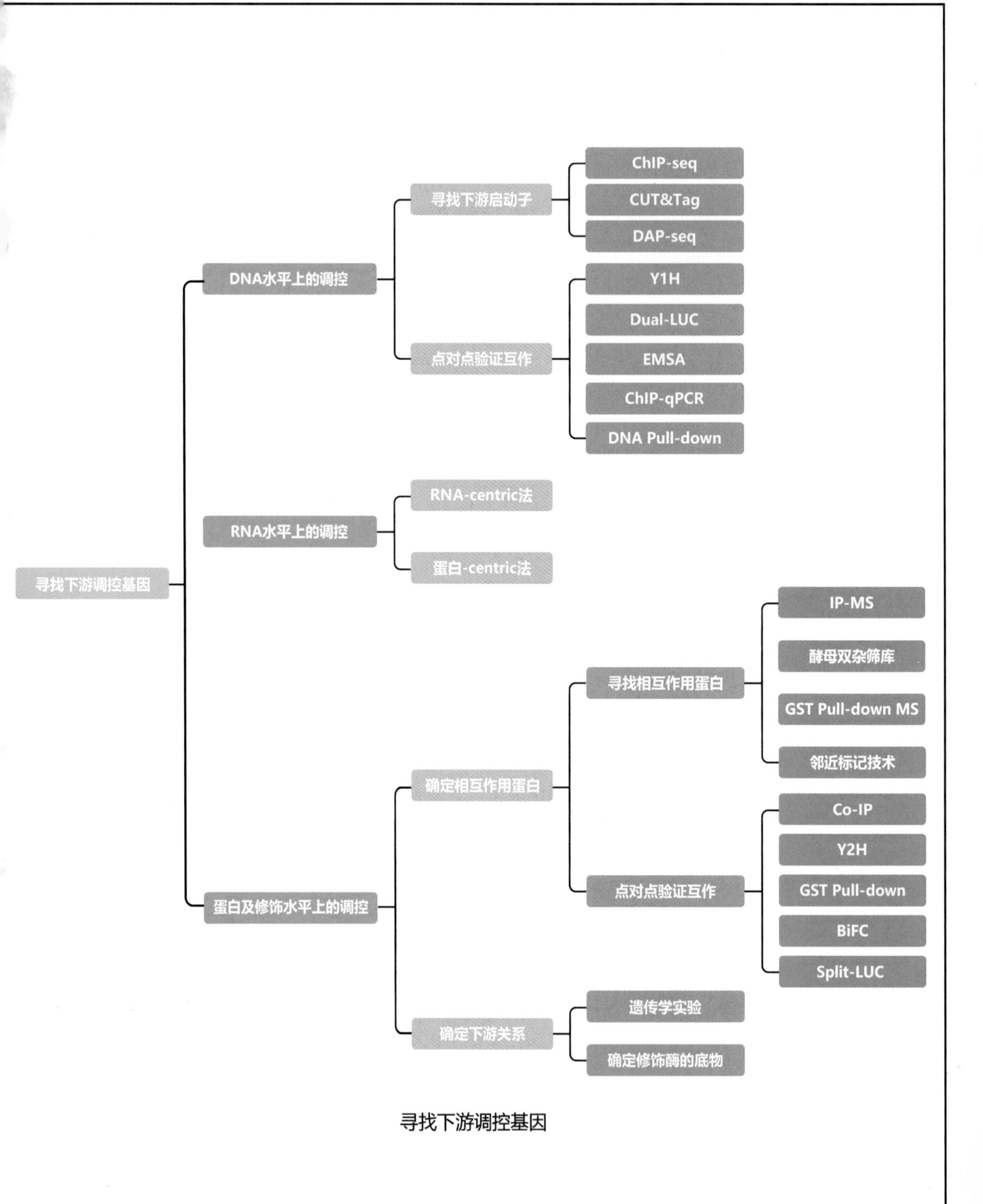

寻找下游调控基因
DNA水平上的调控
寻找下游启动子
ChIP-seq
CUT&Tag
DAP-seq
点对点验证互作
Y1H
Dual-LUC
EMSA
ChIP-qPCR
DNA Pull-down
RNA水平上的调控
RNA-centric法
蛋白-centric法
蛋白及修饰水平上的调控
确定相互作用蛋白
寻找相互作用蛋白
IP-MS
酵母双杂筛库
GST Pull-down MS
邻近标记技术
点对点验证互作
Co-IP
Y2H
GST Pull-down
BiFC
Split-LUC
确定下游关系
遗传学实验
确定修饰酶的底物

寻找下游调控基因

序

基因功能研究范式(以下简称“研究范式”)指的是基因功能研究的一般套路,是在长达 13 年的时间里,伯远生物为客户提供了大量综合性基因功能研究的服务之后,针对客户遇到的各种疑难问题,不断思考、整理以及归纳总结出的一套适用于基因功能研究的一般性规则,该规则可以说是当今基因功能研究的标准化模式,特别适用于刚刚踏入科研界的“科研小白”。当别人还在为如何开展课题发愁时,通过阅读此书,你就可以通过一个简单而系统的“研究范式”俯瞰整个生物科研密林,而不至于在复杂的密林中迷路。当系统地学习这个“研究范式”之后,你就好比拥有了“上帝视角”,让原本纷繁复杂的生物科研一下子变得清晰明了。如果将复杂的科研工作一个个剖析出来,就会发现许多研究思路都是可重复的,这些研究思路不仅在不同的物种之间可重复,而且在同一物种的同一信号通路解析上也是可重复的,只要领会其中的精髓,结合具体的研究对象,再复杂的科研问题也能迎刃而解!

当我们将这个“研究范式”在不同的高校、科研院所的研究人员老师及学生中进行分享时,他们好评不断,并反馈这个“研究范式”能有效地将零散的知识串联起来,有种豁然开朗、拨云见日的感觉。有许多人想要更进一步了解这个“研究范式”的具体内容,这就让我们有了将“研究范式”整理成书的想法,以便将“研究范式”内容更系统、更具体地展开,让更多人更方便地获取需要的知识。总而言之,我们的目的是帮助处于迷茫阶段的研究者梳理思路,少走弯路,从而更高效地做出更多优秀的科研成果。

基因功能研究范式图谱是本书的灵魂内容,主要包含两个部分:如何“获得一个基因”,如何“研究一个基因”,针对每一部分内容再具体展开,让读者通过阅读本书获得研究思路,解决实验设计问题。阅读本书时,只需要理解实验技术的原理及其能够解决什么问题即可,不需要过多地追求技术本身,因为实验技术只是开展研究的手段,在科研中更重要的是实验思路。当我们有了清晰的实验思路之后,围绕这个思路利用对应的实验技术去完成研究,将会是一件非常容易的事情。另外,为了帮助读者更好地掌握实验技术,本书提供了一个二维码,微信扫码后可在线查看各实验技术具体的实验步骤,可作为参考之用。

有了“研究范式”的科研思路之后，我们就可以将复杂的科学研究拆解成一个个相对标准化的实验，这些标准化的实验就可以通过组织工作人员或机器人进行批量生产，其实验周期、成本、稳定性等各方面的指标都将得到极大的优化，整体效率可能是目前实验室科研人员的几十倍甚至上百倍。随着当今社会的发展，“基因功能研究范式”的提出必然导致生物科研模式发生颠覆性变化，身在其中的科研人员务必有清醒的认识：一些科研实验的工业化和规模化将代替现有实验室“作坊式”的实验操作，而科研人员的创新思维及其组织、分析、管理项目的能力将变得越来越重要，也就是说，在一定程度上，实验操作本身将变得越来越不重要，因为那些重复的工作将被流水线所代替。举个例子，一个研究生做一个水稻遗传转化实验需要 5～6 个月的时间，一年可以完成 5～6 个转基因项目，但是该实验在伯远生物标准化的生产流程之下，周期会被大大压缩为 2 个月，最快可至 45 天。另外，伯远生物的工作人员每人每年可至少完成 500 个基因的遗传转化实验，且成本远低于高校实验室。如果科研人员去做这些重复性的甚至未来可能被机器替代的工作，将极大地浪费人力资源。

为道日损，做减法；大道至简，抬头看路。希望这个“研究范式”能让大家在低头做实验之余、感到迷茫之时找到到达目的地的最佳方案，快速得到理想的科研结果。

祝大家科研工作顺利！

伯远生物董事长兼总经理

2024 年 5 月

前言

在生命科学领域，植物基因功能研究一直是备受关注的重要课题。随着分子生物学技术的飞速发展，植物基因功能研究已经取得了令人瞩目的成果。为了帮助广大生物学研究者更好地掌握植物基因功能研究的知识和方法，我们编写了此书。

本书共分为五章。第一章概述了植物基因功能研究范式，帮助读者了解植物基因功能研究的趋势和整体思路。第二章至第四章深入描述了目的基因的获得和基因功能的研究方法，并提供了具体的文献案例，帮助读者更好地理解植物基因功能研究范式的实际应用。第五章展望了植物基因功能研究的未来发展方向，为读者提供了进一步探索的方向和思路。

在编写过程中，我们注重理论与实践相结合，力求本书内容丰富、图文并茂。书中每个实验都附有具体的实验方法，可扫描二维码在线阅读。此外，本书还涵盖了植物科学研究的最新进展，具有较高的学术价值和实用价值。

本书适合综合性大学、农林院校、师范院校、农业科学研究院和中国科学研究院的生命科学类专业及相关专业的硕士研究生、博士研究生使用，也可供教师、相关科研工作者使用。我们希望通过本书的出版，推动植物基因功能研究更进一步发展。

尽管我们已经尽力保证本书内容的准确性和完整性，但仍然可能存在不足之处。我们计划每两年对书的内容进行更新，欢迎各领域的专家加入，共同书写植物基因功能研究思路及进展。

在本书的编写过程中，我们得到了许多专家和学者的大力支持和帮助，在此表示衷心的感谢。同时，我们也非常感谢为本书提供文献案例的单位和作者，以及为本书绘制插图的邱琴芬、徐伟和詹莹。

编者

2024 年 6 月

为了使读者学习便利，请使用微信扫描右侧二维码进入平台，该平台汇集了丰富的实验技巧和操作指南，每一项技术都通过简明扼要的说明，配合直观的示例，让复杂的操作变得易于理解。读者可随时查阅以解决实验过程中的疑难问题。如果您在阅读过程中有任何问题或宝贵建议，可联系“伯小远”(13264736704)，我们将尽快回复。

目　录

第一章 绪 论

一、植物基因功能研究的内容与历史

随着各种植物基因组测序工作的完成，植物基因研究的重点逐渐从发现基因转移到了研究基因功能上，这表明植物生物学研究已经进入了后基因组时代。植物基因功能研究旨在运用相关的分子生物学技术来研究基因的表达模式、蛋白质功能、蛋白间相互作用以及调控机制等，从而揭示植物基因在生长、发育、环境适应和抵抗胁迫等方面的分子机制。目前，植物基因功能研究正逐渐从关注单一基因或蛋白质转向系统性研究调控网络中更多的基因或蛋白质，其最终目标是深入理解植物生命的本质，为推动农业发展、保护生态系统和促进整个生命科学的进步提供有力支持。

植物基因功能研究受益于多种分子生物学技术和研究方法的迅猛发展。例如，组织培养技术、DNA 重组技术、PCR 技术、单克隆抗体技术、分子印迹技术、测序技术、RNA 干扰技术、基因编辑技术和蛋白质组学技术等。下面，我们一起来回忆一下那些伟大的历史吧！

19 世纪，植物基因功能研究主要集中在遗传学方面。在 1859 年，Charles Darwin 发表了《物种起源》，提出了以自然选择为基础的进化学说。随后的 1865 年，Gregor Mendel 发表了《植物杂交试验》，提出了遗传学上的基因分离定律和基因自由组合定律，并提出生物性状的遗传是受细胞内颗粒性遗传因子所控制。

20 世纪是植物组织培养技术发展的黄金时期。1902 年，Gottlieb Haberlandt 提出了“植物细胞全能性”概念。1945 年，Folke Skoog 和我国学者崔澄发现了腺嘌呤可以促进细胞分裂和组织成芽。1956 年，Carlos Miller 发现了激动素，其效果是腺嘌呤的 3 万倍。1958 年，Frederick Steward 等用胡萝卜根的愈伤组织细胞进行悬浮培养，成功地诱导出胚状体并分化为完整的小植株，首次用实验证明了植物细胞的全能性。这些发现为后来的遗传转化技术奠定了基础。此外，Polyakov 在 1931 年制备了具有特异性吸附能力的硅胶，并首次提出“分子印迹”的概念。

图 1-1 Rosalind Franklin 和她拍摄的“照片 51 号”

20 世纪 50 年代，分子生物学的兴起推动了植物基因功能研究的飞速发展。James Waston 和 Francis Crick 根据 Rosalind Franklin 的 DNA X 射线衍射图(图 1-1)提出了 DNA 双螺旋结构模型，标志着分子生物学时代的开始。随后，Arthur Kornberg 发现了 DNA 聚合酶，Matthew Meselson 和 Frank Stahl 的“半保守复制”实验证实了 DNA 的复制机制，Francis Crick 提出了影响深远的遗传信息传递规律——中心法则。另外，在组织培养方面，Folke Skoog 和 Carlos Miller 提出了有关植物激素控制器官形成的概念。

20 世纪 60 年代，分子生物学最重要的成就之一是多个实验室共同破译了遗传密码。此外，1961 年，Ben Hall 等开拓了核酸杂交技术的研究。1962 年，Ellis Bolton 等设计了 DNA-琼脂固相杂交技术，同年，Toshio Murashige 和 Folke Skoog 设计了 MS 培养基，至今仍是植物组织培养实验中最常用的基础培养基。此外，1967 年，DNA 连接酶在大肠杆菌中被发现。

20 世纪 70 年代，DNA 重组技术的发展给分子生物学带来了巨大的突破，DNA 聚合酶、DNA 连接酶和 DNA 限制性内切酶的发现为研究者们提供了构建新的遗传信息和操纵生物遗传物质的可能性。Paul Berg 于 1972 年成功获得了世界上第一个体外重组 DNA 分子，这标志着 DNA 重组技术在分子生物学领域开启了新的篇章。同时，克隆抗体的诞生对植物生物学和植物免疫学的发展起到了重要的推动作用，Georges Köhler 和 Cesar Milstein 在 1975 年建立了体外淋巴细胞杂交瘤技术，实现了从第一代抗体（血清多克隆抗体）向第二代抗体（单克隆抗体）的转变。此外，Edwin Southern 在 1975 年发明了 Southern Blot 技术，James Alwine、David Kemp 和 George Stark 在 1977 年开发了 Northern Blot 技术，W. Neal Burnette 于 1979 年开发了 Western Blot 技术。另外，Patrick O'Farrell 于 1975 年发明了二维凝胶电泳技术，可以根据等电点和分子量对蛋白质进行分离，该技术的应用推动了蛋白质组学领域的发展。在这一时期，测序技术也迎来了新的发展，Frederick Sanger 开发了 Sanger 测序法，成为 20 世纪末至 21 世纪初期的主要测序方法，为分子生物学研究和基因组学的发展提供了强大的工具。

20 世纪 80 年代，Kary Mullis 发明了聚合酶链式反应（polymerase chain reaction，PCR）技术，使得在微量 DNA 样本中扩增特定的 DNA 片段成为可能。此外，基质辅助激光解吸附/电离（MALDI）和电喷雾电离（ESI）等新的质谱技术的发明，极大地提高了蛋白质质谱分析的灵敏度和准确性。Stanley Fields 和 Ok-Kyu Song 首次提出了酵母双杂交系统。在这一时期，植物遗传转化技术也迎来了历史性的时刻，Mary-Dell Chilton、Michael Bevan 和 Richard Flavell 成功培育了世界上第一株转基因植株。

到了 20 世纪 90 年代，RNA 干扰（RNA interference，RNAi）现象首次在植物中被发现（图 1-2），并被应用于植物基因功能的研究中。研究者们利用 RNAi 的原理，通过引入特异的 RNA 片段来沉默特定的基因。此外，“蛋白质组学”这一术语被提出，标志着蛋白质组学作为一个独立学科的诞生。

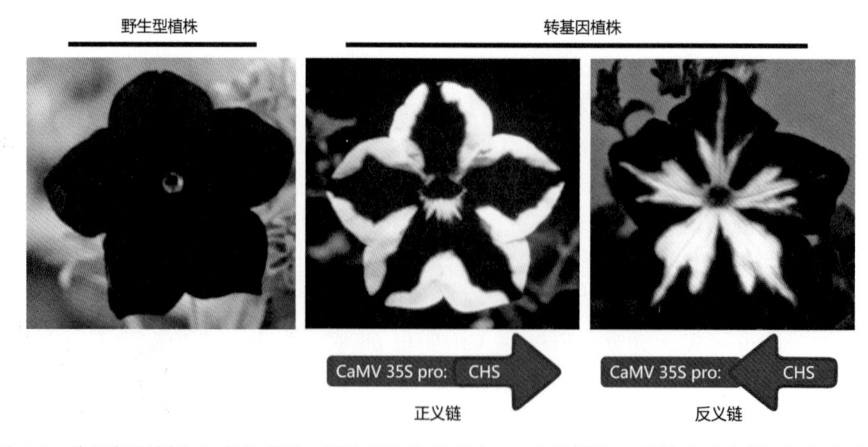

图 1-2　为了加深矮牵牛花的花色，在矮牵牛中超表达 *CHS* 基因的正义链和反义链，花色呈现出杂色（Napoli et al.，1990；Van der Krol et al.，1990）。CHS 是合成花青素的关键酶

21 世纪初，人类基因组草图的完成为分子生物学研究奠定了基础，拟南芥、水稻、烟草等植物的基因组测序工作相继完成，为植物基因组学的发展提供了重要的参考数据。随着测序技术的发展，下一代测序技术（next-generation sequencing，NGS）被广泛应用于研究中，使 DNA 测序变得更快速、更精确和更经济。此外，这一时期，酵母单杂交技术被开发出来，主要用于研究蛋白质与 DNA 之间的相互作用。

又经过近十年的发展，双向电泳和飞行时间质谱的结合推动了高通量蛋白质组学技术的发展，目前先进的质谱仪可达到 8min 即检出超 8000 个蛋白（图 1-3）。CRISPR/Cas 基因编辑技术的发展和广泛应用使得研究者们能够精确编辑植物基因，进一步促进了基因功能研究的进展。第三代测序技术的出现，进一步提高了测序的速度和读长，允许更准确地组装和读取基因序列。

图 1-3　伯远生物组学平台仪器——Orbitrap Astral 质谱仪（该质谱仪具有超高的分辨率、灵敏度以及更广的动态检测范围）

这些技术和实验方法的发展极大地加速了植物科研的进展，为研究植物生长发育、环境适应以及抵御病害等方面的机制提供了更多的线索和工具。期待未来的科学研究能够继续推动植物科学的发展，为农业生产、食品安全和环境保护做出更大的贡献。

二、植物基因功能研究的现状与趋势

在过去，分离一个植物基因并确定其序列和功能是极具挑战的任务，通常需要数十年的时间才能完成。然而，借助先进的分子生物学技术，这些实验现在可以在相对较短的时间内完成。植物基因功能研究目前正以前所未有的速度和规模发展，前沿研究日新月异，重大成果不断涌现。

传统的植物生物学研究方法通常是根据植物的性状来确定相关的基因，在这条正向遗传学的道路上，生物学家已经摸索了一个半世纪，正向遗传学仍然是一个步骤繁琐且耗时费力的过程，但现在，借助生物信息学数据，可以先克隆相关基因，然后研究其功能，这种研究方法被称为反向遗传学，它不仅是一种新的研究方法，也是一种新的研究思路和理论系统。目前，在植物基因功能研究领域，越来越多的课题组选择采用反向遗传学的研究方法。这可能有两个原因：第一，对于青年科研工作者来说，反向遗传学的研究方法对课题组的种质资源等要求较低，这降低了进入热点研究领域的门槛，通过生物信息学分析获取差异基因数据后，课题组可以从中挑选出感兴趣的基因作为研究目标，根据课题的研究方向进行下一步的研究；第二，通过构建遗传材料进行正向遗传学研究有一定的前提条件，更适合有性生殖且世代生长时间较短的物种，因此，许多物种，如马铃薯和一些中草药植物等，无法利用正向遗传学方法进行研究，反向遗传学则成为研究这些物种的首选方法。

近年来，随着生命科学技术的不断发展，研究者们对于基因功能的验证也变得更加深入和全面。在十几年前，发表一篇出色的论文可能只需要对基因功能进行简单的验证，例如常见的研究模式包括构建过表达材料或干扰材料，并观察相应的表型变化，以及辅以转录组测序结果来说明基因功能。而如今，只进行这些实验，已经很难在高影响因子的期刊上发表论文了。随着技术的进步，研究者们可以利用更多的技术手段来深入挖掘目的基因背后的分子调控机制，从多个层面和维度揭示基因功能，因此，现如今的高影响因子论文会将各种机制或通路解析得相对透彻，以全面、准确地验证基因功能。

随着基因编辑技术的诞生和发展，植物基因功能研究的方法也发生了显著变化。以前的研究者们常使用 RNAi 技术来干扰目的基因的表达，这是研究基因功能的常用方法之一，但这种在转录后水平干扰目的基因表达的方式使它在遗传稳定性和效果方面存在一定的不确定性。现在的研究者们更倾向于使用基因编辑技术，其可在基因组水平上实现目的基因的失活，这种方法更为精确和高效，因而极大地加速了目前植物生命科学的基础研究。另外，基因编辑技术也引起了新的产业革命，从产业化进程上来看，基因编辑技术在提高作物产量、品质、抗病性及应对非生物胁迫等方面展现出了巨大的应用潜力，未来以植物基因编辑技术为代表的种业研发创新、生物育种技术应用和优质品种商业化推广将是大势所趋。

基因组学的快速发展推动了表观组学、转录组学、蛋白质组学和代谢组学的发展。随着高通量测序技术、高分辨率质谱技术和生物信息学分析方法的不断创新，未来的研究将更多地涵盖多组学方法，整合基因组学、表观组学、转录组学、蛋白质组学和代谢组学等数据，以系统生物学的角度全面分析植物基因的功能。这将包括更精确的基因表达分析、蛋白质相互作用网络的研究以及代谢途径的深入解析，以更全面地解析植物复杂的生命过程。

总之，未来的植物基因功能研究将更全面、更深入，涵盖更多的应用领域。这将为促进农业生产、生态保护、医学研究和可持续发展提供更多机会，有望为解决气候危机、粮食危机、土壤污染等全球性挑战提供关键科学支持。

三、植物基因功能研究的应用

植物基因功能研究在多个领域都具有广泛的应用。

生命科学：植物基因功能研究为生命科学领域提供了重要的模型系统，帮助研究者们更好地理解基因功能的普遍原则。这为其他生物的基因功能研究提供了重要的参考，有助于拓宽我们对生命的认知。目前的研究已不再仅限于模式植物，而是扩展到了更多的非模式植物，如中药、蔬菜、果树等，以更好地了解植物的多样性和适应性。同时，植物基因功能研究的新技术还为其他领域的研究提供了先进的工具和方法。

农业：植物基因功能研究在农业和食品安全领域具有巨大潜力。通过深入了解植物基因如何影响作物的生长、产量、抗性和营养，可以创造出更高产、更抗逆和更营养的作物品种，对于解决世界范围内的粮食安全问题至关重要。

生态学：植物在生态系统中发挥着关键的作用，通过植物基因功能研究了解植物如何适应不同的环境条件、与其他生物互动以及影响生态系统的结构和功能，有助于更好地保护和管理生态系统，这对于维护生态平衡、生物多样性和应对生态问题十分重要。

环境保护：通过理解植物如何适应、响应以及影响环境变化，有助于实施更有效的环境保护

措施。

医疗:以植物为底盘的合成生物学逐渐成为热点,研究者们通过设计和改造植物来满足人们更多的需求,利用植物,可以生产抗生素、天然生物活性肽、疫苗和疫苗佐剂等。

植物基因功能研究具有广泛的应用和重要的意义,通过不断深化对植物基因功能的理解,我们可以改善农业生产、保护生态系统、推动生命科学的进展,从而对人类社会和环境产生积极的影响。随着技术的不断进步,植物基因功能研究将继续为我们揭示自然界的奥秘,为未来的各项挑战提供创新的解决方案。

四、植物基因功能研究范式

“有道无术,术尚可求也,有术无道,止于术”,何为道?何为术?科研中的“道”指的是深刻理解和掌握研究领域的基本规律和思路,是内在的积淀和支撑,而“术”则是指实际应用的技术和方法,是外在的呈现和实践。只有在深入理解“道”的基础上,才能更好地运用“术”进行科学研究。只有真正理解和掌握研究的基本规律和思路才能在科研上越走越远,如果只注重表面的技术和方法而忽略了本质,就会限制探索的脚步。这里讲的基因功能研究范式,即植物基因功能研究的“道”;在本书第二章至第三章,将对此“道”中涉及的“术”作更为详细的阐述;在本书第四章,将通过对文献案例即对“术”的详细解读,带大家了解背后的“道”(图 1-4)。

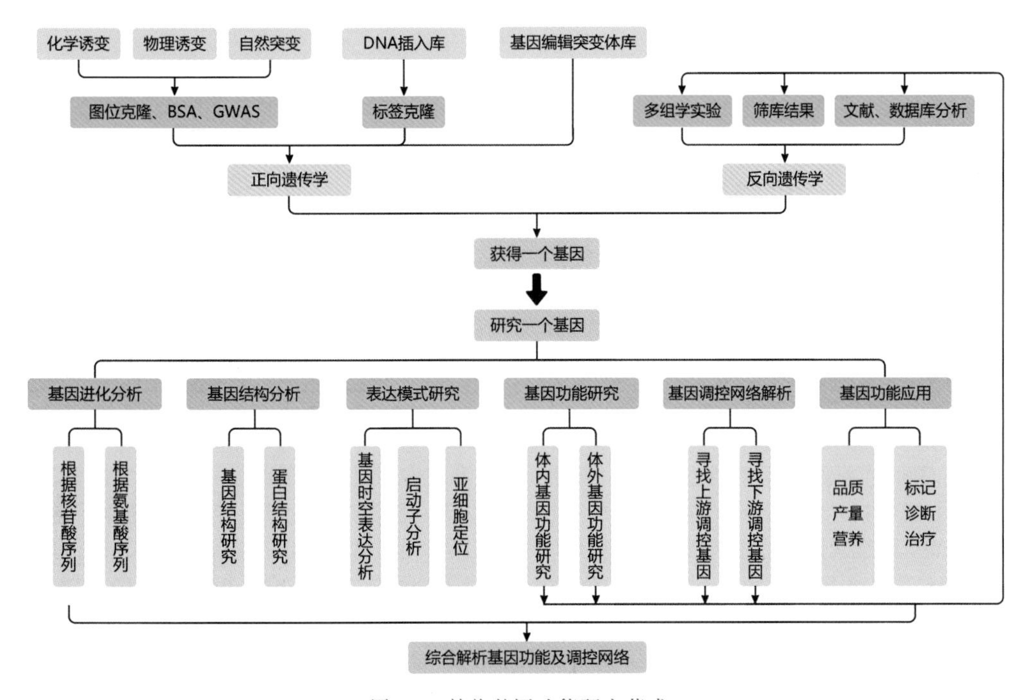

图 1-4　植物基因功能研究范式

研究者应该怎样研究植物基因的功能呢?首先,需要获得一个目的基因,然后,再来研究这个目的基因的功能。

如何获得目的基因?在前文中曾提到,获得目的基因有正向遗传学和反向遗传学两种方法。正向遗传学是从表型入手,通过植物细胞、组织或个体基因组的自发突变或人工诱变来寻找鉴定相关的表型变化，然后从这些特定表型变化的植物细胞、组织或个体中找到对应突变的目的基因。反向遗传学是指在已知基因序列的基础上，通过碱基置换、缺失和插入等分子生物学手段干扰目的基因的正常表达，寻找与其相关的表型特征。简单来说，正向遗传学是从表型变化研究基因变化，反向遗传学则是从基因变化研究表型变化。

正向遗传学的起始是通过化学诱变群体、物理诱变群体、自然群体或突变体库获得与野生型性状存在差异的材料。对于通过化学诱变、物理诱变或自然突变获得的差异性状材料，通常无法确定相关的突变基因，因此需要构建遗传群体，再通过图位克隆、混合群体分离分析法（BSA-seq）等方法去鉴定突变基因。如果拥有大量的种质资源或具有表型和基因型数据的群体，可以通过全基因组关联分析（GWAS）去获得目的基因。对于来自 DNA 插入突变体库的材料，虽然不清楚目的基因的位置，但可以通过 TAIL-PCR、Inverse-PCR等方法鉴定出目的基因。随着技术的发展，利用基因编辑突变体库获得目的基因成为研究热点，该方法能够通过测序直接确定突变基因的突变情况，使研究变得更加高效。

反向遗传学一般可通过多组学实验、筛库结果以及文献和数据库分析获得目的基因。

多组学实验主要包括表观组学、转录组学、蛋白质组学和代谢组学，通过多组学实验可以从不同层面对生物学过程进行综合分析，从系统生物学的角度理解生物学现象，并揭示相关机制。

在表观组学层面上，ATAC-seq 技术可获得转录因子或增强子；ChIP-seq 或 CUT&Tag 可检测不同样本间组蛋白修饰位点，以获得组蛋白修饰差异显著的基因；ChIP-seq、CUT&Tag、pCUT&Tag 或 DAP-seq 可通过已知的转录因子，以获得其调控的下游基因；BS-seq 可通过检测不同样本间全基因组的 DNA 甲基化情况，以获得 DNA 甲基化差异显著的基因。

在转录组学层面上，全转录组测序检测不同样本间的各种 RNA 的表达水平，并通过差异表达分析等获得目的基因。

在蛋白质组学层面上，Label Free 非标记定量蛋白质组学、DIA/SWATH 定量蛋白质组学及 TMT/iTRAQ 标记定量蛋白质组学可以筛选不同样本间的差异表达蛋白并对其进行功能富集分析、信号通路分析等，研究者可从自己的研究方向出发从分析结果中选取感兴趣的蛋白质，从而获得目的基因；PRM 靶向蛋白质组学常用来验证通过文献、数据库或上述蛋白质组学技术获得的大量蛋白质，可帮助研究者精确地靶向寻找特定类别的蛋白质，最终获得目的基因；IP-MS 和 GST Pull-down MS 可用于寻找与已知蛋白相互作用的蛋白质，而 DNA Pull-down MS 适用于寻找与已知基因启动子相互作用的蛋白质，从而获得与已知基因生物学功能相关的目的基因；通过修饰蛋白质组学分析不同样本中的修饰蛋白，从而获得存在修饰差异的目的基因；蛋白质组鉴定可分析样本中的蛋白质种类并对其进行定性分析，从而获得目的基因。

在代谢组学层面上，可以通过非靶向代谢组学、靶向代谢组学和脂质组学分析不同样本间的差异代谢物，通过差异代谢物的功能富集分析获得目的基因；代谢流可以通过特定代谢通路获得目的基因；空间代谢组学是通过分析代谢物的空间分布，再通过生物信息学分析获得目的基因。

筛库结果主要是通过酵母单/双杂筛库寻找启动子上游的转录因子或靶蛋白的互作蛋白，从而获得目的基因。此外，借助已有的文献和已知的数据库，也可以帮助大家找到与研究领域密切相关的目的基因。

在获得目的基因后，如何讲好目的基因的故事呢？研究者需要清晰地阐述这个基因的来源、结构特征、表达模式、功能和调控网络。通过各种实验手段，研究者可以生动地描绘这个基因的故事，使其变得更加完整且具体。

基因进化分析，是指根据基因的基因组序列或其对应的蛋白序列进行进化分析。通过基因进化分析，可以了解基因功能的演化、基因家族的演化、基因组的演化和物种的亲缘关系。

基因结构研究，是指确定基因的各个功能区域的位置，对于编码基因，主要分析其启动子、UTR、CDS 和内含子在基因上的位置，对于非编码基因，主要确定其启动子区和非编码基因区在基因上的位置。通过基因结构分析,能够更全面地理解基因和蛋白的演化过程,揭示它们在生物体内的结构与功能关系。

蛋白结构研究,包括蛋白结构预测、蛋白结构解析和蛋白结构优化。分析蛋白质的结构、了解蛋白质发挥功能的位点,可以更好地解析体内各种生物化学反应发生的分子机制,也能帮助研究者推测目的蛋白潜在的功能。蛋白质结构优化可以帮助改善蛋白质的性状、稳定性及功能,从而应用到实际生产中。

基因表达模式分析,包括转录水平的表达模式分析和蛋白水平的表达模式分析。

转录水平的表达模式分析包括基因时空表达分析和启动子分析。基因表达的时空性是指基因在空间和时间上的表达模式,涉及基因在不同细胞、组织或器官之间以及在不同时间点上的表达差异,进行基因时空表达分析有助于研究者更好地理解基因的功能,研究方法包括 RT-qPCR、*GUS* 报告基因实验和荧光蛋白报告基因实验。启动子是常被研究的基因结构之一,可通过 Dual-LUC 实验或 *GUS* 报告基因实验分析启动子活性,还可通过 Dual-LUC 截短实验或 *GUS* 报告基因实验分析启动子顺式作用元件。

蛋白水平的表达模式分析主要是指蛋白质的亚细胞定位分析,首先通过生物信息学预测目的蛋白的定位区域,然后通过融合报告基因定位法或免疫荧光染色定位法确定目的蛋白在细胞中的位置。此外,解析非编码 RNA 在细胞中的位置对于了解它们的功能至关重要,研究方法包括生物信息学预测法、荧光原位杂交和核质分离结合 RT-qPCR 定位法。

基因功能研究,包括体内基因功能研究和体外基因功能研究。体内基因功能研究指的是在植物细胞内或植物体内开展的基因功能研究,涉及载体构建、遗传转化、鉴定分析和表型分析。上述实验结果可再结合表观组学、转录组学、蛋白质组学或代谢组学等数据联合分析。原则上,鉴定分析和表型分析的结果与多组学实验的结果具有一致性,能够相互解释和印证。此外,对于非植物细胞水平和细胞外水平的实验,本书将其统称为体外基因功能研究,主要是指通过酵母杂交和功能互补等实验来研究目的蛋白的功能或是利用蛋白表达实验表达纯化出目的蛋白,再通过体外酶活验证、抗体制备、蛋白互作验证或蛋白结构解析等实验来研究目的蛋白的功能。

下面,对体内基因功能研究中的多组学实验中涉及的研究方法进行简要概述。

在表观组学层面上,ChIP-seq 或 CUT&Tag 可检测转基因植株中转录因子的结合位点,以获得候选的转录因子结合位点,还可检测组蛋白的修饰位点,以验证目的基因与组蛋白修饰相关的功能;ATAC-seq 可检测转基因植株的染色质可及性,从而验证目的基因与染色质可及性相关的功能;BS-seq 可检测 DNA 甲基化修饰,从而验证目的基因是否参与 DNA 甲基化过程。

在转录组学层面上,全转录组测序通过检测转基因植株中各种 RNA 的表达水平并进行差异表达分析和富集分析等,可了解目的基因过表达、干扰或敲除对其他基因或非编码 RNA(ncRNA)的影响,验证其功能。

在蛋白质组学层面上,可通过提取转基因和野生型植株的总蛋白,结合不同的蛋白质组学技术,来比较二者之间蛋白质种类和表达量的变化,从而验证目的基因的功能。Label Free 非标记定量蛋白质组学、DIA/SWATH 定量蛋白质组学和 TMT/iTRAQ 标记定量蛋白质组学均可鉴定和定量样本中的蛋白质,只不过在鉴定深度和通量上略有差别,PRM 靶向蛋白质组学一般与上述三种蛋白质组学技术联用,研究者可根据实验需求进行选择。蛋白质翻译后修饰组学可比较转基因和野生型植株中蛋白翻译后修饰的差异,从而推断目的蛋白在翻译后可能具备的功能。

在代谢组学层面上,可通过分析转基因和野生型植株中代谢物的变化情况,来验证目的基因的功能。非靶向代谢组学可寻找转基因和野生型植株中的差异代谢物,靶向代谢组学可对某一个/类代谢物进行靶向定性定量分析,从而验证目的基因的功能;脂质组学可对脂类物质进行分析,从而验证目的基因与脂类物质代谢相关的功能;代谢流可通过对特定代谢通路进行研究,以验证目的基因的功能;空间代谢组学可在三维结构上了解不同组织区域中代谢物的变化和分布状态,从而验证目的基因相关代谢物在空间分布中的生物学功能。

基因调控网络是由基因及其调控元件之间的相互作用所构成的网络，展示了基因之间复杂的调节关系。每个目的基因都存在其上游和下游调控基因，因此，本书对基因调控网络这部分的研究思路整体分为两个方向：寻找上游调控基因，寻找下游调控基因。从理论上讲，基因表达调控涵盖遗传信息传递过程的多个水平，即从 DNA 到 RNA 再到蛋白，因此，本书将寻找上游调控基因和寻找下游调控基因进一步分为三个层面：DNA 水平上的调控（DNA-蛋白互作）、RNA 水平上的调控（RNA-蛋白互作），以及蛋白及修饰水平上的调控（蛋白-蛋白互作以及确定调控的上下游关系）。

从上述三个层面寻找目的基因的上游调控基因时，其具体内容如下：DNA 水平上的调控的研究思路主要是以目的启动子为研究对象，寻找其上游结合的转录因子，用到的方法包括酵母单杂筛库和 DNA Pull-down MS 等，之后再用点对点的实验方法进行验证，方法包括 Y1H、Dual-LUC、EMSA、ChIP-qPCR 和 DNA Pull-down 等。关于 RNA 水平上的调控，本书主要为大家介绍 RNA-蛋白相互作用的筛选方法，包括 RNA-centric 法和蛋白-centric 法，其他内容没有作过多介绍，主要原因是非编码 RNA 的存在导致 RNA 水平上的调控过程相对复杂。蛋白及修饰水平上的调控的研究思路是：首先确定相互作用蛋白，然后确定相互作用蛋白的上下游调控关系。在确定相互作用蛋白部分，首先需要寻找与目的蛋白相互作用的蛋白，方法包括 IP-MS、酵母双杂筛库、GST Pull-down MS 和邻近标记技术等，然后用点对点的实验方法进行验证，方法包括 Co-IP、Y2H、GST Pull-down、BiFC 和 Split-LUC 等。在确定上下游调控关系部分，比较经典的方法是通过遗传学实验进行确定。然而，如果目的蛋白是修饰酶底物，在验证了修饰后，可以直接确定底物的相互作用蛋白即为其上游修饰酶。

在寻找下游调控基因时，同样也分为三个层面。DNA 水平上的调控研究思路刚好与上文相反，这里主要以转录因子为研究对象，寻找其下游结合的目的启动子，用到的方法包括 ChIP-seq、CUT&Tag 和 DAP-seq 等，之后再用点对点的实验方法进行验证，与上文一样，同样包括 Y1H、Dual-LUC、EMSA、ChIP-qPCR 和 DNA Pull-down 等。寻找下游调控基因部分中 RNA 水平上的调控、蛋白及修饰水平上的调控基本与寻找上游调控基因部分的内容一致，唯一不同的是，研究的目的蛋白如果是一个修饰酶，在验证了其对互作蛋白的修饰后，可以直接确定修饰酶的相互作用蛋白即为其下游底物。

基因功能的研究只有最终能应用到实际生产中才能真正体现其意义。通过以上各层面的研究，我们可以全面解析目的基因的功能，进而根据这些功能在品质提升、产量增加、营养改善、标记鉴定、疾病诊断和治疗等领域进行应用。书中并没有介绍相关具体的案例，主要是把可应用的方向提供给大家参考。另外，由组学实验或蛋白实验筛选出的后续目的基因可重复反向遗传学的研究路线，结合上述研究方法将信号通路进一步拓宽，循环几次后最终推断出较为完整的调控网络。

需要说明的是，本书总结的"基因功能研究范式"这一通用的科研框架，为植物基因功能研究提供了系统的研究思路。然而，在实际研究中，个性化的实验分析也必不可少，所以大家可以根据不同的实验目的，选择此"研究范式"中自己需要的模块来搭建课题专属的研究框架。

参考文献

[1] Napoli C, Lemieux C, Jorgensen R. Introduction of a chimeric chalcone synthase gene into petunia results in reversible co-suppression of homologous genes *in trans*[J]. *The Plant Cell*, 1990, 2(4): 279-289.

[2] Van der Krol A R, Mur L A, Beld M, et al. Flavonoid genes in petunia: Addition of a limited number of gene copies may lead to a suppression of gene expression[J]. *The Plant Cell*, 1990, 2(4): 291-299.

第二章 目的基因的获得

“九层之台，起于累土。”在植物基因功能研究中，“基因”就是整个研究的地基，只有打好这个地基，实验框架才会稳固。首先，研究者需要清晰地了解基因的概念与结构。其次，研究如何获得有研究价值的目的基因，正向遗传学和反向遗传学是获得目的基因的有效途径（图 2-1）。正向遗传学从表型变化研究基因变化，主要分为两部分，一是通过全基因组关联分析、图位克隆及混合群体分离分析，寻找在人工诱变或自然突变条件下发生变化的基因；二是通过标签克隆在 DNA 插入库中寻找目的基因，也可通过基因编辑突变体库寻找目的基因。反向遗传学则是从基因变化研究表型变化，包括从多组学实验、筛库结果、文献及数据库分析三个方面来获得目的基因。总之，目的基因的获得是植物基因功能研究的基石，是开展基因功能研究的核心。

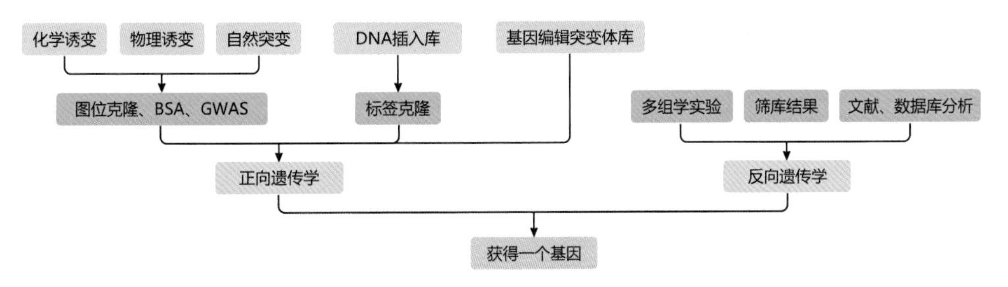

图 2-1　获得目的基因的方法

一、基因的概念与结构

基因的概念随着科学技术的进步和人们认知水平的提高而不断变化，现代遗传学认为，基因是 DNA 上具有遗传效应的特定核苷酸序列，是遗传的基本单位和功能单位。基因与生物体一切生命活动息息相关，根据功能的不同主要可以分为结构基因和调控基因两类，二者共同调控基因的表达。其中，结构基因指的是合成某种蛋白质或 RNA 对应的一段 DNA 片段，结构基因突变可导致蛋白质结构和功能发生变化，真核生物结构基因由外显子和内含子组成；调控基因指的是参与调控结构基因表达的基因。调控基因包括顺式作用元件（启动子、增强子等）和反式作用因子（能识别和结合特定的顺式作用元件，并影响基因转录的一类蛋白质或 RNA），常见的非编码 RNA（non-coding RNA，ncRNA）是调控基因的一种。

在真核生物中，基因主要存在于细胞核内的染色体上，是具有遗传效应的 DNA 片段，是不连续的，由编码区和非编码区两部分构成(图 2-2)，DNA 呈双螺旋结构(图 2-3)。在原核生物中，基因通常只有一个核酸分子，呈环状或线状，是连续的、无内含子序列。

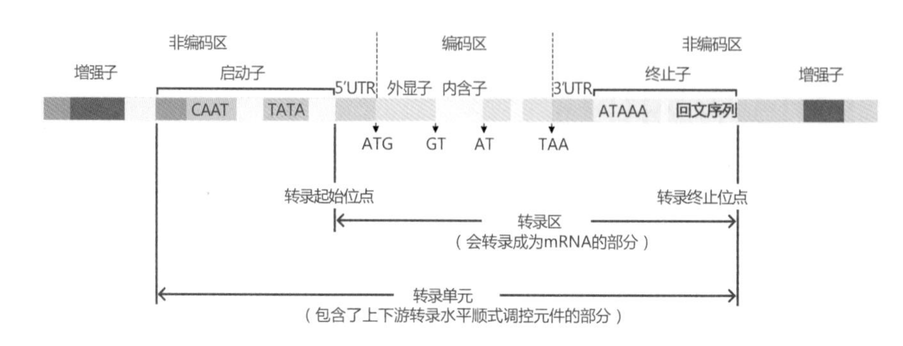

图 2-2 典型的真核基因结构①

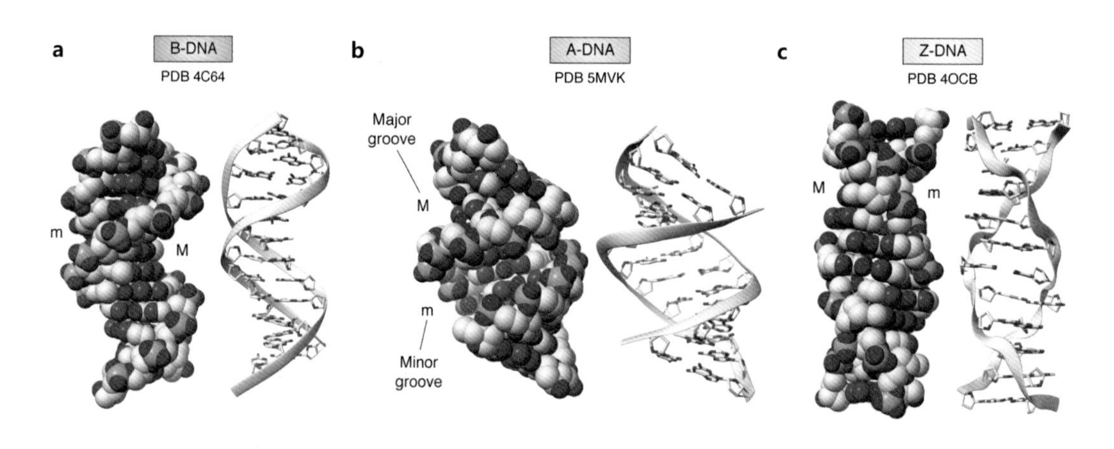

图 2-3 DNA 双螺旋结构的三种构象(Neidle S. et al. ,2021)

在真核生物中，基因的编码区主要由外显子和内含子构成。在转录过程中，外显子被保留并最终翻译为蛋白质，因此又被称为表达序列，而内含子保留于转录形成的初始转录产物(前体 mRNA，也称为 pre-mRNA)中，pre-mRNA 经剪切后去除内含子，进而形成成熟的 mRNA，因此内含子又被称为间隔序列。翻译不是从外显子的最前端开始，而是从 5′端的第一个起始密码子 AUG 开始。从甲基化鸟嘌呤核苷酸帽子到起始密码子间的一段序列称为 5′UTR，也叫前导序列，终止密码子到 poly A 尾巴之间的一段序列称为 3′UTR，也叫尾随序列。

在真核生物中，基因的非编码区包括启动子、终止子、增强子等，在基因的表达调控中发挥重要作用。

启动子是位于结构基因 5′端的一段 DNA 序列，能够活化 RNA 聚合酶，使之能与 DNA 模板正确结合并形成转录起始复合物。在植物中，常默认目的基因起始密码子上游 1～2000bp 的区域为目的基因的启动子区域，该区域分为核心启动子区与上游启动子区。核心启动子区是 RNA 聚合酶与转录起始复合物结合的部位，位于转录起始位点上游 35bp 左右的范围，该部分主要包括 TATA-

① 5′UTR 和 3′UTR 也是外显子，因为它们保留在成熟的 mRNA 中([美]J. D. 沃森，T. A. 贝克，S. P. 贝尔，等. 基因的分子生物学[M]. 第七版. 杨焕明，等，译. 北京：科学出版社，2015.)

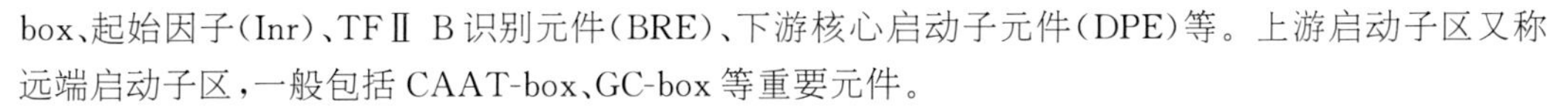

box、起始因子(Inr)、TFⅡB识别元件(BRE)、下游核心启动子元件(DPE)等。上游启动子区又称远端启动子区,一般包括CAAT-box、GC-box等重要元件。

依据结合RNA聚合酶的类型及编码产物的差异,真核生物启动子可分为Ⅰ型启动子、Ⅱ型启动子和Ⅲ型启动子。Ⅰ型启动子主要调控rRNA前体基因的转录;Ⅱ型启动子主要参与编码基因的表达调控;Ⅲ型启动子主要参与非编码RNA的转录。Ⅱ型启动子按照对基因的调控功能的不同又可以分为:①组成型启动子:使结构基因在不同组织部位中都能表达;②组织特异性启动子:使基因只在某些特定器官或组织中表达,具有发育调节特性;③诱导型启动子:响应特定的物理或化学信号,使基因转录水平在该启动子的调控下大幅度提升。启动子分析的详细信息可参见第三章“表达模式研究”中的“启动子分析”部分。

终止子是给予RNA聚合酶转录终止信号的DNA序列,位于基因的末端。终止子可以分为两类:一类不依赖于蛋白质辅因子(ρ因子)就能提供终止信号;另一类则需要ρ因子才能提供终止信号。这两类终止子在转录终止位点前有一段回文序列,回文序列存在对称中心可形成发夹结构,具有限制性内切酶的识别位点,是转录终止时的识别结构。不依赖ρ因子的终止子的回文序列中富含GC碱基对,在回文序列的下游常含有6～8个AT碱基对;依赖ρ因子的终止子的回文序列中GC含量较少。不同终止子的终止作用也不同,有的终止子可以完全终止转录;有的只能部分终止转录,部分RNA聚合酶可越过这类终止子,继续沿DNA移动并转录,若结构基因群中存在这类终止子,则前后转录产物的量会存在差异,这也是终止子调控基因群中不同基因表达产物比例的一种方式。有的蛋白因子可作用于终止序列,从而减弱或取消终止子的作用,称为抗终止作用,这种蛋白因子称为抗终止因子。

增强子是一种不依赖于自身位置和方向就能调节靶基因表达的顺式作用元件,通过结合转录因子、辅因子及染色质复合物作用于启动子,从而增强基因转录。增强子可位于靶基因的上游或下游,也可位于靶基因内含子中,它调控基因的转录无方向性。单个增强子可以调控多个基因的表达。增强子可以分为细胞专一性增强子和诱导性增强子,前者只有与特定的蛋白质结合才能发挥功能,后者发挥功能通常需要特定的启动子参与。

转录起始位点指与pre-mRNA链第一个核苷酸对应的DNA链上的碱基,通常为嘌呤(A或G)。转录终止位点指与pre-mRNA链最后一个核苷酸对应的DNA链上的碱基。

回顾过去的科学研究,科研工作者们常常将目标集中于上述介绍的基因结构,但近年来,随着人类对不同物种间的基因组测序工作的深入,大量非编码RNA基因被发现。非编码RNA是基因表达的终产物,参与转录或翻译过程但不参与编码蛋白质。常见的非编码RNA包括tRNA、rRNA、siRNA、miRNA、snRNA、snoRNA、lncRNA、circRNA等。本书中仅介绍tRNA、rRNA、snRNA、siRNA、miRNA、lncRNA的概念和基本功能,其他非编码RNA可自行查阅相关文献。

tRNA又叫转运RNA,大小为74～95nt,其二级结构呈三叶草状,参与蛋白质合成过程中氨基酸的转运。rRNA又叫核糖体RNA,是核糖体组成的一部分,对核糖体发挥功能至关重要,在转录及转录后加工阶段可响应外界环境的变化。snRNA又叫核内小RNA,大小为50～200nt,可参与pre-mRNA剪切从而使pre-mRNA转变为成熟mRNA。siRNA也叫小干扰RNA,可以诱发靶标mRNA的沉默反应。miRNA又叫微RNA,是一种新型的调控真核基因表达活性的调节因子,主要通过与靶标mRNA非翻译区的碱基互补配对而起作用,当其与mRNA不完全配对时,抑制翻译过程;完全配对时,切割或降解靶标mRNA。lncRNA长度一般超过200nt,根据对于蛋白质编码基因的相对位置可分为基因间lncRNA、内含子lncRNA、正义lncRNA、反义lncRNA、双向lncRNA五种类型,主要参与调控转录或转录后水平的基因表达、DNA甲基化、组蛋白修饰、染色质结构等生物学过程。

总而言之，每一个基因在生物体内各司其职，缺失任意一个都有可能造成不良影响，它们共同调控正常的生命活动。了解基因的概念与结构是研究者在进行基因功能研究前必须掌握的基础知识。在植物基因功能研究中，常常聚焦于启动子区和CDS区，这两个区域的研究对于解析植物抗病机制、生物体遗传变异机制等方面有重要意义。

二、通过正向遗传学获得目的基因

开展基因功能研究的第一步是获得目的基因。正向遗传学是从表型入手，通过植物细胞、组织或个体基因组的自发突变或人工诱变，来寻找鉴定相关的表型变化，然后从这些特定表型变化的植物细胞、组织或个体中找到对应突变的目的基因。利用正向遗传学筛选并克隆目的基因，是遗传学分析中重要的策略和方法之一，而且从理论上来讲，正向遗传学的研究方法适用于所有的孟德尔群体，即在特定时间和空间，能够自由交配、繁殖的同种生物个体群，单倍体或者只能进行无性繁殖的生物群体，通常不属于孟德尔群体。下面，先来学习如何利用正向遗传学的手段找到目的基因(图 2-4)。

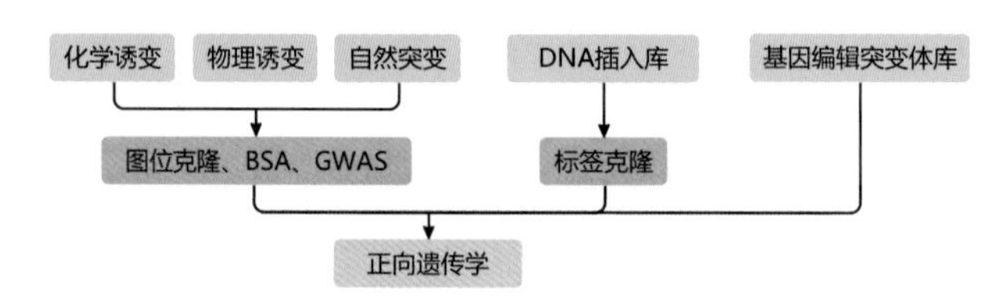

图 2-4　通过正向遗传学获得目的基因

(一) 开展正向遗传学的整体思路

正向遗传学，简单来说，是从表型变化研究基因变化，根据基因对性状影响的大小，通常把基因划分为主效基因(major gene)和微效基因(minor gene)。主效基因是一类控制质量性状的基因，其性状表现为不连续的变异，对主效基因的定位通常称为基因定位。微效基因是一类控制数量性状的基因，因此通常称为数量性状座位(quantitative trait locus，QTL)，其性状表现为连续的变异，对微效基因的定位通常称为 QTL 定位(盖钧镒等，2003)。为了更好地理解正向遗传学，下面介绍一些基础的概念。

1. 正向遗传学的群体

群体对于正向遗传学的开展非常重要，表型变化的观测需要群体对象。自然群体、人工诱变群体都是开展正向遗传学的基础。

自然群体由来自特定物种的一组个体，如品种、自交系、种质、生态型、种族组成，代表了目标性状的全谱变异。这类群体通常涉及广泛的遗传背景，具有多种可以作为研究目标的性状特征(Zou et al.，2016)。尽管自然群体中存在自发突变，但是频率很低，无法满足人类利用和研究的需要，因此，人工诱变群体应运而生，该类群体是指利用人工手段诱导生物体遗传物质产生可以稳定遗传的变异群体，常见的如化学诱变群体、物理诱变群体、DNA 插入群体、基因编辑突变体群体。

2. 遗传分析

拿到目标表型突变体材料后，首先需要进行遗传分析，判断这一性状是由主效基因还是微效基因控制。在进行遗传分析时，需要根据具体情况选择不同的方法和策略，以充分考虑不同群体之间的差异。

对于来自化学诱变群体、物理诱变群体和自然群体的突变体材料，遗传分析的基本方法是：①选择具有相对性状的两个亲本杂交；②在 F_1 代中观察该性状是完全显性（出现与亲本之一相同的性状），还是不完全显性（出现亲本中间类型的性状）；③在 F_2 代中分析分离群体中相对性状的分离情况。在 F_2 代分离群体中，若不同个体的性状呈现明显的类别差异，可以将它们明确分组，若能采用系谱分析和概率分析算出性状分离比，则意味着该性状受主效基因控制。通过性状分离比，还可以推算出该性状受几对等位基因控制，例如，观察到 9∶7 的性状分离比时，可能意味着两对主效基因控制该性状。若不同个体的性状很难明确分组，无法直观地观察到组别差异，则意味着该性状受微效基因控制，需要借助数理统计的分析方法来进一步研究性状的遗传规律。

对于来自 DNA 插入突变体库、基因编辑突变体库的突变体材料，可以通过直接观测 T_0 代的表型、T_1 代的表型和分离情况，再结合上述不同分离群体的特征，作出相应的判断。

3.基因定位方法

当涉及基因定位时，可以将方法粗略地分为两类：需要构建遗传群体的方法，不需要构建遗传群体的方法。

需要构建遗传群体的方法主要适用于化学诱变群体、物理诱变群体和自然群体。从这些群体中获得的突变体材料，突变类型未知且突变位点缺乏具体的标签序列信息。为了遗传分析和定位目的基因，常需要构建一个突变性状分离群体，再选用如图位克隆、混合群体分离分析法（bulked segregant analysis-sequence，BSA-seq）寻找目的基因。

不需要构建遗传群体的方法主要适用于自然群体、已经具有表型和基因型数据的群体、DNA 插入突变体库和基因编辑突变体库。以自然群体、已经具有表型和基因型数据的群体作为研究对象时，一般可以借助全基因组关联分析（genome-wide association study，GWAS）寻找与某一性状显著性关联的单核苷酸多态性（SNP）位点，快速锁定目标区域。以 DNA 插入突变体库作为研究对象时，由于突变体库在构建的过程时借助外源 DNA 序列随机插入植物基因组中，所以可以通过标签克隆技术定位目的基因。以基因编辑突变体库作为研究对象时，研究者能够直接通过测序技术获得目的基因突变的具体信息。

（二）通过构建群体材料获得目的基因

通过正向遗传学的研究策略获得目的基因，常用的群体对象是化学诱变群体、物理诱变群体和自然群体。化学诱变群体主要利用化学诱变剂来进行构建，在植物中常见的化学诱变剂主要有甲基磺酸乙酯（ethyl methanesulfonate，EMS）、N-甲基-N-亚硝脲（N-methyl-N-nitrosourea，MNU）和硫酸二乙酯（diethyl sulfate，DES）。物理诱变群体主要利用电离辐射（α 射线、β 射线、γ 射线、X 射线和快中子等）或非电离辐射（紫外线以及激光等）来进行构建。自然群体中的突变则是在无人工干预条件下发生的基因突变（图 2-5）。

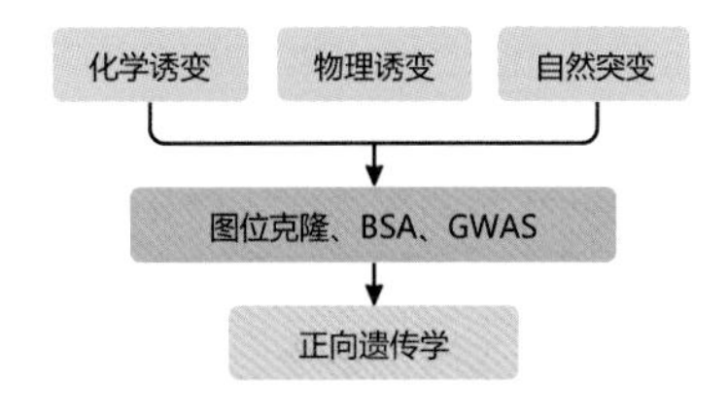

图 2-5　通过构建群体材料获得目的基因

上述三种群体为筛选和获得感兴趣表型单株提供了基础，然而，感兴趣表型对应的目的基因往往是未知的。如前所述，为了解决这一问题，可以借助一些实验方法进行进一步的研究，如图位克隆、BSA-seq 和 GWAS。图位克隆和 BSA-seq 一般需要构建目标性状分离的遗传群体，常见的遗传群体类型主要有杂交 F_2 群体、$F_{2:3}$ 衍生群体、回交群体(back crossing, BC)、重组自交系(recombined inbred lines, RIL)、近等基因系(near isogenic lines, NIL)和双单倍体群体(doubled haploid, DH)。随着技术的不断更迭，出现了很多以 BSA-seq 为基础的新技术，如 MutMap、$MutMap^+$ 和 MutMap-Gap 等。在开展 GWAS 研究时，一般情况下会利用自然群体来开展，因为自然群体往往具有丰富的遗传信息和表型变异，当然如果条件允许，还可以从头构建更为理想的多亲本杂交群体，如多亲本高世代杂交群体(multi-parent advanced generationinter-cross, MAGIC)和巢式关联作图群体(nested association mapping, NAM)(赵宇慧等，2020)。

下面会介绍这些技术在科研中的应用案例。

1. 通过图位克隆获得目的基因

图位克隆是一种利用分子标记来进行基因克隆的方法，由剑桥大学 Alan Coulson 率先提出(Coulson et al., 1986)。此方法是一种经典遗传分析方法，首先筛选与目的基因连锁的分子标记，利用分子标记对基因进行初定位，在目标性状的遗传分离群体中把目的基因锁定在染色体的一定区域内，然后再利用与基因紧密连锁的分子标记进行精细定位，同时绘制目的基因区域的高密度遗传图谱和精细物理图谱，直至鉴定出包含目的基因的一个较小的基因组片段，在这一区间内，借助生物信息学、RNA-seq 差异表达分析等相关实验来确定目的基因。

利用图位克隆技术寻找目的基因，是一个研究发现的过程，对于新基因的挖掘来说至关重要。然而，该技术也存在一定的局限性。特别是当某一基因位于重组交换异常的染色体区段时，会给基因的精细定位带来巨大的困难。举例来说，与普通的基因重组相比，靠近着丝粒位置的基因发生的重组其遗传距离的改变更为显著，仅有 1%的重组就相当于遗传距离发生了 1000～2500kb 的改变。

文献案例

2001 年，三明市农科院的研究者在亲本为 SE21S 和 Basmati370 的 F_2 代遗传分离群体中，发现了花粉败育形态显著异于前期所报道的单株，将其命名为 SDGMS，该株系表现出显性雄性核不育表型，但其关键基因一直未被克隆到。

2023 年 8 月，华中农业大学张启发/欧阳亦聃课题组与福建省三明市农科院黄显波课题组合作在 *National Science Review* 杂志上发表了一篇题为"Spontaneous movement of a retrotransposon generated genic dominant male sterility providing a useful tool for rice breeding"的研究论文，首次克隆了三明显性核不育种质 SDGMS 中的显性雄性核不育基因 *SDGMS*，系统地阐述了水稻核显性不育机制，为其育种应用指明了方向。

作者为了完成对该基因的定位和功能研究，首先构建了包含 *SDGMS* 基因片段的 3 个近等基因系(图 2-6)。通过种植 938(*SDGMS*)近等基因系的 BC_7F_1 群体的 8241 个单株，利用与目的基因紧密连锁的分子标记进行群体筛选，将 *SDGMS* 基因定位到 8 号染色体的 53kb 区域中(图 2-7a)。

同时，鉴于基因组区段的复杂变异，作者构建了细菌染色体文库(bacterial artificial chromosome, BAC)。文库由 938(*SDGMS*)基因组 DNA 组成，包含 36480 个克隆，平均 DNA 插入片段大小为 110kb。利用 8 号染色体上与目的基因紧密连锁的分子标记 xch43、xch7 和 xch95 来进行文库的筛选，得到了覆盖 *SDGMS* 基因的克隆 9-B-10，通过 PCR 和测序确定了该克隆的核苷酸序列，并发现具有 *SDGMS* 基因型的 9-B-10 克隆与 ZS97 的基因组序列相比，在该区域内序列几乎相同，除了在预测基因上游多了一个 1978bp 的序列。由此，作者将目标锁定在 1978bp 这一序列上，通过构建遗传转化材料，完成了这一区域的功能验证，锁定了该区域对于天然环境中的 SDGMS 品种完全雄性不育是必需的(图 2-7b)。

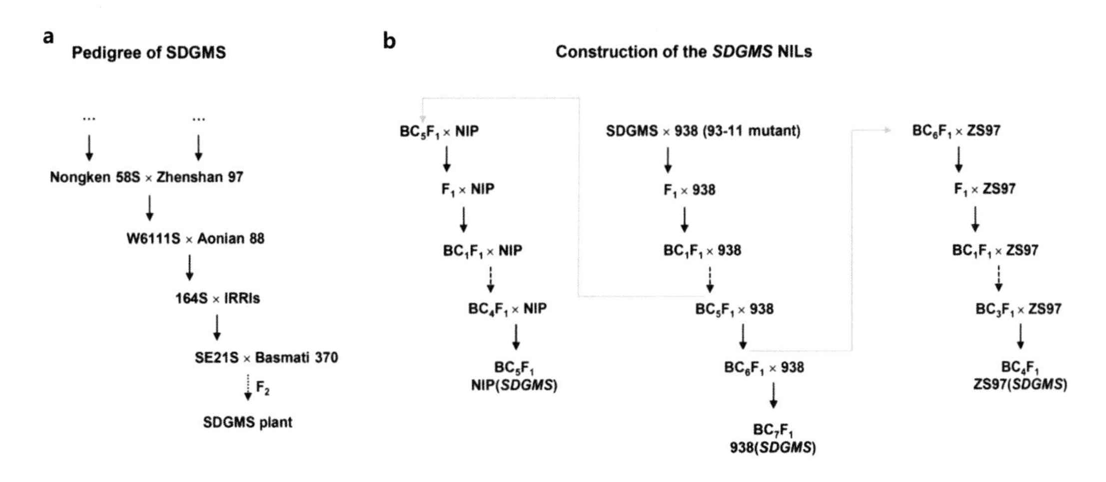

图 2-6　构建遗传群体：NIP(*SDGMS*)、938(*SDGMS*)和 ZS97(*SDGMS*)(Xu et al.，2023)

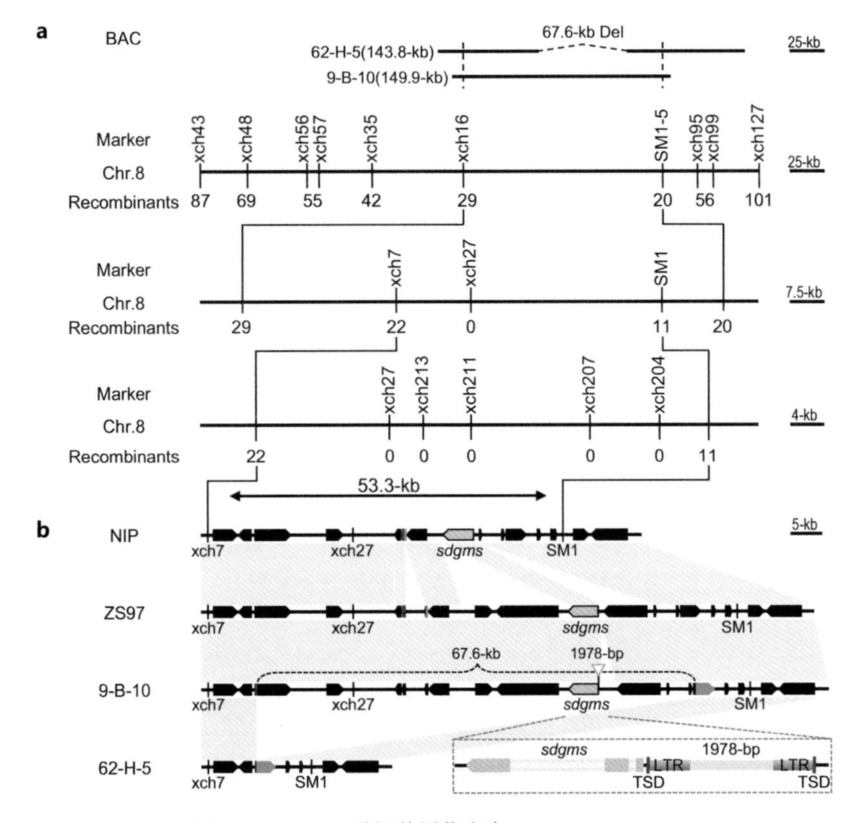

图 2-7　*SDGMS* 基因的图位克隆(Xu et al.，2023)

2. 通过 MutMap 获得目的基因

MutMap 是一项基于全基因组测序发展起来的技术(Abe et al.,2012),适用于从化学诱变群体或自然群体中获得的突变体材料,可以帮助研究者快速定位目的基因。这种方法与 BSA-seq 类似,都是针对感兴趣的表型选择差异显著的亲本,构建遗传分离群体。从该遗传分离群体中选择出具有突变表型的单株,构建突变体 DNA 混池,同时挑选野生型表型的单株,构建野生型 DNA 混池。理论上,MutMap 技术中使用的分离群体遗传背景相同,只有在目标性状所在的基因组区域有差异,因此通过混池测序、筛选分析比对,可以获得该基因组区域的目的基因。

相较于图位克隆技术,MutMap 技术的一个显著优势是不需要进行 DNA 分子标记的开发。通过分析 DNA 池的等位基因的频率,就可以进行遗传定位,大大减少了工作量,并加快了候选基因筛选和后期验证的进程。然而,该技术同样也存在一定的局限性,对于一些不适合杂交的突变体表型,以及发育早期死亡或不育的表型,该技术并不适用。

文献案例

2022 年 2 月,河北农业大学赵建军、申书兴和马卫课题组联合中国农业科学院蔬菜花卉研究所程锋课题组在 *Molecular Plant* 杂志上发表了一篇题为"Construction of a high-density mutant population of Chinese cabbage facilitates the genetic dissection of agronomic traits"的研究论文,该研究利用双单倍体自交系 A03 作为亲本进行 EMS 化学诱变来构建突变体库,检测显示该突变体库覆盖了 A03 基因组中所有预测基因的 98.27%,作者利用技术从该突变体库获得了目的基因 *BraYL-2* 和 *BraYL-4*(图 2-8)。

作者从上述 EMS 突变体库中挑选了黄叶突变体 *yellow-1*(M_6,S304),计划通过正向遗传学研究方法寻找目的基因。*yellow-1* 与野生型亲本 A03 进行杂交配组后得到具有野生型表型的 F_1 植株,F_1 代自交后得到 F_2 代群体。发现 F_2 代群体中野生型绿叶和突变型黄斑叶的分离比例为 3∶1,表明 *yelllow-1* 突变表型可能是由单隐性基因突变引起的(图 2-8b)。

将突变表型为黄斑叶的 F_2 代个体的基因组等量混合获得突变体库 DNA 池,再进行深度的全基因组重测序。将测序获得的结果与亲本野生型 A03 的基因组进行比对,获取 SNP 位点,计算 SNP 指数,通过指数峰来反映目的基因所在位置。作者分析发现,在大白菜 2 号染色体上存在一个 SNP 指数为 1 的基因组区域,该区域含有 27 个 SNP 位点。在这 27 个位点中存在 3 个非同义突变 SNP 位点,利用竞争性等位基因特异性 PCR(kompetitive allele specific PCR,KASP)鉴定分析后,确认这 3 个 KASP SNP 都在 F_2 群体中分离。通过基因型与表型的匹配程度,最终锁定 *BraYL-2* 基因是控制黄斑叶表型的基因,其 KASP SNP 为 G/A:甘氨酸→谷氨酸。

3. 通过 GWAS 获得目的基因

利用 GWAS 对自然群体进行研究,是开展正向遗传学挖掘目的基因的一种常见技术手段。该技术通过检测多个个体在全基因组范围的遗传变异(标记)多态性,获取其基因型,并将基因型与表型联系在一起,然后进行群体水平的统计学分析。通过统计量或显著性筛选,可以找到最有可能与该表型性状相关的 SNP,进而挖掘与性状变异相关的基因。

利用 GWAS 技术对目标性状相关基因进行遗传定位的显著优势是,一般情况下不需要构建遗传群体,可以利用现有的自然群体作为材料。这样可以节省时间,并且可以在较短的时间内获得结果。此外,GWAS 技术的精度高,有些情况下甚至可以达到单基因的水平。然而,该技术存在一定的局限性。群体结构的存在会对 GWAS 的结果产生一定的影响,常常会导致目标性状和无关基因

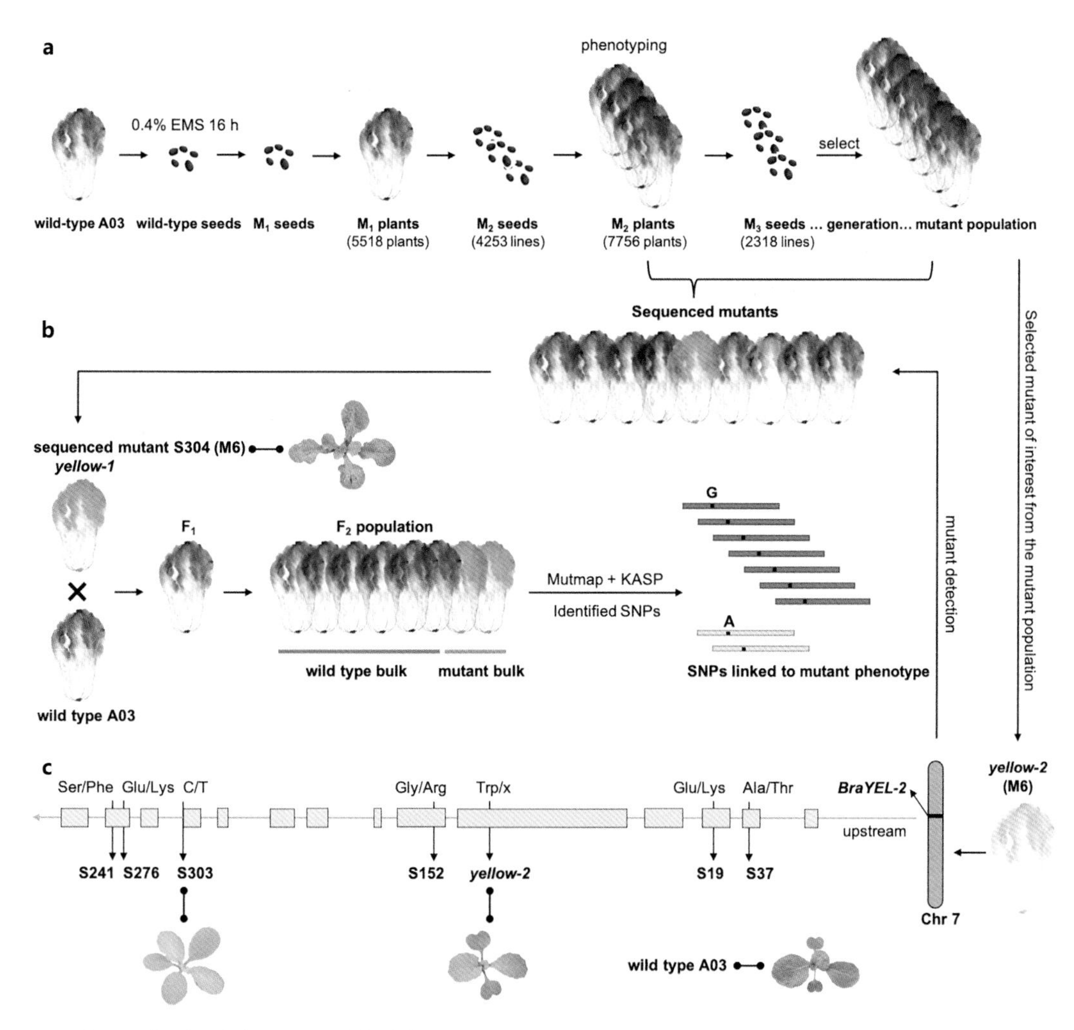

图 2-8　使用大白菜 EMS 突变体库获得目的基因 *BraYL-2* 和 *BraYL-4* 的实验流程(Sun et al.,2022)

a. 构建大白菜 A03 EMS 突变体库,用 0.4% EMS 诱变野生型 A03 的种子,产生 M_1 群体,经过一系列的选育得到 M_2、M_3、M_4、M_5 和 M_6 群体;b. 利用 M_6 群体和野生型,通过 MutMap 和 KASP 鉴定出黄色突变体中的候选基因 *BraYL-2*;c. *BraYL-4* 基因的基因组定位以及通过筛选测序突变体在 *BraYL-4* 中鉴定出的 13 个纯合突变

之间的假关联。此外,稀有等位基因往往无法被有效检测到(乔峰,2017)。

文献案例

玉米带状叶枯萎病是由一种坏死真菌 *R. solani* 引起,这种病害主要发生在中国、南亚及东南亚。2019 年 8 月,山东农业大学储昭辉课题组在 *Nature Genetics* 杂志上发表了一篇题为“Natural variation in *ZmFBL41* confers banded leaf and sheath blight resistance in maize”的研究论文,为了研究玉米对这一病害的抗性,作者在 318 个不同自交系的玉米自然变异群体中接种该病菌,并在 5 天后观测病斑长度,以评估玉米对该病害的抗性程度。接着,作者借助 GWAS 对接种病菌的群体进行分析,从中找到了对玉米抗病性具有显著影响的 SNP,并最终确定了目的基因 *ZmFBL41*(图 2-9)。

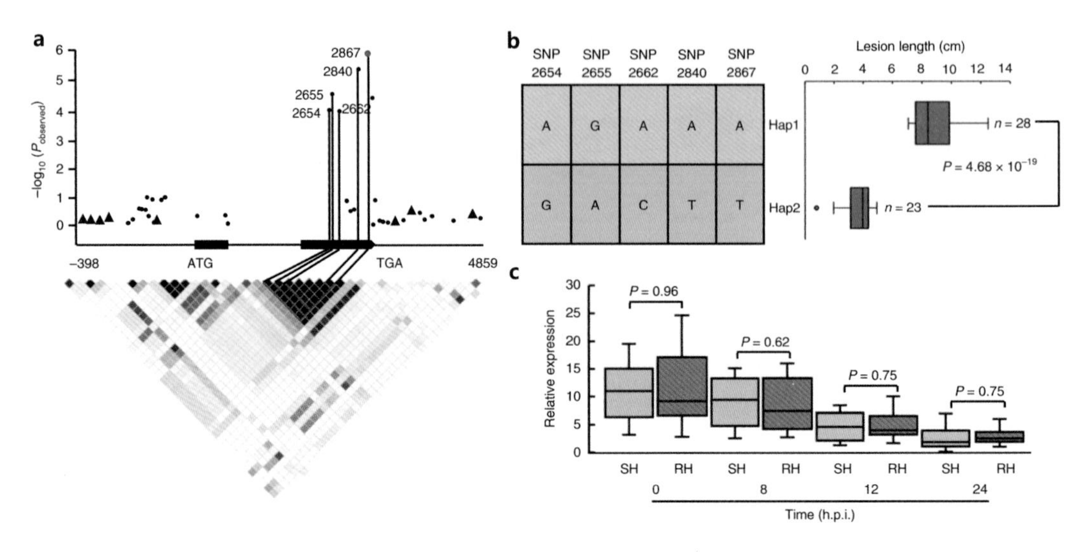

图 2-9　*ZmFBL41* 基因的自然变异与玉米对枯萎病的抗性显著相关(Li et al.,2019)

a. 基于 *ZmFBL41* 的关联映射和成对连锁不平衡分析,三角形表示 indels,圆点表示 SNPs,最显著相关的 SNP 用红色圆点表示,SNPs 与最显著相关的 SNP 连锁相关性用实线连接到成对连锁不平衡图,并用红线显示;b. *ZmFBL41* 在玉米自然变异中的单倍型(Hap,即指在单个染色体上 SNPs 的组合形式);c. 在 SH 系(易感单倍型株系)和 RH 系(抗性单倍型株系)中 *ZmFBL41* 表达量的比较。

(三) 通过标签克隆获得目的基因

在高等植物中,目前已成功用于构建突变体文库的 DNA 插入突变技术主要包括 T-DNA 插入法和转座子插入法(吴乃虎等,2015)。T-DNA 插入突变体库又可以分为两类:T-DNA 功能缺失突变体库和 T-DNA 功能获得突变体库(图 2-10)。目前对于利用转座子插入突变体库获取目的基因的方法较为少见,因而在此不再进行讲述。

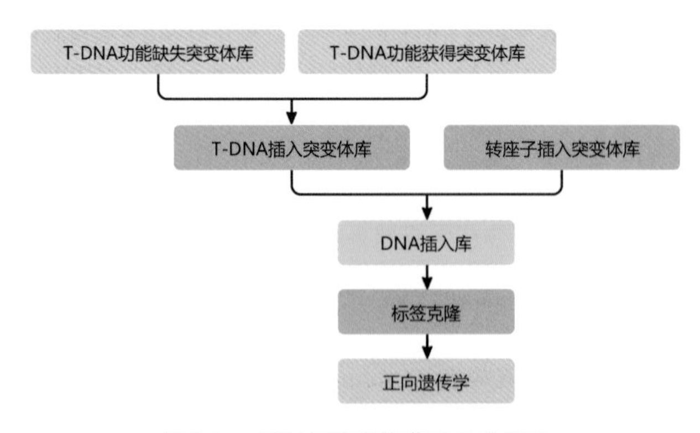

图 2-10　通过标签克隆获得目的基因

T-DNA 功能缺失突变体库利用 T-DNA 在植物基因组上的随机插入,引起基因突变,产生不同表型的突变体。在构建 T-DNA 功能获得突变体库时,将上述 T-DNA 载体进行了改造,即利用 4 个花椰菜花叶病毒(cauliflower mosaic virus,CaMV)35S 启动子串联形成激活标签和筛选标记。改造后 T-DNA 同样在植物基因组上随机插入,可能会增强某些基因的表达,产生功能获得型突变。

插入突变因为标签序列的存在,便于进行插入位点的分离研究。通过利用已知的插入序列作为标签,可以快速寻找目的基因。下面介绍通过 T-DNA 插入突变体库获得目的基因。

构建 T-DNA 插入突变体库是通过利用根癌农杆菌对植物的侵染来实现的,根癌农杆菌携带的 Ti 质粒在这个过程中起着重要的作用。T-DNA 是 Ti 质粒上的一段特殊序列,它具有携带外源基因的能力。在利用农杆菌进行转化时,携带外源基因的 T-DNA,经过复杂的生化过程,穿越核膜,进入细胞核,并随机地整合到核基因组中。

T-DNA 插入突变体库的优点是插入片段拷贝数较低,遗传稳定性高且符合孟德尔遗传,便于应用。同时也存在一些不足,如 T-DNA 在植物基因组中插入存在热点,无法在染色体上完全随机分布;其次转基因操作中会产生部分多拷贝转化子,这些材料中同时存在的 T-DNA 插入事件可能导致临近染色体重排等问题(杜邓襄,2017)。

尽管如此,对 T-DNA 插入突变体的分析相对容易,当发现某个突变性状与 T-DNA 共分离时,可以利用已知的 T-DNA 序列,通过热不对称交错 PCR(thermal asymmetric interlaced,TAIL-PCR)、反向 PCR(Inverse-PCR)等方法来分离 T-DNA 侧翼基因组序列,拿到侧翼序列后可以与物种参考基因组进行比对,确定 T-DNA 的插入位点,锁定目的基因(李燕等,2018)。

通过 T-DNA 功能缺失突变体库获得目的基因

2022 年 6 月,安徽农业大学朱建华课题组在 *Plant,Cell & Environment* 杂志上发表了一篇题为“Modulation of plant development and chilling stress responses by alternative splicing events under control of the spliceosome protein SmEb in *Arabidopsis*”的研究论文。可变剪接参与许多植物细胞过程,在处于逆境胁迫的植物中广泛存在,该研究揭示了在拟南芥处于低温胁迫时,影响 mRNA 剪接的关键核心成分。

为了筛选低温敏感表型突变体,作者在 Arabidopsis Biological Resource Center(ABRC)中收集了 6866 个不同插入位点的 T-DNA 株系。通过对这些株系在低温胁迫处理下的萌发后幼苗成活率和生长情况进行观察,作为表型参数进行突变体筛选。在筛选过程中,作者发现并选出了两个具有低温敏感表型的突变体,它们被命名为 *smeb-1* 和 *smeb-2*。进一步的验证结果表明,在低温胁迫下,这两个突变体的生长和叶绿素含量明显下降,与野生型相比存在显著差异(图 2-11a、b)。为了确定目的基因,作者对 *smeb-1* 突变体进行了进一步分析,发现 T-DNA 插入位点位于核基因 *AT2G18740* 的第二个外显子处。经过进一步研究发现,该基因编码核心小核核糖核蛋白家族蛋白 SmEb。因此,将目的基因锁定为 *SmEb* 基因。

为了验证 *SmEb* 基因的功能,作者进行了一系列实验,以转基因实验和 RNA-seq 实验为例。通过转基因实验表明,*SmEb* 在低温应激反应中起着重要作用。通过在 *smeb-1* 和 *smeb-2* 突变体中表达 *SmEbpro*:*SmEb-3*×*FLAG* 基因,构建了回补株系 Com-1 和 Com-2。结果显示,在低温胁迫下,回补株系能够表现出与野生型相似的表型(图 2-12a、b),表明在 *smeb-1* 和 *smeb-2* 突变体中对低温胁迫敏感的原因是由 *SmEb* 基因突变引起的。通过 RNA-seq 分析表明 *SmEb* 在低温胁迫条件下调控前体 mRNA 可变剪接。最终阐明了 *SmEb* 基因在低温适应中的功能机制。

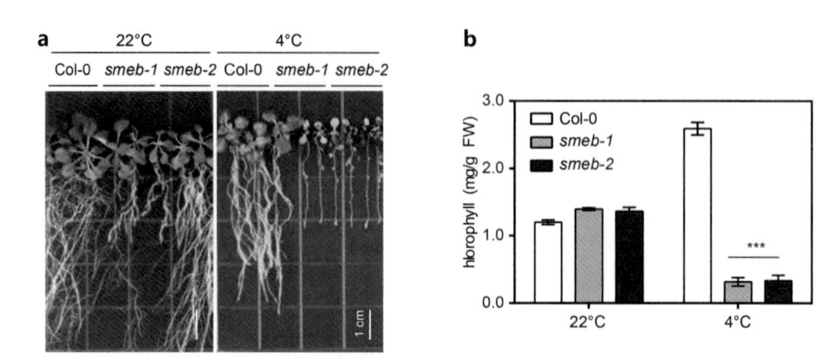

图 2-11　*smeb-1*，*smeb-2* 突变体对低温胁迫的敏感(Wang et al.，2022)

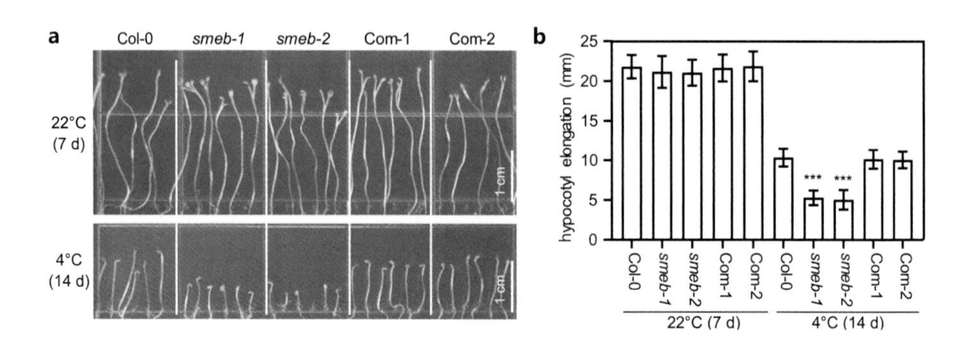

图 2-12　*SmEb* 对于低温胁迫的应答至关重要(Wang et al.，2022)

通过 T-DNA 功能获得突变体库获得目的基因

2022 年 9 月，北京大学秦跟基课题组联合华南农业大学吴蔼民课题组在 *Molecular Plant* 杂志上在线发表了一篇题为“Activation tagging identifies WRKY14 as a repressor of plant thermomorphogenesis in *Arabidopsis*”的研究论文，作者发现了调控植物热形态建成的新的负调控因子 WRKY14/ABT1，还揭示了一种新的 PIF4 转录因子的精细调控机制。通过 ABT1、TCP5 和 PIF4 之间的协同精细调控，使植物能够响应不同温度以及不同高温持续的时间，来精确调控植物的热形态建成，适应多变的环境温度。

作者为了确定调节植物热形态发生的新形式，以下胚轴长度作为表型参数，筛选了高温下热形态发生异常突变的激活标签突变体库。鉴定到了突变体 *abt1-D*，它在高温条件下不产生细长的下胚轴。与野生型对照相比较，杂合 *abt1-D* 突变体和 *pif4-2* 突变体在高温下产生的下胚轴较短。纯合的 *abt1-D* 突变体的下胚轴长度甚至比杂合 *abt1-D* 和 *pif4-2* 突变体的下胚轴长度更短(图 2-13a～e)。这些结果表明，*abt1-D* 是一个对高温敏感的显性突变体。

随即使用 TAIL-PCR 鉴定在 *abt1-D* 突变体中的 T-DNA 插入，经过检测后发现，T-DNA 插入位点在 *AT1g30650* 的上游，并且与 *abt1-D* 的异常热形态发生共分离(图 2-13f、g)。为验证该基因就是目的基因，作者在野生型、杂合 *abt1-D* 突变体、纯合 *abt1-D* 突变体中检测了基因的表达量(图 2-13h)；构建了过表达 *AT1g30650* 的转基因株系，观测在高温下的表型情况(图 2-13i～l)。经过验

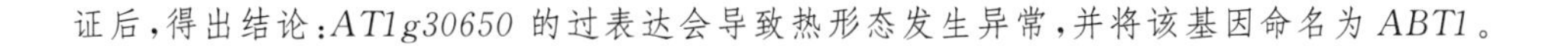

证后，得出结论：*AT1g30650* 的过表达会导致热形态发生异常，并将该基因命名为 *ABT1*。

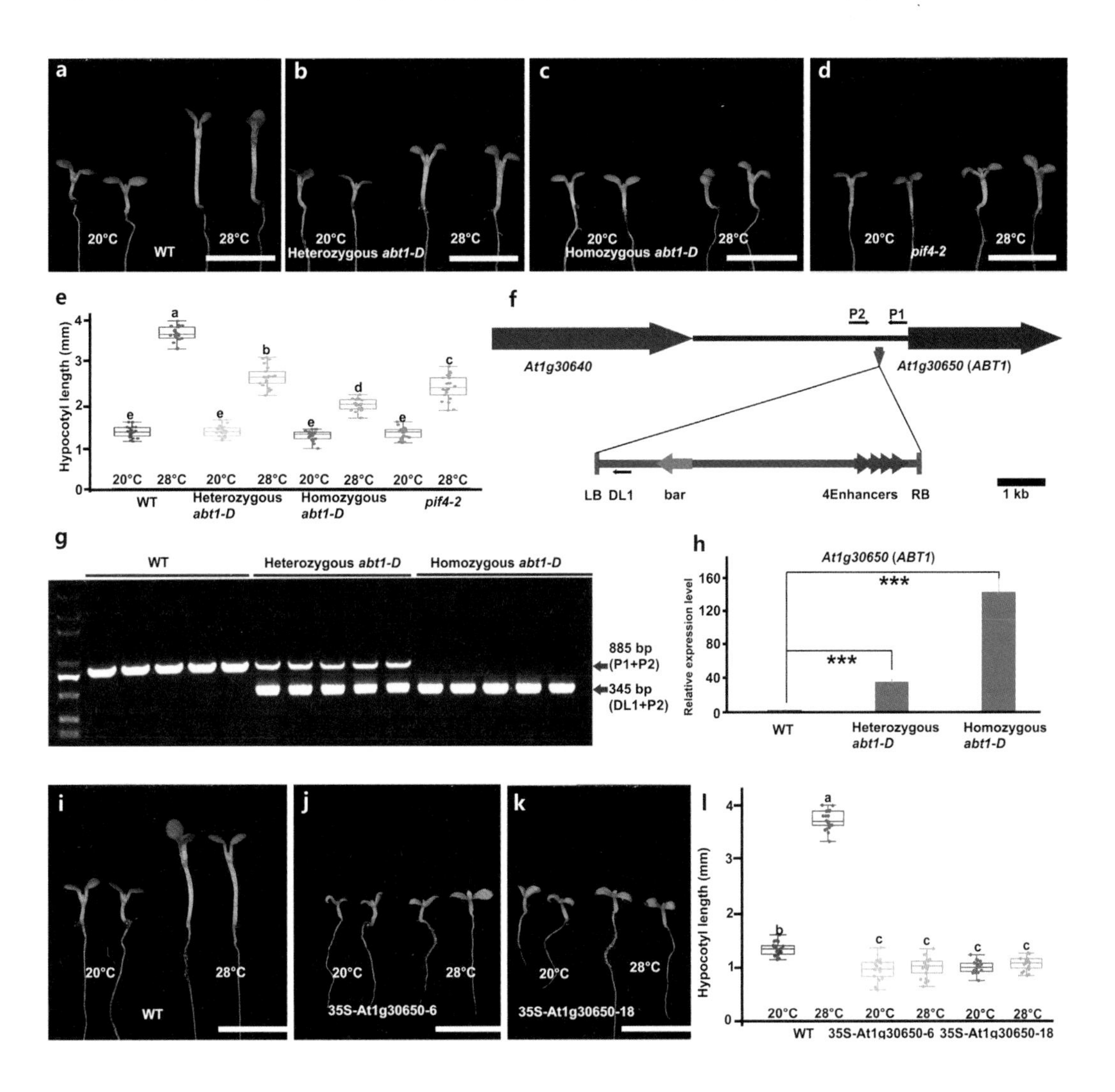

图 2-13　标签激活突变体 *abt1-D* 对高温不敏感(Qin et al.,2022)

(四) 通过构建基因编辑突变体库获取目的基因

除了上述方法，还可以通过 CRISPR/Cas 技术构建突变体库以获取目的基因。CRISPR/Cas 技术能够在全基因组规模上引入突变，并且突变体的基因型能够被高效地鉴定，推动了正向遗传学的发展，为基因功能研究和育种工作提供了宝贵的遗传资源(Liu et al.,2023)。相比于上述构建群体材料和标签克隆的方法，CRISPR/Cas 技术能靶向单个基因或多个基因，获得的突变体容易被鉴定与筛选，同时仅用数量较少的群体材料即可达到饱和突变。CRISPR/Cas 技术能产生丰富的突变类型，包括单碱基置换、插入和缺失等，这是上述方法无法实现的(Gaillochet et al.,2021)。相较于锌指核酸酶(zinc finger nuclease，ZFNs)技术和转录激活因子样效应物核酸酶(transcription activator-like effector nuclease，TALENs）技术等其他基因编辑技术，CRISPR/Cas 技术的操作方法更简单，能够灵活地靶向不同的目标序列（Mazhar Adli，2018）。

目前，CRISPR/Cas 技术在构建哺乳动物的基因编辑突变体库上广泛应用且成效显著（Shalem et al.，2015）。随着 CRISPR/Cas 技术的不断发展，该技术也用于构建植物的基因编辑突变体库，例如水稻、番茄和大豆等（Jacobs et al.，2017；Lu et al.，2017；Meng et al.，2017；Bai et al.，2020）。

构建基因编辑突变体库的步骤可以简单概括为图 2-14。

图 2-14　基因编辑突变体库的构建流程

1. 选择合适的基因编辑工具

选择合适的基因编辑工具是构建基因编辑突变体库的第一步。常见的基因编辑工具包括基于 CRISPR/Cas 的基因敲除工具（CRISPRko editor）、基因敲入工具（knock in editor）、单碱基编辑工具（base editor）和先导编辑工具（prime editor）（图 2-15）。

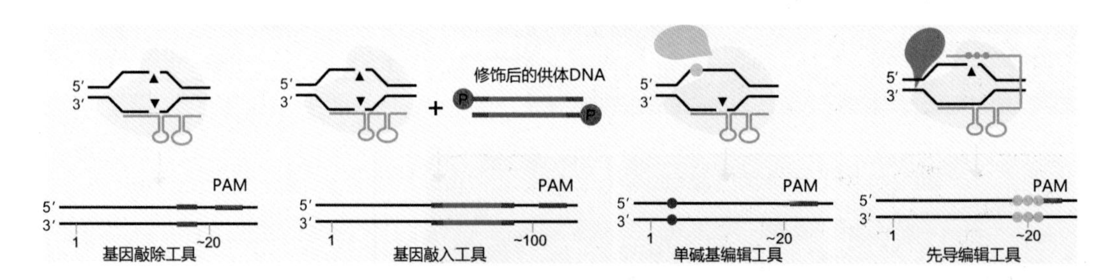

图 2-15　选择合适的基因编辑工具（Liu et al.，2023）

目前，在植物中构建基因编辑突变体库的首选工具是 Cas9 核酸酶介导的 CRISPRko editor，但 Cas9 核酸酶能够编辑的基因受到前间隔序列邻近基序（protospacer-adjacent motif，PAM）5′-NGG-3′的局限。使用具有扩增 PAM 位点的 Cas9 变体（例如 Cas9-NG 和 SpRY）或识别富含 AT PAM 的 Cas12a（Cpf1）等核酸酶，可以靶向更多基因，增加突变体库对基因组的覆盖度。除了 CRISPRko editor 外，knock in editor 可将外源 DNA 序列靶向敲入植物基因组序列中；base editor 可在基因序列上实现单碱基的置换，例如胞嘧啶（C）转换为胸腺嘧啶（T）或腺嘌呤（A）转换为鸟嘌呤（G）。prime editor 可以在基因序列上实现四种碱基之间的任意变换，还能有效地实现多碱基的精准插入与删除，这四类工具都具有构建植物基因编辑突变体库的潜力，但目前在植物中这些工具的编辑效率普遍较低，需要对它们进行性能优化并检测其基因编辑效率，选择编辑效率较高的工具来构建突变体库。

2. 设计 sgRNA 数据集

选择合适的基因编辑工具后，需要设计识别靶标基因的向导 RNA（single guide RNA，sgRNA）数据集。除了要考虑 sgRNA 编辑效率外，还需考虑脱靶的情况。如果对基因编辑的候选基因进行生物信息学分析，将靶标基因的数量缩小到一定范围，在很大程度上能够减轻构建基因编辑突变体库的整体负担（图 2-16）。目前，已有许多 sgRNA 设计网站可供大家使用（表 2-1）。其中，一些设计网站能够在整个基因组范围内进行多个靶标设计，例如 CRISPy-web 和 CRISPR Library Designer，这对于获得覆盖整个基因组区域的 sgRNA 数据集非常有用。

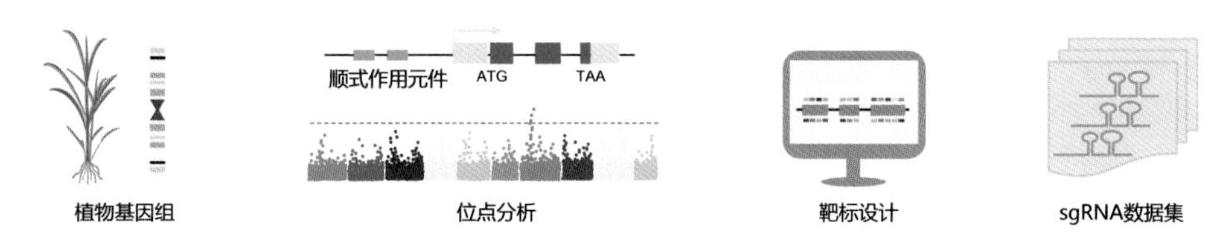

图 2-16 设计 sgRNA 数据集(Liu et al. ,2023)

注：通过适当的生物信息学分析可以有效地减轻构建基因编辑突变体库的整体负担，再通过各种网站批量设计 sgRNA，产生 sgRNA 数据集

表 2-1 sgRNA 数据集设计网站(Liu et al. ,2023)

基因编辑类型	设计软件	描述	网址
CRISPRko（基因敲除）	CRISPy-web	CRISPy-web: An online resource to design sgRNAs for CRISPR applications	https://crispy.secondarymetabolites.org/#/input
	CRISPR-P	CRISPR-P 2.0: An Improved CRISPR-Cas9 Tool for Genome Editing in Plants	http://crispr.hzau.edu.cn/CRISPR2/
	CRISPOR	CRISPOR: intuitive guide selection for CRISPR/Cas9 genome editing experiments and screens	http://crispor.org
	CHOPCHOP	CHOPCHOP v3: expanding the CRISPR web toolbox beyond genome editing	https://chopchop.cbu.uib.no
base editing（单碱基编辑）	PnB Designer	PnB Designer: a web application to design prime and base editor guide RNAs for animals and plants	https://fgcz-shiny.uzh.ch/PnBDesigner/
	Betarget	BEtarget: A versatile web-based tool to design guide RNAs for base editing in plants	https://skl.scau.edu.cn/betarget/
	RGEN BE-Designer	Web-based design and analysis tools for CRISPR base editing	http://www.rgenome.net/be-designer/

续表

基因编辑类型	设计软件	描 述	网 址
prime editing（先导编辑）	PlantPegDesigner	High-efficiency prime editing with optimized, paired pegRNAs in plants	http://www.plantgenomeediting.net/
	PrimeDesign	PrimeDesign software for rapid and simplified design of prime editing guide RNAs	https://primedesign.pinellolab.partners.org/
	pegFinder	A web tool for the design of prime-editing guide RNAs	http://pegfinder.sidichenlab.org/

3. 构建载体文库

完成 sgRNA 数据集的设计后，需大量合成 sgRNA，并构建到选择的基因编辑载体中。此外，建议使用负性筛选标记 *ccdB* 基因，筛去不含 sgRNA 的假阴性单克隆。通过数百万个单克隆来得到高覆盖深度的载体文库（例如：＞30×）（图 2-17）。还需要通过下一代测序（next-generation sequencing，NGS）评估载体文库中 sgRNA 分布情况，评估后进行植物的大规模遗传转化。

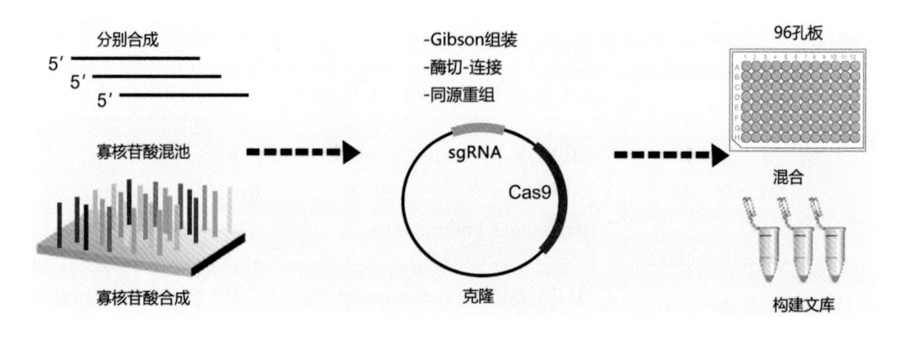

图 2-17 构建载体文库（Liu et al.，2023）

注：sgRNA 寡聚体可以在芯片上合成，然后克隆到合适的载体上，从而获得大规模基因编辑载体文库

4. 大规模遗传转化

植物在大规模遗传转化中的混合转化策略需要控制农杆菌的浓度，保证一个细胞接收一个 sgRNA，避免多个 sgRNA 的存在导致植物发生多重编辑。在不同的植物物种中，遗传转化的最佳农杆菌浓度可能有很大差异，因此，在大规模混合遗传转化前，需要通过预实验确定最佳的农杆菌浓度。另外，在植物中需要通过大量的组织培养来获得编辑文库（图 2-18）。因此，与动物相比，植物基因编辑突变体库的构建要困难得多。

通过上述基因编辑突变体库的构建流程，可以获得大量可能发生了基因编辑的突变体植株。接着，需要对突变体的基因型进行鉴定来获得目的基因，通常将具有研究价值表型的突变体作为研

图 2-18　大规模遗传转化(Liu et al.,2023)

究对象,将其基因组中发生突变的基因作为目的基因。

5.基因型和表型鉴定以获得目的基因

基因型和表型的鉴定可以不分先后顺序。通常先根据具有研究价值的表型选择初代或后续世代的突变体植株,再分类进行 NGS 或 Sanger 测序以鉴定基因型;也可以先对所有的突变体库进行基因型鉴定,从而产生已知基因型的群体,通过表型鉴定后,将基因型与表型相关联(Gaillochet et al.,2021)。基因型鉴定一般采用基于 barcode 的 NGS 方法,使用特异的 barcode 序列给每个样品带上不同的标签,再给 barcode 序列连接上不同靶标位点的特异性引物,可以很容易地从突变体中扩增出包含靶标位点的序列,最后通过 NGS 分析批量鉴定出每个植物的基因型。

Hi-TOM 基因型鉴定

2019 年 1 月,中国农科院中国水稻研究所王克剑课题组、中国科学院遗传发育所高彩霞课题组以及上海交通大学李彦欣课题组合作在 *Science China Life Science* 杂志上发表了一篇题为"Hi-TOM:A platform for high-throughput tracking of mutations induced by CRISPR/Cas systems"的研究论文。

在该论文中,作者开发了一种称为 Hi-TOM 的基因型鉴定工具(图 2-19)。首先,利用靶标基因的特异性序列和桥接序列构建第一轮 PCR 扩增的引物,进行第一轮 PCR 扩增。接着,第二轮 PCR 扩增引物包括测序接头、barcode 序列和桥接序列,为了建立数据分析的标准平台,作者设计了 12 个正向引物和 8 个反向引物作为第二轮 PCR 的常用引物,可以为多达 96 个样本加上唯一识别的 barcode 序列。在第二轮 PCR 扩增后,将所有样品的产物等量混合。如果需要对 N 个靶标基因进行鉴定,则可以将所有产物(96×N)混合为单个样本,再进行 NGS 分析。最后,将 NGS 数据上传到 Hi-TOM 在线分析网站(http://www.hi-tom.net/hi-tom/),就可获得每个靶标基因的突变序列及每个样本对应的基因型信息。

作者在小麦、水稻和人类细胞样品中对 Hi-TOM 进行了测试,发现 Hi-TOM 具有极高的灵敏度与准确性,是简单经济高效的基因编辑突变体鉴定策略。

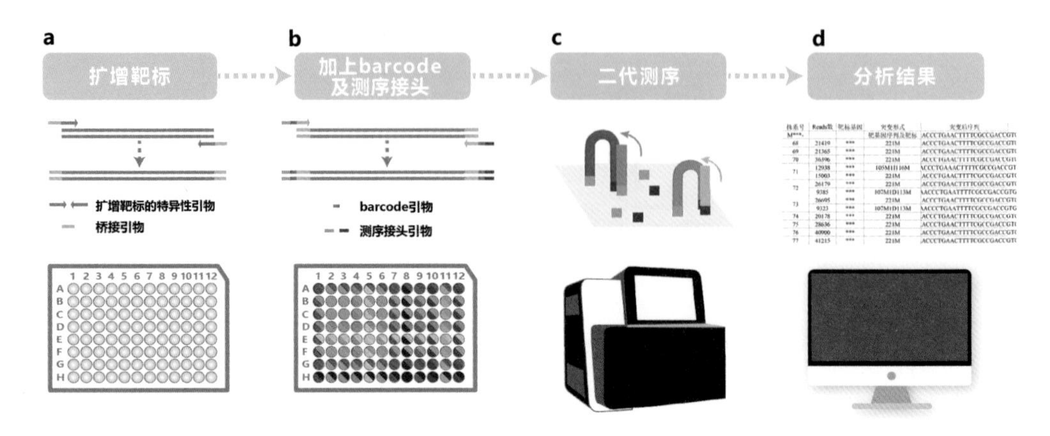

图 2-19　Hi-TOM 测序鉴定基因编辑突变体库的工作流程(改编自 Liu et al.,2019)

a.使用靶标基因的特异性序列和桥接序列作为第一轮 PCR 引物来扩增样品;b.使用包含测序接头、barcode 序列和桥接序列的引物进行第二轮 PCR 扩增;c.将二轮 PCR 扩增获得的所有产物等量混合在一个试管中,进行 NGS 分析;d.将 NGS 数据上传 Hi-TOM 在线分析网站,最终以 Excel 的格式导出结果

运用高效的鉴定方法对突变体植株的基因型进行鉴定后,基因型和表型就很容易关联起来。因为存在脱靶的情况,所以需要获得两个或者多个同种表型的独立株系来进一步验证,以确保基因型和表型的对应关系。通过选择具有重要研究价值表型的突变体株系,就能获得调控该表型的基因,为后续调控机制的研究提供方向。仔细管理基因编辑突变体库,低温保存突变体株系的种子,可以为未来积累珍贵的基因编辑种质资源(图 2-20)。

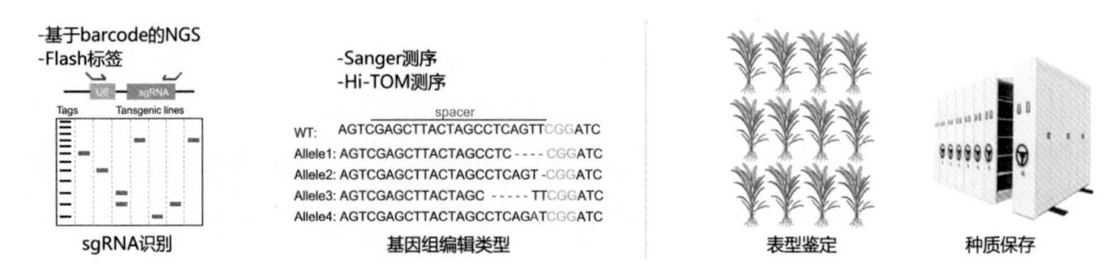

图 2-20　进行高通量基因分型,通过表型鉴定选择性状优良的编辑种子进行管理(Liu et al.,2023)

文献案例

Multi-Knock 基因编辑工具箱创制突变体库

植物的基因组中有庞大而复杂的基因家族,这些基因家族成员往往具有冗余的功能。植物基因的功能冗余严重阻碍了基因功能研究和作物的遗传改良。2023 年 4 月,以色列特拉维夫大学 Eilon Shani 课题组和法国里昂国家科学院 Itay Mayrose 课题组在 *Nature Plants* 杂志上发表了一篇题为"Multi-Knock—a multi-targeted genome-scale CRISPR toolbox to overcome functional redundancy in plants"的研究论文。作者开发了一种称为 Multi-Knock 的基因组编辑工具箱,该工具箱可以同时靶向多个基因家族成员,解决因基因功能冗余而导致的隐性变异问题(图 2-21)。作者利用 Multi-Knock 工具箱首先设计并筛选出了 59129 个最优 sgRNA,每个 sgRNA 可以同时靶向

一个家族中的 2～10 个基因。此外，作者还将文库按靶标基因的功能类型分为十个子文库，可以进行灵活的、有针对性的基因编辑。然后，作者利用 5635 个 sgRNA 靶向编码植物转运蛋白的基因，产生了具有 3500 多个独立的拟南芥转基因株系的多基因编辑突变体库。

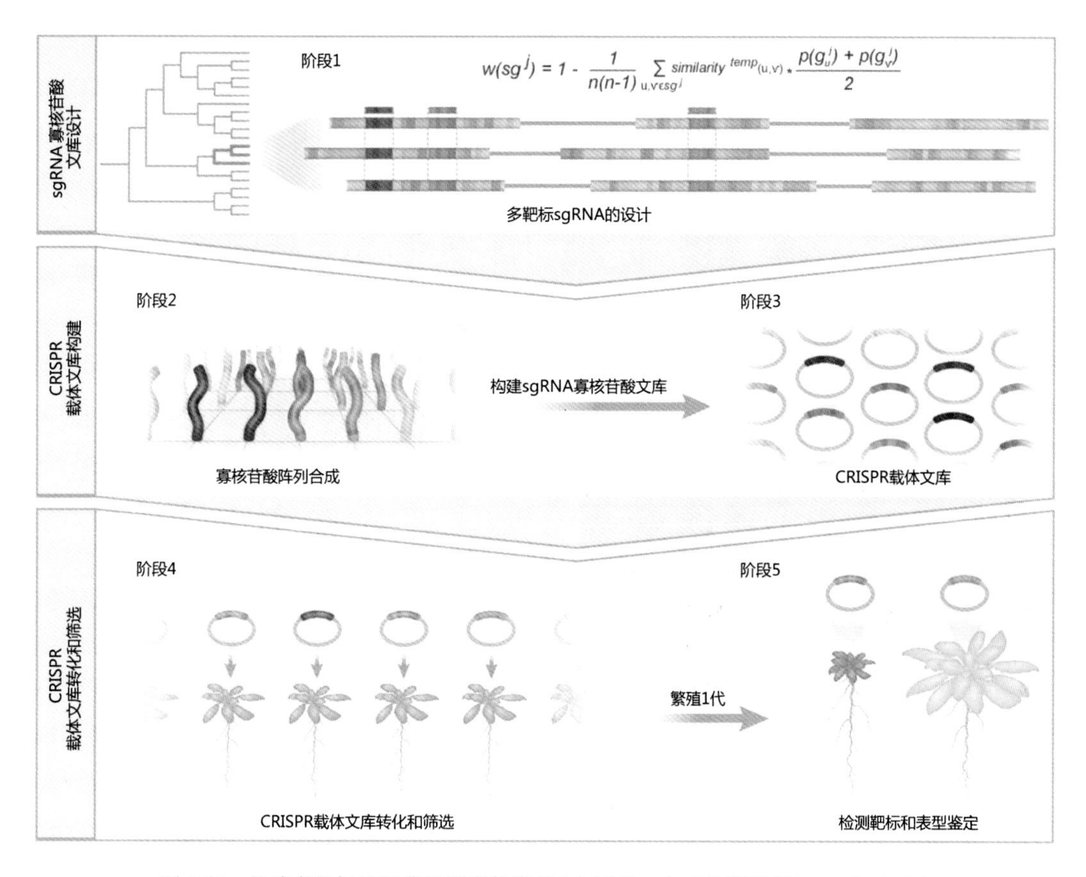

图 2-21　构建多靶标基因编辑突变体库的 Multi-Knock 工作流程(Hu et al.，2023)

作者从基因编辑突变体库中鉴定出了 3 个未被研究且存在部分功能冗余的亚家族成员 *PUP7*、*PUP21* 和 *PUP8*。作者发现这 3 个基因编码细胞分裂素转运蛋白，PUP8 定位于质膜，PUP7 和 PUP21 定位于液泡膜，这些蛋白质参与调节分生组织大小、叶序和植物生长(图 2-22)。这些结果揭示了该亚家族中复杂的冗余功能，并证明了 Multi-Knock 工具箱具有挖掘新功能基因的能力。该工具箱的应用在一定程度上解决了植物基因功能冗余的问题，使育种学家们开展基础研究和作物遗传改良工作更加容易。

本节主要介绍了通过正向遗传学获得目的基因的多条途径，对不同类型的突变体的获取以及候选基因的筛选方式进行了简单的概述。每种方法和技术都有其优势和劣势，读者可根据自己的科研情况做出抉择。当然，除了正向遗传学外，利用反向遗传学获得目的基因也是基因功能研究的常用手段之一，下面将介绍利用反向遗传学如何获得目的基因。

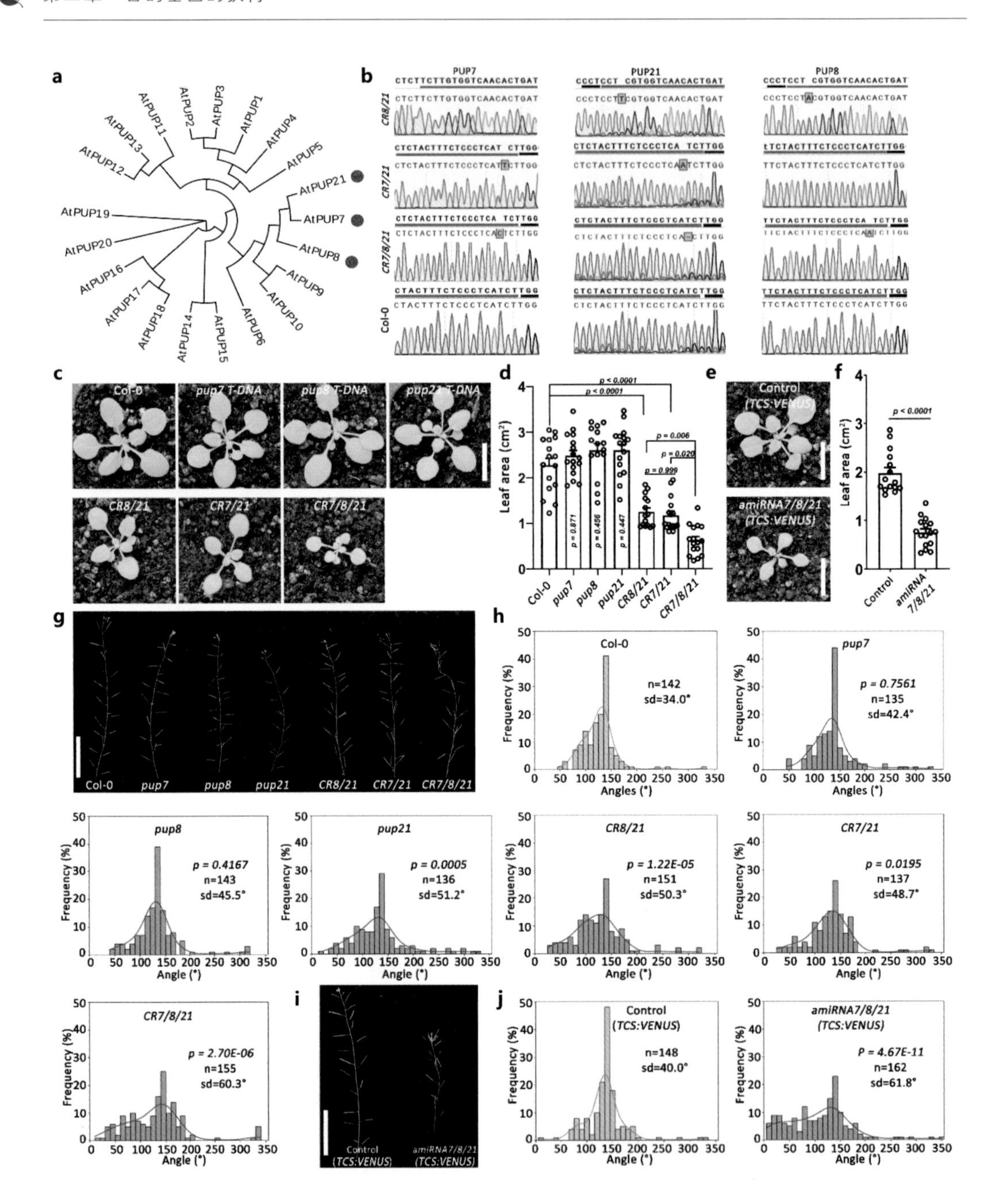

图 2-22　PUP7、PUP8 和 PUP21 三个蛋白能够调节芽的生长和叶序，并且存在部分功能冗余（Hu et al.，2023）

三、通过反向遗传学获得目的基因

反向遗传学是通过研究基因变化来探究表型变化的一种方法，是在已知基因序列的基础上，通过过表达、干扰和基因编辑等方法影响目的基因的正常表达，获得转基因植株后检测植株的表型特

征，从而验证目的基因的功能。随着基因组测序技术的不断发展，反向遗传学在植物基因功能研究中得到了广泛应用。

反向遗传学获得目的基因的方式主要包括多组学实验、筛库结果以及文献、数据库分析。多组学实验主要包括表观组学、转录组学、蛋白质组学和代谢组学，通过多组学实验，可以从不同层面对生物学过程进行综合分析，从系统生物学的角度理解生物学现象，并揭示相关机制。筛库结果主要是指酵母筛库，通过酵母单/双杂筛库寻找上游的转录因子或靶蛋白的互作蛋白，从而获得目的基因。此外，借助已有的文献和已知的数据库，可以帮助大家快速、直接地找到与研究领域密切相关的目的基因(图 2-23)。

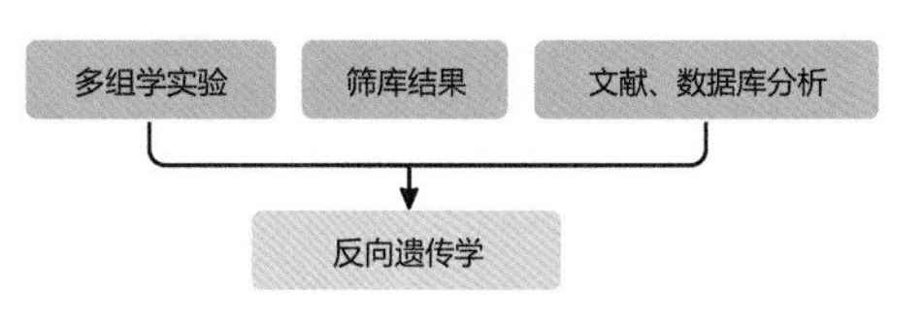

图 2-23　通过反向遗传学获得目的基因

（一）多组学实验

生命活动的正常执行往往依赖于机体中多层次、多功能的复杂结构系统，涉及一整套精密的表达调控机制。表观组学、转录组学、蛋白质组学和代谢组学等多组学实验能提供植物生命活动过程中多个层面的海量数据，帮助研究者更为全面地、系统地挖掘植物复杂调控网络中发挥重要功能的基因(图 2-24)。

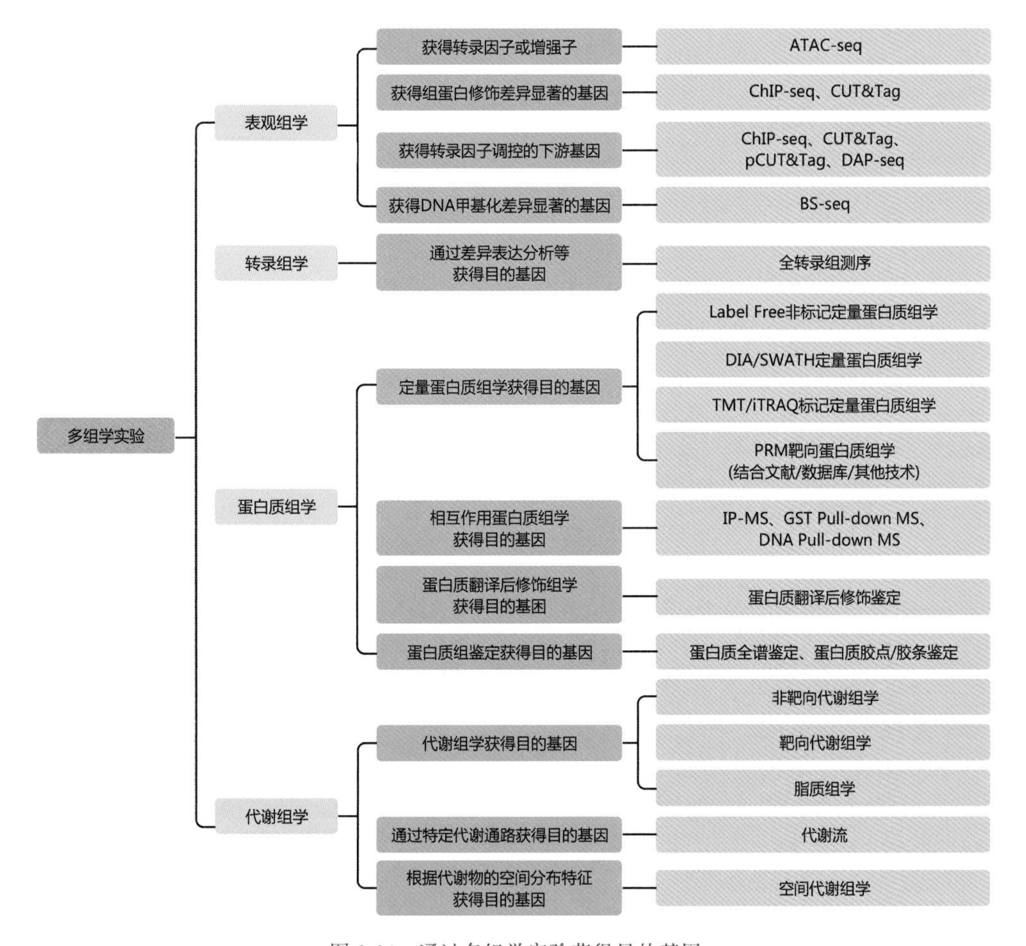

图 2-24　通过多组学实验获得目的基因

在表观组学层面上，ATAC-seq 可获得转录因子或增强子；ChIP-seq 或 CUT&Tag 可检测不同样本间组蛋白修饰位点，以获得组蛋白修饰差异显著的基因；ChIP-seq、CUT&Tag、pCUT&Tag 或 DAP-seq 可通过已知的转录因子获得其调控的下游基因；BS-seq 可通过检测不同样本间全基因组的 DNA 甲基化情况，以获得 DNA 甲基化差异显著的基因。在转录组学层面上，全转录组测序检测不同样本间的各种 RNA 的表达水平，并通过差异表达分析等获得目的基因。在蛋白质组学层面上，Label Free 非标记定量蛋白质组学、DIA/SWATH 定量蛋白质组学及 TMT/iTRAQ 标记定量蛋白质组学可以筛选不同样本间的差异表达蛋白，并对其进行功能富集分析、信号通路分析等，研究者可从自己的研究方向出发，从分析结果中选取感兴趣的蛋白质，从而获得目的基因；PRM 靶向蛋白质组学常用来验证通过文献、数据库或上述蛋白质组学技术获得的大量蛋白质，可帮助研究者精确地靶向寻找特定类别的蛋白质，最终获得目的基因；IP-MS 和 GST Pull-down MS 可用于寻找与已知蛋白相互作用的蛋白质，而 DNA Pull-down MS 适用于寻找与已知基因启动子相互作用的蛋白质，从而获得与已知基因生物学功能相关的目的基因；蛋白质翻译后修饰组学可分析不同样本中的修饰蛋白，从而获得存在修饰差异的目的基因；蛋白质组鉴定可分析样本中的蛋白质种类，从而获得目的基因。在代谢组学层面上，非靶向代谢组学、靶向代谢组学和脂质组学可分析不同样本间的差异代谢物，通过差异代谢物的功能富集分析获得目的基因；代谢流可以通过分析特定代谢通路获得目的基因；空间代谢组学是通过分析代谢物的空间分布，再通过生物信息学分析获得目的基因。

1. 表观组学

1）表观组学的概念

表观组学（epigenomics）是从基因或转录水平上研究表观遗传的一门学科，通过研究表观遗传的调控机制，研究者能够获得受表观遗传信息影响而改变表达模式的基因（Stricker et al.，2017）。

深入了解表观组学，需要先了解什么是表观遗传。不同于“基因型决定表型”的经典遗传学规律，表观遗传是指在基因序列没有发生改变的情况下，基因表达模式的改变最终导致了表型的变化，这种变化可以遗传给后代（C. H. Waddington，1942；Gary Felsenfeld，2014；Villota-Salazar et al.，2016）。换句话说，基因序列不仅包含有传统意义上的遗传信息，还包含表观遗传信息。基因的遗传信息可以为蛋白质的合成提供模板，而表观遗传信息却会影响基因的表达模式，即基因是否表达、什么时候表达、表达的丰度和如何表达。表观组学是阐明基因表达调控的关键研究技术，是寻找基因调控网络中重要基因的实验方法。

2）表观组学的研究内容和技术

染色质可及性、组蛋白修饰、转录因子调控和 DNA 甲基化等是表观遗传的主要调控机制（Stricker et al.，2017）。同时，这些也是表观组学的主要研究内容，为研究者挖掘目的基因提供“线索”。

（1）染色质可及性

核小体由真核生物基因组 DNA 与组蛋白结合缠绕形成，是构成染色质的基本单元。整个基因组上核小体的分布并不均匀，在转录不活跃的异染色质区域，核小体的排列相对致密，但在转录活跃区域，核小体的排列相对松散（Thurman et al.，2012）。相对松散易被调控蛋白结合的区域被称为开放染色质区域（accessible chromatin regions，ACRs），可被调控蛋白结合的程度被称为染色质可及性（Klemm et al.，2019）（图 2-25）。

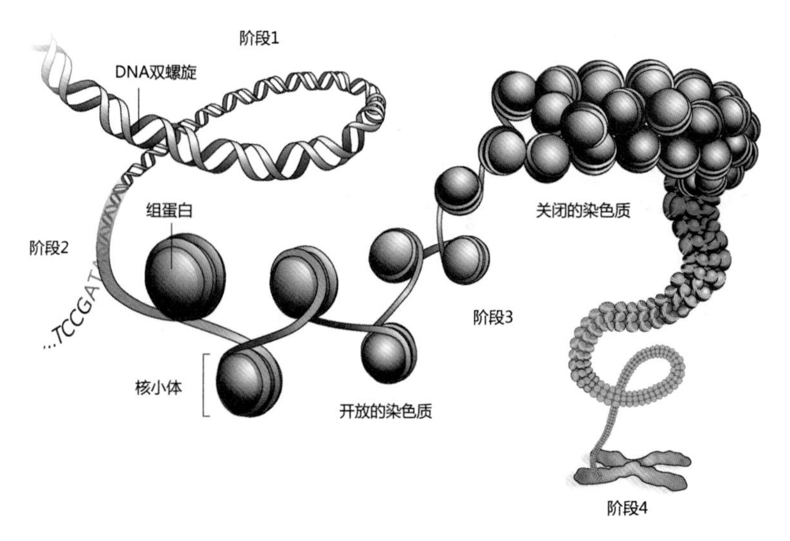

图 2-25　开放的染色质与关闭的染色质(Stephen B. Baylin and Kornel E. Schuebel,2007)

越来越多的证据表明,植物细胞中染色质的可及性呈现动态变化,通过改变基因的表达模式来影响植物的发育分化和胁迫响应等生物过程。如果某区域的染色质可及性越高,则该区域的染色质越开放,转录更活跃。常见的 ACRs 主要有启动子、增强子或正在转录的基因区(Stephen B. Baylin and Kornel E. Schuebel,2007)。因此,检测染色质可及性可以帮助大家识别启动子区域、寻找潜在的增强子或鉴定调控生物过程的候选转录因子。

转座酶可及性染色质测序技术(assay for transposase accessible chromatin with high-throughput sequencing,ATAC-seq)是检测染色质可及性的常见表观组学技术,关于 ATAC-seq 技术原理和实验流程的详细信息见第三章"表观组学"部分。

(2) 组蛋白修饰

染色质的基本结构单元是核小体,因此参与核小体装配的组蛋白是决定染色质包装程度的重要因素之一。核小体由 H2B、H2A、H3 和 H4 四种组蛋白(histone)亚基各两个拷贝形成的八聚体和缠绕在外约 146bp 的 DNA 组成(图 2-26)。组蛋白以及组蛋白变体 N 端的氨基酸残基易受到翻译后修饰,包括乙酰化、甲基化、磷酸化和泛素化等组蛋白修饰(Tony Kouzarides,2007)。

组蛋白修饰以不同的方式影响染色质的结构,从而影响基因的表达。例如,组蛋白乙酰化往往与转录激活相关,它会中和组蛋白的正电荷,减弱 DNA 与组蛋白的相互作用;组蛋白甲基化会招募许多影响染色质结构的调节蛋白,导致染色质结构发生变化,是否抑制或激活基因的转录主要取决于被修饰的具体氨基酸以及连接的甲基数量。最终,这些组蛋白修饰会影响植物的发育分化和胁迫响应等生物过程(Lawrence,et al. ,2016)。因此,检测不同样本间的组蛋白修饰位点,可以从数据结果中分析获得组蛋白修饰差异显著的基因,这些基因可能在生物过程中具有重要作用。

染色质免疫共沉淀测序(chromatin immunoprecipitation and sequencing,ChIP-seq)或靶向剪切及标签(cleavage under targets and tagmentation,CUT&Tag)技术可以检测组蛋白修饰位点。关于 ChIP-seq 和 CUT&Tag 的技术原理和实验流程的详细信息见第三章"表观组学"部分。

(3) 转录因子调控

转录因子(transcription factors,TFs)是指能特异性结合 DNA 并且调控基因以特定强度在特定的时空表达的蛋白质。转录因子与基因启动子上的转录因子结合位点(transcription factor binding

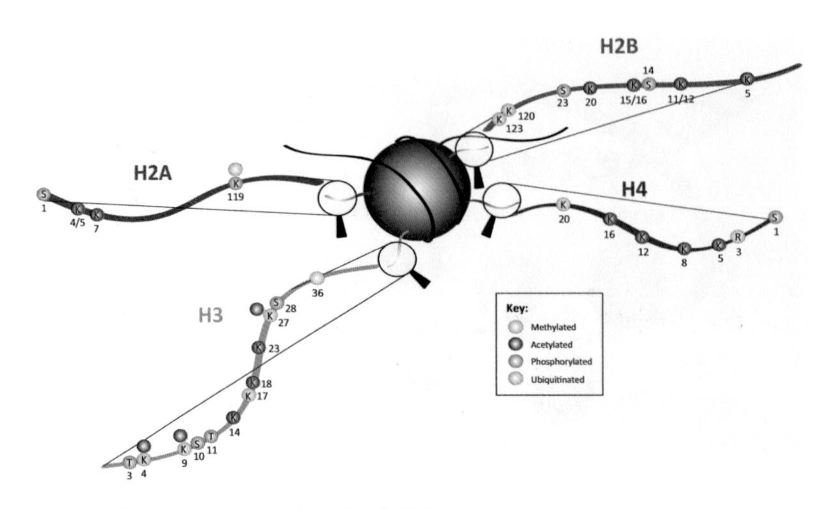

图 2-26　组蛋白 N 端翻译后修饰的示意图(Lawrence et,al.,2016)

注:数字显示每个修饰的位置;字母表示每个修饰位点的氨基酸(K:赖氨酸,R:精氨酸,S:丝氨酸,T:苏氨酸);颜色展示了每个氨基酸残基具体的修饰类型(绿色:甲基化,粉色:乙酰化,绿松石色:磷酸化,米色:泛素化)

site,TFBS)结合是调控基因转录水平的方式之一(Liu et al.,1999)。植物 TFs 在植物的生长发育、形态建成和响应外界环境变化(图 2-27)等方面起重要的调控作用,而且在植物性状改良和新品种培育方面具有广阔的应用前景(Ling Yuan and Sharyn E. Perry,2011)。研究者可以利用表观组学实验寻找转录因子下游的调控基因,预测转录因子的结合位点,研究转录因子的调控机制(图 2-27)。

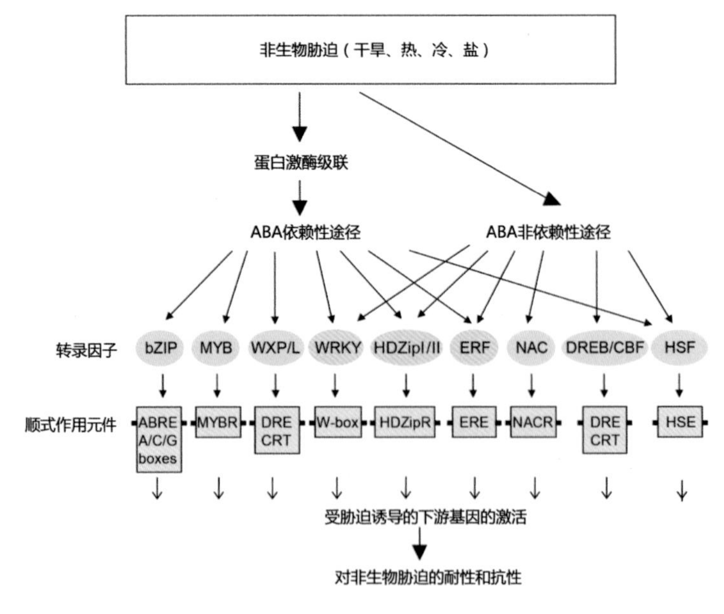

图 2-27　TFs 参与植物感知非生物胁迫的 ABA 依赖性和 ABA 非依赖性途径

(Maria Hrmova and Syed Sarfraz Hussain,2021)

研究转录因子调控机制的表观组学技术有 ChIP-seq、CUT&Tag、基于原生质体瞬时转化体系的 CUT&Tag 技术(cleavage under targets and tagmentation for protoplast,pCUT&Tag)或 DNA 亲和纯化测序技术(DNA affinity purification and high-throughput sequencin,DAP-seq)等。关于 pCUT&Tag 和 DAP-seq 的技术原理和实验流程的详细信息分别见第三章"表观组学"和第三章"DAP-seq"部分。

(4) DNA 甲基化

DNA 甲基化是一种保守的表观遗传修饰。植物 DNA 甲基化发生在 DNA 所有包含胞嘧啶的序列中:CG、CHG 和 CHH(H 代表 A、T 或 C)。特定的 DNA 甲基化状态是从头甲基化、维持甲基化和主动去甲基化三者动态调节的结果,它们受到不同调节途径中各种酶的催化(图 2-28)。DNA 甲基化主要通过抑制转录激活因子的结合或促进转录抑制因子的结合直接抑制转录,或通过促进抑制性组蛋白修饰和抑制激活性组蛋白修饰(如组蛋白乙酰化)间接抑制转录。DNA 甲基化在植物发育分化和响应逆境胁迫等生物过程中扮演着重要的角色,对基因调控和基因组稳定性很重要(Zhang et al.,2018)。通过检测不同样本间的 DNA 甲基化,可以寻找 DNA 甲基化差异显著的基因,这些基因可能在生物过程中具有重要作用。

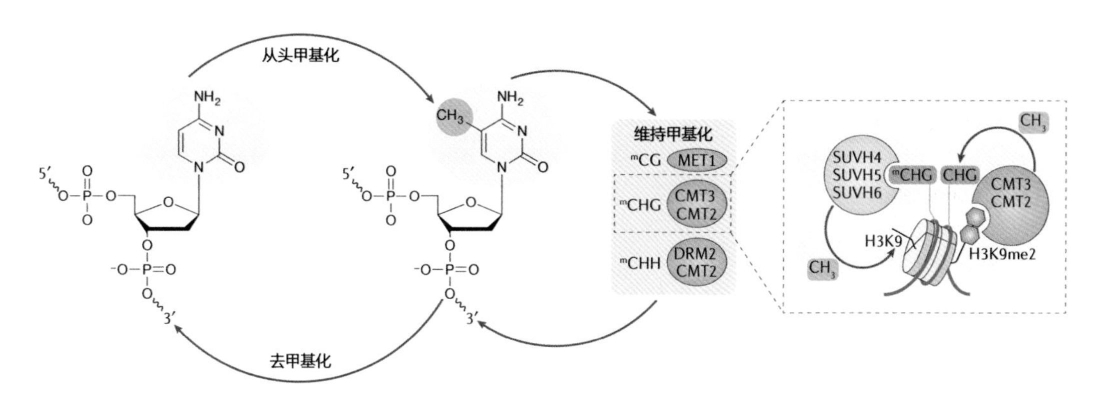

图 2-28 植物 DNA 甲基化的动态调控(Zhang et al.,2018)

亚硫酸氢盐测序(bisulfite sequnencing,BS-seq)是全基因组范围内检测 DNA 甲基化的表观组学技术。关于 BS-seq 技术原理和实验流程的详细信息见第三章"表观组学"部分。

3) 表观组学获得目的基因

深度挖掘表观组学的数据可以获得目的基因,但面对庞大的数据结果时,该如何筛选目的基因呢? ATAC-seq 或 BS-seq 通常分析不同样品间染色质可及性或 DNA 甲基化的差异,可以选择差异倍数大且差异显著(例如:fold change>2、p-value<0.05)的基因作为目的基因进行功能研究,而 ChIP-seq、CUT&Tag、pCUT&Tag 或 DAP-seq 可以通过基因功能注释结合 Motif 分析来获得目的基因。

Motif 是重复出现的具有特定生物学功能、短而保守的序列,可以反映转录因子结合位点的碱基偏好性。通过 Motif 分析可以了解 Motif 在基因组上的位置、富集倍数、富集显著程度以及 Motif 的关联基因。一般来说,研究者最终要找到转录因子或组蛋白修饰的结合位点,所以多数情况下可以从基因功能注释结合 Motif 分析的层面来寻找目的基因。如果有感兴趣的生物学功能或代谢途径,可以直接从 GO 和 KEGG 富集分析结果中选择相关的基因功能注释,找出对应的基因进行功能研究；如果还要缩小可选的基因范围，可以选择 Motif 分析中富集倍数大、富集显著（例如：fold enrichment＞2、p-value＜0.05）且位于启动子区的 Motif 关联基因；如果富集分析结果中没有感兴趣的生物学功能或代谢途径，可以适当调整 Motif 分析标准，扩大富集 Motif 的范围，从而在富集分析结果中获得感兴趣的基因；如果没有感兴趣的生物学功能或代谢途径，则可以选择富集倍数大、富集显著且位于启动子区的 Motif 关联基因作为目的基因进行研究。

文献案例

2022 年 5 月，华南农业大学李雪萍和朱孝扬课题组在 *Postharvest Biology and Technology* 杂志上发表了一篇题为“ATAC-seq and RNA-seq reveal the role of AGL18 in regulating fruit ripening via ethylene-auxin crosstalk in papaya”的研究论文。在这篇文章中，作者首先通过 ATAC-seq 绘制了木瓜果实在 1-甲基环丙烯（1-Methylcyclopropene，1-MCP）处理下的染色质可及性图谱，分析发现 MABS 转录因子可能参与了木瓜的果实成熟。ATAC-seq 和 RNA-seq 的联合分析（图 2-29）显示，包括编码 MABS 家族转录因子 *CpAGL18* 在内的与生长素和乙烯相关的八个基因（例如 *CpACS1* 和 *CpSAUR32*）在果实的成熟过程中可能具有重要作用。

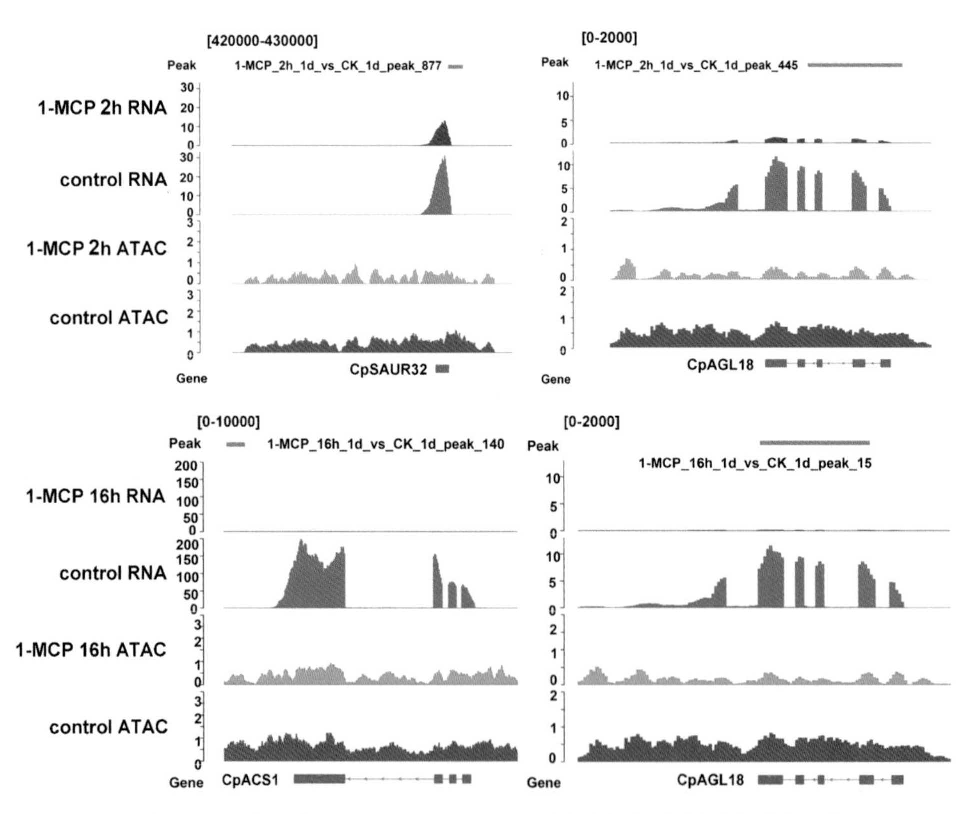

图 2-29　在 1-MCP 处理下，ATAC-seq 和 RNA-seq 联合分析木瓜果实基因的表达差异以及这些基因座位上的染色质可及性的变化（Cai et al.，2022）

注：红色和蓝色分别表示 1-MCP 处理组和对照组中基因的表达情况，绿色和紫色分别表示 1-MCP 处理和对照组中基因座位上的染色质可及性

作者发现 *CpACS1* 和 *CpSAUR32* 具有 MADS 结合位点的顺式作用元件。通过酵母单杂实验(yeast one hybrid,Y1H)、双荧光素酶报告基因实验(dual-luciferase reporter assay,Dual-LUC)和凝胶迁移实验(electrophoretic mobility shift assay,EMSA),结果表明,CpAGL18 结合并激活了 *CpACS1* 和 *CpSAUR32* 的表达(图 2-30),由于 *CpACS1* 和 *CpSAUR32* 是参与乙烯和生长素信号通路的基因,作者猜测 CpAGL18 通过激活 *CpACS1* 和 *CpSAUR32*,影响了乙烯和生长素的信号通路,从而调控了木瓜果实成熟过程。

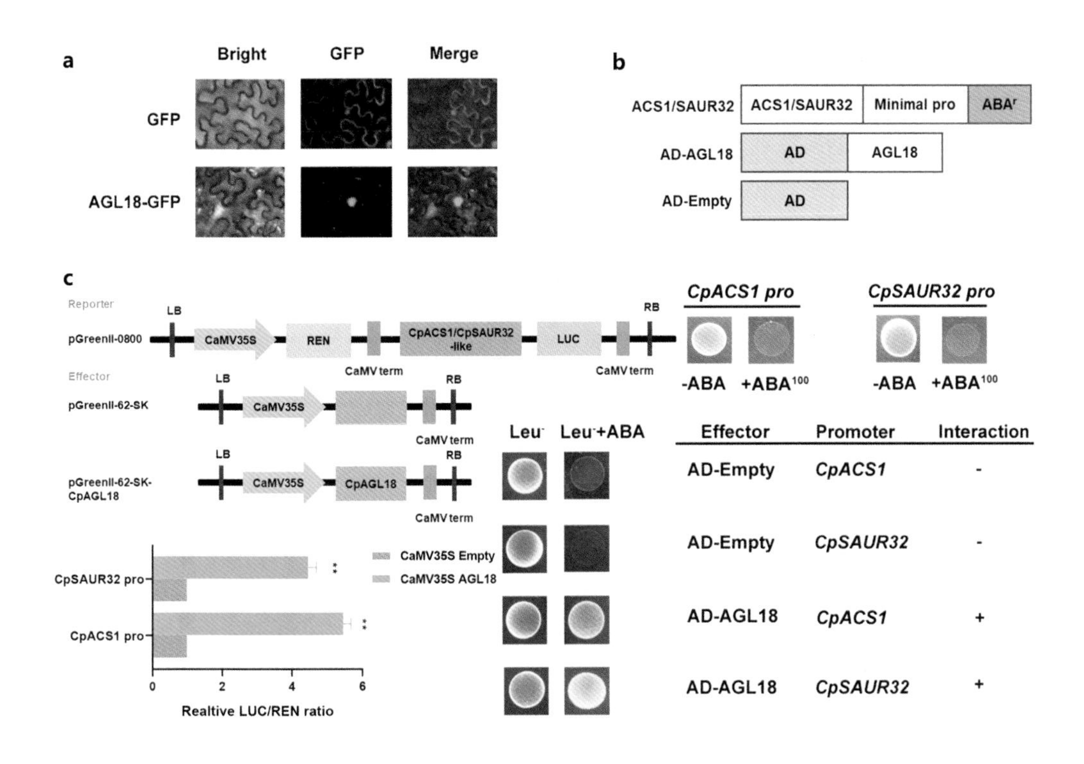

图 2-30 检测 CpAGL18 与其靶基因之间的相互作用(Cai et al.,2022)

a. CpAGL18 蛋白的亚细胞定位;b. Y1H 实验显示 CpAGL18 与 *CpSAUR32* 和 *CpACS1* 启动子相结合;c. Dual-LUC 实验显示 CpAGL18 激活了 *CpACS1* 和 *CpSAUR32* 的转录

可以利用表观组学实验,从上述染色质可及性、组蛋白修饰、转录因子调控和 DNA 甲基化四个层面挖掘目的基因,这四个层面是相互影响的。例如,组蛋白修饰会影响染色质的可及性;DNA 甲基化通过影响组蛋白修饰来调控基因的表达。有不少研究者会利用多种表观组学技术绘制出多个层次的表观组学图谱,以全面阐述某生物过程中的表观遗传变化,获得更多的目的基因。和上述文献案例一样,表观组学实验还通常与转录组学进行联合分析以挖掘目的基因。

2. 转录组学

1) 转录组学的概念

转录组学是一门在整体水平上研究细胞中基因转录的情况及转录调控规律的学科。转录组(transcriptome)是特定组织或细胞在某一发育阶段或功能状态下转录出来的所有 RNA 的总和,包括信使 RNA(messenger RNA,mRNA)、长链非编码 RNA(long non-coding RNA,lncRNA)、微小

RNA(microRNA,miRNA)和环状RNA(circRNA)等非编码RNA(non-coding RNA,ncRNA),也称全转录组。根据RNA长度的不同,全转录组测序构建去核糖体链特异性文库和小RNA文库,可检测多种RNA的表达情况。链特异性文库是长片段文库,通过测序可获取mRNA、lncRNA和circRNA的表达情况;小RNA文库是短片段文库,通过测序可获得miRNA和小干扰RNA(siRNA)的表达情况。然而,常见的转录组测序则特指对所有mRNA的集合进行测序,即RNA-seq,RNA-seq通过高通量测序技术对组织或细胞中所有mRNA反转录而成的cDNA文库进行测序,再利用生物信息学分析转录本的结构和表达水平。

利用全转录组测序检测不同样本间的基因或ncRNA的表达水平并进行差异表达分析,可以找出差异表达显著的基因,或通过数据库分析出差异表达显著的ncRNA的来源基因或靶基因,作为目的基因进行反向遗传学研究。

2) 转录组学的研究内容和技术

RNA-seq技术在过往十多年里被广泛应用于分子生物学。该技术可用于分析差异表达基因(differentially expressed genes,DEGs)、mRNA可变剪切和增强子RNA等。其中,DEGs分析是RNA-seq最主要的应用,并且RNA-seq被认为是DEGs研究的常规工具(Stark et al.,2019)。

目前研究最多的ncRNA包括miRNA、lncRNA和circRNA。与RNA-seq对DEG进行GO和KEGG富集分析不同,对ncRNA进行富集分析时就需要采取迂回战略,即通过靶向关系(例如miRNA靶向的mRNA)、共表达关系(例如ncRNA与mRNA的共表达情况)和基因座位关系(例如lncRNA附近的蛋白质编码基因,circRNA的亲本基因)等将ncRNA集合转换为对应的mRNA集合,再进行GO、KEGG功能富集分析。

3) 转录组学获得目的基因

利用转录组学获得目的基因的方法与表观组学类似,下面仅以RNA-seq分析为例。

(1) 如果有感兴趣的生物学功能或代谢途径,可以直接从GO和KEGG富集分析结果中选择相关的基因功能注释,找出对应的基因进行功能研究,如果要缩小可选的基因范围,可以选择其中差异倍数大且差异显著(如fold change>2、p-value<0.05)的基因。

(2) 如果富集分析结果中没有感兴趣的生物学功能或代谢途径,则可以适当调整差异分析标准,扩大差异基因的筛选范围,从而在富集分析结果中获得感兴趣的基因。

(3) 如果没有感兴趣的生物学功能或代谢途径,则可以选择差异倍数大且差异显著的基因作为目的基因进行研究;还可以在差异显著的富集分析结果中,选择差异显著的基因作为目的基因进行研究。

(4) 如果进行了多组学联合分析,则可以选择多个组学数据中重叠或相关性强的基因进行研究。

文献案例

植物果实刚开始成熟时,呼吸强度会骤然升高,当到达一个高峰值后,又快速下降,这一现象被称为呼吸跃变,这类果实被称为跃变型果实,如苹果。乙烯被认为是参与呼吸跃变的主要激素。呼吸跃变会导致果实极易腐烂,影响果实的贮藏。目前,乙烯的生物合成在苹果呼吸跃变过程中的调控机制还并不清楚。

2023年8月,沈阳农业大学王晓雪课题组和王爱德课题组联合在*Horticultural Plant Journal*杂志上发表了一篇题为"Comparative transcriptome analysis of the climacteric of apple fruit uncovers the involvement of transcription factors affecting ethylene biosynthesis"的研究论文。作者为了鉴定苹果果实贮藏过程中差异表达的转录因子，明确它们调控苹果果实呼吸跃变过程中乙烯合成的模式。作者首先利用 RNA-seq 分析呼吸跃变前(0-Pre)，呼吸跃变后(15-Post)和 1-MCP 处理后 15 天(15-MCP)的苹果果实，发现了许多与乙烯有关的 DEG，它们参与乙烯合成和信号通路(图 2-31)。对这些基因进行表达模式分析，结果显示，*MdACS1* 在 0-Pre 和 15-MCP 样本中表达量极低，而在 15-Post 样本中表达量显著上调，*MdACS1* 启动子上具有 MADS、ERF、NAC、Dof 和 HSF 家族的结合位点，同时在 DEG 数据中也鉴定到了这些家族差异表达的转录因子，包括 MdAGL30、MdAGL104、MdERF008、MdNAC71、MdDof1.2、MdHSFB2a 和 MdHSFB3 等(图 2-32)。

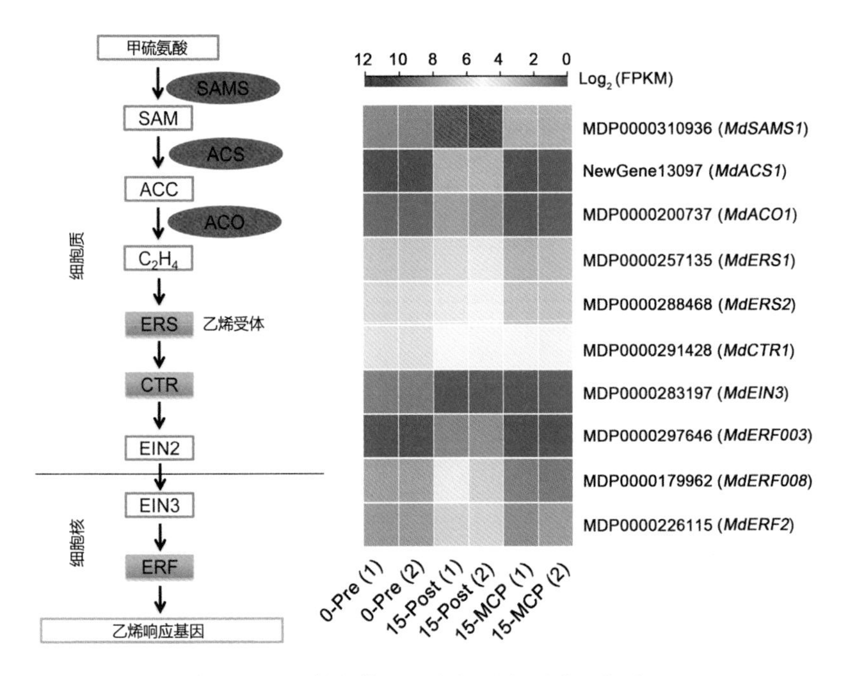

图 2-31　与乙烯生物合成和信号转导相关差异基因的表达热图(Li et al.,2022)

3. 蛋白质组学

利用蛋白质组学获得目的基因是反向遗传学的一个重要部分。通过高通量质谱技术对研究物种的蛋白质组进行解析，将特异多肽片段与已有的数据库信息比对，或根据氨基酸序列特征构建数据库，结合生物信息学对物种中蛋白的功能进行分析，针对未知的蛋白还可对其功能进行注释。研究者可以根据自己的实验目的或感兴趣的信号通路，挑选可研究的目的基因。那么，什么是蛋白质组学呢?

1) 蛋白质组学的概念及发展

20 世纪 90 年代初，"人类基因组计划"被提出，随着人类基因组测序工作的完成，"后基因组计划"被提出，蛋白质组是其中的重要组成部分。"蛋白质组"的概念由马克·威尔金斯于 1994 年提出，它是生物可以表达的所有蛋白质的总称，它随着生物体的变化而变化。蛋白质组学是对生物体内所有蛋白质的研究，包括但不限于蛋白质的鉴定、表达水平、活性、翻译后修饰和相互作用等，是从细胞及整体水平出发研究蛋白质的成分并明确蛋白质在整个生命活动过程中的变化规律，从而

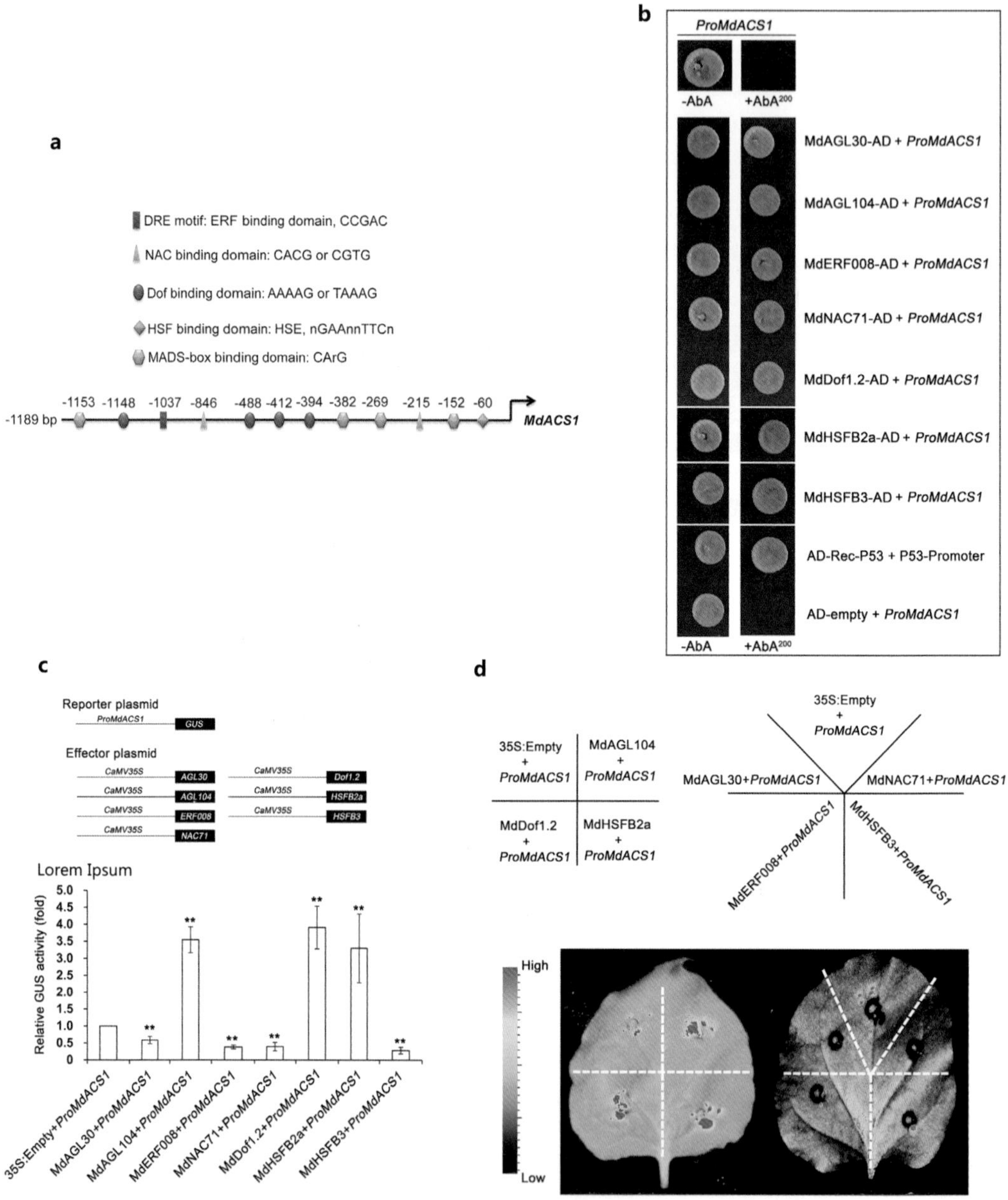

图 2-32　通过 Y1H、Dual-LUC 等实验验证了筛选出的转录因子在果实乙烯生物合成中的调控作用(Li et al.,2022)

获得蛋白质水平上的关于疾病发生发展、细胞代谢等过程的全面认知。

双向凝胶电泳技术(two dimensional gel electrophoresis,2-DE)是最初研究蛋白质组的技术,其基本原理是基于蛋白质等电点的不同等电聚焦分离蛋白质或按照分子量的不同将蛋白质混合物中的蛋白质分开。差分凝胶电泳是 2-DE 的改良技术,通过不同的荧光染料,可在同一块凝胶上分离得到少量蛋白质样品。早期这些技术独立使用时存在通量低、重叠率高等问题,当前常被用来质谱

检测前进一步分离蛋白质。

蛋白质芯片(蛋白质微阵列)是研究蛋白质组的另一技术,其通量和灵敏度高,可分为分析蛋白微阵列、功能蛋白微阵列和反相蛋白微阵列。其中,分析蛋白微阵列的原理是基于芯片中固定的特异性抗体捕获复杂蛋白质样品中的目的蛋白,常用来检测样品中蛋白质的表达水平和结合亲和力。功能蛋白微阵列常用来描述蛋白质的功能。反相蛋白微阵列是将同物种不同处理下的蛋白质结合到芯片上,通过特异抗体检测芯片,从而分析蛋白质水平的变化。

随着高通量质谱技术在蛋白质组研究中的逐步应用,蛋白质组学的精确度和通量不断提升,研究的内容也在不断扩大。目前,蛋白质组学主要分为定量蛋白质组学(Label Free 非标记定量蛋白质组学、DIA /SWATH 定量蛋白质组学、TMT /iTRAQ 标记定量蛋白质组学和 PRM 靶向蛋白质组学)、相互作用蛋白质组学(IP-MS、GST pull-down MS 和 DNA pull-down MS)、蛋白质翻译后修饰组学和蛋白质组鉴定(蛋白质全谱鉴定和蛋白质胶点 /胶条鉴定)四个部分,可应用于疾病控制机制研究、药物作用靶点筛选、发育机制研究、植物抗逆机制研究、特殊功能蛋白筛选和物种蛋白质草图构建等多个研究领域。

2) 蛋白质组学研究方法

蛋白质组学研究的基本技术路线包括样本准备、蛋白提取、蛋白酶解、肽段色谱分级、质谱检测和数据分析(图 2-33)。

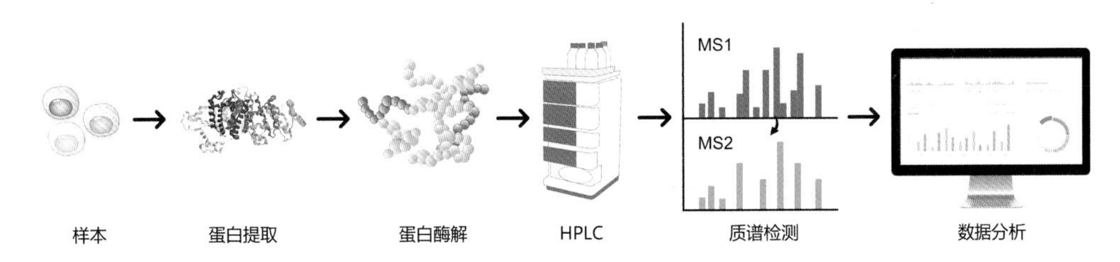

图 2-33　蛋白质组学研究基本技术路线

蛋白质组学的研究思路包括自下而上(bottom-up),即对样本中全部蛋白质进行酶切,分析酶切后的肽段从而确定样本中含有的蛋白质种类,是目前研究蛋白质组学的主流思路;自上而下(top-down),即针对特定的蛋白质进行质谱碎片处理后检测碎片离子,从而推测特定蛋白的氨基酸序列(图 2-34)。

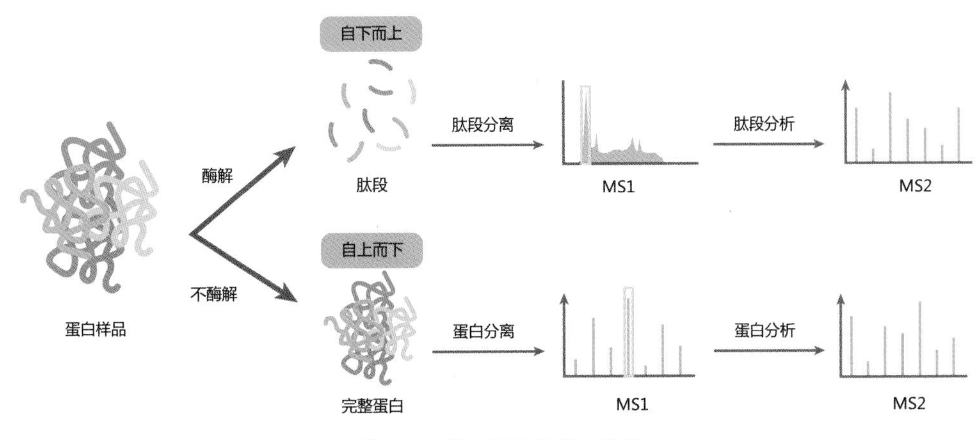

图 2-34　蛋白质组学研究思路

当前质谱仪存在两种数据采集模式（图 2-35），数据依赖性采集（DDA），即从一级质谱中依赖富集程度选择有限的母离子，对选中的一级母离子进行碎裂得到的二级谱图进行定性和定量分析；数据非依赖性采集（DIA），即按照质荷比（m/z）的不同将一级质谱的扫描范围分成多个窗口，每个窗口中包含多种肽段的母离子，对窗口中全部的母离子肽段进行碎裂，采集所有母离子的碎片离子信息生成二级谱图进行定性和定量分析。

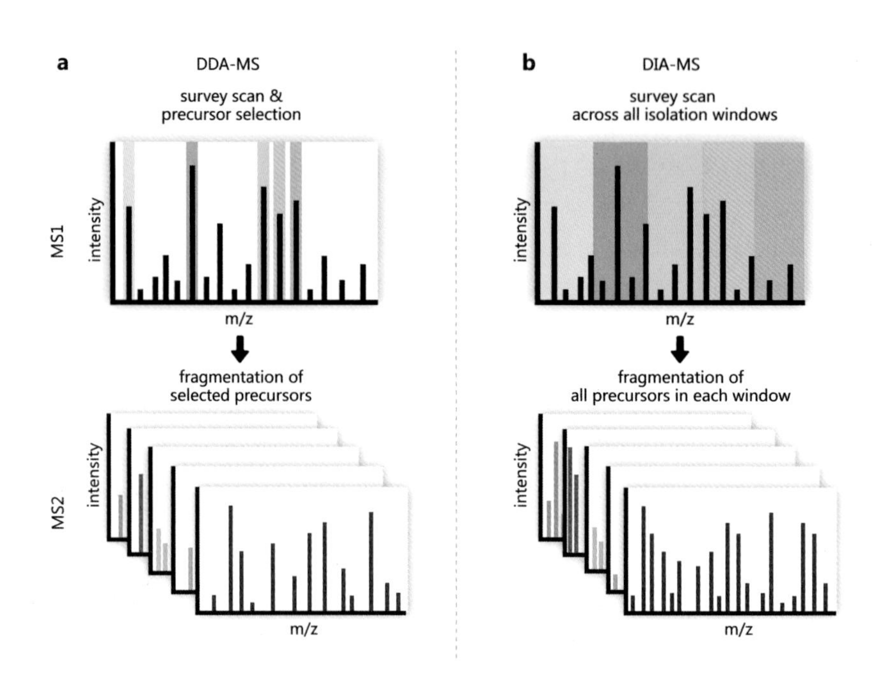

图 2-35　蛋白质组学数据采集模式（改编自 Krasny et al.，2021）

3）蛋白质组学获得目的基因

通过蛋白质组学实验一般可以得到蛋白质定量、蛋白鉴定、差异表达蛋白、基于 GO、KEGG、COG 方法的差异表达蛋白功能注释与富集通路和基于 STRING 数据库的互作蛋白网络等数据分析结果。从感兴趣的信号通路中选择差异表达显著的蛋白质或从差异表达蛋白显著富集的信号通路中选择感兴趣的蛋白质，再结合生物信息学网站找到其对应的编码基因，结合转基因技术检测其表型或通过表观组学、酵母筛库等实验筛选上下游基因，从而研究和确定目的基因的功能并解析基因调控网络。

文献案例

2021 年 8 月，河北农业大学董金皋、张康和邢继红课题组在 *Frontiers in Plant Science* 杂志上发表了一篇题为“Comparative proteomic analysis of the defense response to *Gibberella* stalk rot in maize and reveals that ZmWRKY83 is involved in plant disease resistance”的研究论文，作者通过 TMT 标记定量蛋白质组学技术分析了玉米茎秆中参与防御禾谷镰刀菌的免疫应答蛋白及其参与的生物学过程。蛋白质组学分析结果显示，接种和未接种病原菌的玉米茎秆中共鉴定出 1894 种差异表达蛋白，并且与类黄酮、萜类物质合成相关的蛋白表达量上调（图 2-36）。作者从禾谷镰刀菌感染后表达量持续上调的蛋白中挑选出了一个关键的转录因子 ZmWRKY83，将其过表达后结合致病力测定实验验证其可以提高玉米对禾谷镰刀菌侵染的抵抗能力（图 2-37）。

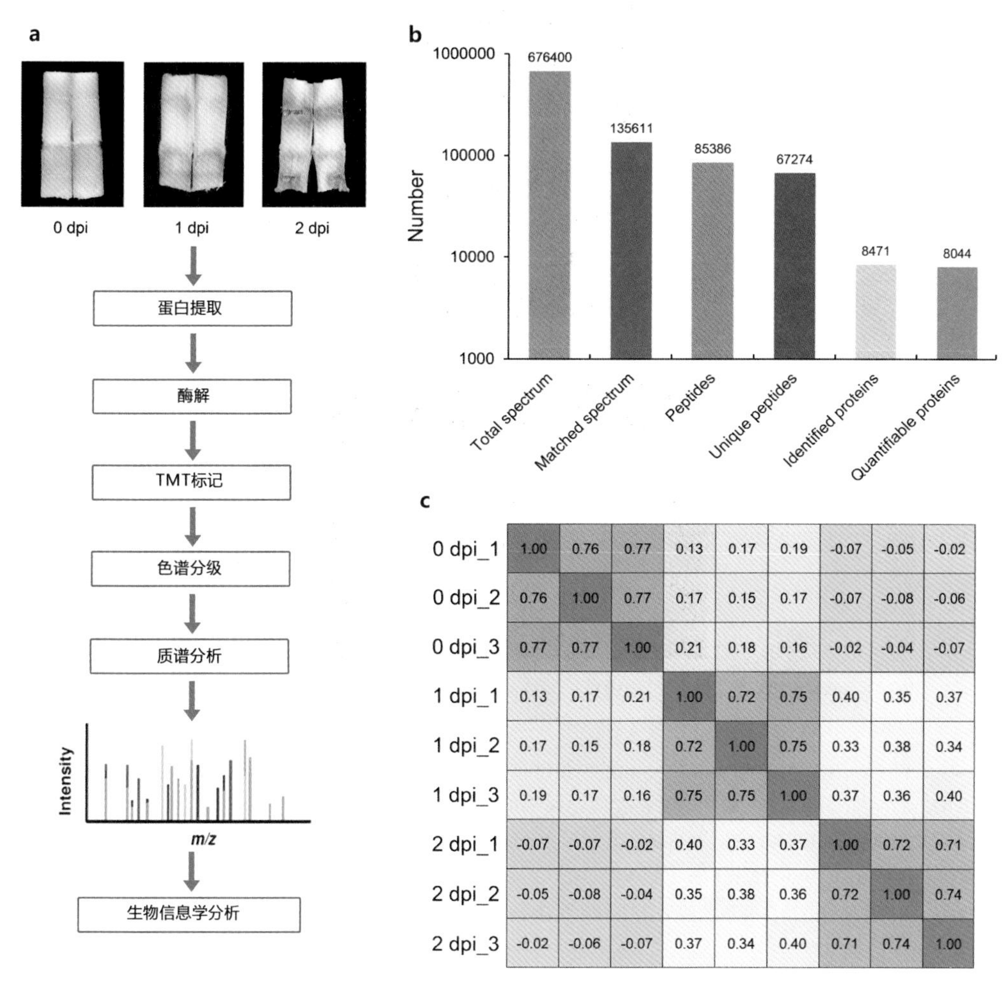

图 2-36　蛋白质组学结果分析（Bai et al.，2021）

a. TMT 标记定量蛋白质组学鉴定差异表达蛋白；b. 样品谱图数量、肽段数量、乙酰化肽数量和鉴定蛋白数量的统计结果；c. 所有实验样品的 Pearson 相关性系数

4. 代谢组学

与表观组学、转录组学和蛋白质组学不同，代谢组学主要研究正在或已经发生的代谢反应。代谢组学位于系统生物学的最下游，侧重于研究生物体内精细的调控机制以及代谢网络，是从下游往上游寻找目的基因的重要手段之一。代谢组学通过研究不同样本间的差异代谢物，经代谢通路富集分析锁定关键的代谢通路，并从代谢通路中筛选目的基因。

1）代谢组学的概念及特点

代谢组学是在基因组学和蛋白质组学技术发展的基础上发展起来的一门学科。代谢组学是通过对生物体受病理、生理刺激或基因改变时的代谢应答进行定性定量分析的科学方法，是通过研究

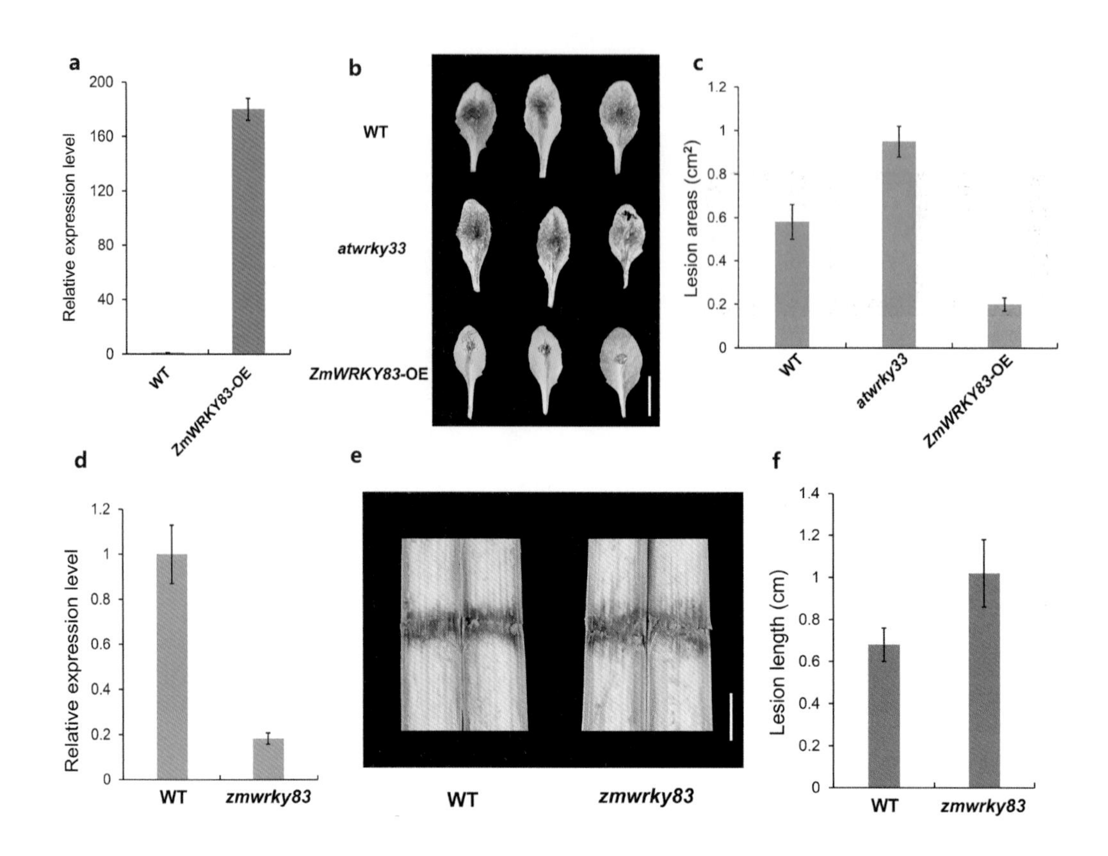

图 2-37　*ZmWRKY83* 在拟南芥中的过表达增加了拟南芥对灰葡萄球菌的抗性(Bai et al.,2021)

a. *ZmWRKY83* 在拟南芥 Col-0(WT)和过表达 *ZmWRKY83* 的转基因株系中的相对表达量；b. 拟南芥 Col-0(WT)、*atwrky33* 突变体和 *ZmWRKY83* 过表达转基因株系对灰葡萄球菌的抗病性改变；c. 接种了灰葡萄球菌的拟南芥叶片的损伤面积测量；d. *ZmWRKY83* 在玉米 B73(WT)和 *ZmWRKY83* 突变体中的相对表达量；e. 玉米 B73(WT)、*zmwrky83* 突变体对禾本科赤霉病菌的抗性改变；f. 接种禾谷镰刀菌的玉米茎上病变长度的测量

小分子代谢物(分子量＜1500Da)来了解生物体的代谢活动。代谢组学具有以下几个特点：

(1) 代谢组学更接近生物体的表型

基因与表型的关系非常复杂，生物体内还存在着精细的调控系统和复杂的物质与能量代谢网络，这些通过上游组学(基因组学、表观组学、转录组学和蛋白质组学)难以完全解释清楚。而代谢物作为生物体终端产生或消耗的物质，能更直观、准确地反映生物体的变化。因此，代谢组学是最接近表型的组学。

(2) 代谢组学具有放大效应

基因和蛋白表达的细微变化在代谢层面会被数十倍地放大，因此，通过代谢组学分析更容易检测到这些细微变化。

(3) 代谢组学具有通用性

不同生物体的代谢物种类相似，如碳水化合物、脂类、氨基酸类、有机酸类和核酸类等，这些代谢物在动物和植物体内广泛存在。因此，代谢组学技术可以在不同的研究领域通用。

(4) 代谢组学可覆盖不同性质和类型的代谢物

代谢物具有种类众多、化学性质不同和浓度差异较大的特点，通过高通量代谢组学技术，可以较为全面地覆盖生物体内不同性质和类型的代谢物，有助于研究者理解生物体内复杂的代谢调控网络。

2）代谢组学主要的研究方法

代谢组学的研究方法包括非靶向代谢组学、靶向代谢组学、脂质组学、代谢流和空间代谢组学等。这些不同的研究方法可以帮助研究者更全面地了解生物体的代谢活动和调控机制。

非靶向代谢组学是一种无偏向性的方法，可以广泛地检测生物样本间的代谢物。非靶向代谢组学通过筛选差异代谢物进行代谢通路分析，可以深入研究生物体内的代谢过程。非靶向代谢组学具有通量高、对代谢物的覆盖度广的特点，适用于差异代谢物的初步筛选。

靶向代谢组学依赖于标准品作为参照，通过测量标准品和待测样本中代谢物的浓度，从而实现对某一种或某一类代谢物的准确定量分析。靶向代谢组学具有灵敏度高、定量准确的特点，但不同类型的代谢物需要单独进行检测方法的开发和验证，通常检测通量有限。

脂质组学用于探索脂类物质在生物学过程中的功能和作用机制，通过分析脂类物质在生命活动过程和胁迫响应中的变化，可以深入了解其在生物体内的重要作用。

代谢流主要基于稳定同位素示踪技术，用于研究代谢物在代谢通路中的流量和通量。通过追踪稳定同位素标记的代谢物，可以揭示代谢物在代谢通路中的积累情况以及通路是否受阻，对于了解代谢过程中代谢物的动态变化非常重要。

空间代谢组学则着重于对样本间的代谢物进行定性、定量和定位分析。通过识别代谢物在空间中的分布和含量，可以深入了解其在生物学功能中的具体作用。

根据具体的研究目的和需求，研究者可以选择不同的研究方法。这些方法相辅相成，为深入理解生物体的代谢调控提供了有力的工具。

3）代谢组学获得目的基因

在代谢组学研究中，研究者可以通过 KEGG 数据库来获得目的基因。KEGG 数据库是一个综合性的数据库，囊括了基因组学、蛋白质组学和代谢组学等领域的数据，包含了基因、蛋白质和代谢途径等大量的生物信息。KEGG 数据库中代谢途径和生物通路图谱是其最重要的内容，这些图谱展示了基因和蛋白质与代谢途径和生物通路之间的相互作用关系。通过 KEGG 数据库获得目的基因，主要有以下两种方式：

（1）基于代谢途径获得目的基因

比如在 KEGG 主页上，找到“pathway”选项，选择差异代谢物所在的代谢途径，或选择感兴趣的代谢途径。在代谢途径中，可以找到与该代谢途径相关的基因和蛋白质信息，从而获得目的基因。

（2）基于生物通路获得目的基因

除了代谢途径，KEGG 还提供了其他类型的生物通路，如信号转导通路、基因表达调控通路等。可以通过检索特定生物通路来查找目的基因。比如在 KEGG 主页上，找到“pathway”选项，选择差异代谢物所在的生物通路，或选择感兴趣的生物通路。在生物通路中，可以找到与该生物通路相关的基因和蛋白质信息，从而获得目的基因。

文献案例

2021 年 1 月，中国药科大学赵玉成课题组在 *Horticulture Research* 杂志上发表了一篇题为“Integration of full-length transcriptomics and targeted metabolomics to identify benzylisoquinoline alkaloid biosynthetic genes in *Corydalis yanhusuo*”的研究论文，该研究以中药材延胡索为研究对象，通过 LC-MS 非靶向代谢组学技术，分析并鉴定了延胡索块茎和叶片中与主要生物活性成分苄异喹

啉生物碱(BIAs)生物合成相关的代谢物(图 2-38)。同时,结合转录组测序技术,筛选出了与 BIAs 生物合成相关的目的基因,并分析了目的基因与差异表达代谢物之间的相关性,将相关性较强的代谢物进行了通路分析,进一步解析了 BIAs 的生物合成途径。此外,作者结合靶向验证的方法,对 BIAs 生物合成途径进行系统解析。这些结果为药用植物的研究以及合成生物学提供了重要依据。

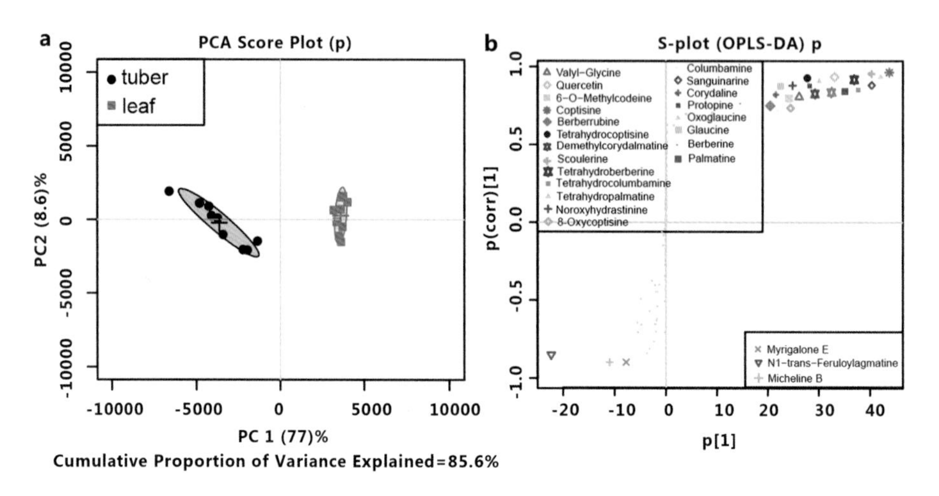

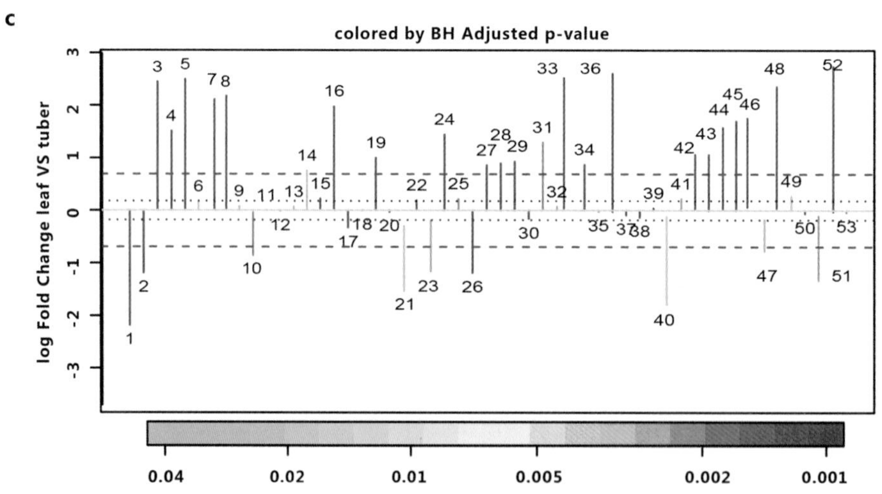

图 2-38　延胡索块茎和叶片提取物的代谢组学分析(Xu et al.,2021)

a. 主成分分析(PCA)分析图;b. 正交偏最小二乘判别分析(OPLS-DA)分析;c. 差异倍数分析

通过多组学实验,可以从不同的层面和角度获得目的基因。例如,表观组学和转录组学可以提供关于基因调控的信息,帮助研究者找到调控基因。蛋白质组学可以进一步验证基因的翻译水平和蛋白质的表达情况。而代谢组学可以用于代谢途径和生物通路分析,帮助研究者从代谢途径和生物通路中筛选目的基因。因此,多组学实验可以提供较为全面的信息,帮助研究者从多个方面获得目的基因,推动基因功能和调控机制的研究。

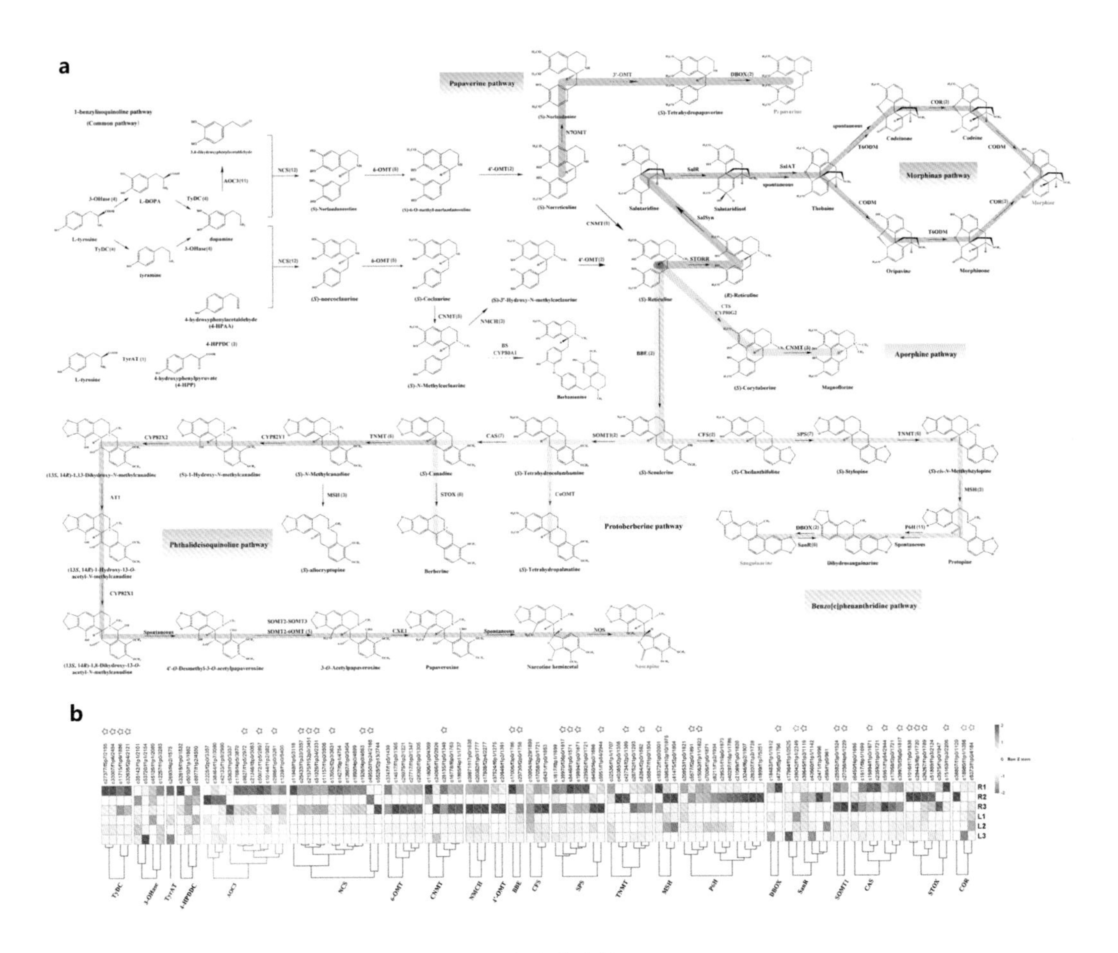

图 2-39　BIAs 生物合成途径(Xu et al. ,2021)

a. 根据 Tblastn 的结果,共有 101 个非冗余的功能基因参与 BIAs 的生物合成途径;b. 块茎和叶片样本中与 BIAs 生物合成相关的目的基因表达谱

(二) 筛库结果

除了通过组学的手段获取目的基因之外,还可以通过筛库的手段,这里的库指的是酵母文库。通过筛库获得目的基因也属于反向遗传学的范畴。酵母文库包含建库时样本中所有的蛋白,是一种强大的实验资源。通过酵母单/双杂筛选酵母文库可以帮助研究者获得目的基因上游的转录因子或目的蛋白的互作蛋白,为研究提供了巨大的便利。目前寻找上游转录因子还有其他的方法,例如 DNA Pull-down MS 等。寻找互作蛋白同样也有其他的方法,例如 IP-MS 等。相比其他筛选互作蛋白的方法,酵母文库不仅能够多次使用,而且也比较方便。根据研究者研究的目的,构建合适的诱饵载体,就可以对酵母文库进行筛选。

与多组学类似,筛库最终得到的数据也有很多。以酵母双杂筛库为例,最终的结果会包含与目的蛋白互作的所有蛋白,但是一篇文章的研究不可能探讨所有的互作蛋白,因为每个研究都只聚焦于特定的研究方向,只涉及与之相关的互作蛋白,对于不属于该研究范畴的互作蛋白,不会对它进行细致的研究。对于没有研究的互作蛋白,其功能与前面的研究有着密切的联系,因此可以对其开展一轮新的研究。相关筛库文献案例可见第三章“寻找上游调控基因”中酵母单杂筛库以及酵母双杂筛库相关内容。

（三）文献及数据库分析

除了组学和筛库等手段之外，通过文献及数据库分析可以快速且直接地找到想研究的基因。通过广泛地阅读文献资料，可以发现有研究价值或者研究比较火热的基因。如果这些基因恰好在待研究的物种中没有被研究过，且该物种有对应的基因组数据库时，就可以通过序列比对找到研究物种中的同源基因。如果该物种没有对应的基因组数据库，全部的基因信息就无法直接通过同源比对获得。当然，通过全基因组测序可以解决这一问题，但是为了获得一个基因去进行全基因组测序是不划算的，所以此时需要寻求其他的办法。对于不保守的基因来说，可以通过转录组测序获取基因转录本的信息，再得到对应的基因序列。而对于保守的基因来说，除了通过转录组测序的方法获得目的基因序列外，还可以通过同源基因的序列信息获取部分基因保守区序列，再通过染色体步移(chromosome walking)的方法获取基因全长的信息。

虽然上述方法可以较快地找到目的基因，但是这需要该基因在其他物种中被研究过，并且已经有相关的文献支撑，最好还需要有待研究物种的基因组数据库。以下推荐几个数据库网站：

1. NCBI

NCBI(https://www.ncbi.nlm.nih.gov/)是美国国家生物技术信息中心，是一个重要的生物信息学资源和数据库提供者。它提供了许多公共数据库，如 GenBank、PubMed、BLAST 等，这些数据库包含了大量的生物学相关的数据和文献。

2. UniProt

UniProt(https://www.uniprot.org/)是一个综合性的蛋白质数据库，提供关于蛋白质序列、结构、功能和相互作用的详细信息。它整合了来自不同来源的蛋白质数据，包括实验室研究、文献报道和计算预测。UniProt 数据库中的信息为生物学研究、蛋白质功能注释和生物信息学分析提供了巨大的帮助。

3. Ensembl Plants

Ensembl Plants(https://plants.ensembl.org/index.html)是一个综合性的植物基因组数据库和分析平台。它提供大量的植物基因组数据、注释信息和分析工具，旨在帮助研究者深入了解植物基因组的结构和功能。Ensembl Plants 涵盖多个植物物种，包括模式植物和重要的农作物植物。研究者可以通过 Ensembl Plants 获取基因组序列、基因注释、基因家族、遗传变异、表达数据等信息，并利用其提供的分析工具进行数据挖掘和功能预测。

文献案例

2021 年 1 月，华中农业大学黄俊斌课题组在 *Journal of Integrative Plant Biology* 杂志上发表了一篇题为“Comprehensive identification of lysine 2-hydroxyisobutyrylated proteins in *Ustilaginoidea virens* reveals the involvement of lysine 2-hydroxyisobutyrylation in fungal virulence”的研究论文。有报道称酿酒酵母组蛋白去乙酰化酶 Rpd3p 和 Hos3p 具有去 2-羟基异丁基化活性，作者为了探究 K_{hib}(2-羟基异丁基化修饰)在稻曲菌中的功能，首先通过同源比对找到了稻曲菌中可能具有 K_{hib} 活性的蛋白 UvRpd3 和 UvHos3，二者与酿酒酵母 Rpd3p 和 Hos3p 同源性分别为 75%和

64%,序列的高度相似预示着它们可能具有类似的功能(图 2-40)。因此后续研究中作者敲除了 *UvRpd3* 和 *UvHos3*,再通过 K_{hib}抗体检测野生型和敲除体中 K_{hib}水平,结果发现,在 *UvRpd3* 敲除体中 K_{hib}水平升高,这说明 UvRpd3 可能是 K_{hib}相关的酶,与酵母中 Rpd3p 有类似的功能。

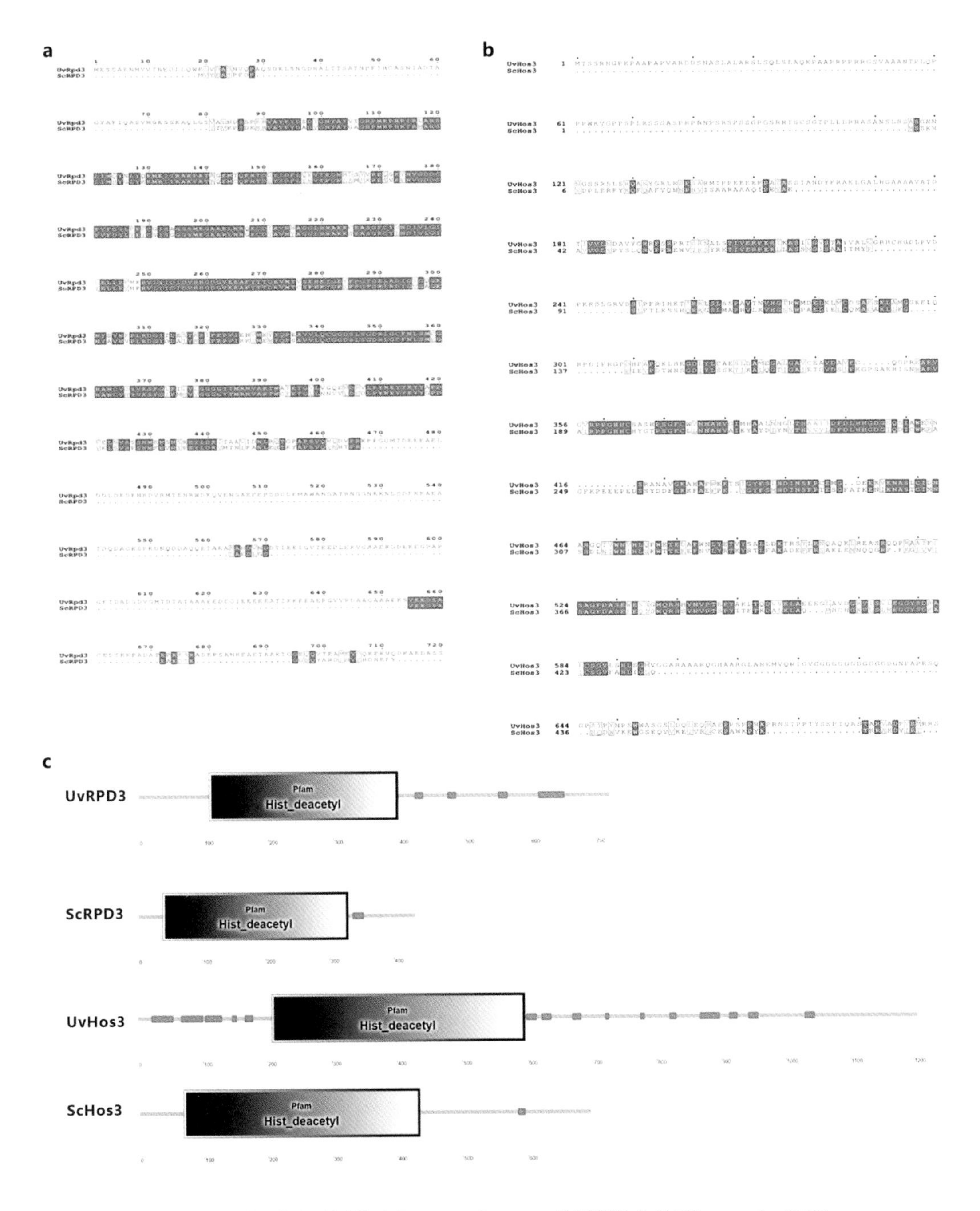

图 2-40　稻曲菌和酿酒酵母中 Rpd3p 和 Hos3p 的同源性分析(Chen et al.,2021)

a. UvRpd3 和 ScRpd3 的氨基酸序列比对;b. UvHos3 和 ScHos3 的氨基酸序列比对;c. UvRPD3、ScRPD3、UvHos3 和 ScHos3 结构域的预测

从上述通过反向遗传学获得目的基因的介绍不难看出，这样获得目的基因更为直接，因为只用从多组学实验、筛库和文献及数据库的检索拿到的结果中选择想要研究的基因，就可以直接进行研究。相比之下，通过正向遗传学获得目的基因就有些繁琐。但是反向遗传学与正向遗传学殊途同归，都落脚到目的基因上，最后都需要对目的基因进行深入研究才能系统地解析其功能。

本节详细介绍了获取目的基因的两大手段：正向遗传学和反向遗传学。通过正向遗传学手段获得目的基因有三种策略。首先，通过构建群体材料探索突变群体中的目的基因，这是一种有力的基因定位方法。通过突变群体的高遗传变异性和对真实环境的反映，提供了深入了解性状相关基因的机会。然而，有些基因存在难以精确定位以及多基因效应的挑战，因此在选择研究方法时需权衡利弊。尽管突变可能导致背景效应，且实验室条件下的突变可能与自然状态下的突变有所差异，但研究突变群体在理解基因功能等方面仍具有重要价值。随着技术的进步以及对这一研究领域的不断改进，有望克服其中的一些局限性，推动基因定位研究取得更为深入的成果。其次，通过标签克隆获取目的基因。由于标签的存在，使目的基因更容易在复杂基因组中被定位。这种方法为基因定位提供了更直观和精准的手段。然而，通过标签克隆获得目的基因也存在一些限制，如依赖已知信息、难以发现新基因以及可能忽略基因多样性等。最后，通过基因编辑手段引导大规模的定向编辑，从而构建基因编辑突变体库，可以直接从中获取目的基因。这种方法具有较高的精准性和可控性，避免了背景效应，并适用于多种物种。然而，其技术复杂性和高成本可能是挑战，而潜在的非特异性突变等问题也需要考虑。

通过反向遗传学手段获得目的基因也有三种策略。首先，通过多组学实验可以帮助研究者从不同层面去筛选目的基因。这种方法能够提供更全面的信息，帮助更好地理解目的基因在生物体内的功能，但是可能面临数据复杂、分析难度大以及成本高等方面的挑战。其次，通过筛库结果可以大规模筛选并获得目的基因。这种高通量的筛选方法能在样本中高效地发现潜在的目的基因，但是可能存在假阳性和假阴性等问题。最后，通过文献及数据库分析，可以直接找到目的基因。这种方法可以充分利用已有的数据，具有低成本和高效的优势，但是同样存在一些问题，例如只适用于已知的基因，且文献和数据库中的信息可能受到研究者的关注和研究趋势的影响，存在一定的选择性和偏好性。

总体而言，这些方法为获取目的基因方面提供了多样化的选择。随着技术的不断进步，会有更多先进的方法和工具出现，进一步推动基因研究的深入发展。这将为基因功能研究提供有力的帮助，为农业、医学和生物工程领域的发展做出更为重要的贡献。

参考文献

[1] 杜邓襄. 玉米高效转基因体系建立与基于人工 Ac/Ds 转座子的激活标签突变体生成系的创建[D]. 武汉：华中农业大学，2017：20-21.

[2] 盖钧镒，章元明，王建康. 植物数量性状遗传体系[M]. 北京：科学出版社，2003.

[3] 李燕，龙湍，吴昌银. RMD 水稻突变体信息及基因型鉴定[J]. *Bio-protocol*，2018：e1010107-e1010107.

[4] 乔峰. 玉米多亲本群体籽粒性状的遗传解析与育种应用[D]. 武汉：华中农业大学，2020：6.

[5] 吴乃虎，黄美娟. 分子遗传学原理（下册）[M]. 北京：化学工业出版社，2020.

[6] 赵宇慧，李秀秀，陈倬，等. 生物信息学分析方法 Ⅰ：全基因组关联分析概述[J]. 植物学报，2020，55(6)：715.

[7] Abe A, Kosugi S, Yoshida K, et al. Genome sequencing reveals agronomically important loci in rice using MutMap[J]. *Nature Biotechnology*, 2012, 30(2): 174-178.

[8] Adli M. The CRISPR tool kit for genome editing and beyond[J]. *Nature Communications*, 2018, 9(1): 1911.

[9] Bai H, Si H, Zang J, et al. Comparative proteomic analysis of the defense response to Gibberella stalk rot in maize and reveals that ZmWRKY83 is involved in plant disease resistance[J]. *Frontiers in Plant Science*, 2021, 12: 694973.

[10] Bai M, Yuan J, Kuang H, et al. Generation of a multiplex mutagenesis population via pooled CRISPR-Cas9 in soya bean[J]. *Plant Biotechnology Journal*, 2020, 18(3): 721-731.

[11] Baylin S B, Schuebel K E. The epigenomic era opens[J]. *Nature*, 2007, 448(7153): 548-549.

[12] Cai J, Wu Z, Song Z, et al. ATAC-seq and RNA-seq reveal the role of AGL18 in regulating fruit ripening via ethylene-auxin crosstalk in papaya[J]. *Postharvest Biology and Technology*, 2022, 191: 111984.

[13] Chen X, Li X, Li P, et al. Comprehensive identification of lysine 2-hydroxyisobutyrylated proteins in *Ustilaginoidea virens* reveals the involvement of lysine 2-hydroxyisobutyrylation in fungal virulence[J]. *Journal of Integrative Plant Biology*, 2021, 63(2): 409-425.

[14] Coulson A, Sulston J, Brenner S, et al. Toward a physical map of the genome of the nematode Caenorhabditis elegans[J]. *Proceedings of the National Academy of Sciences*, 1986, 83(20): 7821-7825.

[15] Felsenfeld G. A brief history of epigenetics[J]. *Cold Spring Harbor Perspectives in Biology*, 2014, 6(1): a018200.

[16] Gaillochet C, Develtere W, Jacobs T B. CRISPR screens in plants: Approaches, guidelines, and future prospects[J]. *The Plant Cell*, 2021, 33(4): 794-813.

[17] Hrmova M, Hussain S S. Plant transcription factors involved in drought and associated stresses [J]. *International Journal of Molecular Sciences*, 2021, 22(11): 5662.

[18] Hu Y, Patra P, Pisanty O, et al. Multi-Knock—A multi-targeted genome-scale CRISPR toolbox to overcome functional redundancy in plants[J]. *Nature Plants*, 2023, 9(4): 572-587.

[19] Jacobs T B, Zhang N, Patel D, et al. Generation of a collection of mutant tomato lines using pooled CRISPR libraries[J]. *Plant Physiology*, 2017, 174(4): 2023-2037.

[20] Klemm S L, Shipony Z, Greenleaf W J. Chromatin accessibility and the regulatory epigenome [J]. *Nature Reviews Genetics*, 2019, 20(4): 207-220.

[21] Kouzarides T. Chromatin modifications and their function[J]. *Cell*, 2007, 128(4): 693-705.

[22] Krasny L, Huang P H. Data-independent acquisition mass spectrometry (DIA-MS) for proteomic applications in oncology[J]. *Molecular Omics*, 2021, 17(1): 29-42.

[23] Lawrence M, Daujat S, Schneider R. Lateral thinking: how histone modifications regulate gene expression[J]. *Trends in Genetics*, 2016, 32(1): 42-56.

[24] Li N, Lin B, Wang H, et al. Natural variation in Zm FBL41 confers banded leaf and sheath blight resistance in maize[J]. *Nature Genetics*, 2019, 51(10): 1540-1548.

[25] Li T, Zhang X, Wei Y, et al. Comparative transcriptome analysis of the climacteric of apple fruit

uncovers the involvement of transcription factors affecting ethylene biosynthesis [J]. *Horticultural Plant Journal*, 2023, 9(4): 659-669.

[26] Liu L, White M J, MacRae T H. Transcription factors and their genes in higher plants: Functional domains, evolution and regulation[J]. *European Journal of Biochemistry*, 1999, 262(2): 247-257.

[27] Liu Q, Wang C, Jiao X, et al. Hi-TOM: A platform for high-throughput tracking of mutations induced by CRISPR/Cas systems[J]. *Science China Life Sciences*, 2019, 62: 1-7.

[28] Liu T, Zhang X, Li K, et al. Large-scale genome editing in plants: Approaches, applications, and future perspectives[J]. *Current Opinion in Biotechnology*, 2023, 79: 102875.

[29] Lu Y, Ye X, Guo R, et al. Genome-wide targeted mutagenesis in rice using the CRISPR/Cas9 system[J]. *Molecular Plant*, 2017, 10(9): 1242-1245.

[30] Meng X, Yu H, Zhang Y, et al. Construction of a genome-wide mutant library in rice using CRISPR/Cas9[J]. *Molecular Plant*, 2017, 10(9): 1238-1241.

[31] Neidle S. Beyond the double helix: DNA structural diversity and the PDB[J]. *Journal of Biological Chemistry*, 2021, 296.

[32] Qin W, Wang N, Yin Q, et al. Activation tagging identifies WRKY14 as a repressor of plant thermomorphogenesis in *Arabidopsis*[J]. *Molecular Plant*, 2022, 15(11): 1725-1743.

[33] Shalem O, Sanjana N E, Zhang F, et al. High-throughput functional genomics using CRISPR - Cas9[J]. *Nature Reviews Genetics*, 2015, 16(5): 299-311.

[34] Stark R, Grzelak M, Hadfield J. RNA sequencing: The teenage years[J]. *Nature Reviews Genetics*, 2019, 20(11): 631-656.

[35] Stricker S H, Köferle A, Beck S. From profiles to function in epigenomics[J]. *Nature Reviews Genetics*, 2017, 18(1): 51-66.

[36] Sun X, Li X, Lu Y, et al. Construction of a high-density mutant population of Chinese cabbage facilitates the genetic dissection of agronomic traits[J]. *Molecular Plant*, 2022, 15(5): 913-924.

[37] Thurman R E, Rynes E, Humbert R, et al. The accessible chromatin landscape of the human genome[J]. *Nature*, 2012, 489(7414): 75-82.

[38] Villota-Salazar N A, Mendoza-Mendoza A, González-Prieto J M. Epigenetics: From the past to the present[J]. *Frontiers in Life Science*, 2016, 9(4): 347-370.

[39] Waddington C H. Canalization of development and the inheritance of acquired characters[J]. *Nature*, 1942, 150(3811): 563-565.

[40] Wang Z, Hong Y, Yao J, et al. Modulation of plant development and chilling stress responses by alternative splicing events under control of the spliceosome protein *SmEb* in *Arabidopsis*[J]. *Plant, Cell & Environment*, 2022, 45(9): 2762-2779.

[41] Xu C, Xu Y, Wang Z, et al. Spontaneous movement of a retrotransposon generated genic dominant male sterility providing a useful tool for rice breeding[J]. *National Science Review*, 2023, 10(9): nwad210.

[42] Xu D, Lin H, Tang Y, et al. Integration of full-length transcriptomics and targeted metabolomics to identify benzylisoquinoline alkaloid biosynthetic genes in Corydalis yanhusuo

[J]. *Horticulture Research*, 2021, 8: 16.

[43] Yuan L, Perry S E. Plant transcription factors[M]. Totowa, NJ, USA: Humana Press, 2011.

[44] Zeng Z, Zhang W, Marand A P, et al. Cold stress induces enhanced chromatin accessibility and bivalent histone modifications H3K4me3 and H3K27me3 of active genes in potato[J]. *Genome Biology*, 2019, 20(1): 1-17.

[45] Zhang H, Lang Z, Zhu J K. Dynamics and function of DNA methylation in plants[J]. *Nature Reviews Molecular Cell Biology*, 2018, 19(8): 489-506.

[46] Zou C, Wang P, Xu Y. Bulked sample analysis in genetics, genomics and crop improvement[J]. *Plant Biotechnology Journal*, 2016, 14(10): 1941-1955.

第三章 目的基因的研究

通过正向遗传学或反向遗传学的手段得到想要研究的目的基因之后，接下来的工作就是对目的基因在生物体中的功能进行系统研究。虽然不同的研究中目的基因有所不同，但是其研究思路以及方法都是类似的，本章整理了植物基因功能研究中需要关注的六大方面：基因进化分析、基因结构分析、表达模式研究、基因功能研究、基因调控网络解析以及基因功能应用。这六个方面依次解析了基因及其编码蛋白的来源、结构、表达模式、基因功能以及与其他基因共同构成的网络调控机制，然后将所有的研究落实到实际应用上。这些基本上涵盖了研究一个基因需要涉及的所有方面（图 3-1）。总而言之，研究植物基因的功能是为了更深入地了解植物生命过程的基本机制，从而促进农业等领域的发展和进步。

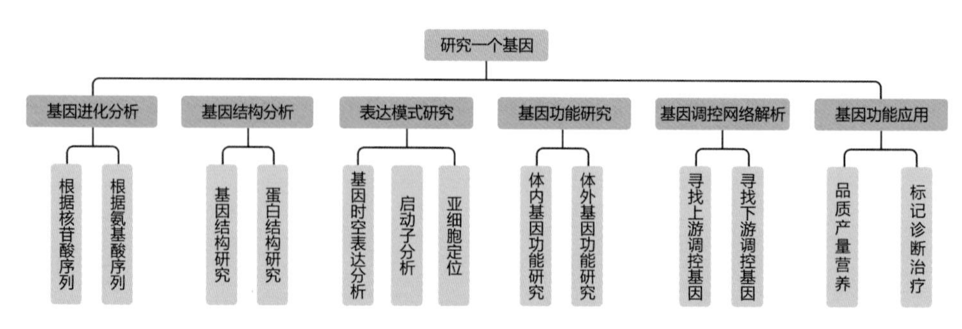

图 3-1　目的基因的研究内容

一、基因进化分析

在获得目的基因后，首先需要进行基因进化分析。基因进化分析通常可以利用核苷酸序列（基因序列）或氨基酸序列（蛋白序列）进行比较（图 3-2）。选择核苷酸序列和氨基酸序列进行分析是出于它们在生物学研究中的信息含量和功能的关键地位。基因的序列是生物体遗传信息的基础，而蛋白的序列则直接反映了这些基因的功能。通过分析这两者的序列，可以了解基因功能的演化、基因家族的演化、基因组的演化和物种的亲缘关系。蛋白的序列对于理解基因功能的演化尤为重要，因为蛋白质是基因表达的最终产物，其结构和功能的变化直接反映进化的影响。虽然核

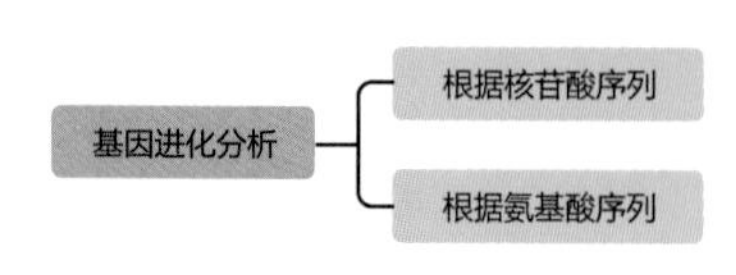

图 3-2　基因进化分析

苷酸序列和氨基酸序列是常用的研究对象，但可以根据具体情况选择其他类型的序列，如 RNA 序列、微卫星序列等，以深入了解不同层面上的生物学进化过程。选择使用哪种序列取决于研究问题的要求和研究者的偏好。根据研究时关注点的不同，基因进化分析涉及以下几个层面：

当研究关注基因的具体序列、结构和功能域的变化时，可以选择比较基因的序列并进行分析。通过构建系统进化树，可以确定不同序列间的相似性、差异性及演化关系。具体来说，包括研究基因家族的进化，了解基因的复制以及在物种中的分布和演化；通过检测基因序列中的突变，分析哪些突变被保留（正选择）或被淘汰（负选择），有助于理解基因在演化中的功能变化；研究基因的突变率，从而了解不同基因的突变频率以及突变在演化中的累积；研究非编码 RNA 的演化，以了解它们在调控基因表达和其他生物学过程中的作用。

当研究关注基因组内基因的扩张、缩小、排列和分布等信息时，可以对基因组进行分析，包括研究基因组结构中的变异，包括插入、缺失、倒位等，揭示基因组的动态演变过程；研究基因组中的基因重排和基因转座现象，了解这些变异如何影响物种的演化和适应性；分析调控区域、启动子、增强子等功能元件的演化，以深入了解基因表达调控网络的演化；研究基因在不同物种或个体中的表达模式变化，揭示在演化中基因表达的调控机制。

当研究关注物种之间的关系和演化过程时，可以对不同物种进行分析，包括利用多个基因或基因组的信息，构建系统发育树，深入了解不同物种之间的亲缘关系；研究物种在不同环境条件下的适应性演化，揭示基因在适应性演化中发挥的作用；比较不同物种的整个基因组，包括编码区和非编码区，以揭示演化中的基因家族、基因组结构和功能元件的变化。

在进行植物基因功能研究时，研究者接触的最多的是分析目的蛋白在不同物种之间的保守性，这有助于推测目的蛋白的功能。但是无论是哪个层面的分析，都需要通过构建系统进化树来实现，系统进化树提供了一种视觉化和结构化的方式来理解不同分析的结果。首先需要获取核苷酸序列或氨基酸序列，然后将获取的序列进行比对后再选择合适的方法构建系统进化树。

构建系统进化树是基因进化分析最常用的方法。系统进化树也称为系统发生树（phylogenetic tree）、聚类树（clustering tree）或进化树（evolutionary tree）。进化树主要由根、节点、进化支、外群、进化分支长度、距离标尺以及自展值组成（图 3-3）。根据是否有根节点，进化树可以分为有根树和无根树。有根树有一个根节点，代表所有其他节点的共同祖先，因此有根树能反映进化顺序。而无根树只是说明了节点之间的远近关系，不包含进化方向，只反映分类单元之间的距离，而不涉及谁是谁祖先的问题。每个节点代表一个分类单元，可以是基因、蛋白或物种。进化支也叫分支，表示基因、蛋白或物种在进化中的演化路径。外群指距离研究对象相对较远的一个或多个基因、蛋白或物种，具有较远的亲缘关系。进化分支长度表示两个节点之间的距离，通常用来表示演化的时间尺度或演化的相对速率。分支长度可以在图形上以数值的形式表示，通常用比例尺表示。需要注意

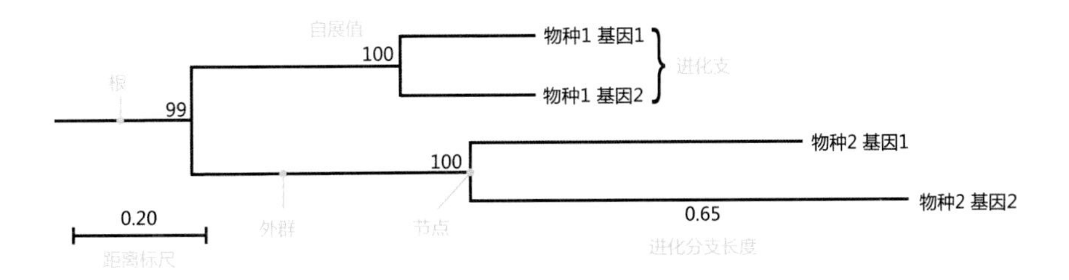

图 3-3　系统进化树

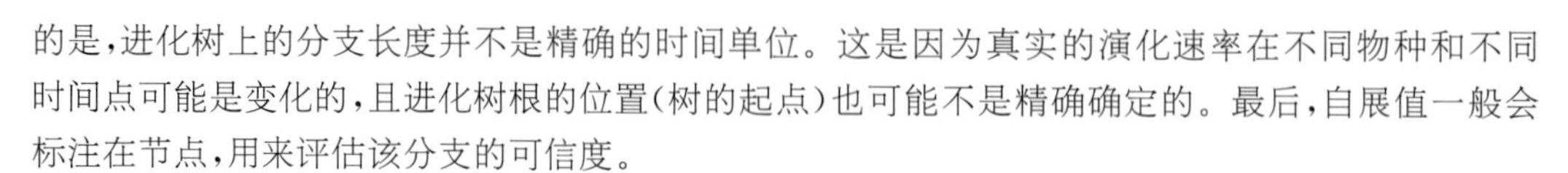

的是，进化树上的分支长度并不是精确的时间单位。这是因为真实的演化速率在不同物种和不同时间点可能是变化的，且进化树根的位置(树的起点)也可能不是精确确定的。最后，自展值一般会标注在节点，用来评估该分支的可信度。

文献案例

2018年10月，南洋科技大学 Chen Zhong 课题组在 *Plant Physiology and Biochemistry* 杂志上发表了一篇题为"Molecular identification of histone acetyltransferases and deacetylases in lower plant *Marchantia polymorpha*"的研究论文，该论文分析了苔藓植物地钱中的乙酰化酶(histone acetyltransferases，HATs)以及去乙酰化酶(histone deacetylases，HDACs)，共鉴定出7个HATs和12个HDACs。7个MpHATs中，有3个属于GNAT家族、2个属于MYST家族、1个属于CBP家族、1个属于$TAF_{II}250$家族。对鉴定到的MYST家族、CBP家族以及$TAF_{II}250$家族蛋白通过氨基酸序列构建进化树，结果发现，MpMYST1与拟南芥中的AtHAM1亲缘关系较近，而MpMYST2与拟南芥中AtHAM2的亲缘关系较远(图3-4)。因此，作者推测MpMYST1和拟南芥中的AtHAM1可能有共同的祖先，其功能也可能类似，而MpMYST2可能在苔类植物中有其他特定的功能。

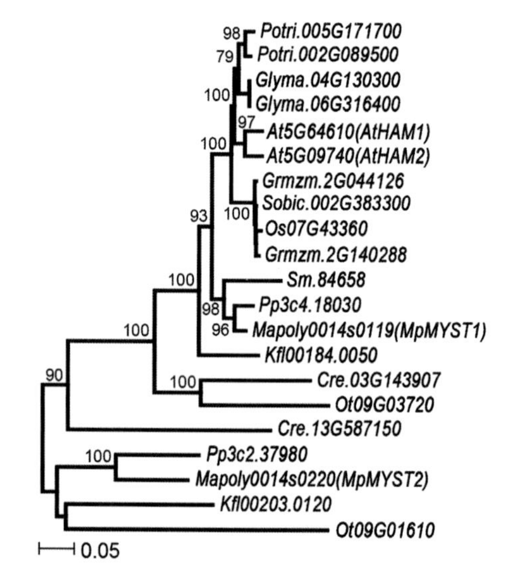

图3-4 MYST家族蛋白的系统进化分析(Jiashu Chu and Zhong Chen，2018)

综合而言，植物中基因进化分析的重要性在于其深远的科学意义和应用价值。通过深入研究基因在植物演化过程中的变化，不仅丰富了人们对植物演化历史和亲缘关系的认识，还为诸多领域的研究提供了关键性的信息和指导。

首先，基因进化分析为植物学研究提供了全面的视角，使人们能够更好地理解植物物种的多样性、分化和起源。通过构建系统进化树，揭示了植物界在演化过程中的关联，为系统发育学和分类学提供了有力的工具。其次，基因进化分析在生态学研究中具有重要意义。通过分析基因在不同环境中的适应性演化，可以洞察植物对生态系统变化的响应，为生态学家提供理解植物生态适应性的框架。此外，基因进化分析对农业领域也有着重要的作用。深入了解植物基因的演化模式，有助于培育更具适应性和优良性状的作物品种，从而提高农业生产的可持续性。

基因进化分析还为生物多样性保护提供了科学依据。通过了解植物的遗传多样性和遗传结

构，人们能够更有效地制定濒危植物的保护策略，促进生态系统的保护和恢复。最后，基因进化分析为生物技术和基因编辑提供了基础。通过深入理解基因的功能演化，研究者能够更准确地进行基因编辑，推动农业、医学和生物工程等领域的创新。因此，植物中基因进化分析不仅在科学研究上拓展了人们对植物生命的认知，同时也为解决现实问题提供了有力的科学支持。

二、基因结构分析

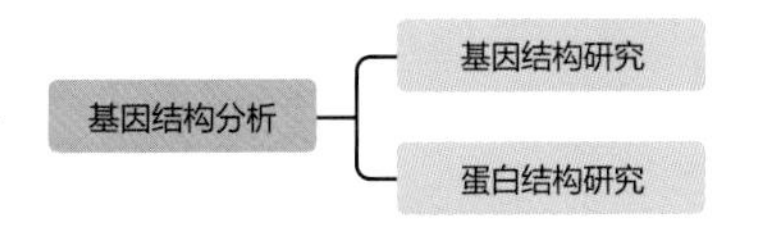

图 3-5　基因结构分析

获得目的基因后，除了进行基因进化分析外，基因结构分析也是必不可少的，这是因为结构决定功能，功能反映结构。本书对于基因结构分析主要从基因结构研究和蛋白结构研究两个方面进行（图 3-5）。

（一）基因结构研究

关于基因的概念及结构在本书第二章“基因的概念与结构”中已详细介绍。基因的结构在一定程度上决定基因的功能。基因结构变异可以导致基因功能变异，对某些重要的结构位点进行突变或修饰，也可以改变基因功能。因此想要清晰地了解基因的功能，必须明确基因的结构。基础研究中，一般是通过已有的数据库对目的基因的一级结构即平面结构进行预测分析，从而阐明目的基因的功能、表达调控模式等。这里主要介绍非编码区的启动子和 UTR、编码区的 CDS 和内含子在基因功能研究中的作用（图 3-6）。

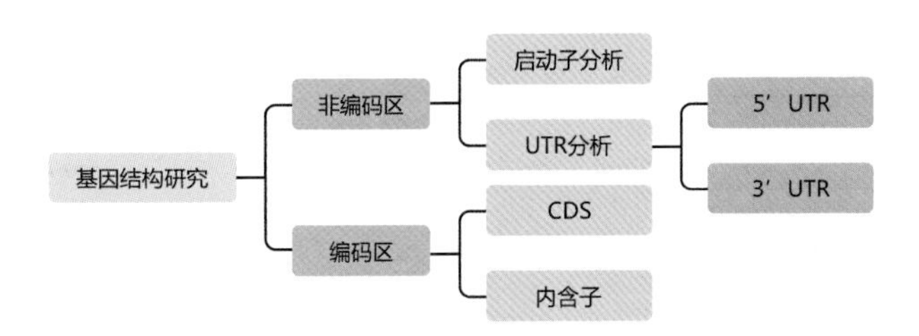

图 3-6　对目的基因的结构进行分析

启动子与转录因子、RNA 聚合酶结合，参与调控基因的表达。因此，研究启动子是研究基因表达调控的基础，并且研究启动子与其结合的蛋白可以帮助寻找新的功能基因。关于启动子在本书第二章“基因的概念与结构”中已详细介绍。基因转录后的表达水平受 UTR 的调控。其中，5′UTR 通常含有多种蛋白质的结合位点、核糖体结合位点、促进或抑制翻译起始的序列等调控序列；3′UTR 可通过富含 AU 的元件（由多个连续的腺嘌呤和尿嘧啶碱基组成）参与调节 mRNA 的稳定性，调控 mRNA 的定位、翻译，同时还可以调控蛋白-蛋白之间的相互作用等。此外，UTR 区域内还包含 uORF（上游开放阅读框）序列，在植物基因功能研究中，uORF 参与基因表达调控、应对生物或非生物胁迫及调节生长发育等多个过程。

CDS 是植物基因功能研究中极其重要的部分，可用来研究其编码的蛋白质的氨基酸序列，进而研究蛋白质的结构和功能；还可用于基因的识别、注释及分析不同物种之间的遗传差异；也可利用分子生物学技术对 CDS 进行过表达、干扰及敲除实验，以研究基因的功能。

内含子是基因的一段间隔序列，不编码蛋白质。与外显子区域相比，大多数内含子区域不含功能元件，自然选择对其影响不大，因此可以通过计算内含子碱基替换的速率测定物种进化速度。物种之间往往会存在同源内含子，因此也可以通过同源内含子来分析物种之间的进化关系。随着人类对不同物种的基因组测序工作的完成，内含子的结构和功能逐渐被广泛研究。由于内含子的可变剪切极其复杂，导致蛋白质呈现多样性，生物体可通过复杂的可变剪切制造新的变异，从而生成新的调控通路。内含子可帮助维持基因的稳定，并参与基因的表达调控过程，通常情况下，将内含子插入到目的基因的5′端可以提高基因转录表达水平，而插入到3′端则一般不会提高基因的转录水平，甚至可能抑制基因转录。此外，内含子还可以帮助生物体应对营养缺乏的胁迫影响（Parenteau et al.，2019；Morgan et al.，2019）。

总之，当开始研究一个基因时，通过基因结构分析明确启动子、UTR、CDS及内含子在基因全长的碱基序列中的占比及其潜在的功能，可为后续的基因功能验证实验提供一定的理论基础。

文献案例

2016年10月，巴西南格兰德州联邦大学Marcia Margis-Pinheiro课题组在*Genetics and Molecular Biology*杂志上发表了一篇题为“Diversity and evolution of plant diacylglycerol acyltransferase (DGATs) unveiled by phylogenetic, gene structure and expression analyses”的研究论文，作者通过构建系统发育树和比较基因结构来分析植物和藻类基因组中*DGAT3*和*WS/DGAT*基因的关系，以揭示组织结构和分子进化关系（图3-7）。作者发现*DGAT3*基因的结构在不同物种之间高度保守。

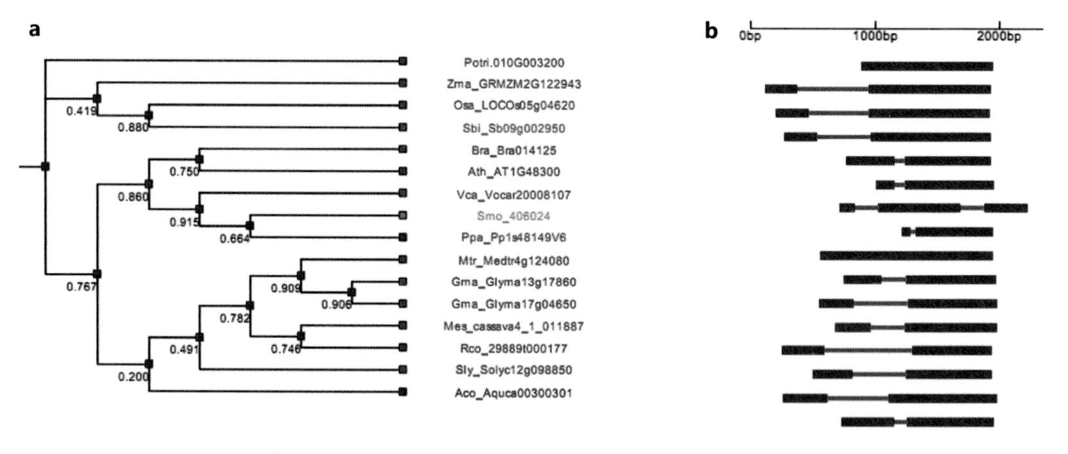

图3-7 植物基因组中*DGAT3*基因的结构（Turchetto-Zolet et al.，2016）

a.根据所鉴定的蛋白质基序的存在和相似性进行聚类构建的系统发育树；b.根据基因序列显示每个基因的结构信息

（二）蛋白结构研究

在一定程度上，基因决定了蛋白质的合成和功能。虽然DNA的一级结构与蛋白质的一级结构基本处于共线性关系，但是由于组成蛋白质的20种氨基酸具有不同的侧链基团，而侧链基团又具有不同的理化性质和空间排列方式，因此，当氨基酸按照不同的方式组合后，可以形成具有各种各样空间结构的蛋白质。通常蛋白质在形成空间结构之后才能执行完整的功能，因此，分析蛋白质的结

构、了解蛋白质发挥功能的位点，可以更好地解析体内各种生物化学反应发生的分子机制，也有助于推测目的蛋白潜在的功能。下面，从蛋白结构预测、蛋白结构解析和蛋白结构优化三个方面介绍蛋白结构研究的具体内容(图 3-8)。

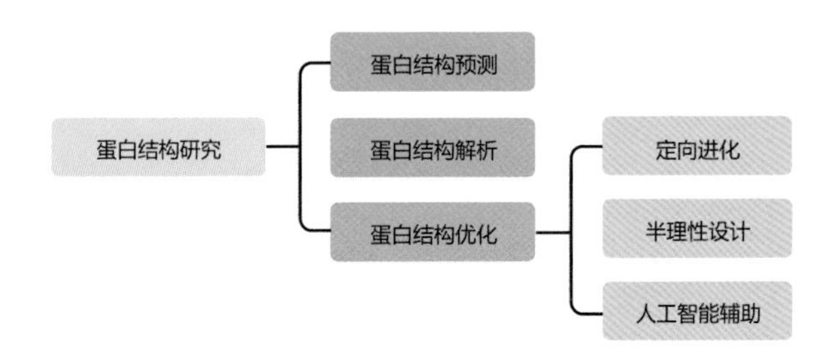

图 3-8　对目的蛋白的结构进行研究

1. 蛋白结构预测

蛋白质是由氨基酸脱水缩合形成的多肽链经过盘曲折叠形成的具有一定空间结构的物质，它是生命活动的主要承担者。蛋白质的结构具体可以分为四级。一级结构指的是组成蛋白质分子多肽链的氨基酸排列顺序，每种蛋白质都有唯一且确定的氨基酸序列，是蛋白质空间结构的基础。二级结构指的是多肽主链按一定的轴盘旋或折叠而形成的特定构象，包括 α-螺旋、β-折叠、Loop 区和无规卷曲等。三级结构是在二级结构的基础上，多肽链按照一定的空间结构进一步形成更复杂的三维结构，维持三级结构的作用力通常包括氢键、离子键、疏水作用和范德华力等。四级结构是由具有三级结构的多肽链按照一定空间排列方式结合形成的聚集体，但并非所有的蛋白质都存在四级结构。了解蛋白质的空间结构才能更清楚地解析蛋白质的功能，从而研究蛋白质在生命活动中发挥作用的机制。

在植物基因功能研究中，蛋白质结构预测一般是指对蛋白质的一级结构和二级结构进行预测。一级结构预测主要是通过蛋白质的氨基酸序列对目的蛋白进行基础的生物信息学分析，一方面通过分析蛋白分子量、等电点、不稳定系数、脂溶性系数和各种氨基酸的含量等，判定蛋白是否稳定；另一方面则是通过构建系统发育树判断目的蛋白在不同物种中的进化亲缘关系，推测蛋白质的功能是否保守。二级结构预测主要通过各种生物信息学网站分析 α-螺旋、β-折叠、Loop 区和无规卷曲的占比，大部分跨膜蛋白可通过 α-螺旋进行跨膜活动，而 Loop 区通常包含蛋白质的活性位点。根据蛋白质一级结构和二级结构的预测结果，可以初步判断出蛋白质的功能结构域、信号肽、跨膜结构域、亚细胞定位和活性位点等，从而为后续的分子生物学实验提供便利。例如，在进行酵母双杂实验时，若目的蛋白存在跨膜结构域，那么结合亚细胞定位的结果可选择膜体系酵母双杂系统，反之选择核体系酵母双杂系统；在研究目的蛋白的亚细胞定位时，根据预测的亚细胞定位结果可以选择对应的细胞器 Marker 或特异性染色液，从而得到更精确、令人信服的结果；同样，在构建亚细胞定位载体时，由于连接荧光蛋白的一端不能参与蛋白质的折叠，因此，需要根据蛋白质结构预测结果判断荧光蛋白标签的位置。

蛋白质结构预测为实验提供便利的例子远不止这些，如果读者感兴趣，可以自行阅读相关文献。常见的蛋白质结构预测的生物信息学网站列于表 3-1。

表 3-1 常见的蛋白结构及功能预测的网站

网站名称	网 址	应 用
BLAST	https://blast. ncbi. nlm. nih. gov/Blast. cgi	同源比对
SMART	https://smart. embl. de/	保守结构域预测
PSORT	https://www. psort. org/	亚细胞定位预测
TargetP	https://services. healthtech. dtu. dk/services/TargetP-2. 0/	亚细胞定位预测
PSIPRED	http://bioinf. cs. ucl. ac. uk/	二级结构预测
PredictProtein	https://predictprotein. org/	二级结构及其他
COILS	https://bio. tools/coils#!	卷曲结构预测
TMHMM	https://services. healthtech. dtu. dk/services/TMHMM-2. 0/	跨膜结构域预测
PONDR	http://www. pondr. com	无规则区域预测
SignalP	https://services. healthtech. dtu. dk/services/SignalP-4. 1/	信号肽预测
CASTp	http://sts. bioe. uic. edu/castp/	蛋白质活性位点预测
InterProSurf	https://curie. utmb. edu/prosurf. html	
DeepSite	https://playmolecule. com/deepsite/	

由于蛋白质结构和性质存在多样性，需要采取不同的实验方法去测定蛋白质的结构，而通过实验的方法获取蛋白质结构，往往需要精密昂贵的仪器，且要求科研人员具备丰富的经验，所以通过实验的方法获得蛋白质结构不仅成本高，而且速度较慢。因此，蛋白质结构测定工作一直是困扰科研工作者的难题。随着科学技术的发展，利用计算机算法预测蛋白质的三级结构成为常用方法，主要包括从头预测法和同源建模法。从头预测法采用拼接策略，通过预测蛋白的局部结构，进而拼接筛选出最终构象，其主要的预测方法包括 FAL-CON、Quark 和 ROSETTA 等。同源建模法通过计算目的蛋白质序列与模板蛋白质序列之间的同源性，以序列联配的方式呈现序列同源性。根据联配的同源性与模板蛋白质的结构构建出目的蛋白质的结构，常见的同源建模方法主要包括 BLAST、FFAS 和 PSI-BLAST 等，与从头预测法不同的是，其预测结果依赖已知的蛋白质数据库。当前 AlphaFold 2 这一人工智能程序在蛋白质结构预测领域展现出了强大的功能，其对大多数蛋白质结构的预测与真实的蛋白质结构相比只差一个原子的宽度，已有的研究表明，AlphaFold 2 预测的蛋白质结构几乎覆盖了 98. 5%的人类蛋白及其他生物中的同源蛋白(Tunyasuvunakool et al. ,2021)。

文献案例

蛋白质 O-糖基化是一种营养信号机制，在维持不同物种的细胞稳态中起着重要作用。在植物中，岩藻糖基转移酶(SPINDLY，SPY)和乙酰葡糖胺转移酶(SECRET AGENT，SEC)分别介导细胞内蛋白的岩藻糖(O-fucose)和乙酰葡糖胺(O-GlcNAc)两种类型的糖基化修饰。SPY 和 SEC 在细胞调控中存在功能冗余，SPY 和 SEC 的缺失会导致拟南芥胚胎死亡。2023 年 12 月，斯坦福大学王志勇课题组与南方科技大学郭红卫和姜凯课题组合作在 *The Plant Cell* 杂志上发表了一篇题为 "Structure-based virtual screening identifies small-molecule inhibitors of O-fucosyltransferase

SPINDLY in Arabidopsis"的研究论文。作者利用 AlphaFold 方法预测 SPY 蛋白的结构，虚拟筛选出了 SPY 的小分子抑制剂 SOFTI(图 3-9)。

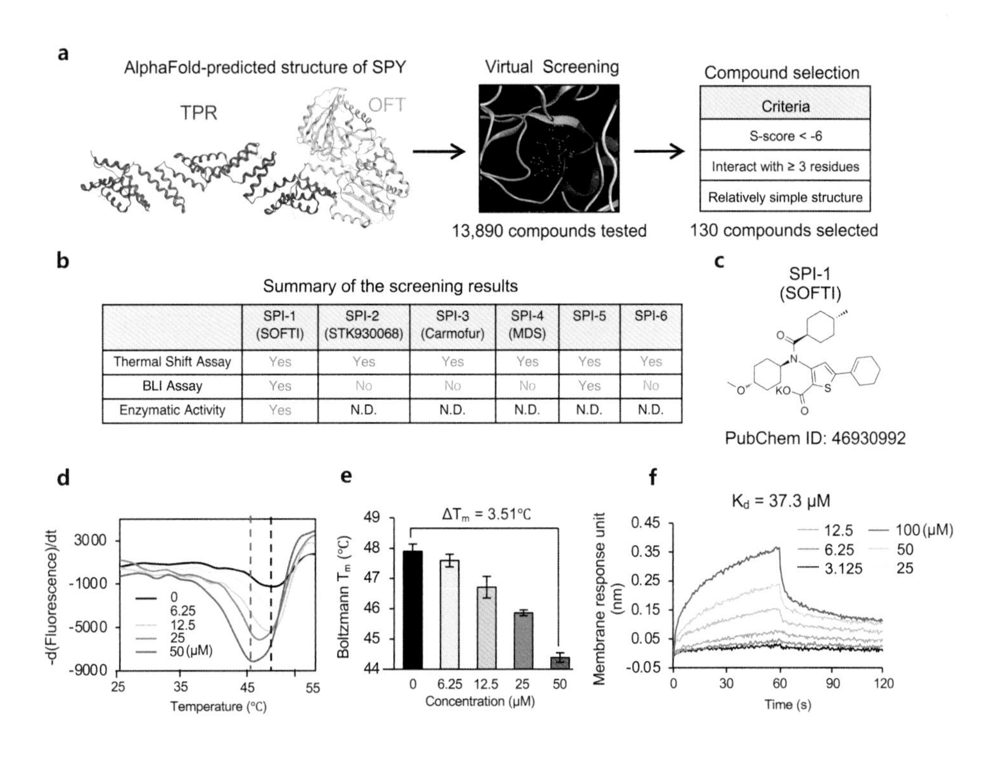

图 3-9 岩藻糖基转移酶相互作用物的虚拟和实验筛选(Aizezi et al.,2023)

a. 利用虚拟对接进行初筛的示意图，图中显示了 SPY 的 AlphaFold 预测结构的四肽重复(TPR)和催化(OFT)结构域；b. 通过三次实验筛选的 130 个候选化合物中排名前 6 位的化合物；c. SOFTI 的化学结构；d. 不同浓度 SOFTI 对 SPY 蛋白热稳定性的影响；e. 定量测定不同浓度 SOFTI 对 SPY 熔化温度的响应；f. SOFTI 与 SPY 相互作用动力学的生物膜干涉测定

2. 蛋白结构解析

组成蛋白质的 20 种氨基酸自由组合、折叠形成具有复杂且独特的三维结构的生物大分子。蛋白质的三维结构决定了蛋白质在生物体中执行的功能。正确解析蛋白质的三维结构，可以有助于了解蛋白质-蛋白质之间相互作用的机制、蛋白质-配体间结合的机制等。一般而言，解析蛋白质的三维结构指的是对蛋白质三级结构的解析。蛋白质的三维结构主要通过 X 射线晶体学、核磁共振波谱学和三维电镜重构等技术进行解析。

X 射线晶体学技术是最早也是使用最多的测定蛋白质三维结构的技术，包括蛋白样品制备、蛋白质结晶、衍射数据收集处理、相位求解、模型建立和修正这几个重要步骤。由于蛋白质具有不同的理化性质，且存在多种修饰类型，导致蛋白质的复杂程度上升，致使蛋白质结晶困难，因此该技术存在一定的局限性。核磁共振波谱学技术是对 X 射线晶体学技术的补充，主要用来测定溶液状态下的蛋白质结构，无需制备蛋白质晶体，仅能测定小分子量蛋白质的结构，但其无法测定大分子量蛋白质的结构，且难以研究不溶的蛋白质。三维电镜重构技术可用于研究大分子蛋白质、蛋白质复合体的三维结构，直接获得蛋白质分子的形貌及结构的动态变化。基于冷冻电镜的三维电镜重构技术主要包括样品冷冻固定、电子成像及记录、底片数字化、二维图像分析和三维重构计算这几个步骤。

当前，在结构生物学领域，上述三种蛋白质三维结构的解析方法已被广泛应用。然而，在植物基因功能研究中，蛋白质三维结构的精确解析较少，大多数集中于一级结构分析和简单的二级结构研究。但是，蛋白质的三级结构最终决定了蛋白质的功能，同一种蛋白质转换不同的折叠方式，其稳定性、水溶性等理化性质和功能都有可能发生改变。因此，在植物基因功能研究中，对蛋白质三级结构的解析也是必要的，可以帮助研究者更为深入地探究蛋白质发挥作用的分子机制。在植物体内，一般是多个蛋白结合一起发挥作用的，通过对其蛋白质的结构进行解析，可以明确知道结合的方式和位点。此外，还可以利用已知蛋白质的结构去预测和筛选可能与其结合的蛋白质。

文献案例

2022 年 5 月，杜克大学医学院董欣年课题组和周沛课题组合作在 *Nature* 杂志上发表了一篇题为“Structural basis of NPR1 in activating plant immunity”的研究论文，该研究论文报道了拟南芥 NPR1 蛋白质和 NPR1 与转录因子 TGA3 的蛋白质复合物的冷冻电镜结构（图 3-10～图 3-12）。冷冻电镜分析发现，NPR1 是一种鸟类形状的同源二聚体，包含一个中央 broad 复合物、Tramtrack 和 Bric-à-brac(BTB)结构域、一个 BTB 和羧基末端 Kelch 螺旋束、四个锚蛋白重复序列和一个无序水杨酸结合结构域。晶体结构分析揭示了 BTB 中一个独特的锌指基序，可与锚蛋白重复序列相互作用并介导 NPR1 寡聚化。作者还发现在水杨酸处理后，水杨酸结合结构域与锚蛋白重复序列的折叠对 NPR1 转录辅因子活性是必需的。

3. 蛋白结构优化

如果蛋白质在性状、稳定性和功能方面不能满足实验及实际生产的要求，那么可以通过蛋白质结构优化进行解决。

天然蛋白质结构优化包括定向进化和半理性设计两种方式。定向进化的方向主要聚焦于增加蛋白质的表达和优化蛋白性状，通过人工手段对目的蛋白进行改造，包括突变和筛选两部分。突变指的是利用分子生物学手段对编码蛋白质的基因进行改造，从而构建大量的突变体文库，传统的突变方法包括易错 PCR 和 DNA 改组等。近年来，CRISPR/Cas 技术、ABE/CBE 碱基编辑技术和 PE 编辑技术发展成熟，通过 nCas9 或 dCas9 靶向蛋白携带碱基脱氨酶对特定位点的碱基进行编辑，提高了定向进化的适用范围和突变位点的可控性。筛选指的是通过一定的方法从突变体库中选择合适的改造产物，常用的筛选方法有抗性平板筛选、96 孔板高通量筛选、噬菌体展示技术筛选和流式细胞荧光分选技术筛选等。

半理性设计则是通过分析蛋白质的晶体结构及保守位点，同时非随机地选取多个氨基酸的关键位点作为改造靶点，结合有效密码子的理性筛选作用，以构建较小的突变体文库。

人工智能辅助的蛋白质优化是指在计算机的辅助下通过分子动力学、量子力学等一连串的计算方法，基于计算结果筛选符合要求的蛋白质，是一种新兴的蛋白质工程研究手段。与定向进化相比，这一方法可提供明确的改造方案，降低突变体文库建立和筛选的工作量。人工智能辅助的蛋白质优化的一般流程包括提取蛋白质特征、机器学习、基于学习算法生成数据函数模型、蛋白质序列的虚拟进化、评估效能和预测结果。目前，已经应用于蛋白质的从头设计、酶的底物选择性和热稳定性设计等方面。

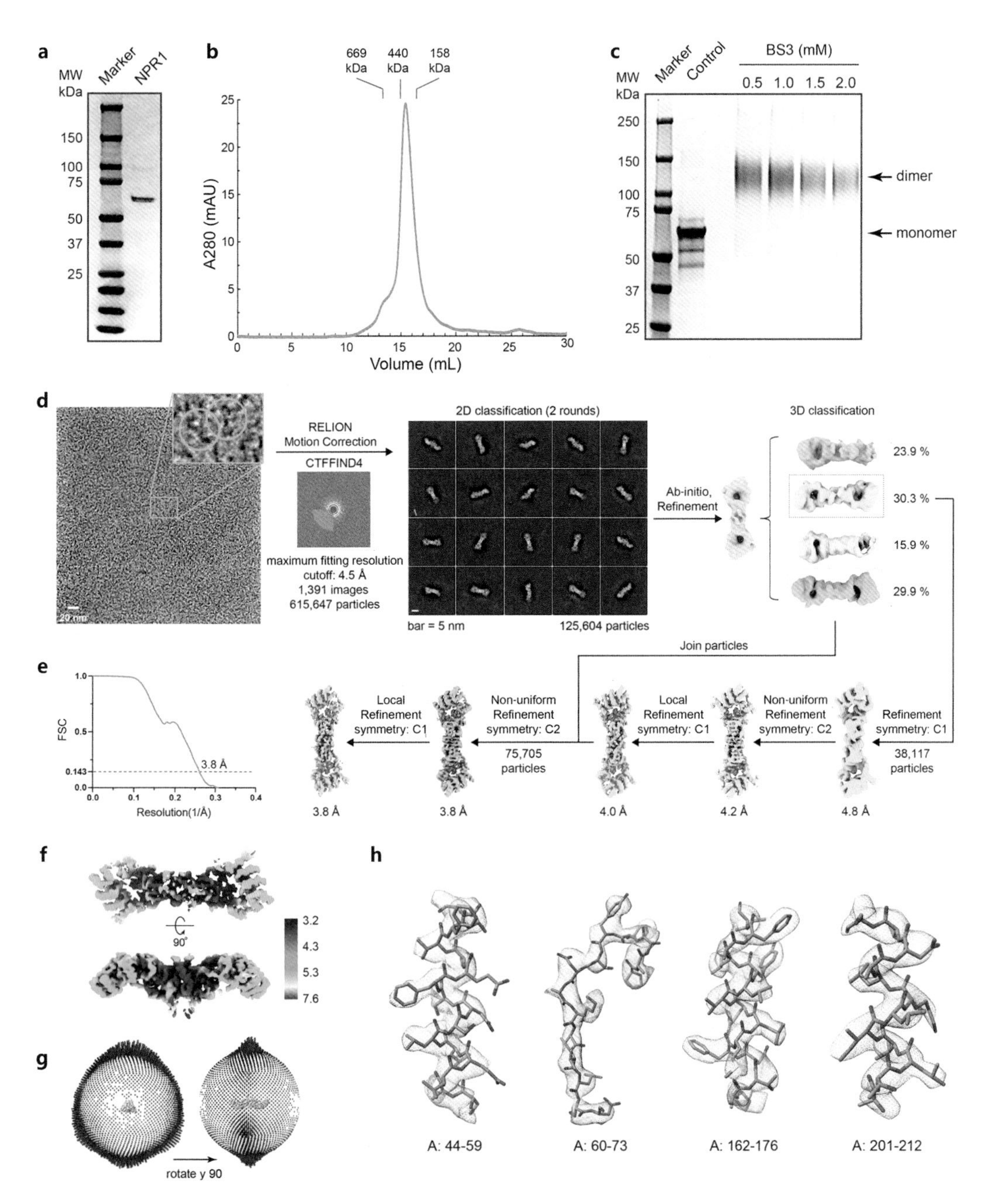

图 3-10　载脂蛋白 NPR1 的生化表征及冷冻电镜重构(Kumar et al.,2022)

a. NPR1 的 SDS-PAGE 凝胶电泳结果;b. NPR1 在分子量为 440kDa 和 158kDa 的标记物之间洗脱;c. 不同浓度的 BS3 对 NPR1 的交联显示出的显性二聚体带;d. 重构流程图(绿色圆圈突出了具有代表性的 NPR1 颗粒);e. FSC 曲线;f. 三维结构分辨率图;g. 粒子的欧拉角分布;h. 基于 EM 算法的密度图的代表性区域

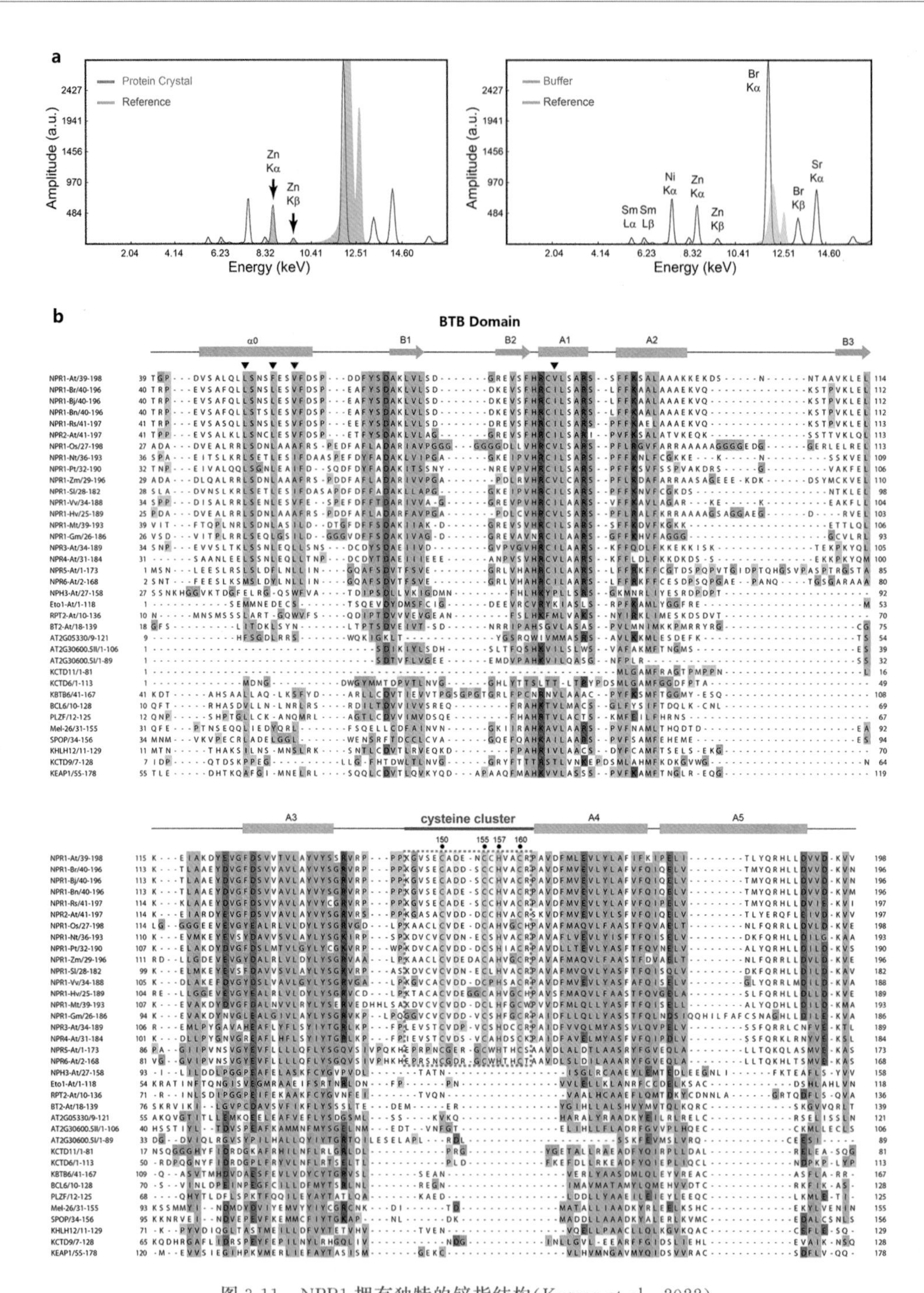

图 3-11 NPR1 拥有独特的锌指结构(Kumar et al.,2022)

a. X 射线荧光扫描数据显示 NPR1(ΔSBD)晶体中存在 Zn^{2+},NPR1 蛋白晶体和缓冲液的扫描结果分别显示在左图和右图中;b. BTB 结构域序列比对,在 NPR 蛋白中保守的独特半胱氨酸簇中,保守的半胱氨酸和组氨酸残基以粉红色突出显示。点表示参与锌配位的残基,三角形表示 NPR1 突变的残基。所列植物种类包括拟南芥、油菜、芥菜、甘蓝型油菜、莴苣和水稻

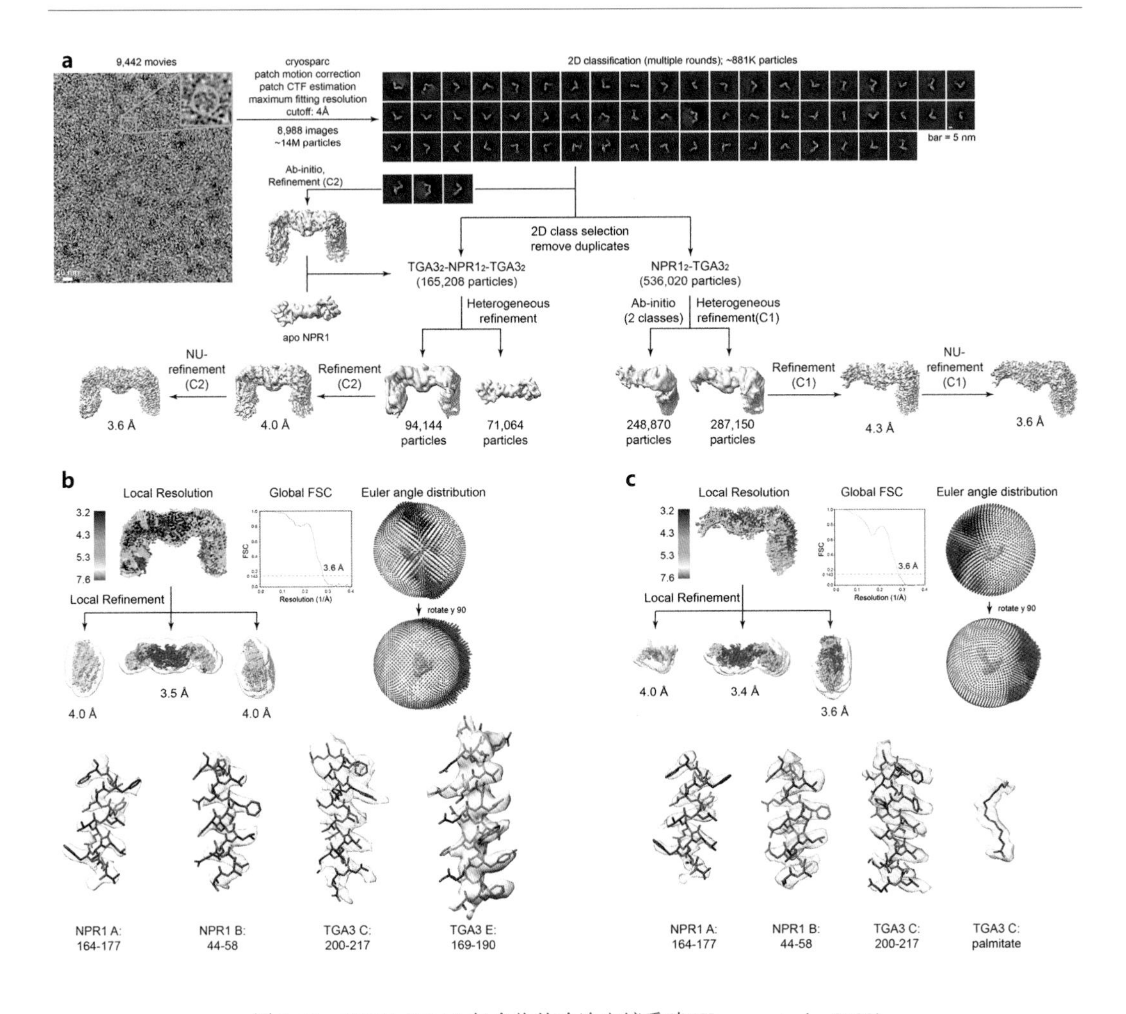

图 3-12　NPR1-TGA3 复合物的冷冻电镜重建(Kumar et al.,2022)

a. 重构流程图;b. $TGA3_2$-$NPR1_2$-$TGA3_2$配合物的局部分辨率、FSC 曲线、粒子的欧拉角分布和基于 EM 算法的密度图的代表性区域;c. 局部分辨率、全局 FSC 曲线、粒子的欧拉角分布,和 $NPR1_2$-$TGA3_2$配合物 EM 密度图的代表性区域

总之,DNA 转录形成 RNA,再翻译、加工形成蛋白质,这一过程涉及多种生物学变化。通过对基因的结构及其编码的蛋白质的结构进行分析,可以对基因进行功能注释,为遗传转化提供靶标位点,指导研究者设计可行的生物学实验方案。

三、表达模式研究

通过对目的基因的进化关系、基因结构和蛋白结构的分析,可初步推测目的基因的功能,接下来需要通过实验验证目的基因的功能。植物基因功能研究的第一步,一般是对目的基因的表达模式进行分析,包括转录水平的表达模式分析和蛋白水平的表达模式分析(图 3-13)。

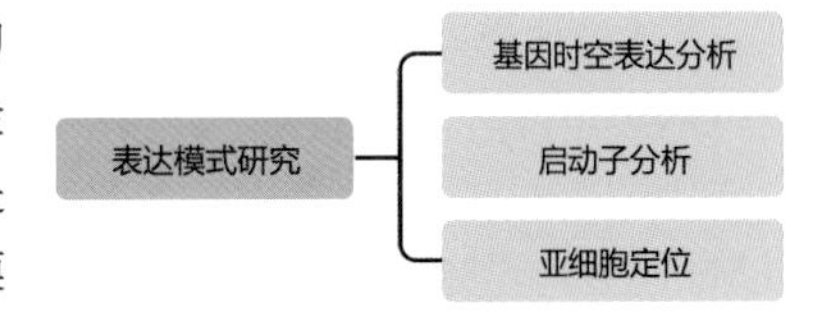

图 3-13　表达模式研究内容

在转录水平的表达模式分析中，首先需要分析目的基因在植物不同发育时期、不同组织器官和不同环境下的表达水平，从而了解目的基因在何时何地高表达，以初步判断目的基因在植物生长发育过程中的功能。启动子作为常被研究的基因结构之一，能够启动并调控基因的转录过程。因此，分析启动子活性可以判断基因的转录情况。此外，启动子序列上通常存在反式作用因子结合的顺式作用元件。反式作用因子通过与顺式作用元件结合，能够增强或减弱基因的转录。因此，分析启动子的顺式作用元件也同样重要。在本节中，蛋白水平的表达模式分析不是利用 Western blot 实验来分析目的基因在植物不同发育时期、不同组织器官和不同环境下蛋白的表达水平，而是通过亚细胞定位实验来进行分析。根据亚细胞定位实验的结果可以进一步推测目的基因的功能，并为后续的研究提供方向。需要强调的是，利用 Western blot 进行蛋白水平的表达模式分析是可行的，但该方法依赖于目的蛋白的特异性抗体，在实际应用中比较受限，因此本节主要介绍亚细胞定位实验。

（一）基因时空表达分析

基因时空表达分析可量化植物不同发育时期、不同组织器官和不同环境下特定基因转录产物的量，为基因功能研究提供重要的信息：当基因在特定组织细胞中的表达水平较高时，往往表示其在这些组织细胞中发挥着重要作用；当基因在特定环境胁迫下的表达水平较高时，往往表示其在抵抗逆境胁迫中发挥着重要作用。基因的时空表达取决于反式作用因子识别启动子上的顺式作用元件，招募转录调控蛋白，从而决定目的基因的转录和翻译过程。因此，可以利用目的基因的启动子来驱动报告基因的表达，实现目的基因时空表达的可视化。常用的方法包括实时荧光定量 PCR 实验(RT-qPCR)、*GUS* 报告基因实验和荧光蛋白报告基因实验(图 3-14)。

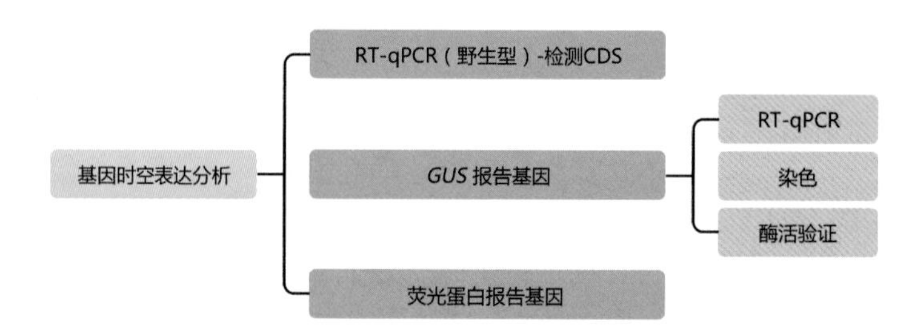

图 3-14　对目的基因的时空表达进行分析

1. RT-qPCR 分析基因时空表达

RT-qPCR 是指在 PCR 反应中加入荧光染料或荧光探针，通过连续监测荧光信号出现的先后顺序以及信号强弱的变化，即时分析目的基因的表达水平。RT-qPCR 是研究基因表达水平的重要工具，与常规 PCR 相比，RT-qPCR 在反应体系中加入了荧光染料或荧光探针，提高了检测的灵敏度与特异性。

荧光染料也称为 DNA 结合染料，目前 RT-qPCR 最常用的荧光染料是 SYBR Green I，SYBR Green I 能够特异性结合 DNA 双螺旋的小沟区域。游离的 SYBR Green I 几乎没有荧光信号，但与双链 DNA 结合后，其荧光信号可增加数百倍。随着 PCR 产物的增加，PCR 产物与染料的结合量也随之增加，因此，荧光信号强度可以代表 PCR 扩增产物的数量。RT-qPCR 最常用的荧光探针是 TaqMan Probe，其基本原理是在 PCR 扩增过程中，加入一对引物的同时加入特异性荧光探针，该探针 5′端标记一个荧光基团，3′端标记一个淬灭基团。初始状态下，探针完整结合在 DNA 任意一条单链上，荧光基团发射的荧光信号被淬灭基团吸收而检测不到荧光信号。随着 PCR 反应进行，Taq 酶的 5′-3′核酸外切酶活性将探针酶切降解，使荧光基团和淬灭基团分离，进而发出荧光，并且切割的荧光分子数与 PCR 产物的数量成正比，因此，通过检测 PCR 反应体系中的荧光强度可以检测 PCR 产物扩增数量。

文献案例

2022 年 6 月，重庆大学邓伟课题组在 *Plant Biotechnology Journal* 杂志上发表了一篇题为“Control of fruit softening and Ascorbic acid accumulation by manipulation of *SlIMP3* in tomato”的研究论文，作者以生长状况良好的野生型番茄植株为材料，收集了根、茎、叶、花、未成熟绿果、成熟绿果、破色期果实、橙果和红果多种组织和器官，并利用 RT-qPCR 实验分析了这些组织和器官中 *SlIMPs* 的表达模式，结果表明，*SlIMP3* 在所有组织中均有表达，并且其表达水平显著高于 *SlIMP1* 和 *SlIMP2*，说明 *SlIMP3* 可能在番茄各组织和器官中发挥重要作用(图 3-15)。

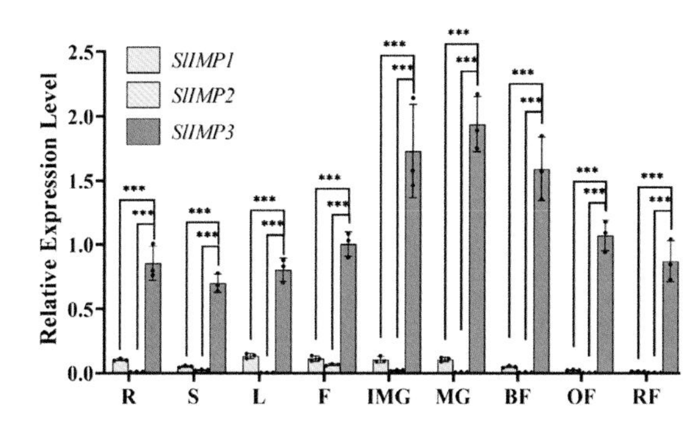

图 3-15 *SlIMPs* 在番茄各组织和器官中的相对表达水平(Zheng et al.,2022)

R:根;S:茎;L:叶;F:花;IMG:未成熟绿果;MG:成熟绿果;BF:破色期果实;OF:橙果;RF:红果

2. *GUS* 报告基因实验分析基因时空表达

GUS 基因存在于某些细菌体内，编码 β-葡萄糖苷酸酶(β-glucuronidase,GUS)，该酶是一种水解酶，能催化许多 β-葡萄糖苷酯类物质的水解。由于大多数植物细胞内缺乏内源的 GUS 活性，因此 *GUS* 报告基因被广泛用于检测目的基因的时空表达情况。构建含有“目的基因启动子-*GUS* 报告基因-终止子”转录单元的载体，通过稳定表达或瞬时表达的方式将该载体转入植物体内，然后进行 *GUS* mRNA 表达水平测定、GUS 组织化学染色和 GUS 酶活测定，以分析目的基因的时空表达模式。

稳定表达是指将外源 DNA 片段整合到细胞基因组中，并能随细胞分裂稳定遗传，使目的蛋白长时间保持稳定水平的表达。瞬时表达是指将目的基因片段连接到质粒上，通过瞬时转化的方式将质粒转入靶细胞中，外源 DNA 与宿主细胞染色体不发生整合，目的基因可利用宿主细胞的转录和翻译机制正常表达。

1) RT-qPCR 检测 *GUS* mRNA 表达水平

提取转 *GUS* 基因植株的总 RNA，反转录为 cDNA，利用 RT-qPCR 实验测定目的基因启动子驱动的 *GUS* 报告基因的 mRNA 表达水平。

2) GUS 组织化学染色分析

使用组织化学染色法检测 GUS 是以 5-溴-4-氯-3-吲哚-β-葡萄糖苷酸(5-bromo-4-chloro-3-indolyl-β-D-glucuronide,X-Gluc)作为反应底物，将待检测的材料浸泡在含有 X-Gluc 的缓冲液中，若组织细胞表达了 GUS，即可将 X-Gluc 水解生成蓝色产物，使得具有 GUS 活性的部位或位点呈现蓝

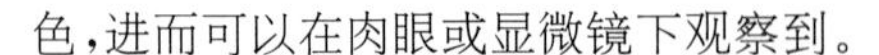

色，进而可以在肉眼或显微镜下观察到。

3) GUS 酶活测定

GUS 能与底物 4-甲基伞型酮-β-葡萄糖苷酸(4-methylumbelliferyl β-D-glucuronide，MUG)反应产生荧光物质 4-甲基伞型酮(4-methylumbelliferone，MU)，可以利用酶标仪检测单位时间内产生的荧光物质数量来定量检测 GUS 含量。

利用 *GUS* 报告基因实验分析基因时空表达时，对于目的基因启动子驱动的 *GUS* 报告基因一般需要同时进行 *GUS* mRNA 表达水平测定、GUS 组织化学染色和 GUS 酶活测定，这样得出的结论才更有说服力，但在实际研究中，可根据具体情况选做部分实验。

文献案例

2022 年 7 月，北京大学秦跟基课题组在 *Plant Communications* 杂志上发表了一篇题为 "*Arabidopsis* transcription factor TCP4 represses chlorophyll biosynthesis to prevent petal greening" 的研究论文，为了更好地了解 TCP4 在花瓣颜色调控中的作用，作者分析了 TCP4 蛋白在花瓣发育过程中的表达模式，构建了 TCP4pro-TCP4-GUS 表达载体，并将其稳定转化到拟南芥中进行 GUS 组织化学染色分析。结果表明花序有明显的 GUS 活性，并且在花期 10 到花期 12 期间 GUS 组织化学染色较强(图 3-16)。

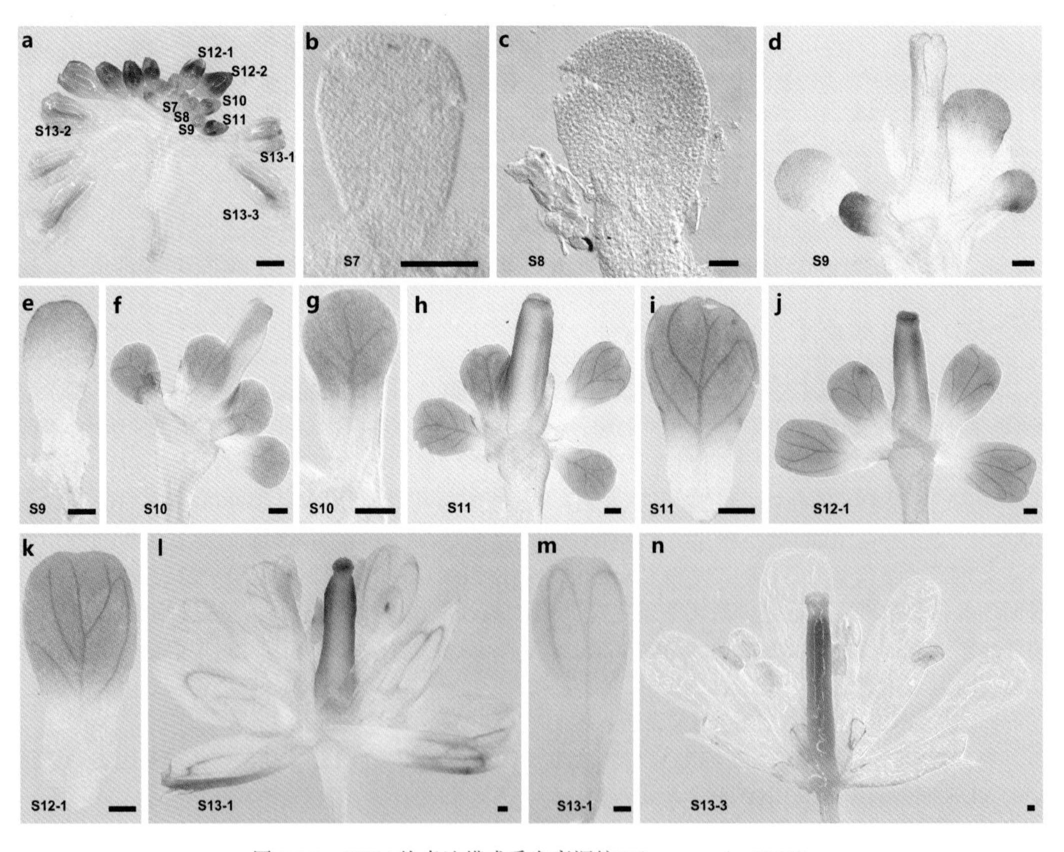

图 3-16　TCP4 的表达模式受发育调控(Zheng et al.，2022)

a. TCP4pro-TCP4-GUS 转基因株系花序的 GUS 组织化学染色；b～n. 在花发育阶段 7(b)、阶段 8(c)、阶段 9(d 和 e)、阶段 10(f 和 g)、阶段 11(h 和 i)、阶段 12(j 和 k)、早期 13(l 和 m)和晚期 13(n)对花进行 GUS 组织化学染色

3.荧光蛋白报告基因实验分析基因时空表达

除了可以利用*GUS*报告基因实验检测基因时空表达外，还可以利用荧光蛋白报告基因实验进行检测，荧光蛋白包括绿色荧光蛋白(GFP)和红色荧光蛋白(RFP)等。利用目的基因的启动子驱动荧光蛋白报告基因，然后通过瞬时表达或稳定表达的方式将该载体转入植物体内，通过观察荧光蛋白在细胞内的位置和强度来判断目的基因表达的时空性和表达强度。

文献案例

2021年12月，凯泽斯劳滕工业大学Benjamin Pommerrenig课题组在*Plant Physiology*杂志上发表了一篇题为"Vacuolar fructose transporter SWEET17 is critical for root development and drought tolerance"的研究论文，作者为了分析*SWEET17*启动子的细胞特异性，构建了*ProSWEET17-RPL18*-GFP融合表达载体，并通过浸花法转染拟南芥，观察阳性植株根部的GFP荧光信号，结果表明SWEET17在主根和侧根的靠近中柱鞘细胞层的细胞(图3-17a)、侧根原基细胞(图3-17b、c)、整个维管结构(图3-17e)、静止中心细胞和周围的干细胞(图3-17d、f)中表达。

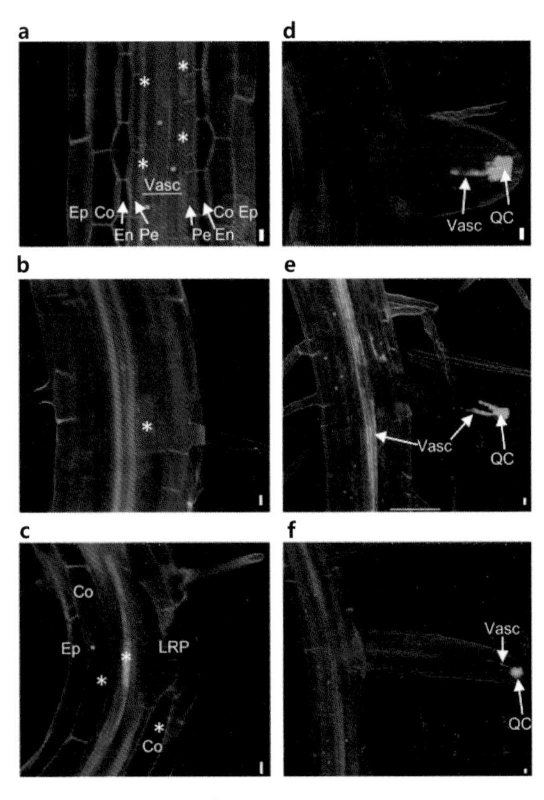

图3-17 *SWEET17*的时空表达分析(Valifard et al.,2021)
Co:皮层;Ep:表皮;En:内皮;QC:静止中心和周围的干细胞;Pe:中柱鞘;Vasc:维管系统

（二）启动子分析

启动子是位于基因上游的一段 DNA 序列，能够结合 RNA 聚合酶和其他转录因子，在基因转录调控中占有核心地位，能够决定基因的表达水平。在高等植物中，转录水平的调控是基因表达调控中的重要环节，主要受顺式作用元件与转录因子之间的协调作用影响。启动子包含多个顺式作用元件，在转录水平调控中扮演重要角色，通过驱动下游目的基因的表达来调控植物的生长发育过程，同时也能够影响植物对生物或非生物胁迫的抵抗能力。因此，深入研究启动子活性和顺式作用元件对于了解目的基因的表达模式和调控机制具有重要意义(图 3-18)。

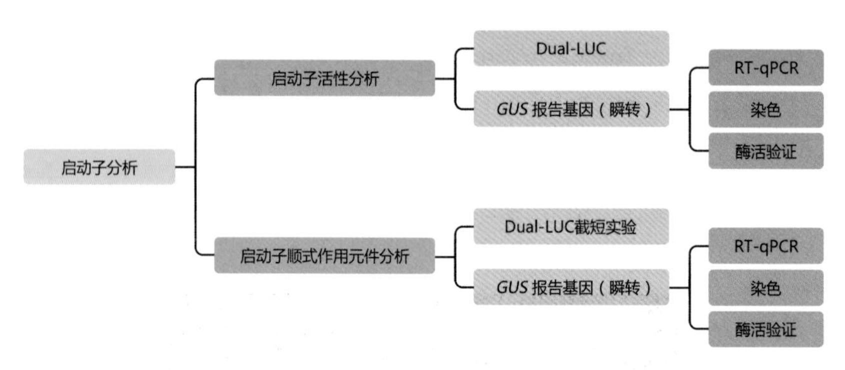

图 3-18 对目的基因的启动子进行分析

1. 启动子序列的获取

在进行启动子分析时，首先需要获取目的基因的启动子序列。对于编码基因而言，一般认为启动子位于转录起始位点(transcription start site，TSS)上游区域。对于有参考基因组的物种，可以通过查询基因组数据库得到启动子序列，对于没有参考基因组的物种，则需要采用特殊的扩增方法，比如染色体步移技术来扩增启动子序列。

染色体步移技术可以克隆已知序列的侧翼未知序列。在基于 PCR 的染色体步移技术中，有多种方法可供选择，目前最常用的是交错式热不对称 PCR 技术(thermal asymmetric interlaced PCR，TAIL-PCR)。该技术利用特异性的嵌套引物结合简并引物(arbit rary degenerate prime，AD)，针对侧翼序列进行扩增。其基本原理是根据目的序列附近的已知序列设计三对嵌套的特异引物(SP1、SP2 和 SP3)，并将它们分别与具有低熔解温度(T_m)的短随机简并引物结合。通过设计不对称的温度循环，根据引物的长度和特异性的差异，通过分步反应来扩增特异性产物(图 3-19)。

在获取如 miRNA 等非编码基因启动子序列时，对于有参考基因组的物种，通常利用生物信息学的方法结合基因组数据库进行启动子序列的预测，常用的预测网站包括 miRBase、DIANA-miRGen、PROmiRNA 和 Promoter Scan 等。首先通过基因组数据库找到并下载相应物种的 miRNA 成熟体序列和前体序列(pre-miRNA)，然后鉴定 miRNA 的 TSS，一般认为 TSS 的上游区域即为 miRNA 启动子序列。对于没有参考基因组的物种，可以利用 cDNA 末端快速扩增技术(rapid amplification of cDNA ends，RACE)获得准确的 TSS。对于 lncRNA 直接取 TSS 的上游序列即为启动子序列。

与常规 PCR 技术相比，RACE 技术使用一对特异性引物和一对非特异性引物，根据需要扩增的区域在 cDNA 的 3′端或 5′端来选择非特异性引物。这些非特异性引物可以结合在 poly A 尾部(3′

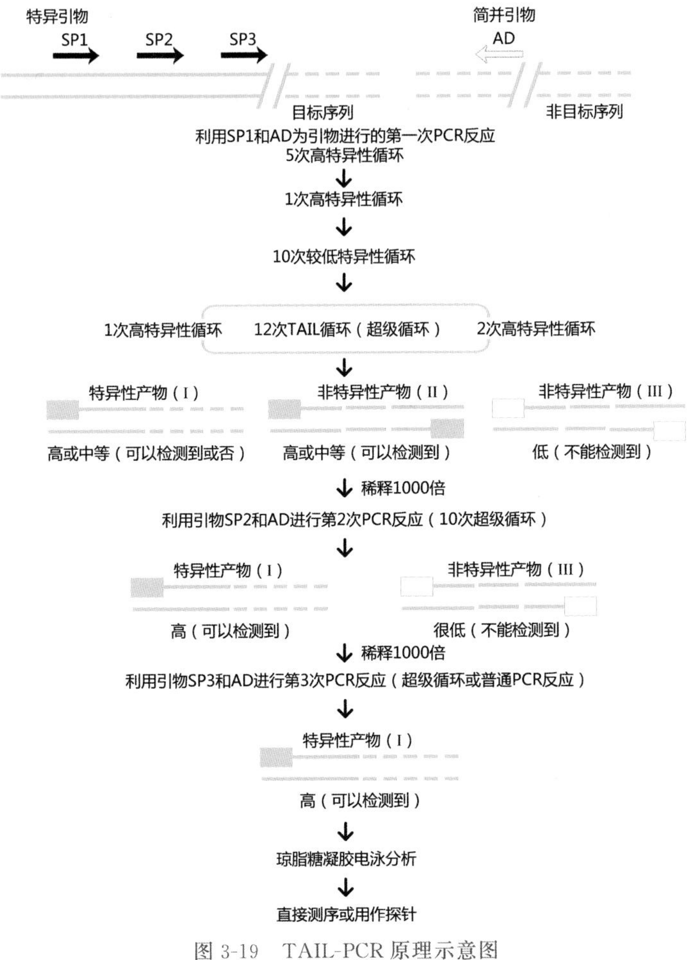

图 3-19　TAIL-PCR 原理示意图

RACE)或转录本上(5′ RACE),从而实现特定区域的扩增。在 3′ RACE 中,非特异性引物一般是针对 poly A 尾部的寡聚 T 引物,它可以与 cDNA 中的 poly A 尾部结合并进行扩增,从而获得转录本的 3′末端序列信息(图 3-20)。在 5′ RACE 中,非特异性引物一般是逆转录引物,它会结合在转录本的 5′端并与 cDNA 进行逆转录反应。随后,通过 PCR 扩增可以得到目标转录本的 5′末端序列信息(图 3-21)。

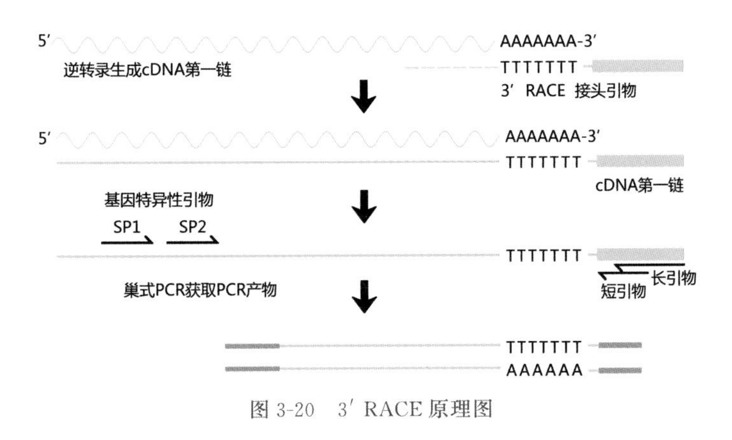

图 3-20　3′ RACE 原理图

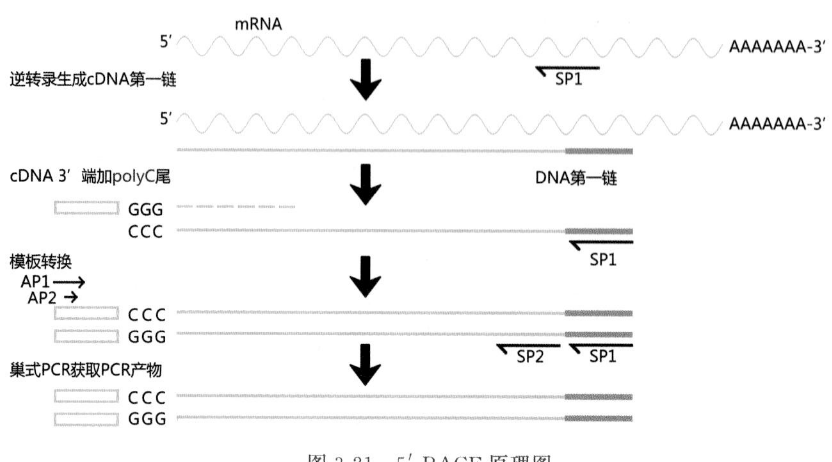

图 3-21　5′ RACE 原理图

2. 启动子活性分析

启动子的转录活性对于目的基因的表达至关重要，因此，分析目的基因启动子活性对于研究目的基因的表达模式及其介导的调控网络具有重要意义。目前，可以通过 Dual-LUC 实验和 *GUS* 报告基因实验对目的基因启动子活性进行分析。

1) Dual-LUC 实验分析启动子活性

Dual-LUC 实验是检测启动子活性的重要实验方法。该实验利用荧光素酶与底物结合发生化学发光反应的特性，将启动子序列构建至萤火虫荧光素酶报告基因的上游，构建成荧光素酶报告载体，然后将该载体转染至细胞中。经过适当刺激或处理后，裂解细胞并测定荧光素酶活性，通过荧光素酶强度的高低来判断启动子活性的强弱。

荧光素酶是一类能够催化荧光素或脂肪醛氧化发光的酶，来自自然界能够发光的生物，如萤火虫、发光细菌、发光海星、发光节虫、发光鱼和发光甲虫等。其中，来自北美萤火虫（*Photinus pyralis*）的荧光素酶最为常用，它是一个由 550 个氨基酸残基组成的单体多肽链，分子量约为 62kDa。另外，提取自海洋腔肠动物海肾中的荧光素酶也是一种能够催化荧光素发光的单亚基特异活性蛋白，其分子量约为 36kDa。萤火虫荧光素酶和海肾荧光素酶均无需翻译后修饰即可被直接检测(图 3-22)。

单荧光素酶检测系统只使用萤火虫荧光素酶作为报告基因，往往会受到多种实验条件的影响，如细胞状态、转染效率和荧光素酶表达水平等。为了解决这个问题，双荧光素酶报告基因检测系统应运而生，该系统在原有的基础上引入了海肾荧光素酶基因作为内参基因，并将两个基因同时构建到同一个载体上，分别利用不同的启动子启动它们的表达。引入海肾荧光素酶作为内参基因，可以减少内在变化因素对实验准确性的影响，相当于进行了标准化处理。在计算结果时，只需用萤火虫荧光素酶的检测值除以海肾荧光素酶的检测值，即可获得相对的荧光素酶活性比值。

Dual-LUC 实验可以使用酶标仪检测萤火虫荧光素酶和海肾荧光素酶活性，也可以使用冷 CCD 成像仪进行拍照检测。

(1) 使用酶标仪分析启动子活性的实验流程(图 3-23)

① 将目的基因的启动子序列构建至萤火虫荧光素酶报告基因的上游，构建成双荧光素酶报告载体；

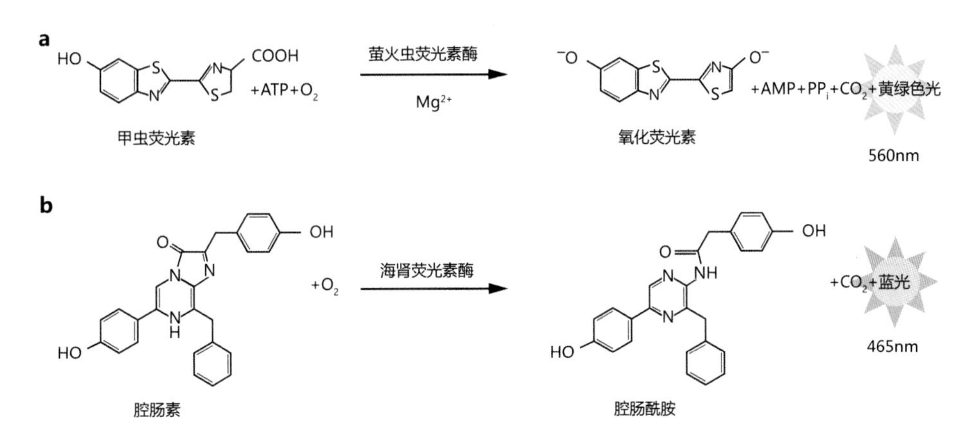

图 3-22　荧光素酶发光原理(改编自赵斯斯,2012)

a. 萤火虫荧光素酶催化反应原理;b. 海肾荧光素酶催化反应原理

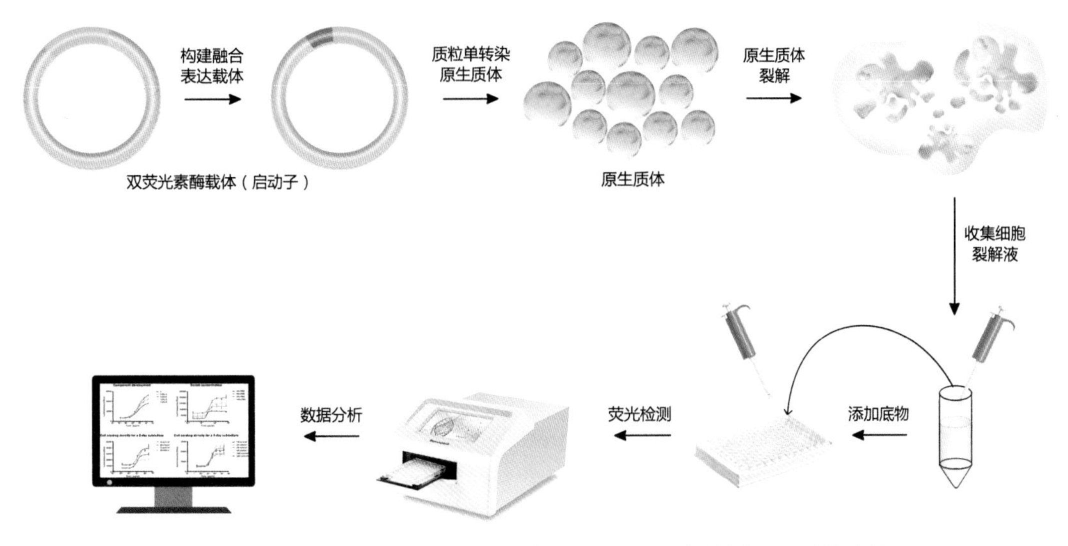

图 3-23　使用酶标仪分析启动子活性实验流程图(以瞬时转染原生质体为例)

② 将双荧光素酶报告载体转染至烟草叶片或者原生质体中,使其表达;

③ 裂解转染后的烟草叶片或者原生质体,获得细胞裂解液;

④ 加入荧光素酶底物,使用酶标仪检测荧光素酶活性,记录荧光素酶发光强度;

⑤ 将荧光素酶活性数据进行分析和计算,得到实验结论。

(2) 使用冷 CCD 成像仪分析启动子活性的实验流程(图 3-24)

① 将目的基因的启动子序列构建至萤火虫荧光素酶报告基因的上游,构建成双荧光素酶报告载体;

② 将双荧光素酶报告载体转化至农杆菌;

③ 将农杆菌注射至烟草叶片中,使双荧光素酶报告载体瞬时表达;

④ 将注射后的烟草叶片放入培养条件下进行适当时间的培养;

⑤ 涂抹荧光素酶底物，使用冷 CCD 成像仪对转染后的烟草叶片进行拍摄，并记录下相应的荧光图像；

⑥ 通过荧光图像观察荧光素酶在烟草叶片中的分布和强度，得到实验结论。

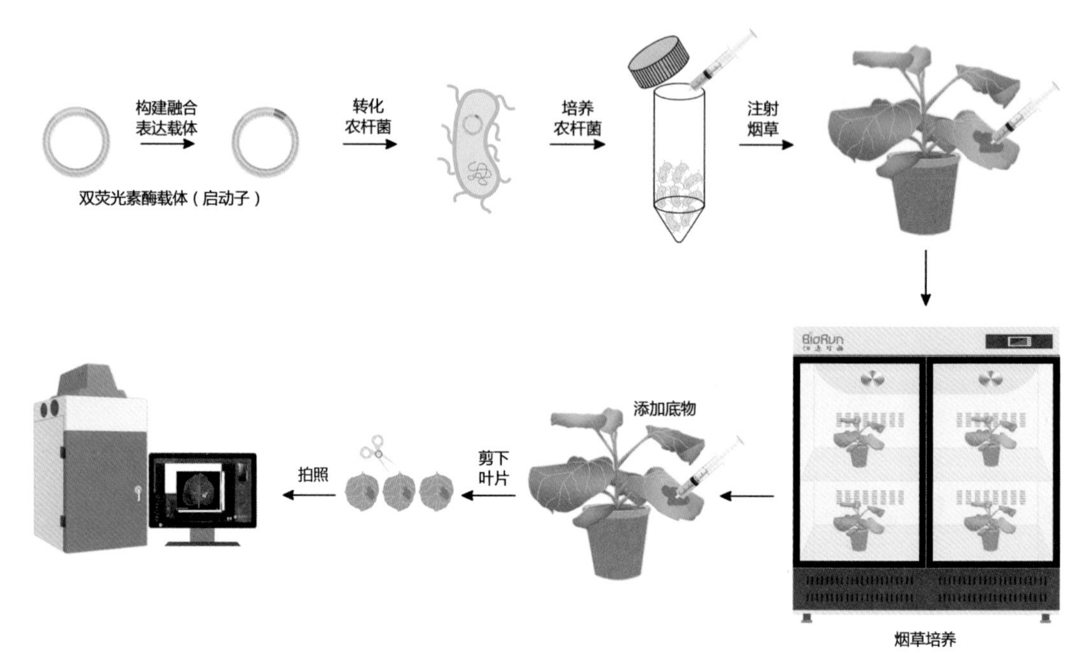

图 3-24　使用冷 CCD 成像仪分析启动子活性实验流程图

文献案例

2023 年 7 月，四川农业大学刘庆林课题组在 *Plant Physiology* 杂志上发表了一篇题为"Transcription factor DgMYB recruits H3K4me3 methylase to *DgPEROXIDASE* to enhance chrysanthemum cold tolerance"的研究论文，作者将 *DgMYB* 的启动子插入 pSuper1300 载体中，利用 Dual-LUC 分析 *DgMYB* 启动子活性，结果表明，*DgMYB* 启动子在低温条件下显示出增强的荧光素酶活性，说明低温刺激促使 *DgMYB* 启动子的转录活性增强（图 3-25）。

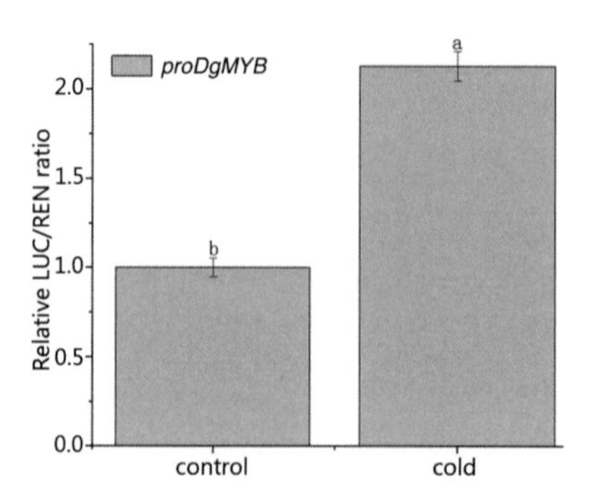

图 3-25　Dual-LUC 分析 *DgMYB* 启动子活性（Luo et al.，2023）

2) *GUS* 报告基因实验分析启动子活性

目的基因启动子的活性也可以通过 *GUS* 报告基因实验来检测。关于 *GUS* 报告基因实验的检测方法和原理的详细信息见本章“基因时空表达分析”部分。

文献案例

2023 年 6 月，西北农林科技大学马锋旺和毛柯课题组联合新疆农科院园艺研究所王继勋课题组在 *Plant Biotechnology Journal* 杂志上发表了一篇题为“MdNAC104 positively regulates apple cold tolerance via CBF-dependent and CBF-independent pathways”的研究论文，揭示了 MdNAC104 通过 CBF 依赖及不依赖的途径正向调控苹果植株的耐寒性。作者为了探究低温胁迫对 *MdNAC104* 转录的影响，构建了 *MdNAC104pro*∷GUS 载体，利用农杆菌介导的瞬时转化方法将重组载体转化至烟草叶片后，进行 GUS 组织化学染色和 GUS 酶活测定，结果表明，低温胁迫显著提高了 *MdNAC104* 启动子活性(图 3-26)。

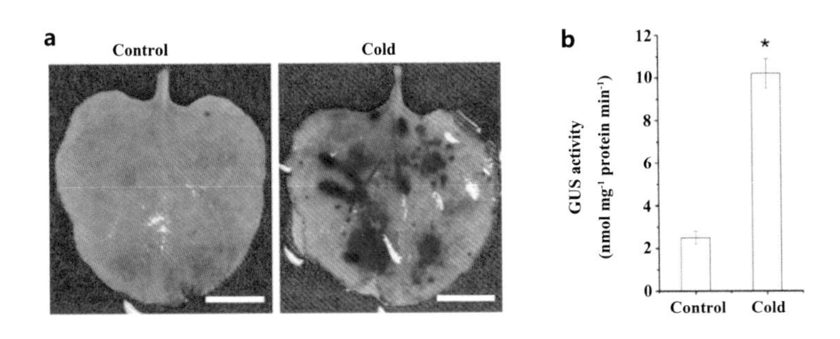

图 3-26　低温胁迫提高了 *MdNAC104* 启动子活性(Mei et al.,2023)

a. 对表达 *MdNAC104pro*∷GUS 载体的烟草叶片进行 GUS 组织化学染色；b. GUS 酶活测定

综上所述，可以利用 Dual-LUC 实验和 *GUS* 报告基因实验对目的基因启动子活性进行分析。Dual-LUC 是通过检测荧光素酶活性的高低来分析目的基因启动子活性。*GUS* 报告基因实验是通过 *GUS* mRNA 表达水平测定、GUS 组织化学染色或 GUS 酶活测定来分析目的基因启动子活性。

3. 启动子顺式作用元件分析

顺式作用元件能够确保基因在特定的时空模式下进行表达，这对植物维持正常的生长发育和在胁迫下作出反应是必需的，因此，对目的基因的启动子顺式作用元件进行分析具有重要意义。对于目的基因的启动子，可以利用在线工具和数据库，如 PLACE(https://www.dna.affrc.go.jp/PLACE/?action=newplace)和 Plant CARE(http://bioinformatics.psb.ugent.be/webtools/plantcare/html)，来预测和分析目的基因启动子中的顺式作用元件。然后，根据研究课题方向，利用 Dual-LUC 实验和 *GUS* 报告基因实验对启动子进行截短分析，进而找到对应的顺式作用元件。

1) Dual-LUC 实验分析启动子顺式作用元件

将目的基因的启动子序列根据预测的顺式作用元件所在的位置进行分段截短，或者对特定位点进行突变，然后将这些片段分别插入载体上 *LUC* 报告基因的上游，以此来检测不同片段启动子活性。关于 Dual-LUC 实验原理和实验流程的详细信息见本章“启动子活性分析”部分(图 3-27)。

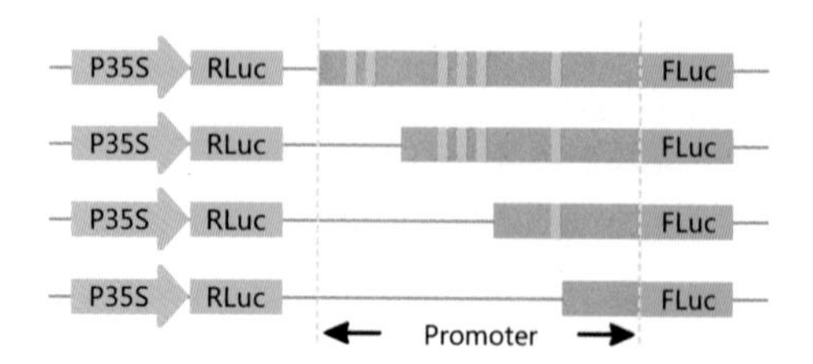

图 3-27　Dual-LUC 进行启动子顺式作用元件分析时的载体构建示意图

文献案例

2020 年 11 月，四川农业大学于好强和付凤玲课题组在 *Physiology and Molecular Biology of Plants* 杂志上发表了一篇题为"Isolation and characterization of maize *ZmPP2C26* gene promoter in drought-response"的研究论文，作者为了解析 *ZmPP2C26* 负调控干旱胁迫的分子机制，将 *ZmPP2C26* 基因 2175bp 的全长启动子 P_{2175} 和三个不同长度的截短启动子 P_{1505}、P_{1084} 和 P_{215} 片段分别克隆至 pGreenⅡ 0800-LUC 载体中，并瞬时转化烟草叶片，发现经干旱处理后，P_{2175}、P_{1084}、P_{1505} 和 P_{215} 所驱动的 LUC 活性显著降低，P_{215} 的驱动能力最强。此外作者发现－1084～－215bp 的序列包含一个 MBS 元件(参与干旱响应的 MYB 转录因子结合位点)。因此，作者推测 *ZmPP2C26* 启动子的－1084～－215bp 区域可能会招募潜在的转录因子来抑制 *ZmPP2C26* 在干旱胁迫下的表达，从而负调控玉米的抗旱性(图 3-28)。

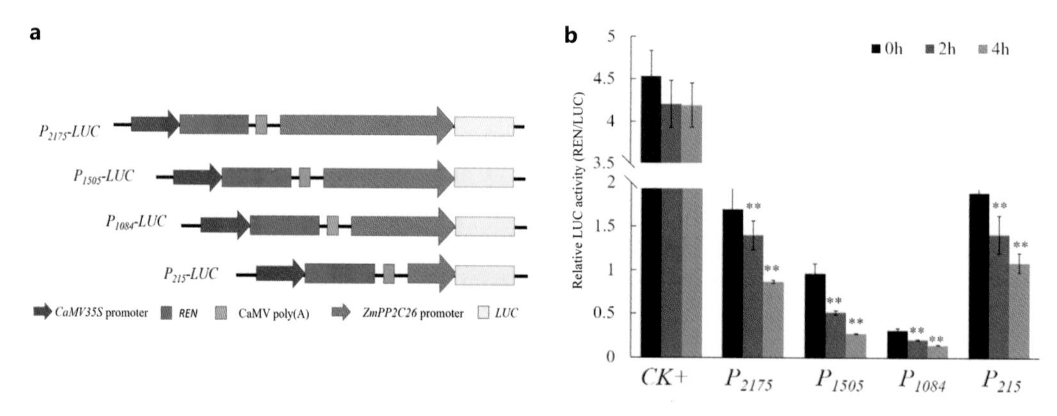

图 3-28　*ZmPP2C2* 不同截短启动子的活性分析(Lu et al.，2020)

a. *ZmPP2C26pro*::LUC 载体示意图；b. PEG6000 处理下 *ZmPP2C26* 不同截短启动子的活性

2) *GUS* 报告基因实验分析启动子顺式作用元件

GUS 报告基因实验也可以用于启动子顺式作用元件分析。关于 *GUS* 报告基因实验的检测方法和原理的详细信息见本章"基因时空表达分析"部分。

文献案例

2023 年 6 月，浙江理工大学吴昀和任梓铭课题组在 *Horticultural Plant Journal* 杂志上发表了一篇题为"Molecular cloning, characterization and promoter analysis of *LbgCWIN1* and its expression profiles in response to exogenous sucrose during in *vitro* bulblet initiation in lily"的研究

论文，作者利用*GUS*报告基因实验分析*LbgCWIN1*不同长度的启动子活性以鉴定出核心启动子区域，GUS组织化学染色和GUS酶活测定结果显示起始密码子前1～459bp的启动子片段的活性最强，表明*LbgCWIN1*基因的核心启动子区域位于－459～－1bp区域，并且该区域具有α-淀粉酶响应、激素响应、光响应和胁迫响应元件(图3-29)。

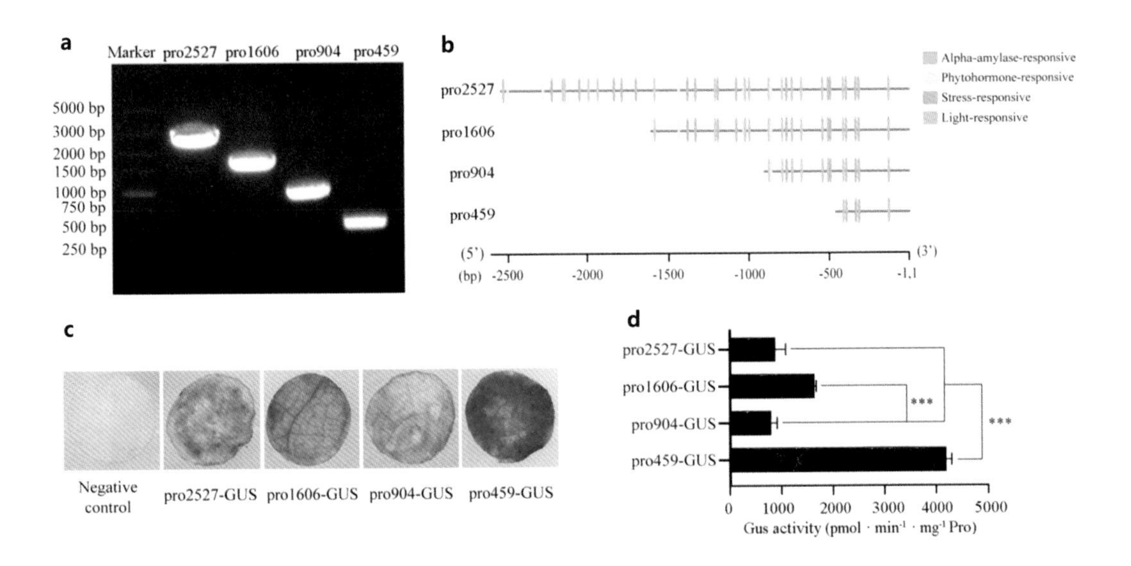

图3-29 *LbgCWIN1*不同截短启动子的活性分析(Gao et al.,2023)

a. *LbgCWIN1*不同截短启动子扩增片段的琼脂糖凝胶电泳；b. *LbgCWIN1*启动子截短示意图；c. GUS组织化学染色；d. GUS酶活测定

基因表达模式的分析不仅是研究基因功能的基础，还为揭示复杂生物学现象和分子调控机制提供了关键的线索。启动子是基因转录的核心调控区域，其活性直接影响基因的表达，因此研究启动子活性对于全面理解基因表达模式至关重要。基因时空表达分析和启动子分析都属于转录水平的表达模式研究，而蛋白质是生命活动的主要执行者，一切生命活动都依赖于蛋白质功能的正确发挥。因此，研究蛋白水平的表达模式也至关重要。目前许多研究表明，非编码RNA在基因调控网络中也发挥了重要作用，因此亚细胞定位分析部分也包含了非编码RNA的定位研究。

(三) 亚细胞定位

亚细胞定位实验研究的是编码基因翻译的蛋白质或非编码基因转录的RNA在细胞内的定位(图3-30)。细胞的基本结构包括细胞膜、细胞核和细胞质，细胞质由细胞质基质和细胞器组成，植物细胞常见的细胞器有液泡、内质网、高尔基体、叶绿体、线粒体和过氧化物酶体等。

在真核细胞中，除了少数蛋白质在线粒体和叶绿体内合成外，绝大多数蛋白质由核基因编码，在糙面内质网膜结合的核糖体或游离的核糖体上合成。蛋白质合成后必须转运到特定的位置，才能发挥其生物学功能。蛋白质的功能和相互作用等都与其亚细胞定位密切相关，如果蛋白质的定位发生偏差，将对细胞功能甚至细胞命运产生重大影响，因此研究蛋白质的亚细胞定位具有重要意义。

此外，定位在不同细胞结构的同一类型非编码RNA也具有不同的功能，比如，定位在细胞核的lncRNA可以维持染色体结构，也可以参与调控基因转录；定位在细胞质的lncRNA则更可能在转录后水平反式调控基因表达，比如参与调节mRNA的翻译和降解；定位在特定细胞器的lncRNA则

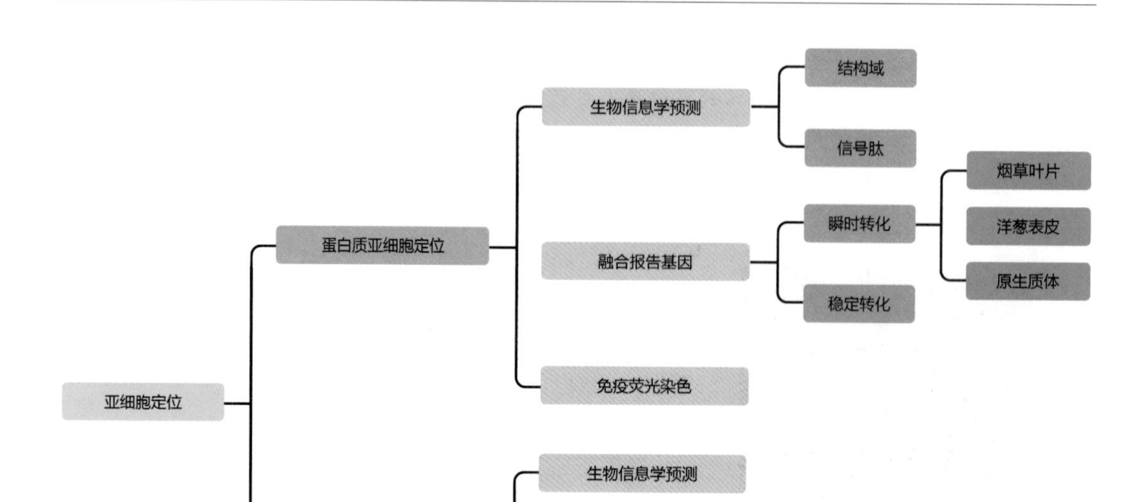

图 3-30 亚细胞定位研究

可参与细胞器的功能和代谢调控，比如参与线粒体的氧化反应和稳态平衡等。因此，研究非编码RNA 的亚细胞定位有利于更深入地了解非编码 RNA 的生物学功能。

1. 蛋白质亚细胞定位机制

细胞内合成的蛋白质之所以能够定向地转运到特定的细胞结构，主要依赖于蛋白质上的分选信号和细胞器上的特定信号识别装置即分选受体(sorting receptor)。蛋白质分选信号不仅可以引导蛋白质从细胞质基质进入内质网、线粒体、叶绿体和过氧化物酶体，还可以引导蛋白质从细胞核进入细胞质或从高尔基体进入内质网。蛋白质分选信号可以分为两类：一是信号序列(signal sequence)，包括导肽(一般在 N 端)和信号肽(可在多肽链的任何位置)，通常信号序列是由 15～60 个氨基酸残基组成的连续短肽，在完成蛋白质的定向转移后可能会被信号肽酶切除；二是信号斑(signal patch)，由位于多肽链不同部位的几个特定氨基酸序列经折叠后形成的斑块区，信号斑是一种三维结构，在完成蛋白质的分选任务后仍然存在(图 3-31)。

2. 亚细胞定位的研究方法

真核细胞中的不同亚细胞腔室结构将不同功能的蛋白质和非编码 RNA 分隔在不同区域，从而使蛋白质或非编码 RNA 在特定的亚细胞结构中发挥最佳功能。目前已经开发了多种蛋白质和非编码 RNA 亚细胞定位的方法，包括生物信息学预测法、融合报告基因定位法、免疫荧光染色定位法(immunofluorescence，IF)、荧光原位杂交(fluorescence in situ hybridization，FISH)和核质分离结合 RT-qPCR 等方法。下面，将从蛋白质亚细胞定位和非编码 RNA 亚细胞定位两个方面对这些方法进行介绍。

1) 蛋白质亚细胞定位方法

目前常用的分析蛋白质亚细胞定位的方法有生物信息学预测法、融合报告基因定位法和免疫荧光染色定位法。

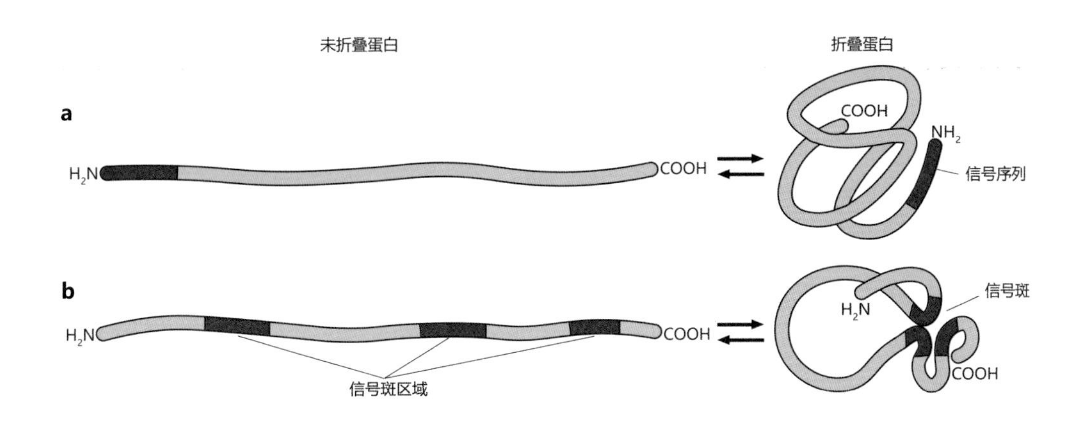

图 3-31　蛋白质分选信号:信号肽和信号斑

(1) 生物信息学预测法

研究目的蛋白的亚细胞定位时,通常可以先使用生物信息学的方法对目的蛋白的亚细胞定位进行预测,生物信息学预测法的主要原理是根据蛋白质氨基酸序列的特征信息提取特征参数,包括氨基酸序列之间的相关性、氨基酸的出现频率、氨基酸的理化性质和特异性,通过有效的预测算法,将蛋白质序列中包含的特征参数与各种已知定位的蛋白特征参数进行比较,基于二者的相似性,可以预测蛋白质的亚细胞定位。

预测目的蛋白的跨膜结构域同样也可以用于分析蛋白质的亚细胞定位。如果目的蛋白含有跨膜结构域,那么该蛋白可能是跨膜蛋白,跨膜蛋白是一类结构独特,在植物细胞中广泛存在并发挥重要生理功能的蛋白。一般的跨膜蛋白包括 1～20 个跨膜区,磷脂双分子层的厚度决定了跨膜区由 20～25 个氨基酸组成。为了能够稳定地存在于膜的磷脂双分子层中,许多膜蛋白的跨膜区以特定的α-螺旋或β-折叠形式嵌入膜中,并且跨膜区必须由强疏水的氨基酸组成。

此外,通过预测蛋白质序列中是否含有信号肽,也可以判断目的蛋白的亚细胞定位。如果目的蛋白含有核定位信号(NLS),那么该蛋白可能定位在细胞核。信号肽是指引导新合成的蛋白质进入细胞内特定亚细胞区域的一小段多肽,位于新合成肽链的 N 端,一般由 15～30 个氨基酸残基组成,负责把蛋白质引导到细胞含不同膜结构的亚细胞器内。信号肽包括三个区,一个带正电荷的 N 末端(n 区),称为碱性氨基末端,氨基末端长度的不同是各种信号肽长度各异的最关键因素;一个中间疏水序列(h 区),以中性氨基酸为主,能够形成一段 d 螺旋结构,它是信号肽的主要功能区;一个较长的带负电荷的 C 末端(c 区),含有小分子氨基酸,包含信号肽切割位点。表 3-2 列出了常用的蛋白质亚细胞定位预测网站。

表 3-2　常用的蛋白质亚细胞定位预测网站

网站名称	网　　址	作用
TMHMM-2.0	https://services.healthtech.dtu.dk/service.php?TMHMM-2.0	跨膜结构域预测
MINNOU	http://minnou.cchmc.org/	跨膜结构域预测
PRED-TMR	http://athina.biol.uoa.gr/PRED-TMR/input.html	跨膜结构域预测
SignalP	https://services.healthtech.dtu.dk/service.php?SignalP-6.0	信号肽预测

续表

网站名称	网　　址	作用
Target P	https://services.healthtech.dtu.dk/services/TargetP-2.0	信号肽预测
Cell-Ploc	http://www.csbio.sjtu.edu.cn/bioinf/Cell-PLoc-2	蛋白质亚细胞定位预测
WoLF PSORT Ⅱ	https://www.genscript.com/wolf-psort.html	蛋白质亚细胞定位预测
Uniport	https://www.uniprot.org	蛋白质亚细胞定位预测
CELLO	http://cello.life.nctu.edu.tw	蛋白质亚细胞定位预测
LocTree3	https://rostlab.org/services/loctree3	蛋白质亚细胞定位预测
YLoc	https://bio.tools/yloc#!	蛋白质亚细胞定位预测

利用生物信息学的方法预测蛋白质亚细胞定位能够低成本、高通量地获得亚细胞定位信息，但绝大多数预测算法具有一定的局限性，因此生物信息学预测方法只能作为一种辅助手段，仍然需要结合具体的亚细胞定位实验来确定蛋白质真实的定位情况。

(2) 融合报告基因定位法

目前植物蛋白质的亚细胞定位实验通常使用融合报告基因定位法，该方法的实验原理是将荧光蛋白基因与目的基因的 N 端或 C 端融合，通过瞬时转化技术或稳定转化技术，使得融合蛋白在受体材料细胞内表达，目的蛋白会牵引荧光蛋白一起定位到目标亚细胞位置，在激光共聚焦显微镜的激光照射下，荧光蛋白会发出荧光，从而可以判断目的蛋白在细胞内的位置。

利用融合报告基因定位法进行亚细胞定位可以分为普通亚细胞定位与亚细胞共定位，亚细胞共定位是在普通亚细胞定位的基础上，同时转入一个细胞器 Marker 载体或者利用特异性染色液进行标记定位，以明确目的蛋白具体的定位信息，相比于普通亚细胞定位，共定位得到的结果更加准确。表 3-3 列出了伯远生物亚细胞定位实验中的细胞器 Marker 信息。

表 3-3　伯远生物亚细胞定位实验中的细胞器 Marker 信息

细胞器	Marker 蛋白名称	参考文献
内质网	SPER	Mravec et al.,2009
细胞核	NLS	Zhao et al.,2017
细胞质膜	OsMCA1	Kurusu et al.,2012
高尔基体	GOLGI	Vildanova et al.,2014
线粒体	MSTP	Heazlewood et al.,2004
液泡膜	AtTPK	Voelker et al.,2006
过氧化物酶体	SKL	Kurochkin et al.,2007

融合报告基因定位法适用性强、操作简便、周期较短、灵敏度高，可用于研究蛋白质在植物体内的实时定位。但是，融合报告基因定位法也具有一定的局限性，受融合蛋白的影响，定位结果与目的蛋白在体内真实的定位可能会存在差异；融合蛋白表达过强或过弱，都可能会导致定位结果的不准确，尤其是对质膜、核膜等膜类蛋白的定位影响较大。

目前常用于亚细胞定位实验的荧光蛋白有绿色荧光蛋白、黄色荧光蛋白、红色荧光蛋白和青色荧光蛋白等。表 3-4 列出了亚细胞定位常用的荧光蛋白。

表 3-4　亚细胞定位常用的荧光蛋白

荧光蛋白	荧光	激发波长(nm)	发射波长(nm)	参考文献
sfGFP	绿色	488	507	Zhou et al. ,2011
eYFP	黄色	514	527	Hoff et al. ,2005
Venus	黄色	515	528	Lee et al. ,2008
citrine	黄色	516	529	Griesbeck et al. ,2001
mRFP	红色	584	607	Zilian et al. ,2011
mCherry	红色	587	610	Lee et al. ,2008
Cerulean	青色	433	475	Lee et al. ,2008

下面主要介绍亚细胞定位的两种表达体系:瞬时表达与稳定表达。关于瞬时表达与稳定表达的详细信息见本章“基因时空表达分析”部分。

① 利用瞬时表达进行亚细胞定位:利用瞬时表达进行亚细胞定位的受体材料主要包括烟草叶片、洋葱表皮细胞和拟南芥原生质体等,常用的瞬时表达方法有 PEG 介导转化法和农杆菌介导转化法等。

利用瞬时表达进行亚细胞定位的实验流程(图 3-32、图 3-33)如下:构建融合表达载体,将目的基因与荧光蛋白基因进行融合;培养烟草植株 /准备洋葱表皮细胞 /分离原生质体;瞬时转化烟草植株 /洋葱表皮细胞 /原生质体;激光共聚焦显微镜观察。

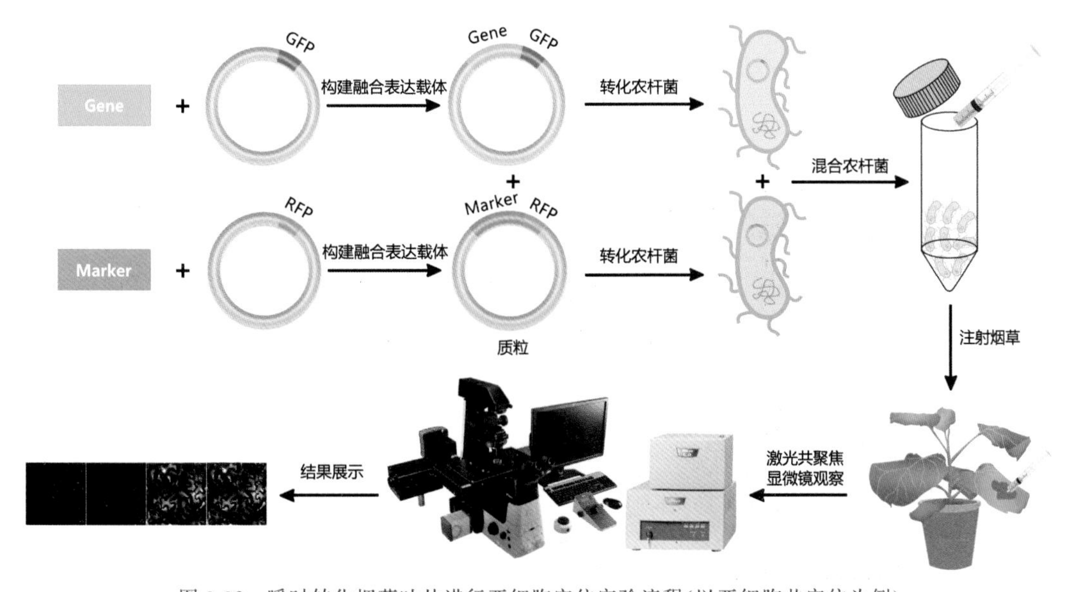

图 3-32　瞬时转化烟草叶片进行亚细胞定位实验流程(以亚细胞共定位为例)

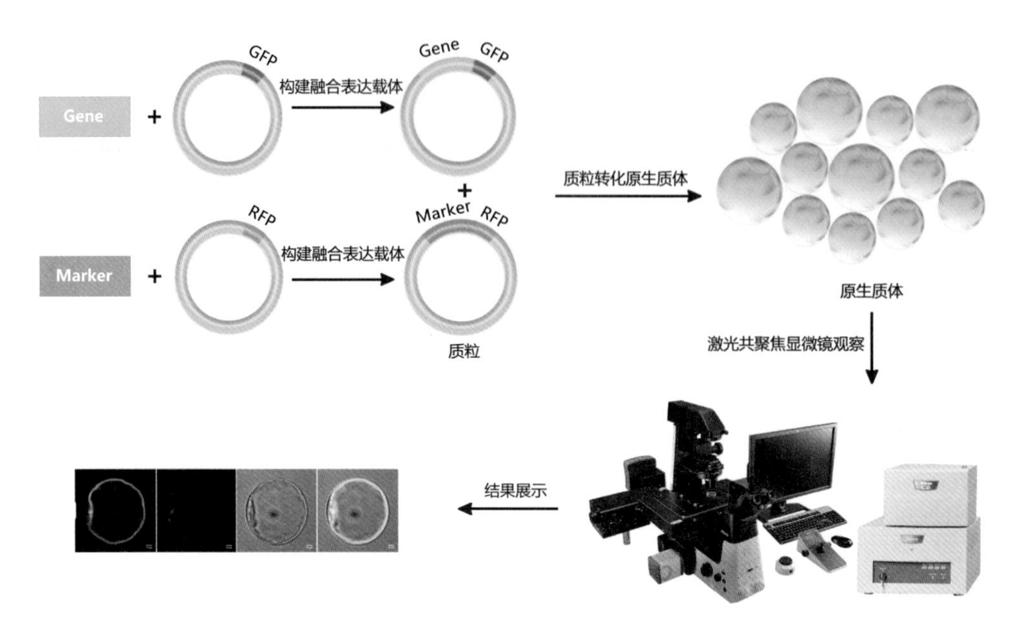

图 3-33　瞬时转化原生质体进行亚细胞定位实验流程(以亚细胞共定位为例)

文献案例

利用烟草叶片进行亚细胞定位

2023 年 6 月,四川农业大学汤浩茹和陈清课题组在 *Plant Biotechnology Journal* 杂志上发表了一篇题为“A novel R2R3-MYB transcription factor FaMYB5 positively regulates anthocyanin and proanthocyanidin biosynthesis in cultivated strawberries (*Fragaria*×*ananassa*)”的研究论文,作者在烟草叶片中瞬时表达 R2R3-FaMYB5-eGFP 和 R3-FaMYB5-eGFP,结果显示 R2R3-FaMYB5 定位在细胞核,R3-FaMYB5 定位在细胞核和细胞质(图 3-34)。

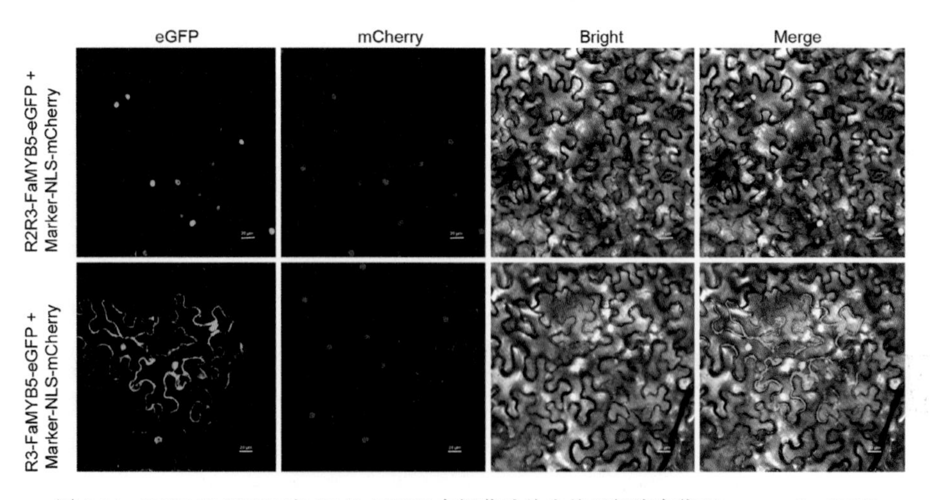

图 3-34　R2R3-FaMYB5 和 R3-FaMYB5 在烟草叶片中的亚细胞定位(Jiang et al.,2023)

利用洋葱表皮细胞进行亚细胞定位

2020年10月，浙江大学邬飞波课题组联合西悉尼大学陈仲华课题组在 *Journal of Experimental Botany* 杂志上发表了一篇题为“Overexpression of *HvAKT1* improves drought tolerance in barley by regulating root ion homeostasis and ROS and NO signaling”的研究论文，作者在洋葱表皮细胞中瞬时共表达 HvAKT1-sGFP 融合蛋白和质膜 Marker pm-rb CD3-1008-RFP 融合蛋白，结果显示 HvAKT1 定位在质膜(图 3-35)。

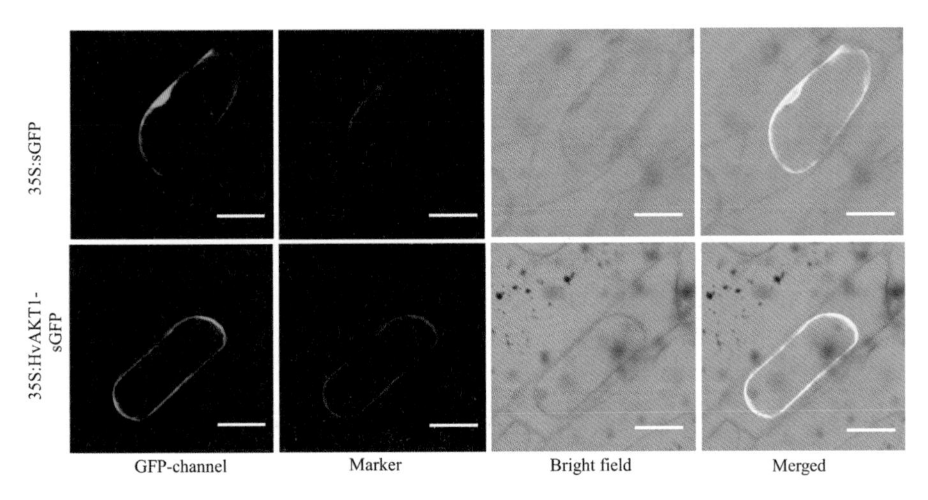

图 3-35　GFP 和 HvAKT1-sGFP 融合蛋白在洋葱表皮细胞中的亚细胞定位(Feng et al.,2020)

利用原生质体进行亚细胞定位

2022年7月，中国科学院华南植物园曾宋君和房林课题组在 *Frontiers in Plant Science* 杂志上发表了一篇题为“AcMYB1 Interacts With AcbHLH1 to Regulate Anthocyanin Biosynthesis in *Aglaonema commutatum*”的研究论文，作者在拟南芥原生质体中瞬时表达 35S::AcMYB1-YFP 和 35S::AcbHLH1-YFP 融合表达质粒，结果显示 AcMYB1 和 AcbHLH1 均定位在细胞核(图 3-36)。

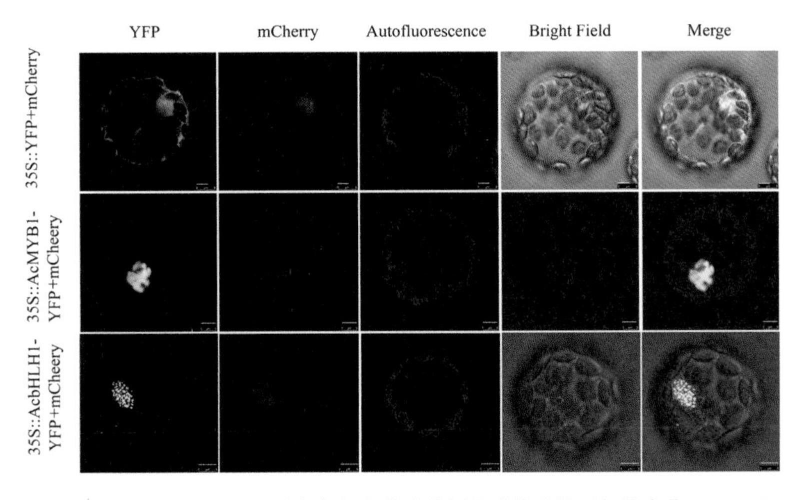

图 3-36　AcMYB1 和 AcbHLH1 蛋白在拟南芥叶片原生质体中的亚细胞定位(Li et al.,2022)

② 利用稳定表达进行亚细胞定位：是指将目的基因与荧光蛋白基因融合，通过稳定转化获得转基因株系，使融合蛋白表达，通过观察荧光蛋白在细胞内的位置来定位目的蛋白。

文献案例

2020 年 3 月，香港大学 Mee-Len Chye 课题组在 *Frontiers in Plant Science* 杂志上发表了一篇题为"Subcellular Localization of Rice Acyl-CoA-Binding Proteins ACBP4 and ACBP5 Supports Their Non-redundant Roles in Lipid Metabolism"的研究论文，作者在 4 日龄的 OsACBP4promoter：OsACBP4：GFP 转基因水稻根系中观察 OsACBP4：GFP 的定位，结果显示 OsACBP4 定位在内质网和质膜或细胞壁（图 3-37a）；OsACBP4：GFP 与内质网 Marker 的共定位进一步证实 OsACBP4 定位在内质网（图 3-37b）。

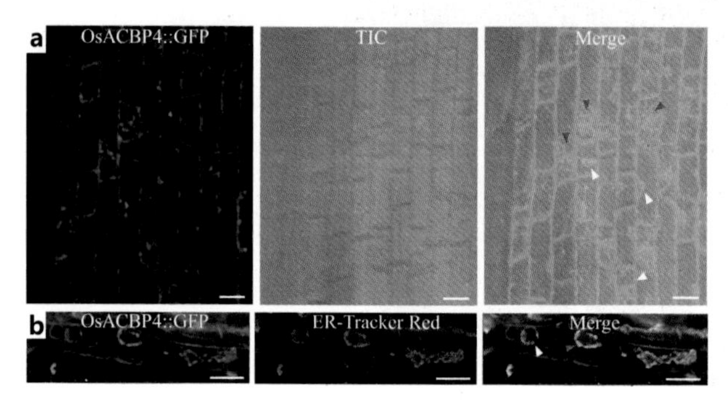

图 3-37　OsACBP4：GFP 在转基因水稻根系中的亚细胞定位（Liao et al.，2020）

（3）免疫荧光染色（IF）

IF 是指利用抗原抗体反应进行细胞或组织内抗原物质的定位，将不影响抗原抗体活性的荧光色素标记在抗体上，与其相应的抗原结合后，在荧光显微镜下可通过观察荧光所在的位置来判断目的蛋白的定位。该方法的特点是灵敏度高、特异性强、速度快。

IF 可分为直接法和间接法。直接法是将标记的特异性荧光抗体直接加在抗原蛋白上，染色一段时间后，洗去多余的荧光抗体，然后利用荧光显微镜观察；间接法相对来说更为复杂，先用特异性抗体与细胞内相应抗原结合，再用荧光素标记的二抗与特异性抗体相结合，形成抗原-特异性抗体-标记荧光抗体的复合物，洗去多余二抗后利用荧光显微镜观察。

文献案例

2020 年 7 月，浙江大学郑绍建课题组在 *Plant，Cell & Environment* 杂志上发表了一篇题为"A novel kinase subverts Aluminum resistance by boosting Ornithine decarboxylase-dependent putrescine biosynthesis"的研究论文，作者从水稻 EMS 突变体库中筛选获得了一个对铝敏感的突变体，通过 MutMap 定位到一个未知功能的激酶基因，将此基因命名为 *ArPK*，为了进一步研究 ArPK 的亚细胞定位，作者进行了 IF 实验，结果表明携带 p35S：ArPK 转基因株系根部截面中质膜和细胞核荧光强烈，此外，在烟草叶片中的瞬时表达模式与 IF 的结果相似，表明 ArPK 具有质膜和细胞核双重定位（图 3-38）。

2）非编码 RNA 亚细胞定位方法

非编码 RNA 是指不编码蛋白质，直接以 RNA 形式发挥生物学功能的核糖核酸分子。近年来，已有大量研究发现，非编码 RNA，特别是 miRNA、lncRNA 和 circRNA，在植物生长发育与抵抗生

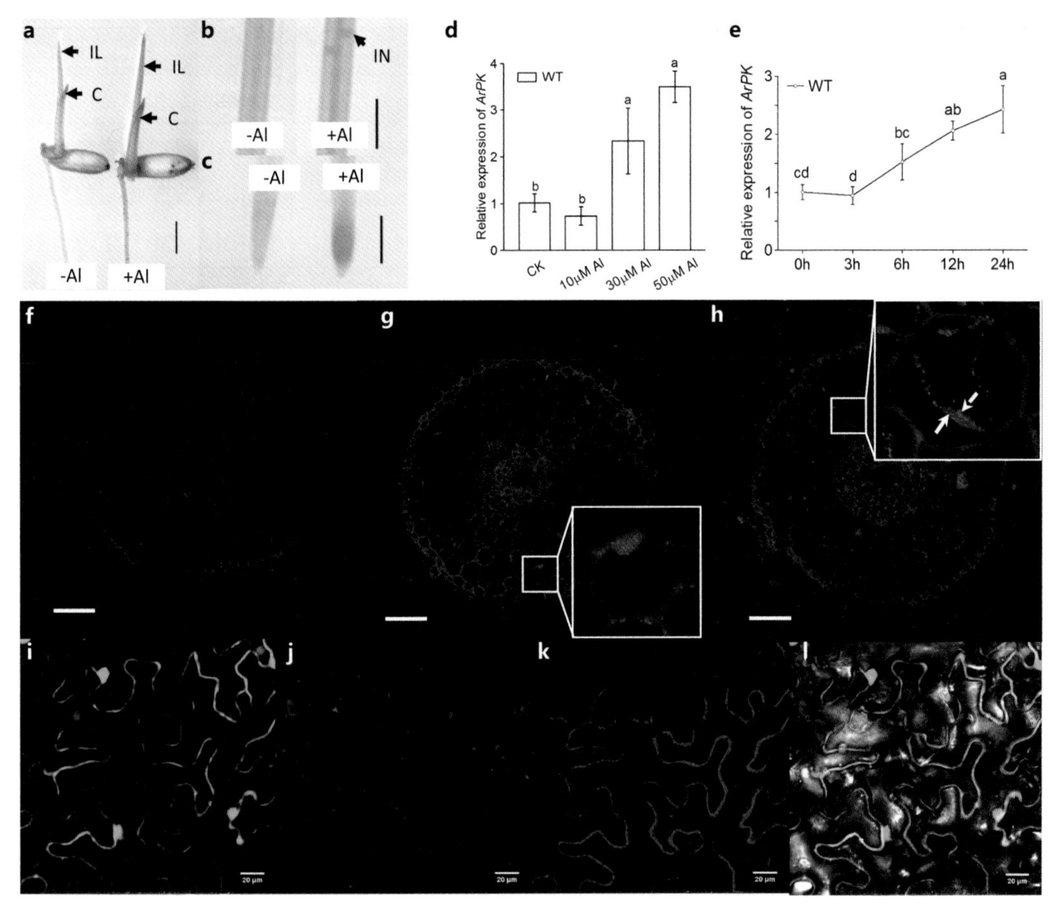

图 3-38 *ArPK* 的表达模式分析(Liu et al.,2022)

a～c. GUS 组织化学染色;d～e. *ArPK* 在不同 Al 剂量(d)和不同处理时间下(e)的表达;f～h. ArPK 的 IF 分析;i～l. GFP-ArPK 在烟草叶片中的瞬时表达

物或非生物胁迫过程中发挥重要作用。解析非编码 RNA 的定位对于了解它们的功能至关重要,目前常用的解析非编码 RNA 亚细胞定位的方法包括生物信息学预测法、FISH 和核质分离结合 RT-qPCR 定位法。

(1) 生物信息学预测法

随着亚细胞 RNA 组分分离技术和高通量测序分析技术的不断提升,大量的非编码 RNA 亚细胞定位信息被报道,这些数据为研究非编码 RNA 的亚细胞定位提供了宝贵的资源,结合机器学习的方法,研究者能够利用这些数据进行非编码 RNA 亚细胞定位的预测。表 3-5 列出了目前常用的非编码 RNA 亚细胞定位预测网站。

表 3-5 常用的非编码 RNA 亚细胞定位预测网站

网站名称	网　址	作用
RNALocate	http://www.rna-society.org/rnalocate	miRNA 和 lncRNA 亚细胞定位预测

续表

网站名称	网 址	作用
lncATLAS	http://lncatlas. crg. eu	lncRNA 亚细胞定位预测
LncBase	https://diana. e-ce. uth. gr/lncbasev3	lncRNA 亚细胞定位预测
iLoc-LncRNA	http://lin-group. cn/server/iLoc-LncRNA/predictor. php	lncRNA 亚细胞定位预测
LncLocator	http://www. csbio. sjtu. edu. cn/bioinf/lncLocator	lncRNA 亚细胞定位预测

(2) 荧光原位杂交(FISH)

FISH 是一种利用荧光信号检测探针的原位杂交技术，它将荧光信号的高灵敏度、安全性和直观性与原位杂交的高特异性结合起来，通过荧光标记的核酸探针与待测样本核酸进行原位杂交，在荧光显微镜下观察荧光信号从而获得多种非编码 RNA(miRNA、lncRNA 或 circRNA)在细胞内的定位信息。当然，FISH 实验除了可用于非编码 RNA 的定位，也可以分析染色体片段或多条染色体的状态信息。

FISH 的主要实验流程如下：根据 RNA 序列设计合成探针并进行荧光标记；植物材料的固定、包埋和切片；将荧光标记的探针与样品中的 RNA 进行杂交反应；一抗孵育和洗脱；二抗孵育和洗脱；光谱拆分和激光共聚焦显微镜成像。

文献案例

2019 年 4 月，特拉华大学 Jeffrey L. Caplan 课题组在 *The Plant Journal* 杂志上发表了一篇题为"sRNA-FISH：versatile fluorescent in situ detection of small RNAs in plants"的研究论文，作者开发了一种用于检测植物 sRNA 亚细胞定位的方法：sRNA-FISH。作者利用该方法成功地在玉米花药中检测到 miR2275 定位在细胞核周围、细胞核内和细胞质中(图 3-39)。

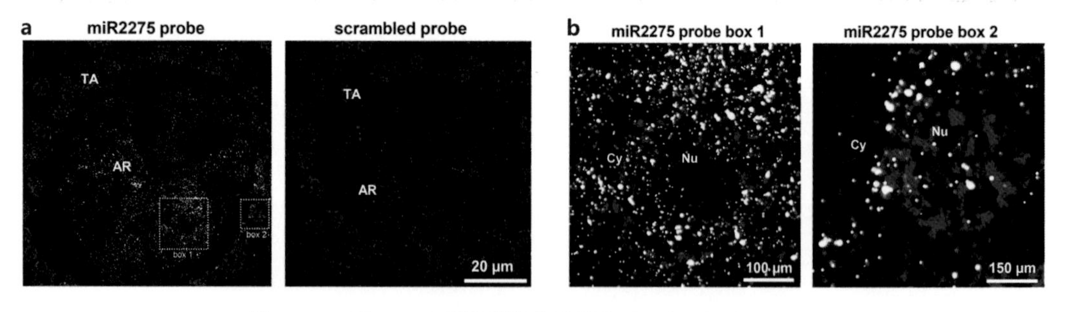

图 3-39 miR2275 在玉米花药中的定位(Huang et al.,2019)

a. 在绒毡层和孢原细胞中检测到 miR2275 的定位；b. 1 号和 2 号方框的放大图像，显示 miR2275 在细胞核周围、细胞核内和细胞质中的精确定位。TA：绒毡层细胞；AR：孢原细胞

(3) 核质分离结合 RT-qPCR 定位法

核质分离结合 RT-qPCR 定位法是一种检测非编码 RNA 在细胞质和细胞核中定位及含量的方法，根据不同细胞的细胞膜和核膜裂解的难易程度，用不同强度的裂解液裂解细胞，以达到分离细胞质和细胞核的效果，分离的产物可以通过 RT-qPCR 进行检测，从而确定 lncRNA 或其他 RNA 的亚细胞定位。

核质分离结合 RT-qPCR 定位法的主要实验流程如下：分离细胞核和细胞质；分别提取细胞核和细胞质 RNA；细胞核和细胞质 RNA 分别反转录合成 cDNA；RT-qPCR 检测、分析。

文献案例

2023年6月，吉林农业大学姚丹和刘慧婧课题组在 *Journal of Agricultural and Food Chemistry* 杂志上发表了一篇题为"Analysis of *LncRNA43234*-Associated ceRNA Network Reveals Oil Metabolism in Soybean"的研究论文，作者筛选出与大豆油合成相关的 *lncRNA43234*，采用核质分离结合 RT-qPCR 定位法发现 *lncRNA43234* 主要富集在细胞质中，也有一小部分 *lncRNA43234* 富集在细胞核中(图3-40)。

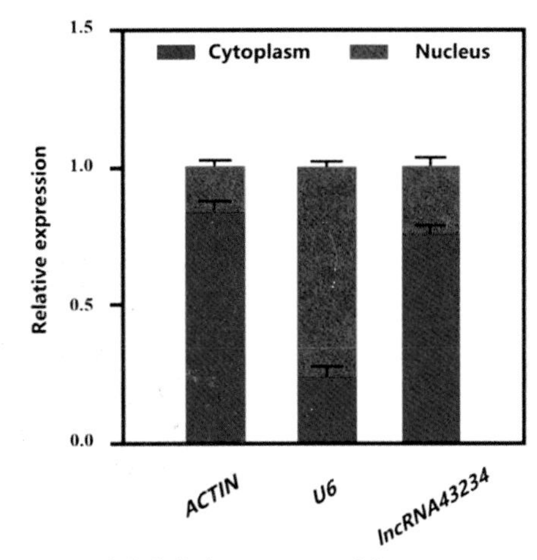

图3-40 核质分离结合 RT-qPCR 分析 *lncRNA43234* 的表达水平(Zhang et al.，2023)

注：使用细胞质 actin 和细胞核 U6 mRNA 作为对照

3. 亚细胞结构的特征

了解亚细胞结构的特征有助于进行普通亚细胞定位实验时判断目的蛋白可能的定位，进而选择合适的亚细胞定位 Marker 进行共定位实验以明确其定位。

细胞膜是包裹细胞的膜结构，在原生质体状态下为圆圈状，在烟草叶片状态下与细胞壁粘连在一起。

液泡是植物特有的细胞器之一，具有维持细胞电解质平衡和储存色素的作用。液泡呈球状或椭圆状，在细胞质中占据很大的空间。

细胞核通常是一个圆点状，位于细胞的边缘或中心，是细胞活动的控制中心。大多数转录因子需要进入细胞核才能行使功能。核基因通常具有一段核定位信号肽，该信号肽可以预测蛋白是否会进入细胞核。

内质网是蛋白质合成和修饰的场所，在原生质体状态下呈网状结构，在整个细胞中广泛分布。在烟草叶片中也可以观察到内质网的结构，但是这对操作激光共聚焦显微镜的研究者要求较高。

高尔基体和内质网都是胞内膜结构，具有修饰蛋白的功能，更多时候高尔基体起着外泌作用(运输蛋白到细胞外)，常分布于内质网与细胞膜之间，呈弓形或半球形。

叶绿体是植物细胞中特有的较大的细胞器(直径约5μm)，而且叶绿体具有自发荧光性能，一般可以在640nm激发光下发出红色荧光，因而很容易被辨识出。

线粒体是细胞中的能量转换站，可以将化学能转化成 ATP 等能量物质供细胞使用，线粒体通常是比较小的圆点状(直径约0.5μm)，分布密集，在整个细胞中均可见。

过氧化物酶体是由单层膜包裹而成的具有高度异质性的膜性球囊状细胞器，多呈圆形或卵圆形，偶见半月形和长方形。

文献案例

2016年1月，台湾大学 Chwan-Yang Hong 课题组在 *Plant Molecular Biology* 杂志上发表了一篇题为"A set of GFP-based organelle marker lines combined with DsRed-based gateway vectors for subcellular localization study in rice (*Oryza sativa L.*)"的研究论文，作者通过 PEG 介导的瞬时转化，在水稻原生质体中检测了不同亚细胞结构 Marker 的定位。结果表明在水稻原生质体中表达 *Ubi*::*GFP* 时，GFP 荧光均匀地分布在细胞质和细胞核中(图3-41a)；表达内质网 Marker *Ubi*::*SPAmy8-GFP-KDEL* 时，GFP 荧光显示出典型的内质网网状结构(图3-41b)；表达线粒体 Marker

Ubi :: *NRPS10-GFP* 时，观察到了典型的颗粒状、线状并随机分布的线粒体结构(图 3-41c)；表达高尔基体 Marker CD3-963 时，GFP 荧光显示出小于 1μm 的点状结构(图 3-41d)；表达液泡 Marker CD3-971 时，GFP 荧光呈环状聚集(图 3-41e)；表达细胞核 Marker *Ubi* :: *OsRH36-GFP* 时，在水稻原生质体中观察到细胞核定位(图 3-41f)；表达过氧化物酶体 Marker *Ubi* :: *GFP-KSRM* 时，GFP 荧光在叶绿体附近显示球形斑点(图 3-41g)；表达 *Ubi* :: *OsRPK1-GFP* 时，在水稻原生质体中观察到质膜定位(图 3-41h)。

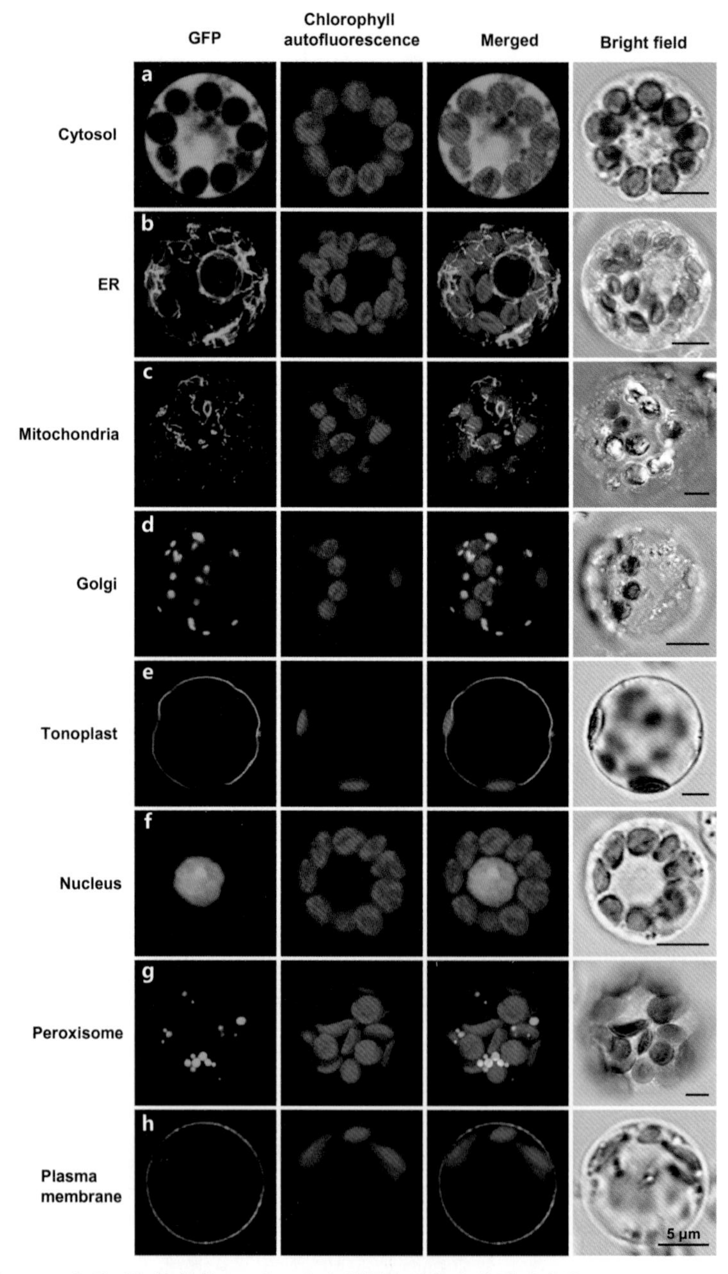

图 3-41　各种亚细胞结构 Marker 在水稻原生质体中的瞬时表达(Wu et al.，2016)

a. GFP 在细胞质中的表达；b. GFP 在内质网中的表达；c. GFP 在线粒体中的表达；d. GFP 在高尔基体中的表达；e. GFP在液泡中的表达；f. GFP 在细胞核中的表达；g. GFP 在过氧化物酶体中的表达；h. GFP 在质膜中的表达

以上介绍了亚细胞定位的机制、研究方法，还介绍了亚细胞结构的特征，旨在帮助研究者探究目的蛋白质或者非编码RNA的亚细胞定位信息，并揭示其在生命活动中发挥的作用。

四、植物基因功能研究

根据目的基因表达模式分析的结果，可以初步推测目的基因的功能。为了进一步研究目的基因的功能，通常还需要进行体内基因功能研究和体外基因功能研究（图3-42）。

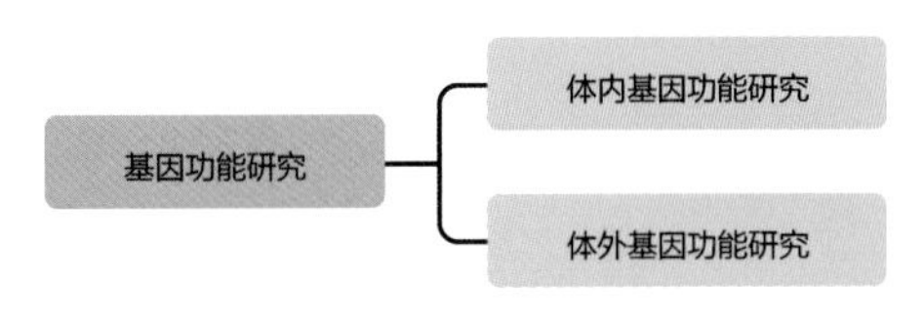

图3-42　基因功能研究

目前，体内基因功能研究和体外基因功能研究的定义尚存在分歧。为了更清晰地理解不同实验方法的应用和研究目的，本书将体内基因功能研究定义为在植物细胞内或植物体内进行的实验，而体外基因功能研究则定义为在非植物体内进行的实验，例如在酵母细胞或细胞外水平进行的实验。

（一）体内基因功能研究

体内基因功能研究涉及将目的基因构建至相应的载体中，根据目的的不同，可分为基因过表达载体、基因干扰载体、基因编辑载体和基因回补载体等。随后进行植物遗传转化，最终通过鉴定分析和表型分析来研究目的基因的功能。上述实验结果可再结合表观组学、转录组学、蛋白质组学或代谢组学等数据联合分析。原则上，基因功能研究的结果与多组学实验的结果具有一致性，能够相互解释和印证（图3-43）。

对于体内基因功能研究，本书将其总结为“要得要失要回补”。由于无法从野生型植株中判断目的基因的功能，因此需要在野生型植株中让目的基因超量表达（“要得”），这样植株获得或缺失的性状就有可能是目的基因所调控的。接着，在野生型植株中干扰目的基因的表达甚至是敲除目的基因使其不表达（“要失”），进一步证实植株获得或缺失的性状是目的基因所调控的。最后，通过回补实验进一步验证目的基因的功能（“要回补”）。

根据实验流程，可以将体内基因功能研究的内容分为载体构建、遗传转化、鉴定分析和表型分析四个部分。此外，由于多组学实验不仅可用于鉴定分析，还可辅助验证植物基因功能，内容比较丰富，后文将专门进行介绍。

1. 载体构建

为了实现目的基因的“要得要失要回补”，需要一个能够将目的基因运送到植物体内的“交通工具”，这种“交通工具”就叫做载体（vector）。载体构建是指通过DNA聚合酶、限制性核酸内切酶和DNA连接酶将目的基因与载体进行连接的过程。

1）载体的定义

载体是指在基因工程领域可携带目的基因片段运载至宿主细胞的一种能自我复制的DNA分子。目前常用的载体有质粒载体、噬菌体载体和病毒载体等，根据功能的不同，又可以将其分为克隆载体和表达载体。克隆载体主要用来克隆和扩增目的基因片段，大多是高拷贝载体；表达载体则在克隆载体基本骨架上添加了表达系统元件（启动子-核糖体结合位点-克隆位点-转录终止信号），使目的基因能够在宿主细胞中进行功能性表达。表达系统元件的存在是区分克隆载体和表达载体的关键。

在体内基因功能研究中，需要一个能够使目的基因在植物体内复制并表达的载体。其中，最常见的是Ti质粒表达载体。

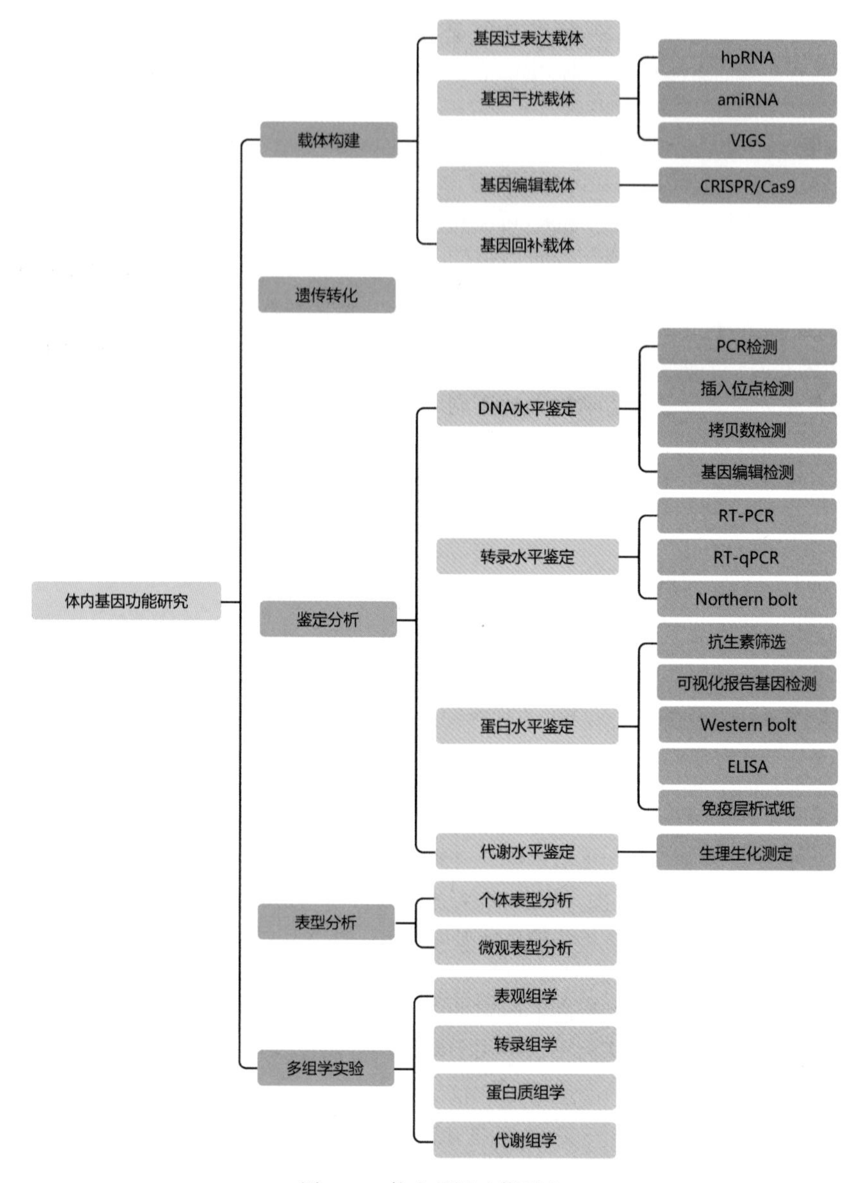

图 3-43　体内基因功能研究

Ti 质粒是一种存在于根癌农杆菌(*Agrobacterium tumefaciens*)中的质粒,它能引发植物形成冠瘿瘤。根据冠瘿瘤合成的冠瘿碱不同,Ti 质粒可分为章鱼碱、农杆碱、农杆菌素和琥珀碱这四种类型。野生型 Ti 质粒由转移 DNA 区(transfer DNA,T-DNA)、毒性区(virulence,Vir)、复制起始区(origin of replication,Ori)和结合转移编码区(regregions encoding conjugations,Con)组成。

T-DNA 区是 Ti 质粒中能转移到植物细胞内的区域,该片段上包含生长素合成基因、细胞分裂素合成基因和冠瘿碱合成基因。Vir 区位于 T-DNA 区上游,其表达产物能够激活 T-DNA 转移至植物细胞中,使农杆菌表现出毒性。Ori 区调控 Ti 质粒在农杆菌中的自我复制过程。Con 区上存在与细菌间接合转移有关的基因,可调控 Ti 质粒在农杆菌之间的转移。然而,野生型 Ti 质粒存在一些缺点,如分子量大,难以找到单一的限制性酶切位点,不能在大肠杆菌中复制等。因此,研究者对

野生型 Ti 质粒进行改造，删除了 Ti 质粒上的生长素合成基因和细胞分裂素合成基因等，使质粒变小，随后，再引入大肠杆菌复制位点、多克隆位点和筛选标记基因等，从而得到了目前常用的 Ti 质粒。

2）载体的分类

Ti 质粒表达载体包括一元载体、双元载体和三元载体（图 3-44）。

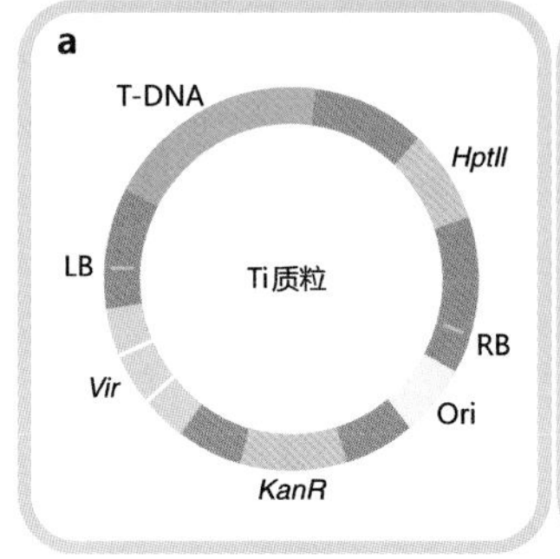

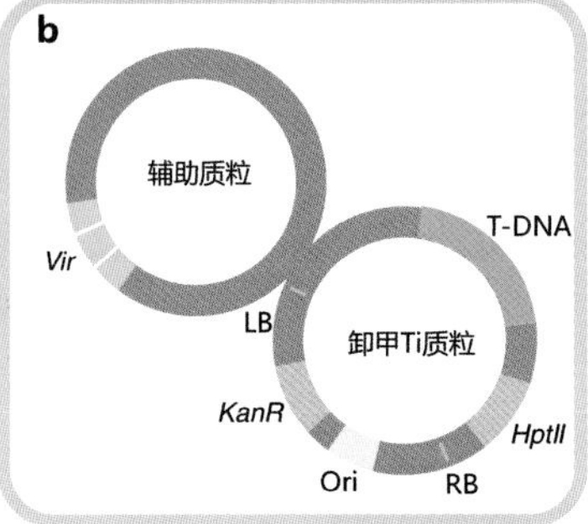

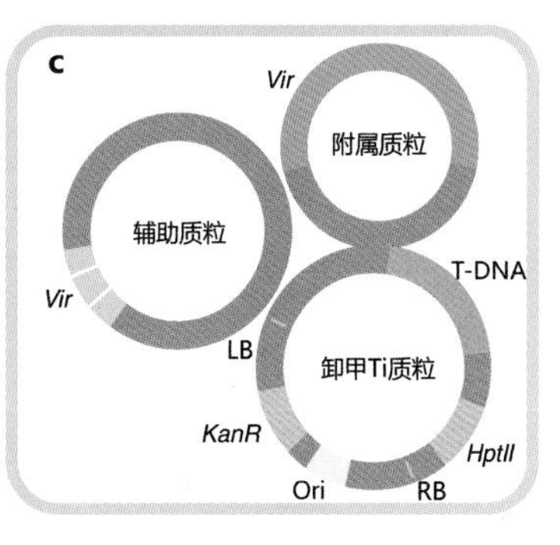

图 3-44　Ti 质粒表达载体

a. 一元载体；b. 双元载体；c. 三元载体

一元载体是指通过同源重组方法将携带目的基因的中间表达载体与改造后的 Ti 质粒结合形成的一种复合型载体，也被称为共整合载体。然而，由于一元载体的载体构建困难、效率低下，一般不常被使用。

Ti 质粒上的 *Vir* 基因与 T-DNA 具有反式互补的作用，即 *Vir* 基因可以反式激活 T-DNA 的转移。双元载体就是根据这一原理将 T-DNA 和 *Vir* 基因分别置于不同的 Ti 质粒上。具体而言，含有 *Vir* 基因的 Ti 质粒被置于农杆菌中，而含有 T-DNA 的 Ti 质粒则用于重组目的基因。当重组目的基因的 Ti 质粒转化农杆菌后，它与农杆菌中的 Vir 质粒相互作用。最终，这种相互作用导致插入到 T-DNA 区的外源基因被导入到植物细胞中，关于农杆菌转化的详细信息见本章“农杆菌介导植物遗传转化的原理”部分。

双元载体的典型结构包括左边界（left border，LB）、右边界（right border，RB）、真核筛选基因（如潮霉素磷酸转移酶基因 *HptⅡ* 和新霉素磷酸转移酶基因 *NPTⅡ*）、启动子、终止子、Ori、原核筛选基因（如氨苄青霉素抗性基因 *AmpR* 和卡那霉素抗性基因 *KanR*）和多克隆位点（multiple cloning site，MCS）等。根据不同实验的需求，双元载体可能还含有报告基因、蛋白标签等其他功能元件。

对于大多数植物来说，双元载体已经能够满足遗传转化的需求。然而，对于玉米等植物，双元载体往往难以保证较高的遗传转化效率。因此，为了解决这个问题，三元载体应运而生。三元载体在双元载体的基础上引入了额外的附属质粒，这一改变能够有效提高玉米等植物的遗传转化效率（Anand et al.，2018）。

3）载体的构建

在进行基因功能研究之前，需要根据实验目的选择合适的载体构建系统，将目的基因构建在相应的载体上。载体构建的步骤通常包括引物设计、PCR 扩增目的基因片段、目的基因片段连接到线性化载体上、大肠杆菌转化、抗生素筛选、PCR 检测、测序以及比对等。在这里介绍几种在植物基因功能研究中常用的载体构建系统：酶切连接系统、Gateway 系统、Golden Gate 系统和 Gibson 系统。

（1）酶切连接系统

酶切连接系统依赖于限制性核酸内切酶（简称限制酶）和 DNA 连接酶的特性，限制酶可以识别并切割特定的核苷酸之间的磷酸二酯键，而 DNA 连接酶能够连接裸露的 5′磷酸基和 3′羟基从而形成新的磷酸二酯键。根据限制酶的结构和作用方式等特征，可以将其分成三类：Type Ⅰ型限制酶同时具有修饰和识别切割作用，识别和切割位点相差数千个碱基；Type Ⅱ型限制酶只具有识别切割作用，修饰作用由其他酶进行，识别序列通常为切割序列；Type Ⅲ型限制酶与 Type Ⅰ型限制酶类似，同时具有修饰和识别切割作用，但其识别和切割位点相距约 20 个碱基。在酶切连接系统中，Type Ⅱ型限制酶是应用最广泛的一类限制酶。

按照限制酶的使用方式，酶切连接系统可以分为双酶切系统和单酶切系统。双酶切系统是指用两种不同的 Type Ⅱ型限制酶分别对目的基因和载体进行酶切，从而得到带有平末端或黏性末端的目的基因片段和线性化载体。随后，在 DNA 连接酶的作用下，完成重组载体的构建。酶切连接法在引物设计时除了要满足引物的长度一般为 18～25bp，GC 含量为 40%～60%，且正、反向引物之间 GC 含量不能相差太大之外，还需要在正、反向引物 5′端加入两个酶切位点（这些位点在目的基因片段中不存在）以及保护碱基（图 3-45）。如果只使用一种限制酶，那么这个系统就被称为单酶切系统。由于单酶切系统载体酶切后自连概率较高，因此该系统较少被使用。

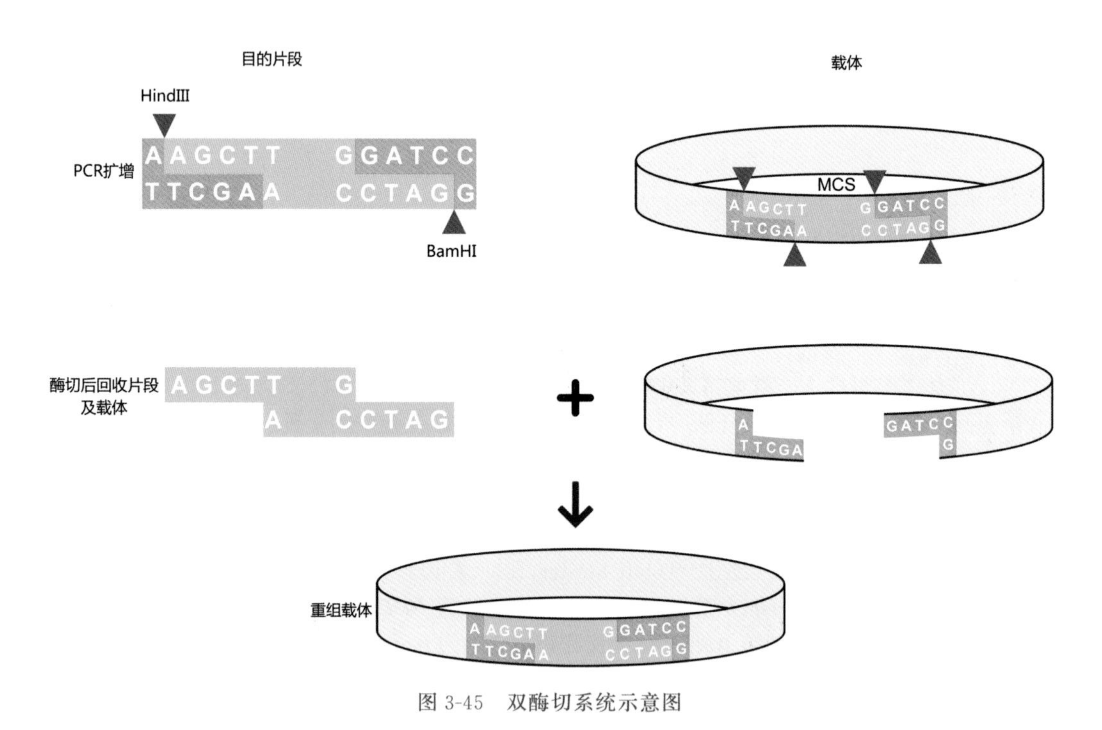

图 3-45 双酶切系统示意图

酶切连接系统存在一些缺点，如操作繁琐、假阳性率高、受酶切位点限制、无法进行多片段组装和无法实现无缝克隆等。因此，近年来，酶切连接系统逐渐被其他载体构建系统所取代。

（2）Gateway 系统

在 20 世纪 90 年代末，Invitrogen 公司发明了 Gateway 载体构建系统，这一系统的设计灵感来源于 λ 噬菌体侵染大肠杆菌时发生的整合和切离过程。整合和切离反应通过细菌和噬菌体 DNA 上特定位点的重组来实现，这些位点称为附着位点（attachment site，att）。在噬菌体整合酶（Int）和大肠杆菌整合宿主因子（IHF）的作用下，λ 噬菌体的 *attP* 位点和大肠杆菌基因组的 *attB* 位点可以发生定点重组，使得 λ 噬菌体的基因组整合到大肠杆菌的基因组中，形成两个新的重组位点 *attL* 和 *attR*。在 Int、IHF 和切离酶（Xis）的作用下，*attL* 和 *attR* 位点再次重组，重新生成 *attP* 和 *attB* 位点，导致 λ 噬菌体从大肠杆菌染色体上被切离（图 3-46）。

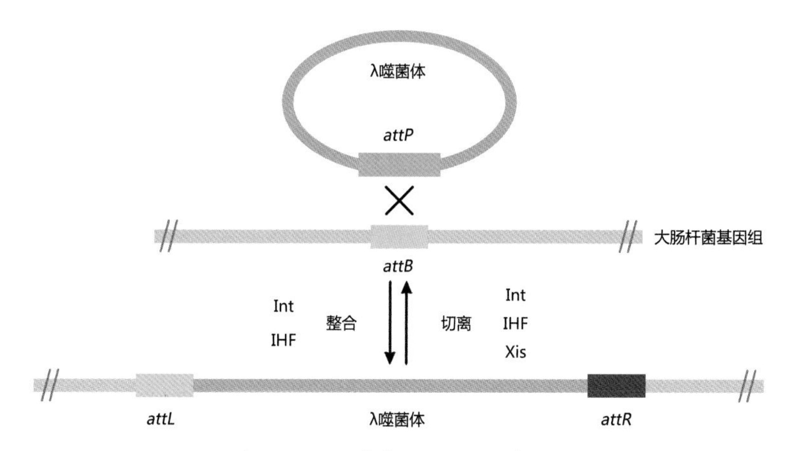

图 3-46　λ 噬菌体的整合和切离反应

Gateway 载体构建系统包括 BP 和 LR 两个反应。BP 反应通过 PCR 反应将 *attB* 位点添加到目的基因片段两侧，生成 *attB*-PCR 产物。然后，将 *attB*-PCR 产物与含 *attP* 位点的供体载体进行重组，形成入门克隆(entry clone)。LR 反应是指将含有 *attL* 位点的入门克隆与带有 *attR* 位点的目的载体进行重组，使目的基因从入门克隆重组到目的载体上，从而得到表达克隆(expression clone)(图 3-47)。

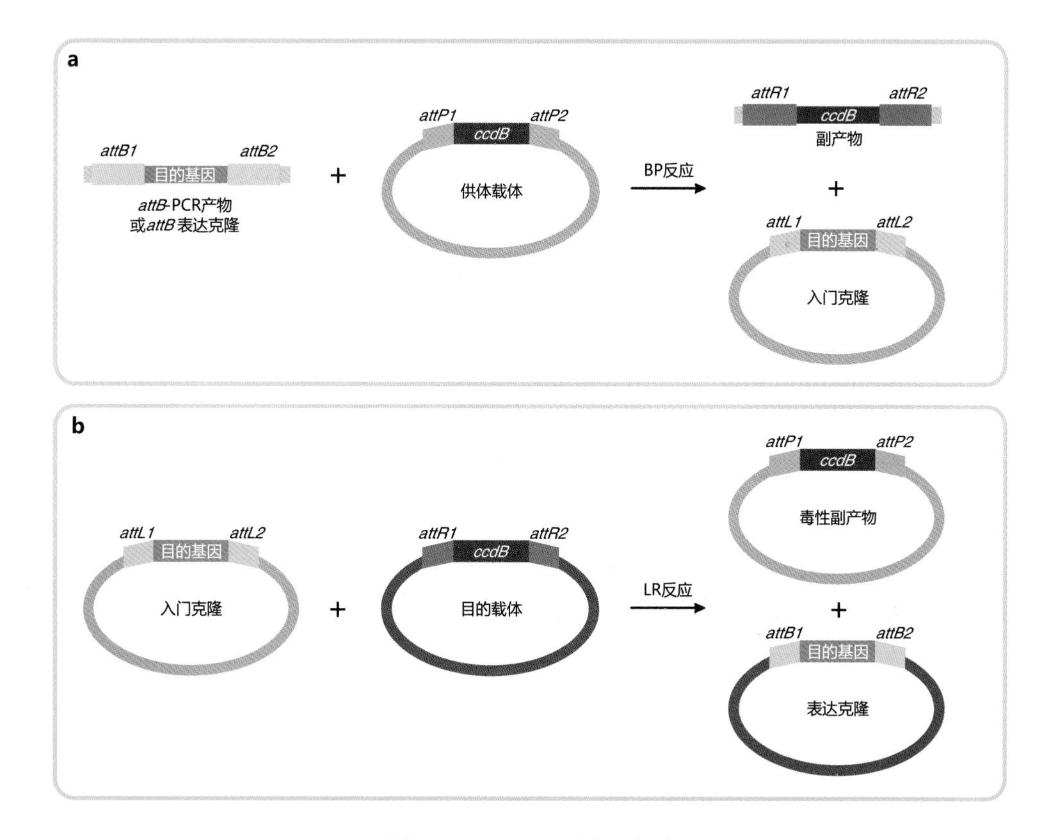

图 3-47　Gateway 反应示意图

a. BP 反应，BP 反应酶混合物：Int 和 IHF；b. LR 反应，LR 反应酶混合物：Int、IHF 和 Xis

与酶切连接系统相比，Gateway 载体构建系统具有不依赖限制酶和目的载体选择范围广等优势。然而，该系统的缺点包括操作繁琐、无法实现无缝克隆、重组效率低、不适用于多片段组装和试剂盒价格昂贵等。

（3）Golden Gate 系统

Engler 等在 2008 年首次提出 Golden Gate 载体构建系统。相较于传统的酶切连接系统，Golden Gate 系统使用 Type ⅡS 型限制酶（如 BsaI）来切割 DNA，Type ⅡS 型限制酶能够特异识别 DNA 上的目标位点，并在识别位点之外非特异性地切割 DNA 双链，生成具有黏性末端的 DNA 片段。然后，通过连接酶的作用，将一个或多个目的基因片段和目的载体连接成不含限制酶识别位点的重组载体。

Golden Gate 载体构建系统具有多个优点，可在单一管内同时进行酶切和连接反应，无需凝胶纯化及分步的酶切、连接反应；反应时间短，研究表明，仅需 5 分钟即可成功获得重组载体；适用于单片段和多片段插入；重组载体上不会残留酶切位点，实现了真正的“无缝”拼接；重组效率极高，通过正向抗生素筛选和负向 *ccdB* 基因筛选，重组效率几乎可达到 100%。其缺点是，对于平均 4kb 的基因片段，可能会出现一次包含酶切位点的情况，解决方法是用另一种 TypeⅡS 酶对目的基因片段进行酶切，在设计引物时确保酶切位点处的黏性末端与载体酶切后的黏性末端互补，以便继续进行连接反应（Li et al.，2014）（图 3-48、图 3-49）。

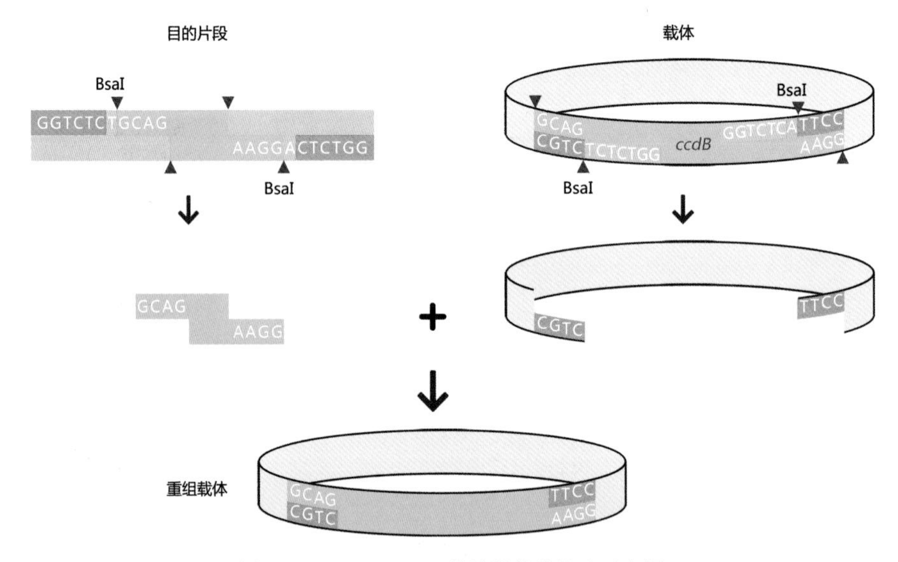

图 3-48 Golden Gate 单片段载体构建示意图

注：*ccdB* 基因是一种常用的选择性标记基因，其编码的蛋白质作为 DNA 促旋酶抑制剂，与 DNA 促旋酶和断裂的双链 DNA 复合物结合，使 DNA 促旋酶不能发挥作用，最终导致细胞死亡。因此，只有转入重组载体的大肠杆菌才能生长

（4）Gibson 系统

Daniel Gibson 课题组在 2009 年首次提出 Gibson 系统。这一系统基于同源重组的原理实现目的基因与线性化载体的连接。在 Gibson 系统中，引物设计时需要在正、反向引物的 5′端引入 15～25bp 的同源序列，这样可以确保目的基因片段之间以及目的基因片段与线性化载体之间存在一段同源序列。在同源重组酶溶液（包括 5′核酸外切酶、DNA 聚合酶和 DNA 连接酶）的作用下，可将目的基因片段成功构建到载体上（图 3-50）。

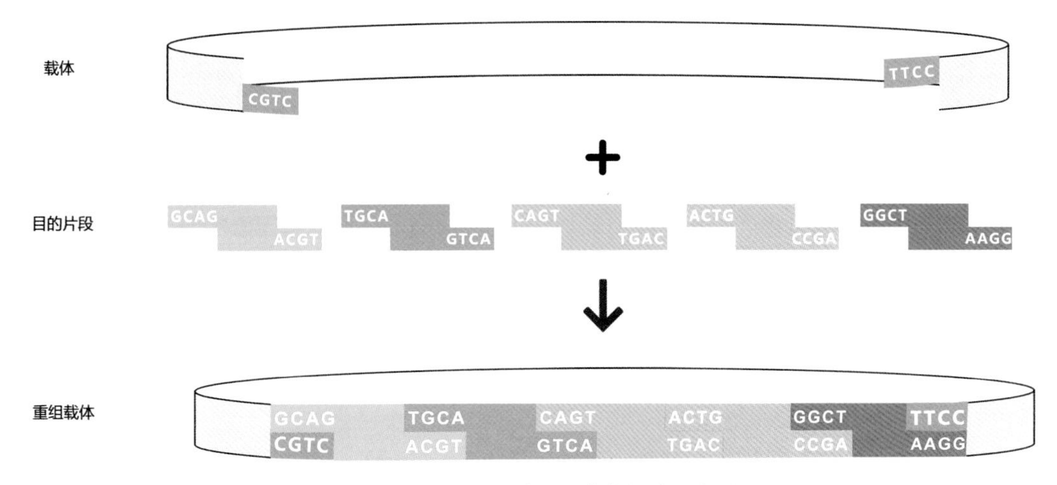

图 3-49　Golden Gate 多片段载体构建示意图

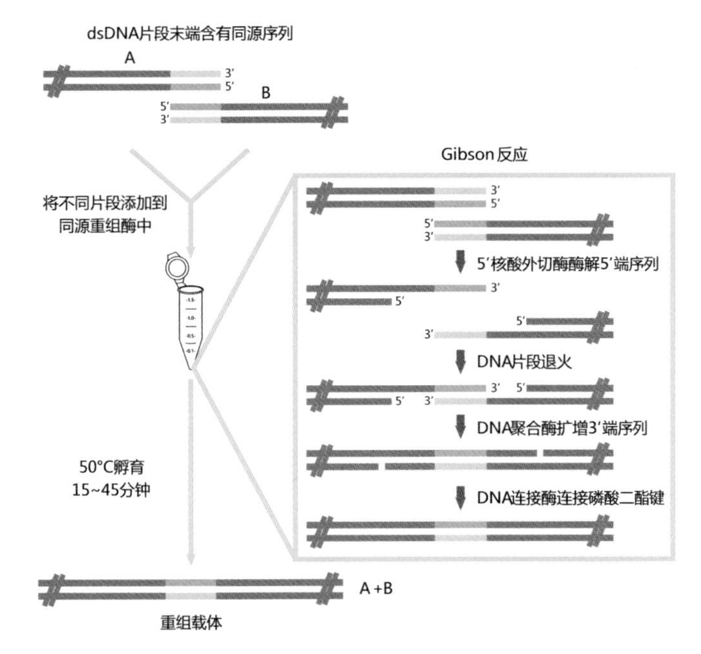

图 3-50　Gibson 反应示意图

注：Gibson 反应的原理是先利用 5′核酸外切酶（5′→3′外切酶活性）酶切目的基因片段和线性化载体，使其产生 3′黏性末端，随后对具有黏性末端的目的基因片段进行特异性退火拼接，再利用 DNA 聚合酶补齐缺口，同时加入 DNA 连接酶，催化磷酸二酯键形成，最终得到重组载体

Gibson 系统具有许多优点，包括高效的克隆效率、极快的构建速度以及能同时将 1～5 个 DNA 片段一次性组装到线性化载体上。此外，Gibson 系统不受酶切位点的限制，能够实现真正的“无缝”拼接。因此，近年来该系统被广泛使用。

4）载体的应用

前文提到，可将体内基因功能研究方法总结为“要得要失要回补”，即通过目的基因的过表达、干扰、敲除或回补来研究其功能。在应用上，基因过表达载体不仅可以通过稳定转化野生型植株，还可通过瞬时转化野生型植株愈伤、叶片等组织来研究目的基因的功能；基因干扰载体中的发夹RNA载体(hairpin RNA，hpRNA)和人工小RNA载体(artificial microRNA，amiRNA)同样可以通过稳定转化和瞬时转化的方式研究目的基因的功能；病毒诱导的基因沉默载体(virus induced gene silencing，VIGS)则一般通过瞬时转化的方式来研究；基因编辑载体同样可以通过获得稳定遗传的基因编辑植株来研究目的基因的功能，除此之外，还可以通过瞬时转化原生质体等方式来研究基因编辑效率；回补载体通过将目的基因转入其突变体的方式来研究目的基因的功能。下面将进行详细介绍。

(1) 基因过表达载体

基因过表达载体是通过将目的基因CDS序列构建到相应的载体上，利用强启动子驱动目的基因在植物体内过表达。在应用上，可以根据自己的实验目的进行稳定转化或瞬时转化来研究目的基因如何影响植物的表型特征。

过表达技术不仅适用于编码基因的研究，还可以用于非编码基因的研究。对于长链非编码RNA(long non-coding RNA，lncRNA)的过表达，需要将其对应的基因组序列插入适当的表达载体中，以实现过表达。而对于小RNA(microRNA，miRNA)的过表达，则需要找到目的miRNA的前体(pre-miRNA)序列，将pre-miRNA序列插入适当的载体中以实现过表达。目前关于植物circRNA的过表达研究报道较少，这里不作过多介绍。

(2) 基因干扰载体

RNA干扰(RNA interference，RNAi)是一种发生在生物体内，可以有效阻断特定基因表达的现象。在实验中，一般通过导入与目的基因mRNA序列相匹配的双链RNA(double-stranded RNA，dsRNA)分子来实现RNAi。这些dsRNA分子能够诱导目的基因mRNA降解，从而高效、特异地沉默目的基因(图3-51)。这种现象发生在转录后水平，又称为转录后水平基因沉默(post-transcriptional gene silencing，PTGS)。

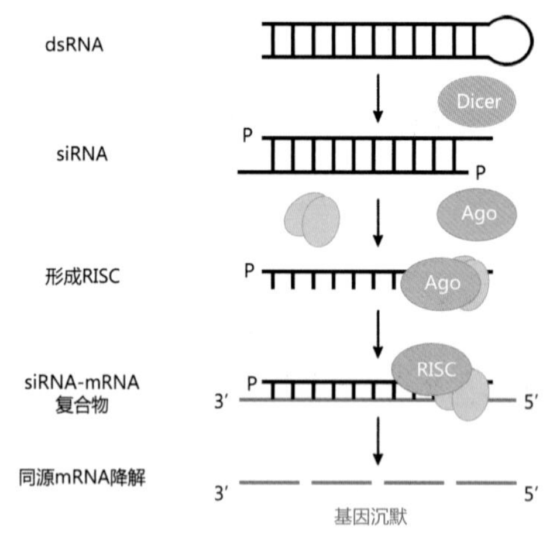

图3-51　RNAi示意图

注：多种蛋白共同参与RNAi，首先dsRNA进入细胞内被RNase-Ⅲ家族特异性核酸内切酶(Dicer)切割成只有21-23nt的小分子干扰RNA(small interfering RNA，siRNA)，随后siRNA与细胞质内的AGO蛋白等结合形成RNA诱导沉默复合体(RNA-induced silencing complex，RISC)，并解旋成单链。其中，正义链会被降解，反义链会引导RISC与相应互补的mRNA结合并引导其降解，最终导致mRNA无法翻译出蛋白质或调控基因表达，发生PTGS现象

目前，基于 RNAi 原理的干扰载体有以下三种：hpRNA 载体、amiRNA 载体和 VIGS 载体。hpRNA 载体是通过向植物细胞内人为导入发夹结构从而发挥干扰作用的。构建 hpRNA 载体时，需要从目的基因 CDS 序列上选取一段正向序列，并同时利用其反向重复序列，构建至载体上形成“正向序列-间隔区-反向重复序列”的发夹结构的转录单元（图 3-52）。研究发现，正向序列长度在 50～1000bp 之间均能诱发基因沉默，且序列长度在 300～600bp 时，基因沉默效率较高（Helliwell and Waterhouse，2003）。在启动子的驱动下，转录单元转录出的 RNA 可形成 dsRNA，然后被 Dicer 切割成 siRNA 并形成 RISC，最终导致目的基因沉默。amiRNA 载体是基于植物内源初级 miRNA（pri-miRNA）为骨架，通过将 pri-miRNA 序列中的 miRNA 序列及其互补序列（也称 miRNA /miRNA* 序列）替换成人工设计的 amiRNA /amiRNA*，形成 pri-amiRNA，然后在生物体内按照内源 miRNA 的合成途径形成 amiRNA，此 amiRNA 序列与目的基因的 mRNA 序列能够特异性互补，从而实现对目的基因的沉默。WMD3 网站（http：//wmd3. weigelworld. org）提供多个物种的 amiRNA 序列设计服务，只需输入基因的登录号即可进行设计。hpRNA 在干扰目的基因的过程中，具有较高的沉默效率，但由于产生一系列的 siRNA，这些 siRNA 可能会作用于多个目标序列，从而造成脱靶现象。相比之下，amiRNA 载体具有较低的脱靶效率，更适合于研究基因家族中序列同源性较高的基因。

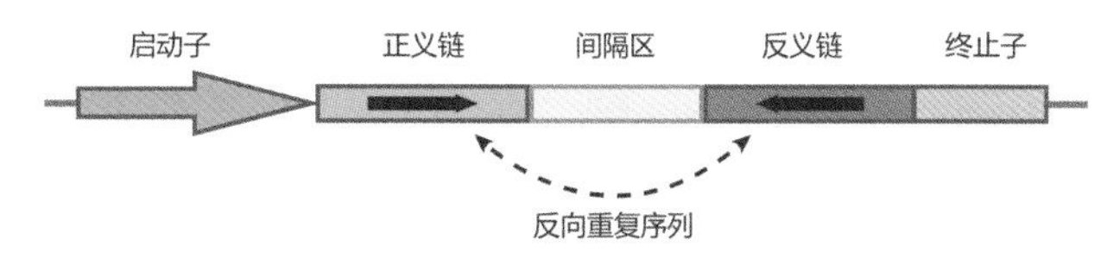

图 3-52　hpRNA 载体示意图

VIGS 技术是一种通过瞬时转化的方式在植物中进行基因功能研究的方法。它常用于没有转化体系或转化效率极低的植物。目前常用的 VIGS 载体主要分为三类：RNA 病毒载体、DNA 病毒载体和卫星病毒载体。其中 RNA 病毒载体是应用最广泛的 VIGS 载体类型，如以烟草花叶病毒（tobacco mosaic virus，TMV）、大麦条纹花叶病毒（barley stripe mosaic virus，BSMV）和烟草脆裂病毒（tobacco rattle virus，TRV）等为基础进行改造的 VIGS 载体。由于 TRV 载体具有高沉默效率，沉默持续时间长和病毒引起的症状较轻等优点，因此被广泛应用于 VIGS 研究。TRV 基因组由两条 RNA 链构成，经过改造后形成 TRV 系统的两个载体：pTRV1 和 pTRV2。其中 pTRV2 用于携带目的基因的片段，pTRV1 用于辅助重组的 pTRV2 在植物体内移动（图 3-53）。

在构建 VIGS 载体时，首先需要找到目的基因 CDS 或 UTR 区上的一段特异性序列，并将其构建到 pTRV2 载体上（特异性序列可以通过网站 https：//vigs. solgenomics. net 进行查找）。接下来，使用 pTRV1 和携带目的基因片段的重组载体 pTRV2 共同侵染植株，含有目的基因片段的 RNA 随着重组病毒载体的转录和复制形成 dsRNA，dsRNA 进一步被 Dicer 切割成 siRNA 并形成 RISC，最终导致目的基因沉默。VIGS 载体不仅可以干扰编码基因的表达，还可以干扰非编码基因（如 lncRNA 和 miRNA）的表达。对于 lncRNA 的 VIGS 载体构建，需要找到 lncRNA 上的特异性序列；而对于 miRNA 的 VIGS 载体构建，则需要在 pre-miRNA 上找到特异性序列。此外，宿主诱导的基因沉默载体（host-induced gene silencing，HIGS）是 VIGS 技术的一个拓展，这项技术可以用于病原菌的基因功能验证。具体的操作是将病原菌中的目的基因片段构建到 HIGS 载体上，然后转化到宿主植物中。病原菌侵染宿主植物后宿主植物会产生 dsRNA，这些 dsRNA 会进入病原菌中，引起病

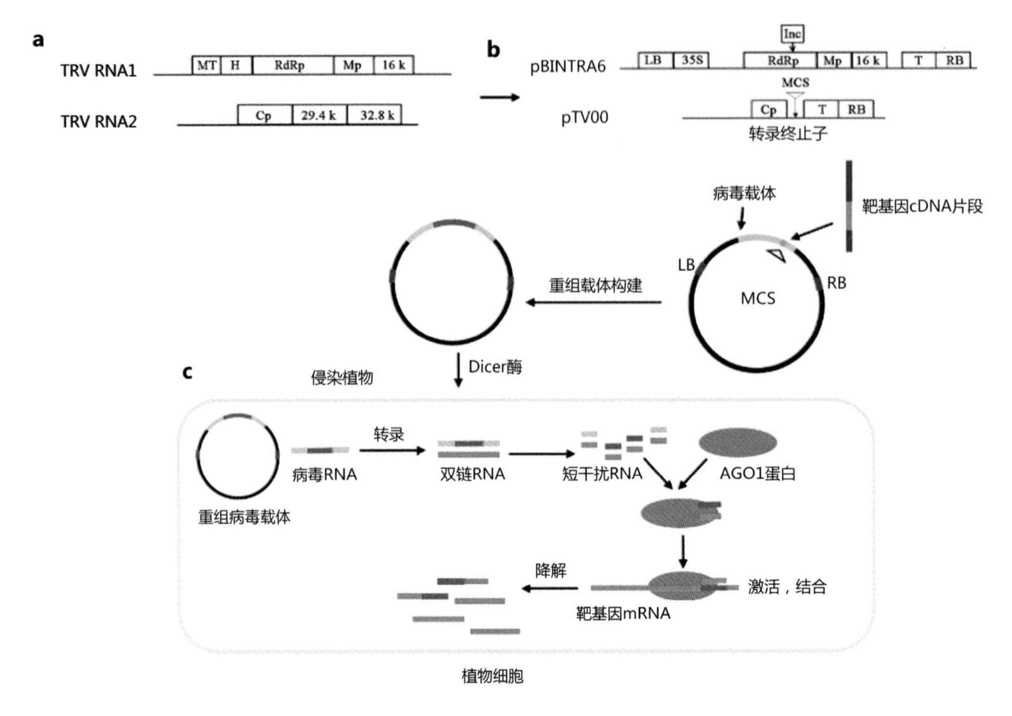

图 3-53　VIGS 的作用机制(郝梦媛等,2022)

a. 野生型 TRV RNA1 和 TRV RNA2 的基因组结构;b. 人工改造后 pBINTRA6(pTRV1)和 pTV00(pTRV2)结构;c. 植物细胞内病毒免疫过程

原菌发生 PTGS,最终导致病原菌目的基因的表达受到抑制。

与 hpRNA 和 amiRNA 相比,VIGS 引起的目的基因沉默虽然不具有遗传性,但具有研究周期短和成本低的优势。因此,VIGS 在植物基因功能研究中被广泛应用。

如果干扰的对象是 miRNA,还可以构建 STTM 载体。STTM 载体由 48nt 的间隔序列和所连接的两个模拟靶标(target mimicry,TM)序列共同组成,TM 序列是目标 miRNA 的互补序列但在其中另外引入 3 个碱基凸起序列 CTA,因而 TM 序列能与目标 miRNA 结合形成非完全互补双链,从而有效地阻止 miRNA 与靶基因结合,达到干扰目标 miRNA 并使目标 miRNA 的靶基因表达量升高的目的(图 3-54)。

(3) 基因编辑载体

基因编辑(gene editing)是指对生物体基因组特定位置进行编辑,使该位置实现碱基的置换、插入或缺失等,最终导致该位置对应的目的基因或调控元件的表达量或功能改变。近年来,以锌指核酸酶(zinc-finger nuclease,ZFN)、转录激活因子样效应物核酸酶(transcription activator-like effector nuclease,TALEN)和 CRISPR/Cas 系统(clustered regularly interspaced short palindromic repeats-associated proteins system)为代表的基因编辑技术掀起了一浪又一浪的研究高潮(表 3-6)。

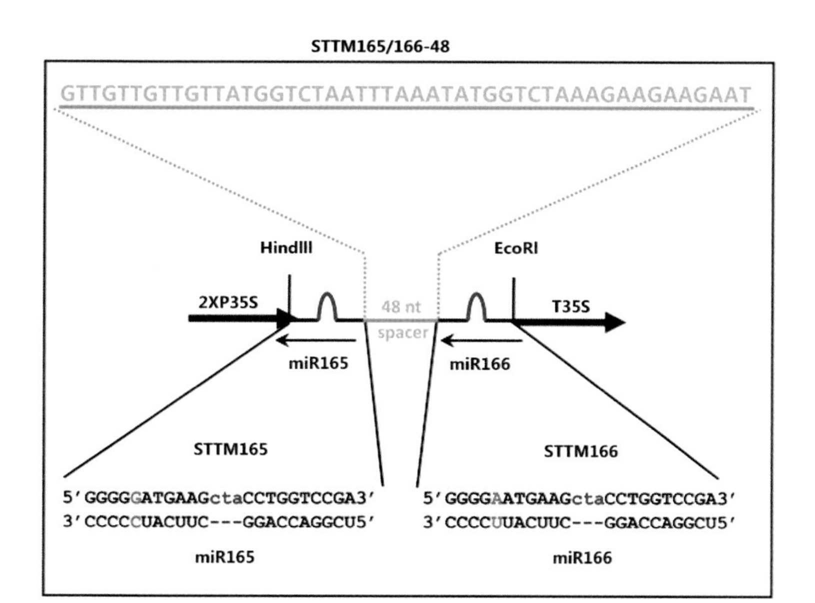

图3-54 STTM165/166-48的载体设计策略(Yan et al.,2012)

注:橙色表示间隔区和间隔序列,蓝色表示miRNA结合位点的凸起序列CTA

表3-6 三种基因编辑技术ZFN、TALEN和CRISPR/Cas9的比较(Khalil A. M.,2020)

比较	ZFN	TALEN	CRISPR/Cas9
来源	真核生物	细菌	细菌/古菌
结构	二聚体	二聚体	单体
设计简易性	中等(需要为每个DNA序列定制蛋白质)	较复杂	较简单(很容易设计不同的sgRNA)
工程可行性	低	中等	高
DNA结合分子/DNA识别机制	ZFN使用锌指结构域来与DNA序列特异性结合。每个锌指结构域通常能够识别9～18bp的DNA序列,而每个ZFN通常由两个锌指结构域组成,因此可以识别18～36bp	TALEN使用转录激活样效应蛋白结构域来与DNA序列特异性结合。每个转录激活样效应结构域通常能够识别14～20bp的DNA序列,而每个TALEN通常由两个结构域组成,因此可以识别28～40bp	CRISPR/Cas9系统使用sgRNA与Cas9蛋白结合来实现DNA识别。sgRNA通过互补配对与目标DNA序列结合,同时Cas9蛋白与sgRNA形成复合物,使Cas9蛋白切割特定DNA
成功率	低(～24%)	高(>99%)	高(～90%)
平均突变率	低或可变(～10%)	高(～20%)	高(～20%)
脱靶情况	高	低	中等

注:成功率为HEK293细胞中频率>0.5%的核酸酶诱导突变的比例;平均突变率为核酸酶靶位点获得的非同源末端连接介导的插入和缺失的频率。

CRISPR/Cas系统以其高效、简单和低成本等特点，迅速成为应用场景最广的基因组编辑工具。以CRISPR/Cas9系统为例，该系统由两个部分组成，一个是具有DNA双链切割功能的核酸酶Cas9蛋白，另一个则是具有导向功能的小向导RNA（small guide RNA，sgRNA）。sgRNA与Cas9结合并引导Cas9蛋白特异性靶向基因组的特定位点，这个位点又称为PAM位点，Cas9蛋白在PAM位点上游第三个碱基处切割DNA序列从而产生双链断裂（double strand breaks，DSB），随后细胞内的DNA修复系统通过非同源末端修复机制（non-homologous end joining，NHEJ）或同源重组机制（homologous recombination，HR）修复断裂的DNA，在修复的过程中引入碱基的置换、插入或缺失等，从而实现DNA序列的改变（图3-55）。

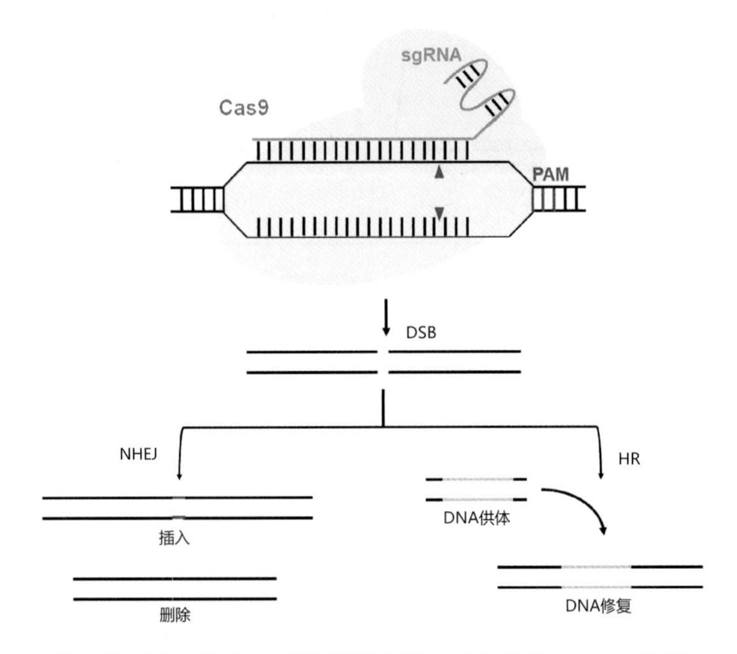

图3-55　CRISPR/Cas9系统对靶基因的作用机制（Ren et al.，2022）

由于NHEJ的修复结果会产生少量碱基的插入或缺失（insertions/deletions，Indels），难以产生预期的编辑类型。而HR修复虽然可以实现精准碱基或片段的靶向置换（包括转换和颠换），但在植物中效率较低（Gao Caixia，2022）。为了解决这一问题，研究者们不断对CRISPR/Cas9系统进行改造。2016年，美国哈佛大学David Liu课题组开发出碱基编辑的全新技术——胞嘧啶碱基编辑器（cytosine base editors，CBE）和腺嘌呤碱基编辑器（adenine base editors，ABE），采用切口酶形式的Cas9（nickase Cas9，nCas9），绕开NHEJ和HR修复，通过单链断裂修复途径，实现嘌呤间和嘧啶间的碱基转换（嘌呤置换嘌呤或嘧啶置换嘧啶）（Komor et al.，2016；Gaudelli et al.，2017）。虽然CBE和ABE能够实现碱基之间的转换，但是仍然存在不能实现碱基之间的颠换（嘌呤置换嘧啶或嘧啶置换嘌呤）以及碱基的精准插入和缺失等问题。2019年10月，David Liu课题组再次开发了一种全新的精准基因编辑工具——先导编辑（prime editor，PE），PE系统不仅可以实现4种碱基之间的任意置换，而且还能实现多碱基的精准插入与缺失（Anzalone et al.，2019）。PE诞生之初，存在效率低和难以进行大片段的操作等问题，其后研究者们通过对PE系统的pegRNA结构以及逆转录酶元件等进行不断优化（Chen et al.，2021；Li et al.，2022），目前，PE系统的编辑效率和大片段操作能力都明显得到提高，已经广泛应用于农业和医疗等领域（Vu et al.，2023）。

在构建编码基因 CRISPR/Cas9 基因编辑载体时，首先需要在目标物种的基因组上寻找特异性靶点(sgRNA)。对于水稻、玉米等有公开完整基因组信息的物种，可使用靶点预测网站来找到特异性靶点，这些靶点位于 PAM 位点(序列 5′-NGG-3′)前，结构一般为 19～20bp+NGG。然后，将这些靶点序列构建到相应的载体上。对于 lncRNA 的基因编辑，一般采用片段缺失的方式，可在 lncRNA 对应的基因组序列两端设计靶点，使整个片段缺失。而对于 miRNA 基因编辑，需要在成熟体 miRNA 对应的基因组位点上寻找 PAM 位点，然后将 PAM 位点及其前 19～20bp 序列作为靶点序列，再将这些靶点序列构建到相应的载体上。

此外，对于基因编辑体系不成熟的物种，在体系摸索阶段可以通过瞬时转化的方式，如原生质体转化法或发根农杆菌诱导发根法来对基因编辑体系进行优化。

(4) 基因回补载体

基因回补实验是指将目的基因转化至其突变体中，使突变体表型恢复为野生型表型的过程。突变体材料可以是 T-DNA 插入突变体材料，也可以是基因编辑突变体材料。基因回补载体在启动子的选择上不仅可以选择组成型启动子，还可以选择目的基因的启动子。在启动子的驱动下，目的基因在其突变体材料中正常表达，如果突变体表型恢复，那么就可以说明目的基因是造成突变体表型改变的关键基因。

综上所述，可以利用酶切连接系统、Gateway 系统、Golden Gate 系统或 Gibson 系统将目的基因构建到植物基因功能研究载体上。植物基因功能研究载体可以分基因过表达载体、基因干扰载体、基因编辑载体和基因回补载体。在实际应用中，为了让结果更加全面，往往需要选择多种基因功能载体用于研究，正如本书前面所总结的“要得要失要回补”。

2. 遗传转化

完成载体构建后，就可以通过稳定转化(遗传转化)或瞬时转化研究目的基因的功能。本节主要介绍遗传转化的相关内容。遗传转化(genetic transformation)又称为基因转化，是指将目的基因片段转移到植物体内整合、表达并稳定遗传，使受体植物表现出目的基因所调控的性状。在植物基因功能研究中，该技术常被用于研究目的基因在植物体内的具体功能。

1) 遗传转化方法

植物遗传转化是植物基因功能研究的重要环节，在过去几十年中，研究者建立了多种用于植物遗传转化的方法，包括农杆菌介导法、基因枪法、聚乙二醇(PEG)介导法、花粉管通道法和纳米磁珠介导法等。

(1) 农杆菌介导法

农杆菌介导法是迄今植物基因工程中应用最多、最理想的方法。通过将目的基因构建至植物双元表达载体中，利用根癌农杆菌的 Ti 质粒或发根农杆菌的 Ri 质粒介导，将目的基因转入植物细胞，通过组织培养技术获得转基因植株。

针对具有根蘖能力的植物，已开发出了由发根农杆菌介导的无需组织培养的遗传转化方法，其主要是利用发根农杆菌侵染切割后的根茎交界部位产生转化根，继而再由转化根产生转化的植株(Cao et al.,2023)。

(2) 基因枪法

基因枪转化法借助高速运动的金属微粒使附着在其表面的外源 DNA 穿过受体植物细胞的细胞壁，释放出的 DNA 会整合到植物基因组中，然后通过组织培养技术再生出植株。

(3) PEG 介导法

PEG 介导法是将植物原生质体悬浮于含有外源 DNA 的溶液中，PEG 通过电荷间相互作用，与

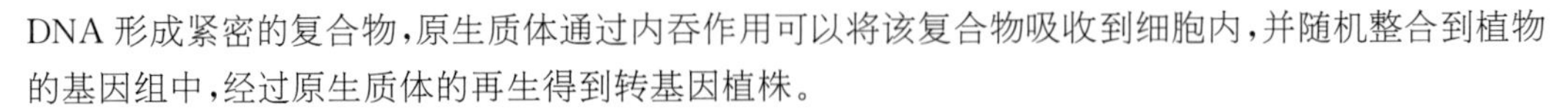

DNA 形成紧密的复合物，原生质体通过内吞作用可以将该复合物吸收到细胞内，并随机整合到植物的基因组中，经过原生质体的再生得到转基因植株。

（4）花粉管通道法

花粉管通道法是将外源 DNA 沿着开花植物授粉后形成的花粉管渗入到胚囊中，从而转化尚不具备正常细胞壁的卵、合子或早期胚胎细胞，由于它们正在进行活跃的 DNA 复制、分离和重组，所以很容易将外源 DNA 片段整合到受体基因组中，达到遗传转化的目的（Zhou et al.，1983）。

（5）纳米磁珠介导法

纳米磁珠介导的不依赖基因型的玉米遗传转化方法是近两年开发出来的新技术，其具体操作是：首先使用转化液在 8℃条件下预处理花粉 10 分钟，这一处理能在保持花粉活力的前提下，大幅提高花粉萌发孔打开的效率，接着借助纳米磁珠将质粒通过花粉萌发孔导入玉米花粉中，然后经人工授粉和自然结实过程，将外源基因转入多种玉米自交系中。该方法的建立，为大多数难以利用组织培养进行遗传转化的玉米品种提供了新的解决方案（Wang et al.，2022）。

2）农杆菌介导植物遗传转化的原理

农杆菌介导的遗传转化是一种经济、高效的基因传递系统。目前大部分的转基因植物可由农杆菌介导完成转化。根癌农杆菌的 Ti 质粒和发根农杆菌的 Ri 质粒介导植物遗传转化的原理基本相同，在此以根癌农杆菌的 Ti 质粒为例，介绍相关的原理（图 3-56）。

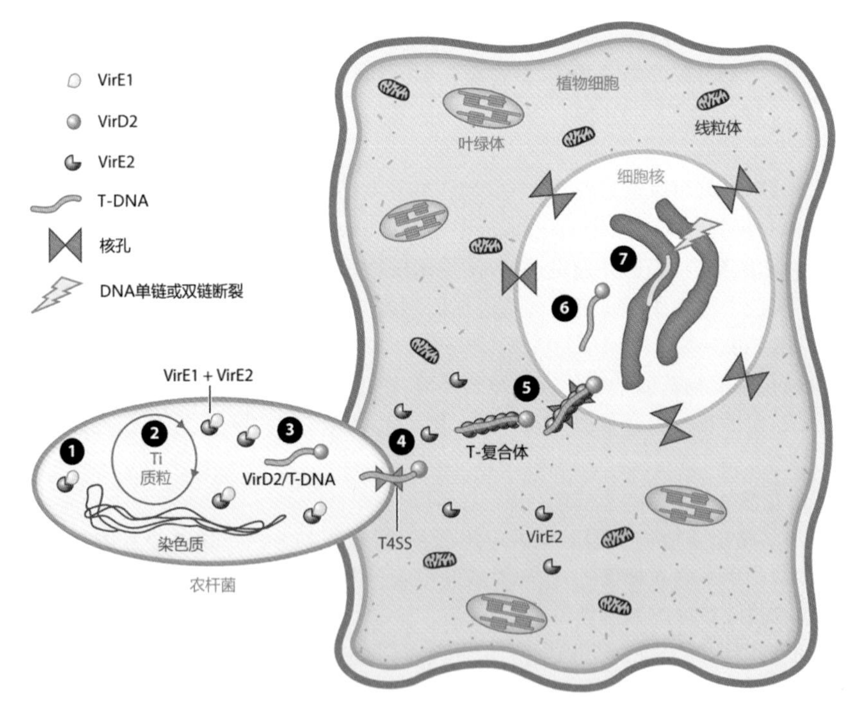

图 3-56　**根癌农杆菌介导的植物转化过程**（Gelvin，2017）

当植物受伤时，会分泌含有酚类化合物的汁液，这些酚类化合物一方面通过根癌农杆菌染色体毒性基因 *chvA* 和 *chvB* 介导的趋化性，促使根癌农杆菌向植物受伤部位移动并附着于植物细胞表面；另一方面则被 Ti 质粒上由 *VirA* 和 *VirG* 组成的双组分调节系统识别，从而诱导其他毒力基因的表达。VirDl 和 VirD2 共同作用，由 T-DNA 的 RB 开始向 LB 切割产生一条 T-DNA 单链，T-

DNA 5′末端与 VirD2 结合，通过由 VirB 等蛋白组成的 T4SS 进入到植物细胞内，同时，另外几种 Vir 蛋白也会通过该通道进入植物细胞内。在植物细胞内，单链 DNA 结合蛋白 VirE2 会与 T-DNA 结合，形成由 VirE2、VirD2 和 T-DNA 组成的 T-复合体，VirD2 上的核定位信号被转运蛋白识别后，T-复合体经过主动运输过程经核孔进入细胞核内，在 VirD2 的帮助下，插入到植物核染色体中，完成 T-DNA 由根癌农杆菌向植物的转移及整合过程(Gelvin，2017)。

3) 组织培养中植物再生的途径

植物组织培养是获得转基因植株的重要方法。在植物组织培养过程中，外植体主要通过体细胞胚胎发生和器官从头发生这两种途径再生为完整植株。

体细胞胚胎发生是指植物体细胞在未经生殖细胞融合的情况下，模拟有性的合子胚胎发生而发育形成一个新个体的形态发生过程，它是诱导植物细胞实现全能性的一种形式(许智宏等，2019)。由于体细胞胚可以直接从体细胞中诱导，也可以间接地从胚性愈伤组织中产生(Horstman et al.，2017)，因此体细胞胚胎发生可以分为直接和间接两种发生途径(图 3-57a)。在直接途径中，其特征是没有明显的愈伤组织诱导阶段，植物体细胞脱分化后，可以直接诱导产生体细胞胚。而在间接途径中，植物的体细胞首先经过脱分化形成胚性愈伤组织，然后再从愈伤组织的某些胚性细胞分化形成体细胞胚。相比于直接途径，间接途径更为常见，特别是在一些作物的遗传转化中(Long et al.，2022)。

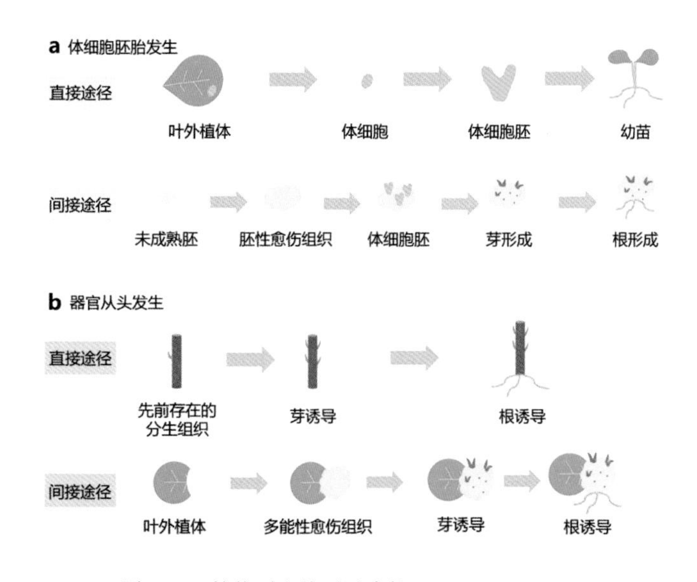

图 3-57　植物再生的不同途径(Long et al.，2022)

器官从头发生是指从离体或受伤的植物器官上再生出不定根和/或不定芽的过程(Xu and Huang，2014)。与体细胞胚胎发生一样，器官从头发生也可以分为直接和间接两种发生途径(图 3-57b)。在直接途径中，芽或根可以直接从已存在的分生组织或受损伤的器官中诱导出来。而在间接途径中，外植体则需要先脱分化并分裂形成多能性的非胚性愈伤组织，然后诱导愈伤组织生芽(或根)，并进一步诱导不定根(或不定芽)的形成，从而再生为完整植株。

4) 提高遗传转化效率的方法

植物遗传转化的效率主要取决于两个关键步骤：转化(将目的基因转移并在宿主细胞中表达)和再生(阳性转化细胞形成可育植株的能力)。对于许多物种来说，转化和再生效率低是获得转基

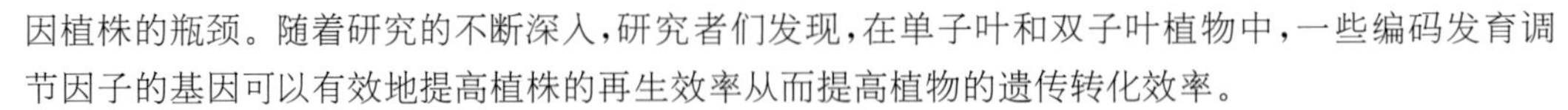

因植株的瓶颈。随着研究的不断深入，研究者们发现，在单子叶和双子叶植物中，一些编码发育调节因子的基因可以有效地提高植株的再生效率从而提高植物的遗传转化效率。

(1) *WIND1*

AP2/ERF 转录因子 *WOUND INDUCED DEDIFFERENTIATION1*(*WIND1*)的异位表达可以使拟南芥不通过损伤或施加生长素来促进外植体的芽从头再生。此外，研究还表明 WIND1 和胚胎调节因子 LEAFY COTYLEDON2 的依次激活可增强胚性愈伤组织的产生，这表明将 WIND1 与其他转录因子结合可促进器官特异性再生(Iwase et al.，2015)。

(2) *Bbm-Wus2*

在玉米中过表达 *Baby Boom*(*Bbm*)和 *Wuschel2*(*Wus2*)基因，能使之前许多无法转化的玉米自交系获得较高的转化效率。例如，无法通过基因枪和根癌农杆菌转化的先锋近交系 PHH5G，当过表达 *Bbm* 和 *Wus2* 后，从超过 40%的外植体中获得了转基因愈伤组织，其中大多数可分化出健康、茁壮的转基因植株(Lowe et al.，2016)。但是，*Bbm* 和 *Wus2* 的过表达对玉米的生长发育存在不利影响。针对这一问题，研究者们想出了许多解决方法，例如，使用诱导型启动子驱动表达的位点特异性重组酶(*Cre*)来切除 *Bbm* 和 *Wus2*(Wang et al.，2020)，或通过在 *Bbm* 和 *Wus2* 的超表达辅助载体中加入由绿色组织特异性表达启动子驱动的致死基因表达元件，使得含有 *Bbm* 和 *Wus2* 辅助载体的愈伤不能分化成苗，从而在 T_0 代快速获得不含 *Bbm* 和 *Wus2* 元件并可以正常生长发育的转基因植株(许浩婷等，2022)。

(3) *GRF4-GIF1*

在植物体内 GROWTH-REGULATING FACTOR(GRF)可以与其辅助因子 GRF-INTERACTING FACTOR(GIF)互作，并在植物的发育过程中发挥重要的调控作用。小麦 GRF4 与其辅助因子 GIF1 融合蛋白的表达可以显著提高小麦的再生效率，并增加可转化小麦基因型的数量。此外，*GRF-GIF* 还可以提高双子叶植物柑橘的再生效率(Debernardi et al.，2020)。

(4) *GRF4-GIF1-BBM*

将玉米的 *Bbm* 基因和小麦的 *GRF4*、*GIF1* 基因组装到载体上共转化 Hi-II 和 B104 玉米后，在不干预愈伤组织诱导的情况下可以大幅度提高玉米的遗传转化效率，并且所获得的转基因植株未观察到显著的生长缺陷(Chen et al.，2022)。

(5) *GRF5*

在愈伤组织中表达 *GROWTH-REGULATING FACTOR 5*(*GRF5*)也可以加速多个物种芽的形成并显著提高转化效率。在甜菜中过表达 *AtGRF5* 可使难转化的品种也获得转基因植株。在大豆中过表达 *AtGRF5* 可以增加转化细胞的增殖，促进转基因植株的形成。此外，在玉米中过表达 *ZmGRF5-LIKE* 同样可以显著提高其遗传转化效率并产生完全可育的转基因植株。总之，过表达 *GRF5* 有助于提高单子叶和双子叶植物的遗传转化效率(Kong et al.，2020)。

(6) *WOX5*

WUSCHEL-RELATED HOMEOBOX 5(*WOX5*)对决定干细胞组织中心的命运至关重要。利用 *TaWOX5* 基因可以克服小麦遗传转化中的基因型依赖性，提高小麦的遗传转化效率。在 Fielder、CB037、中麦 895、济麦 22、轮选 987 和京 411 等小麦品种中表达 *TaWOX5* 均可以显著提高它们的遗传转化效率(Wang et al.，2022)。

(7) *DOF*

DNA binding with one finger(DOF)是植物特有的经典转录因子家族，具有单一的锌指结构。它们不仅参与调节激素信号和响应各种生物或非生物胁迫，还调节许多植物生物学过程，如休眠、

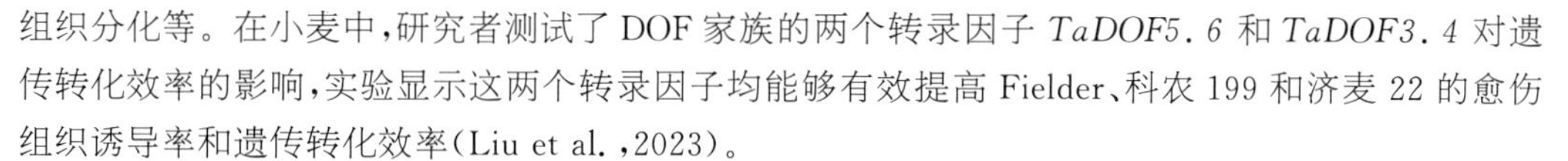

组织分化等。在小麦中，研究者测试了 DOF 家族的两个转录因子 *TaDOF5.6* 和 *TaDOF3.4* 对遗传转化效率的影响，实验显示这两个转录因子均能够有效提高 Fielder、科农 199 和济麦 22 的愈伤组织诱导率和遗传转化效率(Liu et al.,2023)。

(8) *PLT5*

PLETHORA(*PLT5*)也是提高植物转化效率的重要因子，在金鱼草中过表达 *AtPLT5* 可以促进金鱼草地上茎伤口处愈伤组织的形成和芽的再生，并且转入的基因可以在子代中稳定遗传。此外，在番茄、油菜中表达 *AtPLT5* 同样能够提高它们的遗传转化效率(Lian et al.,2022)。

5) 遗传转化案例

伯远生物遗传转化平台以其强大的实力在行业内独树一帜，该平台具有长达 13 年的遗传转化经验，积累了丰富的技术和专业知识，目前可转化物种多达 25 种，该平台的转化效率高，转化周期短，支持多种抗生素抗性筛选。以下介绍该平台的部分遗传转化案例。

(1) 水稻

使用授权专利培养基——LY 培养基(专利号:ZL200910273352.3)，以水稻成熟胚为材料，快速、高质量地诱导水稻胚性愈伤组织作为遗传转化受体材料，用携带目的基因载体的农杆菌侵染受体材料，将 T-DNA 插入到受体材料的基因组中，经过对应的抗生素筛选，获得独立的抗性愈伤组织，再分化为转基因植株(图 3-58、图 3-59)。

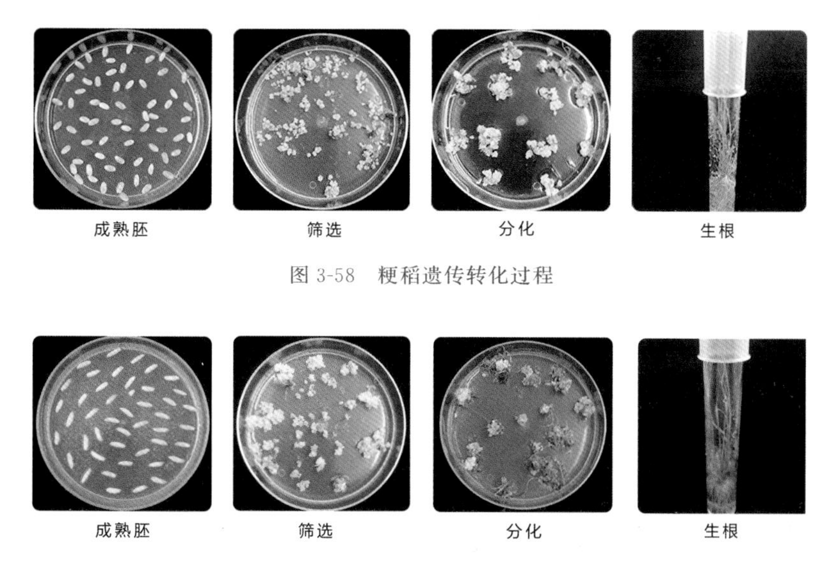

图 3-58　粳稻遗传转化过程

图 3-59　籼稻遗传转化过程

(2) 野生稻

使用授权专利培养基——LY 培养基(专利号:ZL200910273352.3)，以野生稻成熟胚作为遗传转化受体材料，用携带目的基因载体的农杆菌侵染受体材料，将 T-DNA 插入到受体材料的基因组中，经过对应的抗生素筛选，获得独立的抗性愈伤组织，再分化为转基因植株(图 3-60)。

(3) 玉米

以玉米幼胚作为遗传转化受体材料，用携带目的基因载体的农杆菌侵染受体材料，将 T-DNA 插入到受体材料的基因组中，经过对应的抗生素筛选，获得独立的抗性愈伤组织，再分化为转基因植株(图 3-61)。

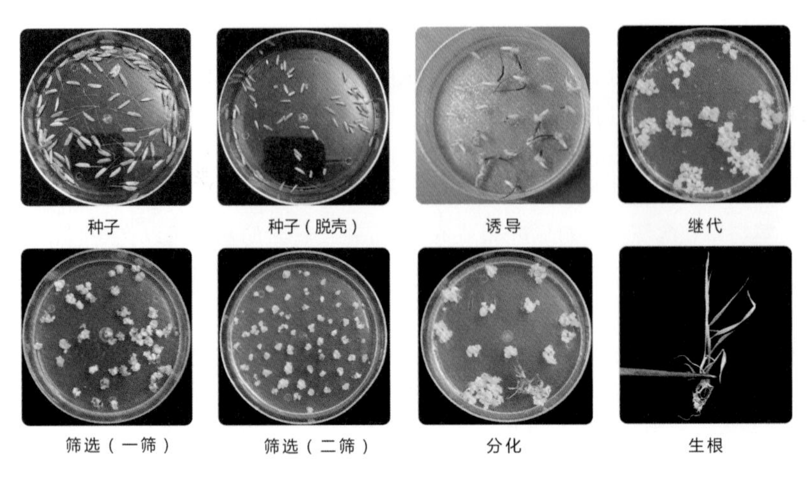

图 3-60　野生稻遗传转化过程

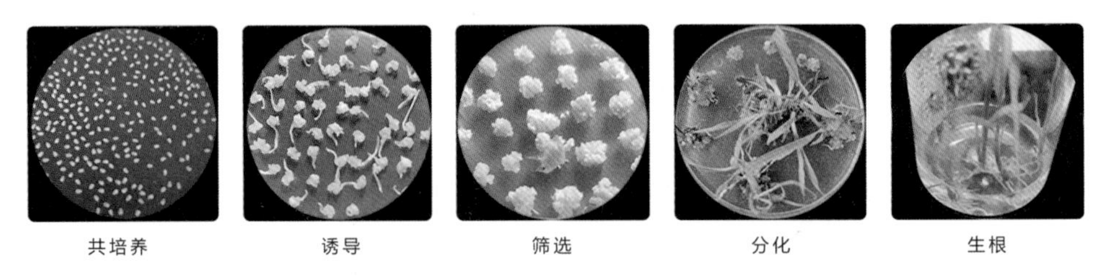

图 3-61　玉米遗传转化过程

（4）小麦

以小麦幼胚作为遗传转化受体材料，用携带目的基因载体的农杆菌侵染受体材料，将 T-DNA 插入到受体材料的基因组中，经过对应的抗生素筛选，获得抗性愈伤组织，再分化为转基因植株（图 3-62）。

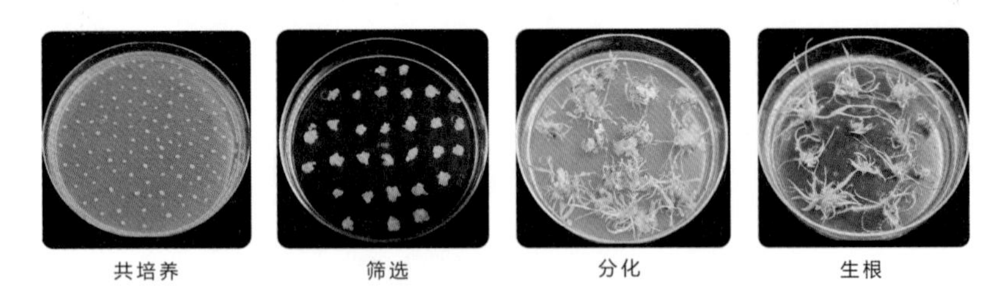

图 3-62　小麦遗传转化过程

（5）谷子

以谷子成熟胚诱导的愈伤组织作为遗传转化受体材料，用携带目的基因载体的农杆菌侵染受体材料，将 T-DNA 插入到受体材料的基因组中，经过对应的抗生素筛选，获得抗性愈伤组织，再分化为转基因植株（图 3-63）。

（6）烟草

以烟草叶片作为遗传转化受体材料，用携带目的基因载体的农杆菌侵染受体材料，将 T-DNA 插入到受体材料的基因组中，经过对应的抗生素筛选，再分化为转基因植株（图 3-64）。

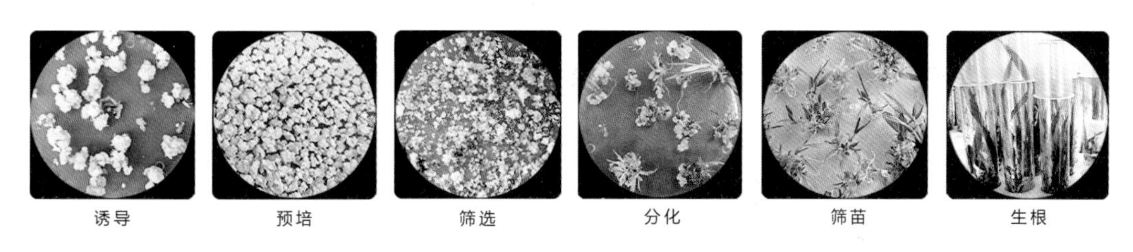

图 3-63 谷子遗传转化过程

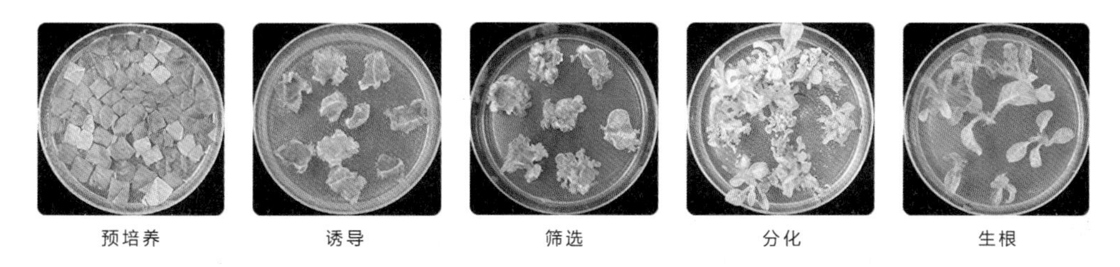

图 3-64 烟草遗传转化过程

(7) 番茄

以番茄子叶作为遗传转化受体材料，用携带目的基因载体的农杆菌侵染受体材料，将 T-DNA 插入到受体材料的基因组中，经过对应的抗生素筛选，再分化为转基因植株(图 3-65)。

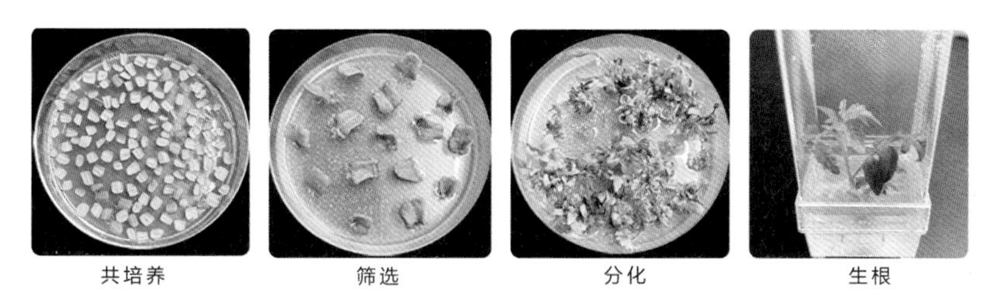

图 3-65 番茄遗传转化过程

(8) 马铃薯

以马铃薯茎段作为遗传转化受体材料，用携带目的基因载体的农杆菌侵染受体材料，将 T-DNA 插入到受体材料的基因组中，经过对应的抗生素筛选，再分化为转基因植株(图 3-66)。

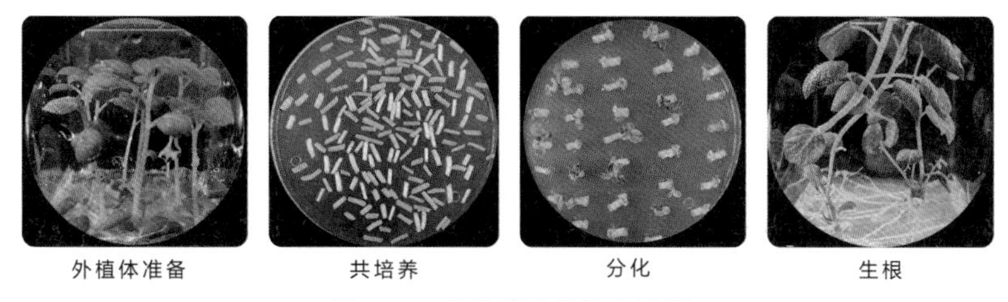

图 3-66 马铃薯遗传转化过程

(9) 辣椒

以辣椒子叶作为遗传转化受体材料，用携带目的基因载体的农杆菌侵染受体材料，将 T-DNA

插入到受体材料的基因组中，经过对应的抗生素筛选，再分化为转基因植株(图 3-67)。

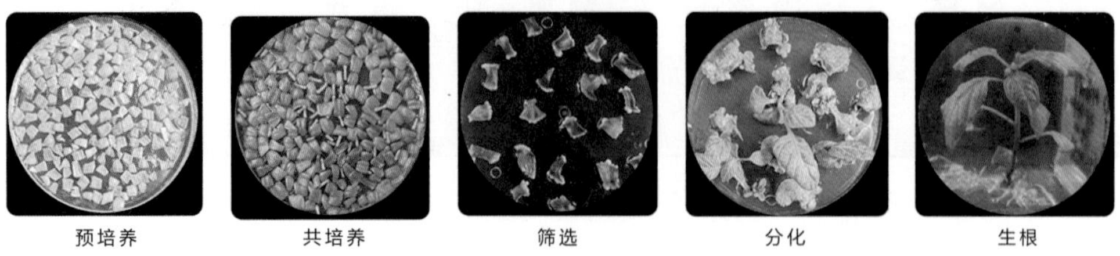

图 3-67　辣椒遗传转化过程

(10) 茄子

以茄子子叶作为遗传转化受体材料，用携带目的基因载体的农杆菌侵染受体材料，将 T-DNA 插入到受体材料的基因组中，经过对应的抗生素筛选，再分化为转基因植株(图 3-68)。

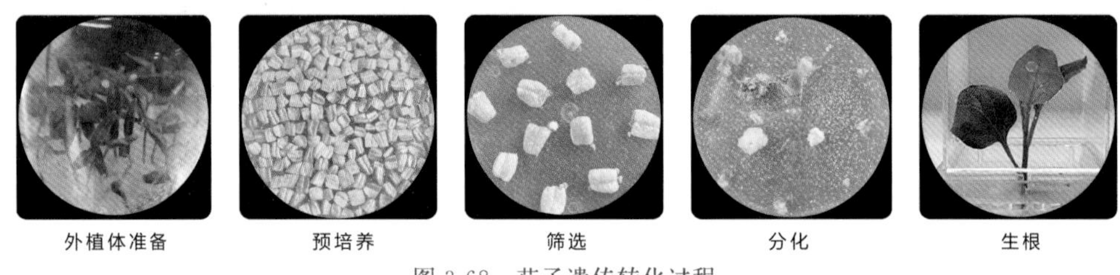

图 3-68　茄子遗传转化过程

(11) 大豆

以大豆子叶节作为遗传转化受体材料，用携带目的基因载体的农杆菌侵染受体材料，将 T-DNA 插入到受体材料的基因组中，经过对应的抗生素筛选，获得具有抗性的丛生芽，再经过伸长筛选而获得转基因植株(图 3-69)。

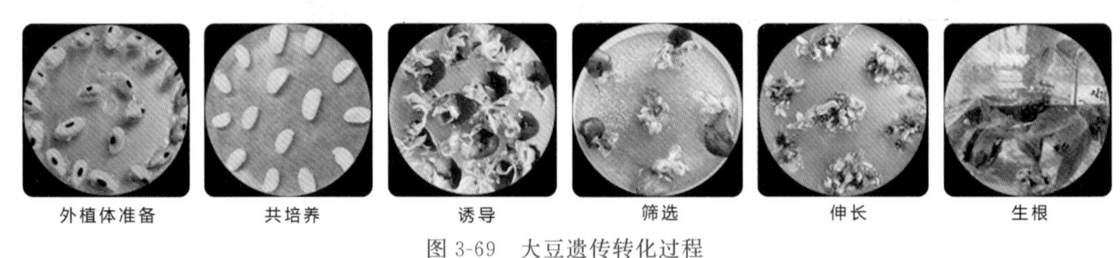

图 3-69　大豆遗传转化过程

(12) 苜蓿

以苜蓿叶片作为遗传转化受体材料，用携带目的基因载体的农杆菌侵染受体材料，将 T-DNA 插入到受体材料的基因组中，经过对应的抗生素筛选，再分化为转基因植株(图 3-70)。

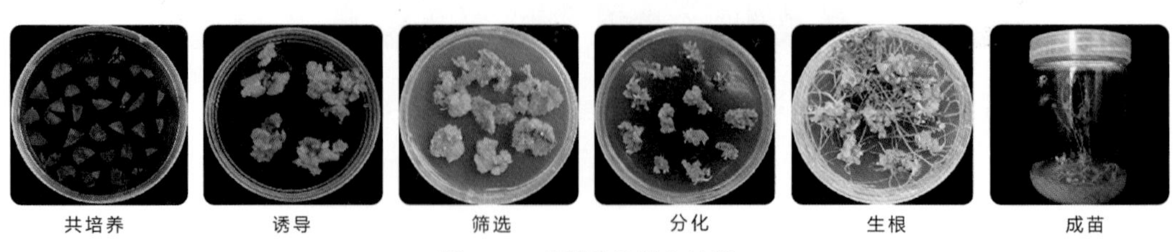

图 3-70　苜蓿遗传转化过程

(13) 拟南芥

以拟南芥花作为遗传转化受体材料，用携带目的基因载体的农杆菌侵染受体材料，将 T-DNA 插入到受体材料的基因组中，使用对应的抗生素对收获的种子进行筛选，获得 T_0 代抗性苗，继续种植收获 T_1 代种子(图 3-71)。

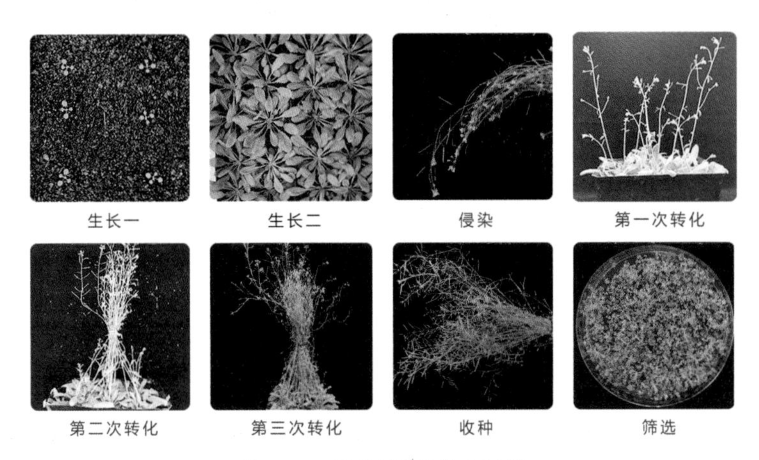

图 3-71　拟南芥遗传转化过程

(14) 油菜

以油菜下胚轴作为遗传转化受体材料，用携带目的基因载体的农杆菌侵染受体材料，将 T-DNA 插入到受体材料的基因组中，经过对应的抗生素筛选，再分化为转基因植株(图 3-72)。

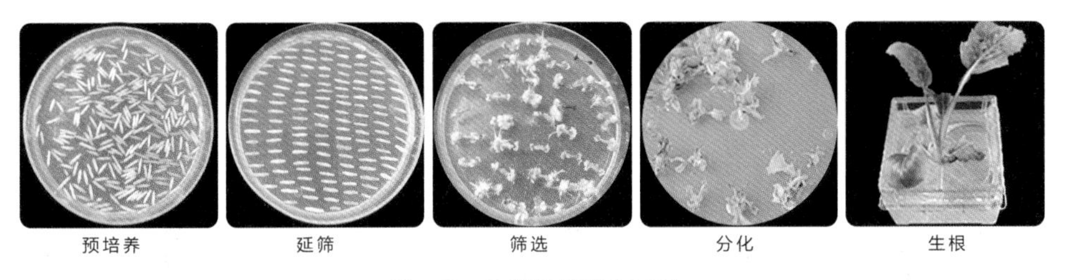

图 3-72　油菜遗传转化过程

(15) 甘蓝

以甘蓝下胚轴作为遗传转化受体材料，用携带目的基因载体的农杆菌侵染受体材料，将 T-DNA 插入到受体材料的基因组中，经过对应的抗生素筛选，再分化为转基因植株(图 3-73)。

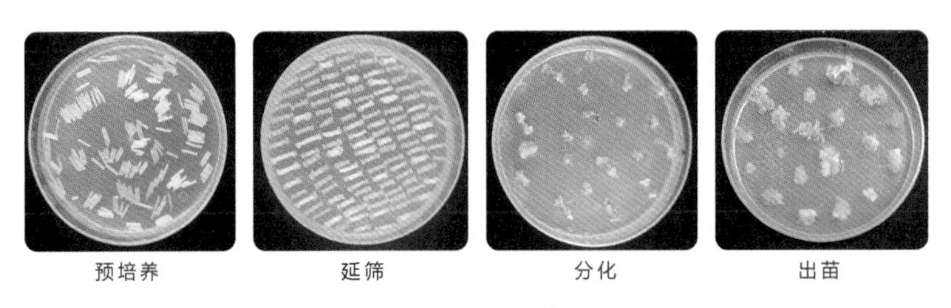

图 3-73　甘蓝遗传转化过程

(16) 白菜

以白菜子叶柄作为遗传转化受体材料，用携带目的基因载体的农杆菌侵染受体材料，将 T-DNA 插入到受体材料的基因组中，再诱导出芽，经过对应的抗生素筛选，再分化为转基因植株(图 3-74)。

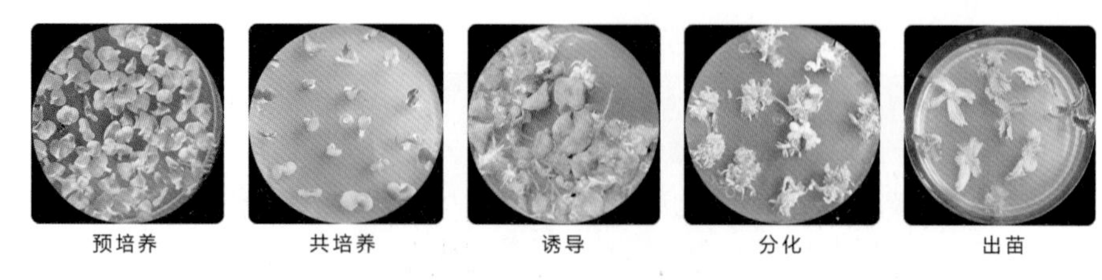

图 3-74　白菜遗传转化过程

(17) 黄瓜

以黄瓜子叶作为遗传转化受体材料，用携带目的基因载体的农杆菌侵染受体材料，将 T-DNA 插入到受体材料的基因组中，经过对应的抗生素筛选，再分化为转基因植株(图 3-75)。

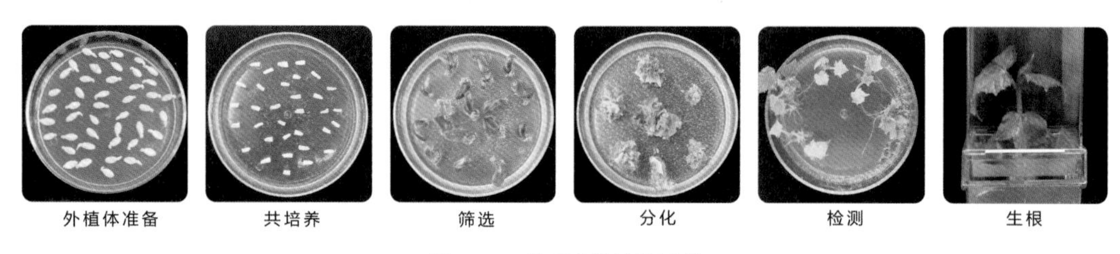

图 3-75　黄瓜遗传转化过程

(18) 西瓜

以西瓜子叶作为遗传转化受体材料，用携带目的基因载体的农杆菌侵染受体材料，将 T-DNA 插入到受体材料的基因组中，经过对应的抗生素筛选，再分化为转基因植株(图 3-76)。

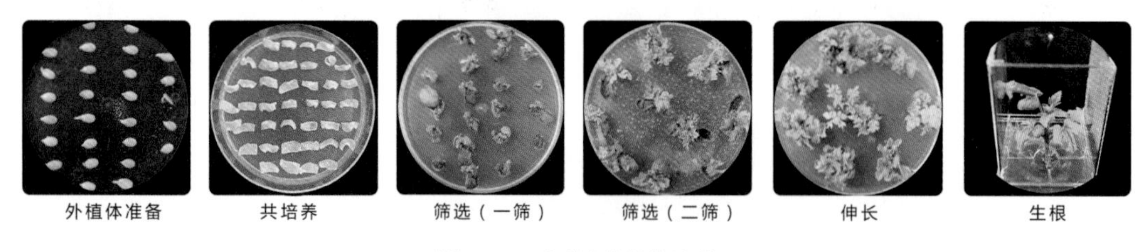

图 3-76　西瓜遗传转化过程

(19) 甜瓜

以甜瓜子叶作为遗传转化受体材料，用携带目的基因载体的农杆菌侵染受体材料，将 T-DNA 插入到受体材料的基因组中，经过对应的抗生素筛选，再分化为转基因植株(图 3-77)。

(20) 杨树

以杨树叶片作为遗传转化受体材料，用携带目的基因载体的农杆菌侵染受体材料，将 T-DNA 插入到受体材料的基因组中，经过对应的抗生素筛选，再进行分化，最终再生为转基因植株(图 3-78)。

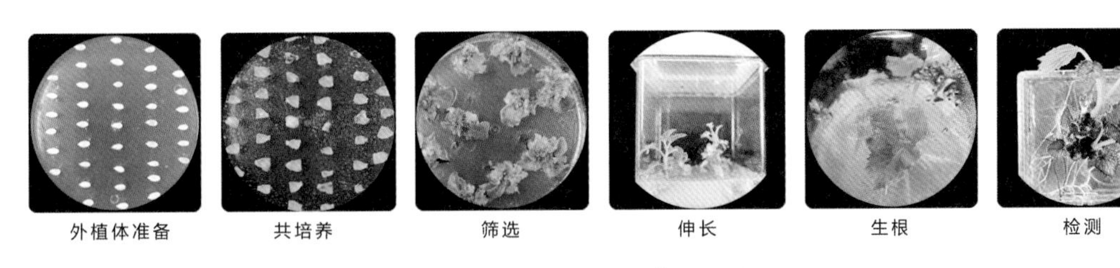

图 3-77　甜瓜遗传转化过程

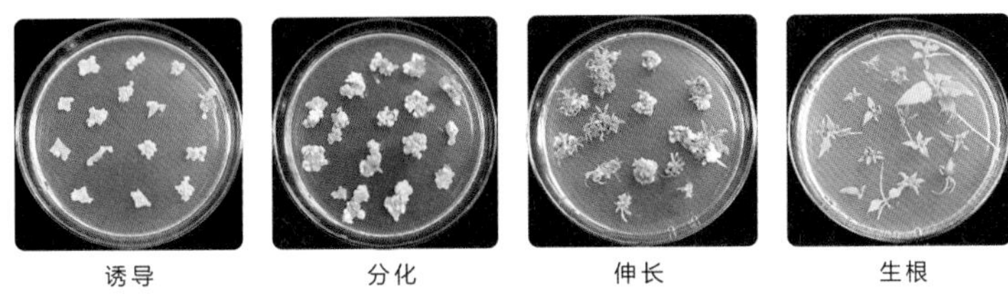

图 3-78　杨树遗传转化过程

(21) 棉花

以棉花下胚轴作为遗传转化受体材料,用携带目的基因载体的农杆菌侵染受体材料,将 T-DNA 插入到受体材料的基因组中,经过对应的抗生素筛选,再分化为转基因植株(图 3-79)。

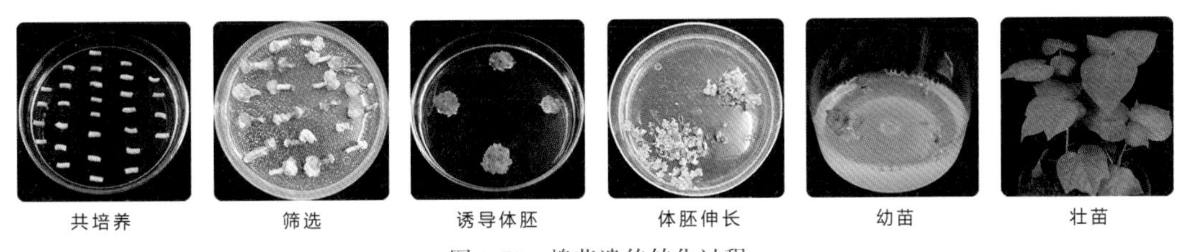

图 3-79　棉花遗传转化过程

(22) 葡萄

以葡萄原胚团作为遗传转化受体材料,用携带目的基因载体的农杆菌侵染受体材料,将 T-DNA 插入到受体材料的基因组中,经过对应的抗生素筛选,进一步诱导体细胞胚并萌发为转基因植株(图 3-80)。

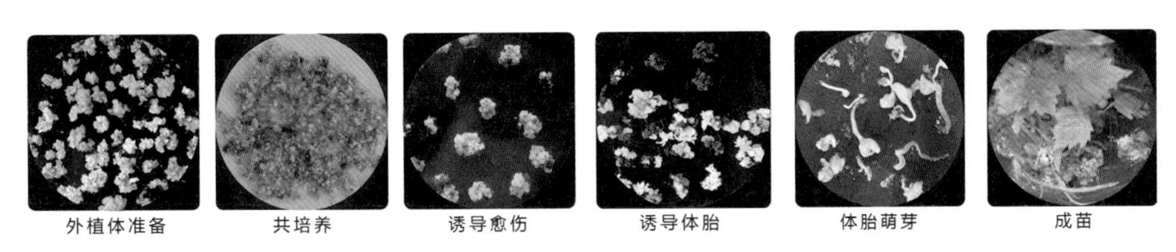

图 3-80　葡萄遗传转化过程

3. 鉴定分析

按照体内基因功能研究流程,首先根据研究需求构建载体,然后通过遗传转化将载体转入受体

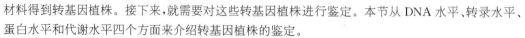

材料得到转基因植株。接下来,就需要对这些转基因植株进行鉴定。本节从 DNA 水平、转录水平、蛋白水平和代谢水平四个方面来介绍转基因植株的鉴定。

1) DNA 水平鉴定

DNA 水平鉴定在转基因植株的鉴定中起着重要的作用,主要包括阳性植株 PCR 检测、插入位点检测、拷贝数检测、基因编辑检测和利用表观组学进行检测等几个方面。

(1) PCR 检测

在利用农杆菌介导的遗传转化方法获得转基因植株时,首先需要从中筛选出转基因阳性植株。阳性植株检测是通过提取转基因植株的基因组 DNA,然后利用 PCR 扩增并结合琼脂糖凝胶电泳对 PCR 产物进行检测。根据检测结果可以定性地判断载体上抗性基因是否存在,从而确定是否成功获得转基因阳性植株。在确定转基因阳性植株后,还需要进行后续的鉴定。

(2) 插入位点检测

在植物遗传转化过程中,外源 T-DNA 插入植物基因组的位置和拷贝数都是随机的。当 T-DNA 整合到其他基因的内含子中,容易导致目的基因沉默,当 T-DNA 整合到其他基因编码区中,会影响被整入基因的功能,因此明确 T-DNA 的插入位点对于转基因植株的表型十分重要。目前,常用的 T-DNA 插入位点检测的方法有反向 PCR(inverse-PCR,IPCR)、交错式热不对称 PCR 技术(thermal asymmetric interlaced PCR,TAIL-PCR)和下一代测序(next-generation sequencing,NGS)等。

IPCR 技术鉴定 T-DNA 插入位点的步骤:首先,在 T-DNA 位点附近寻找合适的酶切位点,然后通过限制酶消化转基因植株基因组 DNA 片段,并用 DNA 连接酶对消化后的 DNA 片段进行连接,使其形成一个环状的 DNA,最后在已知序列上设计一对反向的引物进行 PCR 扩增,就可以得到 T-DNA 插入位点的侧翼序列(图 3-81)。不过,这种方法受到限制酶的种类和酶切效率的限制。

TAIL-PCR 是一种利用已知序列特异性引物与一系列随机引物来获得 T-DNA 侧翼序列的技术,具有操作简单,成功率高等优点,广泛应用于 T-DNA 插入位点鉴定。关于 TAIL-PCR 的详细信息见本章“启动子序列的获取”部分。

NGS 鉴定 T-DNA 插入位点的方法包括以下步骤:首先将不同样品基因组进行超声波片段化,然后进行末端修复并在 3′端添加碱基 A。接下来,使用特异的 barcode 序列给不同样品带上不同的标签以区分。根据插入片段和接头序列的信息,设计特异性引物来扩增目的片段。最后,通过测序获得 T-DNA 插入位点的序列信息(图 3-82)。这种方法具有高效和特异等优点,但是存在操作复杂和成本高等缺点。

(3) 拷贝数检测

拷贝数检测主要用于确定 T-DNA 在基因组中的拷贝数量。一般来说,插入 1 个或 2 个T-DNA 的拷贝通常可以实现目的基因较好的表达,而过多的拷贝数可能导致目的基因表达不稳定甚至共抑制的发生(Vaucheret et al.,1998)。因此,对转基因植株 T-DNA 的拷贝数进行检测也是筛选合适转基因植株的重要步骤。目前常用的拷贝数检测的方法包括 Southern blot 和实时荧光定量 PCR(RT-qPCR)。

Southern blot 是一种常用的 DNA 定量的分子生物学方法,被广泛应用于鉴定转基因植株的拷贝数,被认为是拷贝数鉴定的“金标准”。其原理是将转基因植株的基因组 DNA 固定在硝酸纤维素膜(NC 膜)或尼龙膜上,然后与标记的核酸探针进行杂交,杂交后在与探针有同源序列的固相 DNA 的位置上可显示出明显的杂交信号。通过检测信号的有无和强弱,可以对 T-DNA 定性和定量分析,从而计算出插入的拷贝数。Southern blot 鉴定拷贝数的优点在于其准确性高和特异性强,其主要的缺点是成本较高、操作复杂和需要大量的 DNA 样品等(图 3-83)。

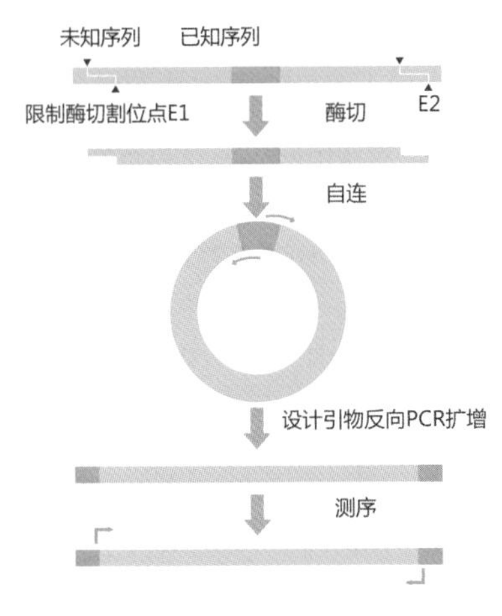

图 3-81 基于 IPCR 技术鉴定 T-DNA 插入位点的实验流程

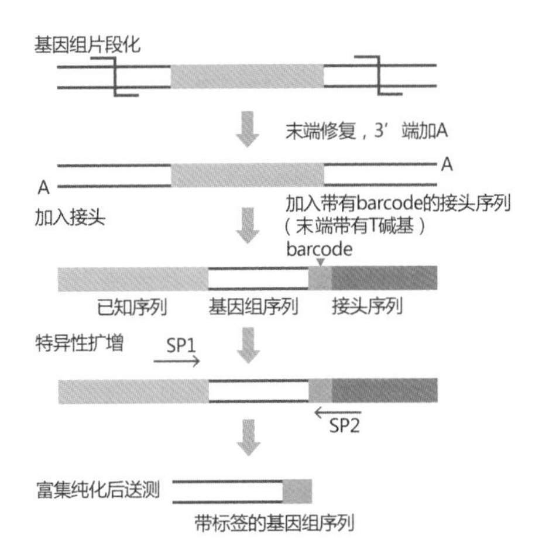

图 3-82 基于 NGS 技术鉴定 T-DNA 插入位点的实验流程

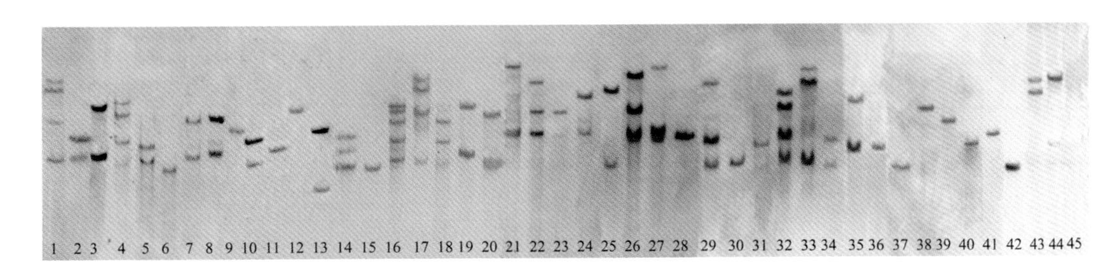

图 3-83 Southern blot 法检测 T_0 代转基因株系中 T-DNA 拷贝数(Wu et al.,2015)

RT-qPCR 技术鉴定拷贝数是在 PCR 反应体系中加入非特异性的荧光染料(如 SYBR Green I)或特异性的荧光探针(如 TaqMan Probe),实时监测荧光量的变化,并记录不同样品达到一定阈值所需的循环次数(C_t 值)。通过已知浓度的标准品,绘制标准曲线,利用标准曲线就可以推断转基因植株的拷贝数。相比于 Southern blot,RT-qPCR 具有简便、快捷的优点,并且能够有效扩增低拷贝的目的基因。

(4) 基因编辑检测

目前常见的植物基因编辑技术采用 CRISPR/Cas 系统,通过对植物基因组特定位点进行置换、缺失或插入等编辑,快速获得转基因植株。除了需要检测基因编辑株系中目的基因的蛋白水平外,还需要对其编辑类型进行检测。这是因为在 CRISPR/Cas 系统中,植物细胞通过 NHEJ 修复 DSB 时会产生不同的突变类型。对于二倍体植物来说,NHEJ 修复会产生五种突变类型(图 3-84):①无突变:未发生任何突变;②双等位基因纯合突变:两个等位基因发生相同的突变;③双等位基因杂合突变:两个等位基因都发生突变,但突变类型不一样;④单等位基因突变:只有一个等位基因发生突变,也称杂合突变;⑤嵌合体:同一植株的不同部位存在不同的突变类型。目前,鉴定基因编辑植株的方法有 Sanger 测序法、NGS 法和错配切割法等。

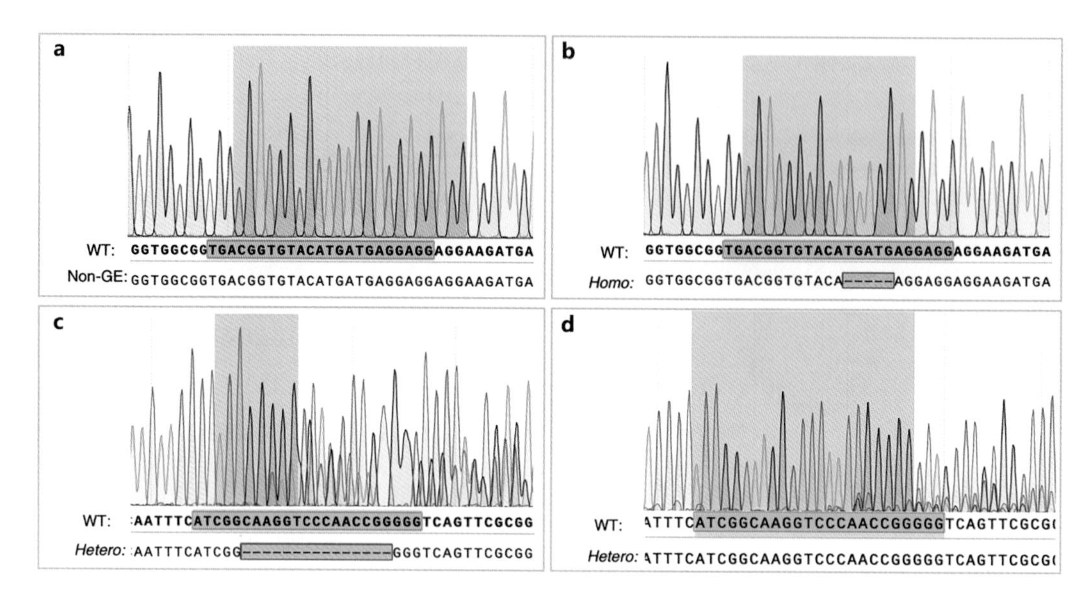

图 3-84 基因编辑的突变类型(Bai et al.,2020)

a.未发生突变;b.双等位基因纯和突变;c.双等位基因杂合突变;d.单等位基因突变

Sanger 测序法是植物基因编辑检测的一种经典方法,一般选择在靶点附近设计引物并进行 PCR 扩增,再对 PCR 扩增产物进行 Sanger 测序(图 3-85)。当突变类型是双等位纯合突变时,测序峰图呈现单峰,根据测序结果可以与野生型序列进行比对判断;当突变类型是双等位杂合突变或单等位突变时,测序峰图便会出现杂乱的双峰,难以进行有效区分。为了解决这一问题,研究者开发了网页版解码工具 DSDecode(http://dsdecode.scgene.com/),该工具可以对测序结果进行解析(Liu et al.,2015)。根据网站解析的结果可判断基因具体的突变类型。

***nor-like1* #1-T4** (homozygous)

WT: TCATCATCAACCACAA -TTGCCACCTGGATTTCGATTTCATCCA
Allele1: TCATCATCAACCACAATTTGCCACCTGGATTTCGATTTCATCCA (1bp insertion)
Allele2: TCATCATCAACCACAATTTGCCACCTGGATTTCGATTTCATCCA (1bp insertion)

***nor-like1* #1 Protein (25aa)**

ATGGAGAGTACCGATTCATCAACCGGCTCTCATCATCAACCACAATTTGCCACCTGGATTTCGATTTCATCCAACTGA
M E S T D S S T G S H H Q P Q F A T W I S I S S N *

***nor-like1* #11-T2** (homozygous)

WT: TAGAAAATATCCTAACGGGGCGCGCCCAAATAGGGCGGCAACT
Allele1: TAGAAAAT ___________ GCGCGCCCAAATAGGGCGGCAACT (11bp deletion)
Allele2: TAGAAAAT ___________ GCGCGCCCAAATAGGGCGGCAACT (11bp deletion)

***nor-like1* #11 Protein (85aa)**

ATGGAGAGTACCGATTCATCAACCGGCTCTCATCATCAACCACAATTGCCACCTGGATTTCGATTTCATCCAACTGAT
M E S T D S S T G S H H Q P Q L P P G F R F H P T D
GAAGAGCTTGTGGTTCATTATCTTAAGAAAAGAGTTGCCTCTGTTCCTCTTCCTGTTTCTATTATTGCTGAAGTTGAT
E E L V V H Y L K K R V A S V P L P V S I I A E V D
CTTTACAAATTTGATCCTTGGGAACTACCTGCTAAGGCGACATTTGGAGAACAAGAATGGTATTTCTTCAGTCCAAGA
L Y K F D P W E L P A K A T F G E Q E W Y F F S P R
GATAGAAAATGCGCGCCCAAATAG
D R K C A P K *

图 3-85 Sanger 测序法检测 *nor-like1* 突变体(Gao et al.,2018)

虽然通过 Sanger 测序能够得到具体的序列信息，但是无法一次性对大规模的编辑材料进行鉴定，而 NGS 可以解决这一问题。关于使用 NGS 法鉴定基因编辑植株的详细信息见第二章“通过构建基因编辑突变体库获取目的基因”部分。对大规模样品进行 NGS 不仅大幅提高了测序的通量，同时也降低了测序成本，并且能够精准地获得每个样品的突变类型和序列。此外，还可以通过 T7E1 错配酶解法和 PCR /RE 法对基因编辑植株进行检测。

除了前面介绍的几种方法外，近年来利用表观组学对转基因植株进行检测的方法也逐渐流行起来，该方法主要对转基因植株的染色质可及性、组蛋白修饰或 DNA 甲基化程度等方面进行鉴定。关于表观组学的详细信息见本章“表观组学”部分。

2）转录水平鉴定

为了从转基因阳性植株中挑选出合适的转基因植株用于表型鉴定，这时就需要对转基因阳性植株中目的基因的表达水平进行分析。表达水平分析可分为转录水平上对特异 mRNA 的检测和蛋白水平上对特异蛋白质的检测。这里先对转录水平鉴定进行介绍，主要包括反转录 PCR（reverse transcription PCR，RT-PCR）、RT-qPCR、Northern blot 和转录组学这几种方法。

RT-PCR 是一种半定量的检测方法。其检测步骤是：从转基因植株中提取总 RNA，然后将其反转录成 cDNA。根据 Primer-Blast 等网站设计目的基因特异性引物（引物 T_m 值相差不应超过 2℃，扩增片段的长度为 200～300bp）。随后通过 PCR 扩增目的基因并结合琼脂糖凝胶电泳检测，最后根据条带明暗程度来判断转基因植株中目的基因转录水平的高低。RT-qPCR 是一种定量的检测方法，能够检测出转基因植株中目的基因转录水平的相对表达量。关于 RT-qPCR 的详细信息见本章“基因时空表达分析”部分。这两种检测方法在应用时需要提供内参基因的表达作为对照，以排除模板浓度的影响和样品制备的问题（图 3-86）。

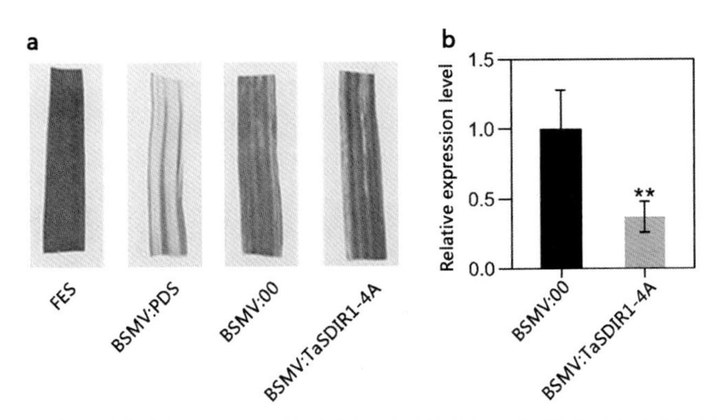

图 3-86　进行 VIGS 实验后使用 RT-qPCR 技术检测 *TaSDIR1-4A* 基因的表达变化（Meng et al.，2023）

a. 植株表型；b. RT-qPCR 检测

Northern blot 又称为 RNA 印迹杂交。根据具有一定同源性的两条核酸单链在一定条件下可按碱基互补配对原则形成双链的原理，将转基因植株中提取出的 RNA 样品用含甲醛的琼脂糖凝胶电泳变性分离后转移至 NC 膜或尼龙膜上，然后用特异性序列（与目的 RNA 序列互补）的标记探针与膜上的 RNA 进行杂交，通过显影观察条带的位置及强度，来判断目的 RNA 在转基因植株中的相对含量。与 RT-qPCR 相比，Northern blot 具有更高的灵敏性和准确性，但是存在操作复杂、需要大量 RNA 样品等缺点。

转录组学能够对转基因植株全基因组转录水平和剪切变异等信息进行检测，这种方法具有高通量和高灵敏度等优点。关于转录组学的详细信息见本章“转录组学”部分。

3）蛋白水平鉴定

转录水平的高低有时候并不能反映转基因植株中目的基因表达的真实情况，转录后的 mRNA 在经过多种修饰后，会影响目的 mRNA 的翻译过程，导致目的蛋白的表达水平与其转录水平并不完全正相关。因此，在转基因植株筛选的过程中，除了对目的基因进行转录水平鉴定外，还需要进行蛋白水平的鉴定。蛋白水平鉴定方法主要分为抗生素筛选法、可视化报告基因检测法、酶联免疫吸附分析法（enzyme-linked immunosorbent assay，ELISA）、Western blot、免疫层析试纸条法和蛋白质组学方法等。

抗生素筛选法是利用转基因植株 T-DNA 上存在的真核抗性基因，如 *HptⅡ* 和 *NPTⅡ* 等，通过对应的抗生素从转基因植株中筛选出阳性植株的方法。其中，含有 *HptⅡ* 的转基因植株可以用潮霉素进行筛选，含有 *NPTⅡ* 的转基因植株可以用 G418 进行筛选。这种方法操作简便，适合大规模筛选，是一种初步的筛选方法。

可视化报告基因检测法是利用转基因植株 T-DNA 上存在的可视化报告基因，如 *GFP*、*RFP*、*mCherry*、*GUS*、*PAP1* 和 *RUBY* 等，通过检测可视化报告基因的表达来判断转基因植株是否为阳性植株的方法。其中含有 *GFP*、*RFP* 和 *mCherry* 等报告基因的转基因植株可以通过荧光显微镜进行观察；含有 *GUS* 报告基因的转基因植株可以通过组织化学染色法进行检测；含有 *PAP1* 和 *RUBY* 报告基因的转基因植株则可以不借助工具直接观察转基因植株的颜色变化，含有 *PAP1* 报告基因的转基因植株能够合成花青素进而呈现紫色的表型，含有 *RUBY* 报告基因的转基因植株能够合成甜菜红素而呈现红色的表型（图 3-87）。

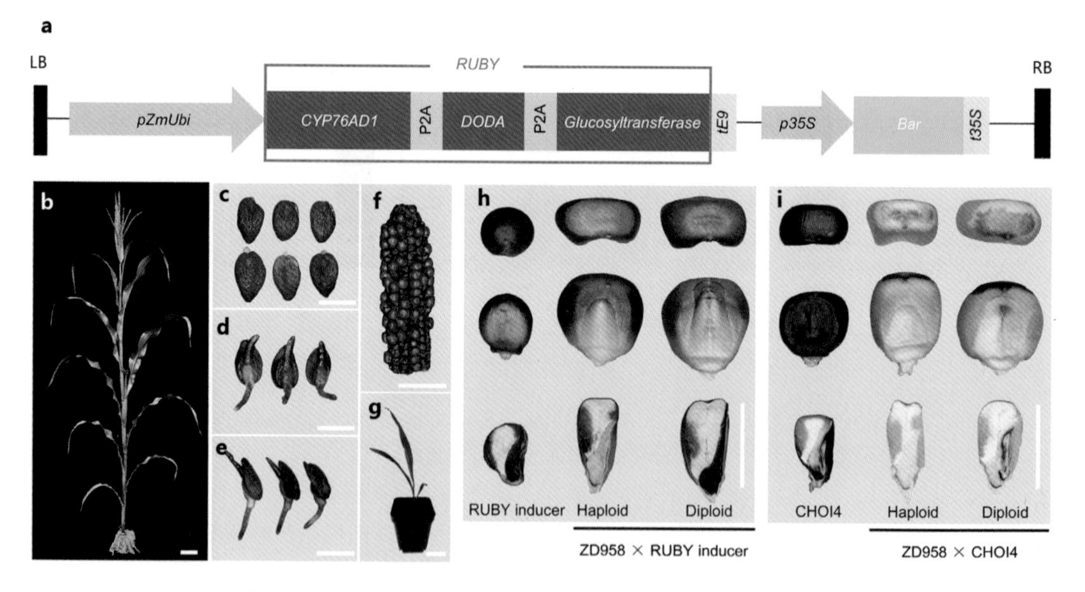

图 3-87　玉米单倍体诱导系的创制和表型（Wang et al.，2023）

a. RUBY 载体示意图；b～g. RUBY 诱导系的茎（b）、籽粒胚（c）、根（d）、芽（e）、雌穗（f）和幼苗（g）均显示出红色表型；h～j. 成熟籽粒胚中色素沉淀明显高于 CHOI4 诱导系

ELISA、Western blot 和免疫层析试纸条法都是基于免疫学原理的检测方法。在进行实验之前，需要制备转基因植株中目的蛋白的特异性抗体，关于抗体制备的详细信息见本章“抗体制备”部分。由于不同的目的蛋白需要不同的特异性抗体，成本较高，因此在实际的应用中通常选择在目的蛋白的 N 端或 C 端融合一个蛋白标签，如 HA、Flag 或 Myc 等。然后，利用商业化的标签抗体检测转基因植株中蛋白标签的表达情况，从而推断目的蛋白的表达情况，该方法成本相对较低。

ELISA 广泛应用于转基因植株中目的蛋白的定性和定量检测，待目的蛋白与其抗体结合后，加入显色底物，根据显色的深浅来定性或定量分析目的蛋白的含量。这种方法可同时检测多个转基因植株。

Western blot 是将转基因株系中的目的蛋白经过 SDS-PAGE 凝胶电泳分离后，转移到 NC 膜或聚偏二氟乙烯膜（PVDF 膜）上，并使用对应的抗体进行检测，根据条带的深浅来判断目的蛋白的含量。这种方法的优点是可以获得目的蛋白的分子量等信息，但操作复杂（图 3-88）。

图 3-88　Western blot 技术检测转基因小麦植株的 TaSDIR1-4A 蛋白水平（Meng et al.，2023）

注：通过使用 EGFP 抗体检测 EGFP 含量来评估 TaSDIR1-4A 蛋白含量，以 Actin 作为内参对照

免疫层析试纸条法中应用最广泛的是胶体金免疫层析技术（gold immunochromatographic assay，GICA）。GICA 是以 NC 膜为固相载体，在反应过程中，目的蛋白与其特异性抗体结合形成抗原-抗体复合物，并通过胶体金对目的蛋白特异性抗体进行示踪显色。通过试纸条的 C 线和 T 线是否显色判断目的蛋白是否表达。该方法结果直观且简便、快速，但检测灵敏度较低（图 3-89）。

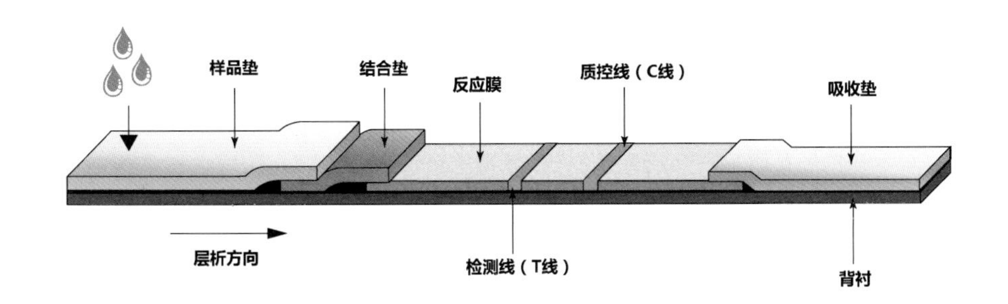

图 3-89　免疫层析试纸条结构（改编自夏启玉等，2017）

蛋白质组学可以对转基因植株中蛋白的表达水平进行检测并从中筛选出关键的差异表达蛋白，从而研究相关的调控信号通路。其中，PRM 靶向蛋白质组学无需特异性抗体即可对目标蛋白质进行定性和定量分析。蛋白质组学具有高通量和高灵敏度等优点，关于蛋白质组学的详细信息见本章“蛋白质组学”部分。

4）代谢水平鉴定

基因表达水平的变化往往会引起转基因植株代谢物的变化。因此，除了对转基因植株进行 DNA 水平、转录水平和蛋白水平的鉴定外，代谢水平的鉴定也必不可少。代谢水平鉴定的方法包括生理生化测定以及利用代谢组学对转基因植株进行检测等。

植物代谢水平的生理生化指标包括渗透调节物质（如可溶性蛋白和脯氨酸）、抗氧化酶（如超氧化物歧化酶(SOD)和过氧化物酶(POD))、次生代谢物(如叶绿素和花青素)和植物内源激素(如赤霉素和脱落酸)等,这些指标含量的高低与目的基因的功能息息相关。

代谢组学技术可以对转基因植株中所有代谢物进行定性和定量分析,是一种高通量的检测技术。关于代谢组学的详细信息见本章"代谢组学"部分。

综上,关于转基因植株的鉴定,本书分别从 DNA 水平、转录水平、蛋白水平和代谢水平四个方面进行了介绍。对于过表达植株、干扰植株和回补植株,通常会先选择抗生素筛选或 PCR 检测抗性基因来确定转基因阳性植株,然后通过 RT-qPCR 等技术检测目的基因转录水平的变化,或者使用 Western blot 等技术检测目的基因蛋白水平的变化。此外,还可以使用 TAIL-PCR 等技术来检测 T-DNA 插入位点,使用 Southern blot 等技术来检测目的基因的拷贝数,或通过生理生化指标测定等方法检测转基因植株的代谢物含量。对于基因编辑植株的检测,首先确定其是否为转基因阳性植株,再通过测序法鉴定其具体的突变类型,待得到双等位纯合植株后,可测定其生理生化指标。对于 VIGS 植株,由于其是瞬时转化得到的,T-DNA 未插入到植物基因组中,仅进入细胞核进行转录。因此,在鉴定时无需进行 T-DNA 插入位点和拷贝数检测,只需通过转录水平或蛋白水平的鉴定来寻找低表达的植株。多组学技术因其高通量的优势在表型鉴定中逐渐流行起来。在实际应用中,研究者可以根据自己的实验需求,选择合适的鉴定分析方法。

4. 表型分析

植物的表型分析在育种和生物多样性保护等领域至关重要。前文提到正向遗传学是从表型变化研究基因变化,而反向遗传学则是从基因变化研究表型变化。这两种遗传学方法都需要对植物的表型进行分析,前者通过群体材料或突变体材料进行表型分析来寻找目的基因,而后者则通过转基因植株的表型分析来研究目的基因的功能。本节主要介绍后者的表型分析方法。

植物的表型包括其结构、生长发育和生理特征等方面。在植物基因功能研究中,可以通过转基因植株的表型来呈现基因的具体功能。例如,高产转基因植株表示目的基因能够提高产量,耐寒转基因植株表示目的基因能够增强耐寒性等。对转基因植株的表型进行分析,能够为未来科学问题的解决提供重要参考。下面从个体表型分析和微观表型分析两个方面进行介绍。

1) 个体表型分析

个体表型主要指的是植物宏观形态结构,如植物产量、根长、抗病性和器官衰老等,这些性状可以直接观察和测量,是进行植物表型研究的重要指标。对于植物产量的研究,往往选择从种子的数量和重量入手;对于根长的研究,可以选择测量根系长度的方式进行;对于植物抗病性的研究,可以采取统计病害面积的方式;对于植物器官衰老的研究,则可以比较不同生长阶段的器官状态。

植株产量性状研究

2023 年 8 月,华南农业大学刘向东/王兰课题组在 *Plant Physiology* 杂志上发表了一篇题为"Natural allelic variation in *GRAIN SIZE AND WEIGHT 3* of wild rice regulates the grain size and weight"的研究论文。作者对水稻 *GSW3* 敲除突变体和野生型华野 3 号的表型进行比较,结果显示,相比于野生型,敲除突变体株系 KO-1 和 KO-2 的粒长分别增加了 20.16%和 14.05%,粒宽分别增加了 6.7%和 4.6%,千粒重分别增加了 69.01%和 52.64%,单株产量分别增加了 167.67%和 38.07%。以上结果表明 *GSW3* 是水稻产量的负调节因子(图 3-90)。

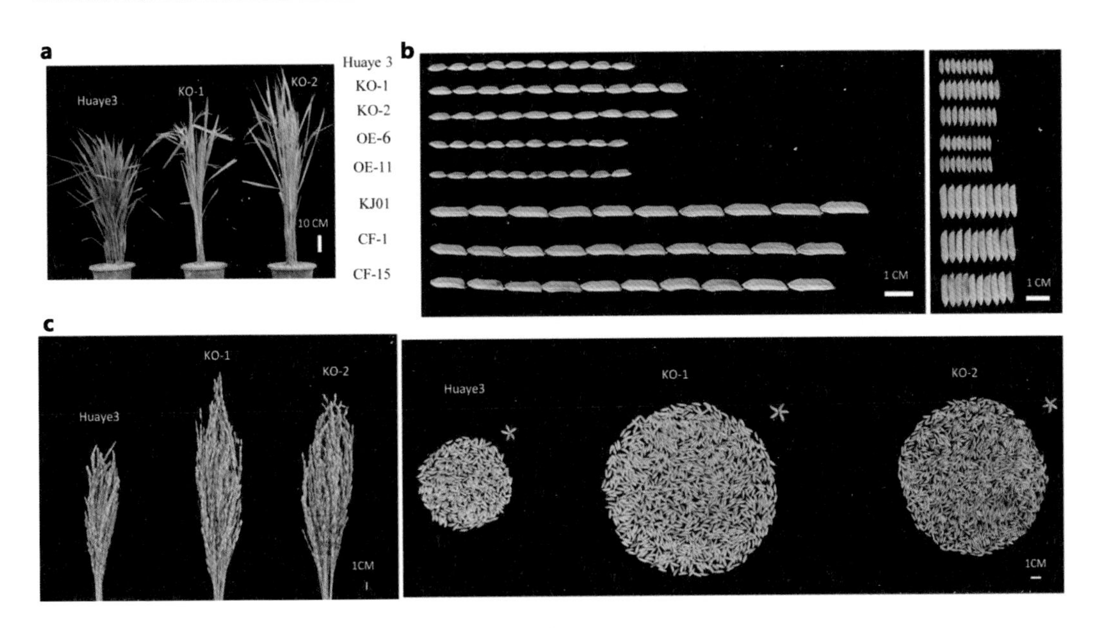

图 3-90 GSW3 敲除突变体和野生型产量分析(Bai et al.,2023)

a. *GSW3* 敲除突变体和野生型植株表型;b. 不同株系种子长度和宽度分析;c. *GSW3* 敲除突变体和野生型种子数量分析

植株抗病性状研究

2022 年 8 月,南京农业大学张正光课题组在 *New Phytologist* 杂志上发表了一篇题为"MoIug4 is a novel secreted effector promoting rice blast by counteracting host OsAHL1-regulated ethylene gene transcription"的研究论文。作者从稻瘟菌基因组中鉴定出一个效应蛋白 MoIug4,RT-qPCR 的结果显示 *Moiug4* 在稻瘟菌侵染水稻的过程中表达上调。在稻瘟菌接种实验中,分别将 Guy11 野生型菌株、Δ*Moiug4* 突变菌株和 Δ*Moiug4*/*MoIUG4* 回补菌株的分生孢子喷施在不同阶段的水稻叶片上,七天后对叶片进行拍照观察。结果显示 Δ*Moiug4* 突变菌株对水稻叶片造成的伤害最小,表明 MoIug4 参与调控稻瘟菌的致病性(图 3-91)。

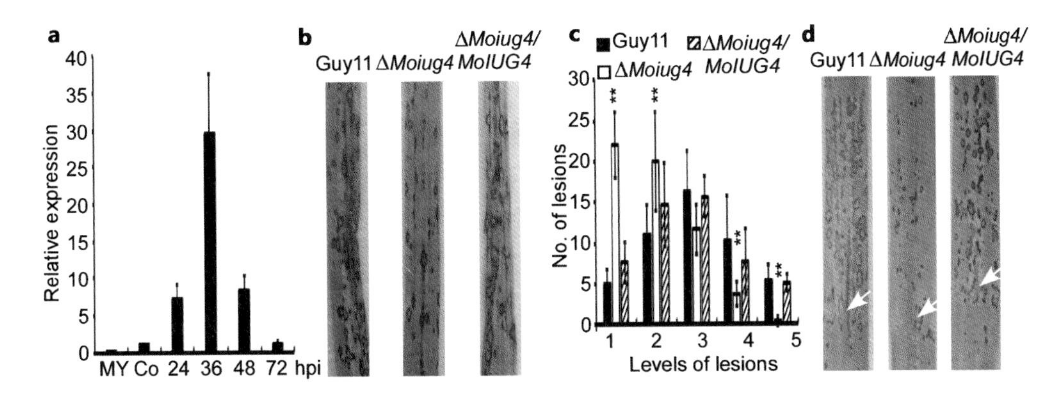

图 3-91 MoIug4 作为稻瘟菌毒力效应蛋白发挥作用(Liu et al.,2022)

a. *MoIUG4* 在稻瘟菌侵染过程中的表达分析;b. 两周龄水稻叶片稻瘟菌接种实验;c. 病情指数的量化;d. 四周龄水稻叶片稻瘟菌接种实验

花瓣衰老性状研究

2023年9月，中国农业大学高俊平课题组在*Plant Physiology*杂志上发表了一篇题为“The CALCINEURIN B-LIKE 4/CBL-INTERACTING PROTEIN 3 module degrades repressor JAZ5 during rose petal senescenc”的研究论文。作者从月季(*Rosa hybrida*)中鉴定出在花瓣衰老过程中表达上调的基因*RhCBL4*，进一步研究发现乙烯能够诱导*RhCBL4*基因的表达。为了研究*RhCBL4*在花瓣衰老中的作用，作者通过VIGS技术沉默月季花瓣的*RhCBL4*基因得到TRV-*RhCBL4*株系。结果显示，在空气环境下，TRV-*RhCBL4*株系比TRV对照植株花瓣衰老更慢，而乙烯处理可加速两者的衰老进程。并且在TRV-*RhCBL4*株系中，月季衰老相关基因*RhSAG12*表达显著下降。综上所述，*RhCBL4*正向调控月季花瓣的衰老进程(图3-92)。

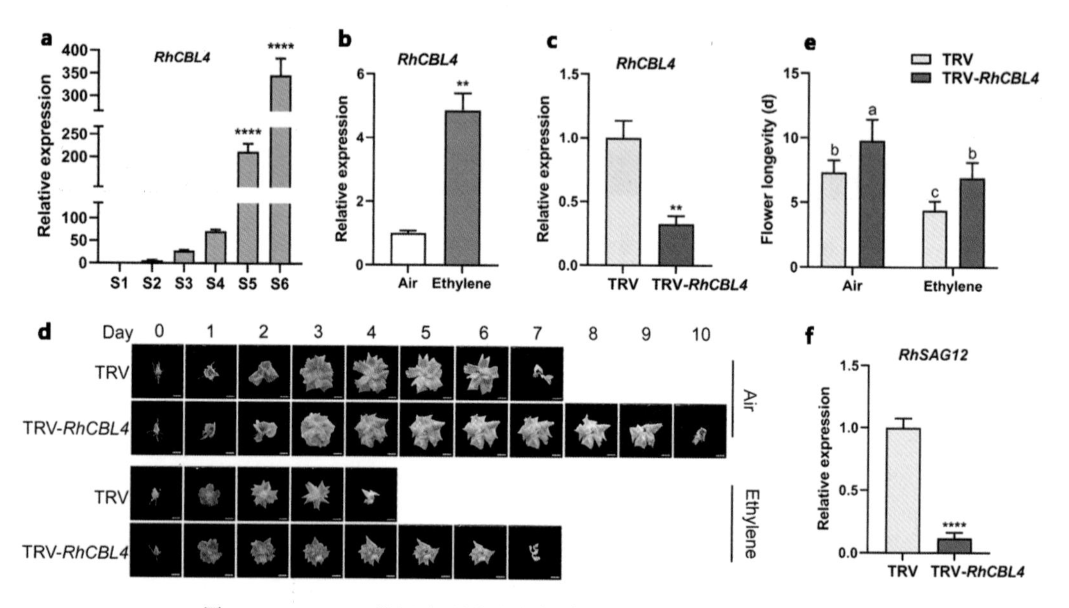

图3-92　*RhCBL4*的沉默延缓了月季花瓣衰老进程(Chen et al.，2023)

a. 月季开放过程中*RhCBL4*的转录水平变化；b. 乙烯处理下花瓣中*RhCBL4*的转录水平变化；c. *RhCBL4*在TRV对照植株和TRV-*RhCBL4*株系中转录水平的差异；d. 空气和乙烯处理的TRV对照植株和TRV-*RhCBL4*株系的表型；e. TRV对照植株和TRV-*RhCBL4*株系中花衰老的持续时间；f. *RhSAG12*在TRV对照植株和TRV-*RhCBL4*株系中转录水平的差异

2）微观表型分析

与个体表型分析不同，微观表型分析指的是在细胞水平或生理水平对植物的表型进行分析。对于细胞水平的表型分析，需要借助光学显微镜和扫描电镜等工具来研究植物的微观结构，如植物细胞壁厚度、细胞数量和细胞大小等。对于生理水平的表型分析，主要是检测植物的生理生化指标。在本章“代谢水平鉴定”部分对一些常见的生理生化指标进行了列举，其中渗透调节物含量和抗氧化物酶活性在植物应对胁迫中发挥着重要作用，叶绿素和花青素等次生代谢物含量在植株器官颜色变化中发挥着重要作用，激素水平变化在植物整个生长发育进程中都发挥着重要的作用。不同的生理生化指标的检测往往需要采取不同的实验方法。

文献案例

细胞结构

在“植株产量性状研究”文献案例中，作者通过比较突变体株系和野生型水稻种子形态差异，鉴定出一个产量负调节因子*GSW3*。为了进一步分析敲除突变体株系KO-1和KO-2中种子粒长和粒宽增加的原因，通过光学显微镜和扫描电镜对敲除突变体株系和野生型的种子外表皮的结构进行观察，结果显示，相比于野生型，突变体种子外表皮细胞变长变窄，并且外表皮细胞数量沿纵轴减少，沿横轴增加。综上所述，*GSW3*可能影响细胞扩增和细胞分裂进而影响水稻种子的大小(图3-93)。

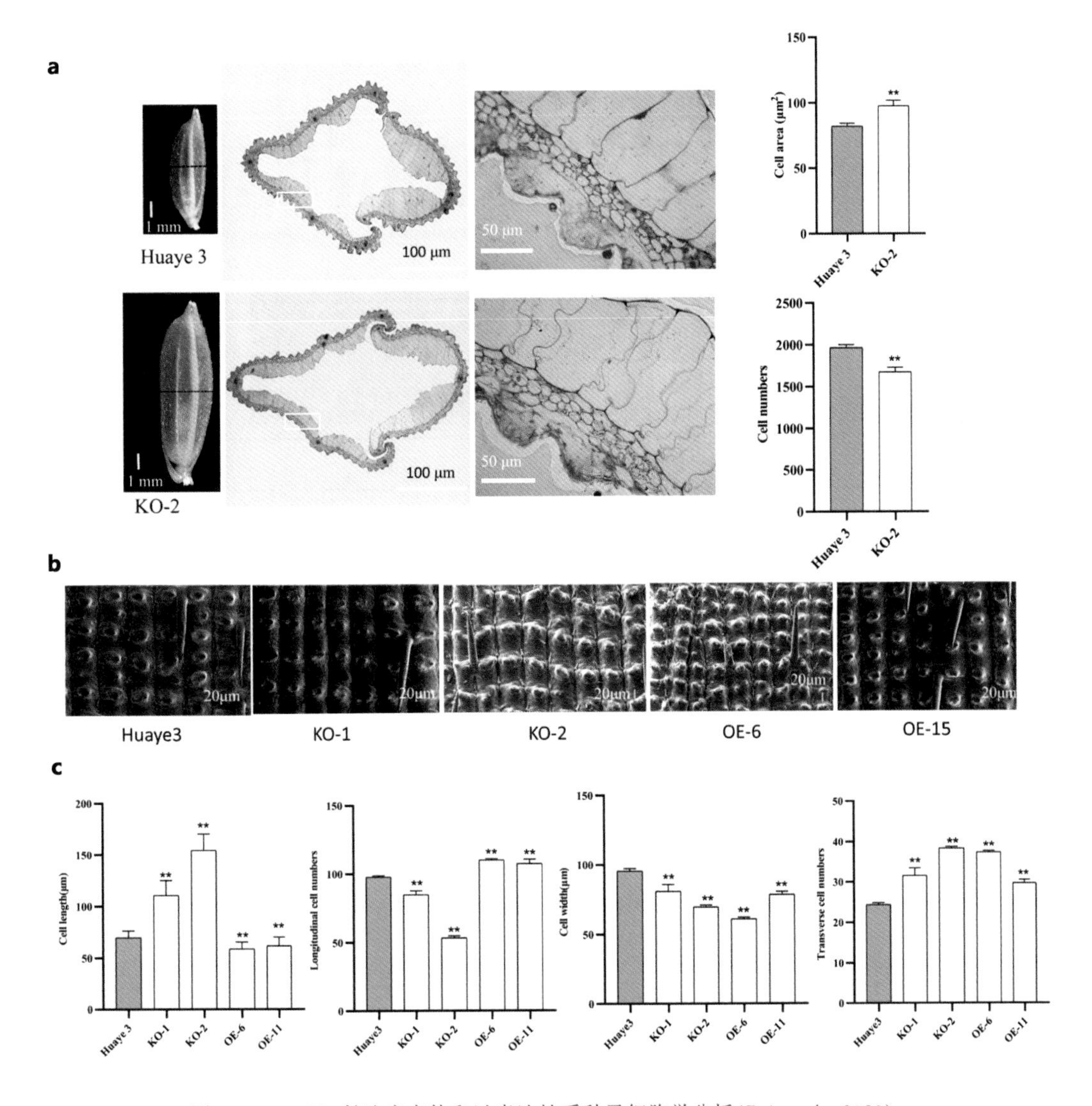

图3-93 *GSW3*敲除突变体和过表达株系种子细胞学分析(Bai et al.,2023)

a.利用光学显微镜观察野生型和敲除突变体种子外表皮并统计细胞面积和细胞数量；b、c.利用扫描电镜观察野生型、敲除突变体和过表达种子外表皮细胞(b)并统计细胞长度、纵向细胞数、细胞宽度和横向细胞数(c)

植株抗性生理指标

2023年1月，西北农林科技大学康振生/毛虎德课题组在*New Phytologist*杂志上发表了一篇题为"TaERF87 and TaAKS1 synergistically regulate TaP5CS1/ TaP5CR1-mediated proline biosynthesis to enhance drought tolerance in wheat"的研究论文。作者在小麦中过表达*TaERF87*基因后进行表型分析，结果显示在干旱处理下，过表达转基因植株的鲜重和存活率均显著高于野生型。随后作者进一步对干旱处理前后植株的生理指标进行检测，结果显示，未经干旱处理时，除脯氨酸外，二者的各项指标均没有显著差异，但经干旱处理后，过表达转基因植株的脯氨酸和可溶性糖含量均显著高于野生型，而丙二醛(MDA)和 H_2O_2 含量则显著低于野生型。综上所述，过表达*TaERF87*能够提高小麦的抗旱性(图3-94)。

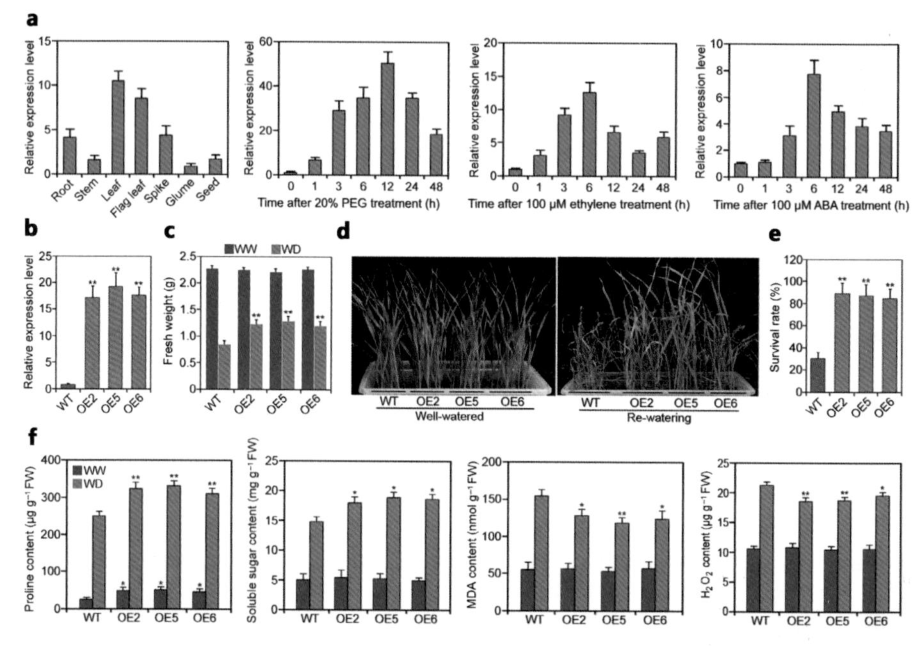

图3-94 *TaERF87*在小麦中的表达分析及植株表型分析(Du et al.，2023)

a. *TaERF87*在小麦不同组织以及不同处理下的表达分析；b. *TaERF87*在转基因株系和野生型中的表达分析；c、d. 转基因株系和野生型干旱处理前后鲜重(c)和植株表型(d)；e. 干旱处理后转基因株系和野生型存活率测定；f. 脯氨酸、可溶性糖、MDA和 H_2O_2 在转基因株系和野生型干旱处理前后含量的变化

果实颜色生理指标

2023年8月，华中农业大学邓秀新课题组在*Plant Physiology*杂志上发表了一篇题为"Transcription factor CsMADS3 coordinately regulates chlorophyll and carotenoid pools in *Citrus hesperidium*"的研究论文。作者在柑橘中鉴定到一个新的MADS-box转录因子CsMADS3，其表达在柑橘果实发育的颜色转变过程中被显著诱导。相比于对照，过表达*CsMADS3*的柑橘愈伤组织和番茄中类胡萝卜素含量显著增加。为了进一步验证*CsMADS3*在柑橘果实中的功能，作者构建了RNAi-CsMADS3载体，并转化农杆菌注射柑橘果实，结果显示注射RNAi-CsMADS3的部位变绿，叶绿素含量显著高于RNAi-EV对照，类胡萝卜素含量显著低于RNAi-EV对照。综上所述，*CsMADS3*正向调节柑橘果实的叶绿素降解和类胡萝卜素积累(图3-95)。

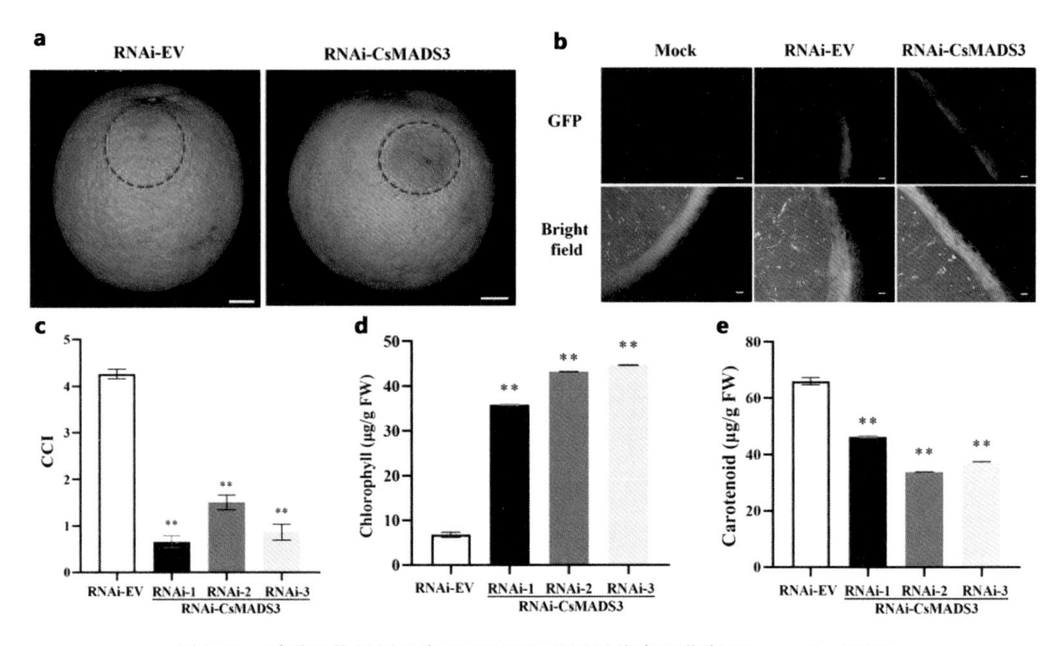

图 3-95　瞬时干扰柑橘果实 *CsMADS3* 基因后的表型鉴定(Zhu et al.,2023)

a. 果实注射部位的表型变化;b. GFP 信号代表成功转入载体;c. 注射部位叶绿素含量指数(CCI)测定;d. 注射部位叶绿素含量测定;e. 注射部位类胡萝卜素含量测定

上述介绍关于表型分析的方法常适用于观察少量样品的表型,如果需要对大批量样品的表型进行分析,这些方法往往难以满足高通量处理和精度的要求。随着科技的不断发展,研究者们开始利用高通量表型分析技术对相关的指标进行测量,如利用光谱成像技术、图像分析技术和机器学习技术等方法对植物的表型数据进行观察和统计。这些高通量技术的应用,使得植物表型数据更加的科学,统计效率也得到大幅度提升。

5. 多组学实验

多组学实验不仅可以寻找目的基因还可以辅助验证基因功能(图 3-96)。依托高通量测序技术及质谱分析技术的发展,“表观组学—转录组学—蛋白质组学—代谢组学”四位一体的多组学研究分析模式已经被广泛运用。表观组学是从基因或转录水平上研究表观遗传的一门学科。ChIP-seq 或 CUT&Tag 可检测转基因株系中转录因子的结合位点,获得候选转录因子的结合位点,还可检测组蛋白的修饰位点以验证目的基因与组蛋白修饰相关的功能;ATAC-seq 可检测转基因株系的染色质可及性,从而验证目的基因与染色质可及性相关的功能;BS-seq 可检测 DNA 甲基化修饰,从而验证目的基因是否参与 DNA 甲基化过程。在转录组学层面上,全转录组测序通过检测转基因株系中各种 RNA 的表达水平并进行差异表达分析和富集分析等可了解目的基因过表达、干扰或敲除对其他基因或非编码 RNA(ncRNA)的影响,验证其功能。蛋白质组学是从蛋白质层面解析生命活动发生的机制,主要包括定量蛋白质组学和蛋白质翻译后修饰组学。Label Free 非标记定量蛋白质组学、DIA/SWATH 定量蛋白质组学和 TMT/iTRAQ 标记定量蛋白质组学均可鉴定和定量样本中的蛋白质,只不过在鉴定深度和通量上略有差别,PRM 靶向蛋白质组学技术一般与上述三种蛋白质组学技术联用,研究者可根据实验需求进行选择。蛋白质翻译后修饰组学可比较转基因和野生型植株中蛋白质翻译后修饰的差异。代谢组学可通过分析转基因和野生型植株中代谢物的变化情况来验证目的基因的功能。非靶向代谢组学可寻找转基因和野生型植株中的差异代谢物,靶向代谢组学可对某一个/类代谢物进行靶向定性定量分析,从而验证目的基因的功能;脂质组学可对脂类物质进行分析,从而验证目的基因与脂类物质代谢相关的功能;代谢流可通过对特定代谢通路进行研究以验证目的基因的功能;空间代谢组学可在三维结构上了解不同组织区域中代谢物的变化和分布状态,从而验证目的基因相关代谢物在空间分布中的生物学功能。当前,多组学实验已经成为基因功能研究、基因调控网络构建的关键节点。第二章"多组学实验"中具体介绍了多组学实验以及如何利用多组学实验获得目的基因,下面主要介绍如何利用多组学实验进行基因功能验证。

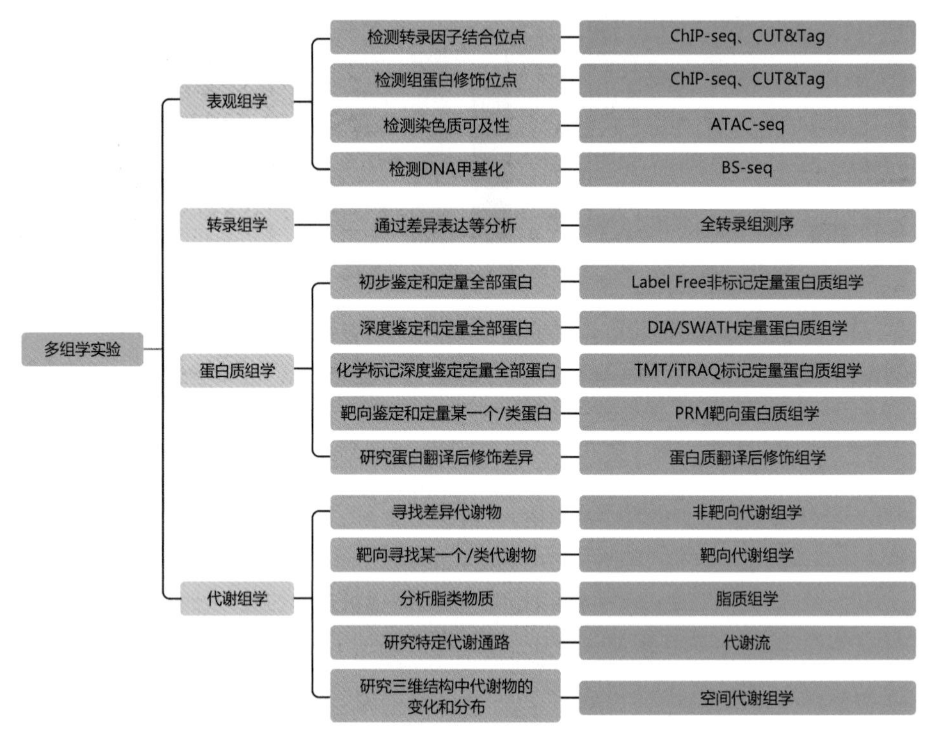

图 3-96 多组学实验

1)表观组学

第二章"表观组学"部分从染色质可及性、组蛋白修饰、转录因子调控和DNA甲基化四个方面讲解了表观组学研究的主要内容及技术,阐述了如何利用表观组学获得目的基因。表观组学不仅可以为大家寻找目的基因提供重要"线索",还能在转基因材料的基础上进行基因功能研究。表观组学中ChIP-seq、CUT&Tag或pCUT&Tag可寻找转录因子调控的下游基因,详细可见本章"寻找下游启动子"部分。表观组学技术基于第二代测序(next-generation sequencing,NGS)对不同表观遗传学层面影响下的DNA水平进行鉴定,详细可见本章"鉴定分析"部分。

下面主要从检测转录因子结合位点、检测全基因组组蛋白修饰、检测染色质可及性和检测全基因组DNA甲基化四个方面对实验技术和研究方法进行具体介绍。

(1)检测转录因子结合位点

转录因子是一类能够调控基因表达的蛋白质,它们通过结合到DNA上的特定序列,即转录因子结合位点(transcription factor binding site,TFBS),以调节基因的转录。检测TFBS的技术有

ChIP-seq、CUT&Tag 和 pCUT&Tag。

① ChIP-seq 技术:染色质免疫沉淀(chromatin immunoprecipitation,ChIP)是一种在体内分离与目的蛋白质结合的 DNA 片段的有效方法(Solomon et al.,1988)。这项技术可以将感兴趣的蛋白质和与蛋白质结合的 DNA 片段共沉淀。染色质免疫共沉淀测序(chromatin immunoprecipitation and sequencing,ChIP-seq)是在 ChIP 基础上对蛋白质结合的 DNA 片段进行 NGS 分析的技术。该技术能够在全基因组范围内检测与转录因子结合的 DNA 片段,通过 Motif 分析这些 DNA 片段的碱基偏好性,可以筛选出可能的 TFBS(Johnson et al.,2007;Robertson et al.,2007)。

植物的转录因子特异性抗体较难获得,且 ChIP-seq 实验需要 10^7 个细胞的样本。因此,在进行 ChIP-seq 实验之前,需要获得转录因子融合标签蛋白的稳定遗传转化植株,再利用标签抗体进行免疫沉淀。这样不仅可以解决植物蛋白质特异性抗体较难获得的问题,还可以满足 ChIP-seq 对样本细胞数量的需求。满足样本量需求的原生质体转化 ChIP-seq 技术已被成功应用到模式植物中,能够高效鉴定体内 DNA 的结合位点,但该技术需要建立高效的原生质体制备技术和交联方法(Wang et al.,2021)。

ChIP-qPCR 与 ChIP-seq 原理相似,但最后的实验步骤不是对 DNA 片段进行 NGS 分析,而是利用特异性引物进行实时荧光定量 PCR(real-time quantitative PCR,RT-qPCR)。ChIP-qPCR 用来验证与目的蛋白结合的已知 DNA 片段,关于 ChIP-qPCR 技术原理和实验流程的详细信息见本章"ChIP-qPCR"部分。

② ChIP-seq 实验流程(图 3-97):融合表达载体构建,稳定遗传转化(若获得目的蛋白的特异性抗体,则不需要该步骤);甲醛处理稳转植物组织,加入甘氨酸以终止反应;裂解细胞,抽提染色质;超声波处理,使染色质片段化;加入带有标签抗体/目的蛋白的特异性抗体的 beads 进行孵育,形成抗体-目的蛋白-DNA 复合物;洗脱以去除非特异性结合的 DNA 片段;解交联,将 DNA 片段纯化回收;文库构建,文库质量控制及测序;生信分析。

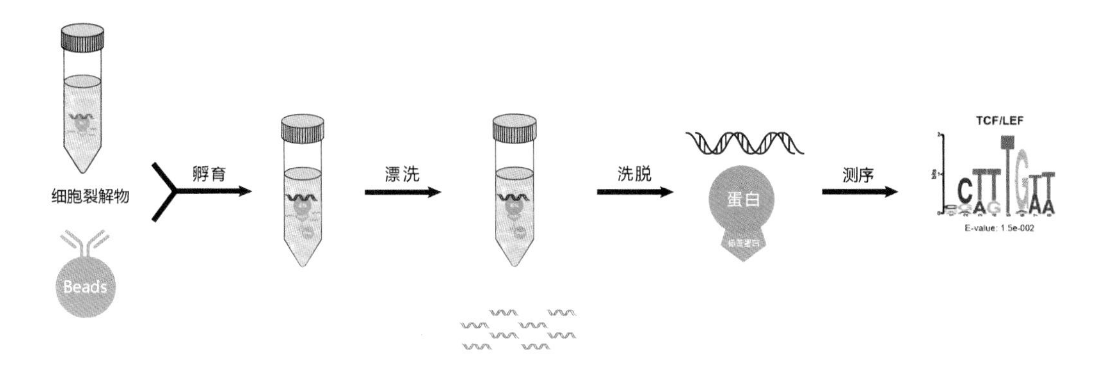

图 3-97 带标签的 ChIP-seq 流程图

③ CUT&Tag/pCUT&Tag 技术:靶向剪切及标签技术(cleavage under targets and tagmentation,CUT&Tag)的主要原理是利用 Tn5 转座酶靶向剪切蛋白结合的 DNA 区域,在剪切的同时直接在片段化的 DNA 上加测序接头(adaptor)进行 NGS 分析。与 ChIP-seq 类似,该技术也可以用来研究转录因子的结合位点。

CUT&Tag 技术简化了建库方法,它没有 ChIP-seq 实验流程中甲醛交联和染色质超声波片段化的步骤。因此,相比于 ChIP-seq,CUT&Tag 信噪比高、实验简单且重复性好,需要的起始样本量低(Kaya G. Okur et al. ,2019)。但 CUT&Tag 技术与 ChIP-seq 一样,由于很难获得植物蛋白质的特异性抗体,在进行 CUT&Tag 实验之前,需要获得转录因子融合标签蛋白的稳定遗传转化植株,再利用标签抗体结合目的基因来引导 Tn5 转座酶靶向剪切(表 3-7)。

表 3-7　CUT&Tag 和 ChIP-seq 的区别(Kaya-Okur et al. ,2019)

	CUT&Tag	ChIP-seq
样本量	60～10^5 个细胞	>10^7 个细胞
操作步骤	操作简单,无需交联,Tn5 酶活性高	操作繁琐,需要交联和片段化
实验时间	1～2 天	3～5 天
信噪比	高	较低
实验重复性	高	较差

④ CUT&Tag 实验流程(图 3-98):融合表达载体构建,稳定遗传转化(若获得目的蛋白的特异性抗体,则不需要该步骤);提取细胞核,将细胞核与伴刀豆球蛋白 A 磁珠(ConA beads)结合;一抗(标签抗体/目的蛋白的特异性抗体)、二抗孵育;使用 Protein A/G-Tn5 体系来实现二抗和 Tn5 转座酶的结合;激活 Tn5 转座酶。Tn5 转座酶在打断目的蛋白结合的 DNA 区域的同时,将携带的建库接头连接到 DNA 片段上;蛋白酶 K 消化处理后,回收基因组 DNA;PCR 扩增构建文库,高通量测序;生信分析。

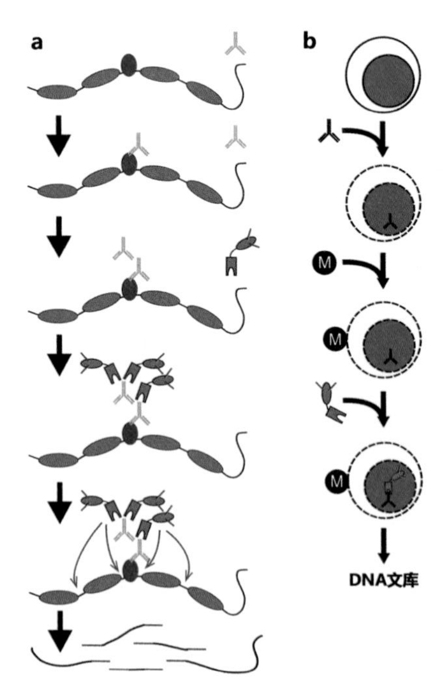

图 3-98　CUT&Tag 实验流程图(Kaya-Okur et al. ,2019)

利用 ChIP-seq 和 CUT&Tag 研究转录因子调控机制时，需要获得稳定的遗传转化材料，而获得这样的材料往往是费时的。武汉伯远生物科技有限公司研发出了基于原生质体瞬时转化体系的 CUT&Tag 技术(cleavage under targets and tagmentation for protoplast，pCUT&Tag)，该技术需要制备植物的原生质体，将转录因子融合标签蛋白的表达载体转入原生质体，再进行与 CUT&Tag 技术相似的步骤。制备植物的原生质体是该技术的难点。

⑤ pCUT&Tag 实验流程(图 3-99)：构建融合表达载体，制备并转化原生质体；提取细胞核，将细胞核与 ConA beads 结合；一抗(标签抗体/目的蛋白的特异性抗体)、二抗孵育；使用 Protein A/G-Tn5 体系来实现二抗和 Tn5 转座酶的结合；激活 Tn5 转座酶，Tn5 转座酶在打断目的蛋白结合的 DNA 区域的同时，将携带的建库接头连接到 DNA 片段上；蛋白酶 K 消化处理后，回收基因组 DNA；PCR 扩增构建文库，高通量测序；生信分析。

ChIP-seq、CUT&Tag 和 pCUT&Tag 技术的区别见表 3-8。

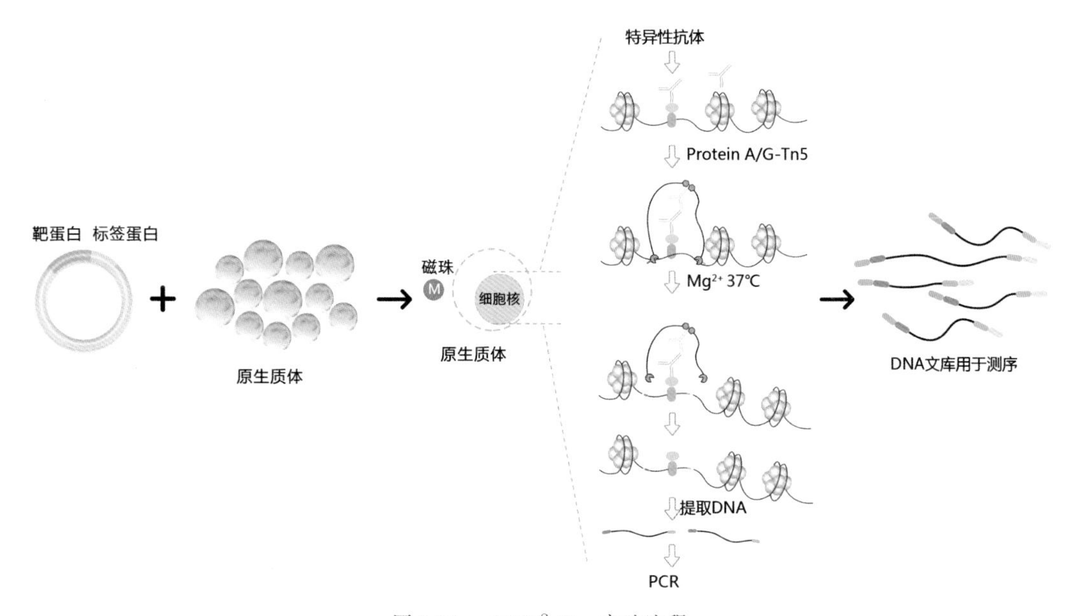

图 3-99 pCUT&Tag 实验流程

表 3-8 不同表观组学技术的区别

实验方法	实验目的	优 点	缺 点
ChIP-seq	检测转录因子结合位点和组蛋白修饰位点	技术成熟；使用广泛	存在较高背景信号；较高的样本需求和较长的时间
CUT&Tag	检测转录因子结合位点和组蛋白修饰位点	高信噪比；成本低；周期短；高分辨率	适用性限制
pCUT&Tag	检测转录因子结合位点	原生质体体系，不需要稳定遗传转化	物种限制

文献案例

2023 年 7 月，浙江大学张天真课题组在 *Plant Physiology* 杂志上发表了一篇题为"A truncated ETHYLENE INSENSITIVE3-like protein，GhLYI，regulates senescence in cotton"的研究论文。作者鉴定到一个来源于陆地棉 D 亚组染色体的基因 *GhLYI*，该基因编码一个截短的 EIN3/EIL 蛋白。CUT&Tag 等实验结果揭示了 GhLYI 参与乙烯信号转导通路，并且 GhLYI 通过激活衰老相关基因 *GhSAG20* 的转录从而正调控叶片的衰老进程。

为了确定 GhLYI 在全基因组的结合位点，作者对过表达 *GhLYI* 的拟南芥进行了 CUT&Tag 实验，成功地在 GhLYI-4/2/3 三个生物重复中分别获得了 139、38 和 138 个 Peak(测序得到的 DNA 片段匹配到基因组上形成的峰)，并且这些 Peak 具有良好的重复性(图 3-100a)，GhLYI-2 和 GhLYI-3 的 Peak 主要位于转录起始位点上游 1000bp 范围内(图 3-100b)。接着，为了确定 GhLYI 的结合位点，作者利用 MEME-ChIP 工具从 CUT&Tag 结果数据中鉴定出与 GhLYI 结合的 Motif (DNA 片段的碱基偏好性)为 ACACGTG(图 3-100c)。随后，在过表达 *GhLYI* 的棉花进行了 CUT&Tag 实验以确定 GhLYI 的体内结合位点，使用 MEME-ChIP 对序列进行 Motif 分析发现了两个结合 Motif 为 CACGTG 和 GGT/CCC(图 3-100f)。

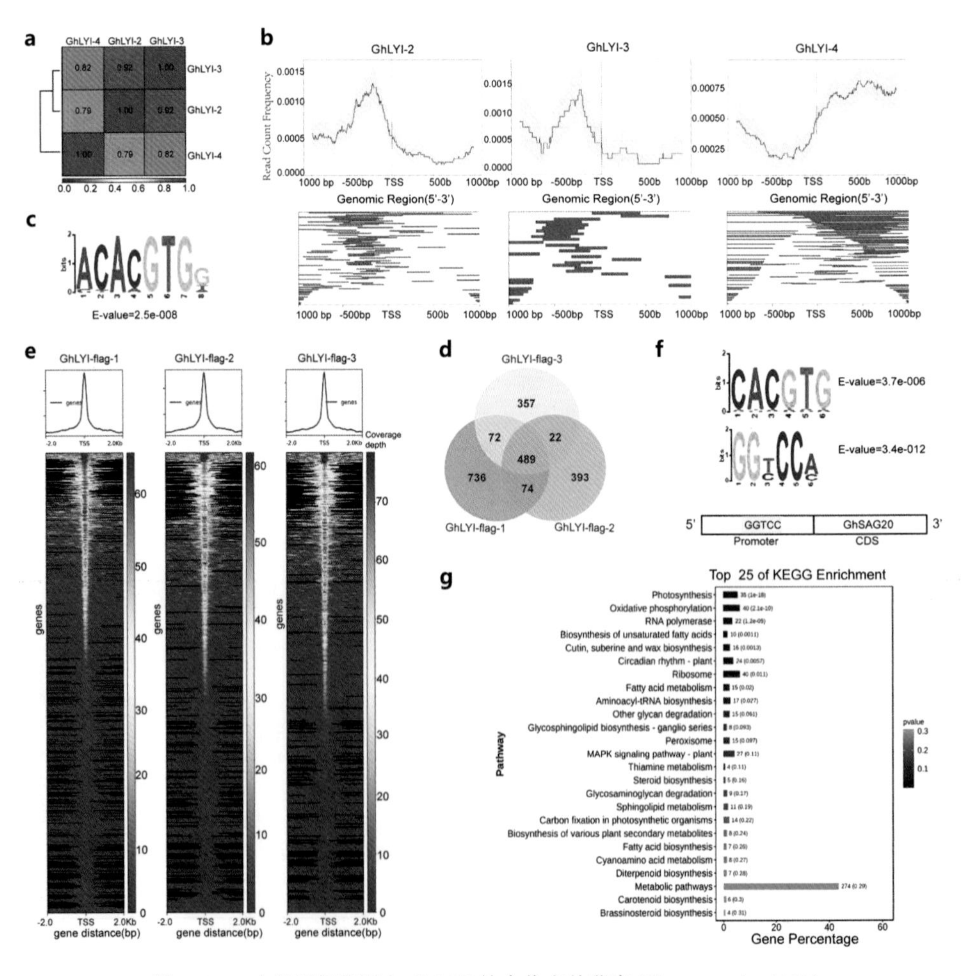

图 3-100 全基因组范围内 GhLYI 结合位点的鉴定(Zhang et al.，2023)

(2) 检测组蛋白修饰位点

前文中提到 ChIP-seq 和 CUT&Tag 技术除了能够检测 TFBS 外，还可以在全基因组范围内检测组蛋白修饰位点(Barski et al.,2007;Mikkelsen et al.,2007)。组蛋白修饰是一种可逆的共价修饰，这种共价修饰的发生、去除主要由组蛋白修饰酶调控，例如，乙酰转移酶、甲基转移酶、激酶和泛素酶等能够将修饰基团添加到组蛋白上，而去乙酰化酶、去甲基化酶、磷酸酶和去泛素化酶等则负责从组蛋白上去除对应的修饰基团。通过 ChIP-seq 或 CUT&Tag 分析转基因和野生型植株的组蛋白修饰丰度和位点的差异，可以鉴定编码组蛋白修饰酶的基因功能。

ChIP-seq 或 CUT&Tag 技术通过特异性组蛋白修饰抗体来检测组蛋白修饰位点，不需要获得植物的稳定转化材料，其实验流程与上述 ChIP-seq 或 CUT&Tag 实验流程一致。

文献案例

2022 年 11 月，华南农业大学刘耀光和初志战课题组在 *Plant Communications* 杂志上发表了一篇题为“Rice OsUBR7 modulates plant height by regulating histone H2B monoubiquitination and cell proliferation”的研究论文。作者对基因 *OsUBR7* 进行了研究，该基因是编码组蛋白 H2B 单泛素化修饰(H2Bub1)的 E3 泛素连接酶。H2Bub1 是染色质组蛋白上一种常见且重要的表观遗传修饰，与真核生物基因转录活性的调节密切相关。作者通过 ChIP-seq 技术检测在野生型和 *osubr7* 突变体株系中 *OsUBR7* 四个靶基因位置上的 H2Bub1 修饰水平。结果显示，与野生型相比，*osubr7* 突变体株系中 OsUBR7 下游靶基因座位上的 H2Bub1 修饰水平降低(图 3-101)。由于靶基因的表达水平降低，植物的细胞周期进程受到抑制，从而导致 *osubr7* 突变体呈现出半矮秆表型。作者揭示了介导植物 H2Bub1 的新机制，同时 *osubr7* 突变体可以作为一种未开发的表观遗传资源，用来改善作物的株型和抗倒伏性状。

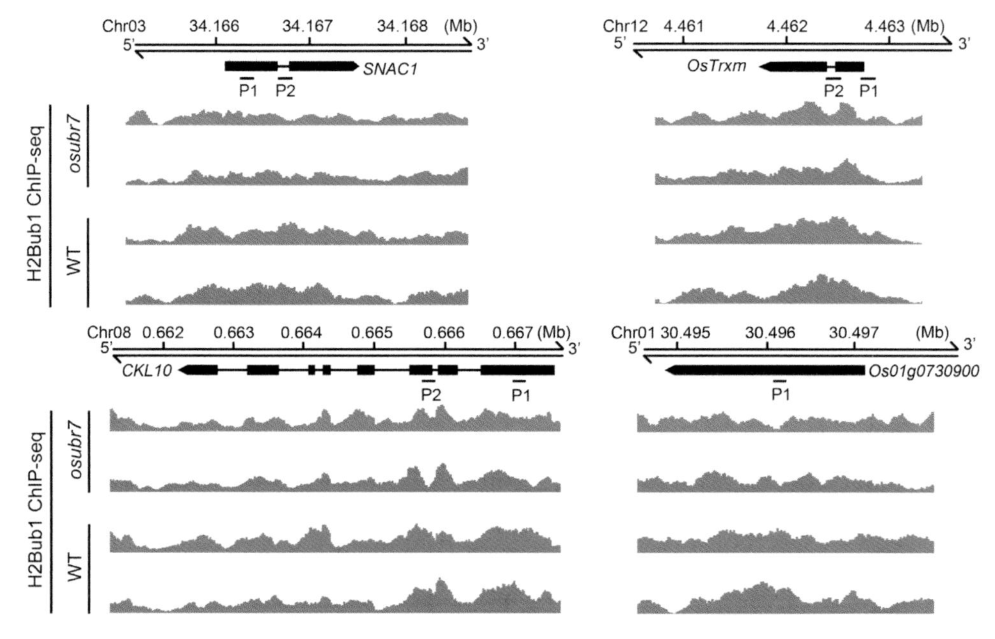

图 3-101 在野生型和 *osubr7* 突变体株系中 OsUBR7 四个靶基因座位上 H2Bub1 水平(Zheng et al.,2022)

（3）检测染色质可及性

染色质结构相关基因会影响染色质的可及性。通过分析转基因和野生型植株的染色质可及性的差异，可以鉴定染色质结构相关基因的功能。

① ATAC-seq 技术：转座酶可及性染色质测序技术（assay for transposase accessible chromatin with high-throughput sequencing，ATAC-seq）是一种利用 Tn5 转座酶检测染色质可及性的高通量测序技术。Tn5 转座酶容易结合在开放的染色质区域，利用 Tn5 转座酶插入并切断开放染色质区域的 DNA 序列，同时连接测序接头，然后对 DNA 序列进行测序（Buenrostro et al.，2013；Grandi et al.，2020）。

② ATAC-seq 实验流程：提取植物细胞核；利用 Tn5 转座酶进行染色质片段化；进行 PCR 扩增构建文库，进行高通量测序；生信分析。

除了 ATAC-seq，还能使用 MNase-seq、DNase-seq 和 FAIRE-seq 技术来检测染色质的可及性（表 3-9）。

表 3-9　染色质可及性检测技术的区别（Sun et al.，2019）

方法	ATAC-seq	MNase-seq	DNase-seq	FAIRE-seq
细胞状态	新鲜细胞	任何状态的细胞	任何状态的细胞	任何状态的细胞
原理	Tn5 转座酶插入并切除不受蛋白质或核小体保护的 DNA 序列	MNase 消化不受蛋白质或染色质上核小体保护的 DNA	DNase Ⅰ 优先切除没有核小体的 DNA 序列	基于甲醛固定和苯酚-氯仿萃取的裸 DNA 分离
靶向区域	全基因组可及性染色质区域	关注核小体定位	染色质的可及性区域，集中于转录因子结合位点	染色质的可及性区域
具体特点	1. 较少数量的起始材料； 2. 通过降低测序深度，标准分析需要 20～50M 的 reads； 3. 方便地获取全基因组中可及性的染色质区域； 4. 线粒体数据对结果的准确性有影响	1. 大量的细胞作为起始材料； 2. 酶的用量需要准确； 3. 整个核小体和不活跃调控区域的定位； 4. 通过降解活性区域来检测非活性区域； 5. 标准分析需要 150～200M 的 reads	1. 大量的细胞作为起始材料； 2. 样品制备过程复杂； 3. 酶的用量需要准确； 4. 标准分析需要 20～50M 的 reads	1. 低信噪比使数据分析变得困难； 2. 结果在很大程度上依赖于甲醛的固定； 3. 标准分析需要 20～50M 的 reads
时间	3～4 小时	2～3 天	2～3 天	3～4 天

文献案例

2020 年 7 月，华中农业大学熊立仲课题组在 *New Phytologist* 杂志上发表了一篇题为"A lamin-like protein OsNMCP1 regulates drought resistance and root growth through chromatin accessibility modulation by interacting with a chromatin remodeller OsSWI3C in rice"的研究论文。在该论文中，作者发现核纤层样蛋白 OsNMCP1 与染色质重塑复合物 OsSWI3C 相互作用。作者通过 ATAC-seq 和 RNA-seq 联合分析在干旱和正常条件下 *OsNMCP1*-OE 株系和野生型的染色质可及性和下游基因的表达情况，结果表明 OsNMCP1 通过改变染色质可及性调节水稻的根系生长和抗旱能力（图 3-102）。利用 ATAC-seq 检测 *OsSWI3C*-RNAi 株系和 *OsNMCP1*-OE 株系的染色质可及性，揭示了 OsNMCP1 和 OsSWI3C 在调控干旱和根生长相关基因中的作用。

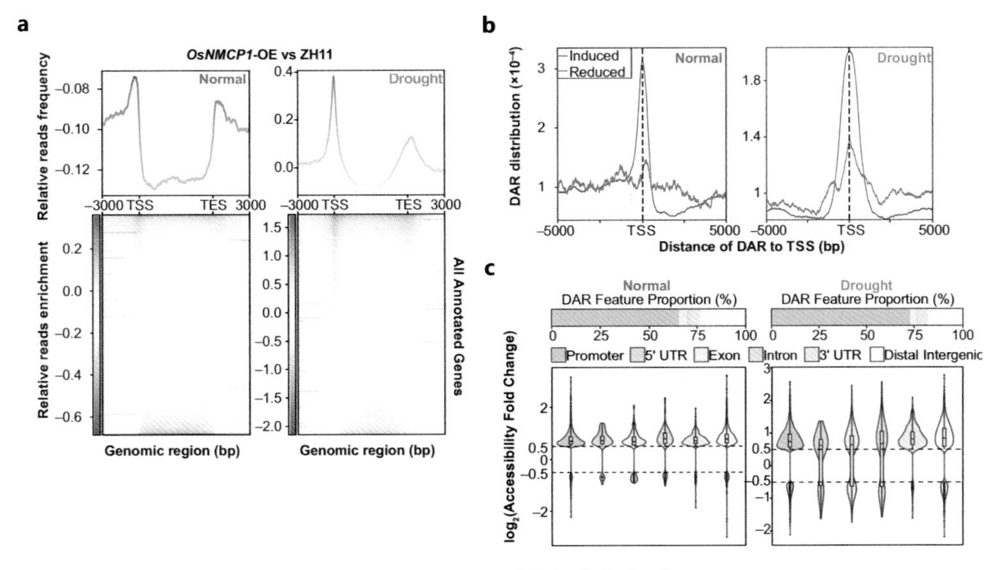

图 3-102　*OsNMCP1* 过表达改变了水稻染色质的可及性（Yang et al.，2020）

（4）检测 DNA 甲基化

特定的 DNA 甲基化状态是从头甲基化、甲基化维持和主动去甲基化三者动态调节的结果，它们受到不同调节途径中各种蛋白的调控。如果需要研究调控 DNA 甲基化的基因，可以比较转基因与野生型植株的 DNA 甲基化丰度或位点的差异，来研究目的基因的功能。

① BS-seq 技术：全基因组 DNA 甲基化测序（whole genome bisulfite sequencing，WGBS）即亚硫酸氢盐测序（也称为 BS-seq），该技术的原理是用亚硫酸氢盐处理 DNA，可将未甲基化的胞嘧啶残基（C）转化为尿嘧啶（U），但甲基化的胞嘧啶并不会发生转化，包括 5-甲基胞嘧啶（5mC）和 5-羟甲基胞嘧啶（5hmC）。因此，用亚硫酸氢盐处理过的 DNA 仅保留甲基化的胞嘧啶（图 3-103）。通过上述原理，对基因组 DNA 进行亚硫酸氢盐转换，建库和 NGS 分析后，再对测序结果中 DNA 序列的胞嘧啶（C）到胸腺嘧啶（T）转换进行分析，即可在单碱基分辨率上检测全基因组的甲基化修饰位点（Stockwell et al.，2014；Yuanxin Xi and Wei Li，2019）。值得注意的是，BS-seq 不能区分 5mC 和 5hmC。

② BS-seq 实验流程：提取基因组 DNA；超声波将 DNA 片段化；亚硫酸氢盐转化及纯化；PCR 扩增建库；生信分析。

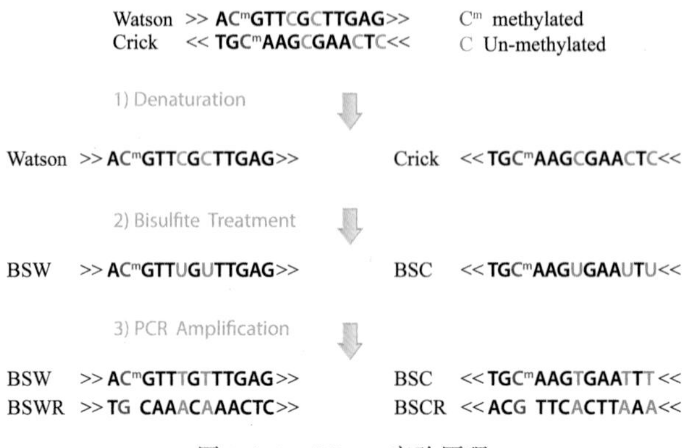

图 3-103 BS-seq 实验原理

文献案例

在植物中，从头 DNA 甲基化通常由 RNA 介导的 DNA 甲基化（RNA-directed DNA methylation，RdDM）途径介导，RdDM 会靶向沉默特定基因组区域的转录，其生物学功能在园艺植物中没有得到很好的研究。2023 年 1 月，华中农业大学园艺学院康春颖课题组在 *Plant Physiology* 杂志上发表了一篇题为“Factor of DNA methylation 1 affects woodland strawberry plant stature and organ size via DNA methylation”的研究论文。在该论文中，作者对林地草莓（*Frageria vesca*）进行甲基磺酸乙酯（ethyl methylsulfone，EMS）诱变，并鉴定了突变体的表型和基因型，发现 *FveFDM1* 的突变导致林地草莓的叶片、花朵和果实变小。*FveFDM1* 和拟南芥中编码 RdDM 途径中的 DNA 甲基化因子 1 基因（*FDM1*）具有高度相似性。通过 BS-seq 检测全基因组 DNA 甲基化情况，结果显示，与野生型相比 *fvefdm1* 突变体在 CG 和 CHG（H 代表 A、T 或 C）序列上的平均甲基化修饰水平基本保持不变，只是基因侧翼的 CG 和 CHG 序列上的甲基化修饰水平略有降低，但在所有区域的 CHH 序列上的甲基化修饰水平大大降低，这与其他植物物种中 RdDM 的突变体特征一致。这些结果表明，FveFDM1 是 RdDM 途径的 DNA 甲基化因子（图 3-104）。

2）转录组学

第二章“转录组学”部分介绍了转录组学的概念、研究内容和技术，阐述了如何利用转录组学获得目的基因。转录组学不仅可以为寻找目的基因提供重要“线索”，还可以通过检测转基因株系中各种 RNA 的表达水平，并进行差异表达分析和富集分析等了解目的基因过表达、干扰或敲除对其他基因或非编码 RNA（ncRNA）的影响，验证其功能。此外，转录组学通常与表观组学技术联用，从整体水平上研究基因功能，以揭示特定时期的生物学过程。

（1）RNA-seq

在中心法则中，遗传信息通过精密的调控从 DNA 传递到蛋白质，而 mRNA 被认为是 DNA 与蛋白质之间遗传信息传递的“桥梁”（Costa et al.，2010；Velculescu et al.，1997）。同时，以 DNA 为模板合成 RNA 的转录过程是基因表达的第一步，也是基因表达调控的关键环节。大家通常所说的转录组测序特指对所有 mRNA 的集合进行测序，也称 RNA-seq。相比于全转录组测序，RNA-seq 目前在植物中的运用最为广泛。

RNA-seq 的大致流程：①由于成熟的 mRNA 具有 poly A 尾巴，利用带有 Oligo dT 的磁珠富集总 RNA 中的 mRNA，再将 mRNA 打断成短片段；②从 mRNA 逆转录出 cDNA 的第一条链，再以第

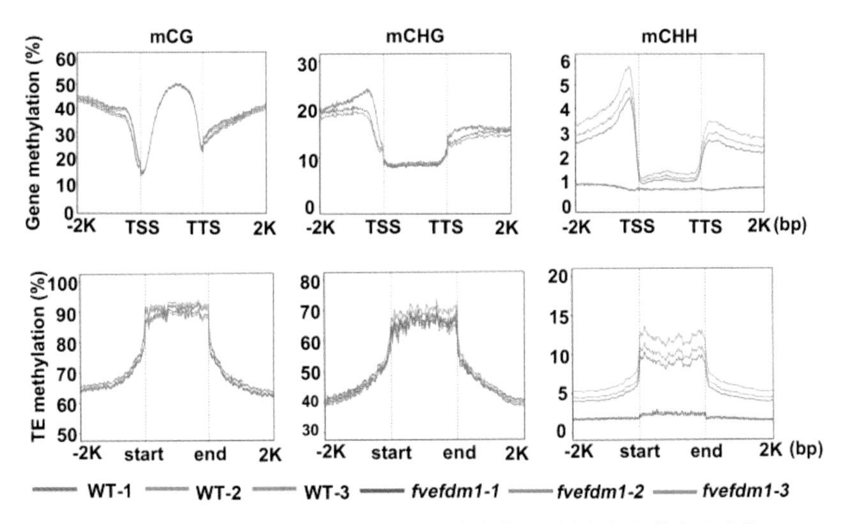

图 3-104　林地草莓野生型和 *fvefdm1* 突变体中所有基因和转座子元件（包括转录起始位点上游 2kb 和转录终止位点下游 2kb）的 CG、CHG 和 CHH 序列的平均甲基化修饰水平（Zheng et al.，2023）

一条链为模板，加入 dUTP 代替 dTTP，其他合成 DNA 的原料和试剂不变，合成第二条链；③双链末端修复，3′端加 A，添加测序接头；④测序后进行差异表达分析；⑤对差异表达显著的基因进行 GO 和 KEGG 富集分析等。

（2）miRNA-seq

miRNA 通过与靶标 mRNA 结合，在转录后水平上切割靶基因或抑制靶基因翻译来调节基因的表达。miRNA-seq 是检测 miRNA 表达情况的高通量测序方法，miRNA-seq 的大致流程：①对提取的总 RNA 进行 3′和 5′接头连接，反转录为 cDNA 后进行 PCR 扩增；②由于 miRNA 的长度为 20bp 左右，跑胶回收插入长度在 20bp 左右的片段，即构建出小 RNA 文库；③进行测序后，利用 Genebank、Rfam 等数据库对测序结果进行注释，去除 rRNA、snRNA、tRNA 等非 miRNA 序列，再和 miRBase 等数据库比对，从而鉴定出已知的 miRNA，使用 miRDeep2 软件预测出新的 miRNA；④对已知和新预测的 miRNA 进行差异表达分析；⑤通过数据库预测出差异表达显著的 miRNA 的靶基因，对这些靶基因进行 GO 和 KEGG 富集分析（Yan et al.，2022）。

（3）lncRNA-seq

lncRNA-seq 是为了鉴定 lncRNA 和检测其表达情况而发展出来的测序方法。其技术原理是对 RNA 中含量最高的 rRNA 进行剔除，进而通过磁珠筛选去除含量较高的小型 RNA 如 tRNA、snRNA 等，然后对剩下的所有 RNA 进行建库测序。上述处理之后的 RNA 中，除了 lncRNA 外，还包含全部的 pre-mRNA、mRNA 和部分 RNA，再通过数据库来剔除非 lncRNA（Zhao et al.，2018）。

（4）circRNA-seq

circRNA-seq 是专门用来高通量检测 circRNA 的测序方法。其技术原理是利用 circRNA 环状结构无法被核酸外切酶切割的特征，使用 RNase R 消化线性 RNA，富集 circRNA 后进行测序文库的构建、高通量测序和生信分析（Liao et al.，2022）。

文献案例

2023 年 11 月，西北农林科技大学刘杰课题组在 *Plant Physiology* 杂志上发表了一篇题为“Stripe rust effector Pst21674 compromises wheat resistance by targeting transcription factor

TaASR3”的研究论文。作者鉴定出一个条锈菌效应子 Pst21674，利用寄主诱导的基因沉默技术(HIGS)使 *Pst21674* 基因沉默，发现了 *Pst21674* 基因的沉默会阻碍条锈菌对小麦的侵染。通过蛋白互作实验证明 Pst21674 与小麦的转录因子 TaASR3 互作。作者对 *TaASR3* 过表达的转基因小麦株系进行 RNA-seq 分析，发现差异表达基因主要富集到植物与病原菌互作通路中，且上调基因为过氧化物酶以及几丁质酶等防御相关基因(图 3-105b)。同时，瞬时沉默 *TaASR3* 后小麦对条锈菌的抗性减弱，过表达 *TaASR3* 会增强小麦对条锈菌的抗性。以上结果证实了 *TaASR3* 作为正调控因子，通过调控防御相关基因的表达增强小麦对条锈菌的抗性。

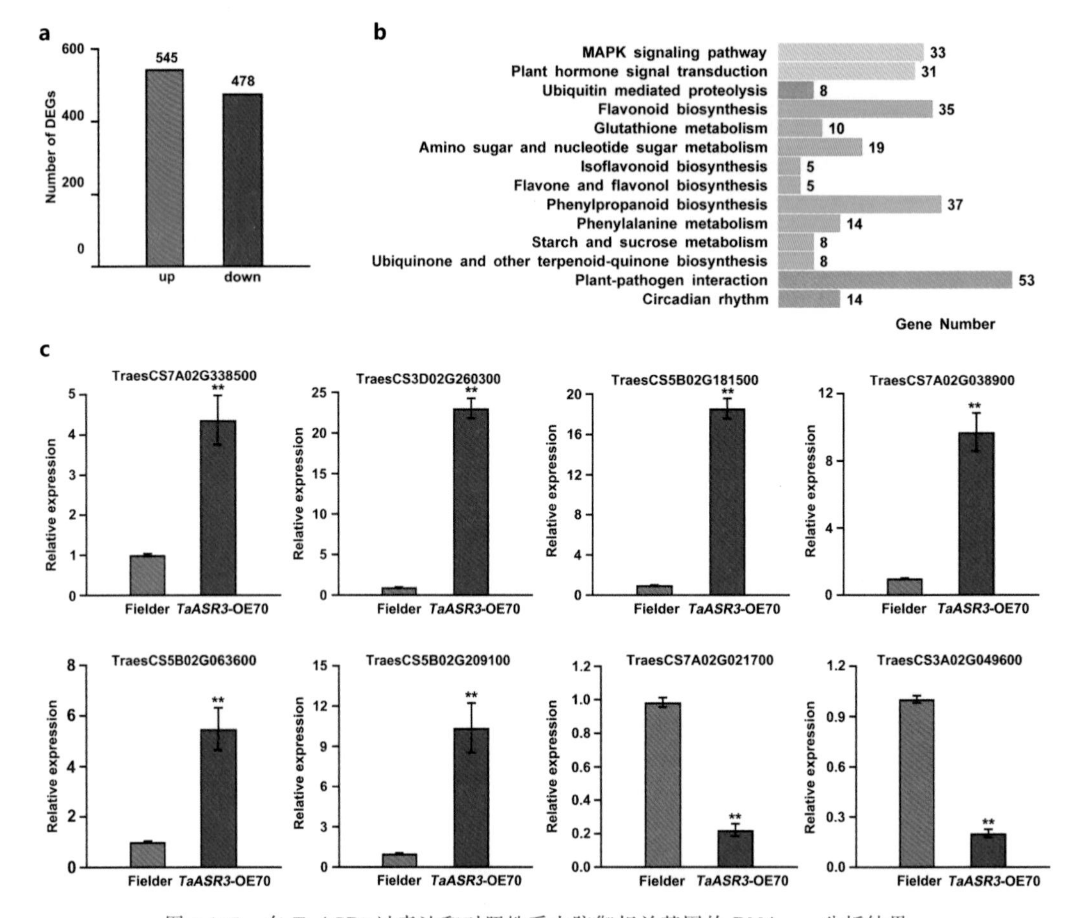

图 3-105　在 *TaASR3* 过表达和对照株系中防御相关基因的 RNA-seq 分析结果和 RT-qPCR 检测结果(Zheng et al.，2023)

3）蛋白质组学

第二章“蛋白质组学”中介绍了蛋白质组学的概念及发展、研究方法和如何通过蛋白质组学获得目的基因。蛋白质组学除了帮助研究者获得目的基因外，还可以应用到植物基因功能研究的哪些方面呢？

首先需要明确，基因的遗传信息是从 DNA 到 RNA 再到蛋白，这中间包括转录、转录后调控、翻译和翻译后修饰等多个过程，因此，RNA 的表达水平不一定等同于蛋白质的表达水平，例如诸多研究表明，很多病害相关基因主要受蛋白质翻译后调控而非仅限于转录水平的调控。蛋白质组学在研究中具有多重作用，一方面，可根据研究课题筛选目的基因；另一方面，可探索与目的基因具有潜

在相互作用或受其影响的其他基因，从而扩展研究范围。无论是比较植物在不同处理或生长发育阶段的蛋白表达情况，还是检测转基因株系中的蛋白表达情况和验证目的基因的功能，均可以选择蛋白质组学。

定量蛋白质组学是蛋白质组学研究中最重要的方法之一，包括非标记定量蛋白质组学和标记定量蛋白质组学。非标记定量蛋白质组学即不依赖于标签标记就可对蛋白质进行定量的技术，基于质谱数据采集模式的不同可分为 Label Free 非标记定量蛋白质组学和 DIA/SWATH 定量蛋白质组学；而标记定量蛋白质组学根据标记试剂的不同分为 TMT/iTRAQ 标记定量蛋白质组学和 SILAC 标记定量蛋白质组学。由于 SILAC 标记定量蛋白质组学主要用于细胞样品，在植物中不常用到，本书中将不对其进行详细介绍，读者可以自行查阅相关资料。

(1) Label Free 非标记定量蛋白质组学

Label Free 非标记定量蛋白质组学基于数据依赖性采集模式，通过比较质谱分析次数或质谱峰强度，分析不同来源样品蛋白的数量变化。由于肽段在质谱中被捕获检测的频率与其在蛋白混合物中的丰度呈正相关，因此，蛋白质被质谱检测的计数反映了蛋白质的丰度，通过适当的数学公式可以将质谱检测计数与蛋白质的量联系起来，从而对蛋白质进行定量。4D-Label Free 非标记定量蛋白质组学是在 Label Free 非标记定量蛋白质组学的基础上，基于 timsTOF Pro 离子淌度平台，将数据依赖性采集与同步累积连续碎裂(PASEF)结合，外加第四维度的离子淌度分析，在提高离子利用率和准确度的前提下，以更少的上样量、更快的扫描速度实现蛋白质组学在检测灵敏度、鉴定数和覆盖度等方面的全面提升(图 3-106)。

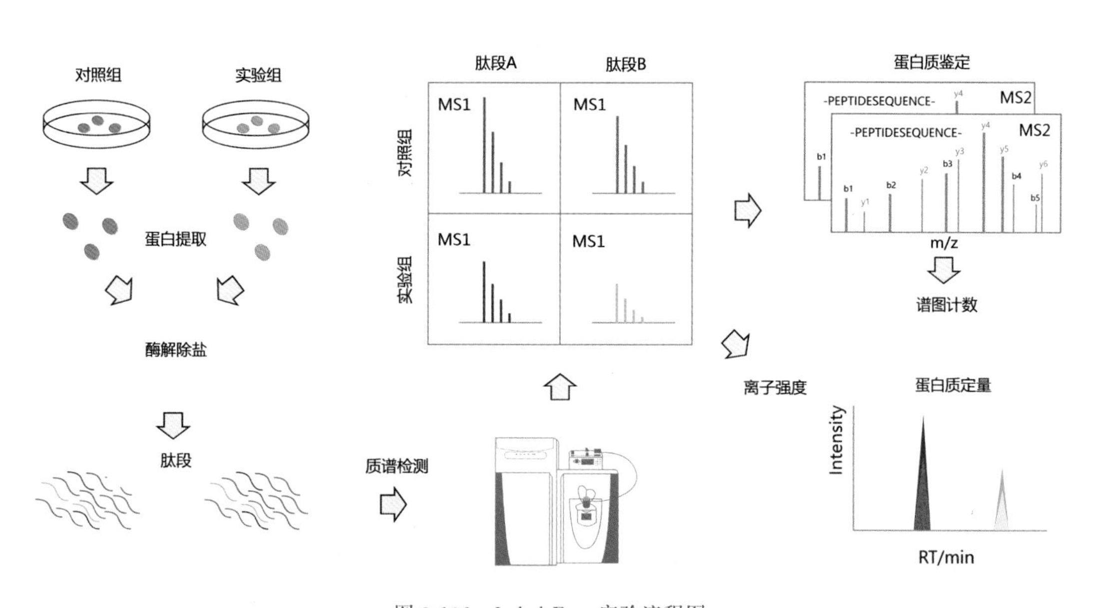

图 3-106　Label Free 实验流程图

文献案例

2021 年 7 月，南京大学洪治课题组和中国科学院土壤研究所兰平课题组合作在 *Frontiers in Plant Science* 杂志上发表了一篇题为“Comparative label-free quantitative proteomics analysis reveals the essential roles of N-Glycans in salt tolerance by modulating protein abundance in *Arabidopsis*”的研究论文，作者利用 Label Free 非标记定量蛋白质组学技术比较了野生型拟南芥和

N-Glycans 成熟缺陷突变体 *msn1/2*、*cgl1* 在盐胁迫下的差异蛋白质表达谱，共鉴定出 97 个差异表达蛋白。结合 GO 富集分析挑选出两个参与盐胁迫响应的 N-糖基化过氧化物酶 PRX32 和 PRX34，通过过氧化氢测定证实 PRX32 和 PRX34 是 N-Glycans 的底物，进一步证实了蛋白质组学分析的结果（图 3-107～图 3-109）。

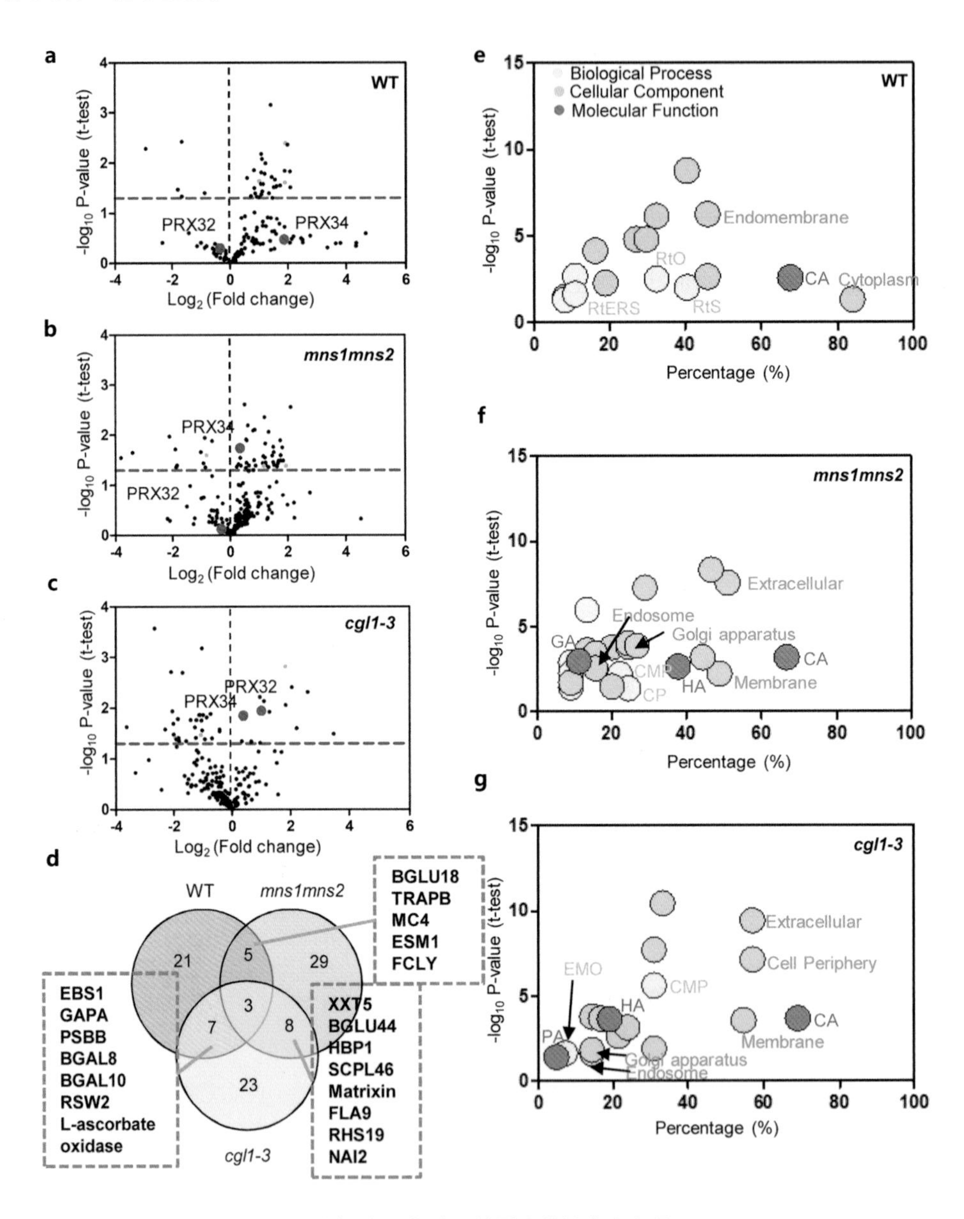

图 3-107　基于 GO 分析盐胁迫下 N-糖蛋白差异丰度注释（Liu et al.，2021）

a～c. 盐胁迫下 WT(a)、*mns1/2*(b)和 *cgl1-3*(c)中 N-糖蛋白丰度差异的鉴定，蓝色横条表示 $P \leqslant 0.05$ 的阈值，红点表示 PRX32 和 PRX34；d. 维恩图显示了 WT、*mns1/2* 和 *cgl1-3* 中盐胁迫应答糖蛋白数量的重叠，在 WT 和两个突变体中 STT3A、PAP2、GLP10 在 A-C 中以绿点表示；e～g. WT(e)、*mns1/2*(f)和 *cgl1-3*(g)中盐胁迫响应蛋白的 GO 分析

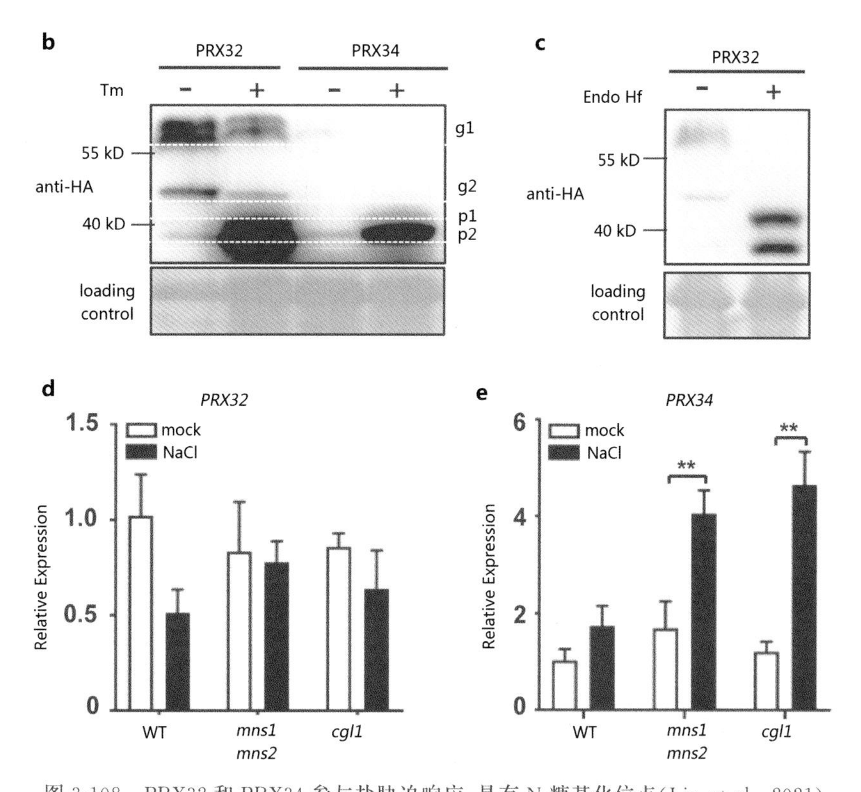

Protein	Length (amino acid)	N-sites	SignalP
PRX32	352	6/7	29/30
PRX34	353	5/7	30/31

图 3-108　PRX32 和 PRX34 参与盐胁迫响应，具有 N-糖基化位点（Liu，et al.，2021）

a. 预测的 PRX32 和 PRX34 的 N-糖基化位点和信号肽；b. 衣霉素处理后 PRX32 和 PRX34 蛋白的 N-糖基化分析，g1 和 g2 为两条糖基化带，p1 和 p2 为两条非糖基化条带；c. Endo Hf 酶切法分析 PRX32 的 N-糖基化；d、e. RT-qPCR 分析盐胁迫下基因表达水平

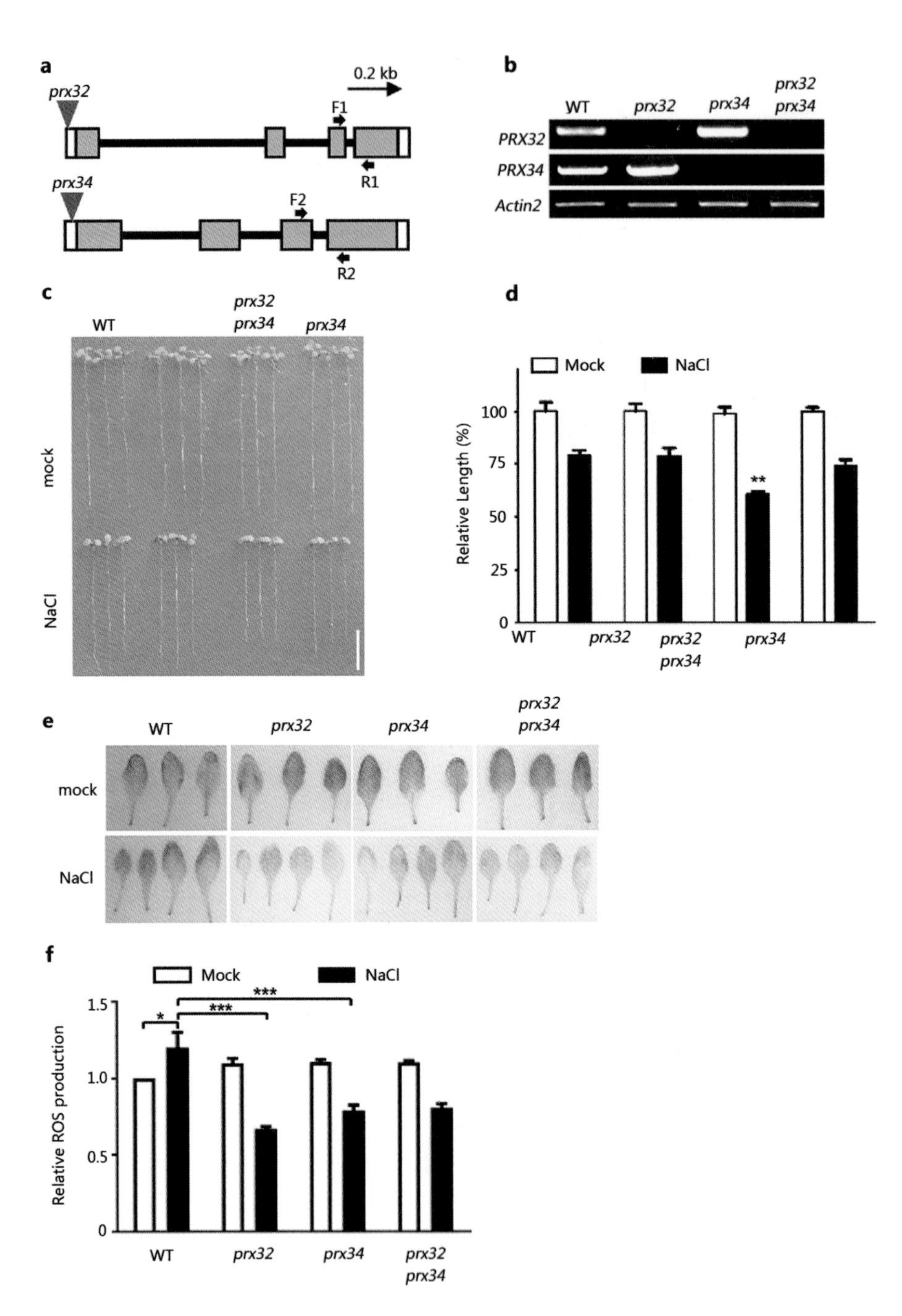

图 3-109　盐胁迫下根系生长需要 *PRX32* 和 *PRX34*（Liu et al.，2021）

a. *prx* 等位基因的 T-DNA 插入位点；b. *prx32* 和 *prx34* 基因表达的 RT-PCR 分析；c、d. 盐胁迫下根系生长表型及统计；e、f. DAB（二氨基联苯胺）染色分析活性氧含量及统计

(2) DIA/SWATH 定量蛋白质组学

DIA/SWATH 定量蛋白质组学采用非依赖性采集模式将扫描范围按照 m/z 划分为多个窗口，通过超高速扫描来获得扫描范围内全部离子的所有碎片信息。将一级质谱(MS1)全扫描内的所有肽段母离子按 m/z 从小到大分割成多个质量窗口，在后续的二级质谱(MS2)扫描中会逐步选择每个窗口中所有母离子并被送入碰撞室进行高能碰撞，形成二级碎片离子，利用二级碎片离子定量比一级离子定量结果更准确，随机性误差更小。4D-DIA 是基于 timsTOF Pro 离子淌度平台的 DIA 技术，通过数据非依赖性采集与同步累积连续碎裂(diaPASEF)扫描模式相结合的方式从而对蛋白质的表达水平进行定量分析。依托 diaPASEF 技术，4D-DIA 蛋白质组学同时集合了 4D 蛋白质组和 DIA 技术的优势，在实现高扫描速度和高灵敏度的同时，克服了 DIA 原有的劣势，全面提升了鉴定蛋白质的能力、检测灵敏度及数据的完整性，具有更广泛的应用前景(图 3-110)。

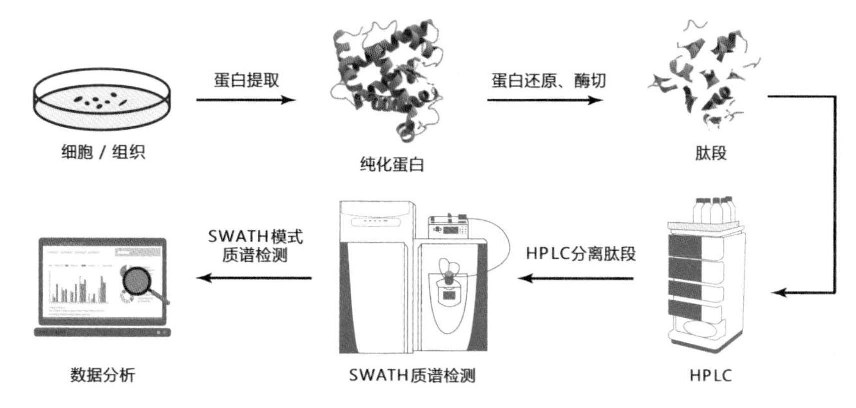

图 3-110　DIA/SWATH 实验流程图

(3) TMT/iTRAQ 标记定量蛋白质组学

目前，在植物生物研究领域较为常用的是 TMT/iTRAQ 标记定量蛋白质组学，它依赖化学标签对肽段进行标记，从而达到蛋白质定量的目的。基于不同样本中同一肽段经 TMT/iTRAQ 试剂标记后具有相同的质量数，并在 MS1 中表现为同一个质谱峰。当此质谱峰被选定进行碎裂后，在 MS2 中，不同的报告基团被释放，它们各自的质谱峰的信号强弱代表着来源于不同样品的该肽段及其所对应的蛋白的表达量的高低。肽段的 MS1/MS2 结果结合数据库检索可以鉴定出相应的蛋白种类。TMT 和 iTRAQ 为两种不同的化学标签，其标签均由报告基团、平衡基团和肽反应基团三部分构成。报告基团用来指示蛋白质的丰度，平衡基团保证标记的不同样本的同一肽段的 m/z 相同，而肽反应基团则是与肽段的 N-term 或末端赖氨酸的侧链基团结合达到标记肽段的作用。与 Label Free 非标记定量蛋白质组学、DIA/SWATH 定量蛋白质组学两种实验技术在操作流程上不同的是质谱上机前需要进行化学标签标记(表 3-10、图 3-111、图 3-112)。

表 3-10　TMT 和 iTRAQ 化学标签

标签	生产商	标签规格
TMT	Thermo 公司	2 标、6 标、10 标、16 标、18 标、20 标
iTRAQ	SCIEX 公司	4 标、8 标

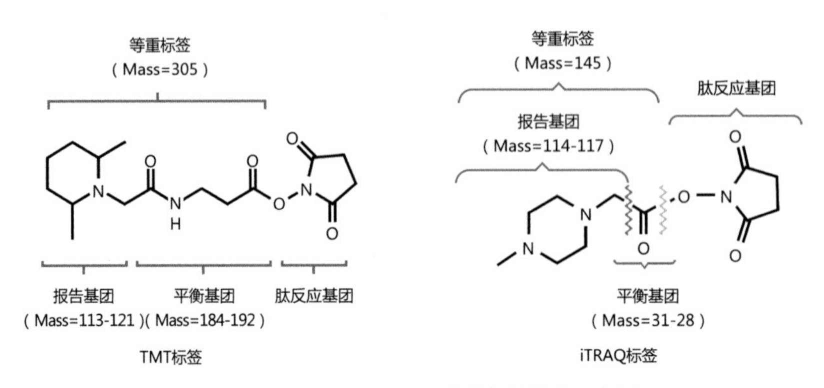

图 3-111 TMT 和 iTRAQ 化学标签结构示意图

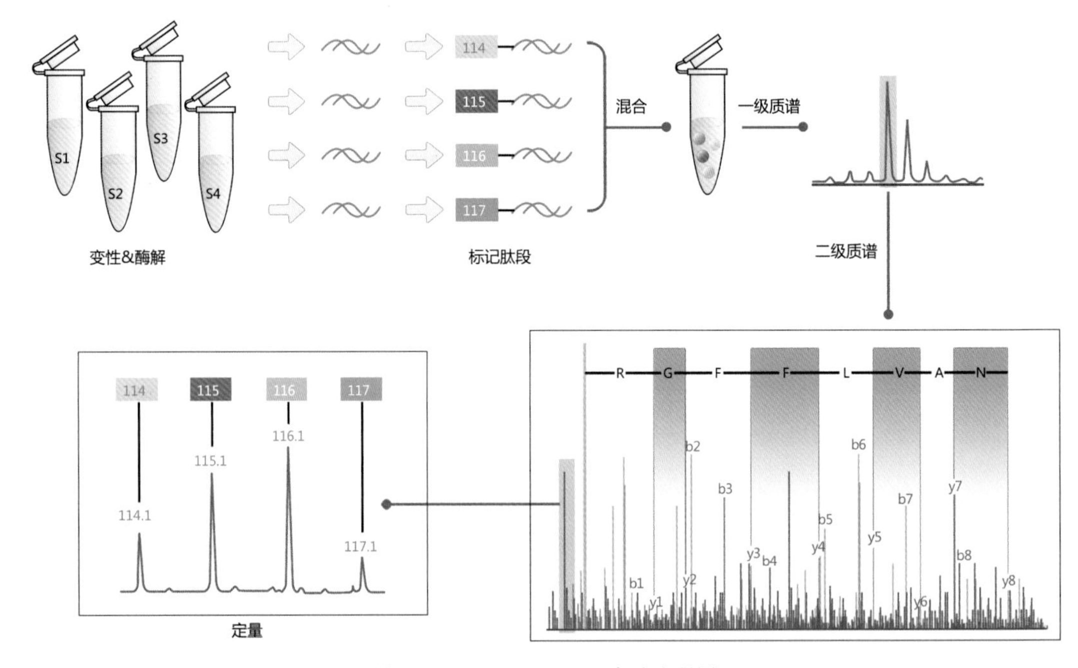

图 3-112 TMT/iTRAQ 实验流程图

文献案例

2022 年 9 月，釜山国立大学 Sun Tae Kim 课题组在 *Journal of Proteomics* 杂志上发表了一篇题为“TMT-based quantitative membrane proteomics identified PRRs potentially involved in the perception of MSP1 in rice leaves”的研究论文，作者首先创制了 *MSP1* 过表达转基因水稻，并通过 TMT 定量蛋白质组学对总胞质和膜蛋白组分中 *MSP1* 诱导的潜在信号进行了分析。该研究共鉴定出 8033 个蛋白，其中 1826 个蛋白在 *MSP1* 过表达和外源茉莉酸处理下差异表达。同时，20 个定位于质膜的受体样激酶(RLKs)在 *MSP1* 过表达株系中丰度增加。在质外体中表达 *MSP1* 的转基

因株系中，作者发现与蛋白质降解和修饰、钙信号、氧化还原和 MAPK 信号相关的蛋白表达量上调。综上所述，该研究确定了参与 *MSP1* 识别的潜在 *PRR* 候选基因，并概述了 *MSP1* 诱导水稻叶片 PTI 信号转导的机制（图 3-113～图 3-115）。

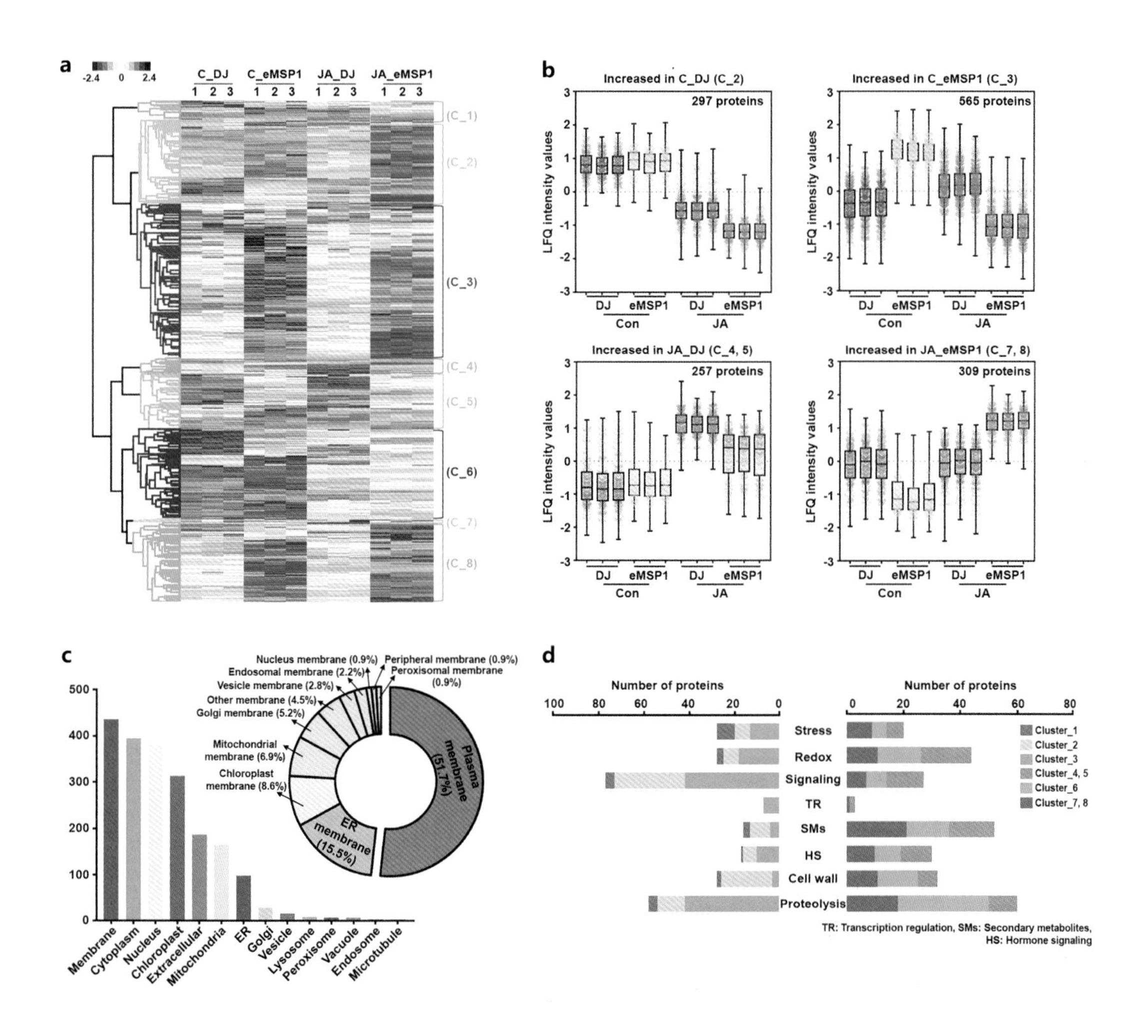

图 3-113　显著差异表达蛋白的功能分类（Min et al.，2022）

a、b. 热图显示了 1826 个显著差异表达蛋白在不同样品集中的聚类。根据它们的丰度模式，确定了四个具有代表性的分布剖面；c. 通过 Uniprot 和 CELLO2GO 网络数据库预测显著差异蛋白的亚细胞定位分析；d. 使用 MapMan 软件对每个簇中涉及的已鉴定蛋白质的功能分类进行概述

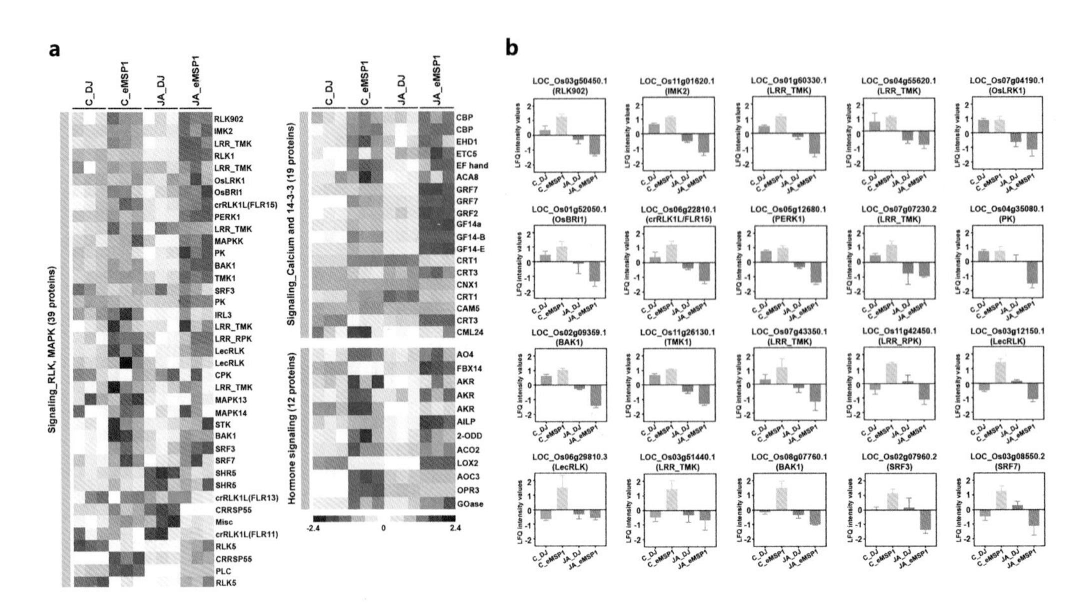

图 3-114　与信号转导和激素相关的重要蛋白的功能特征(Min et al.,2022)

a. 热图显示了与信号转导和激素信号转导相关的已识别蛋白的功能类别;b. 柱状图显示了 20 个与受体样激酶相关的质膜定位蛋白在过表达 *MSP1* 株系中丰度增加

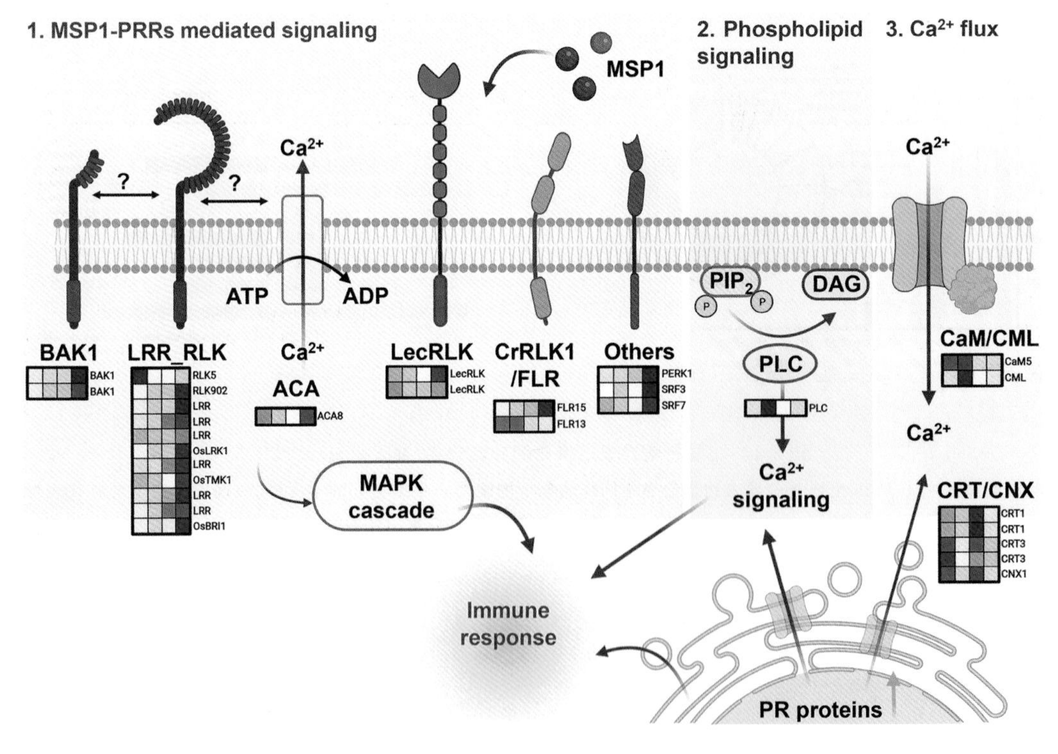

图 3-115　*MSP1* 过表达水稻中发生的总体代表性变化(Min et al.,2022)

注:不同的配色表示蛋白质不同的表达程度

(4) PRM 靶向蛋白质组学

平行反应监测(parallel reaction monitoring,PRM)技术可以对复杂样本中的多个蛋白进行定性定量分析,不仅可以针对定量蛋白质组学进行结果验证,也可以结合文献数据库等信息对不同样本间一个或多个靶标蛋白质的表达情况进行研究。

PRM 靶向蛋白质组学可在复杂生物样品中同时对多个目的蛋白进行相对或者绝对定量检测。通过采集目标肽段的高分辨率的二级质谱图,使用软件对 ppm(百万分之一)级别的目标离子进行峰面积抽提,有效排除其他离子的干扰。与多反应监测(multiple reaction monitoring,MRM)技术相比,PRM 动态范围更广、精度更高、灵敏度更强、重复性更好、抗背景干扰能力更强、实际操作更简单和成本更低。PRM 不需要预先根据目的蛋白设计母离子和子离子对,实现了对子离子的全扫描。PRM 可替代 Western blot 技术,高通量地在大生物样本量中验证蛋白,并可应用于多种非模式生物(图 3-116)。

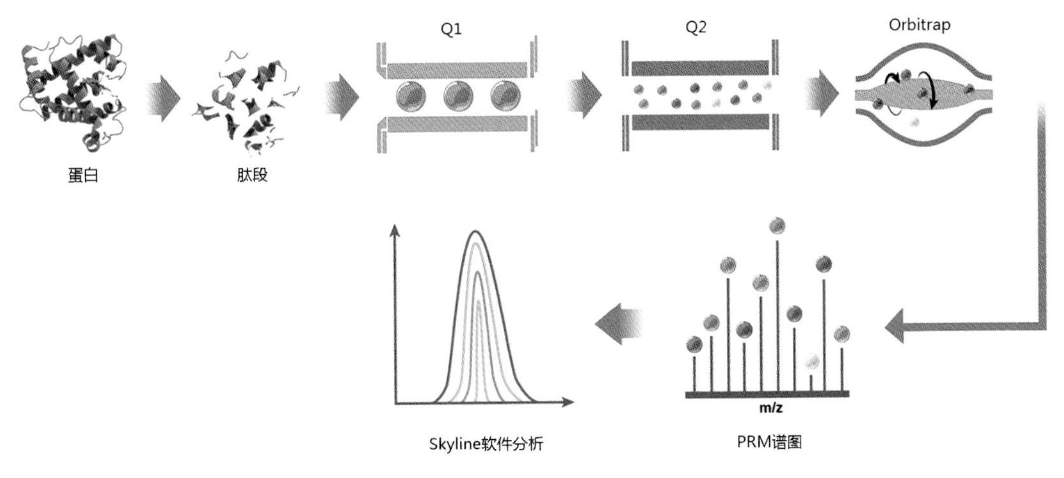

图 3-116 PRM 实验流程图

(5) 蛋白质翻译后修饰组学

蛋白质翻译后修饰(protein translational modifications,PTMs)是指在蛋白质氨基酸残基上添加或移除特定的基团。这种修饰可以改变蛋白质的结构、活性和稳定性,因此 PTMs 在细胞信号转导调控、蛋白质定位和细胞功能维持中发挥着重要作用。DNA 经过转录翻译形成不同功能的蛋白质,除了转录和翻译层面的变化导致的蛋白质多样性之外,PTMs 也是一个重要原因,不同类型的 PTMs 对蛋白质的功能有着不同的影响。已发现的 PTMs 种类总计有几百种,在植物中有几十种,大部分的蛋白质都可以被修饰,有的蛋白质甚至不只包含一种修饰(图 3-117)。植物中常见的 PTMs 有磷酸化、糖基化、泛素化、S-亚硝基化、乙酰化和脂质化等。这些修饰的发生和去除基本上可以通过对应的修饰酶和去修饰酶所介导,可以将修饰酶理解成“Writer”,去修饰酶理解成“Eraser”。例如磷酸化修饰中的 Writer 是激酶,而 Eraser 是磷酸酶。修饰酶介导修饰时需要与下游被修饰蛋白发生互作,研究这种互作关系可以解析 PTMs 对蛋白的调控,明确 PTMs 对生物体的意义,这种互作调控关系的解析也逐渐成为蛋白研究的热点。

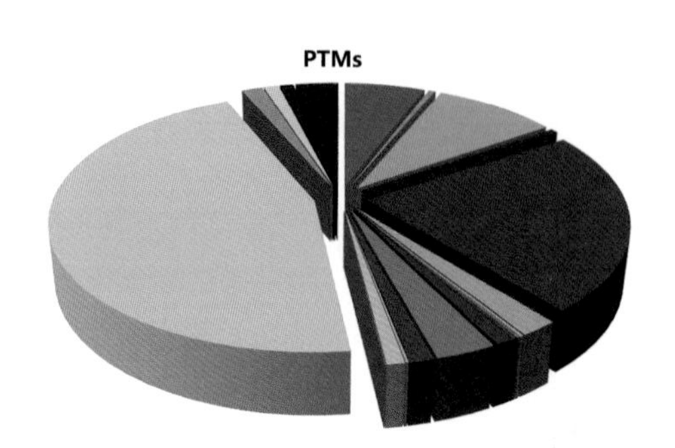

图 3-117 Plant PTM Viewer 数据库对植物中 PTMs 的统计

在植物中，PTMs 对蛋白质的合成降解、转录调控、代谢调控和信号转导以及生物和非生物胁迫都起到非常重要的作用。例如，在植物响应非生物胁迫的 ABA 信号调节过程中，蛋白的磷酸化修饰可以介导气孔的开关并参与 ABA 的受体信号通路；蛋白质的泛素化修饰可以调节质膜蛋白质的丰度和定位，使植物适应变化的环境；糖基化修饰能调控蛋白质的折叠；乙酰化修饰也被证明广泛参与植物种子、根和花等器官的发育。鉴于 PTMs 对生物体的重要性及其研究热度，在此对蛋白质修饰相关研究的套路以及方法进行总结。

在研究两个甚至多个样本之间的修饰差异时，可以利用修饰蛋白质组学的方法进行分析。修饰蛋白质组学可以鉴定磷酸化修饰、泛素化修饰、乙酰化修饰和糖基化修饰等，此外，还可以准确定位修饰的位点。通过结合标记和非标记的定量方法，研究者能够实现对修饰事件的定量分析，从而揭示修饰的丰度变化与生物过程的相关性。本节将重点介绍磷酸化修饰组学和泛素化修饰组学。这两种修饰类型在细胞信号传导、蛋白质降解和调控等生物学过程中扮演着重要角色。通过深入了解磷酸化修饰和泛素化修饰的分子机制，研究者能够更全面地理解细胞内信号传递网络的复杂性，为深入研究生物学的相关领域提供有力的支持。

① 磷酸化修饰蛋白质组学。蛋白质的磷酸化和去磷酸化是一个可逆的过程，在细胞信号转导、调控细胞增殖、发育、分化和凋亡过程中起重要作用。蛋白样品中，发生磷酸化的蛋白质和肽段含量较低，且存在各种非磷酸化肽段和无机盐的干扰，致使检测磷酸化蛋白和磷酸化肽段较为困难。因此在磷酸化修饰研究中，一般将具有顺磁特性的多孔琼脂糖 TiO_2 磁珠作为工具，对样品中的磷酸肽进行富集，提高修饰蛋白丰度。除此之外，还有固相金属亲和色谱富集、磷酸化抗体富集等方法，这些富集方法通常可以根据实验需求进行选择(图 3-118)。

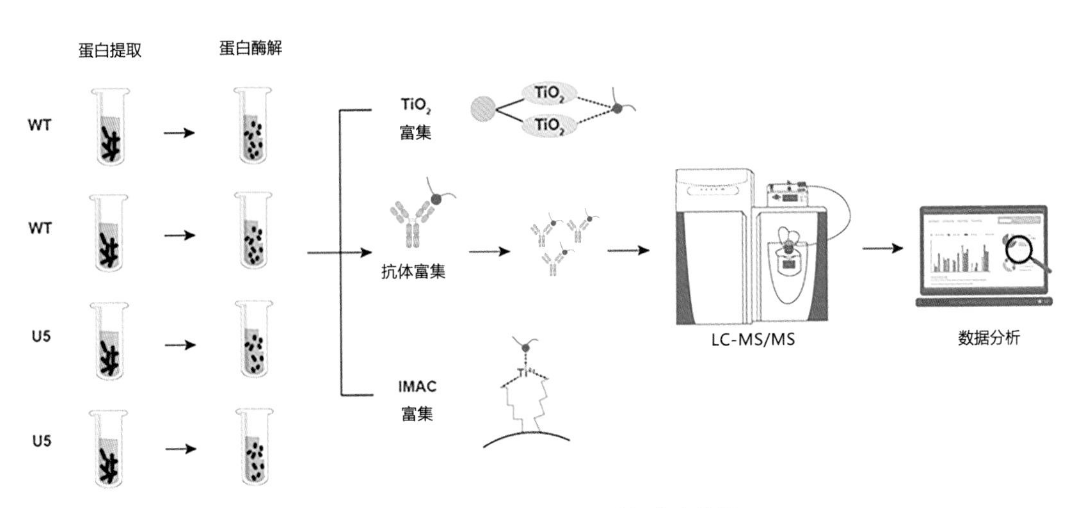

图 3-118　磷酸化修饰蛋白质组学流程图

文献案例

2019 年 2 月，台湾“中研院”植物暨微学生物研究所 Paul E. Verslues 课题组在 *PNAS* 杂志上发表了一篇题为“Phosphoproteomics of *Arabidopsis* highly ABA-Induced1 identifies AT-Hook-Like10 phosphorylation required for stress growth regulation”的研究论文。为了研究 HAI1 对干旱条件下拟南芥中蛋白磷酸化的影响，作者通过磷酸化蛋白质组学检测了正常条件下和干旱处理下，野生型植株和 *hai1* 突变体中磷酸化蛋白的差异，结果发现，干旱处理后 *hai1* 突变体中磷酸化蛋白相较于野生型植株更多，这说明 HAI1 影响了干旱条件下拟南芥中蛋白的磷酸化(图 3-119)。

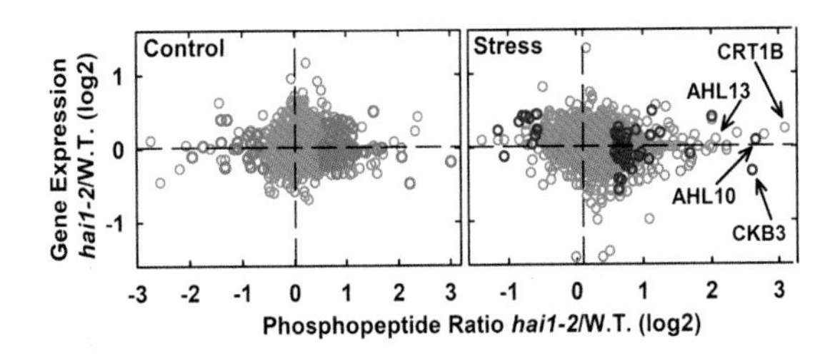

图 3-119　正常条件下和干旱处理下，野生型植株和 *hai1* 突变体磷酸化蛋白的火山图(Wong et al.,2019)

② 泛素化修饰蛋白质组学。蛋白质泛素化(ubiquitination)几乎参与真核生物的所有生理过程，如免疫反应、细胞周期进程和细胞凋亡等。泛素化是一个多步骤的过程，包括激活、转移和连接三个过程。首先，E1 酶利用 ATP 提供的能量在泛素 C 端赖氨酸(Lys)与自身的半胱氨酸(Cys)形成高能硫酯键，泛素被 E1 酶激活。其次，激活的泛素通过硫酯键与 E2 酶结合。最终，激活的泛素通过 E2 酶和 E3 酶连接到底物蛋白。质谱可以分辨蛋白质修饰前和修饰后分子量上的变化，发生泛素化修饰的赖氨酸共价连接泛素分子，即两个甘氨酸 K-ε-GG 残基，刚好会使分子量产生114.1Da 的质量偏移，因此只要知道靶蛋白翻译后修饰前后分子量的精确变化，就能对泛素化修饰方式进行鉴定和定量(图 3-120)。

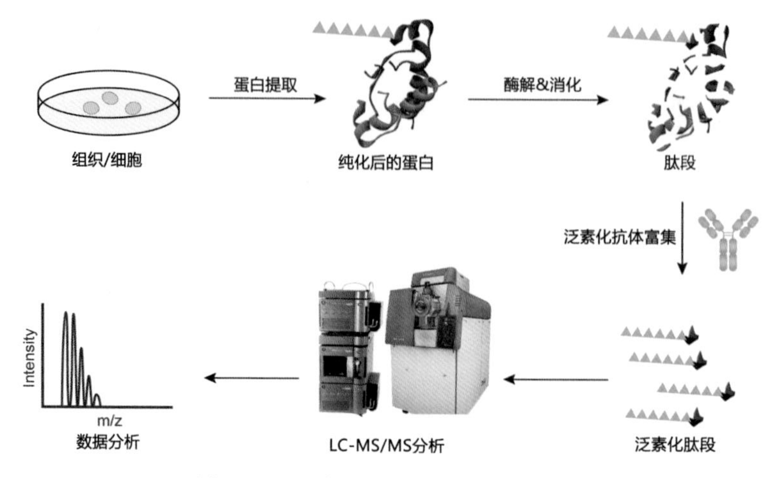

图 3-120　泛素化修饰蛋白质组学流程图

文献案例

2021 年 9 月，德州农工大学单立波课题组在 *Plant Physiology* 杂志上发表了一篇题为"Ubiquitylome analysis reveals a central role for the ubiquitin-proteasome system in plant innate immunity"的研究论文，该研究通过泛素化修饰蛋白质组学测定并分析了野生型植株、flg22(细菌鞭蛋白 N 端的寡肽)未处理的 *hexa-6HIS-UBQ* 转基因株系和 flg22 处理后的 *hexa-6HIS-UBQ* 转基因株系中泛素化蛋白的差异(图 3-121)。结果发现，对照中鉴定到了 391 个泛素化蛋白，而 flg22 处理后的材料中鉴定到了 570 个泛素化蛋白，这说明 PTI 诱导了拟南芥中蛋白的泛素化。

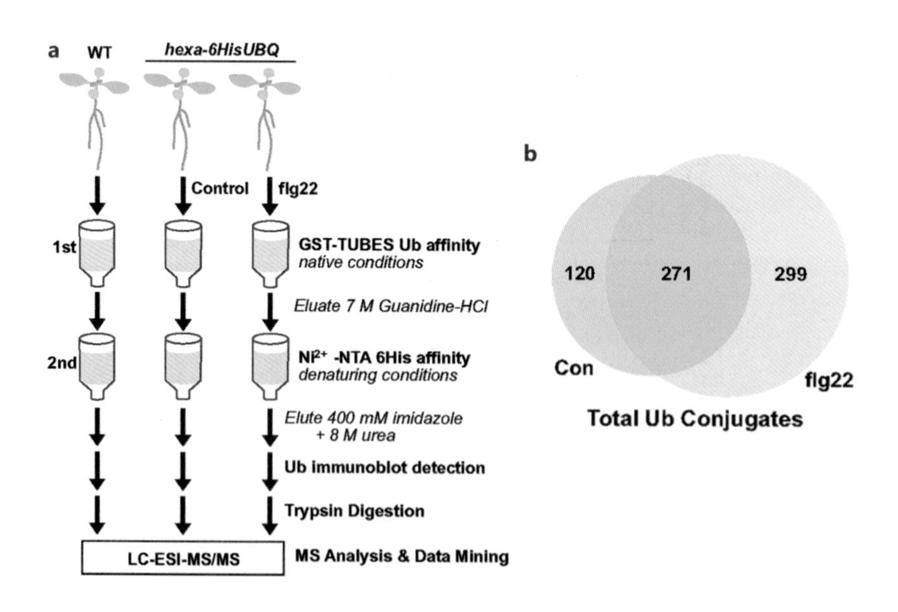

图 3-121　泛素化蛋白质组学鉴定了 flg22 处理前后的泛素化蛋白的差异(Me et al.，2021)

a. 拟南芥泛素化蛋白质组学鉴定流程图。利用 UBA-Ub 亲和 GST-TUBEs 珠对泛素化蛋白进行富集，然后在变性条件下进行 Ni-NTA 层析。洗脱液经胰酶消化后进行 LC/ESI-MS/MS 分析；b. 显示通过 flg22 处理前后的植物中分离的总泛素化蛋白的维恩图

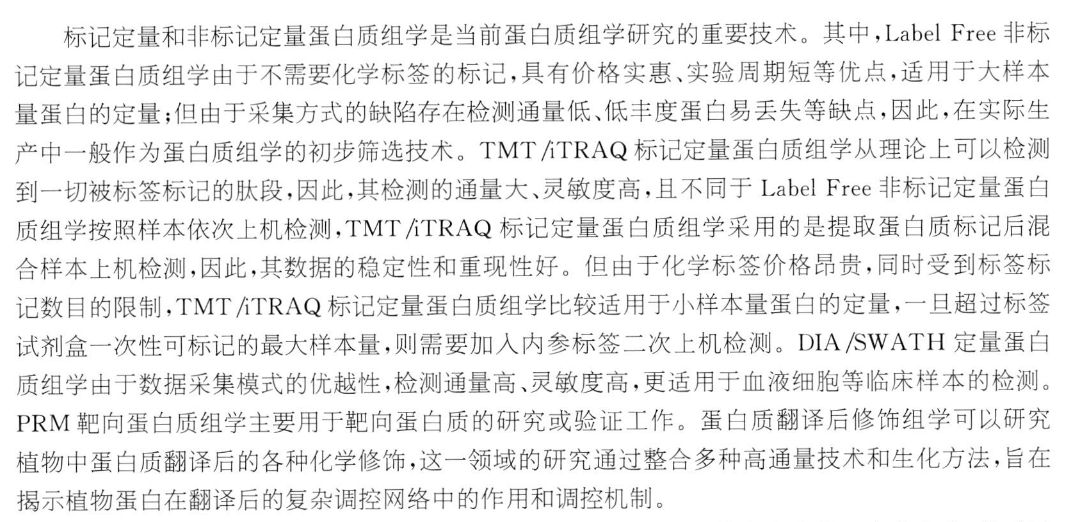

标记定量和非标记定量蛋白质组学是当前蛋白质组学研究的重要技术。其中，Label Free 非标记定量蛋白质组学由于不需要化学标签的标记，具有价格实惠、实验周期短等优点，适用于大样本量蛋白的定量；但由于采集方式的缺陷存在检测通量低、低丰度蛋白易丢失等缺点，因此，在实际生产中一般作为蛋白质组学的初步筛选技术。TMT/iTRAQ 标记定量蛋白质组学从理论上可以检测到一切被标签标记的肽段，因此，其检测的通量大、灵敏度高，且不同于 Label Free 非标记定量蛋白质组学按照样本依次上机检测，TMT/iTRAQ 标记定量蛋白质组学采用的是提取蛋白质标记后混合样本上机检测，因此，其数据的稳定性和重现性好。但由于化学标签价格昂贵，同时受到标签标记数目的限制，TMT/iTRAQ 标记定量蛋白质组学比较适用于小样本量蛋白的定量，一旦超过标签试剂盒一次性可标记的最大样本量，则需要加入内参标签二次上机检测。DIA/SWATH 定量蛋白质组学由于数据采集模式的优越性，检测通量高、灵敏度高，更适用于血液细胞等临床样本的检测。PRM 靶向蛋白质组学主要用于靶向蛋白质的研究或验证工作。蛋白质翻译后修饰组学可以研究植物中蛋白质翻译后的各种化学修饰，这一领域的研究通过整合多种高通量技术和生化方法，旨在揭示植物蛋白在翻译后的复杂调控网络中的作用和调控机制。

蛋白质组学在植物科学中的广泛应用使基因功能研究达到了前所未有的深度和广度，推动了植物研究的进展。未来随着技术的不断创新和方法的完善，蛋白质组学将继续在植物科学领域发挥关键作用，为解决全球性的食品安全和环境保护等重大问题提供有力的支持。

4）代谢组学

本书第二章“代谢组学”部分介绍了代谢组学的概念及特点、代谢组学主要的研究方法以及如何通过代谢组学获得目的基因。当获得转基因材料后，研究者通过代谢组学不仅可对转基因材料的表型进行鉴定，还可以分析转基因和野生型植株中的差异代谢物，从而验证目的基因的功能。

代谢组学主要的研究方法包括非靶向代谢组学、靶向代谢组学、脂质组学、代谢流和空间代谢组学，研究者可根据不同的实验目的，选择不同的分析方法。可以通过非靶向代谢组学分析转基因和野生型植株中的差异代谢物，从而验证目的基因的功能。同时也可以通过靶向代谢组学对某一个/类代谢物的含量进行靶向分析，从而验证目的基因的功能。此外，脂质组学对脂类物质进行分析，了解目的基因与脂类物质代谢相关的功能。代谢流可以全面解释物质的代谢过程，充分了解代谢通路的流向以及流量问题，通过对特定代谢通路进行研究，以验证目的基因的功能。空间代谢组学可以在三维结构上了解不同组织区域中代谢物的变化和分布状态，从而验证目的基因相关的代谢物在空间分布中的生物学功能。

（1）非靶向代谢组学

非靶向代谢组学可以无偏向地、广泛地对样本间的代谢物进行检测分析。由于代谢物在物化性质方面差异较大，选择合适的分析方法较为关键。常用的非靶向代谢组学分析方法主要有色谱质谱联用技术和核磁共振（NMR）技术。色谱质谱联用技术包括气相色谱-质谱联用（GC-MS）和液相色谱-质谱联用（LC-MS），由于二者的分离原理不同，适合检测的代谢物种类也有所不同。GC-MS 适用于极性较小、易挥发等代谢物的分析。LC-MS 适用于沸点较高、热不稳定、极性较大以及不易挥发等代谢物的分析。NMR 具有定量能力好、仪器稳定性高的特点，适用于小分子代谢物的分析以及未知代谢物的结构鉴定。

① GC-MS 技术。GC-MS 是一种常用的非靶向代谢组学分析方法，具有高分辨率和高灵敏度的特点。GC-MS 通常需要对样品进行衍生化处理，以增加化合物的挥发性。GC-MS 适用于极性较小、易挥发等代谢物的分析，但不太适用于热不稳定物质和大分子代谢物的分析。

工作原理：GC-MS 主要是由气相和质谱两部分组成。气相系统一共由三部分组成，其一是气路系统，为仪器提供稳定且纯净的载气，确保准确控制载气流量和良好的实验重现性；其二是进样系统，进样器分为气、液两种，为样本进入气相色谱提供入口；其三是分离系统，是化合物实现有效分离的场所，也是GC技术的核心，通过选择合适的色谱柱和程序升温技术，可实现代谢物的有效分离。

质谱部分主要包括离子源、质量分析器和检测器等。GC-MS技术可选择不同的离子源，电子轰击离子源(EI)是最成熟、应用最广泛的离子源。EI具有稳定性好、质谱图重现性好和碎片离子峰较多的特点，有利于物质结构的鉴定和解析。由于代谢物种类多、理化性质差异较大，选择不同的离子源可以针对性地获得较好的检测结果，离子源的类型和适合检测的物质类型等信息汇总于表3-11。质量分析器是质谱技术的核心部件，将前一步产生的碎片离子根据m/z的不同进行分离和分析。检测器将离子信号不断放大传导至计算机系统，经计算机系统处理后最终得到质谱图。

表3-11　各离子源的相关信息

离子源类型	适合的物质类型	色谱质谱联用类型
ESI(电喷雾离子源)	沸点较高、热不稳定	LC-MS、CE-MS
APCI(大气压化学电离离子源)	挥发性、热稳定、中极性或弱极性	LC-MS
EI(电子轰击离子源)	沸点低、热稳定	GC-MS
CI(化学电离离子源)	沸点低、热稳定	GC-MS
MALDI(基质辅助激光解吸离子源)	生物大分子	FTICR-MS、TOF-MS等

文献案例

2020年4月，普纳大学Altafhusain B. Nadaf课题组在*3 Biotech*杂志上发表了一篇题为"RNAi-mediated down regulation of *BADH2* gene for expression of 2-acetyl-1-pyrroline in non-scented *indica* rice IR-64 (*Oryza sativa* L.)"的研究论文，作者通过RNAi技术沉默甜菜碱醛脱氢酶2(*OsBADH2*)获得转基因株系，利用GC-MS技术对转基因株系和对照组进行代谢组学分析，结果显示转基因株系的愈伤组织、叶片和种子中产生了大量的2-乙酰基-1-吡咯啉(2AP)，这是稻米香气的主要化合物之一。在种子样本中共鉴定出39种挥发性代谢物。与对照组相比，转基因株系中脯氨酸和甲基乙二醛的含量显著增加，而γ-氨基丁酸含量减少了25%。研究表明，通过RNAi技术下调*OsBADH2*的表达，可以诱导无香味的籼稻品种产生2AP(图3-122)。

② LC-MS技术。LC-MS是一种应用较为广泛的非靶向代谢组学技术。LC-MS具有较高的分辨率、较快的分析速度和较高的灵敏度等特点，有利于代谢物种类和数量的鉴定，是了解生物体代谢活动的有效方法。LC-MS可检测复杂生物样品中未知的内源和外源代谢物，适用于高沸点、热稳定性差、大分子和极性强的化合物的分离分析，且不需要对样品进行衍生化处理。与GC-MS相比，LC-MS更适合于高沸点、热不稳定性及高分子量化合物的检测；与NMR相比，LC-MS检测灵敏度更高、动态范围更宽。因此，LC-MS是分析植物内源和外源代谢物的主要方法。

工作原理：LC-MS利用液相色谱系统将待测物质分离后进入质谱仪，样本中的各组分首先在离子源中进行电离，从而生成一系列不同m/z的离子。随后，在质量分析器中利用磁场或电场将不同m/z的离子在时间或空间上进行分离，在检测器中依次对其进行测定。最终，经过计算机数据处理后，得到包含代谢物m/z和含量信息的质谱图(图3-123)。

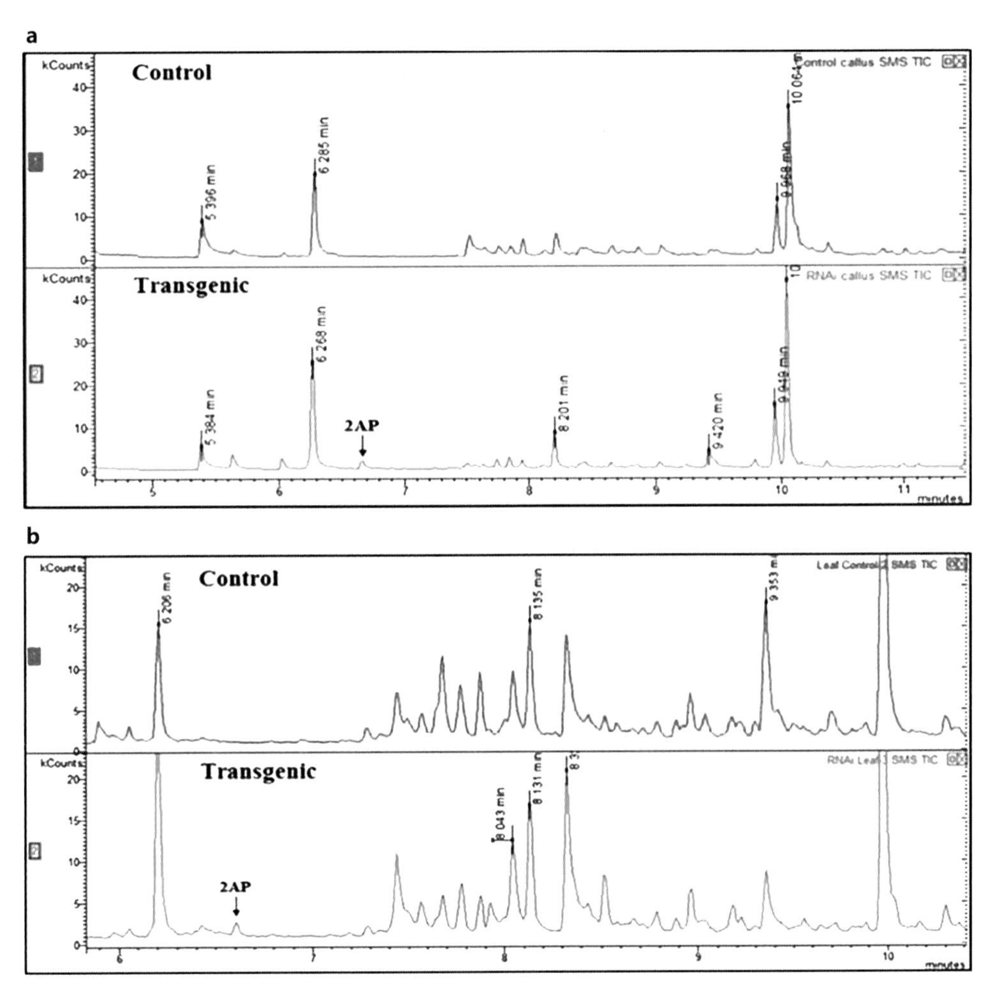

图 3-122 GC-MS 显示转基因株系愈伤组织(a)和叶片(b)中 2AP 的峰值(Khandagale K et al., 2020)

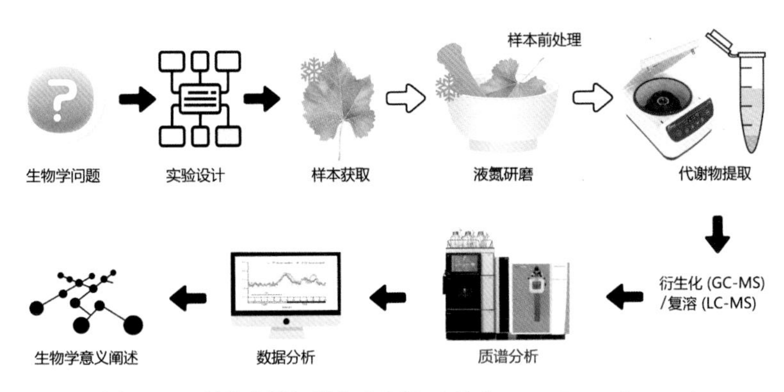

图 3-123 植物代谢组学技术流程(改编自 Jorge T. et al.,2016)

文献案例

2020 年 4 月，中国农业科学院烟草研究所闫宁课题组在 *Plants* 杂志上发表了一篇题为“Effects of *NtSPS1* overexpression on solanesol content，plant growth，photosynthesis，and metabolome of *Nicotiana tabacum*”的研究论文，茄尼醇主要存在于茄类作物中，在烟草中的含量最高，烟草茄尼酯二磷酸合成酶 1(NtSPS1)是茄尼醇生物合成的关键酶，为了研究 *NtSPS1* 在茄尼醇生物合成中的作用及功能机制，作者通过 LC-MS 技术对 *NtSPS1* 过表达株系(OE)和野生型株系(WT)的叶片样本进行了代谢组学分析，共鉴定出 447 种代谢物，其中差异代谢物有 64 种。与 WT 相比，OE 叶片中茄尼醇的含量显著提高。进一步将差异代谢物进行了 KEGG 代谢通路富集分析，结果显示在 OE 叶片中光合生物的碳固定途径显著富集，这表明 *NtSPS1* 可能通过促进烟叶中碳固定来增加烟草叶片的光合作用。本研究证实了 *NtSPS1* 在烟叶茄尼醇生物合成过程中发挥的作用(图 3-124)。

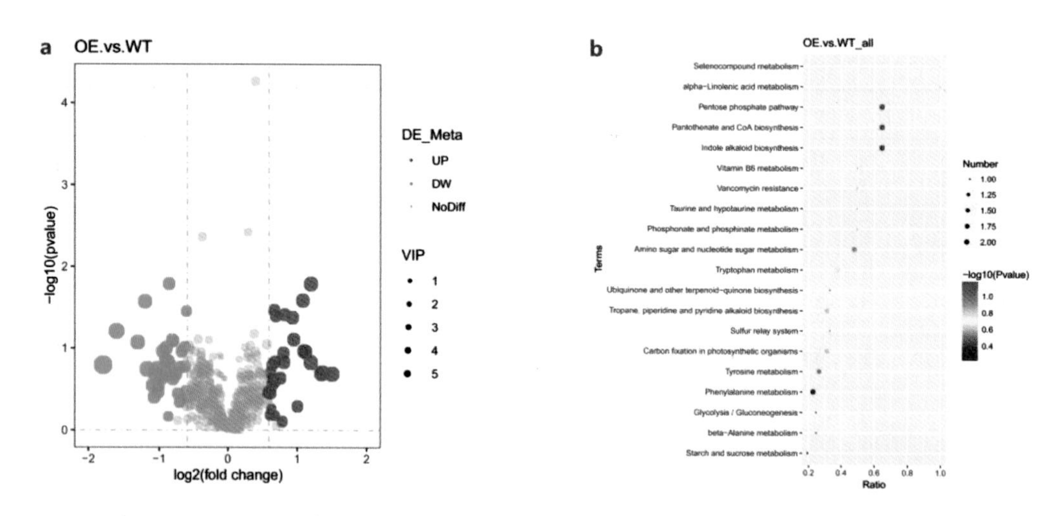

图 3-124　*NtSPS1* 过表达(OE)和野生型(WT)烟草叶片差异代谢物分析(Yan et al.，2020)

a. 差异代谢物火山图，图中每一个点代表一个代谢物，红色点表示显著上调的代谢物，绿色点表示显著下调的代谢物；b. KEGG 代谢通路富集分析气泡图，图中横坐标表示该途径中差异代谢物数量与鉴定到的代谢物总数量之比，比值越大表明该通路中差异代谢物的数量越多，纵坐标表示代谢途径，图中点的颜色代表显著性，颜色越红越显著

③ NMR 技术。这是一种用于小分子代谢物检测分析的方法。NMR 技术能够在不破坏样品结构的基础上，准确识别代谢物的结构，并实现代谢物的定性定量分析。与质谱技术相比，NMR 的定量能力和仪器稳定性更好，样本制备简单，可实现代谢物结构的鉴定。但也存在一些缺点，如灵敏度较低，动态范围较窄，代谢物的信号重叠严重，后续仪器的维护成本较高，在一定程度上限制了其在大规模的代谢组学研究中的应用。

工作原理：NMR 技术的基本原理是具有奇数个数质子或者中子的原子核的自旋量子数不为零，原子核发生自旋运动产生磁矩，并且磁矩方向与原子核自旋的方向相同。此时若存在一个恒定的与磁矩方向不同的外加磁场，原子核将会以特定频率绕磁场旋转。外加射频场可以为原子核自旋运动提供能级跃迁所需的能量，当射频场的频率与原子核旋转频率相匹配时，射频场的能量能有效被原子核吸收，并发生能级跃迁，从而产生核磁共振信号。通过这些信号，可以鉴定化合物的基团、结构和分子量等信息。

表 3-12 对各个分析方法的优缺点进行了汇总。

表 3-12　非靶向代谢组学分析方法特点汇总

方　法	优　点	缺　点
LC-MS	1. 灵敏度高 2. 分辨率高 3. 动态范围宽 4. 适用于高沸点、热不稳定性及难挥发性等代谢物的检测 5. 有分析软件辅助进行代谢物定性分析	1. 存在批次效应 2. 有假阳性 3. 色谱的分离效率较低，分离时间较长 4. 数据库不够完善，使得物质定性存在一定的难度
GC-MS	1. 灵敏度高 2. 分辨率高 3. 选择性好 4. 适合低分子量代谢物的精确分析 5. 适合极性小、易挥发化合物的分析 6. 数据库较为完善，有利于代谢物定性分析	1. 存在批次效应 2. 不适合热不稳定和不能气化的代谢物分析 3. 样本通常需要衍生化处理，样本前处理较为繁琐
NMR	1. 样本制备简单 2. 无损检测 3. 具有较强的物质结构解析能力	1. 灵敏度低 2. 动态范围有限 3. 对代谢物的覆盖度较少 4. 仪器维护成本较高

（2）靶向代谢组学

靶向代谢组学是一种针对特定代谢物进行检测和分析的方法。靶向代谢组学通常使用 LC-MS 平台的多反应监测(multiple reaction monitoring，MRM)技术，具有特异性强、灵敏度高和定量准确的特点。

由于三重四极杆质谱仪是进行单一 m/z 扫描最灵敏的质谱系统，因此是最合适 MRM 分析的质谱仪器，MRM 技术通过选择目标代谢物离子的信号，去除其他信号的干扰，实现靶向代谢物的定量分析(图 3-125)。MRM 技术的分析过程主要包括以下三个阶段：

① MS1 扫描(Q1)：MS1 扫描筛选出与目标分子一致的母离子，排除其他离子干扰；

② 碰撞诱导电离(Q2)：母离子经碰撞室诱导电离后碎裂形成很多碎片离子；

③ 特征碎片离子的选择(Q3)：选择出所需要的特征碎片离子，排除非目标离子的干扰。

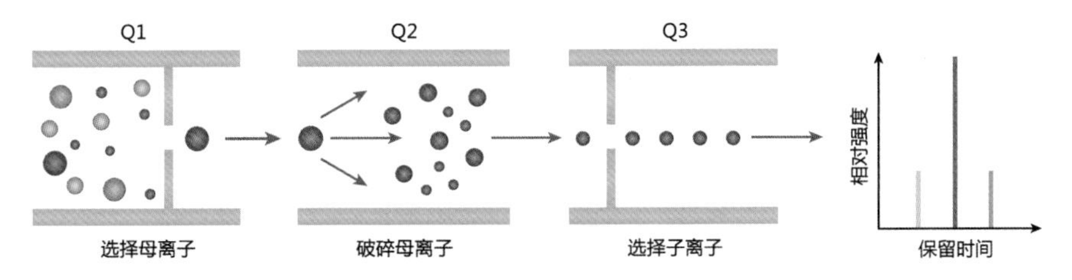

图 3-125　基于三重四极杆质谱仪的 MRM 技术扫描示意图

通过 MRM 技术，可以选择性地分析特定代谢物，从而实现代谢物的靶向定性和定量分析。因此，靶向代谢组学具有较高的分析精度和重复性。

文献案例

2020 年 11 月，中国农业科学院蔬菜花卉研究所崔霞课题组在 *Nature Communications* 杂志上发表了一篇题为“*FIS1* encodes a GA2-oxidase that regulates fruit firmness in tomato”的研究论文，该研究揭示了果实硬度的分子遗传调控机制。*FIS1* 基因编码赤霉素氧化酶，该酶参与调控赤霉素的代谢。作者通过图位克隆的方法克隆了 *FIS1* 基因，并通过基因编辑技术获得该基因的突变体植株。通过靶向代谢物的检测，发现 *FIS1* 突变导致番茄中活性赤霉素 GA1、GA3 和 GA7 转化为无活性的赤霉素 GA8、GA34，这种转化增强了果实中角质和蜡质的生物合成，从而提高了果实的硬度和储存期。同时，*FIS1* 突变对果实的口感和重量没有不利影响。研究结果表明，*FIS1* 基因介导赤霉素的分解代谢，能够在不影响果实口感和重量的情况下增加果实硬度，为番茄育种提供理论基础（图 3-126）。

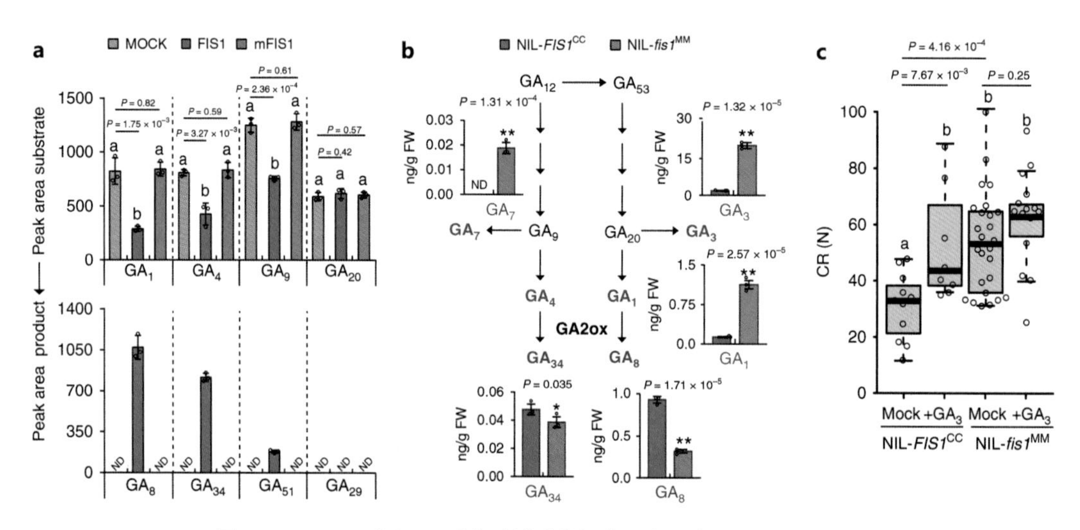

图 3-126　FIS1 通过 GA 分解代谢途径调节果实硬度（Li et al.，2020）

a. FIS1 和 mFIS1（突变的 FIS1）蛋白酶活性分析；b. NIL-$fis1^{MM}$ 和 NIL-$FIS1^{CC}$ 果皮中赤霉素水平，$^{*}P<0.05$，$^{**}P<0.01$；c. GA 处理或未处理的 NIL-$fis1^{MM}$ 和 NIL-$FIS1^{CC}$ 果实的抗压性测试

（3）脂质组学

脂质组学是一门研究脂类物质变化规律和功能的学科，通过脂质组学的分析可以揭示脂类物质在生命活动中发挥的作用。脂类物质是一类难溶于水但易溶于有机溶剂的分子，包含磷脂类、鞘脂类和糖脂类在内的极性脂质，甘油三酯在内的非极性脂质及脂质代谢物。脂类物质是脂质组学的研究对象，它除了是生物体的细胞膜骨架以外，还参与如光合作用、细胞信号转导、细胞分泌、物质运输、气孔运动及细胞结构重组等多种生命活动过程，在生物体应对生物胁迫和非生物胁迫过程中发挥重要作用。

质谱法为植物脂质组学的深入研究提供了强有力的技术支持。脂质组学分析可以高通量地研究脂类物质在各种生物过程中的变化与功能，进而阐明生命活动相关的分子机制。

文献案例

2022年6月，四川农业大学李双成课题组在 *Plant Physiology* 杂志上发表了一篇题为"*SWOLLEN TAPETUM AND STERILITY1* is required for tapetum degeneration and pollen wall formation in rice"的研究论文，水稻花粉壁对于保护雄性配子和受精具有重要的作用，花粉壁的脂质成分主要由孢子绒毡层细胞合成。为了研究水稻花药发育过程中脂质生物合成的分子机制，作者从9311突变体库中分离出雄性不育突变体 *sts1-1*。通过脂质组学分析，共鉴定出了802种脂类物质。与WT相比，突变体中磷脂酰胆碱和磷脂酰乙醇胺的含量降低，同时用于合成磷脂酰胆碱和磷脂酰乙醇胺的前体物质的含量降低。此外，研究者通过酵母双杂和双分子荧光互补等实验进一步研究了STS1的蛋白互作网络。这些结果为水稻花药发育过程中脂质生物合成的分子机制研究提供了数据基础(图3-127)。

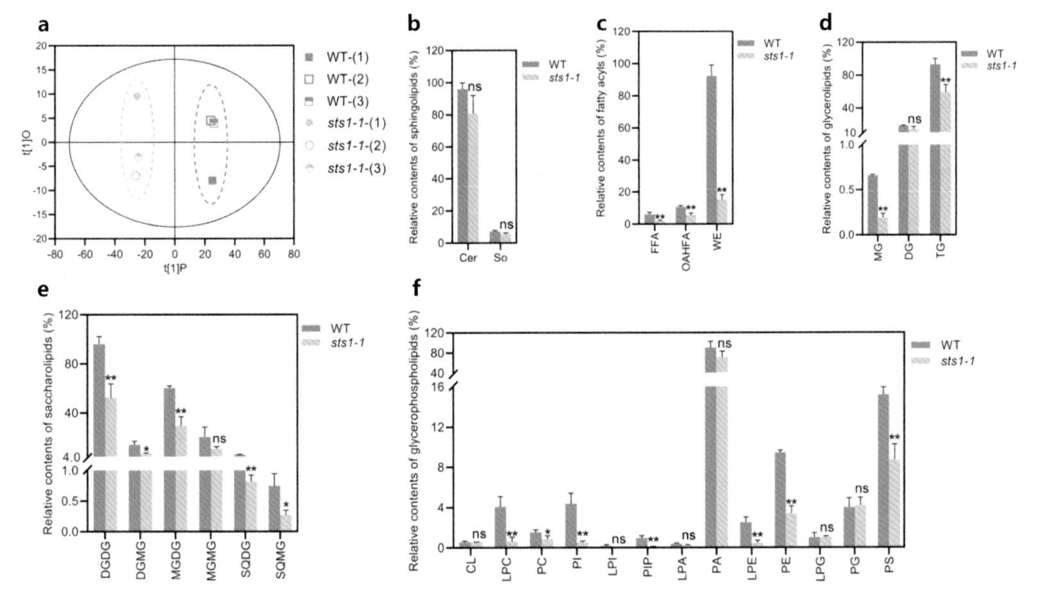

图3-127　STS1参与水稻花药中的脂质生物合成(Yuan et al.,2022)

a. WT和 *sts1-1* 中脂质代谢物的正交偏最小二乘判别分析(OPLS-DA分析)；b～f. WT和 *sts1-1* 之间几种脂质代谢物的变化情况

(4) 代谢流

传统的代谢组学研究多局限于分析代谢通路中部分代谢物含量的变化以及关键酶的活性，但是生物体的物质代谢是一个多变且复杂的过程，通常是由多种因素共同决定，并非只受单一因素的影响。同位素示踪技术不仅可以示踪特异性的代谢通路，而且可通过同位素的丰度占比来评估代谢物是否积累、积累程度如何，以及代谢通路是否受阻等。稳定同位素示踪技术能够提供同位素的标记信息，但不能将其等同于物质间的净转化量。中间代谢产物浓度可以为生物体提供基因调节、信号传递和生物合成等多种信息，但是中间代谢产物浓度高低不能代表通路活性。衡量代谢通路活性需要用单位时间内物质的流量来进行量化，即代谢通量。

代谢流是基于稳定同位素示踪技术的一种深度数据挖掘技术，该技术通过简化代谢通路设计一个便于计算的数学模型，将得到的稳定同位素示踪代谢组学的数据代入数学模型中进行公式推导，计算出代谢物与代谢物之间的通量，即代谢通量，从而实现了对某一物质（如葡萄糖、脂肪酸和氨基酸等）代谢过程中多个代谢产物之间的定量分析，并展现出一个动态的代谢过程。代谢流分析可以全方位地解释物质代谢过程，全面了解代谢物在代谢通路上的流向以及流量问题，在代谢途径鉴定、代谢机制解析和代谢工程等领域发挥重要作用（图 3-128）。

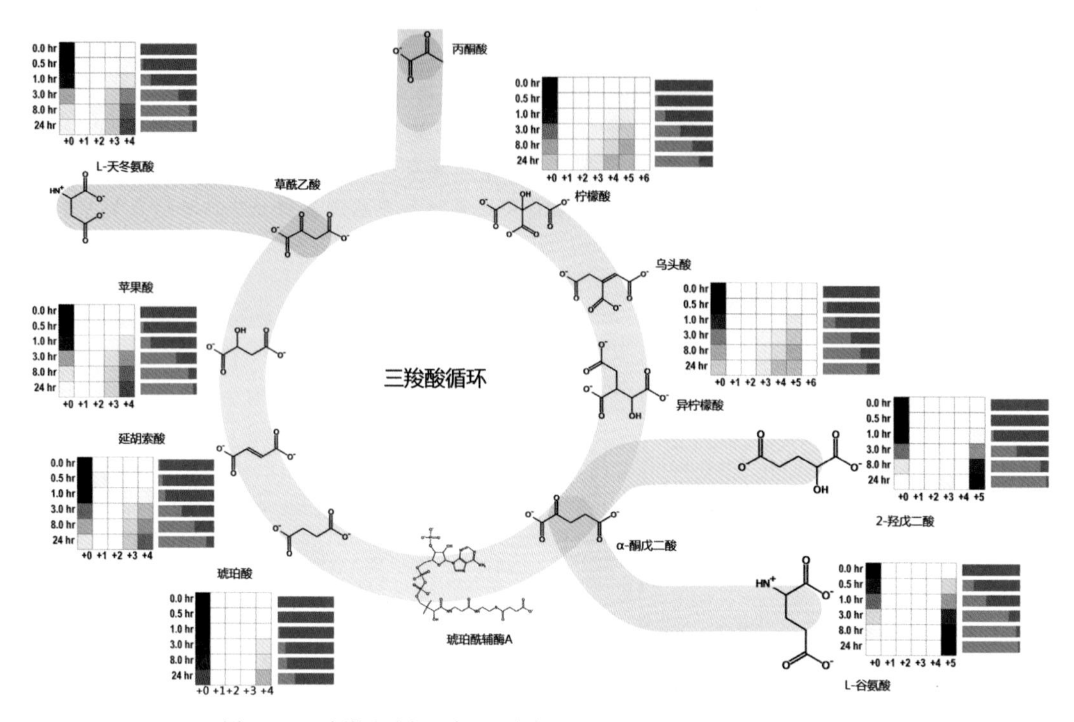

图 3-128　代谢流分析示例（改编自 Salamanca-Cardona et al.，2017）

（5）空间代谢组学

常规的代谢组学是将所需的样本经均一化处理后进行代谢物的提取，然后进行质谱分析。这种处理方式从本质上就忽视了样本不同组织结构中代谢物的空间分布信息，这对于代谢组学的深入研究来说是不完整的。空间代谢组学技术则弥补了这一不足，它是一种新型的分子影像技术，将质谱成像（mass spectrometry imaging，MSI）和代谢组学技术进行结合，从定性、定量和定位三个维度对不同组织器官中代谢物的分布情况进行分析，获得不同部位代谢物的种类和数量，识别差异代谢物在空间分布中发挥的生物学功能。空间代谢组学具有无需探针标记、样本前处理简单等特点，在植物基因功能研究领域具有广泛的应用前景。

文献案例

2022 年 6 月，约翰英尼斯中心 Angelo Santino 和 Cathie Martin 课题组在 *Nature Plants* 杂志上发表了一篇题为“Biofortified tomatoes provide a new route to vitamin D sufficiency”的研究论文，作者选取番茄的野生型植株和 7-脱氢胆固醇还原酶基因 *Sl7-DR2* 敲除植株，通过空间代谢组学技术比较了与 7-脱氢胆固醇（7-dehydrocholesterol，7-DHC）生物合成相关代谢物含量的变化。结果发现，与野生型相比，*Sl7-DR2* 敲除植株中 7-DHC 含量显著增加，α-番茄素和糖苷生物碱的含量显著降低。说明敲除 *Sl7-DR2* 基因会影响番茄中 7-DHC 的含量变化（图 3-129）。

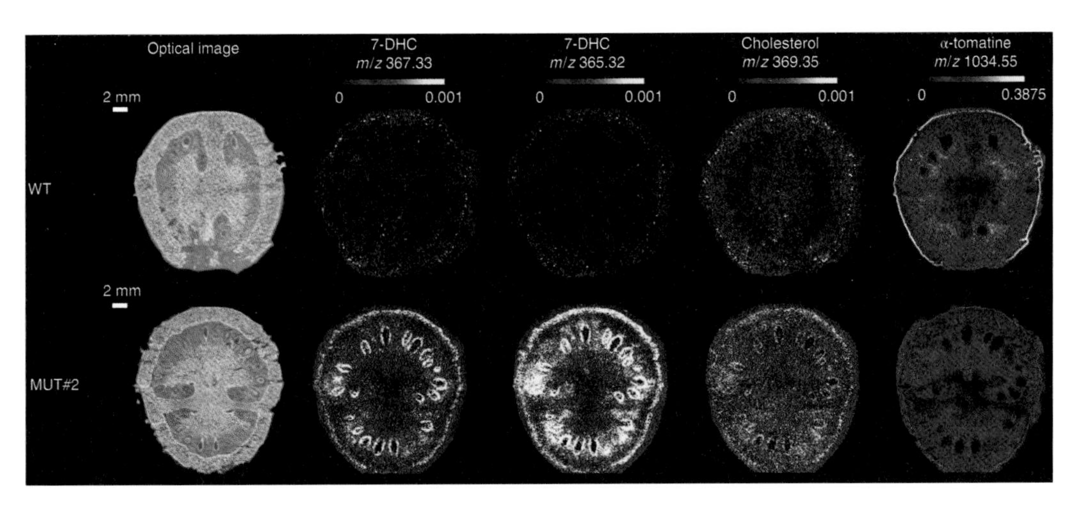

图 3-129　空间代谢组学技术分析与 7-DHC 合成相关的代谢物的变化(Li et al.,2022)

非靶向代谢组学可以较为全面地、系统地和无偏向性地分析生物体内所有代谢物的信息,适用于对不同样本间差异代谢物进行初步筛选。靶向代谢组学是对特定的代谢物进行分析,适用于对非靶向代谢组学的结果进行验证,或者对感兴趣的目标代谢物进行绝对或相对定性定量分析。脂质组学能够较为全面地对生物体内的脂类物质进行检测分析。代谢流主要是解决代谢物的流向以及代谢通量问题。空间代谢组学是在传统的代谢组学的基础上增加了空间位置分布的信息,便于识别代谢物在空间不同部位所发挥的生物学功能。随着代谢物注释和数据库的不断完善和质谱技术的不断发展,代谢组学在数据的稳定性、可靠性及覆盖度等方面将不断提升,从而促进生物代谢多样性的研究。

(二)体外基因功能研究

本书将体外基因功能研究分为酵母细胞水平和细胞外水平(图 3-130)。酵母细胞水平的实验主要是指通过酵母杂交和功能互补等实验来研究目的蛋白的功能;细胞外水平的实验是指利用蛋白表达实验表达纯化出目的蛋白,再通过体外酶活验证、抗体制备、蛋白互作验证或蛋白结构解析等实验来研究目的蛋白的功能。

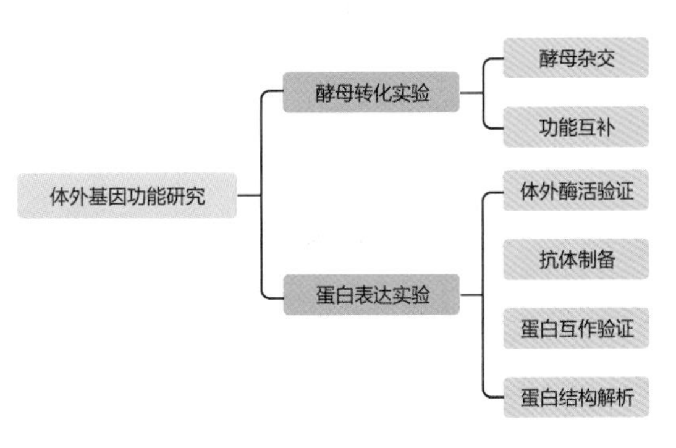

图 3-130　体外基因功能研究

1. 酵母转化实验

酵母转化是指将目的基因转化到酵母细胞内的过程。根据实验目的的不同,可将其分为两类:一类是通过酵母杂交实验解析目的基因的调控关系,从而间接判断目的蛋白的功能;另一类是通过酵母功能互补实验直接研究目的基因在酵母细胞中的功能。

1) 酵母杂交

酵母杂交实验主要指的是酵母单/双杂实验,是一种在酵母细胞内对目的基因上下游调控关系以及目的蛋白之间的相互作用关系进行解析的实验技术。关于酵母杂交的详细信息见本章"基因调控网络解析"部分。

2）酵母功能互补

酵母功能互补实验是一种利用酵母突变株对目的基因功能进行研究的实验技术，其原理是营养缺陷型的酵母突变株不能在缺少该营养的培养基上正常生长，将含有目的基因的表达载体转化到该酵母突变株中，如果目的基因能够表达出与该缺陷型功能互补的蛋白，即可使该突变株恢复正常生长，以此来验证目的基因的功能。

文献案例

2023年8月，西北农林科技大学李明军课题组在 *Plant Physiology* 杂志上发表了一篇题为"Uptake of glucose from the rhizosphere, mediated by apple MdHT1.2, regulates carbohydrate allocation"的研究论文。作者通过RNA-seq在苹果中找到一个在根中特异性表达的单糖转运蛋白MdHT1.2，为了验证 *MdHT1.2* 在苹果单糖转运中的功能。作者分别将其转化到己糖摄取缺陷酵母突变株 *EBY.VW4000* 和蔗糖摄取缺陷酵母突变株 *SUSY7* 中。结果显示 *MdHT1.2* 能够恢复 *EYB.VW4000* 突变株在缺少Glc（葡萄糖）、Gal（半乳糖）或Fru（果糖）的培养基上的生长能力和 *SUSY7* 突变株在缺少Suc（蔗糖）的培养基上的生长能力，但转化空载体的酵母突变株和未转化的酵母突变株在上述缺糖培养基上没有恢复生长能力（图3-131）。

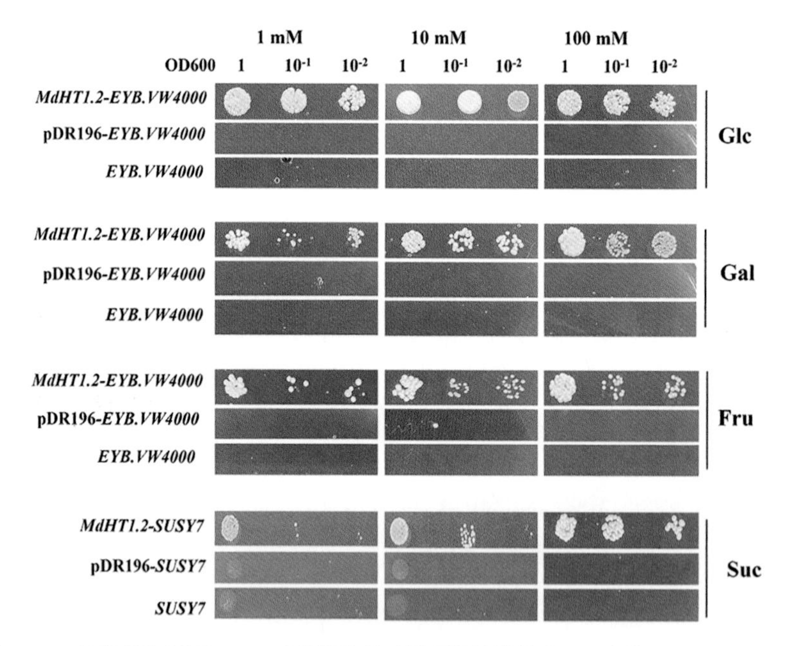

图3-131　异源表达 *MdHT1.2* 后能够恢复己糖摄取缺陷的酵母突变株 *EYB.VW4000* 和Suc摄取缺陷的酵母突变株 *SUSY7* 在平板上的生长（Tian et al.，2023）

注：表达 *MdHT1.2* 的 *EYB.VW4000* 酵母突变株分别在补充有1mM、10mM或100mM Glc、Gal或Fru的培养基上培养；表达 *MdHT1.2* 的 *SUSY7* 酵母突变株在补充有1mM、10mM或100mM Suc的培养基上培养。以空载体和未转化酵母突变株作为对照

2. 蛋白表达实验

蛋白质表达是指将基因中的编码序列翻译成蛋白质的过程。在进行蛋白质表达实验时，需要

选择一个合适的表达系统，常用的包括细胞表达系统和无细胞表达系统。

1）细胞表达系统

细胞表达系统指的是将目的蛋白的基因序列构建到表达载体中，随后将载体导入宿主细胞（如大肠杆菌、酵母细胞、昆虫细胞和哺乳动物细胞等），促使其表达目的蛋白。

大肠杆菌表达系统是一种原核表达系统，因具有易于培养、目的蛋白表达量大及实验周期短等优势，成为蛋白表达的首要选择。但由于大肠杆菌细胞内缺乏某些翻译后修饰酶，无法实现某些蛋白质的完全修饰，导致一些需要经过翻译后修饰的目的蛋白表达后不能够发挥其生物学活性。

酵母表达系统是一种真核表达系统，根据酵母菌株的不同，又可以分为酿酒酵母表达系统和甲醇营养型酵母表达系统。酵母表达系统具有蛋白质翻译后修饰的功能，其表达的外源蛋白更接近于天然蛋白质，并且纯化工艺简单安全。

昆虫细胞表达系统也是一类真核表达系统，在昆虫细胞内，杆状病毒表达的外源基因产物可以完成各种翻译后修饰，包括磷酸化、糖基化、乙酰化和泛素化等。哺乳动物细胞表达系统往往通过质粒转染和病毒载体的感染来表达目的重组蛋白，适合大分子量蛋白的表达。

2）无细胞表达系统

无细胞表达系统是一种没有完整细胞的体外蛋白质翻译合成系统，利用无细胞提取物提供所需要的核糖体、转移核糖核酸、酶类、氨基酸、能量供应系统和无机离子等，通过添加表达模板（质粒或 PCR 产物等），利用透析等手段去除反应副产物，在体外环境中进行目的重组蛋白的表达。

无细胞表达系统与传统细胞表达系统相比更加简便快捷，省去了细胞培养的步骤，可以使用 PCR 产物、质粒 DNA 和合成 DNA 等作为模板 DNA 来表达目的蛋白，满足大规模蛋白制备的需求，且不受生理限制，十分适合膜蛋白和毒性蛋白的表达。体外无细胞表达系统也分为原核表达系统和真核表达系统两大类，原核表达系统以细菌裂解物为基础，如大肠杆菌无细胞表达系统；真核表达系统以真核细胞裂解物为基础，包括酵母抽提物无细胞表达系统、小麦胚芽抽提物无细胞表达系统和兔网织红细胞抽提物无细胞表达系统等。以大肠杆菌无细胞表达系统为例，使用较多的是 *E. coli* S30 提取物表达系统，主要利用 omp T 胞内蛋白酶和 Lon 蛋白酶活性缺失突变体 *E. coli* B 制备而来，通过添加氨基酸等物质来实现目的蛋白的表达。

针对不同的实验目的，可以选择不同的蛋白表达系统来获取目的蛋白，以上介绍的这些蛋白表达系统均适用于植物蛋白的表达。

3. 体外酶活验证

酶活验证是一种常见的体外基因功能验证的方式。它是指通过细胞表达系统或无细胞表达系统来获得目的蛋白，并对其进行纯化。随后，构建相应的反应体系，分别加入相对应的底物、辅酶以及纯化后的目的蛋白。充分混合后，进行离心、孵化，待反应终止后，可以通过液相色谱-质谱联用仪（LC-MS）检测底物的消耗情况。通过观察底物的消耗情况，验证目的蛋白是否具有催化的作用，从而判断目的基因的功能。

文献案例

2020 年 12 月，西北农林科技大学李新岗课题组在 *Journal of Agricultural and Food Chemistry* 杂志上发表了一篇题为“Metabolomic and transcriptomic analyses of anthocyanin biosynthesis mechanisms in the color mutant *Ziziphus jujuba* cv. Tailihong”的研究论文，作者通过代谢组学和转录组学联合分析并结合 RT-qPCR 实验从枣中挑选出可能在果皮花青素生物合成中起着重要调控作用的基因 *ZjANS* 和 *ZjUGT79B1*。为了进一步验证它们在花青素合成中所发挥的

功能，作者首先通过大肠杆菌表达系统表达出 ZjANS 和 ZjUGT79B1 蛋白，然后构建了花青素合成反应体系，分别添加花青素物质合成的底物[(＋)-儿茶素和矢车菊素-3-O-葡萄糖苷]和糖供体，以空载蛋白作为阴性对照。待反应结束后，通过 LC-MS 分析发现 ZjANS 催化底物(＋)-儿茶素生成花青素，ZjUGT79B1 催化矢车菊素-3-O-葡萄糖苷生成矢车菊素-3-O-芸香糖苷。这些结果证明，*ZjANS* 和 *ZjUGT79B1* 两个基因在枣果皮花青素生物合成中发挥了关键的作用(图 3-132)。

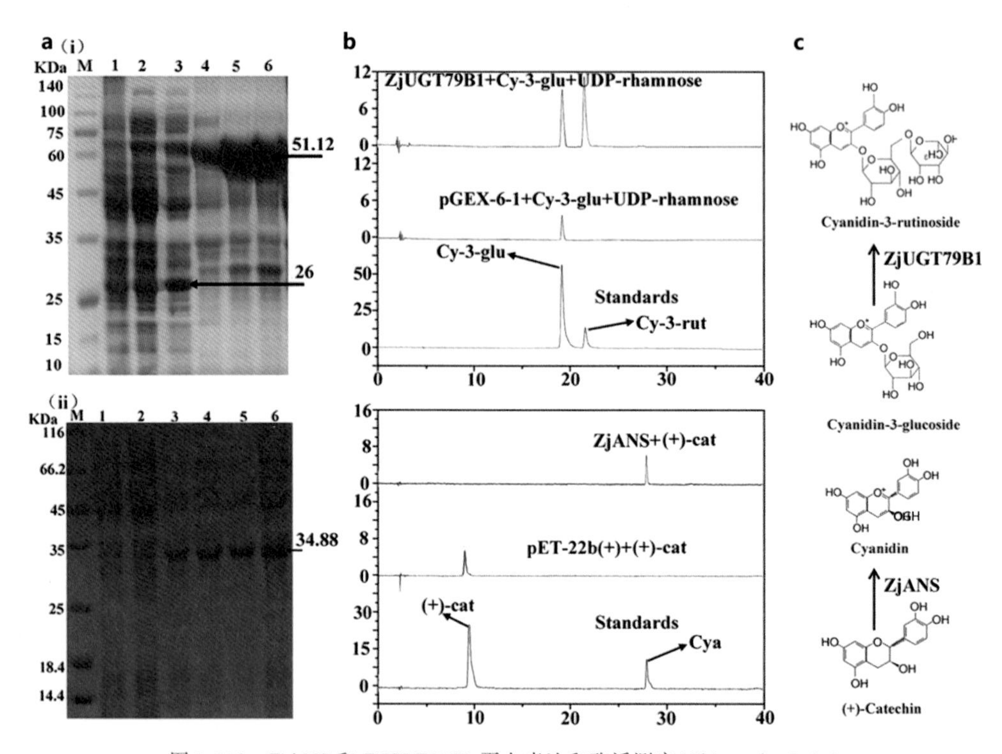

图 3-132　ZjANS 和 ZjUGT79B1 蛋白表达和酶活测定(Shi et al.，2020)

4. 抗体制备

抗体免疫技术是一种依赖抗原抗体特异性结合的原理对目的蛋白的功能进行验证的方式。动物在受到抗原物质刺激后，B 淋巴细胞会转化为浆细胞，从而产生能与相应抗原特异性结合的免疫球蛋白，这类免疫球蛋白称为抗体。目前抗体制备技术不断进步，人工制备的抗体类型主要有四种，分别是多克隆抗体、单克隆抗体、基因工程抗体和催化抗体。

采用传统的免疫方法，将抗原物质经不同途径注入动物(小鼠、兔子或羊驼等)体内，经过数次免疫后采取动物血样，分离出血清，由此获得的抗血清经过纯化后即可得到多克隆抗体，简称多抗。采用淋巴细胞杂交瘤技术将产生特异性抗体的 B 细胞和骨髓瘤细胞融合，形成 B 细胞杂交瘤，这种杂交瘤细胞不仅具有骨髓瘤细胞无限增殖的特性，又具有 B 细胞分泌特异性抗体的能力。这种由 B 细胞杂交瘤所产生的抗体即为单克隆抗体，简称单抗(图 3-133)。基因工程抗体是指利用基因工程技术将抗体基因重组到表达载体中，并转入特定的宿主中表达和折叠成功能性抗体分子。催化抗体是具有催化活性的免疫球蛋白，兼具抗体的特异性和酶的高效催化性，目前制备催化抗体主要有细胞融合法、抗体结合位点化学修饰法和引入辅助因子法等。

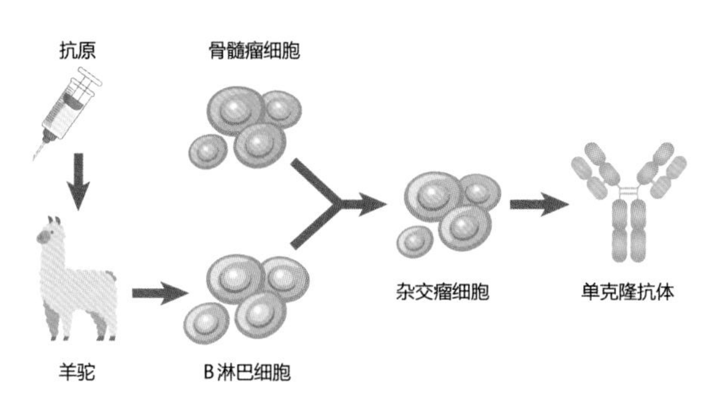

图 3-133　杂交瘤技术制备单克隆抗体

文献案例

在植物基因功能研究领域中,免疫抗体技术也开始崭露头角。2023 年 7 月,中国科学院植物研究所秦国政课题组在 *The Plant Cell* 杂志上发表了一篇题为"Deciphering the regulatory network of the NAC transcription factor FvRIF, a key regulator of strawberry fruit ripening"的研究论文。作者为了制备草莓 FvRIF 特异性抗体,将缺失保守结构域的 *FvRIF*(称为 *FvRIFt*)构建到 pET-30a 载体上。然后,通过大肠杆菌表达系统表达并纯化 FvRIFt 重组蛋白,并将重组蛋白注入兔子体内。随后,通过用亲和层析法成功从兔抗血清中纯化出 FvRIF 的特异性多克隆抗体。FvRIF 特异性抗体的应用有助于验证 FvRIF 的功能并解析其在调控网络中的作用(图 3-134)。

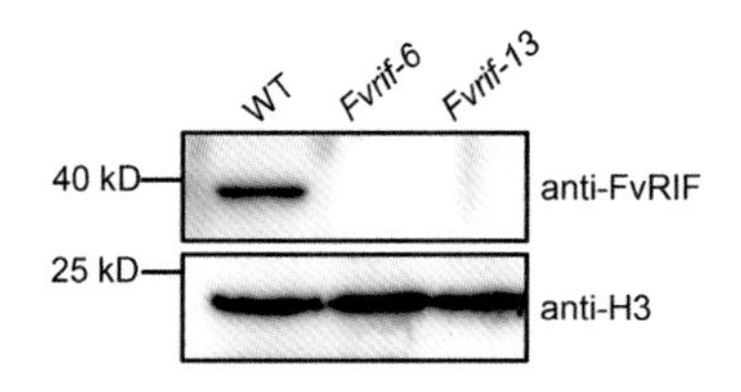

图 3-134　使用 FvRIF 特异性抗体对 *Fvrif-6* 和 *Fvrif-13* 突变体株系中 FvRIF 蛋白含量进行 Western blot 检测(Li et al.,2023)

注:以组蛋白 H3 作为内参对照

5. 蛋白互作验证

对于体外基因功能研究来说,除了单独对目的蛋白进行功能研究外,还可以通过分析其互作关系从而间接判断目的蛋白的功能。在基因功能调控网络中,部分蛋白并非独立发挥功能,而是常常以拮抗或协同的方式共同参与对靶基因的调控。前面提到酵母杂交技术是在酵母细胞内研究基因调控网络,这里的互作验证主要指的是在细胞外水平来研究调控网络关系,如 GST Pull-down、DNA Pull-down 和 EMSA 等技术。关于互作验证的详细信息见本章"基因调控网络解析"部分。

6. 蛋白结构解析

蛋白质的功能是由氨基酸序列和蛋白质三维结构共同决定的。氨基酸是蛋白质的基本结构单位。在生物体中,蛋白质并不是完全伸展的,而是以紧密折叠的形式存在,不同的折叠形式导致蛋白质三维结构的不同。因此,对蛋白质的三维结构进行解析有助于理解其功能。关于结构解析的详细信息见本章"蛋白结构研究"部分。

五、基因调控网络解析

基因调控网络(gene regulatory network,GRN)指细胞内或一个基因组内基因和基因之间的相互作用关系形成的网络,特指基因调控导致基因之间的相互作用。一般情况下同一个生物体细胞的基因都是同样的,但同一个基因在不同组织、不同细胞中的表现并不一样。一个基因的表达既影响其他的基因,又受其他基因的影响,基因之间相互促进、相互抑制,这种基因之间的相互作用在特定的细胞、时间、环境等多因素的大环境中呈现活化状态,构成一个复杂的基因调控网络。从理论上讲,基因表达调控可以发生在遗传信息传递过程的各个水平上。同时,根据中心法则,遗传信息传递是从 DNA 到 RNA 再到蛋白的过程,因此,本书将基因调控网络解析分为三个层面:DNA 水平上的调控(DNA-蛋白互作)、RNA 水平上的调控(RNA-蛋白互作)和蛋白及修饰水平上的调控(蛋白-蛋白互作以及确定调控的上下游关系)(图 3-135)。

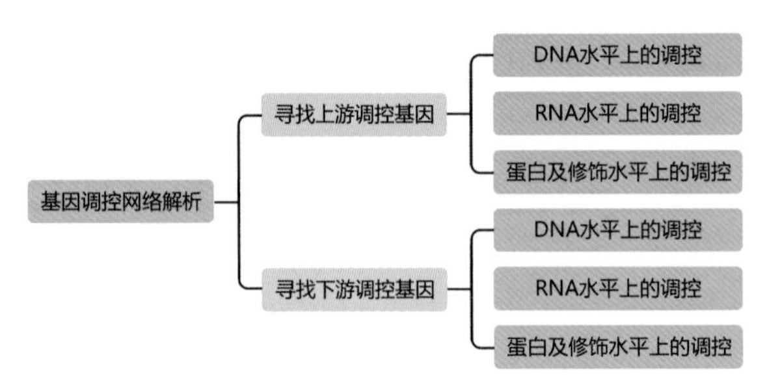

图 3-135　基因调控网络解析

本节主要阐述如何确定目的基因上下游的调控关系,这样就能从目的基因出发,由点到线,最终形成一个调控网络,为了让读者对基因调控网络解析有一个清晰的架构,本节将基因网络调控分为两个层面,分别是寻找目的基因上游调控基因和寻找目的基因下游调控基因,这两个层面都包括 DNA 水平、RNA 水平以及蛋白水平上的调控。其中,蛋白水平上的调控又包括两方面的内容,分别是确定相互作用蛋白和确定上下游关系,由于在确定上下游关系的过程中蛋白翻译后修饰的酶和底物之间也存在调控和被调控关系,因此本节对这部分内容也进行了介绍。

需要强调一点,本节介绍的基因调控网络解析仅包含通过实验手段得到结果的方法。如果想通过其他方法,例如通过生物信息学分析得到基因调控网络,可自行查阅相关资料。

(一)寻找上游调控基因

本节首先介绍如何寻找目的基因上游的调控基因,包括 DNA 水平、RNA 水平和蛋白及修饰水平上的调控三个层面,每个层面都有其具体的方法和思路(图 3-136)。

1. DNA 水平上的调控

本节所述"DNA 水平上的调控",就是"转录调控"的概念,转录调控是指以 DNA 为模板合成 RNA 的调控。所有的细胞都具有大量的 DNA 结合蛋白(反式作用因子),这些蛋白能准确地识别并结合特异的 DNA 序列(顺式作用元件),在转录水平上起着"开关"的作用。反式作用因子和顺式作用元件之间的相互作用是转录水平基因表达调控的分子基础。其中,反式作用因子主要指调控蛋白、转录因子(transcription factor,TF)等;顺式作用元件主要指转录因子结合位点(transcription factor binding site,TFBS)、核心启动子等。研究转录调控主要包括寻找目的基因启动子的反式作用因子、寻找反式作用因子在目的基因启动子上结合的顺式作用元件以及鉴定两者之间的相互作用(图 3-137)。本节以目的基因启动子为研究对象,向上游寻找与其结合的反式作用因子(这里仅介绍转录因子)。

图 3-136　寻找上游调控基因

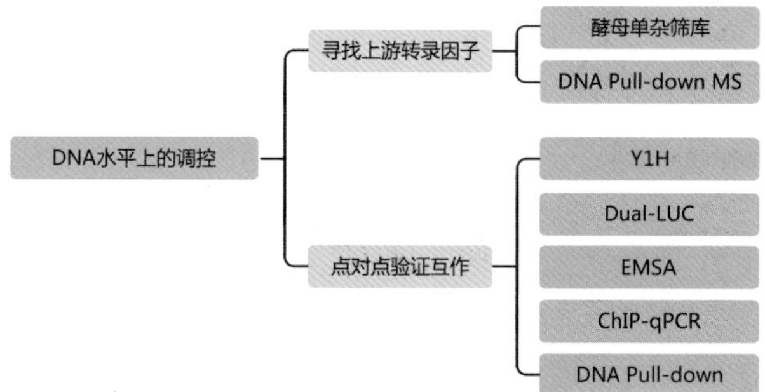

图 3-137　DNA 水平上的调控

1）寻找上游转录因子

DNA 水平上寻找上游调控基因一般是以目的基因的启动子为研究对象，通过酵母单杂筛库或者 DNA Pull-down MS 等方法筛选出可能与其结合的转录因子，根据筛选结果挑选出感兴趣或者符合研究方向的某些转录因子，然后再用点对点的方法进行验证，最终寻找到与目的基因启动子结合的上游转录因子。点对点的方法包括酵母单杂交实验（yeast one hybrid，Y1H）、双荧光素酶报告基因实验(dual-luciferase reporter assay, Dual-LUC)、凝胶迁移实验(electrophoretic mobility shift assay, EMSA)、染色质免疫共沉淀-实时荧光定量PCR实验(chromatin immunoprecipitation-real-time quantitative PCR, ChIP-qPCR)和DNA拉下实验(DNA Pull-down)等。

(1) 酵母单杂筛库

酵母单杂交技术是在酵母双杂交GAL4系统的基础上衍生发展而来,是一种在酵母细胞内分析与鉴定转录因子与目的基因启动子相互结合的有效方法,被广泛用于研究真核细胞内基因的表达调控,如鉴定DNA结合位点、发现潜在的结合蛋白基因、分析DNA结合结构域信息等。

① 酵母单杂原理:将已知的特定顺式作用元件或目的启动子序列构建到最小启动子(minimal promoter, Pmin)的上游,报告基因连接在特定顺式作用元件或目的启动子下游,构成包含目标DNA元件(bait sequence)的诱饵载体。将转录因子构建到可以表达转录激活结构域(AD)的载体上,表达形成融合猎物蛋白(prey)。如果特定顺式作用元件或目的启动子和转录因子结合就会激活Pmin,从而促使报告基因表达。因此,可以通过检测报告基因表达与否来判断特定顺式作用元件或目的启动子与转录因子是否发生互作(图3-138)。

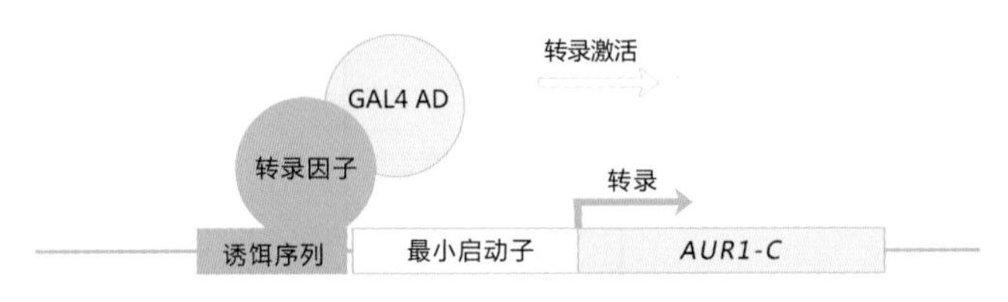

图3-138 酵母单杂原理图

酵母单杂实验包括两个载体:一是感兴趣的目的启动子和报告基因融合的载体(通常被称为诱饵(bait)),该报告基因编码的蛋白易于检测;二是感兴趣的转录因子和酵母转录激活域融合的载体(通常被称为猎物(prey))。这两种载体共转至合适的酵母菌株中,如果转录因子在酵母细胞核中与DNA结合,无论转录因子是激活因子还是抑制因子,AD都会诱导报告基因的表达,因此,酵母单杂分析的是目的启动子和转录因子之间的结合(图3-139、图3-140)。

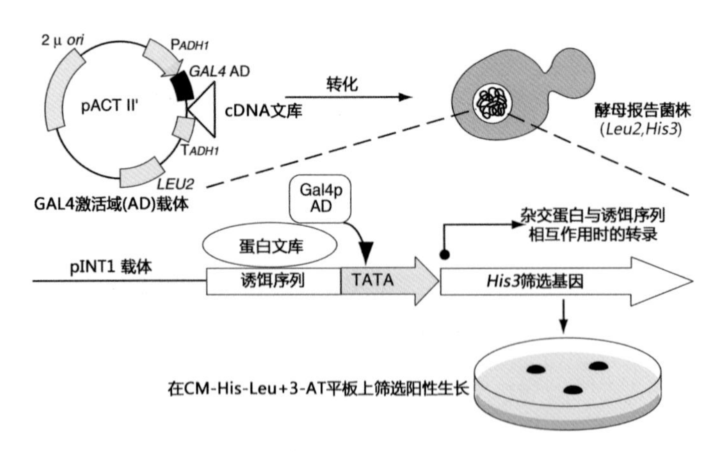

图3-139 酵母单杂实验原理(改编自Ouwerkerk, Pieter B. F. and Annemarie H., 2001)

注:不同的实验体系可能会存在一些差异,但原理基本差不多

② 酵母单杂文库构建:酵母文库是一个集研究材料内所有表达基因的大仓库,通过提取被研究物种的总RNA,再分离出mRNA,通过反转录得到cDNA,之后将这些cDNA与AD载体连接,得到

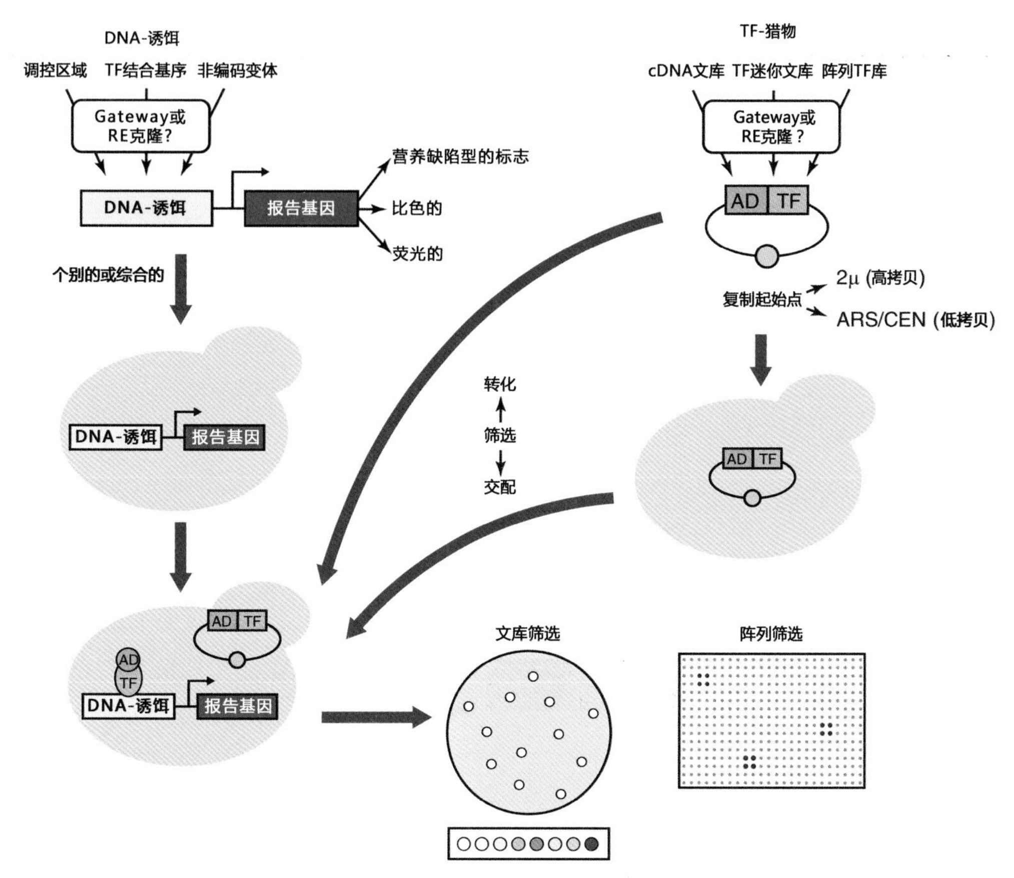

图 3-140 酵母单杂的优化和注意事项概述(改编自 Sewell Jared A and Juan I Fuxman Bass,2018)

注:利用限制性内切酶(RE)或 Gateway 技术将复杂调控区、转录因子结合基序或非编码变异的 DNA 序列克隆至报告基因上游,这些序列被整合至酵母基因组中以产生 DNA 诱饵菌株。然后将 DNA 诱饵菌株与来自 cDNA 文库、TF 迷你文库或阵列 TF 库的猎物克隆(ORF 融合到 Gal4 的激活结构域 AD 上)集合进行转化或交配。编码猎物的载体可以是低拷贝(ARS/CEN)或高拷贝(2μ)的。筛选可以以文库的形式进行筛选,其中阳性菌落必须进行测序和点对点验证,或者也可以以阵列的形式进行筛选,阳性菌落的位置表明相互作用的转录因子(TF)的信息

AD 文库,再将得到的 AD 文库质粒转入酵母中,即成功构建了酵母文库。理论上,这样的酵母文库能够表达被研究物种的所有蛋白。此时,只需要把待研究的目的基因构建到 BD 载体上就能和这个酵母文库进行筛库实验。

酵母文库的构建方法主要包括 SMART(switching mechanism at 5′ end of the RNA transcript)扩增技术和 Gateway 重组技术,表 3-13 比较了两种方法。

表 3-13 酵母文库构建方法比较

种类	SMART 扩增技术	Gateway 重组技术
RNA 起始量	1μg 以上	200μg 以上
文库构建	采用酶切、连接构建载体	Gateway 重组,可获得初级和次级文库质粒
使用次数	使用次数有限,且无法扩繁	理论上可使用无限次

续表

种类	SMART 扩增技术	Gateway 重组技术
文库用途	用途单一，如科研目的变更，需要重新构建文库	因科研需要，可以在初级文库质粒的基础上构建其他的载体，节约成本
文库阳性率	90%左右	大于 95%
文库插入片段	平均片段大于 1000bp	平均片段大于 1200bp

以 Gateway 重组技术为例，图 3-141 展示的是利用该技术构建酵母文库的流程。

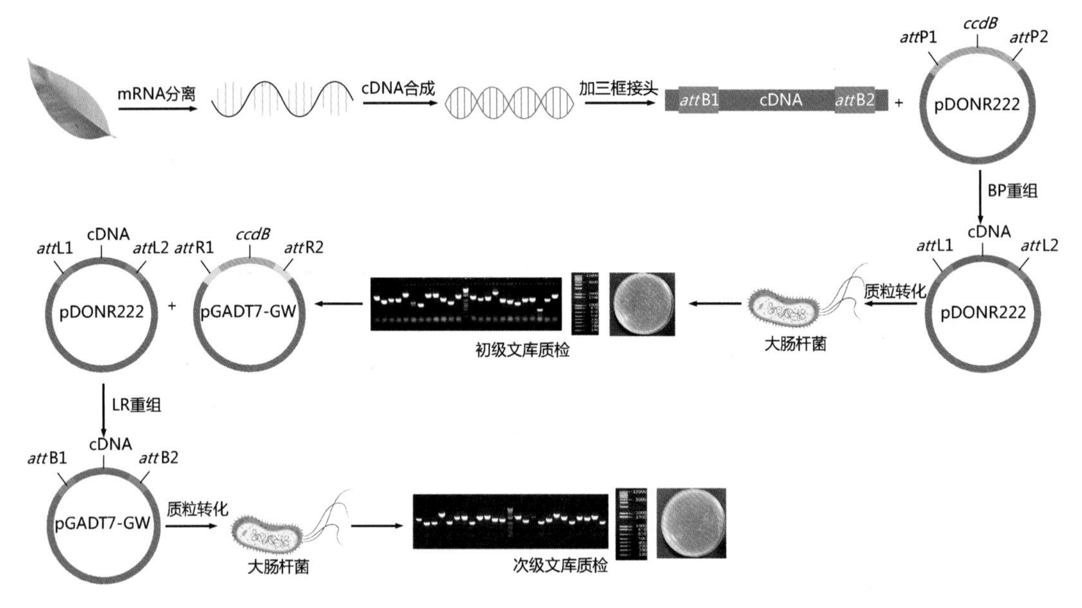

图 3-141　Gateway 酵母文库构建流程图

③ 酵母单杂筛库：以目的基因启动子为“诱饵”，筛选酵母单杂文库，经过对阳性克隆的多重报告基因检测、DNA 测序和 BLAST 比对分析，最终确定与目的基因启动子相互作用的蛋白。

目前常用的酵母单杂系统包括 Y1H Gold-pAbAi 系统和 Y187-pHIS2 系统，具体的介绍见表 3-14。

表 3-14　酵母单杂系统

系统	载体	转化标记	菌种	交配类型	报告基因
Y1H Gold-pAbAi	pAbAi	*Ura3*	Y1H Gold	MATα	*AUR1-C/AbAr*
	pGADT7	*Leu2*			
Y187-pHIS2	pHIS2	*Trp1*	Y187	MATα	*His3(pHIS2)*，*LacZ*，*MEL1*
	pGADT7	*Leu2*			

④ 酵母单杂筛库方法：

Y1H Gold-pAbAi 系统：将诱饵质粒 pAbAi-Bait 线性化，然后转化整合至 Y1H Gold 酵母菌株，

筛选抑制诱饵序列自激活的最低金担子素(aureobasidin A,AbA)浓度,Bait菌株制备成感受态后再将文库质粒转入。

Y187-pHIS2系统:将诱饵质粒pBait-His2转入Y187酵母菌株,检测诱饵质粒自激活,筛选抑制诱饵序列自激活的最低3-AT浓度(3-AT是组氨酸的竞争性抑制剂,可以抑制*His3*的泄露表达和轻微自激活现象),Bait菌株制备成感受态后再将文库质粒转入。

图3-142展示的是酵母单杂筛库的流程。

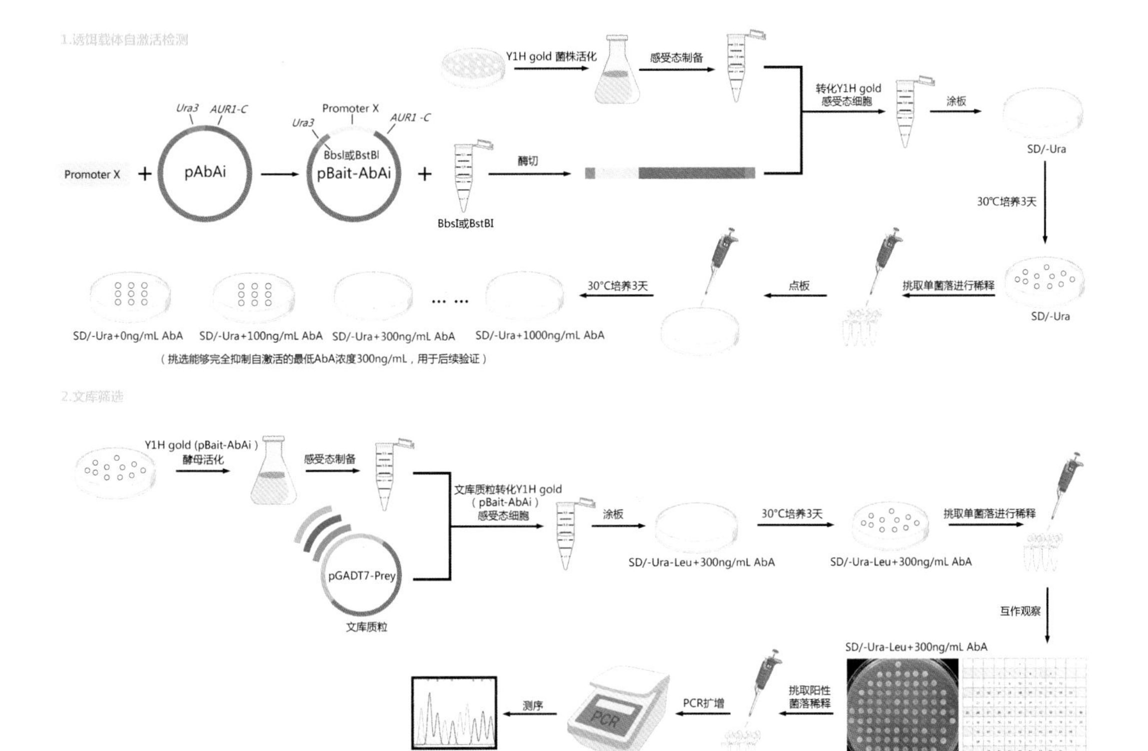

图3-142 酵母单杂筛库流程图

文献案例

在丛枝菌根共生研究领域,研究者们发现,植物可以根据自身的磷营养状态来调控丛枝菌根共生的效率,但是具体的作用机制尚未解析。2021年10月,中国科学院分子植物科学卓越创新中心王二涛课题组在*Cell*杂志上发表了一篇题为"A phosphate starvation response-centered network regulates mycorrhizal symbiosis"的研究论文,揭示了植物磷信号网络调控菌根共生的分子机制。作者以参与或调节丛枝菌根共生的51个水稻基因的启动子为诱饵(图3-143a),筛选水稻转录因子酵母文库,共筛选到1570个转录因子,并得到一个由266个转录因子和47个启动子高度关联的网络,作者将其称为"丛枝菌根共生酵母单杂交网络(yeast one-hybrid network for AM symbiosis,YAM)"(图3-144)。在该网络中,每个启动子平均可以和4个转录因子互作。网络中的266个转录因子分属于至少11个转录因子家族。72%(192/266)的YAM转录因子在根中存在表达。与非菌根相比,19个YAM转录因子在菌根中表达上调(图3-143b)。总的来说,该网络发现了511种相互作用,尽管存在假阴性与假阳性的情况。

a

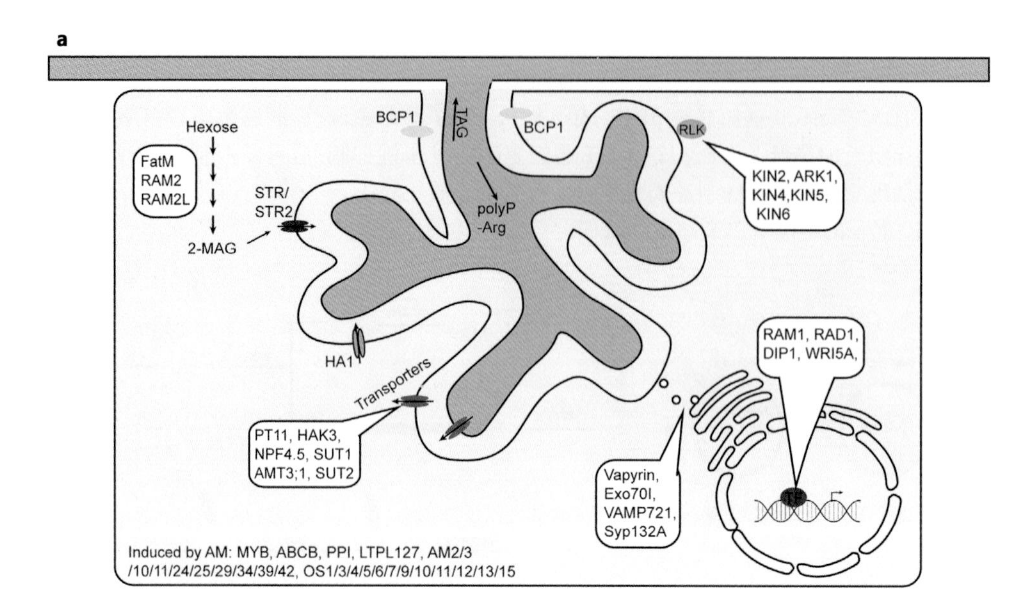

b

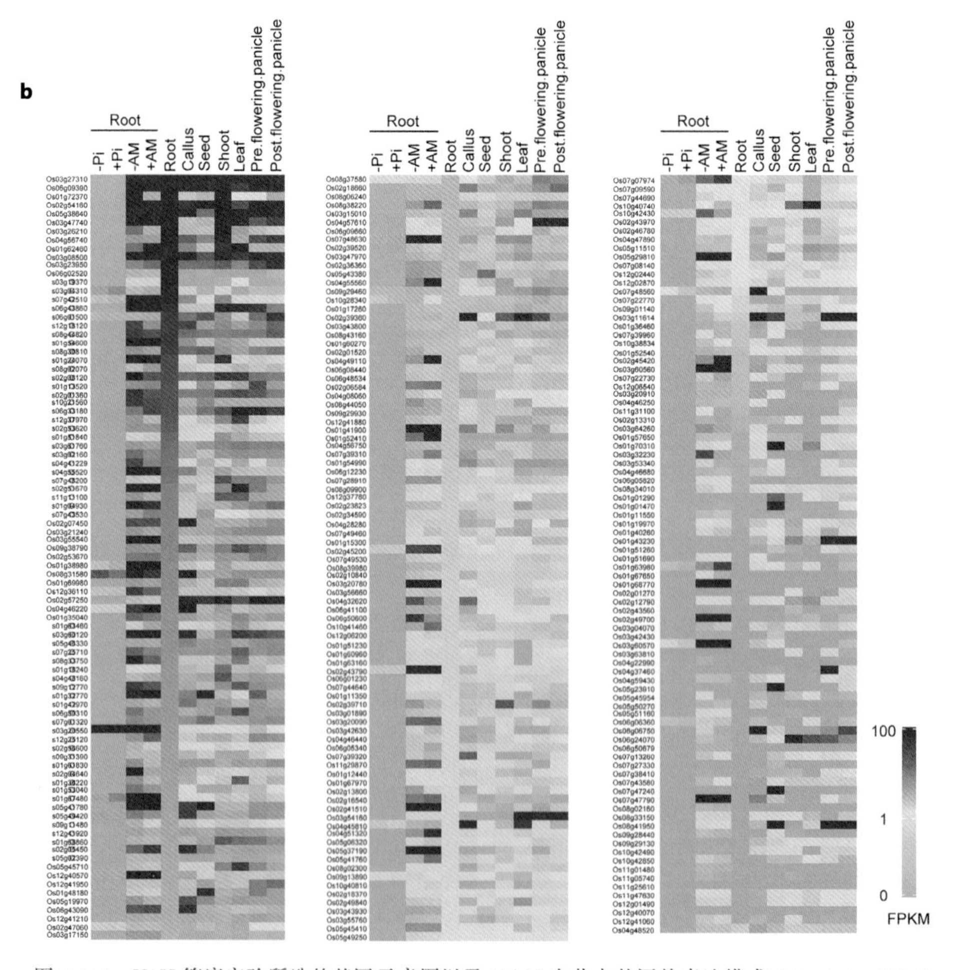

图 3-143　Y1H 筛库实验所选的基因示意图以及 YAM 中节点基因的表达模式(Shi et al.,2021)

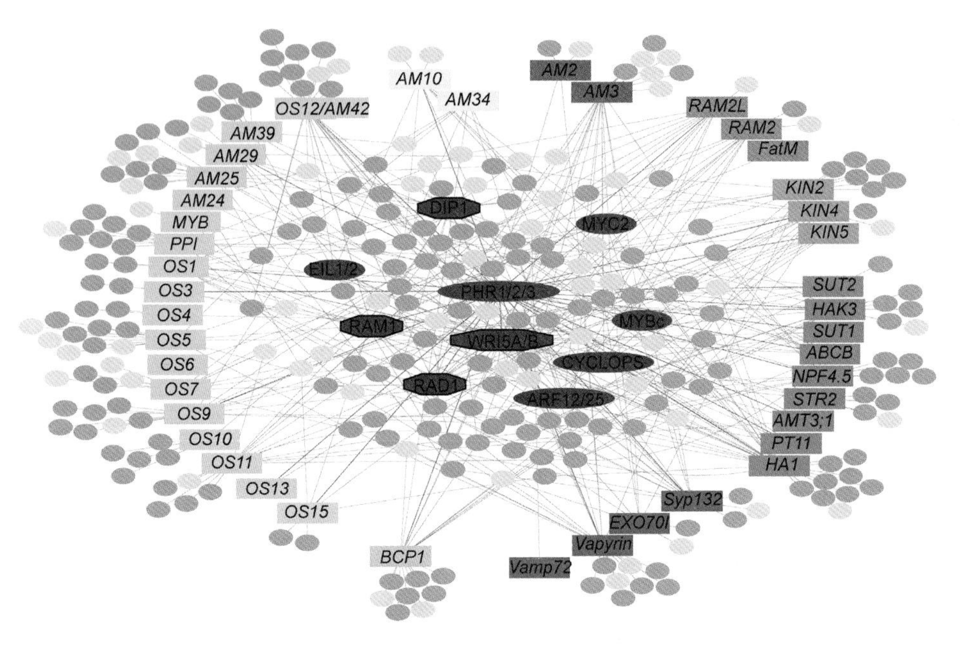

图 3-144　从枝菌根共生的调控网络(Shi et al.,2021)

酵母单杂筛库实验作为一种历史久远且广为大众所接受的筛选与 DNA 结合蛋白的方法,可直接从基因文库中得到编码蛋白质的核苷酸序列,无需复杂的蛋白分离纯化操作,故在互作研究中具有一定的优势。同时,酵母属真核细胞,通过酵母系统得到的结果比其他体外技术获得的结果更能体现真核细胞内基因表达调控的真实情况。但是,该实验的假阳性率较高,除了进行自激活抑制可以在一定程度上解决这个问题之外,最好的办法是结合其他实验一起验证实验结果。

(2) DNA Pull-down MS

DNA 拉下实验(DNA Pull-down)是体外研究 DNA 与蛋白互作的有效方法,可以探究 DNA 与转录调控蛋白质的互作,最常见的应用是寻找目的基因启动子上游的转录因子,而寻找上游转录因子需要与液相色谱-质谱技术(LC-MS)联用,即 DNA Pull-down MS。

DNA Pull-down MS 的步骤:在体外制备针对 DNA 目标区域的脱硫生物素标记的特异性 DNA 探针,DNA 探针可与偶联在磁珠上的链霉亲和素结合,形成"磁珠-DNA 探针"复合物。生物素与链霉亲和素间的作用是目前已知强度最高的非共价作用,将 DNA 探针与植物总蛋白溶液一起孵育,链霉亲和素磁珠可富集能够与 DNA 目标区域结合的猎物蛋白,洗涤去除非特异性结合或未结合的蛋白分子,得到"磁珠-DNA 探针-猎物蛋白质"复合物,通过十二烷基硫酸钠-聚丙烯酰胺凝胶电泳(SDS-PAGE)检测猎物蛋白是否被拉下,最后使用质谱技术检测与 DNA 片段结合的猎物蛋白种类和数量(图 3-145)。

文献案例

2023 年 6 月,中国农业科学院宋喜悦和曹双河课题组在 *Plant Biotechnology Journal* 杂志上发表了一篇题为"Efficient proteome-wide identification of transcription factors targeting *Glu-1*: A case study for functional validation of TaB3-2A1 in wheat"的研究论文,前期研究发现,顺式调控元件

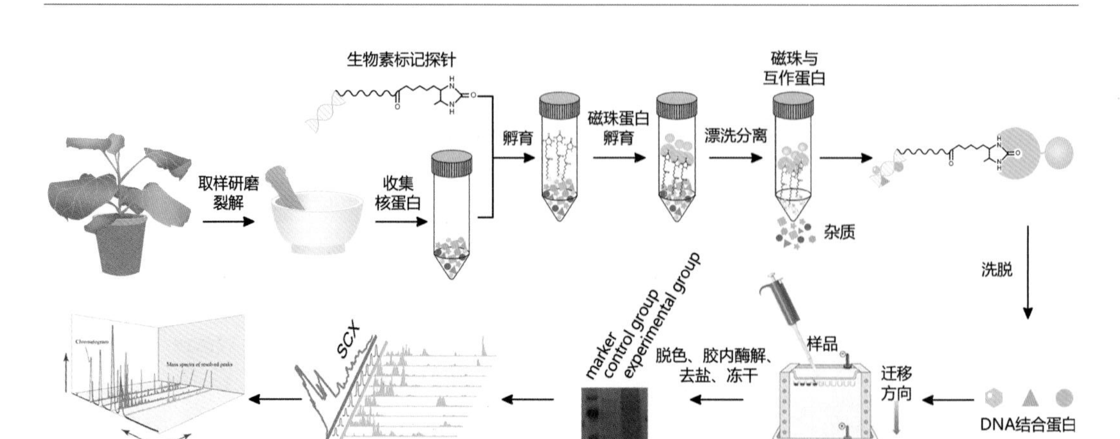

图 3-145　DNA Pull-down MS 流程图

CCRM1-1 是决定 *GLU-1* 在胚乳中特异性高表达的重要调控元件，为寻找其上游的转录因子，作者以开花后第 10 天的小麦种子为实验对象提取蛋白，通过生物素标记的 CCRM1-1 探针，进行 DNA Pull-down 实验，捕获的蛋白进行 SDS-PAGE 分离，酶解后利用 LC-MS 对结合探针的蛋白进行鉴定。结果筛选出了 31 个可能与 CCRM1-1 相互作用的转录因子，从中挑选出 TaB3-2A1 进行后续的点对点验证实验，发现 TaB3-2A1 可以结合 CCRM1-1，并且抑制其转录活性，本研究为挖掘与顺式作用元件 CCRM1-1 互作的大量转录因子提供了数据参考(图 3-146)。

对于筛选启动子上游的转录因子，相比于酵母单杂筛库，DNA Pull-down MS 存在以下优点：①不需要构建文库，不需要筛选启动子的核心区域(启动子的核心区域通常会有一些特殊的 DNA 序列，即顺式作用元件，转录因子与之结合从而激活或抑制基因的转录)，同时，不需要考虑启动子是否存在自激活，可以直接用启动子片段作为诱饵进行富集；②可以直接提取分离核蛋白，利用启动子与核蛋白直接结合的特点寻找转录因子，避免与细胞质及亚细胞器中很多结构蛋白的结合，数据更聚焦；③用 LC-MS 检测，灵敏度比较高，纳克级别的转录因子也可以被检测到。

任何一种方法有优点也有缺点，相比于酵母单杂筛库，DNA Pull-down MS 存在如下缺点：①DNA Pull-down 属于体外实验，在体外结合时，DNA 探针没办法像体内那样存在各种修饰，例如甲基化修饰，因此与实际结合状态会存在一些差异；②很多同一家族的转录因子，同源性较高，后续用质谱检测，仅凭几个肽段，很难精确锁定转录因子亚型，得到的数据只是算法上的最优结论；③反应条件要求无核酸酶，并且长链探针往往存在非特异性结合的现象。因此，大家可根据自己的实际情况选择合适的方法。

通过酵母单杂筛库或 DNA Pull-down MS 筛选出可能与目的启动子结合的多个上游转录因子之后，可以结合研究方向确定一个或多个转录因子，通过点对点的方式进行验证，从而找到与目的启动子结合的转录因子。下面具体介绍 Y1H、Dual-LUC、EMSA、ChIP-qPCR 和 DNA Pull-down 等点对点验证的实验技术。

2）点对点验证互作

(1) Y1H

Y1H 是体外分析目的基因启动子与转录因子相互作用的一种方法，通过鉴定酵母细胞内报告

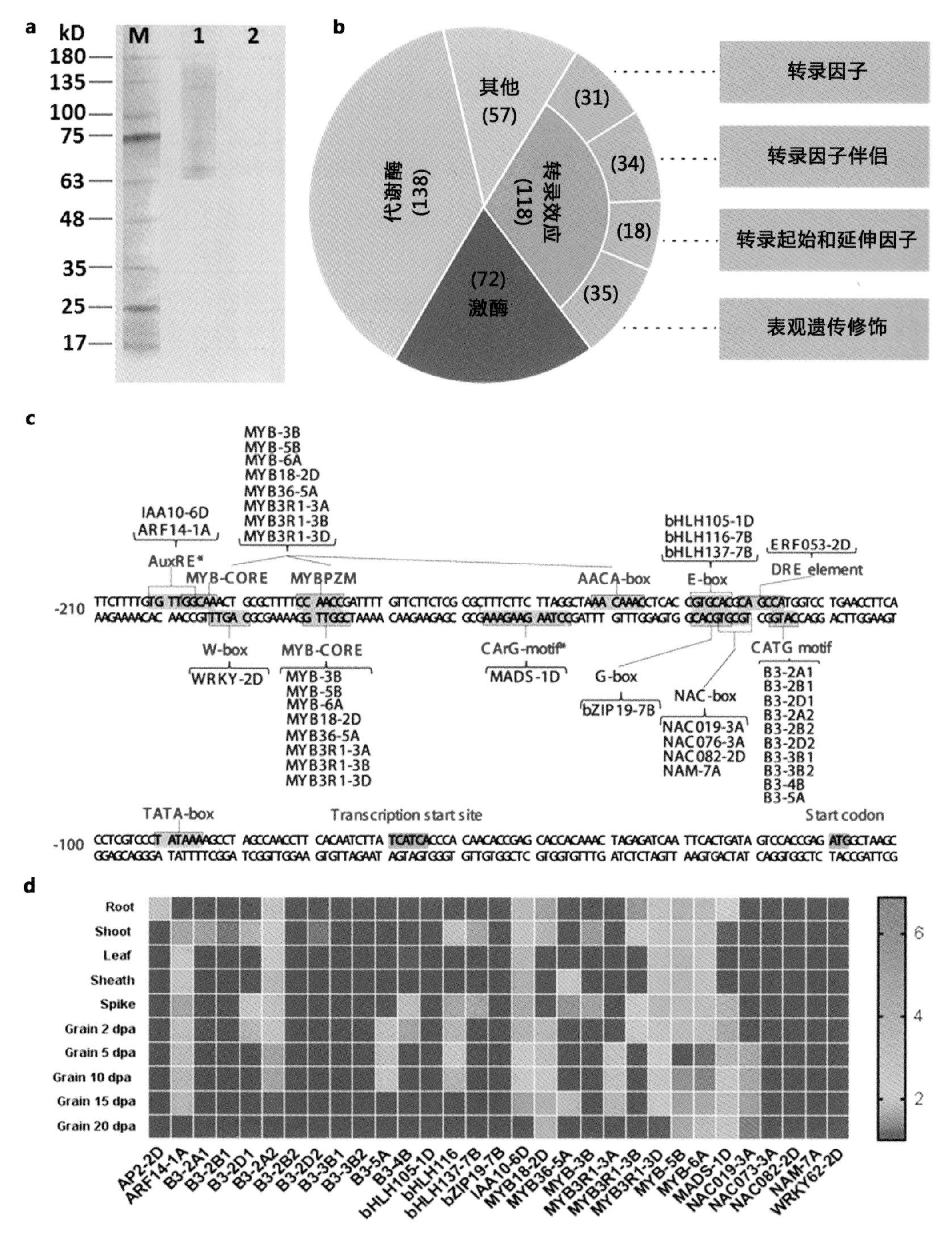

图 3-146 DNA Pull-down MS 技术鉴定与 CCRM1-1 结合的转录因子(改编自 Xie et al.,2023)

a. SDS-PAGE 和银染色显示以 CCRM1-1 为探针的 DNA Pull-down 捕获的蛋白质;b. 通过 DNA Pull-down MS 鉴定的与 CCRM1-1 结合的蛋白质种类;c. 基于 PLACE 数据库预测鉴定出的转录因子与 CCRM1-1 中顺式作用元件结合的基序;d. 基于小麦转录组数据库预测转录因子编码基因的时空表达谱

基因的表达状况进而判断目的基因启动子与转录因子是否结合。具体原理见本章“酵母单杂筛库”。

在酵母单杂筛库实验中介绍过酵母单杂常用的两种系统——Y1H Gold-pAbAi 和 Y187-pHIS2 系统，下面以 Y1H Gold-pAbAi 系统为例，介绍酵母单杂点对点实验的实验流程：首先构建 pBait-AbAi 质粒并转化 Y1H 菌株获得 Bait 酵母菌株，然后测试 Bait 菌株的 *AUR1-C* /*AbAr* 表达水平，并确定最低 AbA 生长抑制浓度，将 pGADT7-Prey 质粒转化 Bait 菌株，并用高于最低 AbA 生长抑制浓度的 AbA 平板进行酵母单杂交实验。图 3-147 展示的是酵母单杂点对点验证实验流程图（以 Y1H Gold-pAbAi 系统为例）。

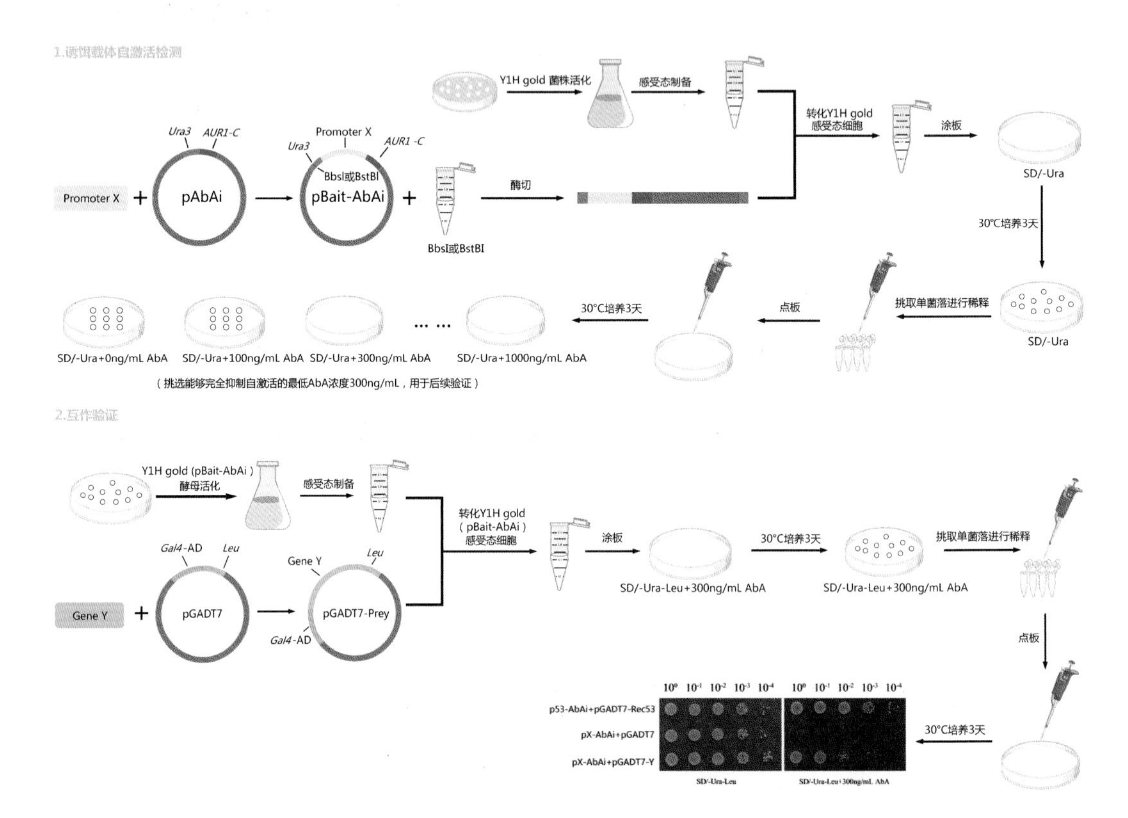

图 3-147　酵母单杂点对点验证实验流程图

了解酵母杂交的背景知识对于大家理解实验结果是很有必要的，这里介绍的背景知识基本适用于所有的酵母杂交实验。与大肠杆菌采用抗生素筛选的策略不同，酵母系统常采用营养标记作为报告基因，常用的报告基因有 *His3*、*Ura3*、*Leu2* 和 *Ade2* 等（表 3-15），对应的宿主菌则是相应营养元素的缺陷型细胞，必须在含有这些营养元素的培养基中才能生长。Gal4 系统中的酵母菌株经过了基因改造后既不能形成 Gal4 转录因子，又不能合成组氨酸（His）、尿嘧啶（Ura）、亮氨酸（Leu）、腺嘌呤（Ade）等营养元素，因此，酵母在缺乏这些营养元素的培养基上无法正常生长。只有当转入的质粒存在相互作用时才能激活报告基因的表达，进而通过功能互补，使酵母能在不含营养元素的培养基中生长，据此可验证猎物与诱饵是否存在相互作用。同样，也可以通过 X-Gal 或 X-α-Gal 显色反应进一步确认是否有相互作用。

表 3-15 酵母杂交实验中常用的报告基因

报告基因	描 述
E. coli LacZ	β-半乳糖苷酶显色报告基因
S. cerevisiae MEL1	分泌性 α-半乳糖苷酶显色报告基因
E. coli GUS	β-葡萄糖核苷酸酶显色报告基因
Aspergillus oryzae LacA3	工程分泌型 β-半乳糖苷酶显色报告基因
S. cerevisiae His3	组氨酸生物合成的原营养报告基因
S. cerevisiae Leu2	亮氨酸生物合成的原营养报告基因
S. cerevisiae Ura3	尿嘧啶生物合成的原营养报告基因
S. cerevisiae Ade2	腺嘌呤生物合成的原营养报告基因
S. cerevisiae Lys2	赖氨酸生物合成的原营养报告基因
S. cerevisiae Trp1	色氨酸生物合成的原营养报告基因
Aureobasidium pullulans AUR1-C	金担子素 A 耐药报告基因

文献案例

2021 年 7 月，CSIR-印度综合医学研究所植物生物技术部以及科学和创新研究所 Nasheeman Ashraf 课题组在 *Plant Molecular Biology* 杂志上发表了一篇题为"Crocus transcription factors *CstMYB1* and *CstMYB1R2* modulate apocarotenoid metabolism by regulating carotenogenic genes"的研究论文，作者为了解析 CstMYB1 和 CstMYB1R2 的作用机制，通过酵母单杂交的方法检测出了它们分别与类胡萝卜素合成途径基因 *PSY* 和 *CCD2* 启动子的相互作用。

首先，作者克隆了 *PSY* 和 *CCD2* 的启动子，并进一步扩增出了 100bp *PSY* 和 170bp *CCD2* 启动子的野生型片段，分别记为 pPSYwt、pCCD2wt，它们分别含有一个和两个 MYB 结合区域。另外，作者也构建了它们的突变形式——一个 PSY 突变型(pPSY-mut)，两个 CCD2 突变型(pCCD2mut1：只有一个 MYB 结合位点发生突变、pCCD2mut2：两个 MYB 结合位点都发生了突变)。分别用野生型和突变的启动子片段制备诱饵菌株，并通过检测每个诱饵菌株的最低 AbA 浓度，推断它们与 CstMYB1 和 CstMYB1R2 的相互作用。结果显示，对于 *PSY* 启动子，只有 pPSYwt 与 CstMYB1R2 互作，而 pPSY-mut 与 CstMYB1R2 不互作，这一结果表明了 CstMYB1R2-PSY 相互作用的特异性(图 3-148a)。同时，作者还观察到 CstMYB1、CstMYB1R2 分别与 pCCD2wt 共转的酵母细胞可以在添加了 AbA 的选择性培养基上生长，这证实了 CstMYB1 和 CstMYB1R2 与 *CCD2* 启动子的相互作用。然而，pCCD2mut1 分别与 CstMYB1、CstMYB1R2 共转的菌株可以在含有 200ng/mL AbA 的选择培养基上生长，pCCD2mut2 分别与 CstMYB1、CstMYB1R2 共转的菌株无法在选择培养基上生长(图 3-148b)。综上，CstMYB1 仅与 *CCD2* 启动子直接结合，而 CstMYB1R2 同时与 *PSY* 和 *CCD2* 启动子结合。

(2) Dual-LUC

Dual-LUC 实验有多方面的应用，包括验证特定转录因子与启动子的结合、验证 miRNA 同 mRNA 靶向互作、验证 miRNA 同 lncRNA 靶向互作、启动子活性分析、启动子顺式作用元件分析和

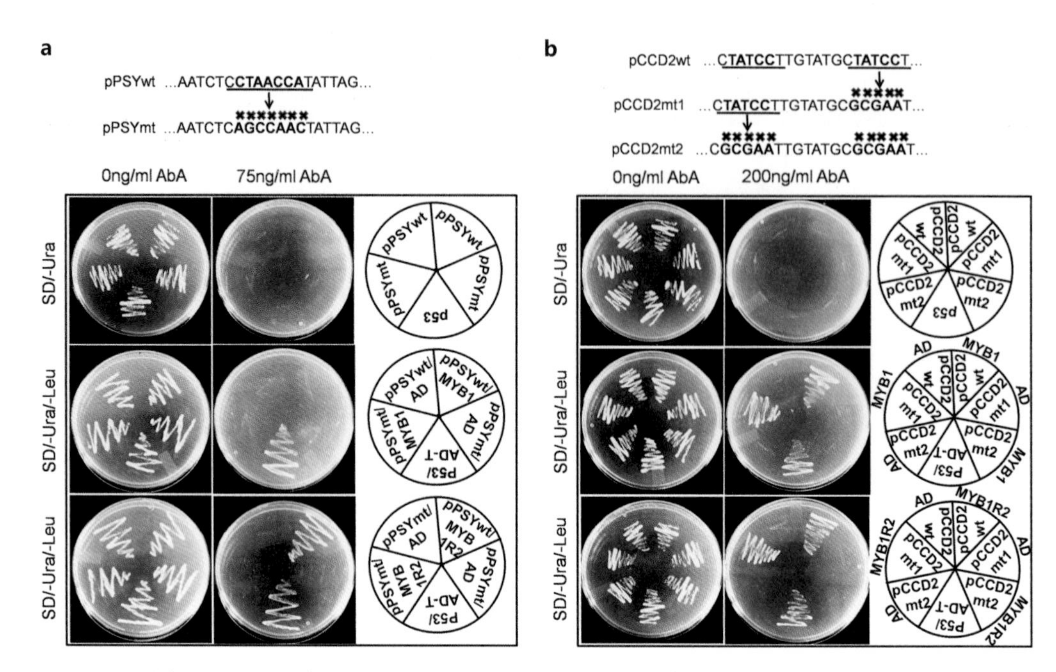

图 3-148 Y1H 实验显示 CstMYB1 和 CstMYB1R2 与启动子 PSY 及其突变形式、CCD2 及其突变形式的结合(Bhat et al., 2021)

a. PSY 及其突变形式的结合;b. CCD2 及其突变形式的结合。转化子在 SD/-Ura-Leu 培养基上生长,并添加了 200ng 的 AbA

启动子 SNP 分析等,这里介绍的是利用 Dual-LUC 实验验证转录因子与启动子的结合。关于 Dual-LUC 实验的原理详见本章"启动子活性分析"部分。

Dual-LUC 实验是检测转录因子和其靶基因启动子中的特定顺式作用元件结合的重要手段。将启动子序列插入双荧光素酶报告基因载体,同时在实验细胞中共转对应的转录因子过表达载体,可分析过表达转录因子是否提高或降低了荧光素酶活性,从而证明转录因子是否与基因的启动子区域结合,以及是否抑制或增强了基因的表达(图 3-149)。

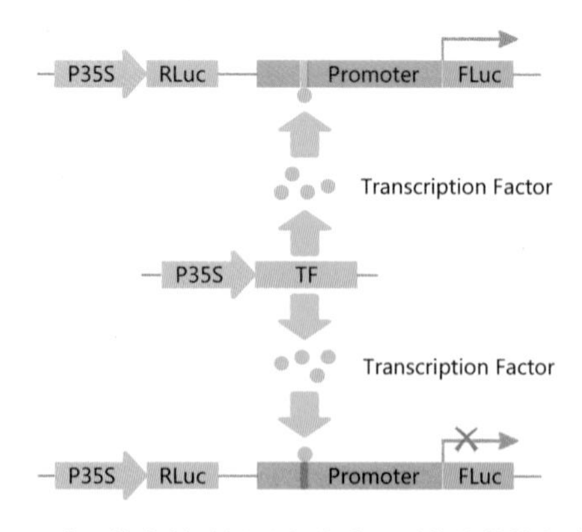

图 3-149 验证特定转录因子与启动子互作的载体构建原理图

图 3-150、图 3-151 展示了 Dual-LUC 实验验证特定转录因子与启动子结合的实验流程图。

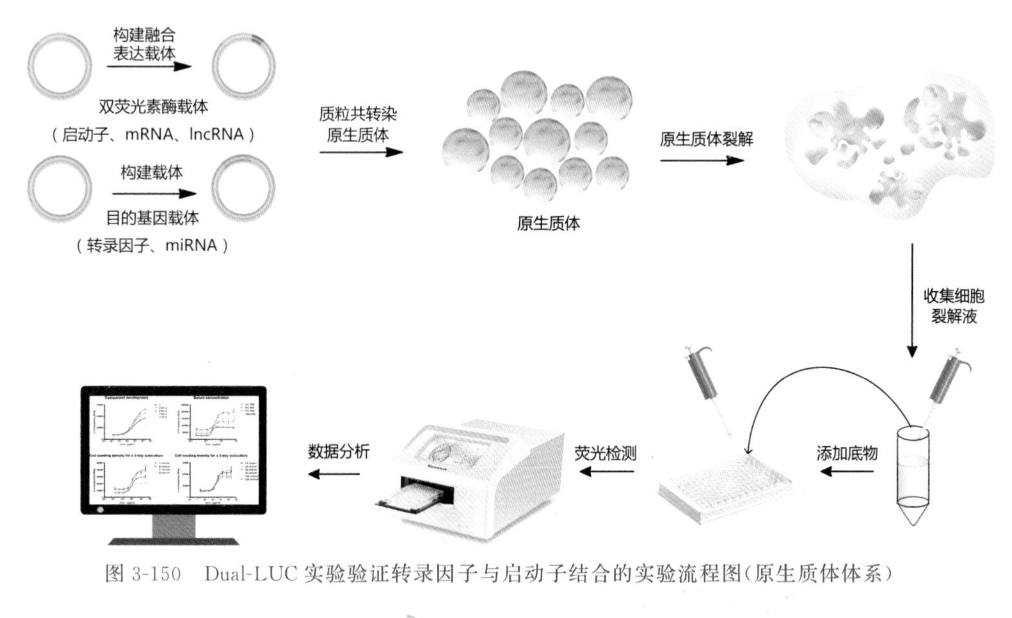

图 3-150　Dual-LUC 实验验证转录因子与启动子结合的实验流程图(原生质体体系)

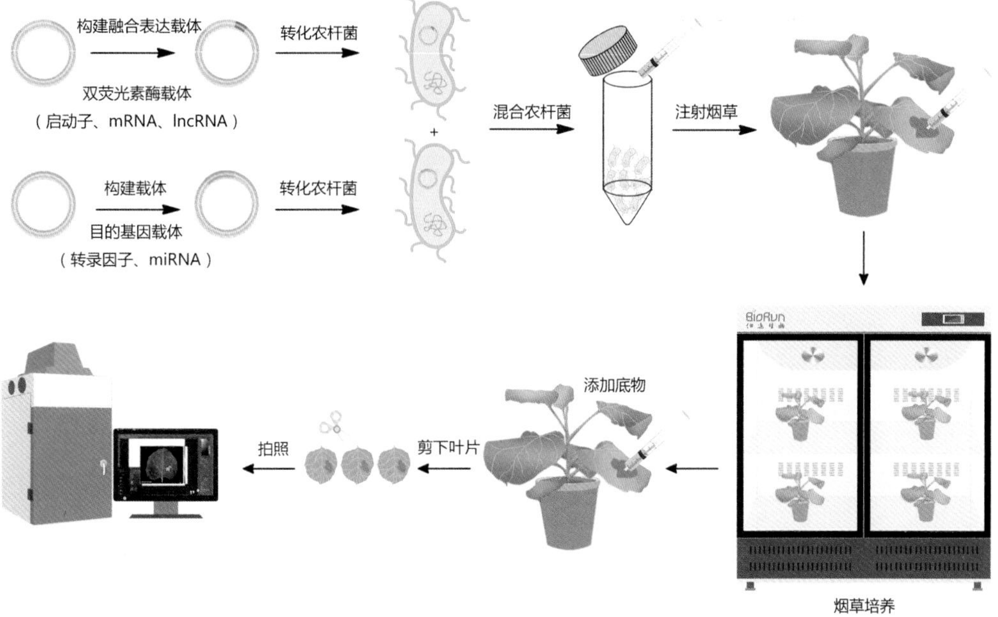

图 3-151　Dual-LUC 实验验证转录因子与启动子结合的实验流程图(烟草叶片体系)

文献案例

叶片衰老受到多种因素的共同影响，其中植物激素乙烯是主要的促衰老激素之一，而转录激活因子 EIN3/EIL 是乙烯信号转导通路上的核心元件，对植物衰老起一定调控作用，但是在棉花中鲜有报道。2023 年 7 月，浙江大学张天真课题组在 *Plant Physiology* 杂志上发表了一篇题为“A truncated ETHYLENE INSENSITIVE3-like protein，GhLYI，regulates senescence in cotton”的研究论文。该文章揭示了棉花中一个新鉴定到的截短 EIN3/EIL 基因 *GhLYI*，该基因参与了乙烯信号转导通路并且通过激活衰老相关基因 *GhSAG20* 的转录活性正调控叶片的衰老进程。

为了证实 GhLYI 介导 *GhSAG20* 的转录活性，作者以 *pGhSAG20 : : LUC* 为报告载体，以 *35S : : GhLYI* 为效应载体，瞬时共转染本氏烟草叶片。结果表明，在 GhLYI 存在的情况下，报告基因的表达增加了 2 倍（图 3-152），这表明 GhLYI 是 *GhSAG20* 转录的促进因子。

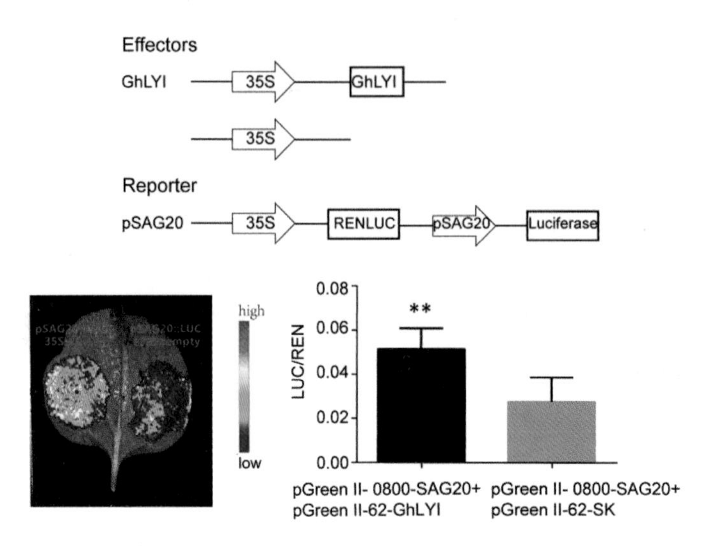

图 3-152　Dual-LUC 实验显示 GhLYI 激活了 *GhSAG20* 启动子（Zhang et al. ,2023）

（3）EMSA

EMSA 是一种用于研究转录因子和其 DNA 结合序列相互作用的技术，能对各类转录因子的 DNA 结合活性进行定性和半定量分析，是一项研究基因调控网络的关键实验技术。这一技术最初用于研究 DNA 结合蛋白和特定 DNA 序列的相互作用，目前也可用于研究 RNA 结合蛋白和特定的 RNA 序列的相互作用。

EMSA 实验的原理，简单来说，就是蛋白-探针复合物在凝胶电泳过程中比单独的探针迁移更慢。根据实验需求设计特异性和非特异性探针，当核酸探针与蛋白样本混合孵育时，样本中可以与核酸探针结合的蛋白质与探针形成蛋白-探针复合物，这种复合物由于分子量大，在进行 PAGE 电泳时迁移较慢，而没有结合蛋白的探针则迁移较快。将孵育的样本进行 PAGE 电泳并转膜后，蛋白-探针复合物会在靠近上样孔的位置形成一条带，说明蛋白与目标探针发生互作。

EMSA 实验可分为以下三个主要部分：

① 蛋白制备：有多种方式，包括无细胞表达、植物蛋白提取和原核表达等，其中可以获得大量蛋白且较为稳定的方式是原核表达。

② 探针制备：根据实验需求设计不同的探针，探针合成后，可以自行添加标记。现在大多数实验室已经逐渐淘汰了放射性同位素标记探针的方法，转而使用生物素标记探针。

③ 凝胶实验：配置凝胶，进行 EMSA 结合反应（图 3-153）。通常情况下，包含以下五个反应：

阴性对照：仅有标记探针，用来确定探针里是否有杂质。

常规反应：含目的转录因子的纯化蛋白＋标记探针，探究目的转录因子是否和探针结合。

探针冷竞争反应：含目的转录因子的纯化蛋白＋标记探针＋标记探针 100 倍量（仅作参考）的未标记探针（即冷探针），判断探针结合特异性，排除假阳性，如果未标记探针可以竞争结合目的转录因子，则表明所使用的探针是特异的。

突变探针的冷竞争反应：含目的转录因子的纯化蛋白＋标记探针＋标记探针 100 倍量（仅作参考）的未标记突变探针，进一步验证探针特异性；

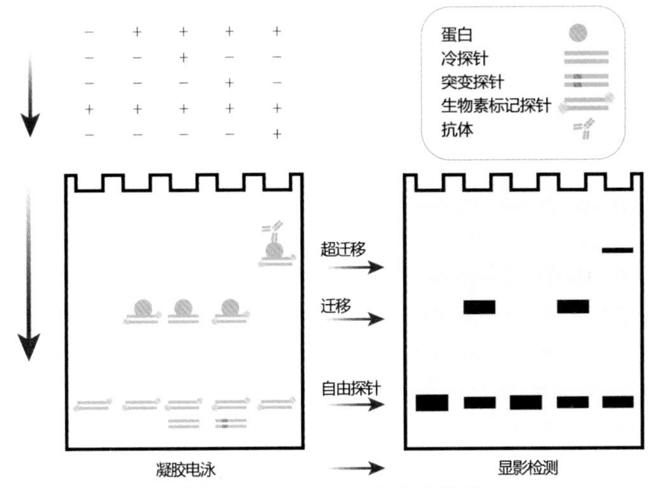

图 3-153 EMSA 实验分组设置

Super-shift 反应：含目的转录因子的纯化蛋白＋标记探针＋目的转录因子的特异性抗体，进一步验证探针特异性以及确定与探针结合的蛋白是不是预期蛋白（这一组实验根据需求进行设置，在大多数文献中利用原核表达体系纯化的标签蛋白进行 EMSA 实验，一般没有这一组设置）。

EMSA 的实验流程如图 3-154 所示。

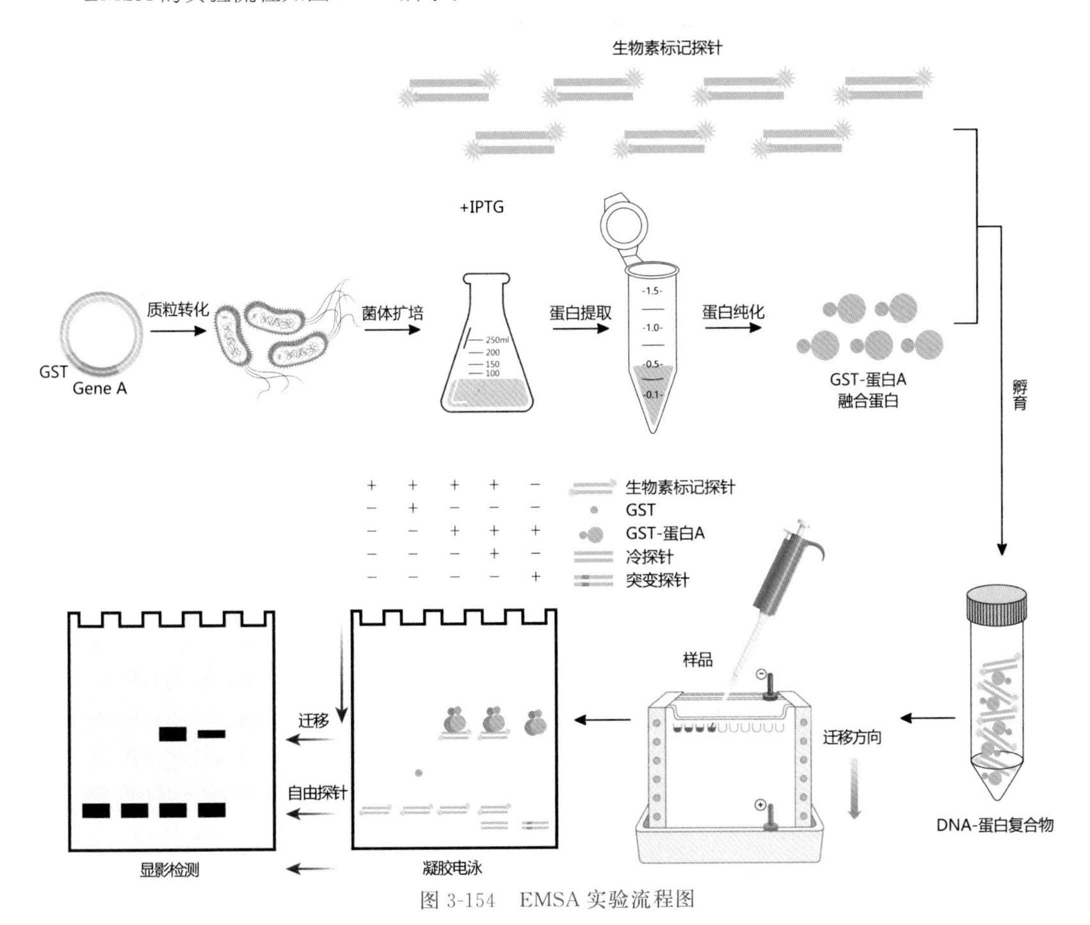

图 3-154 EMSA 实验流程图

文献案例

2018 年 4 月，浙江大学吕群丹和毛传澡课题组在 *New Phytologist* 杂志上发表了一篇题为“Rice SPX6 negatively regulates the phosphate starvation response through suppression of the transcription factor PHR2”的研究论文，作者证明了 SPX6 可与 PHR2 相互作用，并且 SPX6 是 PHR2 的负调控因子，因此，作者假设 SPX6 可能抑制了 PHR2 与 P1BS 基序(PHR1 结合序列)的结合(已报道过 PHR2 与 P1BS 基序结合)。接下来作者用 EMSA 来检验这个假设，将生物素标记的含有 P1BS 基序的 *IPS1* 启动子区域作为 DNA 探针，在添加 SPX6 后，生物素标记的 DNA-PHR2 复合物以剂量依赖方式显著减少，而单独的 SPX6 不能结合探针(图 3-155)。这些结果表明，通过与 SPX6 相互作用，PHR2 与 P1BS 基序结合的亲和力大大降低。

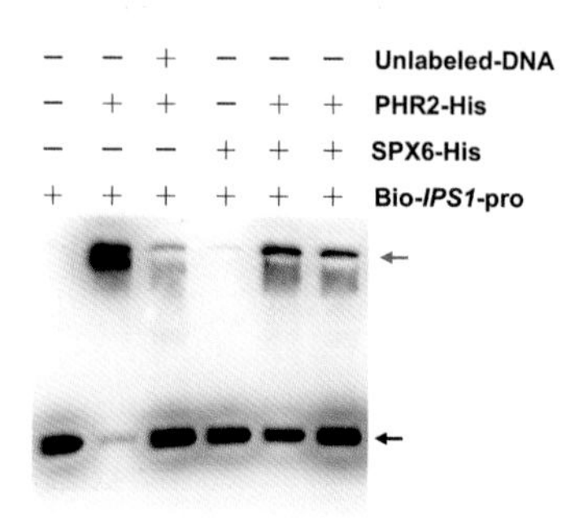

图 3-155　EMSA 实验显示 SPX6 阻止 PHR2 与其靶标 P1BS 基序的结合(Zhong et al.,2018)

注：从大肠杆菌中分离得到重组蛋白 SPX6-His 和 PHR2-His，合成含有 P1BS 基序的 *IPS1* 启动子片段(*IPS1*-pro)，并用生物素标记。标记的游离 DNA 和 DNA-PHR2 复合物分别用黑色和红色箭头表示

(4) ChIP-qPCR

真核生物的染色质由基因组 DNA 和蛋白质构成。因此，研究 DNA 与蛋白质在特定组织、器官或特定胁迫条件下的相互作用是阐明真核生物基因表达调控机制的基本途径。ChIP 是目前研究体内 DNA 与蛋白质相互作用的主要方法，包括 ChIP-qPCR 和 ChIP-seq 两种，其中 ChIP-qPCR 用来验证与目的蛋白结合的已知 DNA 片段，ChIP-seq 用来筛选与目的蛋白结合的未知 DNA 片段。本节仅介绍 ChIP-qPCR，另一种技术 ChIP-seq 可见本章“检测转录因子结合位点”部分。

ChIP-qPCR 实验的原理：首先在活细胞状态下固定蛋白-DNA 复合物，即用甲醛交联细胞内蛋白-DNA 复合物，并用超声波破碎或酶处理 DNA 至合适的长度。在细胞裂解液中加入孵育结合了抗体的磁珠(beads)，目的蛋白通过其抗体便结合到 beads 上，同时，和目的蛋白互作的 DNA 也一起沉淀到 beads 上。洗涤掉未结合的 DNA 后，再用洗脱液将蛋白-DNA 复合物从 beads 上洗脱下来，得到染色质免疫共沉淀产物。蛋白-DNA 复合物去交联后，即可进行 qPCR 检测已知的 DNA 片段。

当没有合适的目的蛋白(X)抗体时，可以通过商业化的蛋白标签抗体做 ChIP 实验，例如使用 Flag 标签抗体，即在细胞中过表达 Flag-X，细胞经裂解后与 anti-Flag Beads 孵育，Flag-X 融合蛋白与 Beads 结合，同时与 Flag-X 融合蛋白互作的 DNA 就会“共沉淀”到 Beads 上，再经洗涤、洗脱后进行 qPCR 分析。

ChIP-qPCR 完美结合了 ChIP 技术和 qPCR 技术的优势。ChIP 技术可通过抗体特异性富集与特定转录因子结合的 DNA 片段;qPCR 技术使用荧光染料,特异性地嵌入 DNA 双链并发射荧光,保证荧光信号的增加与 PCR 产物的增加完全同步,最后利用 Ct 值进行定量分析。因此,ChIP-qPCR 能够专一、灵敏、快速、高重复性地定量生物样品中特定转录因子与已知 DNA 的结合。

ChIP-qPCR 的实验流程如图 3-156、图 3-157 所示。

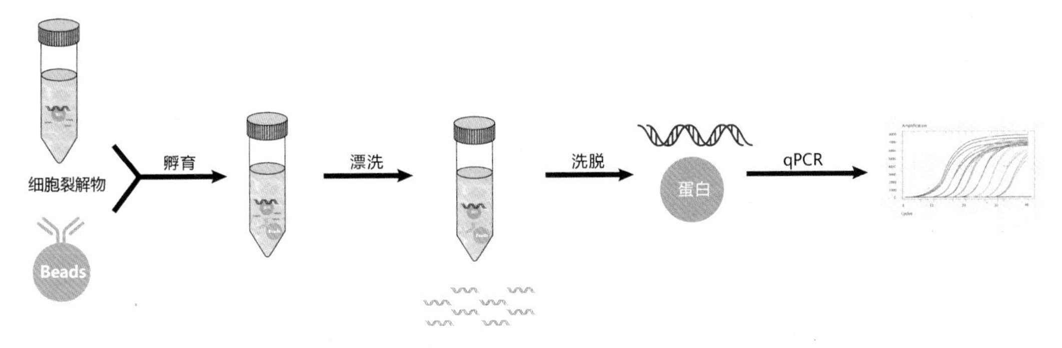

图 3-156　ChIP-qPCR 实验流程

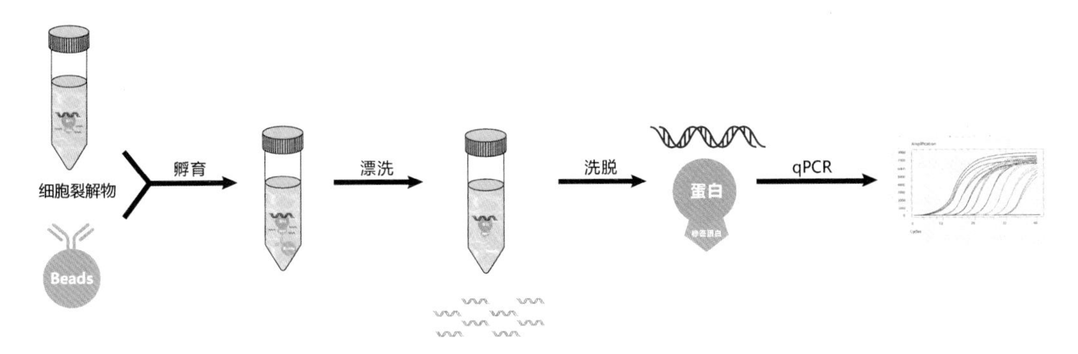

图 3-157　利用标签抗体的 ChIP-qPCR 流程图

文献案例

DNA 结合蛋白在细胞中发挥着重要而多样的功能,但识别这些蛋白在技术上具有挑战性。2020 年 12 月,东北林业大学王玉成课题组在 *Communications Biology* 杂志上发表了一篇题为"Reverse Chromatin Immunoprecipitation (R-ChIP) enables investigation of the upstream regulators of plant genes"的研究论文,作者开发了一种捕获 DNA 结合蛋白的技术,称为反向染色质免疫沉淀(R-ChIP)。该技术使用一组被生物素标记的特定 DNA 探针来分离染色质,然后使用质谱法鉴定与 DNA 结合的蛋白。利用 R-ChIP,作者鉴定出 439 个可能与拟南芥 *AtCAT3*(*AT1G20620*)启动子结合的蛋白。根据功能注释,作者从这些候选蛋白中随机选择了 5 个转录因子,包括 bZIP1664、TEM1、bHLH106、BTF3 和 HAT1。为了验证它们是否可以与 *AtCAT3* 启动子结合,作者利用 ChIP-qPCR 和 EMSA(这里不展示其结果)两种实验证实了这 5 个转录因子与 *AtCAT3* 启动子的结合。

其中,关于 ChIP-qPCR 的实验部分,作者首先构建了 35S:TF-FLAG 瞬时转化的拟南芥植株用于 ChIP 分析。得到转基因植株之后,首先检测了上述 5 个 TF 基因在瞬时转化植株中的表达,与对照植株相比,这些转基因植株中 5 个 TF 基因的表达水平均显著提高(图 3-158a),表明这些基因已成功转化,可用于ChIP研究。接着进行ChIP-qPCR实验,结果显示,*AtCAT3*的截短启动子在5个TF转基因植株中都大量富集,这表明拟南芥植株中*AtCAT3*启动子与bZIP1664、TEM1、bHLH106、BTF3和HAT1结合(图3-158b~f)。

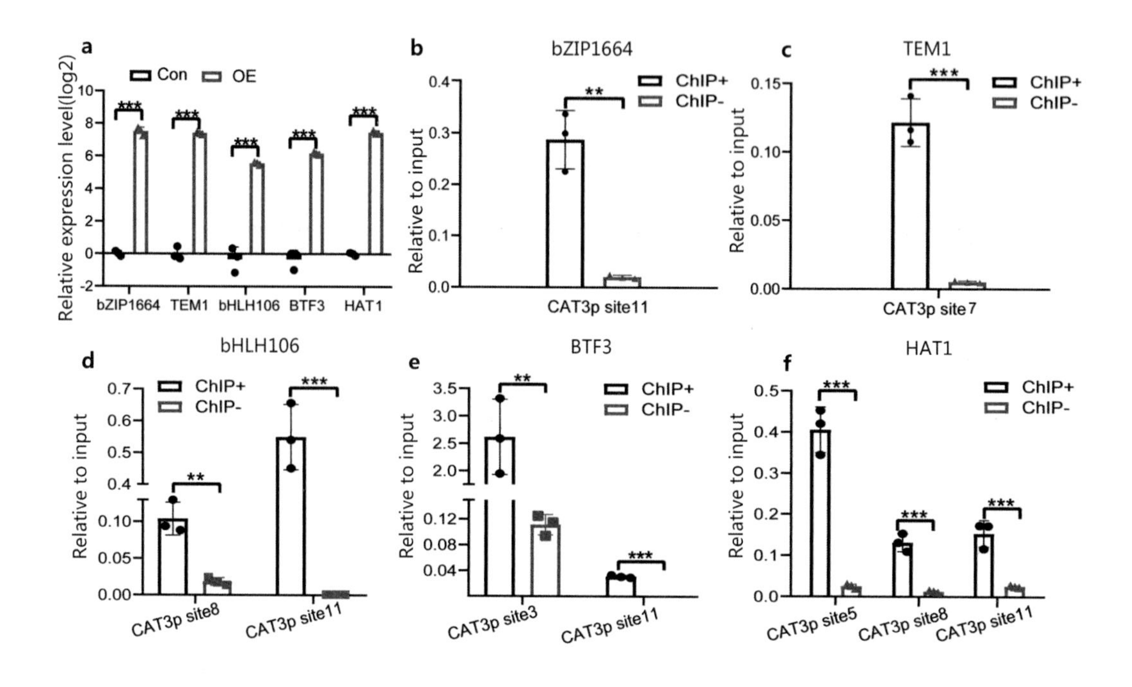

图3-158 验证R-ChIP鉴定出的*AtCAT3*结合的转录因子(Wen et al.,2020)

a.瞬时转化拟南芥植株中转基因的表达;b~f.使用ChIP-qPCR评估TF与*AtCAT3*启动子的结合。ChIP+:使用抗Flag抗体免疫沉淀目标染色质;ChIP-:无抗体免疫沉淀的染色质作为阴性对照

以上这篇文献案例在前期的筛选阶段,与前面介绍的ChIP-seq有所不同,本文献案例中R-ChIP是利用DNA去筛选其结合的蛋白,而ChIP-seq是利用目的蛋白去筛选结合的DNA。虽然前期的筛选过程两者刚好相反,但是最后对于筛选得到的结果都可以用ChIP-qPCR的方法进行点对点验证。

(5) DNA Pull-down

DNA Pull-down是体外研究DNA与蛋白互作的有力工具。该实验首先针对DNA上的靶标区域设计特异性DNA探针,探针经过生物素标记,可以与偶联在磁珠上的链霉亲和素结合;细胞核提取物与DNA探针孵育,互作蛋白质可以和DNA探针特异性结合;利用链霉亲和素磁珠纯化出与目的DNA片段结合的蛋白复合体,经过洗涤可以将非特异性结合蛋白质去除;最后,经洗脱液洗脱,得到目的DNA探针-蛋白质复合物,再经过Western blot鉴定蛋白质类型,从而判断蛋白是否与DNA结合。

DNA Pull-down的探针长度理想区间为20~200bp。设计探针时尽量避免过长或过短,过短,结合的蛋白太少;过长,会存在大量的非特异性结合;同时,还需尽量避免探针存在大量重复结构或高GC含量等。

生物素与链霉亲和素间的作用是目前已知强度最高的非共价作用;其中活化生物素可以在蛋白质交联剂的介导下,与已知的几乎所有生物大分子偶联。因此用生物素标记核酸后,可以纯化出与该核酸结合的各种生物大分子复合物。

DNA Pull-down 的实验流程如图 3-159 所示。

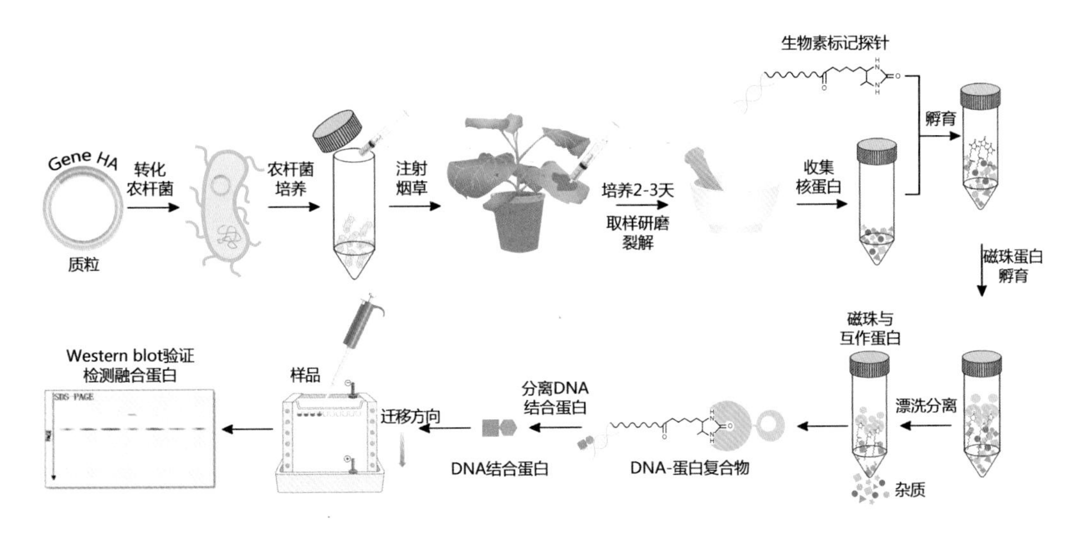

图 3-159 DNA Pull-down 实验流程图

文献案例

光敏色素(phytochromes,Phy)和光敏色素作用因子(phytochromes-interacting factor,PIF)是控制植物对红光和远红光响应的主要信号模块。低红光与远红光的比被解释为邻近植物的遮阴并诱导细胞伸长,这种现象被称为避荫综合征(SAS)。PAR1 及其最接近的同源物 PAR2 是 SAS 的负调控因子;它们属于 HLH 转录因子家族,缺乏 DNA 结合所需的典型基本结构域,但它们可以通过其他能够结合 DNA 的转录因子来调节基因的表达,但该机制尚未确定。2012 年 5 月,西北农林科技大学梁宗锁课题组在 *Molecular Plant* 杂志上发表了一篇题为"Interactions between HLH and bHLH Factors Modulate Light-Regulated Plant Development"的研究论文。作者发现光信号稳定了 PAR1 蛋白,并且 PAR1 与 PIF4 相互作用抑制了 PIF4 介导的基因激活。DNA Pull-down 和 ChIP 实验表明,PAR1 在体外和体内抑制了 PIF4 对 DNA 的结合。过表达 PAR1 的转基因株系(*PAR1OX*)对赤霉素(GA)或高温下胚轴伸长不敏感,与 *pifq*(*pif1pif3pif4pif5* 四重突变体)突变体相似。除了 PIF4,PAR1 还与 PRE1 相互作用,PRE1 是一种由油菜素内酯(BR)和 GA 激活的 HLH 转录因子。*PRE1* 的过表达在很大程度上抑制了 *PAR1OX* 的矮化表型。这些结果表明,PAR1-PRE1 和 PAR1-PIF4 异源二聚体形成了一个复杂的 HLH/bHLH 网络,在光照和激素的作用下调节细胞伸长和植物发育(图 3-160)。

表 3-16 展示了 DNA 水平上寻找上游转录因子的各种点对点实验的优缺点,读者在进行这些实验的时候可以根据实验目的以及实际情况进行选择。对于酵母单杂筛库或者 DNA Pull-down MS 筛选出来的结果,一般会选择三种点对点的实验方法进行验证,这三种点对点的实验方法最好同时包括体内和体外实验,这样组合起来得到的最终结果才更具有说服力。

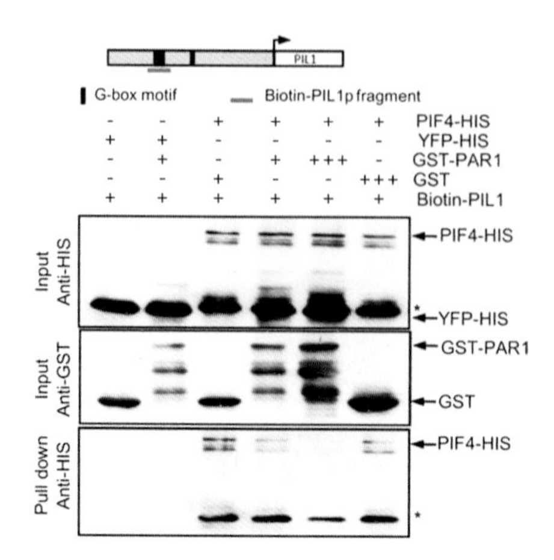

图 3-160　DNA 结合实验显示 PAR1 抑制 PIF4 对其靶 DNA 的结合(Hao et al. ,2012)

注:用生物素标记的 *PIL1* 启动子片段,孵育并拉下利用大肠杆菌表达和纯化的上述蛋白。免疫印迹法分析 Input 蛋白和 Pull-down 蛋白。星号表示 PIF4-HIS 中的非特异性条带

表 3-16　核酸-蛋白相互作用各实验方法优缺点对比

实验方法	优　　点	缺　　点
Y1H	1. 无需分离纯化蛋白,实验简单易行; 2. 蛋白质处于自然构象,克服了体外研究时蛋白质通常处于非自然构象的缺点	1. 会出现假阳性或者假阴性结果; 2. 不能反映转录因子是促进基因转录还是抑制转录
Dual-LUC	1. 用本物种的原生质体作为实验受体材料,更贴近体内真实的情况; 2. 灵敏度高,比 Western blot 灵敏度高 1000 倍以上; 3. 可以反映转录因子是促进基因转录还是抑制转录	1. 由于原生质体易破碎,实验过程中需保证动作轻柔、试剂 pH 条件合适; 2. 生物重复的转染效率难以保持一致; 3. 目前还有很多物种的原生质体制备有待解决,有物种限制
EMSA	可提供蛋白结合在核酸上的准确序列位置	1. 需要分离纯化蛋白; 2. EMSA 在很大程度上属于定性实验; 3. 体外实验,不能反映体内的真实情况
ChIP-qPCR	体内实验	获得稳转材料周期长
DNA Pull-down	1. 无需建库; 2. 无需考虑自激活	1. 长链探针往往存在非特异结合现象; 2. 反应条件要求无核酸酶; 3. 体外实验,不能反映体内的真实情况

2. RNA 水平上的调控

想要了解清楚基因的调控网络，仅仅研究 DNA 水平上的调控是远远不够的，这里详细介绍 RNA 水平上的调控，以便于更好地解析基因的调控网络。本书将 RNA 水平上的调控简化为 RNA 与蛋白的相互作用，那么对于 RNA 与蛋白的上下游关系如何研究？这主要取决于谁调控谁，被调控的一方位于下游。另外，在植物的研究中，RNA 水平上的调控没有 DNA 水平上的调控那么丰富，并且非编码 RNA 的存在也会导致整个 RNA 水平上的调控相对复杂。因此，本书主要介绍一些 RNA 与蛋白相互作用的筛选方法，具体的案例以及如何判断上下游的方法不作过多介绍，感兴趣的读者可以自行查阅相关资料。

目前，RNA-蛋白相互作用的筛选方法主要包括两个方面：一是 RNA-centric 法：以 RNA 为中心，从感兴趣的 RNA 开始，研究与该 RNA 结合的蛋白质；二是蛋白-centric 法：以蛋白质为中心，从感兴趣的蛋白质开始，研究与之结合的 RNA（图 3-161）。

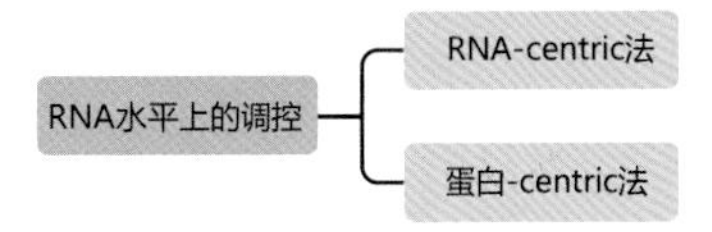

图 3-161　RNA 水平上的调控

1) RNA-centric 法

RNA 在其整个生命周期中都可以与蛋白质结合，这种结合往往是动态且短暂的。因此，这使识别与目标 RNA 结合的蛋白（RNA-binding proteins，RBP）成为一项挑战。从广义上讲，识别 RNA 结合蛋白的方法可以分为体外方法与体内方法（图 3-162）。体外方法通常用于研究完整细胞外的 RNA-蛋白质相互作用。体内方法用于研究细胞环境中 RNA-蛋白相互作用，并根据是否使用交联还可以进一步分为体内交联法和体内非交联法。每种以 RNA 为中心的体外和体内方法都有其独特的优点和缺点，因此，需要根据所要解决的生物学问题进行选择。

(1) 体外实验方法

体外方法通常使用含有树脂结合标签的体外转录（in vitro-transcribed，IVT）RNA（图 3-162a）。IVT RNA 与树脂结合后，加入细胞提取物并进行洗涤，以确定与 IVT RNA 诱饵结合的 RNA 结合蛋白（Camilla Faoro and Sandro F. Ataide，2014）。体外实验方法存在一些缺点：①IVT RNA 可能没有与细胞中目标 RNA 相同的修饰或结构；②如果使用重组蛋白可能缺乏与 RNA 结合相关的翻译后修饰；③使用高浓度的重组蛋白可能促进非特异性结合，虽然使用细胞提取物作为蛋白质来源可能会克服这些挑战，但也可能使实验偏向于检测含量丰富的蛋白质。该方法优点是可以进行诱变研究，以确定哪些核苷酸和氨基酸参与了 RNA-蛋白质的结合。

(2) 体内交联法

体内交联法是在变性条件下去除非共价相互作用的纯化 RNA，然后提取交联蛋白进行鉴定的一种方法。根据交联剂的不同，可以将其分为紫外光（UV）交联和甲醛交联。其中，UV 可以实现蛋白质与核酸的零距离交联，形成不可逆的共价键（Li et al.，2014；Benedikt M. Beckmann，2014）。而甲醛是一种小的双功能交联剂，可以很容易地渗透细胞并交联 2Å 内的大分子，包括蛋白质-蛋白质、蛋白质-DNA 和蛋白质-RNA 复合物，并形成可逆的共价键（Sutherland et al.，2008）。

以上两种交联方法都有其独特的优点和缺点。虽然 UV 是一种零距离交联剂，但其交联蛋白质与蛋白质相互作用的效率远不如甲醛，因此 UV 交联的效率较低（Li et al.，2014），但 UV 是一种比甲醛更特异的交联剂。UV 和甲醛交联都存在偏差。UV 交联具有轻微的尿嘧啶偏好（Sugimoto et al.，2012），并且对双链 RNA 的交联性较差（Baekgyu Kim and V. Narry Kim，2019）。同时，蛋白质-RNA 相互作用的结构和表面积可能也是影响 UV 交联效率的一个因素，但目前对交联效率无法进行定量预测。相反，甲醛交联一般是强亲核赖氨酸残基优先交联（Hoffman et al.，2015）。甲醛除

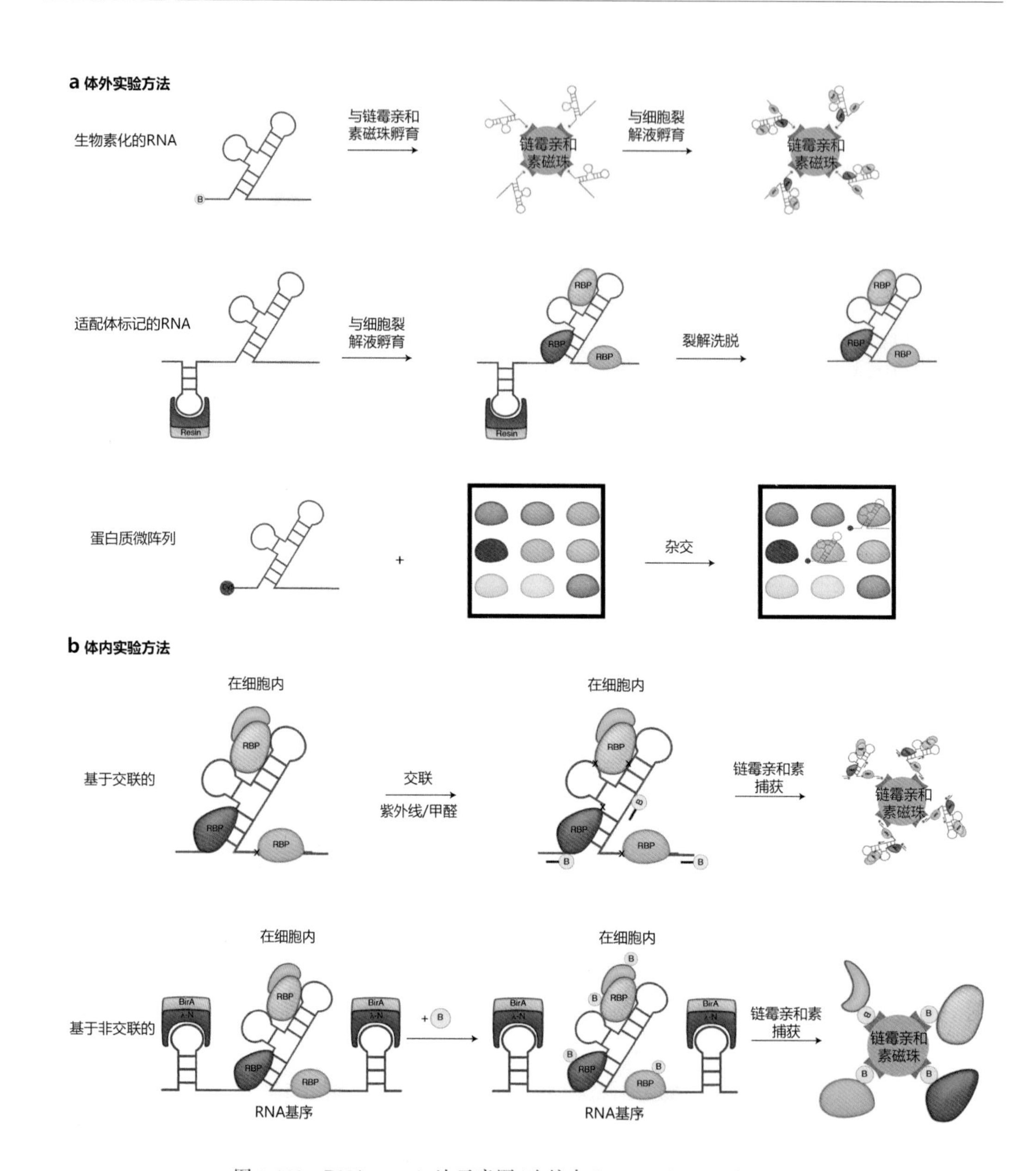

图 3-162　RNA-centric 法示意图(改编自 Ramanathan et al.,2019)

a. 上图:末端生物素化 RNA Pull-down 示意图。合成 5′或 3′末端标记生物素的 RNA,并与链霉亲和素结合。重组蛋白或细胞提取物与 RNA 结合。洗涤后,将珠子煮沸以洗脱并鉴定 RNA 结合蛋白。中图:适配体(S1,Cys4)标记的 RNA 捕获方法的示意图。感兴趣的 RNA 在体外用 RNA 标签(蓝色)进行转录。RNA 标签将 RNA(红色)与树脂支持物结合再与细胞提取物中的蛋白质结合。洗涤后,Cys4 和 S1 适配体方法分别用咪唑和生物素洗脱 RNA 复合物。下图:蛋白质微阵列示意图。RNA 在体外与 Cy5 一起转录。然后,将 RNA 添加到含有约 9400 种蛋白质的人类蛋白质微阵列中。洗涤后,用荧光检测和定量结合在微阵列上斑点蛋白上的 RNA。b. 上图:体内交联方法示意图。将生物素化的寡核苷酸探针与感兴趣的 RNA 杂交,纯化 RNA 和交联蛋白用于下游分析。下图:体内非交联法(RaPID)示意图。BoxB RNA 茎环(蓝色)位于感兴趣的 RNA 序列(红色)的侧面。RaPID(LN-HA-BirA*)融合蛋白与 BoxB 位点结合,导致在含有生物素的培养基生长的活细胞中与插入 RNA 序列相关蛋白质的生物素化从而被链霉亲和素珠捕获

了促进蛋白质-RNA 相互作用外，还促进蛋白质之间的交联，因此很难区分直接结合 RNA 的蛋白质和直接结合蛋白的蛋白质。

体内几种使用 UV 或甲醛交联的方法如图 3-162b 所示。其中，使用 UV 交联的方法包括 RAP(Colleen A. McHugh and Mitchell Guttman，2018；Hacisuleyman et al.，2014)、PAIR(Zeng et al.，2006)、MS2-BioTRAP(Tsai et al.，2011)、TRIP(Matia-González et al.，2017)、ChIRP(Chu et al.，2011；Chu et al.，2015)和 CHART(Simon et al.，2011)。

RAP 使用 120bp 的寡核苷酸探针拉下交联后的 RNA-RBP 复合物，该方法目前已用于研究非编码 RNA，如 Xist 和 FIRRE(McHugh et al.，2015；Hacisuleyman et al.，2014)。

PAIR 使用带有细胞穿透肽的肽核酸探针进入细胞并与 RNA 杂交，然后纯化和 RNA 结合的 RBPs(Zeng et al.，2006)。

MS2-BioTRAP 利用噬菌体 MS2 的 MS2 发夹结构和 MS2 外壳蛋白之间的相互作用将蛋白质连接至 RNA(Parrott et al.，2000)。MS2 发夹 RNA 和 MS2 外壳蛋白均在同一细胞中表达，并形成稳定的复合物，使得融合后的 MS2 外壳蛋白可作为 UV 交联后纯化含 MS2 RNA 的标签(Tsai et al.，2011)。MS2 标记的 RNA 的异位表达可能不能反映 RNA 的生理水平，这可能会影响下游蛋白质组学分析的准确性。

TRIP 用于研究腺苷酸化 RNA，该方法使用了双重纯化的方法：首先纯化 polyA RNA，然后使用生物素化的反义寡核苷酸(ASO)与 poly A 混合物中的目标 RNA 杂交，再用链霉亲和素珠纯化 RNA-ASO 复合物(Tsai et al.，2011)。

ChIRP 和 CHART 是通过甲醛将 RNA 交联到蛋白质上的方法。CHART 需要通过额外的 RNase H 测定来确定探针的可接近位点，而 ChIRP 不需要事先了解 RNA 可接近性并可以使用更短的寡核苷酸探针(20-mer)(Chu et al.，2011；Matthew D. Simon，2013)。

(3) 体内非交联法

邻近蛋白质组学应用于活细胞中以 RNA 为中心的 RNA-蛋白相互作用的研究，这种方法不使用任何形式的交联。生物素连接酶主要用于研究蛋白-蛋白相互作用(Kim et al.，2014，2016)，该酶可以将生物素转化为活性生物素-5-AMP 中间体并释放出来，从而共价标记附近暴露的赖氨酸残基(Roux et al.，2012)，并且距离 20nm 以内的蛋白将优先被生物素标记。RNA-蛋白相互作用检测方法——RaPID 能够通过空间检测约束来检测与 RNA 结合的 RBP，该方法是用 BoxB 适配体标记感兴趣的 RNA，以招募 λ-N 融合蛋白和生物素连接酶(Ramanathan et al.，2018)。生物素通过 λ-N 结构域结合 BoxB 基序，并在其结合的 RNA 附近标记蛋白质。由于 20nm 相当于约 66nt 的线性 RNA，因此，将 BoxB 适配体连接在感兴趣的 RNA 序列的 5′和 3′上应该可以使用这种方法研究长达 132nt 的 RNA，并且一些 RNA 的结构性质可能允许研究更长的序列。这种方法依赖于 RBP 的直接标记，不需要交联或纯化 RNA。更多关于邻近标记技术的介绍见本章“寻找相互作用蛋白”部分。

以 RNA 为中心的方法基本是使用定量质谱来鉴定与 RNA 结合的 RBP。标记质谱方法，如 SILAC 和 iTRAQ，适用于甲醛交联或体外法，但是这些方法的特异性较低，结果可能被非特异性结合的蛋白质污染(Butter et al.，2009)。非标记定量鉴定实验组和对照中的蛋白质，与标记定量相比最大的挑战在于区分非特异性蛋白。通过 SAINT 等工具可以分析非标记定量质谱的光谱计数数据，从而有效地评估 RNA-蛋白相互作用的概率(Mellacheruvu et al.，2013)。非标记定量鉴定实验将感兴趣 RNA 序列打乱获得的 RNA 作为阴性对照，打乱序列具有相同的长度和核苷酸组成，但具有不同的初级 RNA 结构和不同的二级 RNA 结构。

（4）RNA-centric 方法的选择

以 RNA 为中心研究 RNA 与蛋白的互作，首先需要考虑的是选择体内还是体外实验。通过体外实验可以确定哪些核苷酸和氨基酸对已知的 RNA-蛋白相互作用有关。当亚细胞定位、RNA 修饰和蛋白质修饰或局部蛋白浓度的动态范围是影响 RNA-蛋白相互作用的因素时，体内方法可能是发现和研究 RNA-蛋白相互作用的最佳方法。

其次需要考虑的是 RNA 丰度。目标 RNA 的拷贝数是检测 RNA-蛋白相互作用的关键。RNA 拷贝数越高，体内检测到 RNA-蛋白相互作用所需的细胞就越少。但是许多使用交联检测 RBP 的体内方法需要 1 亿到 10 亿个细胞。在这种情况下，更好的选择可能是使用体外方法来研究 RNA-蛋白相互作用。

最后需要考虑所研究的 RNA-蛋白相互作用的强度，这尤其影响交联方法的选择。一般来说，RNA 和蛋白质之间的相互作用越弱，与甲醛交联的方法相比，UV 交联捕获 RNA 的可能性就越小。此外，通过交联的方法，在分离出结合的 RBP 之前，需要使用寡核苷酸捕获探针来纯化 RNA。寡核苷酸捕获的效率低从而降低了 RNA-蛋白相互作用捕获的效率，因此，这就需要更高的细胞数量。

2）蛋白-centric 法

以蛋白质为中心的方法是从一种感兴趣的蛋白质开始，并筛选与其相互作用的 RNA。通常，这些方法要么直接纯化蛋白质以找到相关的 RNA，要么以一种依赖于与感兴趣的蛋白质相关联的方式对 RNA 进行选择性化学修饰。绝大多数鉴定与特定蛋白质结合的 RNA 的研究都是通过纯化感兴趣的蛋白质来完成的。在这种情况下，以蛋白为中心寻找互作 RNA 最常见的方法利用了蛋白质被大约 254nm 的紫外线照射时会在体内与核酸发生化学交联的原理（Kendric C. Smith and Robin T. Aplin，1966；Goddard et al.，1966）。254nm 诱导交联在 RBP 的初步鉴定中发挥了重要作用。254nm 的紫外线照射几乎可以使所有的氨基酸（D、E、N 和 Q 除外）与核酸交联（Kramer et al.，2014）。通过 UV 交联，然后纯化感兴趣的蛋白质并鉴定结合 RNA 的方法称为交联免疫沉淀（CLIP）方法（Ule et al.，2003），结合高通量测序（HITS）就产生了 CLIP-seq 法（Licatalosi et al.，2008）。

CLIP-seq 技术常见的困难是需要免疫纯化足够的交联 RNA，否则就可能出现交联效率差、RNA-核糖核蛋白复合物丰度低、文库制备效率低或其组合的多种问题。然而，对于纯化多少交联的 RNA 才足够用于 CLIP 这个问题，目前还没有一个公认的标准。

（1）蛋白-centric 方法的选择

如果不能纯化足够的 UV 交联复合物，那么可以选择其他的方法。如果允许间接相互作用并且不需要确定 RNA 上的结合位点，那么标准方法是 RIP-seq（Nicholson et al.，2017；Tenenbaum et al.，2000）。RIP-seq 可以被定义为蛋白质纯化后的 RNA-seq，或者不去除非交联 RNA 的 CLIP-seq。本质上，免疫纯化是在非变性条件下进行的，目的是保留细胞复合物，从而不需要交联这一步骤。如果优化 RNase 酶切，RIP-seq 也可以提供 RNA 结合序列的位置（Nicholson et al.，2017）。传统观点认为 CLIP 比 RIP 具有更高的信噪比，但对于交联非常差的蛋白质 RIP 可能具有更高的信噪比。

（2）CLIP-seq 流程的优化

目前有大量优化的 CLIP-seq 流程，图 3-163 展示了这些流程如何从免疫沉淀到 PCR 扩增的过程。其中一些步骤，如 RNA 的初始去磷酸化、连接到 RNA 的 3′端和逆转录，是这些流程共有的，而其他步骤则属于各流程特异性的方法。在原始的 CLIP-seq 方案中，5′和 3′接头连接到纯化的 RNA 上，逆转录酶必须通过交联核苷酸才能进行逆转录（Licatalosi et al.，2008）。CLIP 的变体 1（Porter

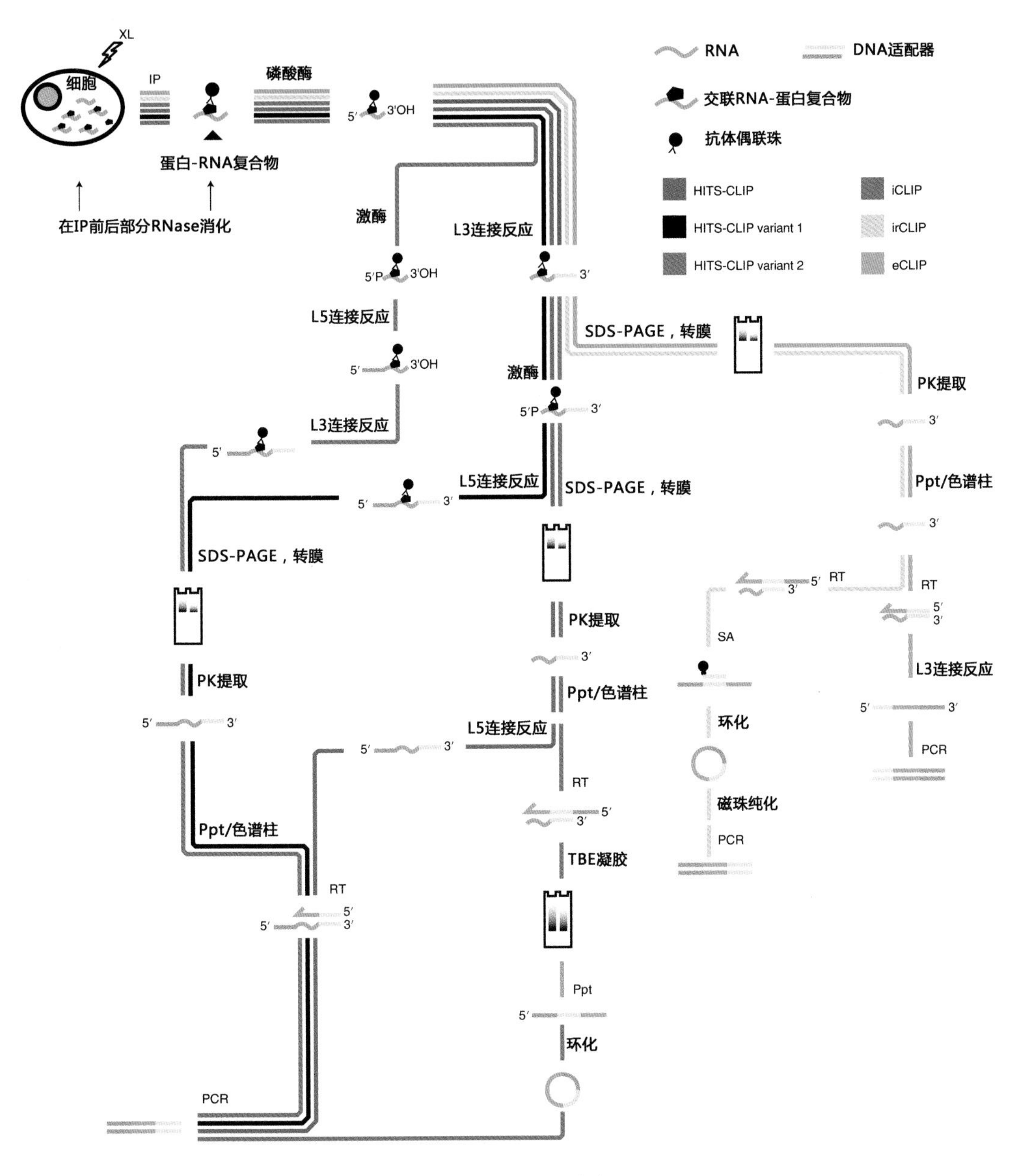

图 3-163　从免疫沉淀到 PCR 的流程图(改编自 Ramanathan et al.,2019)

注:该图突出显示了各种具有代表性的 CLIP-seq 的步骤,并非包括所有步骤。XL,UV 交联;IP,免疫沉淀;Phosphatase,磷酸酶,其作用是去除 3′磷酸;Kinase,激酶,其作用是加入 5′磷酸;RT,反转录;L3,3′接头连接 RNA 或 DNA;L5,5′接头连接;PK 提取,从硝化纤维素膜中提取蛋白酶 K;Ppt/色谱柱,酒精沉淀或色谱柱清洗核酸;TBE,Tris-borate-EDTA 缓冲液;SA,链霉亲和素

et al.,2015)和变体 2(Creamer et al.,2011;Benhalevy et al.,2017)通过在珠子上做两种连接来简化原始方案。CRAC 方案中的 RNA 加工步骤与 CLIP1 中的相同,但需要先进行变性纯化(Granneman et al.,2009)。iCLIP 用 cDNA 的环化取代 5′接头(Konig et al.,2011)。eCLIP 用 3′ cDNA 连接取代了 5′接头连接(Van et al.,2016)。irCLIP 与 iCLIP 方案类似,但使用了生物素化的

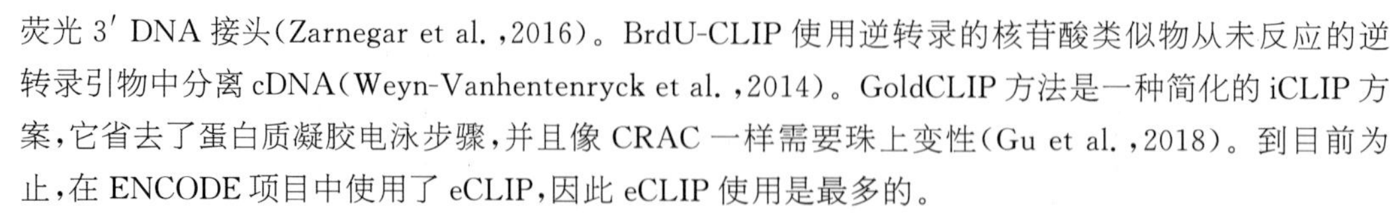

荧光 3′ DNA 接头(Zarnegar et al.,2016)。BrdU-CLIP 使用逆转录的核苷酸类似物从未反应的逆转录引物中分离 cDNA(Weyn-Vanhentenryck et al.,2014)。GoldCLIP 方法是一种简化的 iCLIP 方案,它省去了蛋白质凝胶电泳步骤,并且像 CRAC 一样需要珠上变性(Gu et al.,2018)。到目前为止,在 ENCODE 项目中使用了 eCLIP,因此 eCLIP 使用是最多的。

CLIP-seq 方法进化的技术终点是直接对结合的 RNA 进行测序,这将绕过图 3-163 中几乎所有的步骤,但直接的 RNA 测序尚未与 CLIP-seq 偶联。

(3) CLIP-seq 分析

CLIP-seq 分析没有通用的标准,这可能是因为研究目标和背景定义的不同。CLIP 数据的几个特征可能会影响所采取的分析途径。在 CLIP-seq 中,RNA 和 RNA 结合蛋白的丰度随数量级而变化。在一定的频率下,所有的 RNA 会接触到所有的蛋白质,而高丰度的 RNA 或蛋白质可能会使低亲和力的相互作用变得普遍,从而很容易被 CLIP 检测到。因此,识别特定 RNA 和蛋白质之间的相互作用是通过交联诱导突变的聚集发生的,这可能不能提供对其频率或生理相关性的正确见解。CLIP-seq 数据的定量是目前分析的一个挑战。

(4) 不需要蛋白质纯化的方法

在不纯化 RBP 的情况下鉴定 RBP 的 RNA 靶点的方法相对较新,该方法目前主要依赖于 RNA 两种不同的化学修饰。第一种是 TRIBE,将感兴趣的 RBP 与 ADAR 酶融合,该酶对附近的腺苷进行脱胺,然后通过测序鉴定脱胺碱基(McMahon et al.,2016)。第二种是 RNA 标记,将目标 RBP 与 poly U 聚合酶融合,poly U 聚合酶将 poly U 尾添加到结合的 RNA 上,随后通过对 RNA 的 3′端测序来确定尾巴。RBP 与过氧化物酶标签的耦合也被用于识别特定亚细胞区室中的 RNA,这种方法尚未用于鉴定直接的 RNA 靶标(Kaewsapsak et al.,2017)。

研究 RNA-蛋白质相互作用的方法揭示了细胞中复杂和关键的 RNA-蛋白质相互作用。交联是鉴定 RBP 和定义与 RBP 结合的 RNA 的几种方法的关键。目前的 UV 和甲醛交联方法是低效的,更好的交联方法可以用更少的细胞有效地捕获 RNA-蛋白质相互作用。总之,RNA-centric 方法和蛋白-centric 方法的扩展将加速 RNA-蛋白质相互作用研究领域的发展。

关于"RNA 水平上的调控"内容主要参考了 2019 年美国斯坦福大学 Paul A. Khavari 课题组在 *Nature Methods* 杂志上发表的一篇题为"Methods to study RNA-protein interactions"的综述文章。文章对于以 RNA 为中心筛选互作蛋白质和以蛋白质为中心筛选互作 RNA 的方法进行了一个全面介绍,但是对于筛选出来结果如何进行点对点验证并没有进行介绍。其实对于 RNA-蛋白相互作用点对点验证方法可以参考 DNA-蛋白相互作用的方法,例如 EMSA、DNA Pull-down 和 ChIP-qPCR,对应至 RNA-蛋白互作的方法有 RNA EMSA、RNA Pull-down 和 CLIP-qPCR 等方法,它们的原理差别不大,只不过 RNA-蛋白互作实验相比于 DNA-蛋白互作实验难度会更大,具体的案例在此不作过多介绍,感兴趣的读者可以自行查阅相关资料。

3. 蛋白及修饰水平上的调控

生物体中绝大多数蛋白质发挥功能,都是通过与其他蛋白质相互作用完成的,这种相互作用及其构建的作用网络,是基因调控网络的重要组成部分。其中,构建作用网络时仅知道蛋白之间的相互作用是不够的,还需进一步确定相互作用蛋白之间的上下游关系。本书对于确定上下游关系给出了两种思路:第一种思路是通过遗传学实验确定目的蛋白的上下游关系,该思路具有普适性,适用于所有需要确定上下游关系的蛋白;第二种思路仅针对蛋白翻译后修饰的修饰酶与其底物之间的关系,若研究的目的蛋白是一种蛋白翻译后修饰的修饰酶,那么研究思路就是寻找其下游的底

物，若研究的目的蛋白可能被某种修饰酶修饰，那么研究思路就是寻找其上游的修饰酶。由于该部分在"寻找上游调控基因"的大框架之下，因此，这里主要从确定相互作用蛋白和确定上游关系两个层面介绍蛋白及修饰水平上的调控(图 3-164)。

图 3-164　蛋白及修饰水平上的调控

1) 确定相互作用蛋白

在确定相互作用蛋白时，通常先将目的蛋白作为诱饵，来筛选出与其存在潜在互作关系的蛋白，然后结合点对点验证实验来进一步确认蛋白的互作关系(图 3-165)。

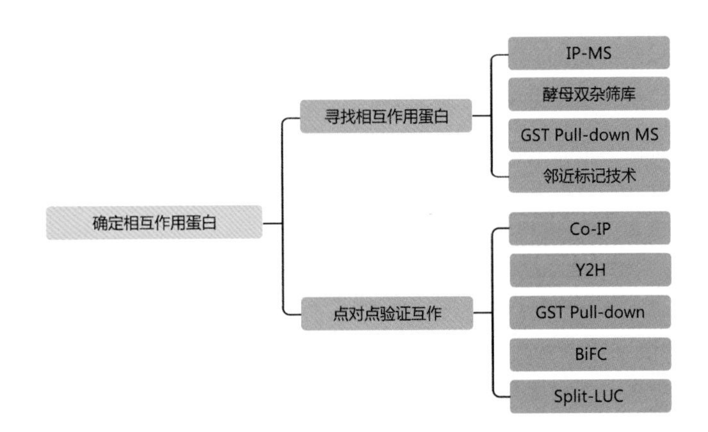

图 3-165　确定相互作用蛋白

(1) 寻找相互作用蛋白

将目的蛋白作为诱饵，通过免疫沉淀串联质谱分析(immunoprecipitation-mass spectrometry, IP-MS)、酵母双杂筛库或 GST Pull-down MS 等方法可以筛选出与之相互作用的蛋白。但是，对于植物体内一些瞬时的、弱的相互作用利用 IP-MS 可能无法准确筛选，针对这一情况，可以采用邻近标记技术来对互作蛋白进行筛选。

① IP-MS：该方法可以在天然条件下从植物细胞裂解物中捕获所有与靶蛋白结合的蛋白质，从而高通量地筛选和鉴定出多个与目的蛋白相互作用的蛋白质。其原理是以细胞内源性靶蛋白为诱饵，将结合了靶蛋白抗体的 beads 与细胞总蛋白进行孵育，促进免疫复合物的形成。将免疫复合物从 beads 上洗脱后进行 SDS-PAGE 以分离蛋白，然后通过 LC-MS/MS 对酶解后的肽段进行质谱分析，从而鉴定出与目的蛋白相互作用的未知蛋白。

在进行 IP-MS 实验时，一般推荐使用稳定转化的材料，这样能更加准确地反映植物体内真实的相互作用。但是，对于一些没有稳定转化体系的物种，也可以通过瞬时转化的材料进行实验。图 3-166 展示的是以瞬时转化原生质体为例的 IP-MS 实验流程图。

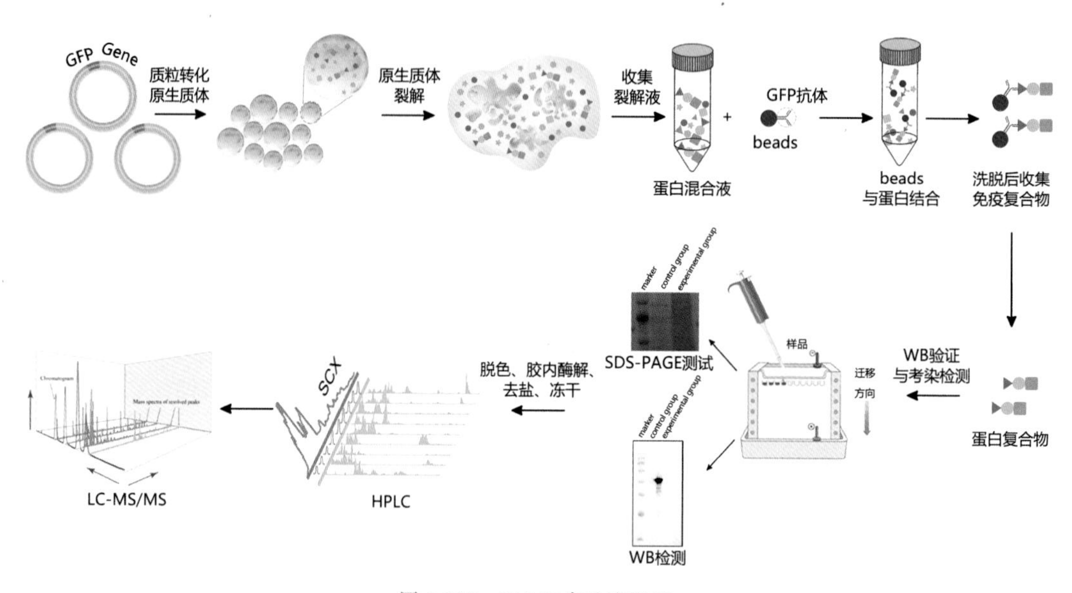

图 3-166　IP-MS 实验流程图

文献案例

2021 年 2 月，中国科学院植物研究所王雷课题组在 *The EMBO Journal* 杂志上发表了一篇题为"Clock component OsPRR73 positively regulates rice salt tolerance by modulating *OsHKT2；1*-mediated sodium homeostasis"的研究论文，揭示了昼夜节律与水稻耐盐性之间的联系，以及水稻生物钟正向调控水稻耐盐性的机制。在该论文中，作者通过 IP-MS 对 OsPRR73 的相互作用蛋白进行鉴定（表 3-17），并结合其他实验发现，HDAC10 可以与 OsPRR73 相互作用，形成转录抑制复合物，抑制 *OsHKT2；1* 的表达。

表 3-17　通过 IP-MS 鉴定 OsPRR73 的相互作用蛋白（Wei et al.，2021）

NO.	Peak name	Gene ID	Protein name
1	**Q10N34**	**LOC_Os03g17570**	**OsPRR73**
2	Q10KT9	LOC_Os03g25450	H/ACA ribonucleoprotein complex subunit 4

续表

NO.	Peak name	Gene ID	Protein name
3	Q2R1K5	LOC_Os11g38900	SDG704
4	Q5VMT5	LOC_Os06g17840	Putative Spo76 protein
5	Q2RAB7	LOC_Os11g05930	OsPRR59
6	Q10PA5	LOC_Os03g13800	Ribonucloprotein
7	Q10H93	LOC_Os03g40010	Expressed protein
8	Q6I583	LOC_Os05g50840	Putative peroxisomal Ca-dependent solute carrier
9	Q6K4N0	LOC_Os02g54770	OsRSZ21
10	Q8S857	LOC_Os10g28230	Probable histone H2A variant 2
11	**B8BNH5**	**LOC_Os12g08220**	**HDAC10,Hist_deacetyl domain-containing protein**
12	0A0P0V312	LOC_Os01g31800	Histone H2A
13	Q0J6N4	LOC_Os08g19650	Homeobox protein knotted-1-like 13
14	Q0E3C3	LOC_Os02g08544	Homeobox protein knotted-1-like 2
15	Q6L4S0	LOC_Os05g51480	DNA damage-binding protein 1
16	Q06967	LOC_Os03g50290	14-3-3-like protein GF14-F
17	A3ANB5	LOC_Os03g56970	ARP7,Actin-related protein 7
18	Q5SMU8	LOC_Os06g08770	OIP30,RuvB-Like DNA Helicase 2
19	Q7X6J4	LOC_Os04g45930	RNA recognition motif containing protein

② 酵母双杂筛库:该方法可以有效地在酵母细胞内筛选与目的蛋白相互作用的未知蛋白。在进行酵母双杂筛库时,需要根据目的蛋白的亚细胞定位情况来选择合适的酵母文库。如果目的蛋白定位在细胞核,就选择核体系酵母文库;如果定位在细胞膜,就选择膜体系酵母文库;如果定位在细胞质,则二者均可以选用。下面是核体系酵母双杂筛库与膜体系酵母双杂筛库的原理与流程。

· 核体系酵母双杂筛库

核体系酵母双杂是基于 GAL4 系统进行的。GAL4 包括两个结构域,即 DNA 结合结构域(DNA-binding domain,BD)和转录激活结构域(activating domain,AD),BD 能够识别位于 GAL4 效应基因(GAL4-responsive gene)的上游激活序列(upstream activating sequence,UAS)并与之结合,AD 可以启动 UAS 下游基因的转录。当 BD 和 AD 单独存在时并不能激活转录,但是当二者在空间上充分接近时,则呈现完整的 GAL4 转录因子活性并可激活 UAS 下游启动子,使启动子的下游报告基因转录(图 3-167)。

核体系酵母双杂筛库的实验思路是将诱饵(Bait)与 BD 融合形成诱饵质粒,猎物(Prey)与 AD 融合形成猎物质粒文库。当诱饵质粒和猎物质粒文库在酵母中表达且 Bait 和 Prey 相互作用时,BD 和 AD 将相互靠近,激活下游报告基因的转录。

· 核体系酵母双杂筛库方法

核体系酵母双杂筛库常用以下三种方法:

a. 先将诱饵质粒转化到 MATa 型酵母(Y2HGold 或 AH109),检测诱饵质粒的自激活,再将诱

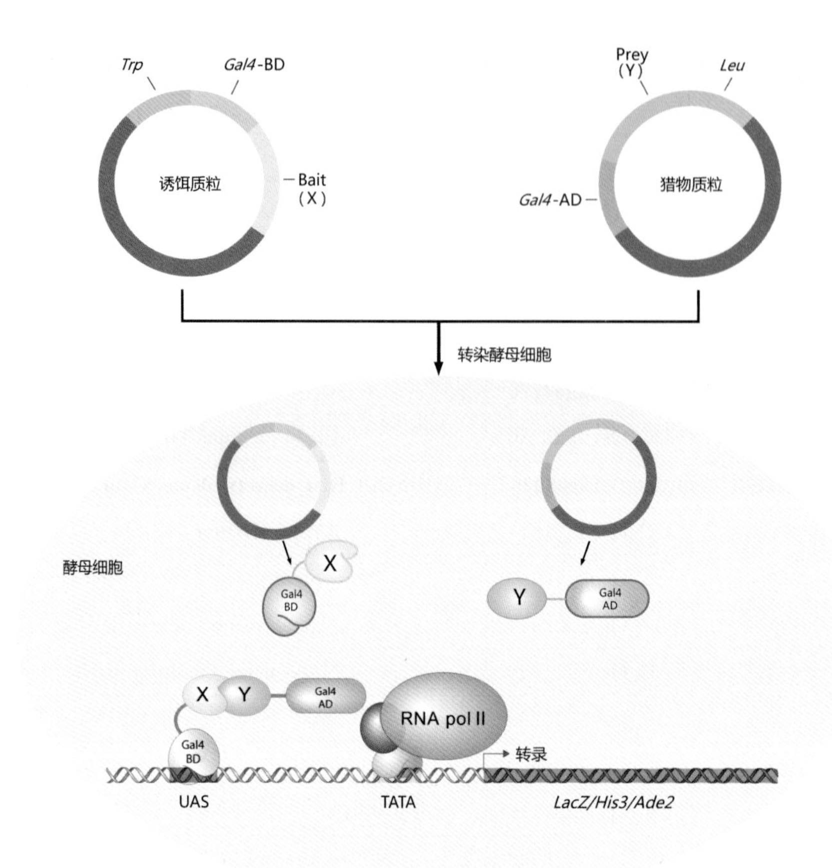

图 3-167 核体系酵母双杂原理图

饵质粒和文库质粒共转化到同一种酵母感受态进行筛选。

b. 先将诱饵质粒转化到 MATa 型酵母(Y2HGold 或 AH109)制备诱饵菌株,检测诱饵质粒的自激活,再将诱饵菌株制备成感受态,最后将文库质粒转入感受态进行筛选。

c. 先将诱饵质粒转化到 MATa 型酵母(Y2HGold 或 AH109),检测诱饵质粒的自激活,再将文库质粒转化到 MATα 型酵母(Y187),两种酵母通过 mating 进行筛选。

图 3-168 展示的是上述第二种核体系酵母双杂筛库方法的流程图。

文献案例

2023 年 6 月,南京农业大学智海剑/李凯课题组在 *The Crop Journal* 杂志上发表了一篇题为"The soybean GmPUB21-interacting protein GmDi19-5 responds to drought and salinity stresses via an ABA-dependent pathway"的研究论文,揭示了 GmDi19-5 蛋白可以通过 ABA 依赖途径负向调控大豆对干旱和盐胁迫的响应。前期研究报道表明 U-box E3 连接酶 GmPUB21 可以负向调控大豆对干旱和盐胁迫的响应。作者为了进一步研究 GmPUB21 如何调节干旱和盐胁迫响应,将 GmPUB21 构建到 pGBKT7 中作为诱饵载体,通过核体系酵母双杂筛库初步筛选了八种与 GmPUB21 相互作用的蛋白(图 3-169)。

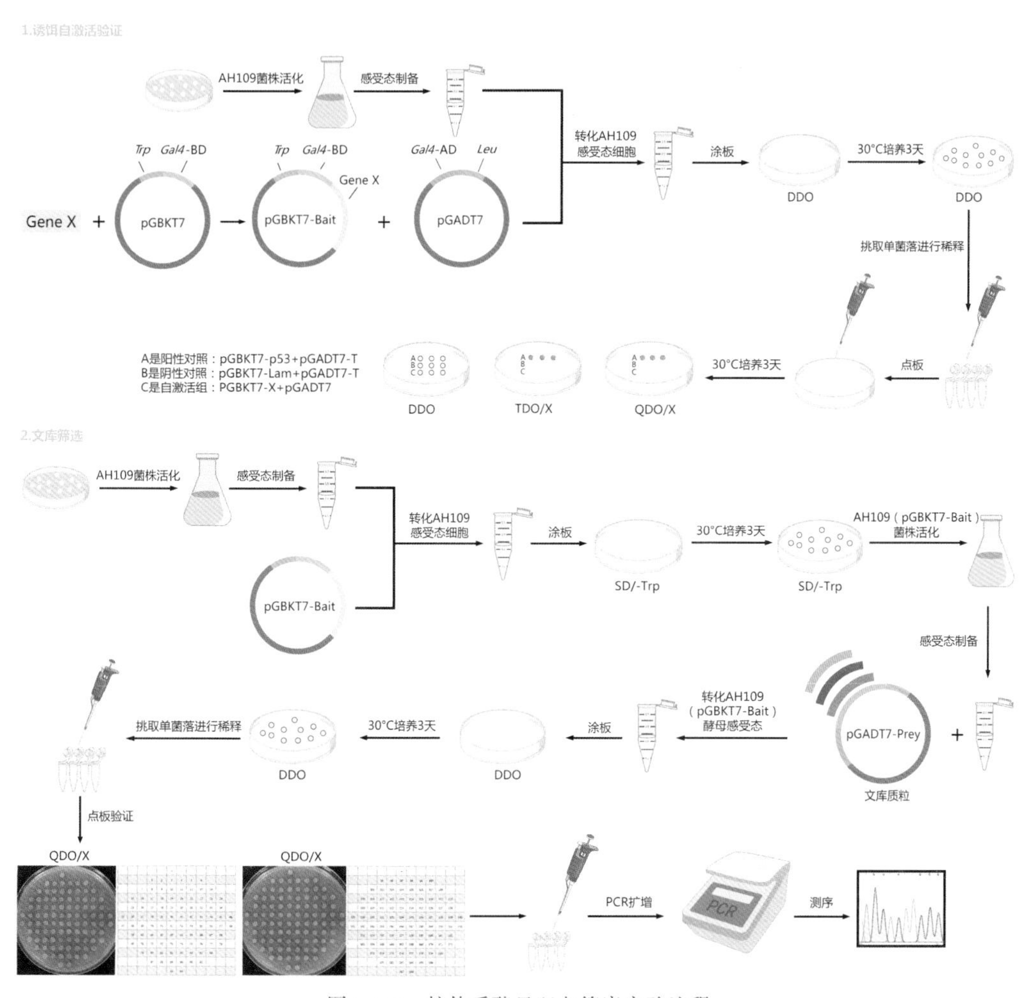

图 3-168　核体系酵母双杂筛库实验流程

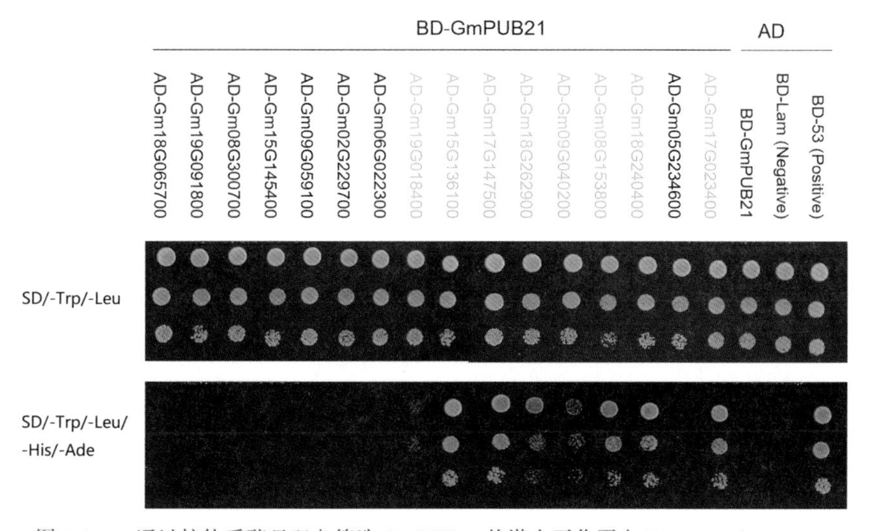

图 3-169　通过核体系酵母双杂筛选 GmPUB21 的潜在互作蛋白（Yang et al.，2023）

· 膜体系酵母双杂筛库

膜体系酵母双杂是基于泛素分子的功能建立起来的。泛素作为降解信号分子，可以连接另外一种蛋白质的N端，然后被泛素专一性蛋白酶(UBPs)识别，从而导致与泛素相连的蛋白被酶解。泛素可以被分成N端(Nub)和C端(Cub)两部分。人为地将泛素Nub的第三位异亮氨酸突变为甘氨酸(NubI突变为NubG)，这样它与Cub的亲和力会大大降低，从而避免了Cub和Nub自我结合或接近的可能性。将Cub部分与人工合成的转录激活因子(LexA-VP16)融合成一个融合蛋白Cub-LexA-VP16，正常条件下NubG不与Cub结合，UBPs也不能识别分离的泛素，所以LexA-VP16不会被剪切下来。将要检测的蛋白分别与NubG和Cub融合，形成Bait融合蛋白(Bait-Cub-LexA-VP16)和Prey融合蛋白(Prey-NubG)，如果Bait和Prey发生相互作用，就会促使NubG和Cub的相互接近，从而被UBPs识别，导致LexA-VP16被剪切并进入核内激活报告基因的转录(图3-170)。

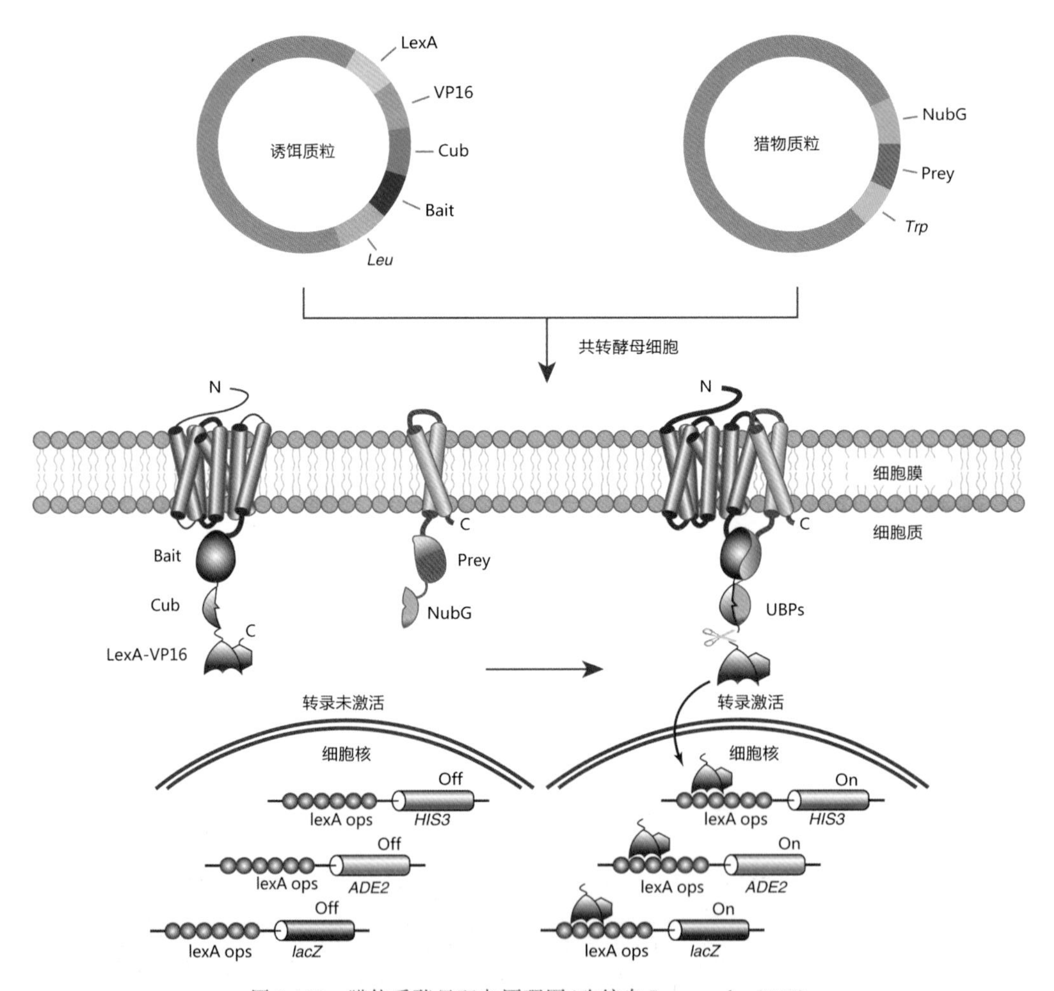

图3-170 膜体系酵母双杂原理图(改编自 Iyer et al.,2005)

膜体系酵母双杂筛库的实验思路是以目的蛋白为诱饵，根据目的蛋白的结构选择不同的诱饵载体(表3-18)来筛选膜体系酵母双杂文库，经过对阳性克隆的DNA测序和BLAST比对分析，最终确定与目的蛋白相互作用的蛋白。

表 3-18 诱饵载体选择方法

诱饵蛋白 N-端位置	诱饵蛋白 C-端位置	诱饵载体
胞内	胞内	pBT3-N
胞内	胞外	
胞外 N-端存在可切除的信号肽	胞内	pBT3-SUC
胞外 N-端不存在可切除的信号肽	胞内	pBT3-STE
胞内	胞内	

注：若 N 端和 C 端都位于胞外，可截短使得 C 端位于胞内段，再选择相应的载体。

· 膜体系酵母双杂筛库方法

以 N 端和 C 端均定位于胞内的诱饵蛋白为例。先将诱饵蛋白构建到 pBT3-N 载体上，将重组质粒 pBT3-N-Bait 转化到酵母菌株 NMY51，用含有 pBT3-N-Bait 诱饵质粒的 NMY51 酵母菌株制备感受态，将某物种的膜体系酵母双杂文库质粒转入其中，涂 QDO/X 平板进行筛选。图 3-171 展示的是膜体系酵母双杂筛库的流程图。

文献案例

2021 年 1 月，四川农业大学刘庆林课题组在 *Plant Biotechnology Journal* 杂志上发表了一篇题为“Lysine crotonylation of DgTIL1 at K72 modulates cold tolerance by enhancing DgnsLTP stability in chrysanthemum”的研究论文，发现温度诱导的类脂钙素-1(DgTIL1)在 K72 处被巴豆酰化以响应低温胁迫。先前的报道表明 TILs 蛋白定位于质膜，可以通过增加质膜的活力来提高拟南芥的抗寒性，但在菊花中并没有相关报道。在该论文中，作者发现 *DgTIL1* 的过表达可以提高菊花的抗寒性。为了研究 DgTIL1 的调控机制，作者使用 pBT3-N-DgTIL1 作为诱饵进行膜体系酵母双杂筛库。通过对阳性酵母菌株测序，共鉴定到十个潜在的相互作用蛋白(表 3-19)。

表 3-19 用膜体系酵母双杂筛选 DgTIL1 的潜在相互作用蛋白(Huang et al.,2021)

Gene bank	Gene name
XP_022040976.1	membrane protein of ER body-like protein isoform X3 [Helianthus annuus]
PWA73340.1	RNA-binding S4 domain-containing protein [Artemisia annua]
XP_021993551.1	**non-specific lipid-transfer protein-like protein At5g64080 [Helianthus annuus]**
PWA82850.1	C2 calcium-dependent membrane targeting [Artemisia annua]
PWA47841.1	hypothetical protein CTI12_AA495870 [Artemisia annua]
XP_023769050.1	dnaJ homolog subfamily C member 2 [Lactuca sativa]
PWA74152.1	hypothetical protein CTI12_AA255390 [Artemisia annua]
PWA99194.1	chlorophyll A-B binding protein [Artemisia annua]
PWA74347.1	CAAX amino terminal protease [Artemisia annua]
PWA87346.1	30S ribosomal protein S1 protein [Artemisia annua]

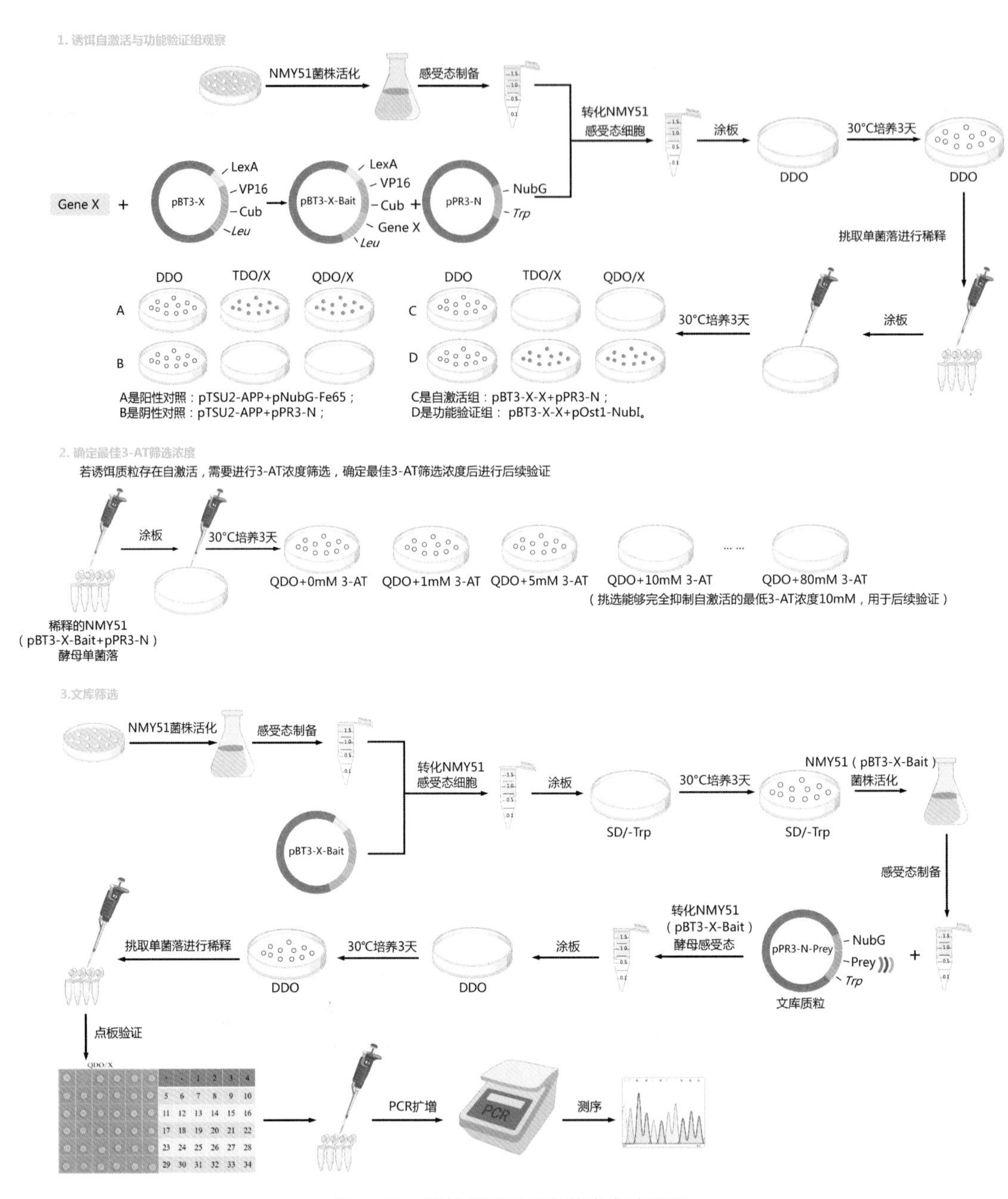

图 3-171　膜体系酵母双杂筛库实验流程

③ GST Pull-down MS：GST Pull-down 是利用谷胱甘肽-S-转移酶（glutathione-S-transferase，GST）标记诱饵蛋白进行的 Pull-down 实验，常被用于验证已知蛋白之间的直接相互作用。此外，该技术还可以与 LC-MS/MS 联用，用于在体外筛选未知的互作蛋白，即 GST Pull-down MS。

GST Pull-down MS 是通过将目的蛋白-GST 融合蛋白亲和固化在谷胱甘肽（glutathione，GSH）上，充当一种"诱饵蛋白"，将提取的总蛋白与"诱饵蛋白"孵育，可捕获与"诱饵蛋白"相互作用的蛋白，洗脱结合物后通过 LC-MS/MS 分析，从而筛选出互作蛋白。

图 3-172 展示的是 GST Pull-down MS 的实验流程图。

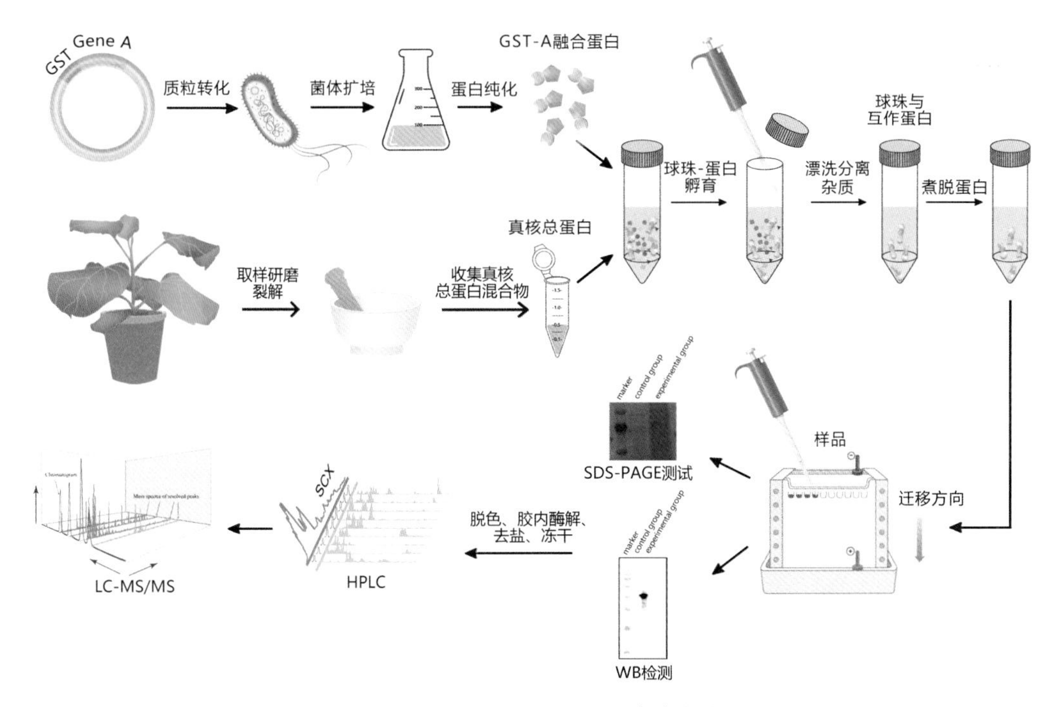

图 3-172　GST Pull-down MS 实验流程

文献案例

2022 年 12 月，西北农林科技大学韩召奋课题组在 *Journal of Experimental Botany* 杂志上发表了一篇题为"AtHD2D, a plant-specific histone deacetylase involved in abscisic acid response and lateral root development"的研究论文。作者为了解析 HD2D 的调控机制，利用 GST Pull-down MS 技术初步筛选了干旱胁迫下 HD2D 的互作蛋白(表 3-20)，并结合 Y2H、BiFC 和 Co-IP 实验，最终明确了 HD2D 与 CKA4 存在相互作用。

表 3-20　利用 GST Pull-down MS 筛选到的 HD2D 潜在相互作用蛋白(Zhang et al.，2022)

AGI Code	Coverage(%)	Unique Peptides	Description
AT2G27840	33	9	Histone deacetylase-related/HD2D
AT2G33370	21	2	Ribosomal protein L14p/L23e family protein
AT3G04920	20	2	Ribosomal protein S24e family protein
AT5G27120	16	6	NOP56-like pre RNA processing ribonucleoprotein
AT5G20160	14	1	Ribosomal protein L7Ae/L30e/S12e/gadd45 family protein
AT4G31700	12	2	Ribosomal protein S6/RPS6
AT1G24020	10	1	MLP-like protein 423/MLP423
AT2G23070	9	3	Protein kinase superfamily protein/CKA4
AT5G02500	9	3	Heat shock cognate protin 70-1

续表

AGI Code	Coverage(%)	Unique Peptides	Description
AT3G04230	8	2	Ribosomal protein S5 domain2-like superfamily protein
AT3G60770	8	1	Ribosomal protein S13/S15
AT1G76180	7	1	Dehydrin family protein/ERD14
AT2G19520	7	2	Transducin family protein/WD 40 repeat family protein
AT4G25630	7	2	Fibrillarin 2/FIB2
AT5G52470	7	2	Fibrillarin 1/FIB1
AT5G20010	6	1	RAS-related nuclear protein-1
AT1G26910	5	1	Ribosomal protein L16p/L10e family protein
AT2G36530	5	1	Enolase/LOS2
AT3G58660	4	1	Ribosomal protein LIp/L10e family
AT5G58420	4	1	Ribosomal protein S4(RPS4A)family protein
AT2G07360	3	2	SH3 domain-containing protein
AT5G55660	3	1	DEK domain-containing chromatin associated protein
AT4G26630	2	1	DEK domain-containing chromatin associated protein

④ 邻近标记技术：邻近标记是将一个具有特定催化连接活性的酶与目的蛋白融合，在酶的催化作用下小分子底物(如生物素)会被共价连接到酶邻近的内源蛋白上，被标记的蛋白经富集后进行质谱分析，可鉴定出目的蛋白的互作蛋白或邻近蛋白(苏田等，2020)(图 3-173)。

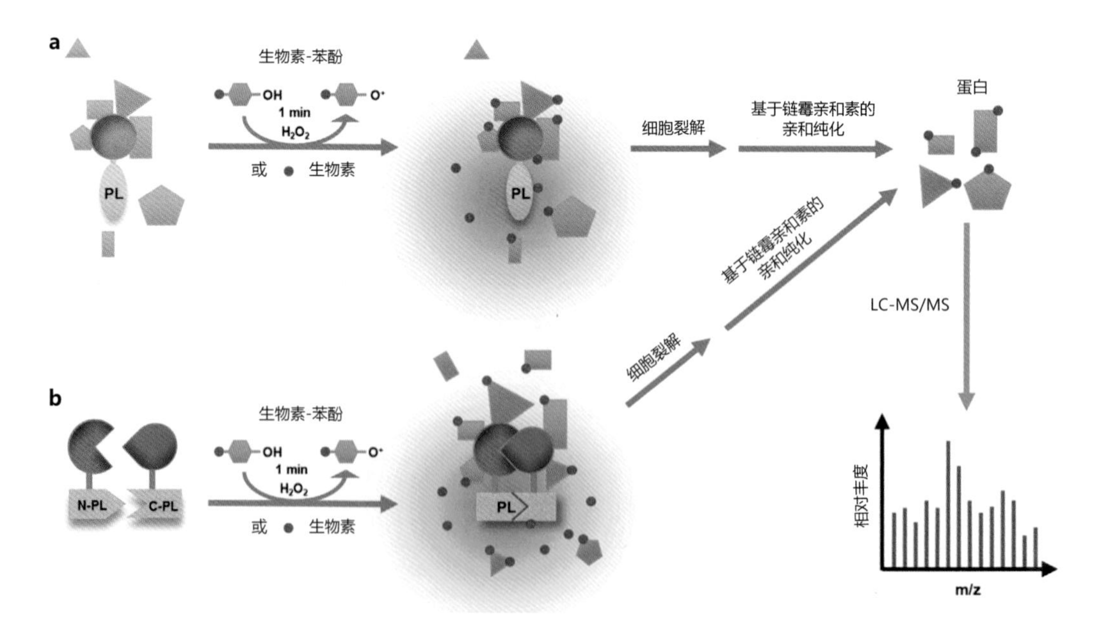

图 3-173 邻近标记技术原理图(改编自 Yang et al.，2021)

· 邻近标记常用的工具酶

邻近标记常用的工具酶包括大肠杆菌生物素连接酶 BirA 的突变体(BioID)和抗坏血酸过氧化物酶(APEX)等。基于 BioID 的邻近标记技术最先被研发出来,并首先应用在哺乳动物细胞中(Roux et al.,2012)。BioID 酶可以将邻近蛋白质的赖氨酸残基生物素化,该酶简单无毒,但催化效率较低,通常需要 18～24 小时的标记时间。BioID 的最适催化活性温度为 37℃,由于该温度下植物会受到热胁迫,因此在一定程度上限制了其在植物中的应用。

随后研发出来的 APEX 与 ATP、H_2O_2 和生物素-苯酚同时存在时,APEX 会在靶蛋白半径 20nm 的范围内生物素化邻近蛋白质,所有富含酪氨酸残基的邻近蛋白质都有可能在 1 分钟内被 APEX 生物素化(Rhee et al.,2013)。虽然 APEX 比 BioID 催化效率更高,但其发挥作用需要添加底物分子 H_2O_2,H_2O_2 易引起细胞或组织的氧化应激反应。另外,APEX 最适催化温度也为 37℃,这也限制了其在植物中的应用。

为了更好地在植物中应用邻近标记技术,斯坦福大学 Alice Y Ting 课题组在 2018 年通过酵母表面展示技术对 BirA 进行定向进化,开发出了新的生物素连接酶 TurboID(35kDa)(Branon et al.,2018)。该酶结合了 BioID 和 APEX 的优点,催化效率高且不会损害活细胞。此外,TurboID 对温度的要求较低,可以在室温(25℃)下对目的蛋白的邻近蛋白进行生物素化标记。通过将 TurboID 与感兴趣的目的蛋白融合并在活细胞内表达,在 ATP 与生物素的参与下,可在活细胞中对约 10nm 范围内的邻近蛋白进行生物素标记,标记时间约 10 分钟。目前,基于 TurboID 的邻近标记技术已成功应用于植物中。

· 邻近标记技术的实验流程

基于 TurboID 的邻近标记技术实验流程可以简单概括为:首先将含有目的蛋白和 TurboID 标记酶的融合表达载体转化至植物中,然后用生物素进行处理,接着提取植物的总蛋白并进行脱盐处理,富集经过脱盐处理的生物素标记蛋白进行质谱分析,从而获得候选的互作蛋白(图 3-174)。

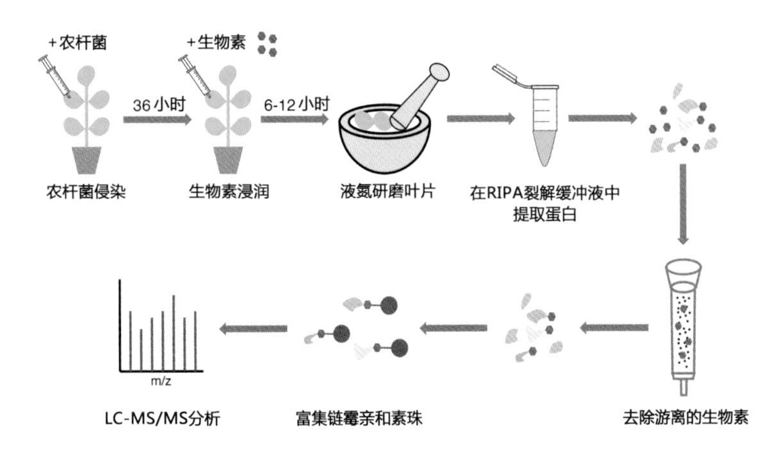

图 3-174　本氏烟中基于 TurboID 的邻近标记技术实验流程图(Zhang et al.,2019)

文献案例

2019 年 7 月,中国农业大学张永亮课题组、加州大学戴维斯分校 Savithramma P. Dinesh-Kumar 课题组和爱荷华州立大学 Justin W. Walley 课题组联合在 *Nature Communications* 杂志上发表了一篇题为“TurboID-based proximity labeling reveals that UBR7 is a regulator of N NLR immune receptor-mediated immunity"的研究论文，将基于TubroID的邻近标记体系成功地应用于抗烟草花叶病毒(TMV)免疫受体蛋白N的互作蛋白研究中。在该论文中，作者将TurboID分别与完整的N蛋白以及N蛋白的TIR结构域融合，同时设置Citrine融合TurboID作为阴性对照(图3-175a)。在确定融合蛋白的表达及功能不受限制后，作者制备了效应子p50不存在时的I组样品和p50存在时的II组样品进行质谱鉴定(图3-175b~e)，并获得了大量可能与N发生互作的蛋白。通过进一步分析，作者选择了其中的一个蛋白UBR7，通过BiFC和GST Pull-down实验证实UBR7可以和N蛋白互作，并且互作的区域是N蛋白的TIR结构域。

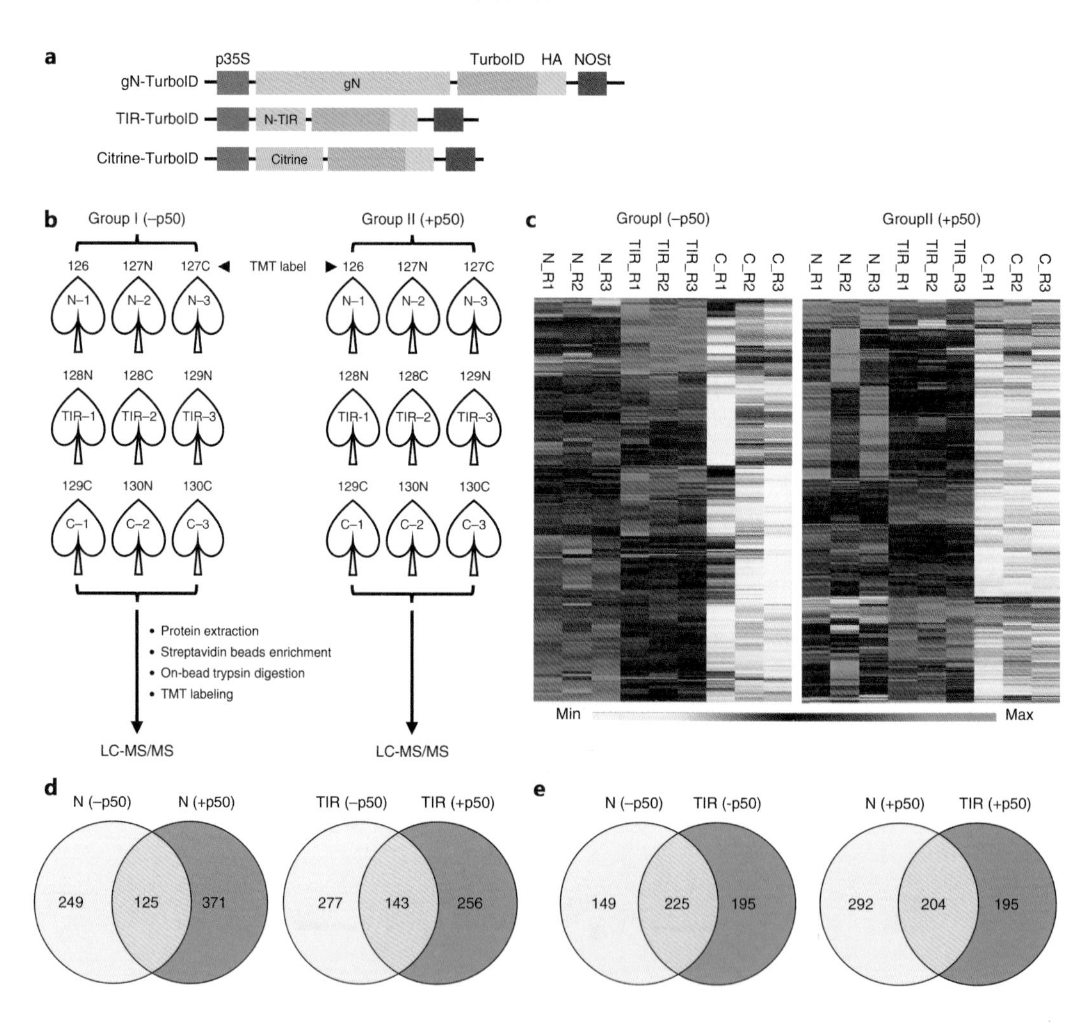

图3-175　N NLR免疫受体的邻近和相互作用蛋白的鉴定(Zhang et al.,2019)

· 邻近标记技术的其他应用

邻近标记技术除了可以用于蛋白互作研究外，还可以用于蛋白与核酸的互作研究。

a. 蛋白-DNA互作：转录因子和特定基因组位点之间的相互作用对基因表达的调控和维持活细胞的基因组稳定性至关重要。将邻近标记技术与dCas9相结合可以解析与特定基因组位点相关的蛋白质。dCas9虽然失去了切割DNA的能力，但在相应的sgRNA的引导下仍能靶向特定的基因

组位点(Qi et al.,2013)。因此,将邻近标记酶与 dCas9 融合后,邻近标记酶能够定向标记特定基因组位点附近的蛋白(图 3-176)。这些被标记的蛋白质通过 LC-MS/MS 进一步分析,就可以鉴定出与特定基因组位点相关的蛋白质(Qin et al.,2021)。

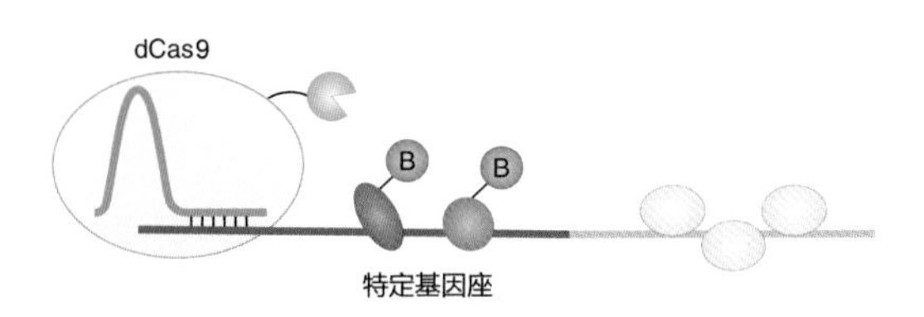

图 3-176　将邻近标记酶与 dCas9 结合可用于鉴定与特定基因组位点相关的蛋白质(Qin et al.,2021)

b. 蛋白-RNA 互作:蛋白-RNA 互作在基因表达调控中发挥着重要的作用。目前鉴定 RNA 相关蛋白的有些方法依赖于蛋白-RNA 复合物的体外纯化,这样不能反映天然细胞环境中蛋白-RNA 的互作。邻近标记技术的开发为研究蛋白-RNA 互作提供了新的解决方案。

以蛋白质为中心寻找互作 RNA:首先将具有特定催化连接活性的工具酶与目的蛋白融合并在活细胞中表达。再向培养基中添加底物,例如生物素,目的蛋白质附近的 RNA 会被生物素标记。最后富集被生物素标记的 RNA 用于转录组测序分析,就可以知道与目的蛋白互作的 RNA(图 3-177)。

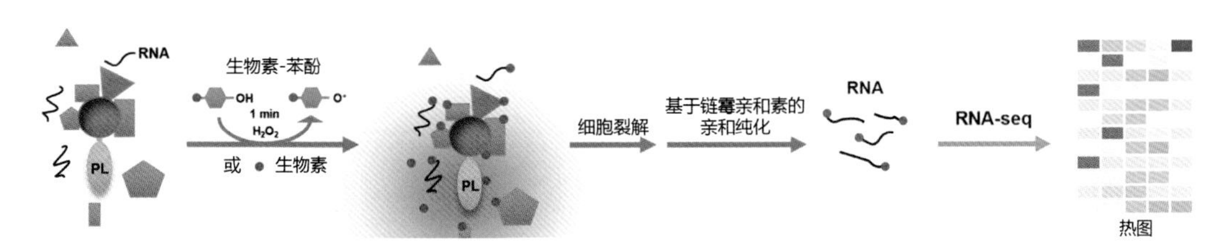

图 3-177　利用邻近标记技术筛选与目的蛋白互作的 RNA(改编自 Yang et al.,2021)

以 RNA 为中心寻找互作蛋白:将邻近标记酶与 dCas13 融合来研究 RNA-蛋白质的互作时,dCas13 在 sgRNA 的引导下能够靶向 RNA 的特定位点并将邻近标记酶引入该位点,从而使与靶 RNA 基序结合或靠近的蛋白质被生物素化(图 3-178)。结合质谱分析就可以获得与特定 RNA 互作的蛋白质。

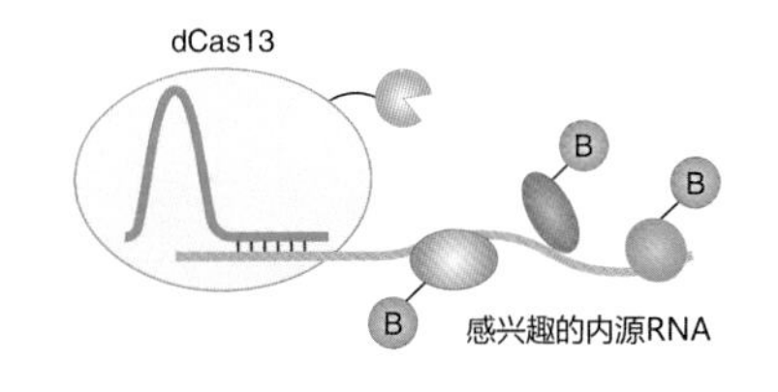

图 3-178　将邻近标记酶与 dCas13 结合可用于鉴定与特定 RNA 基序相关的蛋白质(Qin et al.,2021)

关于筛选相互作用蛋白的实验方法各有以下优缺点,读者可以结合技术特点以及自己的课题情况进行选择:

IP-MS 是筛选植物体内互作蛋白的经典方法,可用于确定蛋白在完整细胞内生理性的相互作用。但是它无法筛选瞬时/弱的互作蛋白,且无法确定两种蛋白的结合是否是直接结合,此外该技术的实验过程比较繁琐,对实验者的操作技术要求较高。

酵母双杂筛库是在酵母活细胞内进行的,它可以筛选出与目的蛋白直接相互作用的蛋白,并且可以检测蛋白质之间瞬时/弱的相互作用。但是该技术无法模拟植物体内蛋白的高级修饰,并且可能存在自激活导致的假阳性。

GST Pull-down MS 可以在体外筛选与目的蛋白直接相互作用的蛋白,该方法步骤简单、操作方便，但是不能反映植物体内真实的蛋白互作，对于一些弱互作也无法检测。此外，融合的 GST 标签肽链较长，可能会改变目的蛋白的折叠。

邻近标记技术对于鉴定植物体内瞬时/弱的互作蛋白具有独特的优势。但是邻近标记技术使用的大多数工具酶最适温度为 37℃，这一温度不利于大部分植物的生长。另外，由于邻近标记技术在植物中应用较少，生物素连接酶的蛋白表达水平、外源生物素添加浓度和孵育时间都需要进一步优化。

(2) 点对点验证相互作用蛋白

利用 IP-MS、酵母双杂筛库、GST Pull-down MS 或邻近标记技术获得潜在的互作蛋白后，需要进一步进行点对点验证。点对点验证可以选用的实验方法包括免疫共沉淀（co-immunoprecipitation，Co-IP）、酵母双杂（yeast two-hybrid assay，Y2H）、GST Pull-down、双分子荧光互补（bimolecular fluorescence complementation，BiFC）和荧光素酶互补（split luciferase complementation assay，Split-LUC）实验等。

① Co-IP：该方法常用于研究植物体内蛋白质的相互作用。其原理是基于抗体和抗原之间的专一性作用，通过使用靶蛋白特异性抗体捕获与特定靶蛋白结合的蛋白，从而鉴定蛋白-蛋白相互作用（图 3-179）。

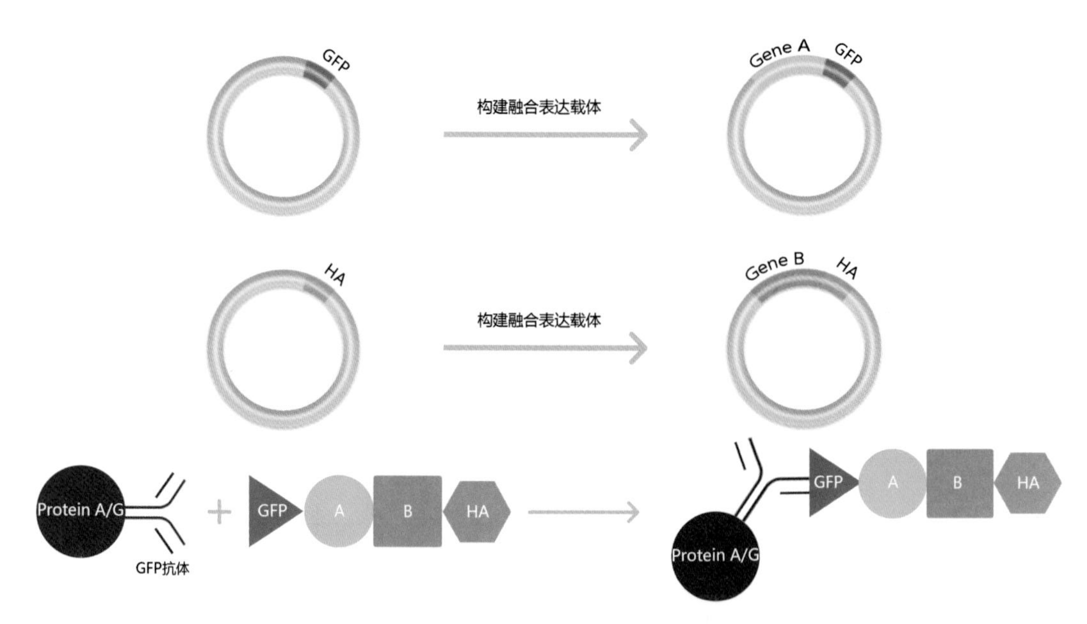

图 3-179 Co-IP 验证蛋白互作的原理图

利用瞬时转化体系进行 Co-IP 的实验流程如下：构建融合表达载体；浸染烟草叶片/转化原生质体；研磨烟草叶片/裂解原生质体提取蛋白混合物；将结合了靶蛋白抗体的 beads 与蛋白混合物共同孵育；洗脱收集免疫复合物；Western blot 验证。

图 3-180、图 3-181 展示的是 Co-IP 的实验流程图。

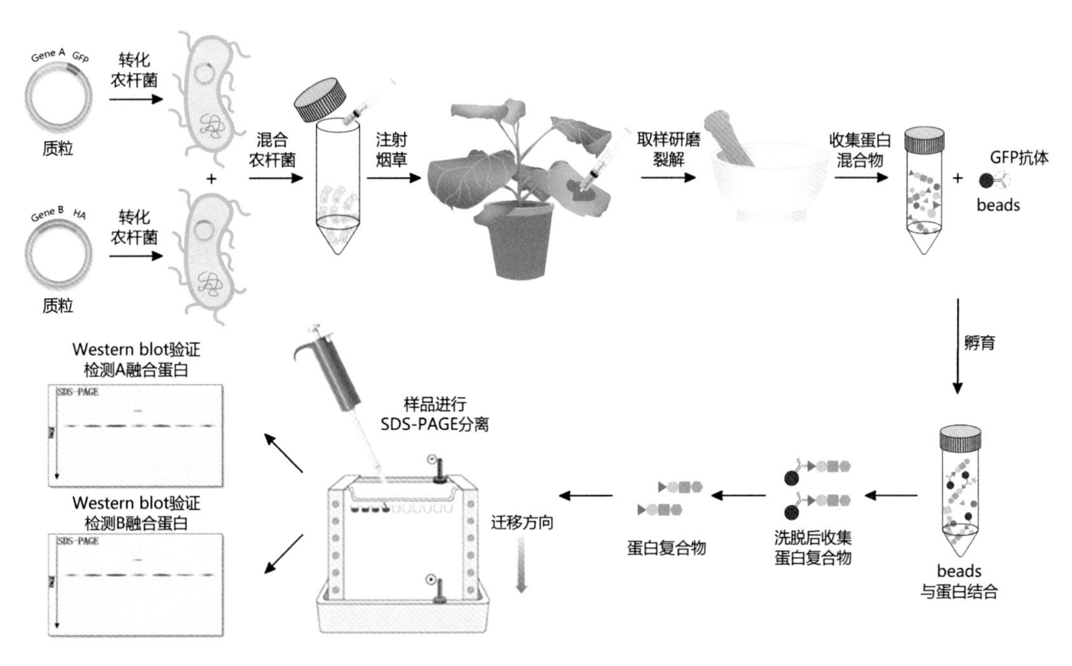

图 3-180　瞬时转化烟草叶片进行 Co-IP 实验的流程图

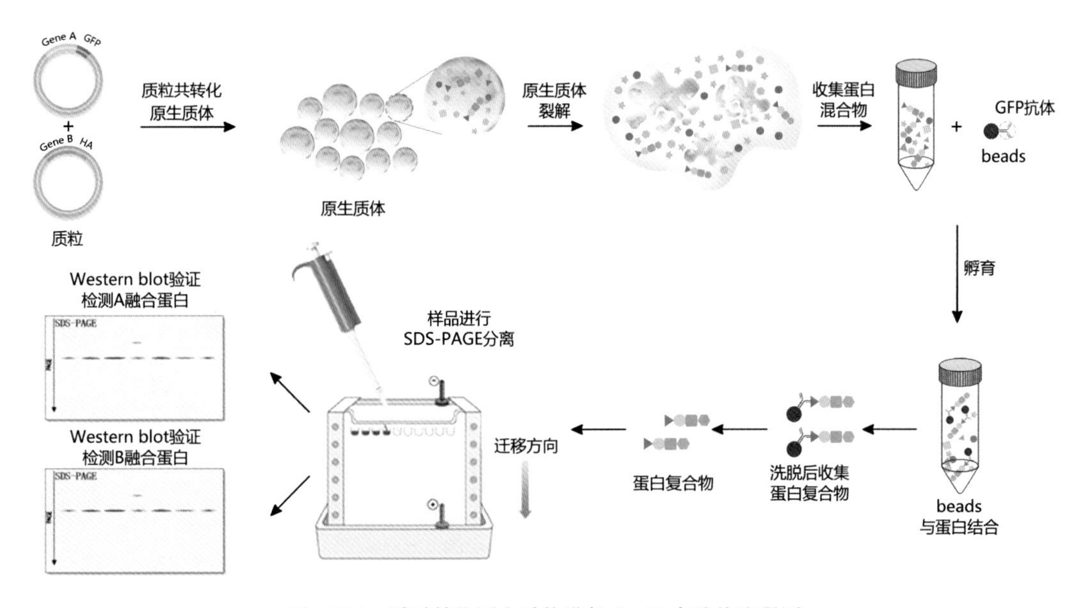

图 3-181　瞬时转化原生质体进行 Co-IP 实验的流程图

文献案例

2021 年 10 月，中国科学院分子植物科学卓越创新中心何祖华、杨卫兵和钟祥斌课题组在 *Cell* 杂志上发表了一篇题为“Ca^{2+} sensor-mediated ROS scavenging suppresses rice immunity and is exploited by a fungal effector”的研究论文。作者为了阐明 ROD1 介导的免疫抑制的分子机制，首先以 ROD1 为诱饵，利用酵母双杂筛选出了可能与 ROD1 相互作用的蛋白 APIP6、RIP1。然后利用

Co-IP 进一步证实了 ROD1 与这两个 E3 泛素连接酶 APIP6、RIP1 的互作关系(图 3-182)。

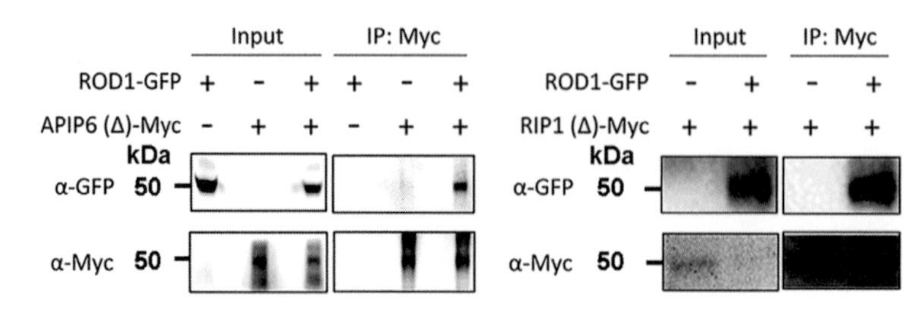

图 3-182 通过 Co-IP 在本氏烟叶片中验证 ROD1 与 APIP6、RIP1 的相互作用(Gao et al.,2021)

注:由于全长 APIP6 和 RIP1 蛋白在植物中的不稳定性,因此使用缺少 RING 结构域的蛋白进行相互作用验证

② Y2H:利用 Y2H 验证已知蛋白的互作时,可以根据所研究蛋白的亚细胞定位情况选择核体系酵母双杂或膜体系酵母双杂进行验证。

· 核体系酵母双杂

核体系酵母双杂的原理详见本章"酵母双杂筛库的核体系酵母双杂筛库"部分。其实验思路是将待研究的两个蛋白 X 和 Y 分别与 BD 和 AD 融合,如果 X 和 Y 之间形成蛋白-蛋白复合物,AD 与 BD 会在空间上充分接近,重新构成完整的 GAL4,启动报告基因的转录,结合酵母菌株的生长情况对互作结果进行判断。图 3-183 展示的是核体系酵母双杂的实验流程图。

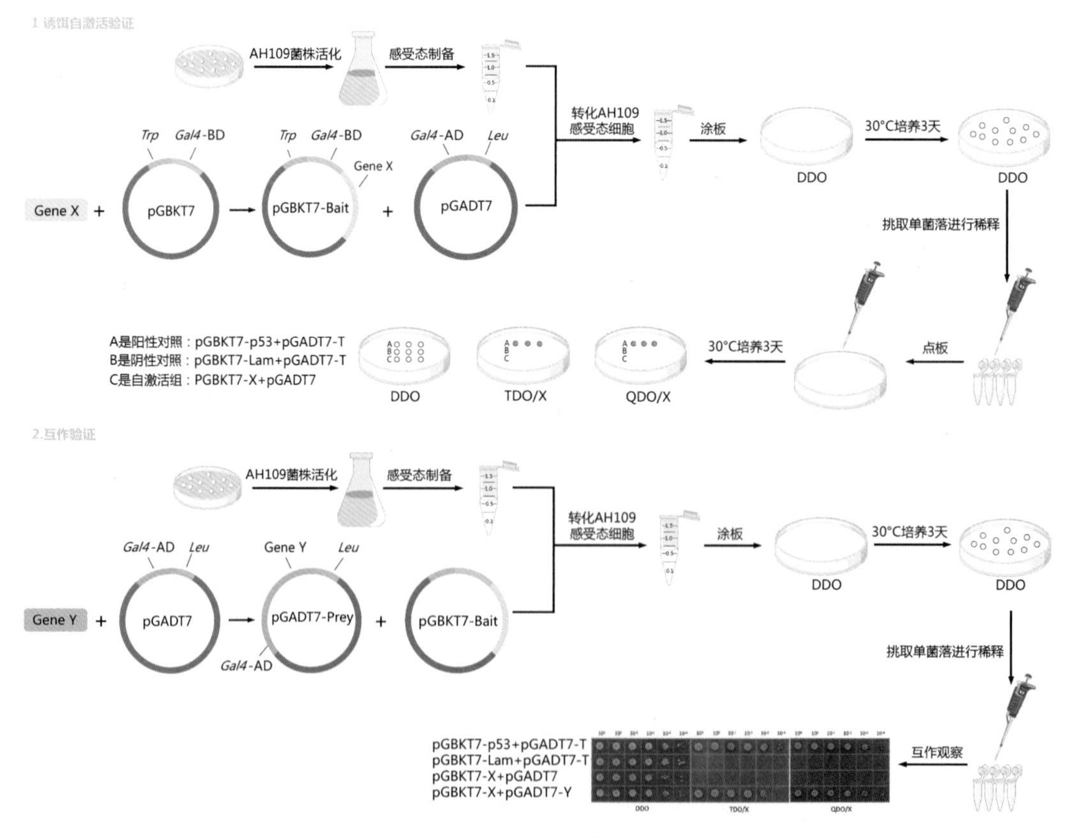

图 3-183 核体系酵母双杂实验流程图

文献案例

2023 年 1 月，西北农林科技大学康振生/毛虎德课题组在 *New Phytologist* 杂志上发表了一篇题为“TaERF87 and TaAKS1 synergistically regulate TaP5CS1/ TaP5CR1-mediated proline biosynthesis to enhance drought tolerance in wheat”的研究论文。作者利用核体系酵母双杂筛选 TaERF87 的互作蛋白时，由于 TaERF87 的 C 端存在转录激活域，因此用不含转录激活域的 N 端作为诱饵共鉴定出 93 个 TaERF87 的候选互作蛋白，接着通过核体系酵母双杂实验证实 TaERF87 与 TaAKS1 确实存在互作关系(图 3-184)。

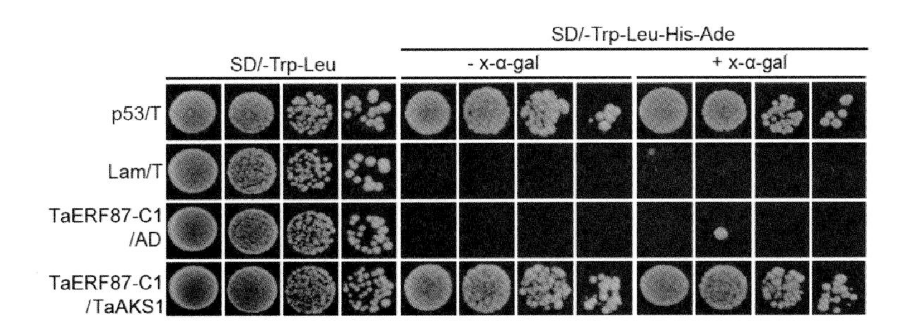

图 3-184　核体系酵母双杂证实 TaERF87 与 TaAKS1 存在相互作用(Du et al.,2023)

注：p53/T 为阳性对照，Lam/T 为阴性对照

· 膜体系酵母双杂

膜体系酵母双杂的原理详见本章“酵母双杂筛库的膜体系酵母双杂筛库”部分。其实验思路是将要检测的蛋白质分别与 Cub 和 NubG 融合，形成 Bait 融合蛋白(Bait-Cub-LexA-VP16)和 Prey 融合蛋白(Prey-NubG)，然后共转酵母细胞。如果 Bait 和 Prey 发生相互作用则会激活报告基因转录，结合酵母菌株的生长情况可以判断两个蛋白是否存在互作。图 3-185 展示的是膜体系酵母双杂的实验流程图。

文献案例

2022 年 1 月，中国科学院分子植物科学卓越创新中心赵杨课题组在 *Nature Plants* 上发表了一篇题为“Phosphorylation of SWEET sucrose transporters regulates plant root: shoot ratio under drought”的研究论文。作者为了检测糖转运蛋白 SWEET11 和 SWEET12 是否受 ABA 途径的关键蛋白 SnRK2s 的调控，利用膜体系酵母双杂验证了 SnRK2s 家族与 SWEET11 和 SWEET12 的互作。将 SnRK2s-NubG 与 SWEET-Cub 融合蛋白分别共转酵母细胞后，酵母菌株可以在四缺培养基上正常生长，这一结果证明了 SnRK2s 家族与 SWEET11 和 SWEET12 存在互作关系(图 3-186)。

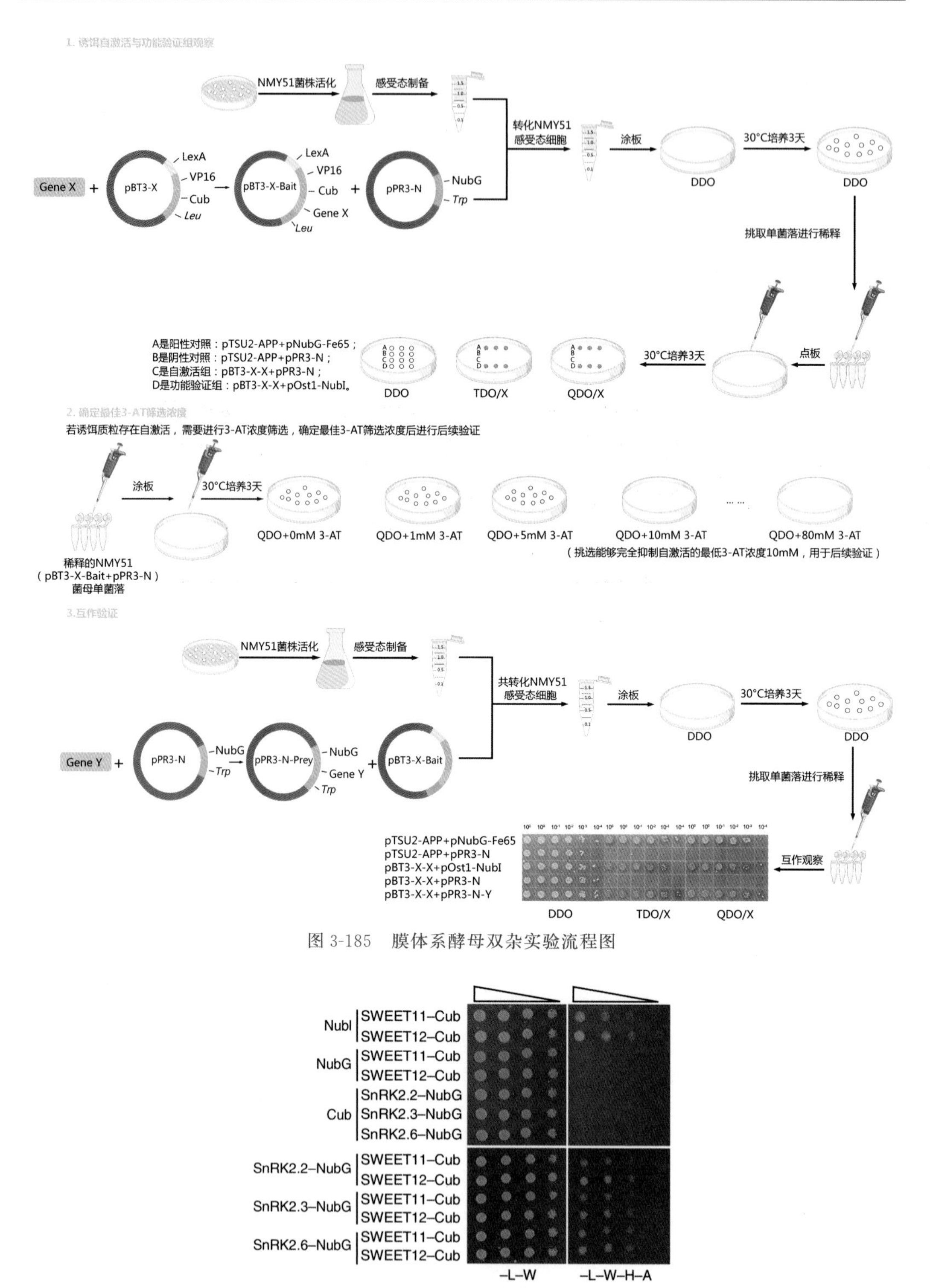

图 3-185　膜体系酵母双杂实验流程图

图 3-186　膜体系酵母双杂证实 SWEET 与 SnRK2 存在相互作用(Chen et al.,2022)

注：通过观察缺乏 Leu、Trp、His 和 Ade(—L—W—H—A)的培养基上酵母的生长来确定相互作用。SnRK2-NubG 与 Cub 以及 NubG 与 SWEET-Cub 的组合用作阴性对照，NubI 与 SWEET-Cub 的组合用作阳性对照

③ GST Pull-down:该方法可以在体外有效地验证蛋白质之间的直接相互作用,近年来受到广大研究者的青睐。其基本原理详见本章“GST Pull-down MS”部分(图 3-187)。

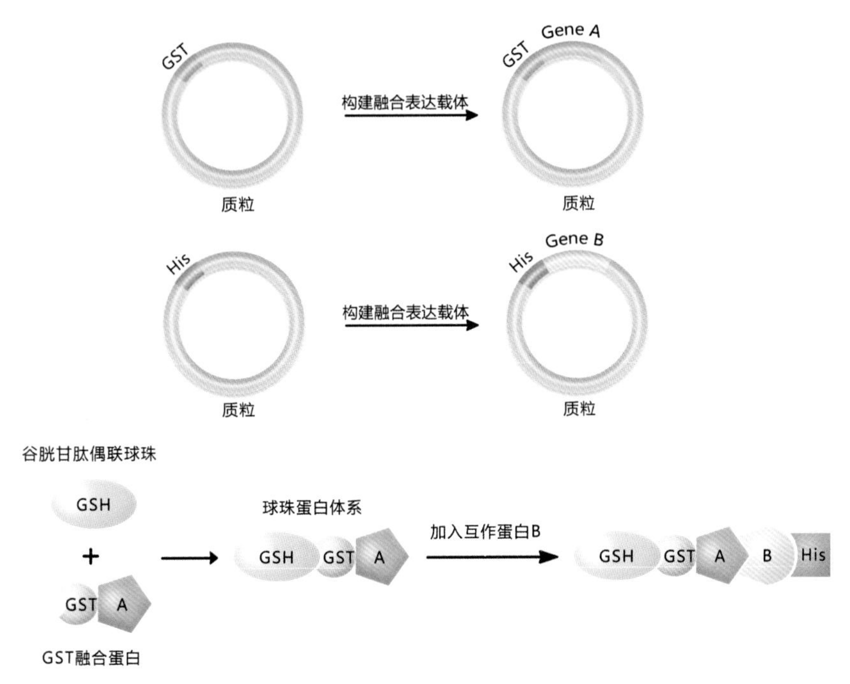

图 3-187 GST Pull-down 验证蛋白互作的原理图

GST Pull-down 的实验流程如下:构建 GST-诱饵蛋白和 His-猎物蛋白原核表达载体;原核表达蛋白纯化;体外孵育与 Pull-down;Western blot 验证。

图 3-188 展示的是 GST Pull-down 的实验流程图。

文献案例

2023 年 9 月,浙江大学周艳虹课题组在 *New Phytologist* 杂志上发表了一篇题为“SlMPK1- and SlMPK2-mediated SlBBX17 phosphorylation positively regulates CBF-dependent cold tolerance in tomato”的研究论文,该研究揭示了 SlMPK1/2-SlBBX17-SlHY5 通过调控 *SlCBFs* 的转录来增强番茄植株耐寒性的机制,揭示了植物如何通过多种转录因子响应冷胁迫的分子机制。在该论文中,作者通过 Y2H、BiFC、GST Pull-down 和 Spilt-LUC 实验,这四种方法共同证明了 SlBBX17 与 SlHY5 存在相互作用。其中 GST Pull-down 的实验结果显示,GST-SlBBX17 融合蛋白能够在体外与 His-SlHY5 融合蛋白相互作用(图 3-189)。

④ BiFC:该方法是基于蛋白质互补技术发展起来的,能够用于检测植物体内的蛋白质相互作用。其原理是将荧光蛋白(YFP)拆分成可独立折叠的 N 端(nYFP)和 C 端(cYFP)两个亚基,将待研究的两个目的蛋白分别与 nYFP 和 cYFP 融合,如果这两个目的蛋白存在相互作用,就会促使 nYFP 和 cYFP 组装成完整功能的 YFP,通过观察荧光蛋白发光可以确认蛋白质相互作用以及相互作用的位置(图 3-190)。

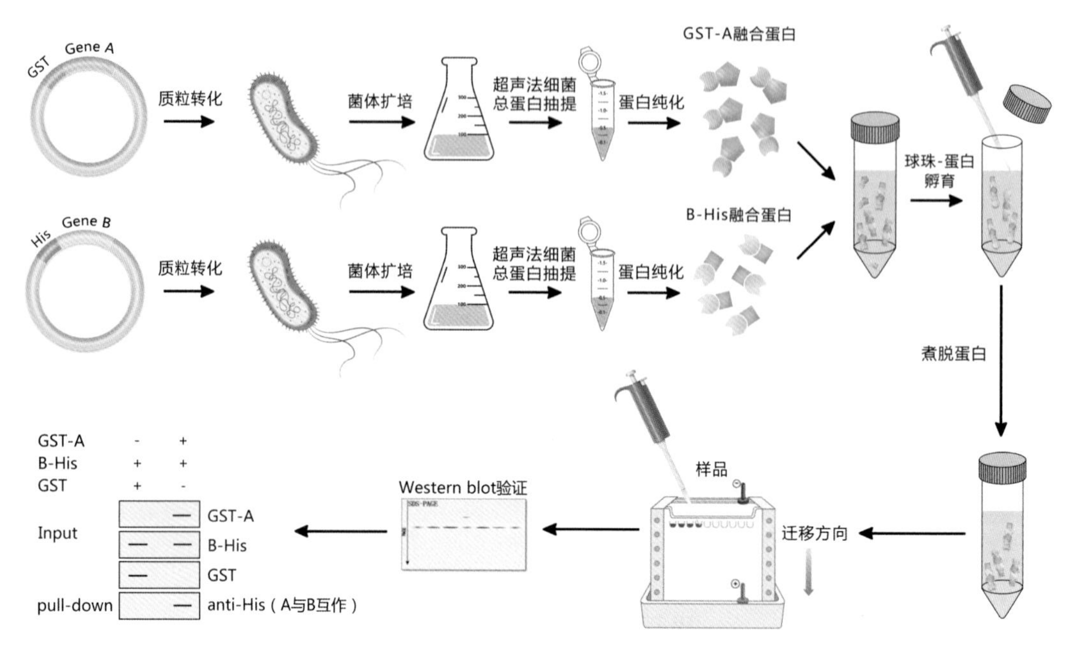

图 3-188　GST Pull-down 实验流程图

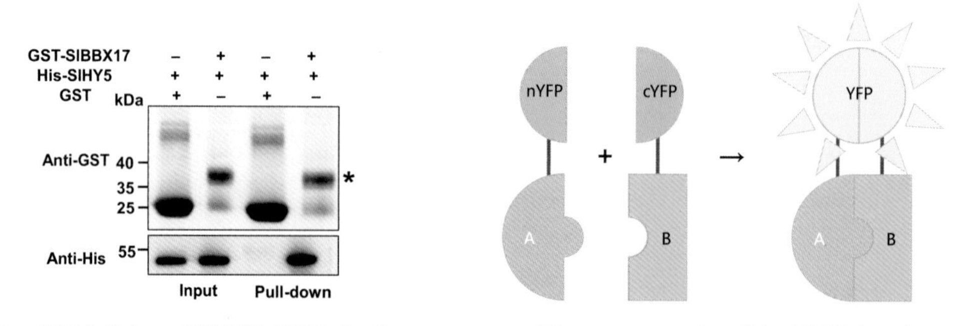

图 3-189　GST Pull-down 实验证实 SlHY5 与 SlBBX17 之间存在相互作用(Song et al.,2023)

图 3-190　BiFC 验证蛋白互作的原理图

BiFC 的实验流程如下：构建融合蛋白表达载体；转化原生质体/注射烟草叶片；激光共聚焦观察。

图 3-191 展示的是以瞬时转化烟草叶片为例的 BiFC 实验流程图。

文献案例

2023 年 8 月，西北农林科技大学孙广宇、张荣和梁晓飞课题组在 *Plant Biotechnology Journal* 杂志上发表了一篇题为“A fungal CFEM-containing effector targets NPR1 regulator NIMIN2 to suppress plant immunity”的研究论文。作者为了寻找 CfEC12 的互作蛋白，先用酵母双杂筛库筛选出了 11 个候选蛋白，接着通过 Y2H 证实了 MdNIMIN2 与 CfEC12 具有相互作用。为了进一步验证 CfEC12 和 MdNIMIN2 的互作，作者利用 BiFC 实验，分别构建了 CfEC12-NYFP 和 MdNIMIN2-CYFP 载体并瞬时转化烟草叶片，在烟草叶片表皮细胞的细胞核中观察到了荧光信号，这一结果证

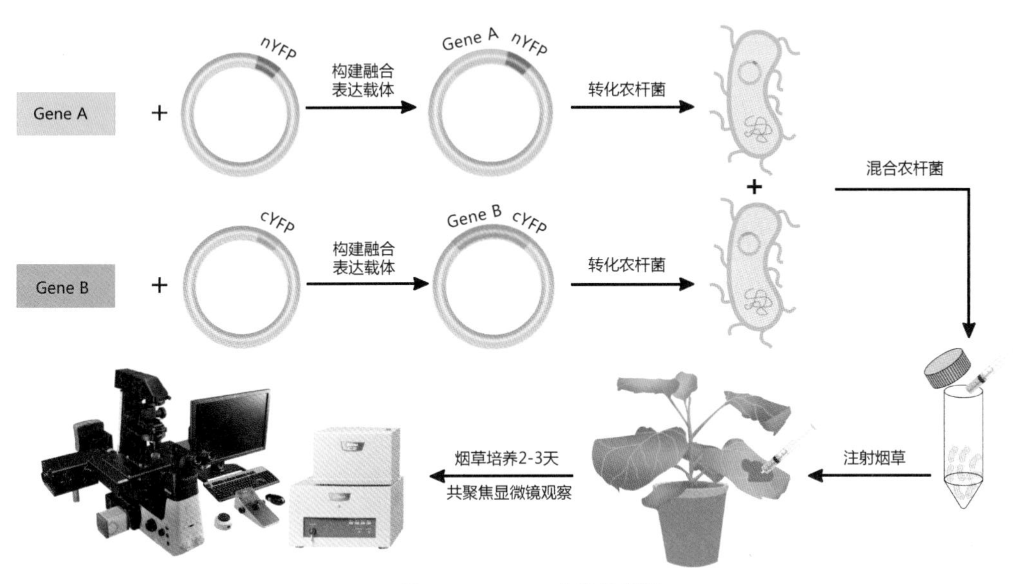

图 3-191　BiFC 实验流程图

实了 CfEC12 和 MdNIMIN2 可以在细胞核中相互作用(图 3-192)。

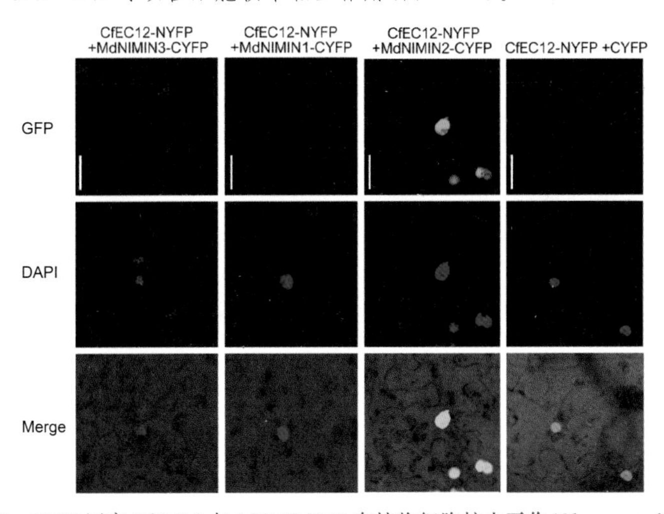

图 3-192　BiFC 证实 CfEC12 与 MdNIMIN2 在植物细胞核中互作(Shang et al.,2023)

⑤ Split-LUC:该方法可以快速且灵敏地检测植物体内的蛋白质相互作用。其原理是将荧光素酶蛋白拆分为 N 端(NLuc)和 C 端(CLuc)两个功能片段,将待研究的两个目的蛋白分别与 NLuc 和 CLuc 融合,如果两个目的蛋白相互作用,则 NLuc 和 CLuc 在空间上会足够靠近并正确组装,从而发挥荧光素酶活性,分解底物荧光素产生荧光(图 3-193)。

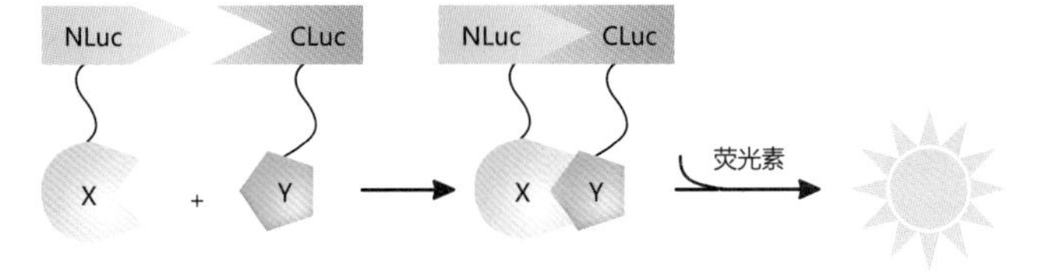

图 3-193　Split-LUC 验证蛋白互作原理图

Split-LUC 的实验流程如下：构建融合蛋白表达载体；注射烟草叶片；冷 CCD 相机拍照，观察结果。

图 3-194 展示的是 Split-LUC 实验的流程图。

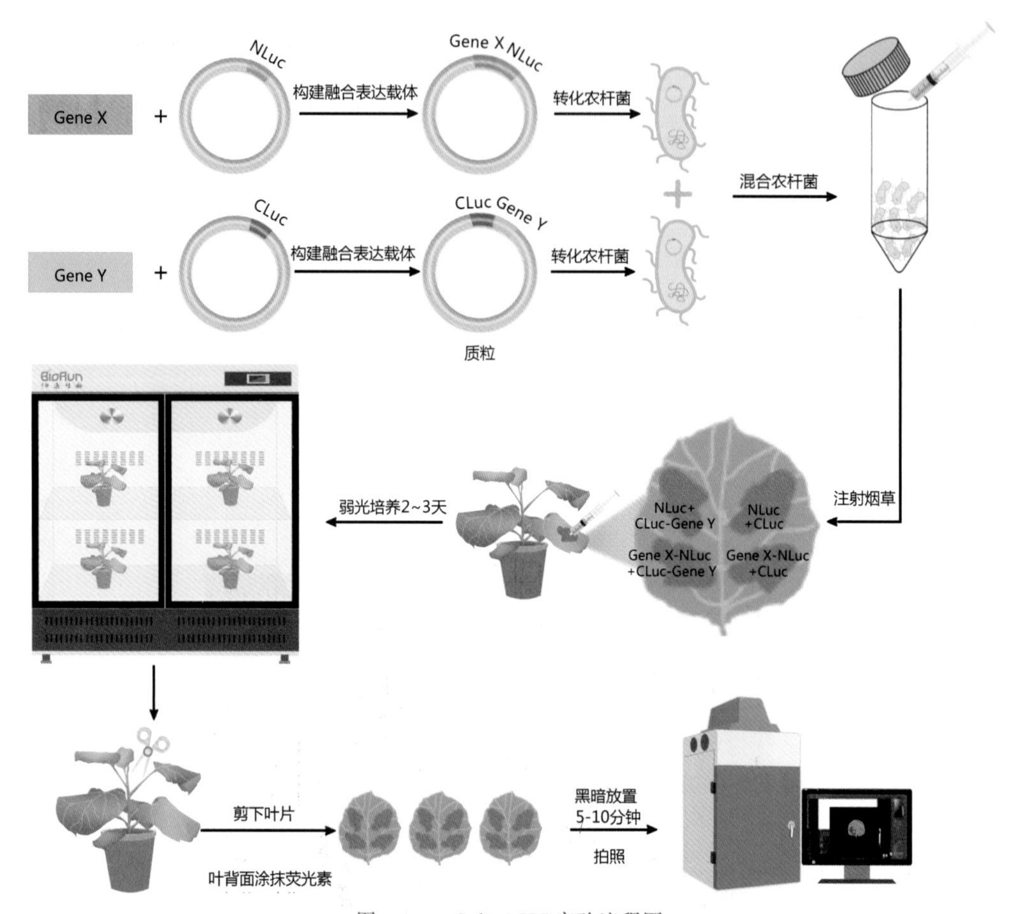

图 3-194 Split-LUC 实验流程图

文献案例

2023 年 7 月，西北农林科技大学马锋旺课题组在 *Plant Physiology* 杂志上发表了一篇题为“MdERF114 enhances the resistance of apple roots to *Fusarium solani* by regulating the transcription of *MdPRX63*”的研究论文。作者为了探究在腐皮镰孢菌侵染下的 MdERF114 调控机制。首先通过酵母双杂筛库找到了 MdERF114 的互作蛋白 MdMYB8，并结合 Y2H 实验对筛选结果进行了验证。接着，作者利用 Split-LUC 进一步验证了 MdERF114 和 MdMYB8 的互作，结果显示，只有在 MdERF114-NLuc 和 MdMYB8-CLuc 同时存在时，才能在烟草叶片中观察到荧光信号(图 3-195)。

通过实验筛选获得潜在的互作蛋白后，一般建议选择上述实验方法中的三种对筛选结果进行验证，为了使最终的结论更具说服力，选择的方法应包含体内和体外两类。表 3-21总结了上述实验方法的优缺点。

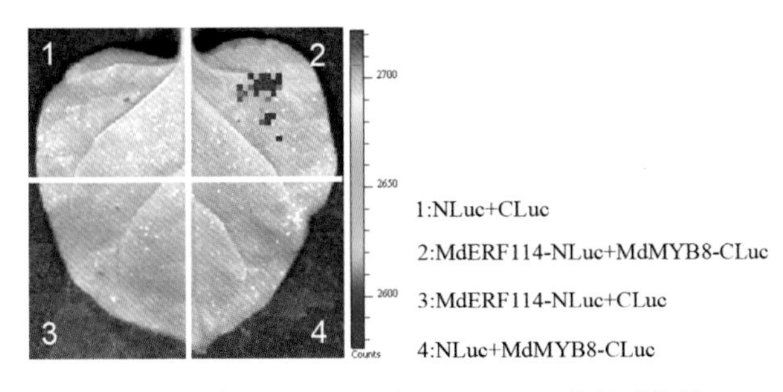

图 3-195　利用 Split-LUC 验证 MdMYB8 与 MdERF114 的相互作用(Liu et al.,2023)

表 3-21　验证蛋白-蛋白相互作用的各实验方法优缺点对比

实验方法	优　点	缺　点
Co-IP	1. 可以分离得到天然状态下的相互作用蛋白复合物； 2. 可以适用于不同类型的样本，比如植物组织、原生质体等	1. 检测不到瞬时/弱相互作用； 2. 两种蛋白质的相互作用可能不是直接结合，可能有第三者起桥梁作用； 3. 植物蛋白大多没有成熟的商业抗体，多为标签抗体
Y2H	1. 可验证蛋白质之间的直接相互作用； 2. 实验过程在酵母活细胞内进行，一定程度上反映了体内的真实情况； 3. 可检测蛋白质之间瞬时/弱的相互作用； 4. 对仪器要求低，数据处理相对简单	1. 存在自激活导致的假阳性； 2. 无法完全模拟植物体内蛋白的高级修饰
GST Pull-down	1. 可验证蛋白质之间的直接相互作用； 2. 步骤简单，操作方便； 3. GSH 谷胱甘肽偶联球珠亲和力强，蛋白复合物不容易被洗脱掉	1. 体外进行的生化反应不能够完全反映细胞内蛋白真实相互作用情况； 2. 融合表达的 GST 标签肽链较长，可能会改变目的蛋白原有的折叠结构； 3. 不能检测蛋白之间的弱相互作用
BiFC	1. 能够用于体内相互作用的研究； 2. 能够在显微镜下直接观察到相互作用结果； 3. 验证结果只需检测荧光的有无，背景干净，灵敏度高； 4. 能够检测瞬时/弱相互作用	1. 因过于灵敏，易出现假阳性； 2. 不能严格证明两个蛋白直接相互作用； 3. 观察到的荧光信号滞后于蛋白的相互作用过程，不能实时观察蛋白相互作用或蛋白复合物的形成过程
Split-LUC	1. 可以实现活体内实时和定量分析； 2. 能够在冷 CCD 相机下直接观察到相互作用结果； 3. 不受植物自发荧光的影响，背景干净，灵敏度高； 4. 能够检测瞬时/弱相互作用	1. 因过于灵敏，易出现假阳性； 2. 不能严格证明两个蛋白直接相互作用； 3. 观察到的化学荧光信号滞后于蛋白的相互作用过程，不能实时观察蛋白相互作用或蛋白复合物的形成过程

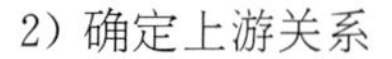

2）确定上游关系

在各种互作关系中，可以明确上下游关系的是转录因子与其调控启动子之间的关系，除此之外，其他的互作结果一般不能说明谁调控谁，或者谁在谁的上游或下游，通过蛋白互作实验确定了两个蛋白之间的相互作用之后，可以进一步通过遗传学实验确定其上下游关系。另外，如果研究的目的蛋白是一个可以被磷酸化、泛素化或其他翻译后修饰的蛋白，那么在筛选到其互作蛋白中对应的修饰酶后，也就找到了目的蛋白的上游调控蛋白。

这里特别指出，遗传学实验适用于所有需要寻找上下游关系的实验，但对于一些具体的情况，如确定目的蛋白上游的修饰酶时，有一些专有的方法，所以将确定上游修饰酶单独列出来进行了讲解。另外，这里的内容是确定上游关系，但是在本章“遗传学实验”部分并没有单独介绍如何寻找上游调控关系，而是将遗传学实验作为一个整体并结合具体的文献案例，介绍了一些可操作的实验方法。在理解遗传学实验的具体操作之后，读者可以根据自己的实际情况，选择合适的实验方法进行证明。

（1）遗传学实验

在蛋白及修饰水平上想要得到一个明确的调控关系，仅仅通过一些蛋白互作实验是远远不够的，这是因为通过蛋白间空间构象或化学键彼此发生的结合或化学反应的相互作用属于物理互作，并不能说明谁调控谁。那么，要如何研究蛋白间的调控关系呢？其实蛋白间除了物理互作之外，还存在另一种互作——遗传互作。遗传互作是指在遗传学中，两个或多个基因/蛋白之间发生的相互作用，这种作用影响了它们各自的表型。当两个基因/蛋白互作时，它们联合作用的效果与各自单独作用的效果不同。这种互作可以是表型上的协同作用或拮抗作用，即两个基因/蛋白的效果联合起来可能表现为增强、减弱或产生新的表型。通过遗传互作验证一般可以确定基因/蛋白间的上下游关系。那么，如何进行遗传互作验证？一般是通过构建需要确定遗传互作关系的两个基因/蛋白的转基因遗传材料，例如双过表达材料或双突变体材料等，通过对转基因遗传材料与野生型材料表型的观察来判断两个基因/蛋白的上下游关系，甚至可以更进一步地判断是正调控还是负调控关系。目前，这种在遗传学上证明两个基因/蛋白间上下游关系的方法是所有证明上下游关系的方法里最具说服力的，当然也是相对耗时的，可以根据实际情况进行选择。

在研究两个基因/蛋白间的上下游关系之前，需要确定研究的基因/蛋白是否参与某个信号通路。下面介绍两个关于某基因是否参与某信号通路调控的案例。

文献案例

如何打开基因参与某信号通路调控的突破口

① 2018年4月，浙江大学吕群丹和毛传澡课题组在*New Phytologist*杂志上发表了一篇题为“Rice SPX6 negatively regulates the phosphate starvation response through suppression of the transcription factor PHR2”的研究论文中，作者为了了解*SPX*在磷（Pi）饥饿反应中的作用，检测了所有*SPX*基因在水稻地上部和根部的表达，以及对不同时间磷饥饿的响应。结果表明*SPX6*是Pi信号转导的另一个重要调控因子，值得进一步研究（图3-196）。

② 2018年10月，中国科学院分子植物科学卓越创新中心谢芳课题组在*Nature Plants*杂志上发表了一篇题为“NIN interacts with NLPs to mediate nitrate inhibition of nodulation in *Medicago truncatula*”的研究论文，为了验证NLPs是否参与硝酸盐对苜蓿结瘤的抑制，作者使用RNAi的方法下调苜蓿毛状根复合植物中单个*NLP*基因的表达。作者发现用KNO_3浇灌时，转基因毛状根相比于转化空载的毛状根有更多的根瘤，而用相同浓度的KCl浇灌时，转基因毛状根和转化空载的毛状根的结瘤数没有差异。由此表明，*NLP*基因可能参与了硝酸盐对苜蓿结瘤的抑制（图3-197）。

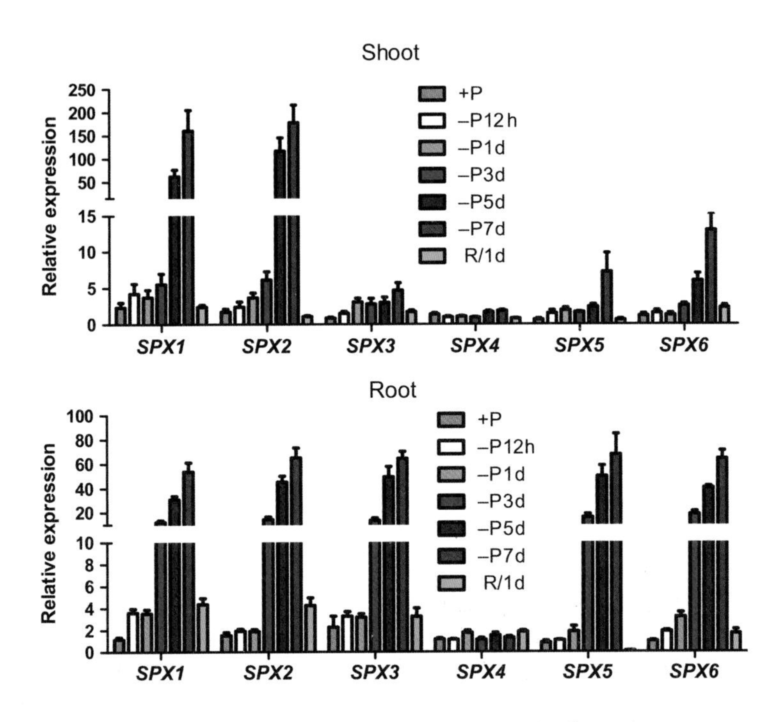

图 3-196　磷饥饿对水稻地上部和根部 *SPX1-SPX6* 的差异诱导作用(Zhong et al.,2018)

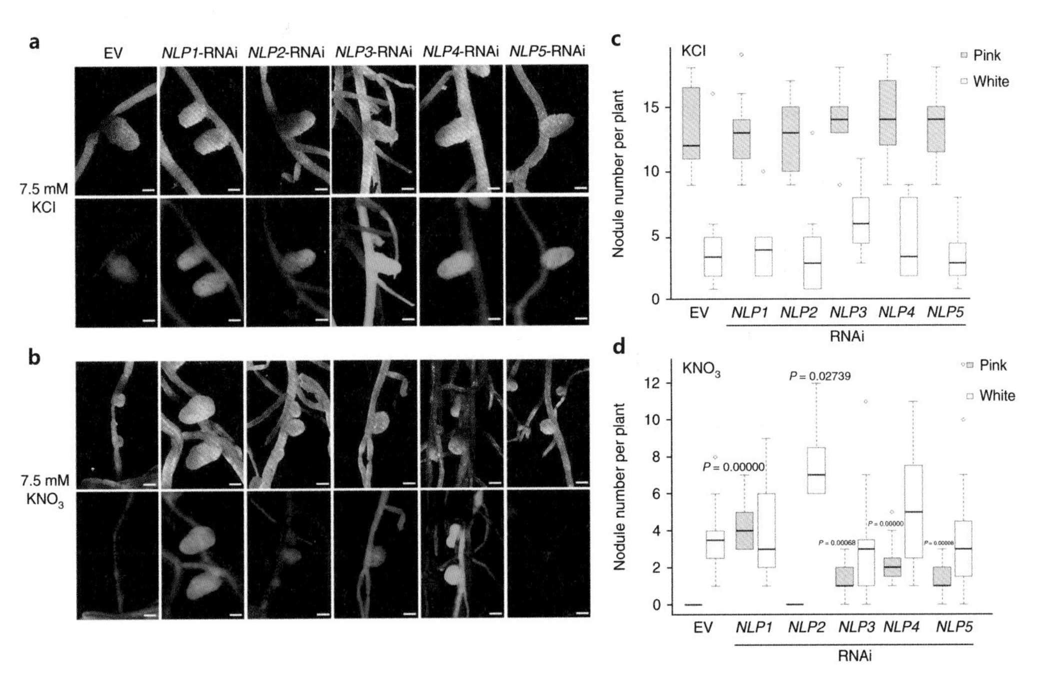

图 3-197　硝酸盐处理的 *NLP*-RNAi 植株根结瘤表型的研究(Lin et al.,2018)

文献小结：以上两个例子都说明，若想研究某基因调控某信号通路，首先要证明该基因参与该通路，具体用什么方法，则需要根据实验目的和基因本身来定。

如何确定目的基因的上下游调控关系

① 双过表达材料：在上述吴群丹和毛传澡课题组文献案例中，为了确定 *SPX6* 是否调控 *PHR2*，作者将 *OxPHR2* 植株与 *OxSPX6-1* 和 *OxSPX6-2* 植株杂交产生了 *SPX6* 和 *PHR2* 双过表达株系(分别表示为 *DO-1* 和 *DO-2*)。在高磷(HP)条件下，*DO-1* 和 *DO-2* 弥补了 *OxPHR2* 植株叶尖坏死和植株生长受限制的情况(图 3-198a、b)。在 HP 溶液中，*OxPHR2* 植株地上部磷浓度为 4.2mg/g FW，而 *DO*-1 和 *DO*-2 植株地上部中磷浓度分别显著降低至 1.3mg/g FW 和 1.4mg/g FW，几乎与野生型植株相同(图 3-198c)。此外，与过表达 *PHR2* 株系相比，双过表达植株地上部中 *IPS1* 和 *PT2* 的表达明显受到抑制，其水平与野生型相似(图 3-198d)。这些结果表明，*SPX6* 的过表达回补了 *OxPHR2* 的表型缺陷，表明 *SPX6* 在水稻中是 *PHR2* 功能的负调控因子(Zhong et al.，2018)。

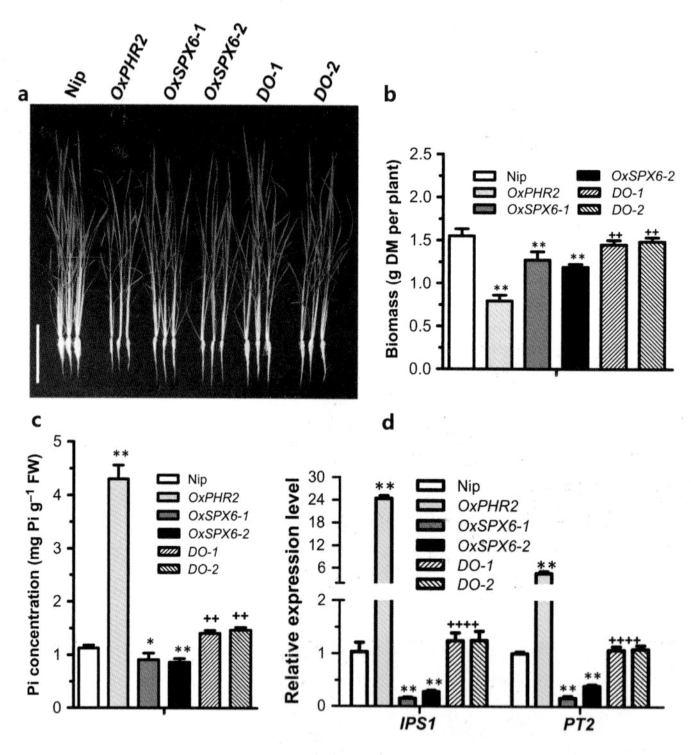

图 3-198　过表达 *SPX6* 的水稻植株生物量减少，无机磷水平降低，*IPS1* 和 *PT2* 表达量降低(Zhong et al.，2018)

文献小结：该文献中两个基因分别用 *A* 和 *B* 表示，过表达基因 *A* 的植株与野生型相比表型有缺陷，而双过表达基因 *A* 和 *B* 时，*A* 基因导致的缺陷可以被 *B* 回补，结论是 *B* 在 *A* 的上游，且 *B* 负调控 *A*。

② 双突变体材料：2017 年 7 月，中国农业大学杨淑华课题组在 *Proceedings of the National Academy of Sciences* 杂志上发表了一篇题为"PIF3 is a negative regulator of the *CBF* pathway and freezing tolerance in *Arabidopsis*"的研究论文，作者为了研究 PIF3 和 EBF1 之间的遗传互作，通过

杂交的方法获得了 *pif3/ebf1* 双突变体材料。在耐冻性和电导率方面，*pif3/ebf1* 双突变体的表型与 *pif3-1* 单突变体大致相同(图 3-199a～c)。结果表明 PIF3 在 EBF1 的下游。

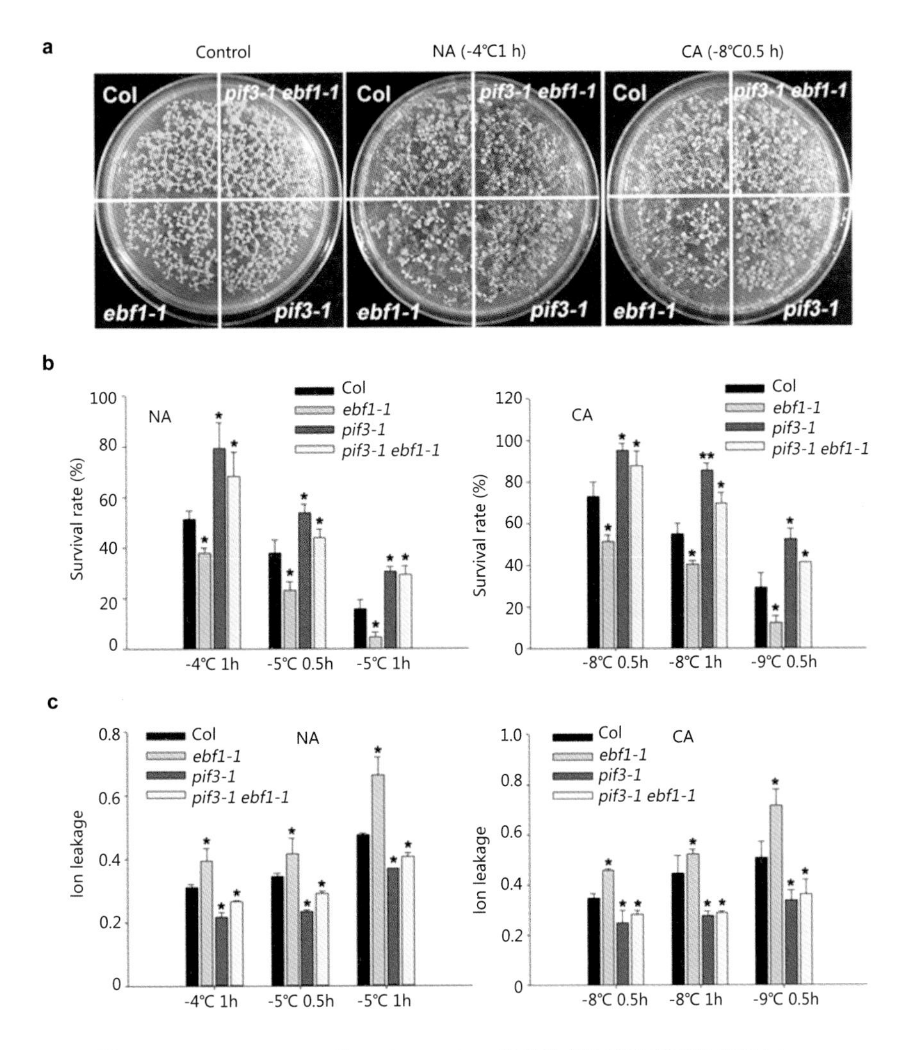

图 3-199　*ebf1-1*、*pif3-1* 和 *pif3-1 ebf1-1* 突变体在冷冻处理下的表型(a)、存活率(b)和电解质泄漏率实验(c)(Jiang et al.,2017)

文献小结：该文献中 *A* 和 *B* 的双突变体的表型与单突变体 *A* 的表型基本一致，则说明 *B* 在 *A* 上游。

在此特别说明一种情况，例如 2016 年 12 月，湖南省植物功能基因组学与发育调控重点实验室刘选明课题组联合中国农业科学院作物科学研究所万建民课题组在 *Plant Molecular Biology* 杂志上发表了一篇题为"A *CONSTANS-like* transcriptional activator, *OsCOL13*, functions as a negative regulator of flowering downstream of *OsphyB* and upstream of *Ehd1* in rice"的研究论文，*OsCOL* 基因可以延迟水稻开花时间。通过研究 *oscol13* 的突变体表型，作者发现其开花时间和正常野生型基本没有区别，从而考虑 *OsCOL13* 和 *OsCOL14* 可能存在功能冗余，因此观察了 *oscol13/oscol14* 双突变体的开花时间,发现双突变体 *oscol13/oscol14* 植株开花早于单突变体 *oscol14* 植株,进而证明 *OsCOL13* 和 *OsCOL14* 在功能上存在冗余。

这里双突变体的表型并没有和单突变体的表型一致,这个时候就不能判断哪个基因处于上游。

③ 过表达突变体材料:2010 年 3 月,华中农业大学练兴明课题组联合浙江大学吴平课题组在 *The Plant Journal* 杂志上发表了一篇题为"OsSPX1 suppresses the function of OsPHR2 in the regulation of expression of *OsPT2* and phosphate homeostasis in shoots of rice"的研究论文,作者对 *OsPHR2* 和 *OsPT2* 的上下游关系进行了研究,用到的方法是将过表达 *OsPHR2* 的植株 *PHR2(O)* 与突变体 *pt2* 进行杂交,得到 *PHR2(O)/pt2* 植株,结果发现,单独过表达 *OsPHR2* 可以使水稻地上部的磷得到积累;而在磷充足的条件下,*PHR2(O)/pt2* 植株与单独过表达 *OsPHR2* 的植株 *PHR2(O)* 相比,*PHR2(O)/pt2* 植株地上部的磷浓度降低了约 70%(图 3-200d)。由此可以说明 *OsPT2* 在 *OsPHR2* 的下游,并且受 *OsPHR2* 的正调控。

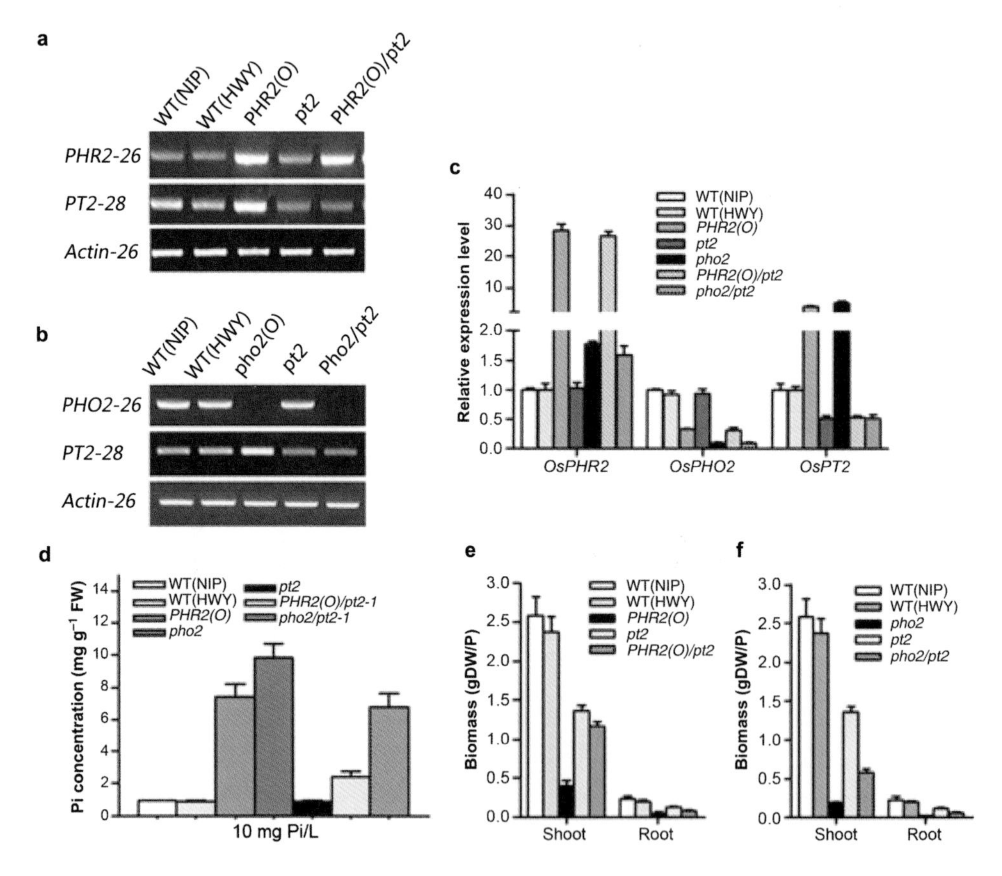

图 3-200 *PHR2(O)*、*pho2* 突变体、*PHR2(O)/pt2* 和双突变体 *pho2/pt2* 植株中 *OsPHR2*、*OsPHO2* 和 *OsPT2* 的表达量以及地上部磷浓度和干生物量的测定(Liu et al.,2010)

文献小结:该文献中在过表达 *A* 的背景下突变 *B*,观察该转基因遗传材料相较于野生型、单独过表达 *A* 以及单独敲除 *B* 的表型,*A* 和 *B* 中对表型改变更大者处于下游。

总结:以上这些方法介绍了如何确定目的基因上下游的关系,但它们是直接调控还是间接调控仍不清楚。为了进一步证明它们是不是直接调控,还需要通过 Y2H 或 GST Pull-down 实验加以说明。如果是直接相互作用，则可以明确两者关系；如果不是直接相互作用，则还需要去寻找可能存在的其他调控因子。另外，很多时候转基因遗传材料是通过杂交的方法得到的，但是需要注意的是，有时候研究的两个基因可能在同一条染色体上，并且遗传距离较近，这个时候杂交的方法不可行，因此需要考虑其他方法，不过这种情况出现的概率不高。

（2）确定底物的修饰酶

前文提到，通过筛选获得目的蛋白的互作蛋白后，为了明确两个蛋白中哪一个在上游，需要运用遗传学手段进一步确定。然而，如果旨在研究目的蛋白是否被修饰以及鉴定其修饰酶，就无需通过复杂的遗传学实验来确定谁在上游，因为修饰酶和底物之间的修饰关系是单向的。下面详细介绍如何确定目的蛋白上的修饰及鉴定其修饰酶（图 3-201）。

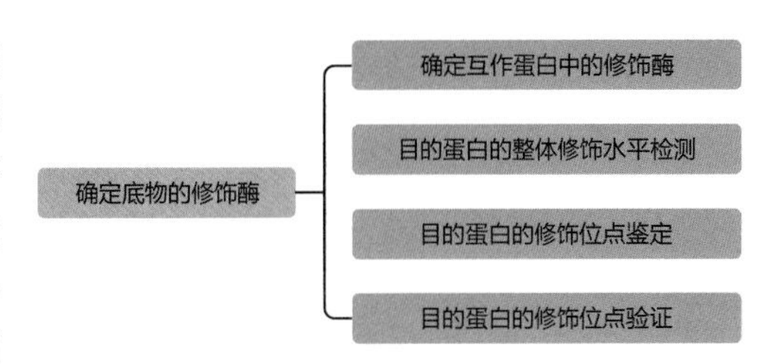

图 3-201　确定底物的修饰酶

① 确定互作蛋白中的修饰酶：为了确定目的蛋白是否被修饰，可以对目的蛋白的互作蛋白进行检索，如果在互作蛋白中存在修饰酶，则目的蛋白就很可能被修饰。如何确定互作蛋白是修饰酶？首先，对候选的蛋白进行结构域分析，不同类型的修饰酶都存在着起修饰作用的催化结构域，例如激酶中都存在激酶结构域。因此，候选的蛋白如果存在起修饰作用的催化结构域，那么该蛋白就很有可能是目的蛋白的修饰酶。此外，将候选的蛋白与其他物种基因组数据库进行比对，找到同源性较高的蛋白，如果这些蛋白是修饰酶的话，那么也能说明候选的蛋白可能是修饰酶，且与同源修饰酶有着类似的功能。除了上述两种方法之外，还可以通过体外的方法验证修饰酶的功能，详细内容见本章“体外基因功能研究”部分。这一系列方法配合使用，就可以说明候选蛋白是目的蛋白的修饰酶。

② 目的蛋白的整体修饰水平检测：

· 泛抗体检测

由于前期只确定了目的蛋白可能的修饰酶，且证实该修饰酶具有修饰的功能，但是目的蛋白是否被该修饰酶所修饰并不清楚，因此还需要对目的蛋白的修饰情况进行检测。通常检测目的蛋白上是否存在某种修饰可以通过泛抗体结合 Western blot 实现，泛抗体针对所有的修饰位点，可以快速地确定目的蛋白上是否存在对应的修饰。

文献案例

2023 年 4 月，中国科学院分子植物科学卓越创新中心赵春钊课题组在 *Nature Plants* 上发表了一篇题为“FERONIA coordinates plant growth and salt tolerance via the phosphorylation of phyB”的研究论文，揭示了植物平衡生长和盐胁迫响应的分子机制。作者为了探究野生型和突变体 *fer-4* 中 phyB 的磷酸化情况，通过使用泛丝/苏氨酸磷酸化抗体进行了 Western blot 实验，结果发现，突变体中 phyB 的磷酸化水平显著降低（图 3-202）。

· 体外生化实验

除了通过泛抗体检测目的蛋白的修饰情况之外，有些修饰还可以通过体外的方法进行验证。体外生化实验是指人工纯化反应所需的蛋白，在体外模拟体内的生理条件进行反应。由于纯化具有活性的蛋白及保证反应过程完美模拟体内条件较为困难，并且有些 PTMs 所需的条件还并不十

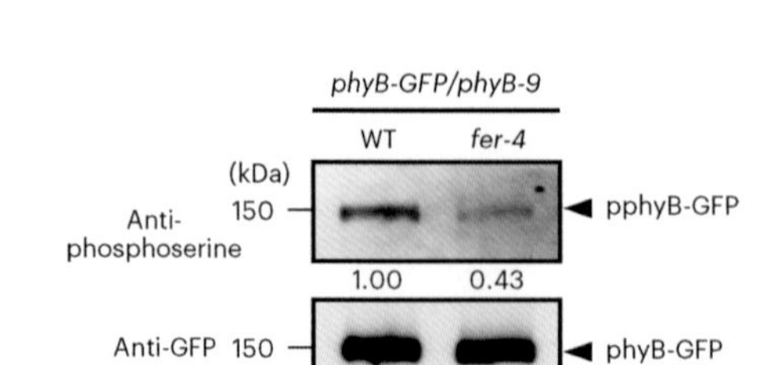

图 3-202　phyB 的磷酸化水平鉴定(Liu et al.,2023)

分清楚,所以这种方法并不适用于所有的 PTMs。

磷酸化修饰体外验证:首先以放射性同位素^{32}P 标记(γ-位的磷)的 ATP 为磷酸基团供体,在激酶催化下,将带有^{32}P 标记的磷酸基团转移到底物蛋白上。用 SDS-PAGE 电泳分离反应混合物中的蛋白,再用 X-光片放射自显影或磷储屏检测磷酸化蛋白。该方法是最直接的体外磷酸化检测方法,具有灵敏度高、测试结果准确等优点,在蛋白质磷酸化分析实验中广泛使用。

泛素化修饰体外验证:在体外将泛素激活酶 E1、泛素转移酶 E2、泛素连接酶 E3、底物和标签标记(Myc 或 His)的泛素分子混合后并进行孵育,再通过 SDS-PAGE 以及标签蛋白的抗体(Myc 抗体或 His 抗体)来检测被泛素化标记的底物。因底物可被单个或多个泛素标记,而且底物上的泛素链长度并不均一。因此通过标签抗体检测底物时往往呈现瀑布状条带。

乙酰化修饰体外验证:在体外将乙酰化酶、乙酰辅酶 A 以及底物混合并进行孵育,再通过 SDS-PAGE 以及标签蛋白的抗体(Myc 抗体或 His 抗体)来检测被乙酰化的底物。根据 Western blot 检测条带的深浅从而比较不同样本之间的乙酰化修饰水平差异。

文献案例

2019 年 3 月,比利时根特大学 Geert De Jaeger 课题组在 *Nature Plants* 杂志上发表了一篇题为“Capturing the phosphorylation and protein interaction landscape of the plant TOR kinase”的研究论文。为了确定 TOR 和 S6K 作用的直接底物,作者进行了体外磷酸化实验。结果显示,PUX5 是 S6K 的磷酸化底物,S40-7、ATG13 和 eIF2B-δ1 是 TOR 的磷酸化底物(图 3-203)。

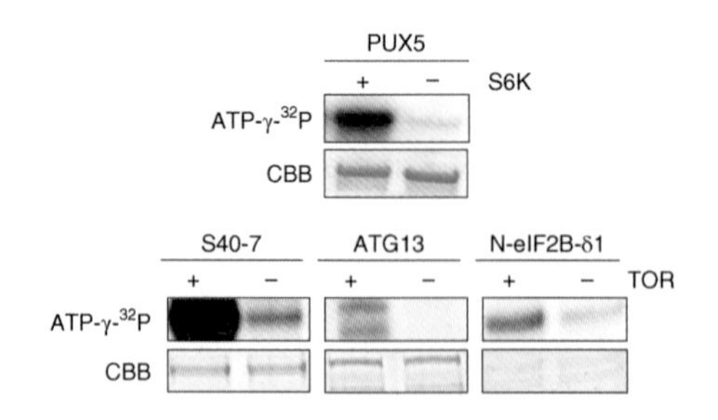

图 3-203　通过体外激酶实验确定 TOR 和 S6K 激酶的底物(Van Leene et al.,2019)

· Phos-tag SDS-PAGE 实验

除了上述两种比较通用的鉴定目的蛋白的修饰的方法之外,对于磷酸化修饰,还可以用 Phos-

tag SDS-PAGE 技术进行检测。该技术使用的分离胶与常规 SDS-PAGE 胶不同,它的丙烯酰胺中共聚了磷酸捕获分子 Phos-tag,但仍可使用常规 SDS-PAGE 程序分离磷酸化和非磷酸化蛋白质。试剂的配制、蛋白质样本的准备以及电泳操作,均与常规 SDS-PAGE 过程相似。在电泳过程中,磷酸化蛋白质会与凝胶中固定的 Phos-tag 发生可逆结合,导致其迁移速度慢于非磷酸化蛋白质,从而在迁移率上出现可检测的差异。这种电泳技术允许分离含有相同数量磷酸基团的磷酸化蛋白质,因为分子内不同位置的磷酸化修饰会导致不同的迁移带。此外,Phos-tag SDS-PAGE 不仅可以分析 Ser-、Thr-和 Tyr-磷酸化蛋白,还可以分析参与双组分信号系统的不稳定 His-和 Asp-磷酸化蛋白。因此,该技术适合对具有不同磷酸化状态的蛋白质进行定量和定性分析。

文献案例

2019 年 3 月,比利时根特大学 Geert De Jaeger 课题组在 *Nature Plants* 杂志上发表了一篇题为"Capturing the phosphorylation and protein interaction landscape of the plant TOR kinase"的研究论文。为了探究不同条件下 S6K 的磷酸化情况,作者通过 Phos-tag SDS-PAGE 区分 S6K 条带与磷酸化后的 S6K-P 条带,结果显示,处理后 S6K 上的磷酸化都基本上消失(图 3-204)。

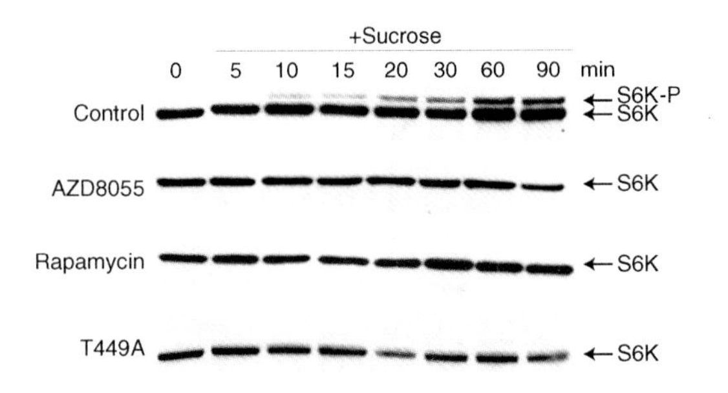

图 3-204 检测不同条件下 S6K 的磷酸化情况(Van Leene et al.,2019)

· 生物素酰基交换法

前面介绍的几种修饰的检测方法适用于比较常规且有一定研究基础的修饰。对于新型修饰,其检测的方法往往比较少,因此需要通过其他的方法来检测。例如脂质修饰中的 S-棕榈酰化,如果不考虑制备特异性抗体,可以通过生物素酰基交换法(Acyl-biotin exchange,ABE)检测不同样本间的修饰差异。ABE 的原理是细胞或组织被裂解后,游离的蛋白质巯基被烷基化,而棕榈酰部分与羟胺一起被释放,新暴露的蛋白质巯基可以被 HPDP-Biotin(N-(6-[生物素胺]己基)-3-(2-吡啶二硫)丙酰胺)标记,从而实现对最初 S-棕榈酰化蛋白的选择性结合、洗脱和分析(图 3-205)。由于 ABE 过程较为繁琐,而且生物素需要避光,所以这种方法的难度较高。

③ 目的蛋白的修饰位点鉴定:在检测完目的蛋白上的修饰之后,为了进一步探究修饰的具体情况,就需要鉴定目的蛋白上的修饰位点。鉴定修饰位点的方法有以下两种:

· 网站预测

随着计算机技术的不断发展,针对不同的修饰逐渐出现了不同的预测工具,极大地降低了研究成本且加快了研究进度,根据氨基酸的特征和结构信息可以预测到蛋白质中可能会发生修饰的位点。不过需要注意的是,预测结果只是基于计算机算法得出来的,因此与实际的情况可能会有差异。表 3-22 列出了部分蛋白翻译后修饰位点的预测网站。

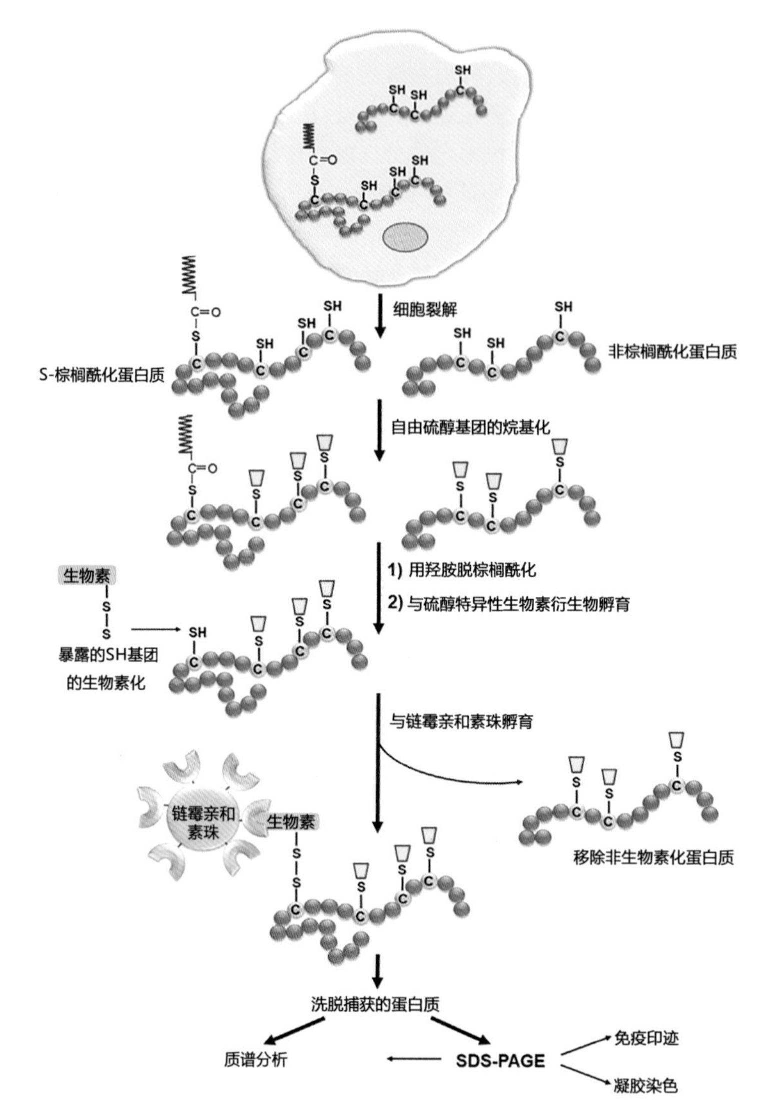

图 3-205 ABE 检测 S-棕榈酰化蛋白(Sobocińska et al. ,2017)

表 3-22 蛋白翻译后修饰位点预测网站

修饰类型	预测网址
磷酸化修饰	http://gps. biocuckoo. cn/
	https://services. healthtech. dtu. dk/services/NetPhos-3. 1/
	https://www. psb. ugent. be/webtools/ptm-viewer/index. php
泛素化修饰	http://gps. biocuckoo. cn/
	https://www. psb. ugent. be/webtools/ptm-viewer/index. php

续表

修饰类型	预 测 网 址
乙酰化修饰	http://gps. biocuckoo. cn/
	https://www. psb. ugent. be/webtools/ptm-viewer/index. php
糖基化修饰	https://services. healthtech. dtu. dk/services/YinOYang-1. 2/
	https://services. healthtech. dtu. dk/services/NetNGlyc-1. 0/
	https://www. oglcnac. mcw. edu/
	https://www. psb. ugent. be/webtools/ptm-viewer/index. php

· IP-MS 鉴定

当需要鉴定某个蛋白的具体修饰类型以及修饰位点时，除了预测，还可以通过 IP 富集目的蛋白后进行质谱分析。IP-MS 的原理为，质谱仪可将分析样品电离为带电离子，这些离子在电场或磁场作用下在空间或时间上发生分离，检测器检测后得到 m/z 与相对强度的质谱图，再据此推算出分析物中分子的质量。对于一个特定的蛋白，其分子质量是确定的，由于翻译后修饰的蛋白在特定的氨基酸位点结合了相应的官能基团，因此相较于没有发生修饰的蛋白，其分子质量会发生变化。例如，某个蛋白经过磷酸化修饰之后，其分子质量会相应地增加一个磷酸根的质量。因此，只要知道目的蛋白翻译后修饰前后分子质量的变化，就能对目的蛋白上的翻译后修饰进行鉴定和定量。在质谱检测过程中若发现某一肽段的分子质量刚好增加了某个修饰基团的分子质量，就可以判定该目的蛋白在相应位点发生了某种修饰。IP-MS 的相关文献可见本章“寻找相互作用蛋白”部分。

④ 目的蛋白的修饰位点验证：在确定目的蛋白可以被修饰且鉴定完修饰位点后，为了进一步验证，通常会将目的蛋白修饰位点的氨基酸进行突变。正常情况下，如果这个位置的氨基酸可以被修饰，那么突变之后将无法被修饰。通过人为模拟可修饰和不可修饰状态对修饰位点进行研究，是研究修饰时的一种常用方法。

氨基酸的突变可以通过碱基的突变来实现，构建表达载体时，可以用突变的引物来扩增获得目标碱基处的突变序列，最终实现氨基酸的突变。此外，随着基因编辑技术的发展，通过 CBE、ABE 和 PE 这三种碱基编辑器可以实现基因的单碱基编辑，从而突变基因具体位点的碱基，达到改变氨基酸序列的目的。

文献案例

2023 年 10 月，中国农业大学韩振海课题组和王忆课题组在 *The Plant Journal* 杂志上发表了一篇题为“MxMPK6-2-mediated phosphorylation enhances the response of apple rootstocks to Fe deficiency by activating PM H^+-ATPase MxHA2”的研究论文。作者发现，MxMPK6 可以磷酸化 MxHA2，为了进一步探索具体的修饰位点，作者将 MxHA2 可能的磷酸化位点 Thr320 和 Thr412 进行突变。结果显示 MxHA2 的磷酸化水平降低，这说明 MxMPK6 通过磷酸化位点 Thr320 和 Thr412 磷酸化 MxHA2(图 3-206)。

在验证具体的修饰位点时，可突变修饰位点后，通过上述的方法进行验证，同样也可以用体外的方法进行验证。如果有修饰位点的特异性抗体，也可以通过抗体进行检测。植物中修饰的特异

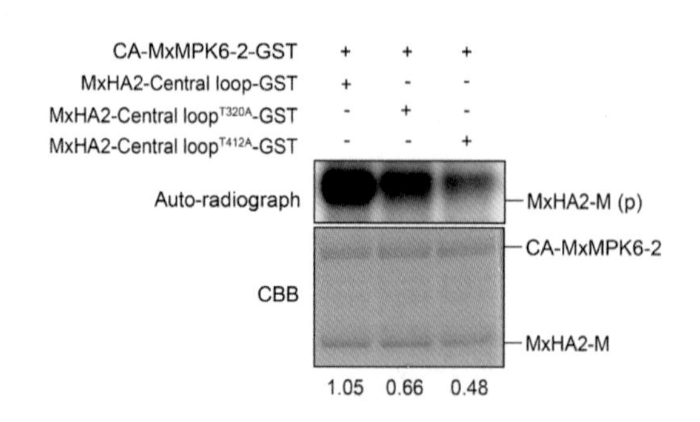

图 3-206 MxMPK6 通过 Thr320 和 Thr412 磷酸化 MxHA2(Sun et al.,2023)

性抗体一般较少,此处没有单独列举文献,感兴趣的读者可以自行了解。

以上内容包括鉴定目的蛋白的修饰酶以及验证修饰情况的方法。首先,需要检索目的蛋白的互作蛋白中是否存在可能的修饰酶,并进一步确定这些修饰酶的功能。接下来,对目的蛋白整体的修饰情况进行检测,以全面了解其修饰情况。为了更具体地确定修饰的类型和位置,可以利用预测工具和质谱技术。通过生物信息学工具的预测,可以初步确定修饰的类型和位置。质谱技术则能够提供实验性的数据支持,进一步验证预测的结果。这两种方法的结合可以提高修饰位点鉴定的准确性和可信度。最后,为了更深入地了解修饰对蛋白功能的影响,可以通过对修饰位点进行氨基酸突变的方法进行研究。通过引入特定的突变,可以模拟不同修饰状态,从而评估修饰对蛋白结构和功能的影响。以上研究有助于加深对蛋白修饰的理解,为相关领域进一步研究提供有力支持。

(二)寻找下游调控基因

本节主要介绍如何寻找目的基因下游的调控基因,与寻找上游调控基因一样,同样也包括 DNA 水平、RNA 水平和蛋白及修饰水平上的调控三个层面,这三个层面上的内容大部分与寻找目的基因上游调控基因的内容是一致的(图 3-207)。

1. DNA 水平上的调控

在本章"DNA 水平上的调控"部分已经介绍了 DNA 水平上的调控主要包括寻找目的基因启动子的反式作用因子、寻找反式作用因子在目的基因启动子上结合的顺式作用元件以及鉴定两者之间的相互作用(图 3-208)。前文已经讲解了以启动子作为研究对象,寻找其上游结合的转录因子,下面以转录因子作为研究对象,讲解如何寻找其下游结合的启动子。

1) 寻找下游启动子

在本章"检测转录因子结合位点"部分介绍过 ChIP-seq 和 CUT&Tag 技术,其实寻找下游启动子就是利用这两个技术以及 DAP-seq 技术,以转录因子为研究对象,筛选出与其结合的启动子,这与寻找上游转录因子的思路正好相反,在应用的时候需要区分清楚。如果以启动子为对象,那么实验思路就是寻找其上游的调控基因即转录因子,用到的方法是酵母单杂筛库或者 DNA Pull-down MS。如果以转录因子为研究对象,对应的实验思路就是寻找其下游调控基因对应的启动子,方法就是前文讲到的 ChIP-seq、CUT&Tag 和 DAP-seq 等技术,需要清楚区分这两种实验思路,以避免混淆。

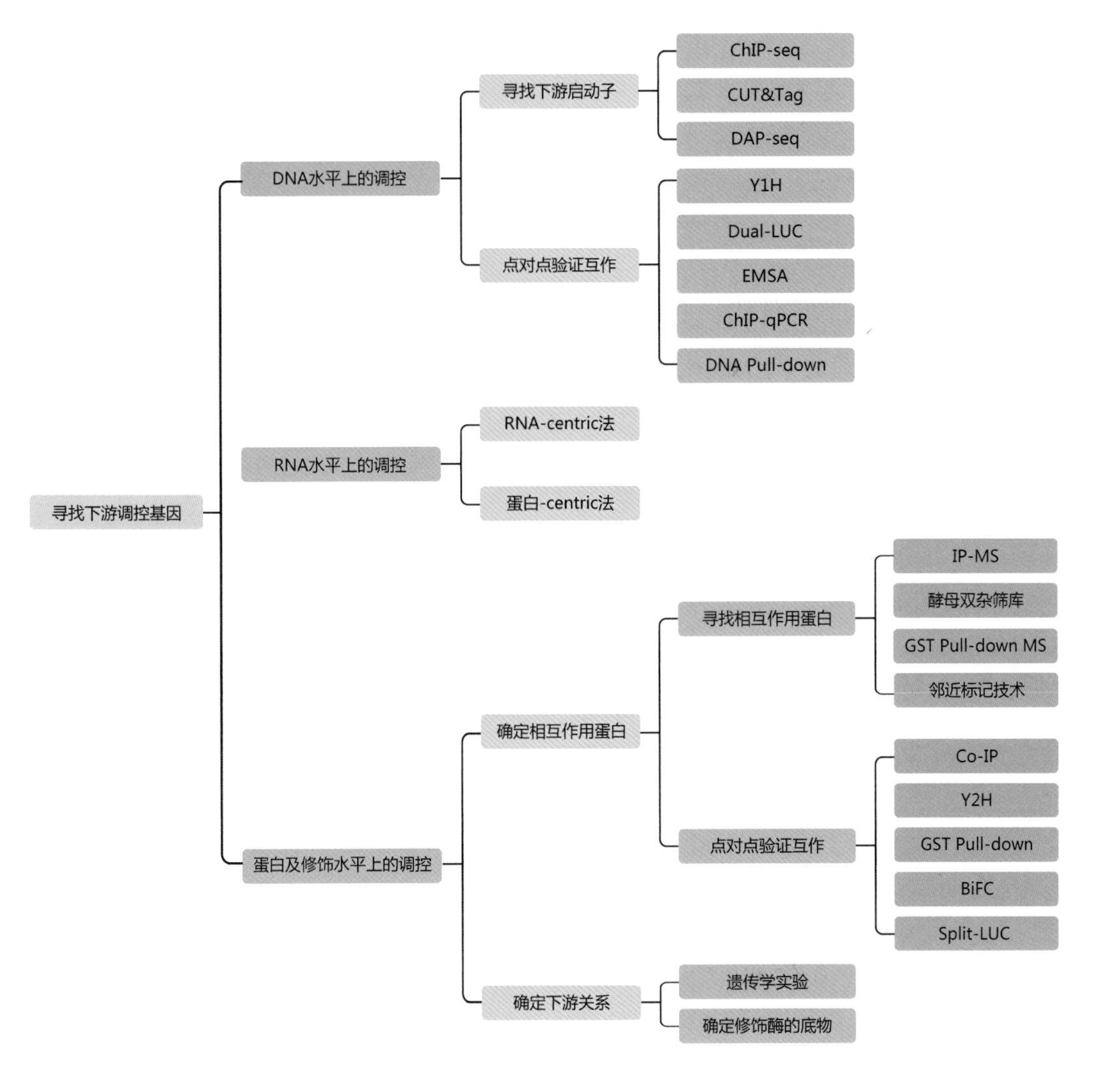

图 3-207　寻找下游调控基因

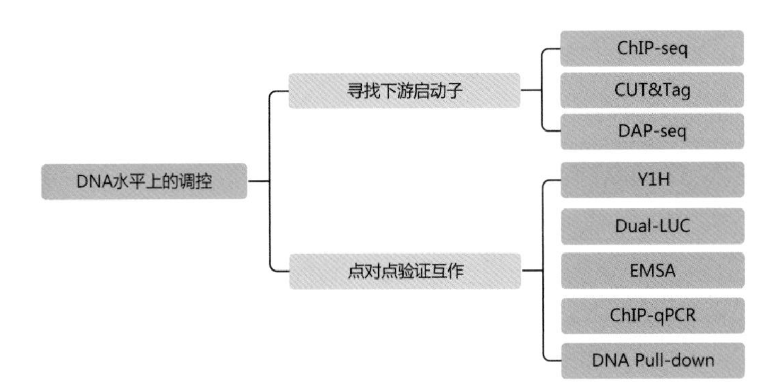

图 3-208　DNA 水平上的调控

（1）ChIP-seq

利用ChIP-seq实验筛选转录因子结合的启动子是一种经典的研究方法，广为大众接受，但该方法存在一个明显的弊端，即起始样本量需要≥10×10⁶个细胞，这对于没有稳定转化材料的研究者来说很难，因为瞬时转化材料往往达不到该实验所需要的细胞起始量。因此，选择该方法时要慎重，毕竟稳定遗传转化所需要的时间不可小觑。当然，以上这些都是针对研究的转录因子没有对应的抗体而言，如果有对应的抗体，用野生型材料就可以进行实验。然而，在植物基因功能研究中，很少有转录因子有成熟的对应抗体可用。因此，在选择实验方法时，需要仔细考虑这些因素，并权衡利弊。关于ChIP-seq实验的原理以及实验流程详见本章“检测转录因子结合位点”部分，这里不再介绍。

文献案例

宿主植物对病原体的识别会引发快速地转录重排以及激活防御反应。许多防御调节因子的表达在此过程中被诱导，但它们在转录水平上如何被调控目前还是未知的。2015年12月，英属哥伦比亚大学张跃林课题组在*Nature communications*杂志上发表了一篇题为“ChIP-seq reveals broad roles of SARD1 and CBP60g in regulating plant immunity”的研究论文，作者通过ChIP-seq发现，转录因子SARD1和CBP60g与大量编码植物免疫关键调控因子的基因启动子区结合。具体结果如下：

在自身启动子表达SARD1-HA融合蛋白的*sard1 cpb60g*突变株中，病原体诱导的*ICS1*表达恢复到与*cbp60g*单突变株相似的水平，表明SARD1-HA的功能与野生型SARD1蛋白类似。为了鉴定SARD1的靶向基因，作者利用抗HA的抗体在自身启动子表达SARD1-HA融合蛋白的转基因植株上进行ChIP-seq实验，测序深度为20×。

绘制基因组上每个位置的序列覆盖范围，以确定拟南芥基因组中的峰。基因区域的峰分析表明，大部分序列峰位于翻译起始位点上游的1.5kb区域，包括5′UTRs和启动子区域。去除阴性对照中序列峰相似的基因后，在84个基因的内含子、60个基因的3′UTRs和1902个基因翻译起始位点上游1.5kb区域中发现了高度≥90的峰。作者的分析重点是在翻译起始位点上游1.5kb区域包含高度为90或更高峰的组，因为它包含许多编码已知的植物防御调控因子的基因，这些基因被病原体感染强烈诱导（表3-23）。已知的防御调控因子的启动子和编码区序列reads的分布见图3-209。

表3-23　通过ChIP测序，已知的防御调节因子被确定为SARD1的候选靶基因（改编自Sun et al.，2015）

AGI数量	蛋白名字	峰高
AT3G56400	WRKY DNA-BINDING PROTEIN 70 (WRKY70)	214
AT1G74710	ISOCHORISMATE SYNTHASE 1 (ICS1)	125
AT4G39030	ENHANCED DISEASE SUSCEPTIBILITY 5 (EDS5)	110
AT1G64280	NON-EXPRESSOR OF PATHOGENESIS-RELATED GENES 1 (NPR1)	163
AT1G19250	FLAVIN-DEPENDENT MONOOXYGENASE 1 (FMO1)	99

续表

AGI 数量	蛋白名字	峰高
AT2G13810	AGD2-LIKE DEFENCE RESPONSE PROTEIN 1 (ALD1)	138
AT5G13320	avrPphB SUSCEPTIBLE 3 (PBS3)	199
AT3G48090	ENHANCED DISEASE SUSCEPTIBILITY 1 (EDS1)	258
AT3G52430	PHYTOALEXIN DEFICIENT 4 (PAD4)	137
AT1G33560	ACTIVATED DISEASE RESISTANCE 1 (ADR1)	117
AT4G33300	ADR1-LIKE 1 (ADR1-L1)	324
AT5G04720	ADR1-LIKE 2 (ADR1-L2)	230
AT4G33430	BRI1-ASSOCIATED RECEPTOR KINASE 1 (BAK1)	134
AT2G13790	BAK1-LIKE 1 (BKK1)	190
AT4G34460	ARABIDOPSIS G PROTEIN b-SUBUNIT 1 (AGB1)	200
AT2G39660	BOTRYTIS-INDUCED KINASE 1 (BIK1)	99
AT4G08500	MAPK/ERK KINASE KINASE 1 (MEKK1)	135
AT1G51660	MITOGEN-ACTIVATED PROTEIN KINASE KINASE 4 (MKK4)	141
AT3G45640	MITOGEN-ACTIVATED PROTEIN KINASE 3 (MPK3)	264
AT4G09570	CALCIUM-DEPENDENT PROTEIN KINASE 4 (CPK4)	104
AT3G46510	PLANT U-BOX 13 (PUB13)	207
AT1G80840	WRKY DNA-BINDING PROTEIN 40 (WRKY40)	97
AT2G25000	WRKY DNA-BINDING PROTEIN 60 (WRKY60)	138
AT2G04450	NUCLEOSIDE DIPHOSPHATE LINKED TO SOME MOIETY X 6 (NUDT6)	107
AT4G12720	NUCLEOSIDE DIPHOSPHATE LINKED TO SOME MOIETY X 7 (NUDT7)	169
AT1G11310	MILDEW RESISTANCE LOCUS O 2 (MLO2)	100
AT5G61900	BONZAI 1 (BON1)	151
AT3G61190	BON ASSOCIATION PROTEIN 1 (BAP1)	215
AT2G45760	BON ASSOCIATION PROTEIN 2 (BAP2)	314

注：AG1，拟南芥基因组计划；SARD1，SAR DEFICIENT1。

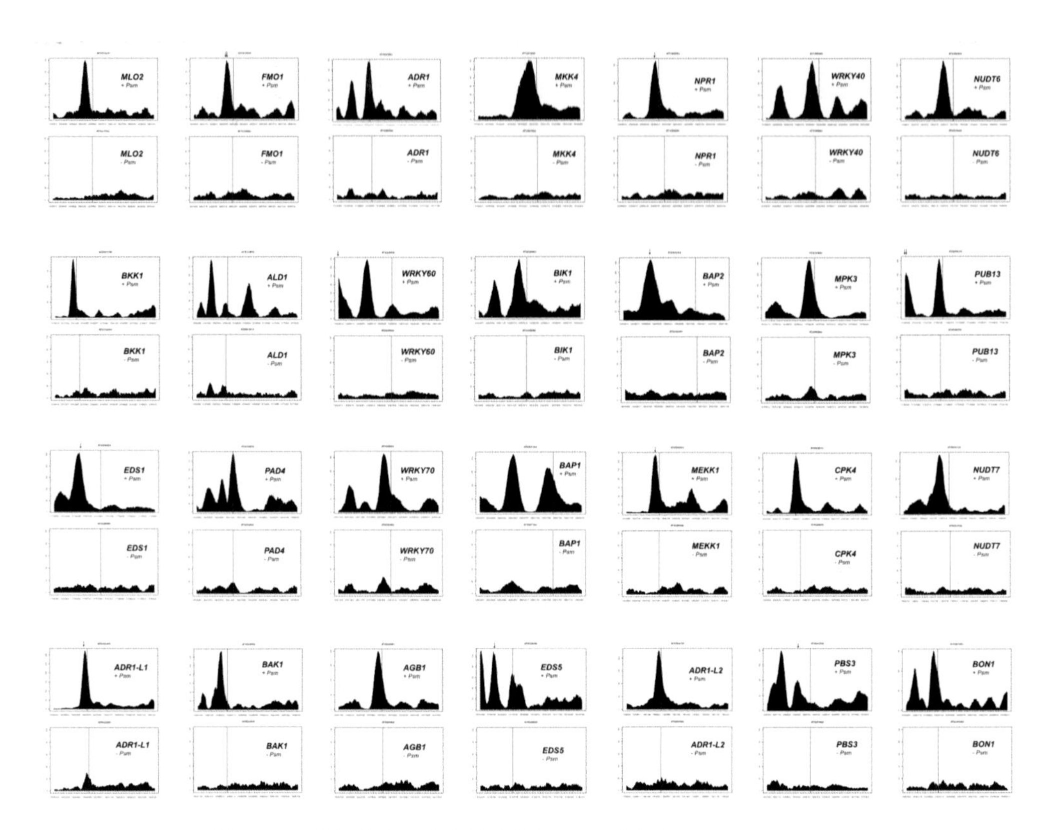

图 3-209　基因启动子和编码区序列 reads 的分布(Sun et al.,2015)

注:纵轴表示序列读取的次数。横轴表示染色体上的位置。翻译起始位点的位置用读取行标记。靠近序列峰的 GAAATTT 基序的位置用箭头表示。+*Psm*,用 *P. s. m.* ES4326 浸润处理的 SARD1-HA 转基因植株的序列分布。-*Psm*,未经处理的 SARD1-HA 转基因植株的序列分布

(2) CUT&Tag

每当一个方法存在一定局限性时,研究者们总是不断努力改进和优化,直到出现新的方法,CUT&Tag 就是一个替代 ChIP-seq 的好方法,相较于传统的 ChIP-seq 方法,CUT&Tag 具有以下优点:实验操作简便易行,信噪比高,重复性好,需要的细胞数量少至 60 个,且有望做到单细胞水平。关于 CUT&Tag 实验的原理以及实验流程详见本章“检测转录因子结合位点”部分,这里不再介绍。

文献案例

2023 年 2 月,浙江省农业科学院徐盛春课题组在 *Plant Biotechnology Journal* 杂志上发表了一篇题为“Biotinylated Tn5 transposase-mediated CUT&Tag efficiently profiles transcription factor-DNA interactions in plants”的研究论文,作者开发了一种生物素标记的 Tn5 转座酶介导的 CUT&Tag(B-CUT&Tag)方法,该方法为分析转录因子-染色质相互作用提供了一种方便高效的策略,广泛适用于作物改良的顺式调控元件的注释,对动物中的转录因子研究也具有参考价值(图 3-210)。

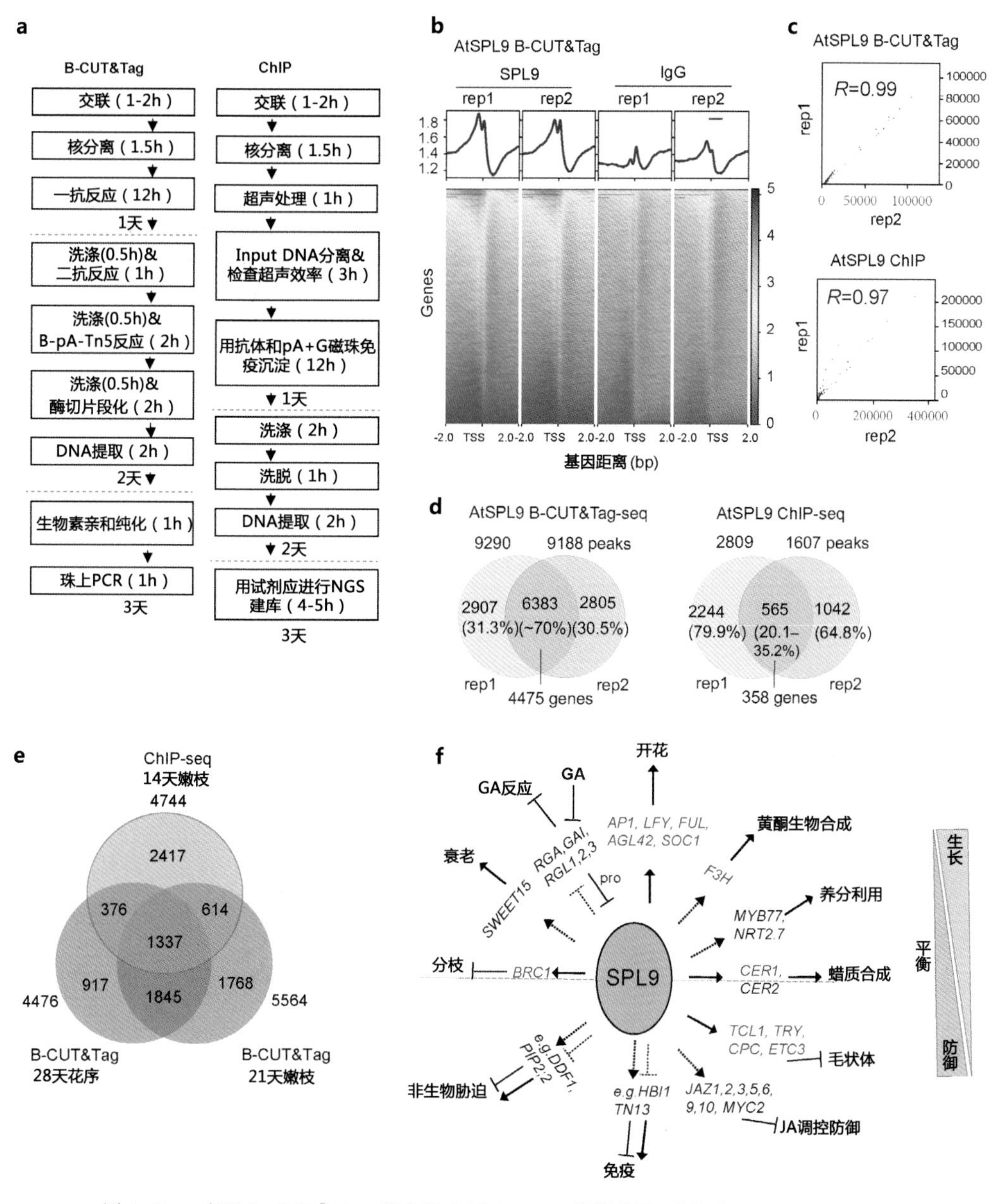

图 3-210　应用 B-CUT&Tag 鉴定拟南芥 AtSPL9 的靶基因(改编自 Tao et al.,2023)

a. 作者比较了 B-CUT&Tag 和 ChIP-seq 的实验流程，发现 B-CUT&Tag 优于 ChIP-seq；b. AtSPL9 B-CUT&Tag 信号主要分布在转录起始位点上游，即启动子区域；c. AtSPL9 B-CUT&Tag 和 AtSPL9 ChIP-seq 结果显示出高度相关性；d. 当使用相同数量的细胞核时，AtSPL9 B-CUT&Tag 和 AtSPL9 ChIP-seq 的重叠峰数以及峰相关基因数量；e. 使用 14 天幼苗的嫩枝进行 ChIP-seq 和使用 28 天植株的花序和 21 天植株的嫩枝进行 B-CUT&Tag 所重叠的 AtSPL9 的潜在靶基因；f. AtSPL9 在多种生物过程中的功能，B-CUT&Tag 结果中 AtSPL9 的靶基因用红色字体表示，并用实线箭头或实线抑制箭头表示转录的激活或抑制；从 B-CUT&Tag 和 mRNA-seq 中鉴定的推测靶点用虚线箭头或虚线抑制箭头表示

（3）DAP-seq

2016年5月，美国Salk研究所的研究者们在*Cell*杂志上发表了一篇题为"Cistrome and epicistrome features shape the regulatory DNA landscape"的研究论文。该研究开发了一项新技术：DAP-seq，用于快速绘制转录因子调控靶向DNA区域的顺反组和表观组图谱，构建这些图谱对于阐明生物生长发育、行为和疾病复杂转录调控网络是非常有必要的。一年后，Bartlett A.等人在*Nature Protocols*上发表了DAP-seq的实验方法，详细描述了如何进行DAP-seq实验。

DNA亲和纯化测序(DNA affinity purification sequencing，DAP-seq)通过体外表达转录因子鉴定转录因子结合位点(transcription factor binding site，TFBS)，不受抗体和物种限制，且具有高通量的优势，该技术自问世以来，已被广泛应用于转录调控和表观组学的研究，特别适合没有遗传转化体系的物种研究。

该实验的原理是，体外表达的蛋白和DNA进行亲和纯化，将与蛋白结合的DNA洗脱后进行高通量测序。其基本过程是将编码转录因子的CDS序列构建到含有亲和标签(Halo Tag)的载体中，构建蛋白表达载体，进行体外蛋白表达，形成转录因子和亲和标签的融合蛋白；提取样品的基因组DNA，构建DNA文库，然后将体外表达的带有亲和标签的转录因子和DNA文库进行孵育，随后将与转录因子结合的DNA洗脱并上机测序(图3-211)。

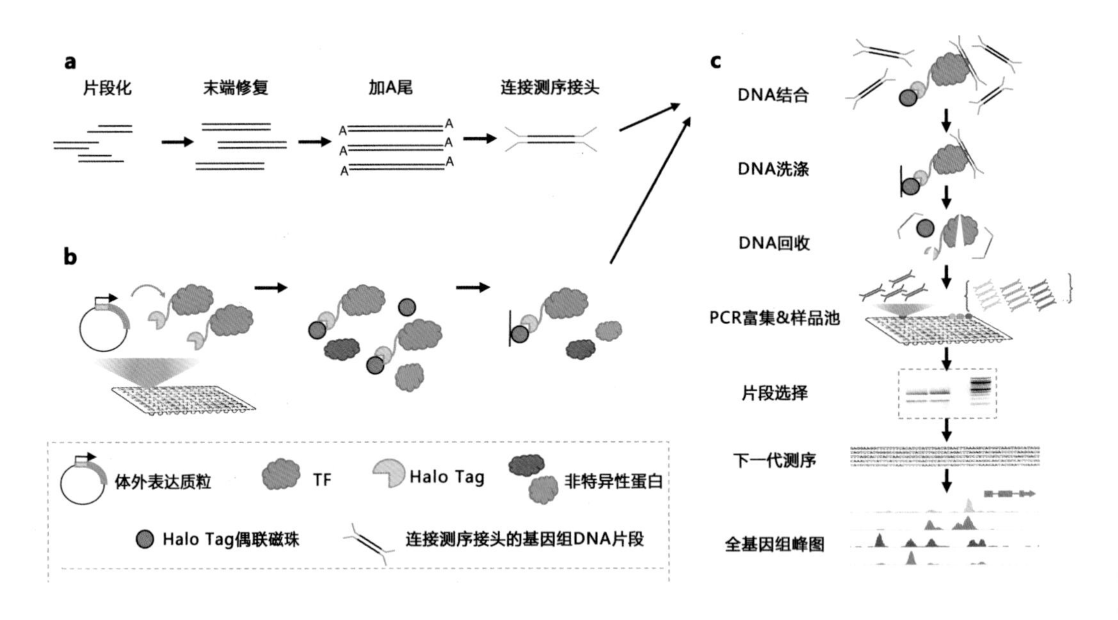

图3-211　DAP-seq实验流程(改编自Bartlett et al.，2017)

文献案例

苹果重茬连作障碍(apple replant disease，ARD)是一种土壤传播疾病，严重抑制苹果幼树的生长，降低产量。ARD的病因很复杂，有害土壤真菌的积累被认为是其主要原因。其中腐皮镰孢菌(*Fusarium solani*)被认为是导致苹果发生ARD的主要病原菌。已有研究表明，预防和控制ARD最有效的策略是利用分子生物学技术培育抗ARD的砧木。然而，苹果抵御腐皮镰孢菌的机制尚不清楚。2023年1月，西北农林科技大学马锋旺课题组在 *Plant Physiology* 杂志上发表了一篇题为"MdERF114 enhances the resistance of apple roots to *Fusarium solani* by regulating the transcription of *MPRX63*"的研究论文，作者通过DAP-seq、Y1H、Dual-LUC和EMSA等技术鉴定了苹果MdERF114的结合基序和靶基因，进而对苹果和腐皮镰孢菌之间的相互作用机制进行了探究。

通过DAP-seq技术，鉴定了MdERF114结合的顺式作用元件GCC-box(GCCGCC)，并筛选到一个与木质素合成相关的靶基因 *MdPRX63*。随后，通过Y1H、EMSA、Dual-LUC和GUS染色实验进一步验证了MdERF114可以直接与 *MdPRX63* 启动子区域的GCC-box结合，证实MdERF114可以调控 *MdPRX63* 的表达(图3-212)。同时MdWRKY75可以结合 *MdERF114* 启动子区域的W-box元件，进一步证实了MdWRKY75可以调控 *MdERF114* 的表达。然后通过Y2H筛选MdERF114相互作用蛋白，以及通过Split-LUC、BiFC和GST Pull-down实验验证了MdERF114与MdMYB8存在互作。

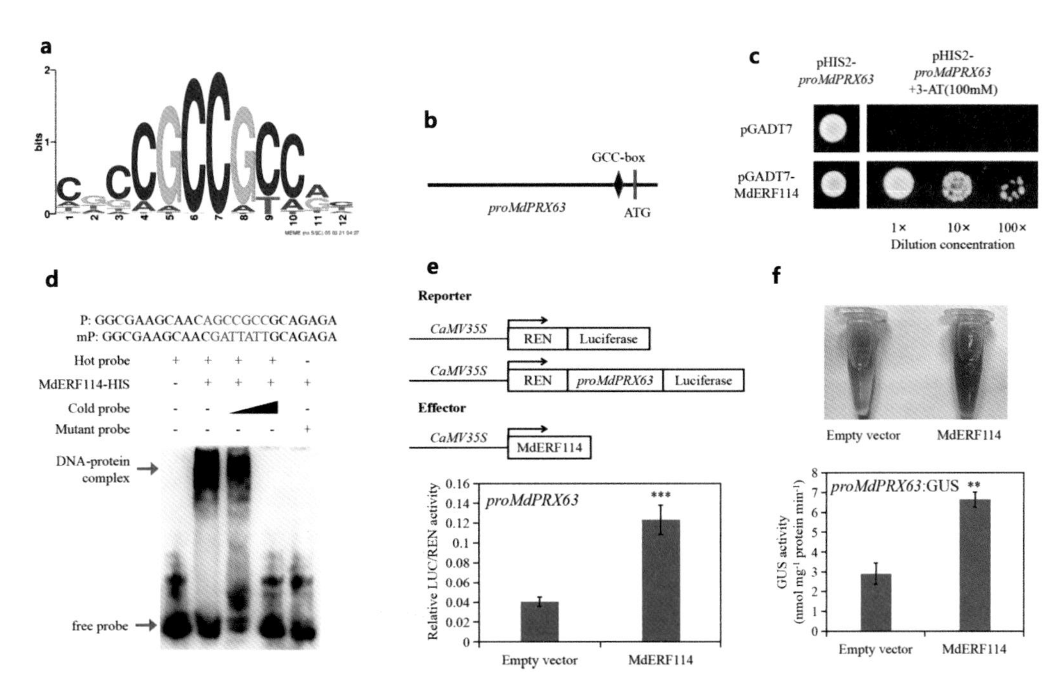

图3-212　MdERF114直接与 *MdPRX63* 启动子结合(Liu et al.,2023)

a.通过DAP-seq鉴定MdERF114的潜在结合元件；b. *MdPRX63* 启动子序列分析显示存在GCC-box结合元件；c. Y1H实验表明，MdERF114与 *MdPRX63* 启动子结合。以pGADT7和pHIS2-*proMdPRX63* 共转化的酵母菌作为对照。3-AT的筛选浓度为100mM；d. EMSA表明MdERF114与 *MdPRX63* 启动子的GCC-box结合。"+"表示存在相关探针或蛋白质，"−"表示不存在相关探针或蛋白质。"P"中的5′-AGCCCC-3′是MdERF114结合的基序，"mP"中的5′-GATTAT-3′取代了5′-AGCCCC-3′基序；e.共表达 *MdERF114* 和 *proMdPRX63* 的烟草叶片中LUC/REN的相对活性；f. GUS染色实验显示MdERF114能激活 *proMdPRX63* 的表达

上述介绍了三种以转录因子为研究对象，寻找下游启动子的方法，并介绍了每一个具体技术的优缺点，可根据自己的实际情况选择合适的方法进行研究。

(4) 点对点验证互作

通过 ChIP-seq、CUT&Tag 和 DAP-seq 等方法筛选出来可能结合的启动子之后，可以根据感兴趣或者自己的研究方向挑选出 1～2 个启动子，用点对点的实验方法进行验证，点对点的实验方法与前面寻找上游转录因子一样，包括 Y1H、Dual-LUC、EMSA、ChIP-qPCR 和 DNA Pull-down 等，具体可见本章“点对点验证互作”部分，这里不再介绍。

2. RNA 水平上的调控

本章“寻找上游调控基因”部分介绍了 RNA 与蛋白相互作用的筛选方法，具体内容可参考本章“RNA-centric 法”和“蛋白-centric 方法”部分，这里不再作介绍(图 3-213)。

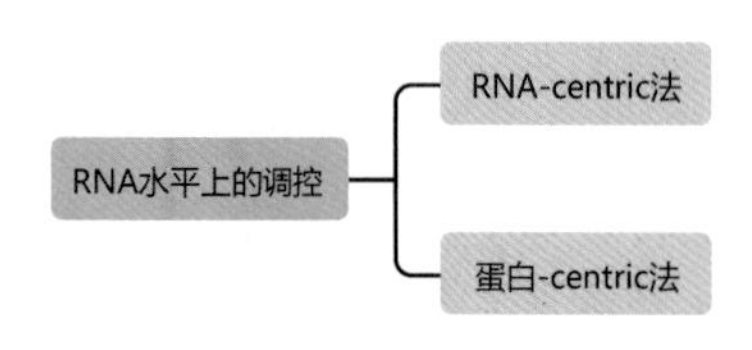

图 3-213 RNA 水平上的调控

3. 蛋白及修饰水平上的调控

在寻找下游调控基因时，除了研究 DNA 和 RNA 水平的调控外，蛋白及修饰水平上的调控同样至关重要。这里主要从确定相互作用蛋白和确定下游关系两个层面进行介绍(图 3-214)。

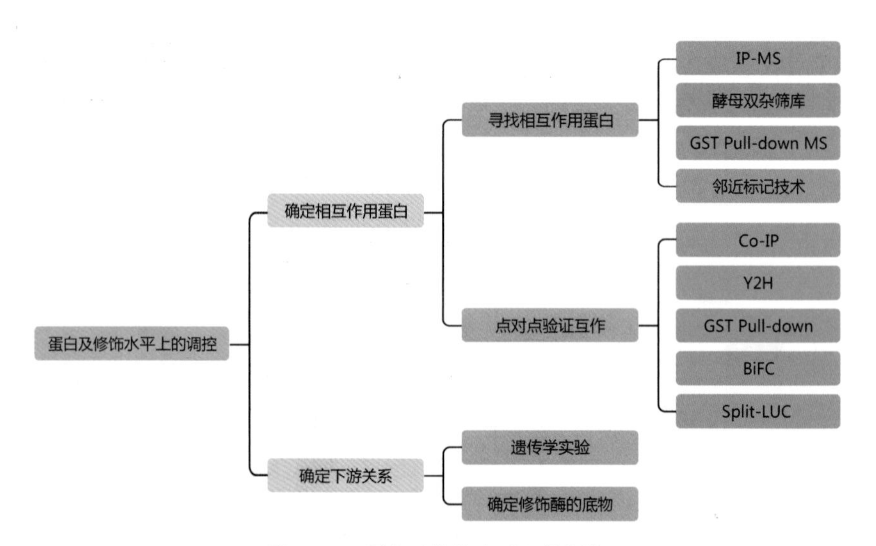

图 3-214 蛋白及修饰水平上的调控

1) 确定相互作用蛋白

在本章“寻找上游调控基因”部分已经详细介绍了如何通过实验寻找相互作用蛋白并对其互作关系进行验证，在这里不再重复。

2) 确定下游关系

确定下游关系与确定上游关系一样，都包括两个部分，其中遗传学实验是两者都有的，不同的地方在于，确定上游关系中另一个部分是确定底物的修饰酶，而在确定下游关系中为确定修饰酶的底物。若研究的目的蛋白是一个蛋白翻译后修饰的修饰酶，通过 IP-MS、酵母双杂筛库、GST Pull-down MS 或邻近标记技术筛选到与其互作的蛋白后，可以判断与目的蛋白互作的蛋白是不是能被其修饰，比如研究的目的蛋白是一个磷酸化的修饰酶，其互作的蛋白刚好可以被这个修饰酶磷酸化，那么也就找到了目的蛋白的下游调控成分，从而确定了下游关系。

(1) 遗传学实验

前文已经给大家介绍过通过遗传学实验确定目的基因的上下游关系，虽然并没有具体区分上游和下游，只是进行了一个整体介绍，但这并不影响对方法的应用。下面介绍几种非遗传学实验来确定下游关系的方法。

文献案例

检测转基因材料中某个基因的表达量

2010 年 5 月，韩国浦项理工大学 Gynheung An 课题组联合庆熙大学作物生物技术研究所在 *The Plant Journal* 杂志上发表了一篇题为“*OsCOL4* is a constitutive flowering repressor upstream of *Ehd* and downstream of *OsphyB*”的研究论文，作者为了确定 *OsphyB* 和 *OsCOL4* 的上下游关系，在突变体材料 *osphyB-2* 中检测了 *OsCOL4* 的表达量，可以看到不管是在短日照(SD)还是长日照(LD)条件下，*OsCOL4* 转录水平都较低，表明 *OsCOL4* 在 *OsphyB* 的下游(图 3-215b、d)。

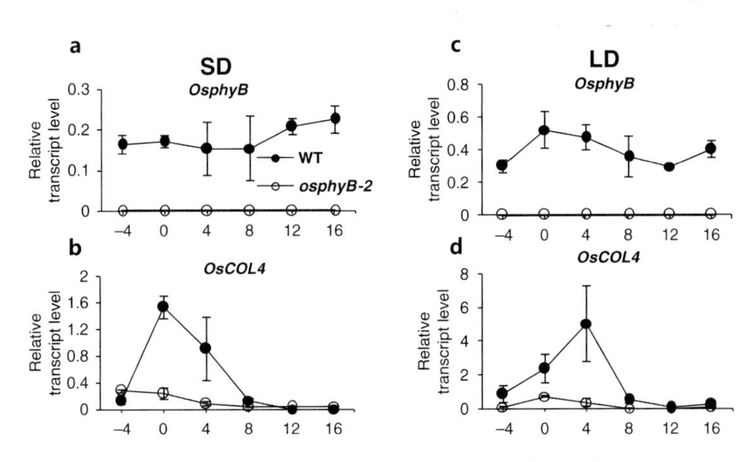

图 3-215　植物调控因子在 *osphyB-2* 突变体叶片中的表达模式(Lee et al.，2010)

文献小结：这里介绍的是在 *A* 基因的突变体中检测 *B* 基因的表达量，若 *B* 基因的表达量降低，则证明 *A* 基因在 *B* 基因的上游，且 *A* 基因正调控 *B* 基因；同样的，在 *C* 基因的过表达材料中检测 *D* 基因的表达量，若 *D* 基因的表达量发生变化，同样也可以说明 *C* 基因在 *D* 基因的上游，具体的调控方式需要根据 *D* 基因表达量的变化来判断。

定量蛋白质组学鉴定下游组分

2013 年 10 月，台北“中研院”农业生物技术研究中心 Tzyy-Jen Chiouab 课题组及其他多个机构在 *The Plant Cell* 杂志上发表了一篇题为“Identification of downstream components of ubiquitin-conjugating enzyme PHOSPHATE2 by quantitative membrane proteomics in *Arabidopsis* roots”的研究论文，PHO2 是一个膜定位蛋白，为了探究其他膜蛋白在 PHO2 调控通路中的潜在作用，作者利用 iTRAQ 技术结合二维液相色谱-串联质谱(LC-MS/MS)的方法，鉴定野生型和突变体 *pho2* 中的膜蛋白组，最终鉴定出 PHO2 的下游组分 PHT1。

文献小结：定量蛋白质组学的方法有多种，在本章“蛋白质组学”部分已经介绍过了，这篇文献中用到的是 iTRAQ 技术。鉴定目的基因/蛋白的下游组分，可以考虑定量蛋白质组学的方法，除此之外，也可以从转录组学或代谢组学中去分析转录水平或代谢水平上的调控关系，这里不举例说明，读者可以自行查阅文献。

两个基因共定位

还是回到本章“寻找上游调控基因”部分的文献案例“如何打开基因参与某信号通路调控的突破口”，作者在烟草叶片中瞬时共表达 *35S-SPX6-GFP* 和 *35S-PHR2-mcherry*。结果发现，与 *SPX6-GFP* 共同表达的 *PHR2-mcherry* 不仅可以在细胞核中检测到，在细胞质中也能检测到，而在对照组中，*PHR2-mcherry* 主要定位于细胞核(图 3-216)。这表明 *SPX6* 改变了 *PHR2* 的亚细胞定位，干扰了 *PHR2* 进入细胞核。另外，这个结果在一定程度上也可以说明 *PHR2* 受 *SPX6* 的调控。

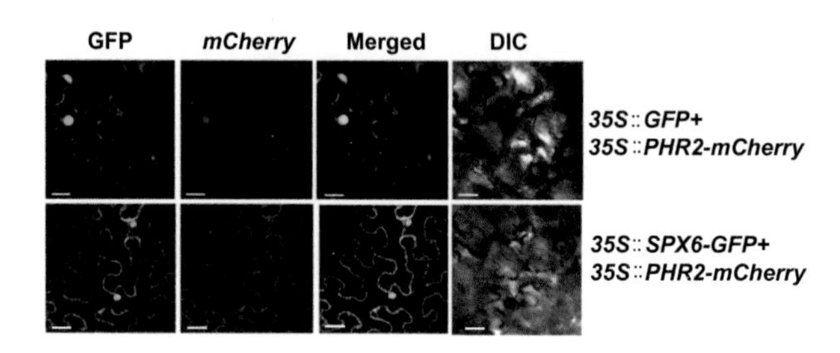

图 3-216 与 *SPX6* 共表达时，*PHR2* 的亚细胞定位发生改变(Zhong et al.,2018)

文献小结：将两个基因进行共定位，观察它们的亚细胞定位是否会发生改变，如果发生改变，那么被改变的基因就位于下游。这个方法可以用来辅助说明两个基因的上下游关系。

以上介绍的三种非遗传学实验方法都可以帮助判断目的基因的下游组分，其中最具说服力的是遗传学实验。

(2) 确定修饰酶的底物

对于修饰酶和其底物来说，要研究两者之间的修饰关系，都需要通过筛选互作蛋白，然后再对具体的修饰情况进行实验验证，因此这部分内容与本章“寻找上游调控基因”部分中“确定底物的修饰酶”是类似的，只不过此处是通过修饰酶来确定互作蛋白中的底物(图 3-217)。

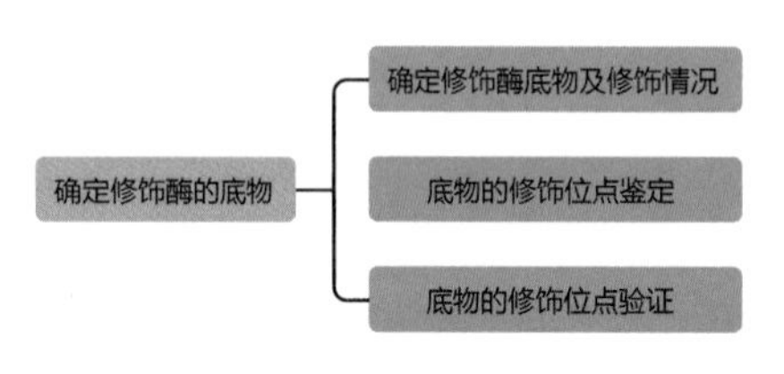

图 3-217 确定修饰酶的底物

① 确定修饰酶底物及修饰情况：通过实验筛选到修饰酶的互作蛋白后，根据感兴趣的研究方向从互作蛋白中选择可能的修饰酶底物。确定好修饰酶底物之后，就需要确定底物上的整体修饰情况，相关内容在本章“目的蛋白的整体修饰水平检测”部分已经有所介绍，在此不再讲述。

② 底物的修饰位点鉴定：确定底物上存在修饰后，为了深入研究具体的修饰情况，需要对底物上的修饰位点进行鉴定，相关内容可见本章“目的蛋白的修饰位点鉴定”部分。

③ 底物的修饰位点验证：鉴定完底物上的具体修饰位点后，需要对其进行进一步验证，相关内容可见本章“目的蛋白的修饰位点验证”部分。

对于修饰酶和其底物来说，确定二者之间修饰关系的实验方法都是相同的。虽说修饰酶和底物的上下游关系比较明确，但是也可以通过类似遗传学的实验进一步验证，比如为了说明修饰酶确实修饰了底物，可以对该修饰酶进行敲除，通过检测底物的修饰水平来说明二者之间的修饰关系。简而言之，修饰研究的核心在于探究修饰的存在与否会带来何种影响，上面介绍的研究方法都是围绕这一点展开的，研究者在进行实验的时候可以合理运用。

总体而言，通过这些生化方法，能够全面地了解植物中蛋白质的修饰情况，从而揭示植物细胞中不同信号通路的调控机制和相关的生物学功能。这些技术的应用为深入研究植物生物学提供了有力的工具。随着方法和技术的不断更新，植物中蛋白质修饰的研究将在未来取得更深入、更全面的认识，为解开植物生物学中各种复杂调控网络的奥秘提供强有力的帮助。这些研究的深入将为植物生长发育、逆境应对等方面的农业应用提供科学依据。

六、总结

通过正向遗传学或反向遗传学手段成功获取了目的基因后，就需要对其功能进行深入的研究。本章的核心内容是系统地揭示目的基因在生物体中的功能，从而加深对植物生命过程基本机制的理解，并为农业等领域的发展和进步提供基础。

首先，在基因进化分析中，追溯了目的基因及其编码蛋白的来源。通过了解其演化过程，能够洞悉其功能及在生物多样性中的角色。基因结构分析进一步揭示了基因的内部组成，为研究者提供了更为精细的功能预测。这两部分的研究是深入研究基因功能的重要基础。

表达模式研究使我们深入了解目的基因在不同生理状态下的表达模式，以及基因在何时何地表达，这为进一步研究基因的生物学功能奠定了基础。

在基因功能研究方面，进行系统的实验是保证研究结论可靠性的重要一环。基因网络解析则将目的基因嵌入更复杂的网络中，研究了与其他基因之间的相互作用，从而揭示了基因调控网络的全貌。

最终，全面讨论了基因功能研究的六个方面，清晰呈现从基础研究到实际应用的过程，并将这些研究成果应用于实际。这六个方面综合起来，涵盖了研究一个基因所需考虑的各个方面，为未来的研究提供了更为系统和深入的指导，同时也为农业和生命科学领域的创新提供了强有力的支持。

随着技术的不断发展，研究者可以期待更高效、精准的基因编辑工具的应用，进一步拓展植物基因功能研究的深度。全基因组研究和大数据分析的兴起，将为研究者提供更系统的视角，推动植物基因功能研究迈向更深层次。这将有助于更全面、深刻地理解植物生物学的奥秘，为未来农业创新和可持续发展提供更为可靠的科学依据。

参考文献

[1] 郝梦媛，杭琦，师恭曜. VIGS基因沉默技术在作物基因功能研究中的应用与展望[J]. 中国农业科技导报，2022，24(01)：1-13.

[2] 罗滨，陈永康，王莹. 植物外源基因拷贝数及插入位点的检测方法与技术[J]. 河南师范大学学报（自然科学版），2012，40(06)：111-116.

[3] 苏田，韩笑，刘华东. 邻近标记在蛋白质组学中的发展及应用[J]. 中国生物化学与分子生物学报，2020，36(01)：36-41.

[4] 王众司，贾亚萍，张瑾，等. 多光谱成像技术在植物学研究中的应用[J]. 植物学报，2021，56(04)：500-508.

[5] 夏启玉，李美英，杨小亮，等. 免疫层析试纸条技术及其在转基因检测中的应用[J]. 中国生物工程杂志，2017，37(02)：101-110.

[6] 许洁婷，刘相国，金敏亮，等. 不依赖基因型的高效玉米遗传转化体系的建立[J]. 作物学报，2022，48(12)：2987-2993.

[7] 许智宏，张宪省，苏英华，等. 植物细胞全能性和再生[J]. 中国科学：生命科学，2019，49(10)：

1282-1300.

[8] 赵斯斯. 家蚕 P450 基因 *CYP9A19* 和 *CYP9A22* 的启动子分析[D]. 苏州：苏州大学，2012.

[9] Aizezi Y, Zhao H, Zhang Z, et al. Structure-based virtual screening identifies small-molecule inhibitors of O-fucosyltransferase SPINDLY in Arabidopsis[J]. *The Plant Cell*, 2023: koad299.

[10] Anand A, Bass S H, Wu E, et al. An improved ternary vector system for Agrobacterium-mediated rapid maize transformation[J]. *Plant Molecular Biology*, 2018, 97: 187-200.

[11] Anzalone A V, Randolph P B, Davis J R, et al. Search-and-replace genome editing without double-strand breaks or donor DNA[J]. *Nature*, 2019, 576(7785): 149-157.

[12] Bai F, Ma H, Cai Y, et al. Natural allelic variation in GRAIN SIZE AND WEIGHT 3 of wild rice regulates the grain size and weight[J]. *Plant Physiology*, 2023: kiad320.

[13] Bai M, Yuan J, Kuang H, et al. Generation of a multiplex mutagenesis population via pooled CRISPR-Cas9 in soya bean[J]. *Plant Biotechnology Journal*, 2020, 18(3): 721-731.

[14] Barski A, Cuddapah S, Cui K, et al. High-resolution profiling of histone methylations in the human genome[J]. *Cell*, 2007, 129(4): 823-837.

[15] Bartlett A, O'Malley R C, Huang S C, et al. Mapping genome-wide transcription factor binding sites using DAP-seq[J]. *Nature Protocols*, 2017, 12(8): 1659-1672.

[16] Beckmann B M. RNA interactome capture in yeast[J]. *Methods*, 2017, 118: 82-92.

[17] Benhalevy D, McFarland H L, Sarshad A A, et al. PAR-CLIP and streamlined small RNA cDNA library preparation protocol for the identification of RNA binding protein target sites [J]. *Methods*, 2017, 118: 41-49.

[18] Bhat Z Y, Mohiuddin T, Kumar A, et al. *Crocus* transcription factors *CstMYB1* and *CstMYB1R2* modulate apocarotenoid metabolism by regulating carotenogenic genes[J]. *Plant Molecular Biology*, 2021, 107(1): 49-62.

[19] Branon T C, Bosch J A, Sanchez A D, et al. Efficient proximity labeling in living cells and organisms with TurboID[J]. *Nature Biotechnology*, 2018, 36(9): 880-887.

[20] Buenrostro J D, Giresi P G, Zaba L C, et al. Transposition of native chromatin for fast and sensitive epigenomic profiling of open chromatin, DNA-binding proteins and nucleosome position[J]. *Nature methods*, 2013, 10(12): 1213-1218.

[21] Butter F, Scheibe M, Mörl M, et al. Unbiased RNA - protein interaction screen by quantitative proteomics[J]. *Proceedings of the National Academy of Sciences*, 2009, 106(26): 10626-10631.

[22] Cao X, Xie H, Song M, et al. Cut-dip-budding delivery system enables genetic modifications in plants without tissue culture[J]. *The Innovation*, 2023, 4(1).

[23] Chen C, Ma Y, Zuo L, et al. The CALCINEURIN B-LIKE 4/CBL-INTERACTING PROTEIN 3 module degrades repressor JAZ5 during rose petal senescence[J]. *Plant Physiology*, 2023, 193(2): 1605-1620.

[24] Chen P J, Hussmann J A, Yan J, et al. Enhanced prime editing systems by manipulating cellular determinants of editing outcomes[J]. *Cell*, 2021, 184(22): 5635-5652. e29.

[25] Chen Q, Hu T, Li X, et al. Phosphorylation of SWEET sucrose transporters regulates plant root: shoot ratio under drought[J]. *Nature Plants*, 2022, 8(1): 68-77.

[26] Chen X, Li X, Li P, et al. Comprehensive identification of lysine 2-hydroxyisobutyrylated

proteins in *Ustilaginoidea virens* reveals the involvement of lysine 2-hydroxyisobutyrylation in fungal virulence[J]. *Journal of Integrative Plant Biology*, 2021, 63(2): 409-425.

[27] Chen Z, Debernardi J M, Dubcovsky J, et al. The combination of morphogenic regulators BABY BOOM and GRF-GIF improves maize transformation efficiency[J]. *BioRxiv*, 2022: 506370.

[28] Chu C, Qu K, Zhong F L, et al. Genomic maps of long noncoding RNA occupancy reveal principles of RNA-chromatin interactions[J]. *Molecular Cell*, 2011, 44(4): 667-678.

[29] Chu C, Zhang Q C, Da Rocha S T, et al. Systematic discovery of Xist RNA binding proteins[J]. *Cell*, 2015, 161(2): 404-416.

[30] Chu J, Chen Z. Molecular identification of histone acetyltransferases and deacetylases in lower plant Marchantia polymorpha[J]. *Plant Physiology and Biochemistry*, 2018, 132: 612-622.

[31] Costa V, Angelini C, De Feis I, et al. Uncovering the complexity of transcriptomes with RNA-Seq[J]. *BioMed Research International*, 2010.

[32] Creamer T J, Darby M M, Jamonnak N, et al. Transcriptome-wide binding sites for components of the Saccharomyces cerevisiae non-poly (A) termination pathway: Nrd1, Nab3, and Sen1[J]. *PLoS Genetics*, 2011, 7(10): e1002329.

[33] Debernardi J M, Tricoli D M, Ercoli M F, et al. A GRF - GIF chimeric protein improves the regeneration efficiency of transgenic plants [J]. *Nature Biotechnology*, 2020, 38 (11): 1274-1279.

[34] Du L, Huang X, Ding L, et al. TaERF87 and TaAKS1 synergistically regulate TaP5CS1/TaP5CR1-mediated proline biosynthesis to enhance drought tolerance in wheat [J]. *New Phytologist*, 2023, 237(1): 232-250.

[35] Engler C, Kandzia R, Marillonnet S. A one pot, one step, precision cloning method with high throughput capability[J]. *PLoS One*, 2008, 3(11): e3647.

[36] Faoro C, Ataide S F. Ribonomic approaches to study the RNA-binding proteome[J]. *FEBS Letters*, 2014, 588(20): 3649-3664.

[37] Feng X, Liu W, Cao F, et al. Overexpression of *HvAKT1* improves drought tolerance in barley by regulating root ion homeostasis and ROS and NO signaling[J]. *Journal of Experimental Botany*, 2020, 71(20): 6587-6600.

[38] Gao C, Li S, Xu Y, et al. Molecular cloning, characterization and promoter analysis of *LbgCWIN1* and its expression profiles in response to exogenous sucrose during in *vitro* bulblet initiation in lily[J]. *Horticultural Plant Journal*, 2023.

[39] Gao C. Genome engineering for crop improvement and future agriculture[J]. *Cell*, 2021, 184 (6): 1621-1635.

[40] Gao M, He Y, Yin X, et al. Ca^{2+} sensor-mediated ROS scavenging suppresses rice immunity and is exploited by a fungal effector[J]. *Cell*, 2021, 184(21): 5391-5404. e17.

[41] Gao Y, Wei W, Zhao X, et al. A NAC transcription factor, NOR-like1, is a new positive regulator of tomato fruit ripening[J]. *Horticulture Research*, 2018, 5.

[42] Gaudelli N M, Komor A C, Rees H A, et al. Programmable base editing of A · T to G · C in genomic DNA without DNA cleavage[J]. *Nature*, 2017, 551(7681): 464-471.

[43] Gelvin S B. Integration of Agrobacterium T-DNA into the plant genome[J]. *Annual Review of Genetics*, 2017, 51: 195-217.

[44] Gibson D G, Young L, Chuang R Y, et al. Enzymatic assembly of DNA molecules up to several hundred kilobases[J]. *Nature Methods*, 2009, 6(5): 343-345.

[45] Goddard J, Streeter D, Weber C, et al. Studies on the inactivation of tobacco mosaic virus by ultraviolet light[J]. *Photochemistry and Photobiology*, 1966, 5(2): 213-222.

[46] Grandi F C, Modi H, Kampman L, et al. Chromatin accessibility profiling by ATAC-seq[J]. *Nature Protocols*, 2022, 17(6): 1518-1552.

[47] Granneman S, Kudla G, Petfalski E, et al. Identification of protein binding sites on U3 snoRNA and pre-rRNA by UV cross-linking and high-throughput analysis of cDNAs[J]. *Proceedings of the National Academy of Sciences*, 2009, 106(24): 9613-9618.

[48] Griesbeck O, Baird G S, Campbell R E, et al. Reducing the environmental sensitivity of yellow fluorescent protein: Mechanism and applications[J]. *Journal of Biological Chemistry*, 2001, 276(31): 29188-29194.

[49] Gu J, Wang M, Yang Y, et al. GoldCLIP: Gel-omitted ligation-dependent CLIP[J]. *Genomics, Proteomics & Bioinformatics*, 2018, 16(2): 136-143.

[50] Hacisuleyman E, Goff L A, Trapnell C, et al. Topological organization of multichromosomal regions by the long intergenic noncoding RNA Firre[J]. *Nature Structural & Molecular Biology*, 2014, 21(2): 198-206.

[51] Hao Y, Oh E, Choi G, et al. Interactions between HLH and bHLH factors modulate light-regulated plant development[J]. *Molecular Plant*, 2012, 5(3): 688-697.

[52] He Y, Zhao Y. Technological breakthroughs in generating transgene-free and genetically stable CRISPR-edited plants[J]. *Abiotech*, 2020, 1(1): 88-96.

[53] Heazlewood J L, Tonti-Filippini J S, Gout A M, et al. Experimental analysis of the Arabidopsis mitochondrial proteome highlights signaling and regulatory components, provides assessment of targeting prediction programs, and indicates plant-specific mitochondrial proteins[J]. *The Plant Cell*, 2004, 16(1): 241-256.

[54] Helliwell C, Waterhouse P. Constructs and methods for high-throughput gene silencing in plants[J]. *Methods*, 2003, 30(4): 289-295.

[55] Hoff B, Kück U. Use of bimolecular fluorescence complementation to demonstrate transcription factor interaction in nuclei of living cells from the filamentous fungus *Acremonium chrysogenum*[J]. *Current genetics*, 2005, 47: 132-138.

[56] Hoffman E A, Frey B L, Smith L M, et al. Formaldehyde crosslinking: A tool for the study of chromatin complexes[J]. *Journal of Biological Chemistry*, 2015, 290(44): 26404-26411.

[57] Horstman A, Li M, Heidmann I, et al. The BABY BOOM transcription factor activates the LEC1-ABI3-FUS3-LEC2 network to induce somatic embryogenesis[J]. *Plant Physiology*, 2017, 175(2): 848-857.

[58] Huang K, Baldrich P, Meyers B C, et al. sRNA-FISH: Versatile fluorescent in situ detection of small RNAs in plants[J]. *The Plant Journal*, 2019, 98(2): 359-369.

[59] Huang M, Zhang L, Yung W S, et al. Molecular evidence for enhancer-promoter interactions in light responses of soybean seedlings[J]. *Plant Physiology*, 2023, 193(4): 2287-2291.

[60] Huang Q, Liao X, Yang X, et al. Lysine crotonylation of DgTIL1 at K72 modulates cold tolerance by enhancing DgnsLTP stability in chrysanthemum[J]. *Plant Biotechnology*

Journal, 2021, 19(6): 1125-1140.

[61] Huang T K, Han C L, Lin S I, et al. Identification of downstream components of ubiquitin-conjugating enzyme PHOSPHATE2 by quantitative membrane proteomics in *Arabidopsis* roots [J]. *The Plant Cell*, 2013, 25(10): 4044-4060.

[62] Iwase A, Mita K, Nonaka S, et al. WIND1-based acquisition of regeneration competency in Arabidopsis and rapeseed[J]. *Journal of Plant Research*, 2015, 128: 389-397.

[63] Iyer K, Burkle L, Auerbach D, et al. Utilizing the split-ubiquitin membrane yeast two-hybrid system to identify protein-protein interactions of integral membrane proteins[J]. *Science's STKE*, 2005, 2005(275): 13.

[64] Jiang B, Shi Y, Zhang X, et al. PIF3 is a negative regulator of the CBF pathway and freezing tolerance in *Arabidopsis*[J]. *Proceedings of the National Academy of Sciences*, 2017, 114 (32): E6695-E6702.

[65] Jiang L, Yue M, Liu Y, et al. A novel R2R3-MYB transcription factor FaMYB5 positively regulates anthocyanin and proanthocyanidin biosynthesis in cultivated strawberries (*Fragaria × ananassa*)[J]. *Plant Biotechnology Journal*, 2023, 21(6): 1140-1158.

[66] Johnson D S, Mortazavi A, Myers R M, et al. Genome-wide mapping of in vivo protein-DNA interactions[J]. *Science*, 2007, 316(5830): 1497-1502.

[67] Jorge T F, Mata A T, António C. Mass spectrometry as a quantitative tool in plant metabolomics[J]. Philosophical Transactions of the Royal Society A: Mathematical. *Physical and Engineering Sciences*, 2016, 374(2079): 20150370.

[68] Kaewsapsak P, Shechner D M, Mallard W, et al. Live-cell mapping of organelle-associated RNAs via proximity biotinylation combined with protein-RNA crosslinking[J]. *Elife*, 2017, 6: e29224.

[69] Katzen F. Gateway® recombinational cloning: A biological operating system[J]. *Expert Opinion on Drug Discovery*, 2007, 2(4): 571-589.

[70] Kaya-Okur H S, Wu S J, Codomo C A, et al. CUT&Tag for efficient epigenomic profiling of small samples and single cells[J]. *Nature Communications*, 2019, 10(1): 1930.

[71] Khalil A M. The genome editing revolution[J]. *Journal of Genetic Engineering and Biotechnology*, 2020, 18(1): 1-16.

[72] Khandagale K S, Chavhan R, Nadaf A B. RNAi-mediated down regulation of *BADH2* gene for expression of 2-acetyl-1-pyrroline in non-scented *indica* rice IR-64 (*Oryza sativa L.*)[J]. *3 Biotech*, 2020, 10(4): 145.

[73] Kim B, Kim V N. fCLIP-seq for transcriptomic footprinting of dsRNA-binding proteins: Lessons from DROSHA[J]. *Methods*, 2019, 152: 3-11.

[74] Kim D I, Jensen S C, Noble K A, et al. An improved smaller biotin ligase for BioID proximity labeling[J]. *Molecular Biology of the Cell*, 2016, 27(8): 1188-1196.

[75] Kim D I, KC B, Zhu W, et al. Probing nuclear pore complex architecture with proximity-dependent biotinylation[J]. *Proceedings of the National Academy of Sciences*, 2014, 111(24): E2453-E2461.

[76] Klug W S, Cummings M R. Concepts of genetics[M]. Pearson Education, Inc, 2003.

[77] Komor A C, Kim Y B, Packer M S, et al. Programmable editing of a target base in genomic

DNA without double-stranded DNA cleavage[J]. *Nature*, 2016, 533(7603): 420-424.

[78] Kong J, Martin-Ortigosa S, Finer J, et al. Overexpression of the transcription factor GROWTH-REGULATING FACTOR5 improves transformation of dicot and monocot species [J]. *Frontiers in Plant Science*, 2020: 1389.

[79] Konig J, Zarnack K, Rot G, et al. iCLIP-transcriptome-wide mapping of protein-RNA interactions with individual nucleotide resolution[J]. *Journal of Visualized Experiments*, 2011 (50): e2638.

[80] Kramer K, Sachsenberg T, Beckmann B M, et al. Photo-cross-linking and high resolution mass spectrometry for assignment of RNA-binding sites in RNA-binding proteins [J]. *Nature Methods*, 2014, 11(10): 1064-1070.

[81] Kumar S, Zavaliev R, Wu Q, et al. Structural basis of NPR1 in activating plant immunity[J]. *Nature*, 2022, 605(7910): 561-566.

[82] Kurusu T, Nishikawa D, Yamazaki Y, et al. Plasma membrane protein OsMCA1 is involved in regulation of hypo-osmotic shock-induced Ca^{2+} influx and modulates generation of reactive oxygen species in cultured rice cells[J]. *BMC Plant Biology*, 2012, 12: 1-15.

[83] Lee L Y, Fang M J, Kuang L Y, et al. Vectors for multi-color bimolecular fluorescence complementation to investigate protein-protein interactions in living plant cells [J]. *Plant Methods*, 2008, 4(1): 1-11.

[84] Lee Y S, Jeong D H, Lee D Y, et al. *OsCOL4* is a constitutive flowering repressor upstream of Ehd1 and downstream of *OsphyB*[J]. *The Plant Journal*, 2010, 63(1): 18-30.

[85] Li J, Scarano A, Gonzalez N M, et al. Biofortified tomatoes provide a new route to vitamin D sufficiency[J]. *Nature Plants*, 2022, 8(6): 611-616.

[86] Li J, Wu K, Li L, et al. AcMYB1 interacts with AcbHLH1 to regulate anthocyanin biosynthesis in *Aglaonema commutatum*[J]. *Frontiers in Plant Science*, 2022, 13: 886313.

[87] Li R, Sun S, Wang H, et al. FIS1 encodes a GA2-oxidase that regulates fruit firmness in tomato [J]. *Nature Communications*, 2020, 11(1): 5844.

[88] Li T, Xu Y, Zhang L, et al. The jasmonate-activated transcription factor MdMYC2 regulates *ETHYLENE RESPONSE FACTOR* and ethylene biosynthetic genes to promote ethylene biosynthesis during apple fruit ripening[J]. *The Plant Cell*, 2017, 29(6): 1316-1334.

[89] Li X, Martín-Pizarro C, Zhou L, et al. Deciphering the regulatory network of the NAC transcription factor FvRIF, a key regulator of strawberry (*Fragaria vesca*) fruit ripening[J]. *The Plant Cell*, 2023, 35(11): 4020-4045.

[90] Li X, Song J, Yi C. Genome-wide mapping of cellular protein-RNA interactions enabled by chemical crosslinking[J]. *Genomics, Proteomics & Bioinformatics*, 2014, 12(2): 72-78.

[91] Li X, Zhou L, Gao B Q, et al. Highly efficient prime editing by introducing same-sense mutations in pegRNA or stabilizing its structure [J]. *Nature Communications*, 2022, 13 (1): 1669.

[92] Li Y, Li Y, Zhao S, et al. A simple method for construction of artificial microRNA vector in plant[J]. *Biotechnology Letters*, 2014, 36: 2117-2123.

[93] Lian Z, Nguyen C D, Liu L, et al. Application of developmental regulators to improve in planta or in vitro transformation in plants[J]. *Plant Biotechnology Journal*, 2022, 20(8): 1622-1635.

[94] Liao P, Leung K P, Lung S C, et al. Subcellular localization of rice acyl-CoA-binding proteins ACBP4 and ACBP5 supports their non-redundant roles in lipid metabolism[J]. *Frontiers in Plant Science*, 2020, 11: 331.

[95] Liao X, Li X J, Zheng G T, et al. Mitochondrion-encoded circular RNAs are widespread and translatable in plants[J]. *Plant Physiology*, 2022, 189(3): 1482-1500.

[96] Licatalosi D D, Mele A, Fak J J, et al. HITS-CLIP yields genome-wide insights into brain alternative RNA processing[J]. *Nature*, 2008, 456(7221): 464-469.

[97] Lin J, Li X, Luo Z, et al. NIN interacts with NLPs to mediate nitrate inhibition of nodulation in *Medicago truncatula*[J]. *Nature Plants*, 2018, 4(11): 942-952.

[98] Liu C, Niu G, Li X, et al. Comparative label-free quantitative proteomics analysis reveals the essential roles of N-glycans in salt tolerance by modulating protein abundance in *Arabidopsis* [J]. *Frontiers in Plant Science*, 2021, 12: 646425.

[99] Liu F, Wang Z, Ren H, et al. OsSPX1 suppresses the function of OsPHR2 in the regulation of expression of *OsPT2* and phosphate homeostasis in shoots of rice[J]. *The Plant Journal*, 2010, 62(3): 508-517.

[100] Liu W, Xie X, Ma X, et al. DSDecode: A web-based tool for decoding of sequencing chromatograms for genotyping of targeted mutations[J]. *Molecular Plant*, 2015, 8(9): 1431-1433.

[101] Liu X, Bie X M, Lin X, et al. Uncovering the transcriptional regulatory network involved in boosting wheat regeneration and transformation[J]. *Nature Plants*, 2023: 1-18.

[102] Liu X, Gao Y, Guo Z, et al. MoIug4 is a novel secreted effector promoting rice blast by counteracting host OsAHL1-regulated ethylene gene transcription[J]. *New Phytologist*, 2022, 235(3): 1163-1178.

[103] Liu X, Jiang W, Li Y, et al. FERONIA coordinates plant growth and salt tolerance via the phosphorylation of phyB[J]. *Nature Plants*, 2023, 9(4): 645-660.

[104] Liu XP, Gao LJ, She BT, et al. A novel kinase subverts aluminium resistance by boosting ornithine decarboxylase-dependent putrescine biosynthesis[J]. *Plant, Cell & Environment*, 2022, 45(8): 2520-2532.

[105] Liu Y, Liu Q, Li X, et al. MdERF114 enhances the resistance of apple roots to *Fusarium solani* by regulating the transcription of *MdPRX63*[J]. *Plant Physiology*, 2023: kiad057.

[106] Long Y, Yang Y, Pan G, et al. New insights into tissue culture plant-regeneration mechanisms [J]. *Frontiers in Plant Science*, 2022, 13: 926752.

[107] Lowe K, Wu E, Wang N, et al. Morphogenic regulators Baby boom and Wuschel improve monocot transformation[J]. *The Plant Cell*, 2016, 28(9): 1998-2015.

[108] Lu F, Wang K, Yan L, et al. Isolation and characterization of maize *ZmPP2C26* gene promoter in drought-response[J]. *Physiology and Molecular Biology of Plants*, 2020, 26: 2189-2197.

[109] Lu Z, Marand A P, Ricci W A, et al. The prevalence, evolution and chromatin signatures of plant regulatory elements[J]. *Nature Plants*, 2019, 5(12): 1250-1259.

[110] Luo Y, Wang Y, Li X, et al. Transcription factor DgMYB recruits H3K4me3 methylase to DgPEROXIDASE to enhance chrysanthemum cold tolerance[J]. *Plant Physiology*, 2023: kiad479.

[111] Ma X,Zhang C,Kim D Y,et al. Ubiquitylome analysis reveals a central role for the ubiquitin-proteasome system in plant innate immunity[J]. *Plant Physiology*,2021,185(4):1943-1965.

[112] Matia-González A M,Iadevaia V,Gerber A P. A versatile tandem RNA isolation procedure to capture in vivo formed mRNA-protein complexes[J]. *Methods*,2017,118:93-100.

[113] McHugh C A,Chen C K,Chow A,et al. The Xist lncRNA interacts directly with SHARP to silence transcription through HDAC3[J]. *Nature*,2015,521(7551):232-236.

[114] McHugh C A,Guttman M. RAP-MS:A method to identify proteins that interact directly with a specific RNA molecule in cells[J]. *RNA detection:Methods and Protocols*,2018:473-488.

[115] McMahon A C,Rahman R,Jin H,et al. TRIBE:Hijacking an RNA-editing enzyme to identify cell-specific targets of RNA-binding proteins[J]. *Cell*,2016,165(3):742-753.

[116] Mei C,Yang J,Mei Q,et al. MdNAC104 positively regulates apple cold tolerance via CBF-dependent and CBF-independent pathways[J]. *Plant Biotechnology Journal*,2023,21(10):2057-2073.

[117] Mellacheruvu D,Wright Z,Couzens A L,et al. The CRAPome:A contaminant repository for affinity purification-mass spectrometry data[J]. *Nature Methods*,2013,10(8):730-736.

[118] Meng Y,Lv Q,Li L,et al. E3 ubiquitin ligase TaSDIR1-4A activates membrane-bound transcription factor TaWRKY29 to positively regulate drought resistance [J]. *Plant Biotechnology Journal*,2023.

[119] Mikkelsen T S,Ku M,Jaffe D B,et al. Genome-wide maps of chromatin state in pluripotent and lineage-committed cells[J]. *Nature*,2007,448(7153):553-560.

[120] Min C W,Jang J W,Lee G H,et al. TMT-based quantitative membrane proteomics identified PRRs potentially involved in the perception of MSP1 in rice leaves [J]. *Journal of Proteomics*,2022,267:104687.

[121] Morgan J T,Fink G R,Bartel D P. Excised linear introns regulate growth in yeast[J]. *Nature*,2019,565(7741):606-611.

[122] Mravec J,Skůpa P,Bailly A,et al. Subcellular homeostasis of phytohormone auxin is mediated by the ER-localized PIN5 transporter[J]. *Nature*,2009,459(7250):1136-1140.

[123] Mu Y,Guo X,Yu J,et al. SWATH-MS based quantitative proteomics analysis reveals novel proteins involved in PAMP triggered immunity against potato late blight pathogen *Phytophthora infestans*[J]. *Frontiers in Plant Science*,2022,13:1036637.

[124] Nicholson C O,Friedersdorf M,Keene J D. Quantifying RNA binding sites transcriptome-wide using DO-RIP-seq[J]. *RNA*,2017,23(1):32-46.

[125] O'Malley R C,Huang S C,Song L,et al. Cistrome and epicistrome features shape the regulatory DNA landscape[J]. *Cell*,2016,165(5):1280-1292.

[126] Ouwerkerk P B F,Meijer A H. Yeast one-hybrid screening for DNA-protein interactions[J]. *Current Protocols in Molecular Biology*,2001,55(1):12.12.1-12.12.12.

[127] Parenteau J,Maignon L,Berthoumieux M,et al. Introns are mediators of cell response to starvation[J]. *Nature*,2019,565(7741):612-617.

[128] Parrott A M,Lago H,Adams C J,et al. RNA aptamers for the MS2 bacteriophage coat protein and the wild-type RNA operator have similar solution behaviour[J]. *Nucleic Acids Research*,2000,28(2):489-497.

[129] Porter D F, Koh Y Y, VanVeller B, et al. Target selection by natural and redesigned PUF proteins[J]. *Proceedings of the National Academy of Sciences*, 2015, 112(52): 15868-15873.

[130] Qi L S, Larson M H, Gilbert L A, et al. Repurposing CRISPR as an RNA-guided platform for sequence-specific control of gene expression[J]. *Cell*, 2013, 152(5): 1173-1183.

[131] Qin W, Cho K F, Cavanagh P E, et al. Deciphering molecular interactions by proximity labeling [J]. *Nature Methods*, 2021, 18(2): 133-143.

[132] Ramanathan M, Majzoub K, Rao D S, et al. RNA-protein interaction detection in living cells [J]. *Nature Methods*, 2018, 15(3): 207-212.

[133] Ramanathan M, Porter D F, Khavari P A. Methods to study RNA-protein interactions[J]. *Nature Methods*, 2019, 16(3): 225-234.

[134] Ren C, Lin Y, Liang Z. CRISPR/Cas genome editing in grapevine: recent advances, challenges and future prospects[J]. *Fruit Research*, 2022, 2(1): 1-9.

[135] Rhee H W, Zou P, Udeshi N D, et al. Proteomic mapping of mitochondria in living cells via spatially restricted enzymatic tagging[J]. *Science*, 2013, 339(6125): 1328-1331.

[136] Robertson G, Hirst M, Bainbridge M, et al. Genome-wide profiles of STAT1 DNA association using chromatin immunoprecipitation and massively parallel sequencing[J]. *Nature Methods*, 2007, 4(8): 651-657.

[137] Rodríguez-Serrano M, Romero-Puertas M C, Sparkes I, et al. Peroxisome dynamics in Arabidopsis plants under oxidative stress induced by cadmium[J]. *Free Radical Biology and Medicine*, 2009, 47(11): 1632-1639.

[138] Roux K J, Kim D I, Raida M, et al. A promiscuous biotin ligase fusion protein identifies proximal and interacting proteins in mammalian cells[J]. *Journal of Cell Biology*, 2012, 196 (6): 801-810.

[139] Salamanca-Cardona L, Shah H, Poot A J, et al. In vivo imaging of glutamine metabolism to the oncometabolite 2-hydroxyglutarate in IDH1/2 mutant tumors[J]. *Cell Metabolism*, 2017, 26 (6): 830-841.

[140] Sewell J A, Fuxman Bass J I. Options and considerations when using a yeast one-hybrid system[M]//Two-Hybrid Systems. New York: Humana Press, 2018: 119-130.

[141] Shang S, Liu G, Zhang S, et al. A fungal CFEM—Containing effector targets NPR1 regulator NIMIN2 to suppress plant immunity[J]. *Plant Biotechnology Journal*, 2023.

[142] Sheng P, Wu F, Tan J, et al. A *CONSTANS-like* transcriptional activator, *OsCOL13*, functions as a negative regulator of flowering downstream of *OsphyB* and upstream of *Ehd1* in rice[J]. *Plant Molecular Biology*, 2016, 92: 209-222.

[143] Shi J, Zhao B, Zheng S, et al. A phosphate starvation response-centered network regulates mycorrhizal symbiosis[J]. *Cell*, 2021, 184(22): 5527-5540. e18.

[144] Shi Q, Du J, Zhu D, et al. Metabolomic and transcriptomic analyses of anthocyanin biosynthesis mechanisms in the color mutant *Ziziphus jujuba* cv. Tailihong[J]. *Journal of Agricultural and Food Chemistry*, 2020, 68(51): 15186-15198.

[145] Simon M D, Wang C I, Kharchenko P V, et al. The genomic binding sites of a noncoding RNA [J]. *Proceedings of the National Academy of Sciences*, 2011, 108(51): 20497-20502.

[146] Simon M D. Capture hybridization analysis of RNA targets (CHART)Curr Protoc Mol Biol

[J]. *Chapter*,2013,21:25.

[147] Smith K C, Aplin R T. A mixed photoproduct of uracil and cysteine (5-S-cysteine-6-hydrouracil)[J]. A possible model for the in vivo cross-linking of deoxyribonucleic acid and protein by ultraviolet light. *Biochemistry*,1966,5(6):2125-2130.

[148] Sobocińska J,Roszczenko-Jasińska P,Ciesielska A,et al. Protein palmitoylation and its role in bacterial and viral infections[J]. *Frontiers in Immunology*,2018,8:2003.

[149] Solomon M J, Larsen P L, Varshavsky A. Mapping proteinDNA interactions in vivo with formaldehyde:Evidence that histone H4 is retained on a highly transcribed gene[J]. *Cell*,1988,53(6):937-947.

[150] Song J, Lin R, Tang M, et al. SlMPK1-and SlMPK2-mediated SlBBX17 phosphorylation positively regulates CBF-dependent cold tolerance in tomato[J]. *New Phytologist*,2023.

[151] Stockwell P A, Chatterjee A, Rodger E J, et al. DMAP: Differential methylation analysis package for RRBS and WGBS data[J]. *Bioinformatics*,2014,30(13):1814-1822.

[152] Sun Q,Zhao D,Gao M,et al. MxMPK6-2-mediated phosphorylation enhances the response of apple rootstocks to Fe deficiency by activating PM H^+-ATPase MxHA2[J]. *The Plant Journal*,2023.

[153] Sun T,Zhang Y,Li Y,et al. ChIP-seq reveals broad roles of SARD1 and CBP60g in regulating plant immunity[J]. *Nature Communications*,2015,6(1):1-12.

[154] Sun Y,Miao N,Sun T. Detect accessible chromatin using ATAC-sequencing,from principle to applications[J]. *Hereditas*,2019,156(1):1-9.

[155] Tao X Y,Guan X Y,Hong G J,et al. Biotinylated Tn5 transposase-mediated CUT &Tag efficiently profiles transcription factor—DNA interactions in plants[J]. *Plant Biotechnology Journal*,2023.

[156] Tian X,Zou H,Xiao Q,et al. Uptake of glucose from the rhizosphere, mediated by apple *MdHT1.2*,regulates carbohydrate allocation[J]. *Plant Physiology*,2023:kiad221.

[157] Tunyasuvunakool K,Adler J,Wu Z,et al. Highly accurate protein structure prediction for the human proteome[J]. *Nature*,2021,596(7873):590-596.

[158] Turchetto-Zolet A C,Christoff A P,Kulcheski F R,et al. Diversity and evolution of plant diacylglycerol acyltransferase (DGATs) unveiled by phylogenetic, gene structure and expression analyses[J]. *Genetics and molecular biology*,2016,39:524-538.

[159] Valifard M,Le Hir R,Müller J,et al. Vacuolar fructose transporter SWEET17 is critical for root development and drought tolerance[J]. *Plant Physiology*,2021,187(4):2716-2730.

[160] Van Leene J,Han C,Gadeyne A,et al. Capturing the phosphorylation and protein interaction landscape of the plant TOR kinase[J]. *Nature Plants*,2019,5(3):316-327.

[161] Vaucheret H,Béclin C,Elmayan T,et al. Transgene-induced gene silencing in plants[J]. *The Plant Journal*,1998,16(6):651-659.

[162] Velculescu V E,Zhang L,Zhou W,et al. Characterization of the yeast transcriptome[J]. *Cell*,1997,88(2):243-251.

[163] Vildanova M S,Wang W,Smirnova E A. Specific organization of Golgi apparatus in plant cells [J]. *Biochemistry (Moscow)*,2014,79:894-906.

[164] Voelker C,Schmidt D,Mueller-Roeber B,et al. Members of the Arabidopsis AtTPK/KCO

family form homomeric vacuolar channels in planta[J]. *The Plant Journal*, 2006, 48(2): 296-306.

[165] Vu T V, Nguyen N T, Kim J, et al. Prime editing: Mechanism insight and recent applications in plants[J]. *Plant Biotechnology Journal*, 2023.

[166] Wang D, Zhong Y, Feng B, et al. The RUBY reporter enables efficient haploid identification in maize and tomato[J]. *Plant Biotechnology Journal*, 2023.

[167] Wang G, Li X, An Y, et al. Transient ChIP-Seq for genome-wide in vivo DNA binding landscape[J]. *Trends in Plant Science*, 2021, 26(5): 524-525.

[168] Wang K, Shi L, Liang X, et al. The gene *TaWOX5* overcomes genotype dependency in wheat genetic transformation[J]. *Nature Plants*, 2022, 8(2): 110-117.

[169] Wang N, Arling M, Hoerster G, et al. An efficient gene excision system in maize[J]. *Frontiers in Plant Science*, 2020, 11: 1298.

[170] Wang Z P, Zhang Z B, Zheng D Y, et al. Efficient and genotype independent maize transformation using pollen transfected by DNA-coated magnetic nanoparticles[J]. *Journal of Integrative Plant Biology*, 2022, 64(6): 1145-1156.

[171] WeiH, Wang X, He Y, et al. Clock component OsPRR73 positively regulates rice salt tolerance by modulating *OsHKT2*; 1-mediated sodium homeostasis[J]. *The EMBO Journal*, 2021, 40(3): e105086.

[172] Wen X, Wang J, Zhang D, et al. Reverse Chromatin Immunoprecipitation (R-ChIP) enables investigation of the upstream regulators of plant genes[J]. *Communications Biology*, 2020, 3(1): 770.

[173] Wong M M, Bhaskara G B, Wen T N, et al. Phosphoproteomics of *Arabidopsis* Highly ABA-Induced1 identifies AT-Hook-Like10 phosphorylation required for stress growth regulation [J]. *Proceedings of the National Academy of Sciences*, 2019, 116(6): 2354-2363.

[174] Wu J, Zhang Z, Zhang Q, et al. Generation of wheat transcription factor FOX rice lines and systematic screening for salt and osmotic stress tolerance [J]. *PLoS One*, 2015, 10(7): e0132314.

[175] Wu L, Luo Z, Shi Y, et al. A cost-effective tsCUT&Tag method for profiling transcription factor binding landscape[J]. *Journal of Integrative Plant Biology*, 2022, 64(11): 2033-2038.

[176] Wu T M, Lin K C, Liau W S, et al. A set of GFP-based organelle marker lines combined with DsRed-based gateway vectors for subcellular localization study in rice (*Oryza sativa L.*)[J]. *Plant molecular biology*, 2016, 90: 107-115.

[177] Xi Y, Li W. BSMAP: whole genome bisulfite sequence MAPping program [J]. *BMC Bioinformatics*, 2009, 10(1): 1-9.

[178] Xie L, Liu S, Zhang Y, et al. Efficient proteome-wide identification of transcription factors targeting *Glu-1*: A case study for functional validation of TaB3-2A1 in wheat [J]. *Plant Biotechnology Journal*, 2023.

[179] Xu L, Huang H. Genetic and epigenetic controls of plant regeneration[J]. *Current Topics in Developmental Biology*, 2014, 108: 1-33.

[180] Yan C, Wang Q, Zhang N, et al. High-throughput microRNA and mRNA sequencing reveals that microRNAs may be involved in pectinesterase-mediated cold resistance in potato[J].

Phyton,2020,89(3):561.

[181] Yan J,Gu Y,Jia X,et al. Effective small RNA destruction by the expression of a short tandem target mimic in *Arabidopsis*[J]. *The Plant Cell*,2012,24(2):415-427.

[182] Yan N,Gai X,Xue L,et al. Effects of *NtSPS1* overexpression on Solanesol content,plant growth,photosynthesis,and Metabolome of *Nicotiana tabacum*[J]. *Plants*,2020,9(4):518.

[183] Yang J,Chang Y,Qin Y,et al. A lamin-like protein OsNMCP1 regulates drought resistance and root growth through chromatin accessibility modulation by interacting with a chromatin remodeller OsSWI3C in rice[J]. *New Phytologist*,2020,227(1):65-83.

[184] Yang X,Wen Z,Zhang D,et al. Proximity labeling:An emerging tool for probing *in planta* molecular interactions[J]. *Plant Communications*,2021,2(2).

[185] Yang Y,Ren R,Karthikeyan A,et al. The soybean GmPUB21-interacting protein GmDi19-5 responds to drought and salinity stresses via an ABA-dependent pathway[J]. *The Crop Journal*,2023,11(4):1152-1162.

[186] Yuan G,Zou T,He Z,et al. *SWOLLEN TAPETUM AND STERILITY 1* is required for tapetum degeneration and pollen wall formation in rice[J]. *Plant Physiology*,2022,190(1):352-370.

[187] Zhang A,Li Y,Wang L,et al. Analysis of LncRNA43234-associated ceRNA Network Reveals Oil Metabolism in Soybean[J]. *Journal of Agricultural and Food Chemistry*,2023,71(25):9815-9825.

[188] Zhang Y,Song G,Lal N K,et al. TurboID-based proximity labeling reveals that UBR7 is a regulator of N NLR immune receptor-mediated immunity[J]. *Nature Communications*,2019,10(1):3252.

[189] Zhang Y,Zang Y,Chen J,et al. A truncated ETHYLENE INSENSITIVE3-like protein,GhLYI,regulates senescence in cotton[J]. *Plant Physiology*,2023,193(2):1177-1196.

[190] Zhang Z,Yang W,Chu Y,et al. AtHD2D,a plant-specific histone deacetylase involved in abscisic acid response and lateral root development[J]. *Journal of Experimental Botany*,2022,73(22):7380-7400.

[191] Zhao F,Zhao T,Deng L,et al. Visualizing the essential role of complete virion assembly machinery in efficient hepatitis C virus cell-to-cell transmission by a viral infection-activated split-intein-mediated reporter system[J]. *Journal of Virology*,2017,91(2):e01720-16.

[192] Zhao X,Li J,Lian B,et al. Global identification of *Arabidopsis* lncRNAs reveals the regulation of MAF4 by a natural antisense RNA[J]. *Nature Communications*,2018,9(1):5056.

[193] Zheng G,Hu S,Cheng S,et al. Factor of DNA methylation 1 affects woodland strawberry plant stature and organ size via DNA methylation[J]. *Plant Physiology*,2023,191(1):335-351.

[194] Zheng P,Liu M,Pang L,et al. Stripe rust effector Pst21674 compromises wheat resistance by targeting transcription factor TaASR3[J]. *Plant Physiology*,2023,193(4):2806-2824.

[195] Zheng X,Lan J,Yu H,et al. *Arabidopsis* transcription factor TCP4 represses chlorophyll biosynthesis to prevent petal greening[J]. *Plant Communications*,2022,3(4):100309.

[196] Zheng X,Yuan Y,Huang B,et al. Control of fruit softening and ascorbic acid accumulation by manipulation of *SlIMP3* in tomato[J]. *Plant Biotechnology Journal*,2022,20(6):1213-1225.

[197] Zheng Y, Zhang S, Luo Y, et al. Rice OsUBR7 modulates plant height by regulating histone H2B monoubiquitination and cell proliferation[J]. *Plant Communications*, 2022, 3(6).

[198] Zhong Y, Wang Y, Guo J, et al. Rice SPX6 negatively regulates the phosphate starvation response through suppression of the transcription factor PHR2[J]. *New Phytologist*, 2018, 219(1): 135-148.

[199] Zhou G Y, Weng J, Zeng Y S, et al. Introduction of exogenous DNA into cotton embryos [J]. *Methods in Enzymology*, 1983, 101: 433-481.

[200] Zhou J, Lin J, Zhou C, et al. An improved bimolecular fluorescence complementation tool based on superfolder green fluorescent protein[J]. *Acta Biochim Biophys Sin*, 2011, 43(3): 239-244.

[201] Zhu K, Chen H, Mei X, et al. Transcription factor CsMADS3 coordinately regulates chlorophyll and carotenoid pools in *Citrus hesperidium*[J]. *Plant Physiology*, 2023: kiad300.

[202] Zilian E, Maiss E. An optimized mRFP-based bimolecular fluorescence complementation system for the detection of protein—Protein interactions in planta[J]. *Journal of Virological Methods*, 2011, 174(1-2): 158-165.

第四章 植物基因功能研究文献案例解读

在前述章节，已对“基因功能研究范式”的内容进行了详细介绍，包括具体的实验思路以及对应的文献案例。首先介绍了通过正向遗传学和反向遗传学获得目的基因的方法，接着讨论了如何研究目的基因，主要包括六个方面：基因进化分析、基因结构分析、表达模式研究、基因功能研究、基因调控网络解析和基因功能应用。

在进行体内外基因功能研究以及寻找上下游调控基因时，会鉴定到许多与目的基因相关的基因，此时，可根据自己的研究目的和深度，从中再次挑选出感兴趣的基因进行进一步的研究，即从反向遗传学的角度出发，按照“基因功能研究范式”深入探究这些基因的功能和作用机制。

“基因功能研究范式”不仅适用于普通基因的研究，对于非编码基因等研究也同样适用。为了证实“基因功能研究范式”具有通用性，接下来将结合具体的文献案例进行验证，包括普通基因研究思路、转录因子研究思路、miRNA 研究思路、lncRNA 研究思路以及无转化体系物种基因研究思路的相关文献案例。

一、普通基因功能研究思路

在生物体中，多样的基因编码了丰富的蛋白，这些蛋白有着不同的功能类型，例如酶、光合作用蛋白、运输蛋白以及转录因子等。鉴于转录因子的特殊性，同时大家关注的又比较多，所以在“转录因子基因功能研究思路”中会单独列举案例。这里介绍两个非转录因子的研究案例，该案例分别通过正向遗传学和反向遗传学获得目的基因。需要注意的是，这里介绍的基因所在的物种中具有遗传转化体系，对于没有遗传转化体系物种的基因功能研究，在“无转化体系物种基因功能研究思路”中会单独列举案例进行介绍。

（一）文献案例一：正向遗传学获得目的基因

花生是我国重要的油料与经济作物，是食用植物油和蛋白质的重要来源。目前受花生单产水平影响，现有花生的供给远不能满足消费需求。花生产量相关性状遗传基础研究的匮乏，是制约高产育种的瓶颈。挖掘花生产量相关性状，尤其是荚果长、果重等与产量密切相关的功能基因，解析其遗传基础和分子调控机制，将是花生突破高产育种瓶颈的有效途径。

2023 年 7 月，河南农业大学殷冬梅课题组在 *Plant Biotechnology Journal* 杂志上发表了一篇题为“*PSW1*，an LRR receptor kinase，regulates pod size in peanut”的研究论文。该研究通过正向遗传学手段成功定位并克隆了控制花生荚果大小的重要功能基因 *PSW1*，并解析了其分子调控机制，该研究工作为花生荚果发育调节机制提供了重要的基因资源。

实验结果如下：

1. 比较不同花生材料间的差异

为了确定调控花生荚果大小的相关基因，作者对188份核心种质进行了鉴定，最终选用荚果大小差异极显著的花生材料ND_S(超小果)和ND_L(超大果)进行实验，其中ND_L的荚果、种子以及细胞大小均大于ND_S(图4-1a～c)。有趣的是，用5′-Ethynyl-2′-deoxyuridine(Edu)检测花生根系和果针中细胞的增殖情况时，发现ND_L比ND_S的分生组织具有更强的增殖能力(图4-1d～i)，作者猜测这可能是ND_L荚果更大的原因。

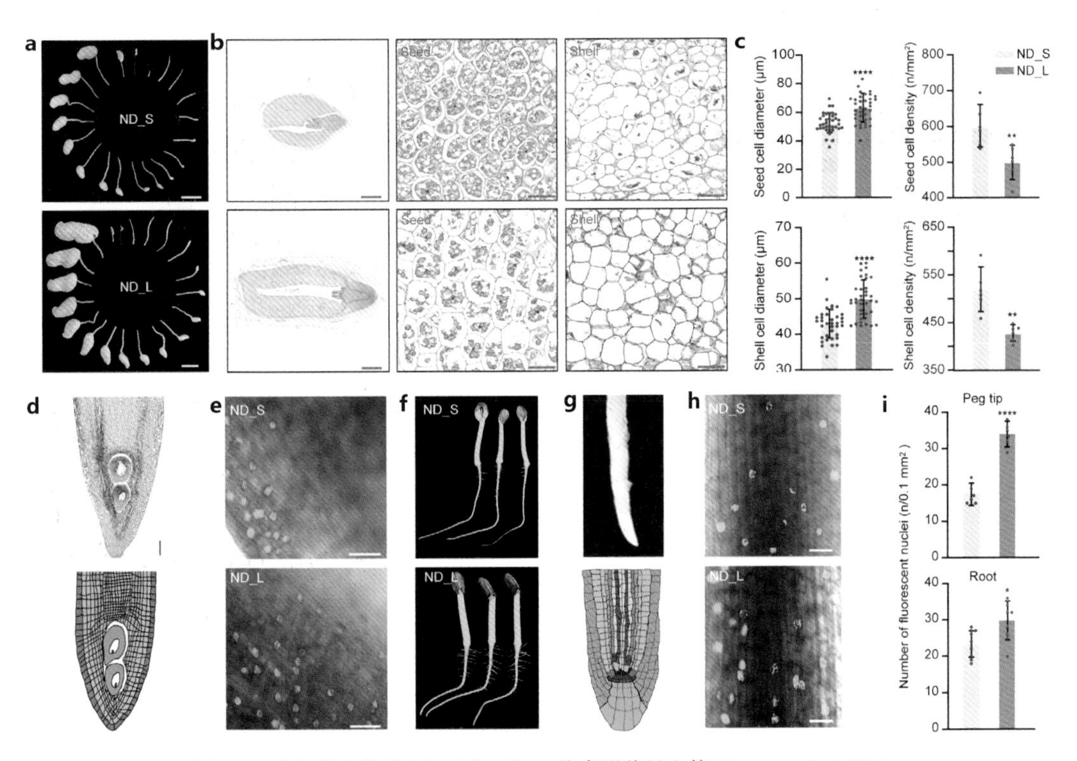

图4-1 花生亲本品系ND_S和ND_L的表型差异比较(Zhao et al.,2023)

2. *PSW1* 的鉴定及初步分析

为了找到调控ND_S和ND_L之间表型差异的基因，作者通过BSA-seq鉴定到影响花生荚果大小的重要基因*PSW1*(图4-2a、b)，该基因编码一个富亮氨酸重复类受体蛋白激酶(LRR-RLK)(图4-2c)，并且ND_L中的*PSW1*在编码蛋白保守的618位发生变异，由丝氨酸突变为异亮氨酸。此外，在该基因启动子区域有短串联重复区域(STRs)插入。因此，作者将ND_S中的*PSW1*命名为$PSW1^{HapI}$，ND_L中的*PSW1*命名为$PSW1^{HapII}$。定量分析表明在各组织中$PSW1^{HapII}$均比$PSW1^{HapI}$有更高的表达量(图4-2d)。亚细胞定位观察发现PSW1^{HapI}和PSW1^{HapII}都定位于质膜上(图4-2e)。此外，免疫荧光和RNA原位杂交分析显示$PSW1^{HapI}$和$PSW1^{HapII}$在种子和种皮中表达(图4-2f)。这些表明$PSW1^{HapI}$和$PSW1^{HapII}$的结构差异导致了两者表达量的差异，这可能是影响花生荚果大小的关键因素。

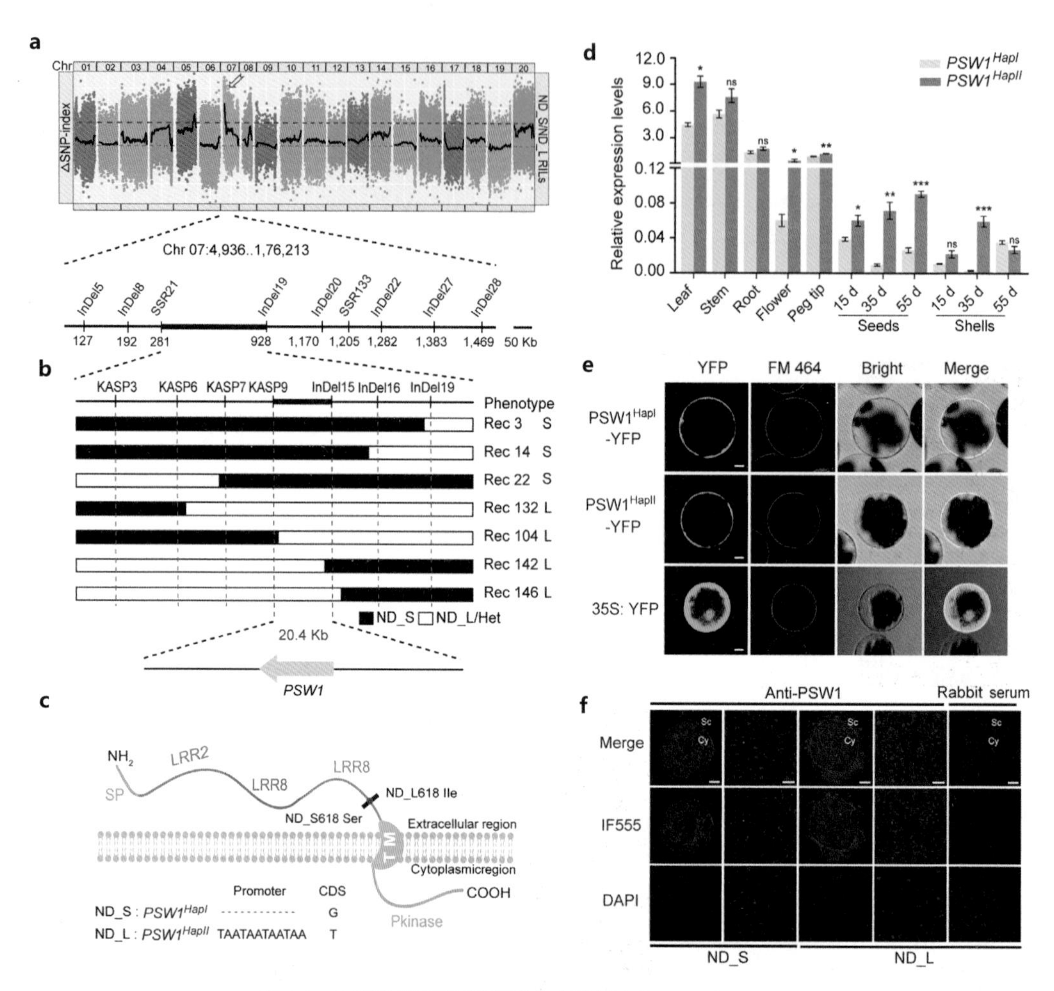

图 4-2　*PSW1* 基因的鉴定及分析比较(Zhao et al.,2023)

3. *PSW1* 调控花生荚果大小的分子机制

为了进一步解析 *PSW1* 调控花生荚果大小的分子机制，作者探究了 PSW1 的互作蛋白。通过预测分析发现 PSW1 可能与 BAK1(类受体蛋白激酶)互作，为了证明这一点，作者通过 Y2H、Pull-down 和 Co-IP 等相关实验进行验证。结果发现，PSW1 确实能与 BAK1 互作(图 4-3a～c)，且 PSW1^{HapII} 与 BAK1 的互作强度比 PSW1^{HapI} 更高(图 4-3b、c)。通过 Dual-LUC 实验证明 *PSW1*^{HapII} 的启动子相较于 *PSW1*^{HapI} 的启动子具有更强的活性(图 4-3d)。在拟南芥中，PSW1 的同源蛋白 AtRGI 可以通过 MAPK 信号通路促进下游 *PLT1*/*2* 的表达，进而促进细胞的分裂以及根的生长。作者猜测在花生中 *PSW1* 对 *PLT1* 也有类似的调控，因此检测了 ND_S 和 ND_L 中 *PLT1* 的表达量，结果显示相比于 ND_S，ND_L 中 *PLT1* 的表达量较高(图 4-3e)。此外，相比于 *PSW1*^{HapI} 瞬转 *PSW1*^{HapII} 提高 *PLT1* 表达量的程度也更显著(图 4-3f)。综上，作者猜测 PSW1^{HapII} 可能通过提高与 BAK1 的互作强度增加细胞的增殖能力，进而调节荚果大小。

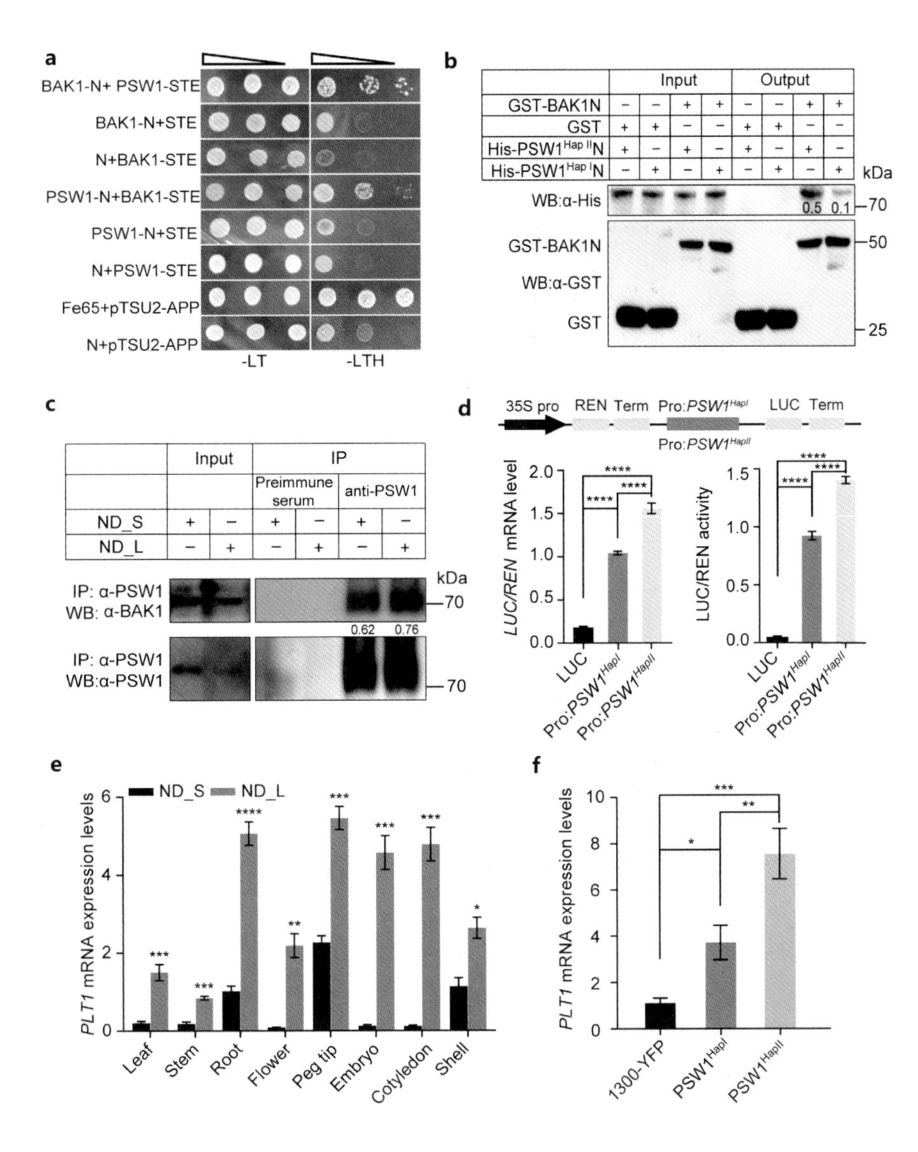

图 4-3　PSW1 能与 BAK1 互作，且其互作强度能影响下游 *PLT1* 的表达，进一步影响细胞增殖以及荚果大小(Zhao et al.，2023)

4. $PSW1^{HapⅡ}$ 的功能验证及分子标记开发

为了进一步说明 *PSW1* 的功能，作者在拟南芥和番茄中过表达 $PSW1^{HapⅡ}$，通过表型观察发现相比于野生型，过表达植株具有更大的种子和果实。另外，通过分析花生重组自交系发现 $PSW1^{HapⅡ}$ 在自然群体中是稀有突变类型的基因，仅存在于 6%左右的品种中（图 4-4e）。根据该基因开发的分子标记可以应用于早期辅助育种，提高育种效率（图 4-4f、g）。作者通过该分子标记成功培育出了两个优良品种 P976 和 P978（图 4-4h～j）。该研究工作解析了花生荚果发育调节机制，为培育高产花生新品种奠定了理论基础。

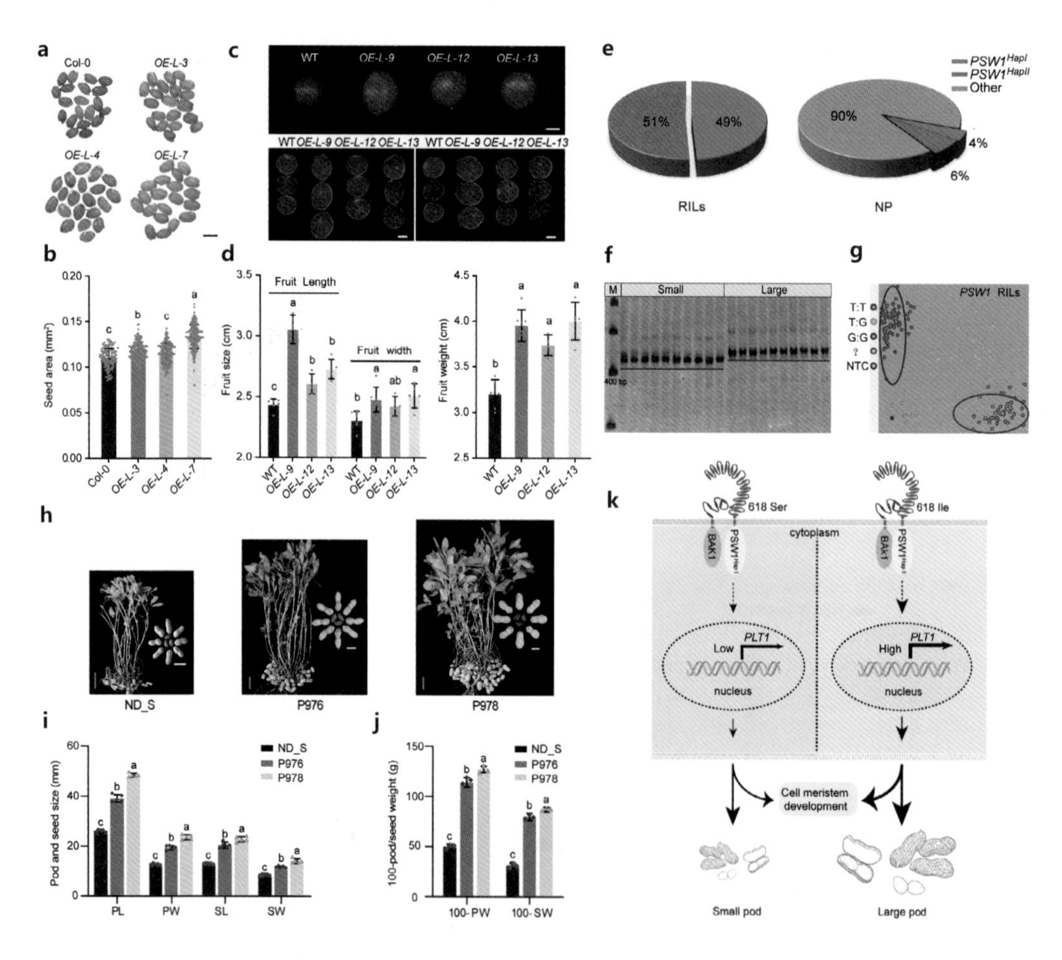

图 4-4　$PSW1^{HapⅡ}$ 的功能验证、在育种上的应用及分子调控模式图（Zhao et al.，2023）

该文献的研究框架如图 4-5 所示。

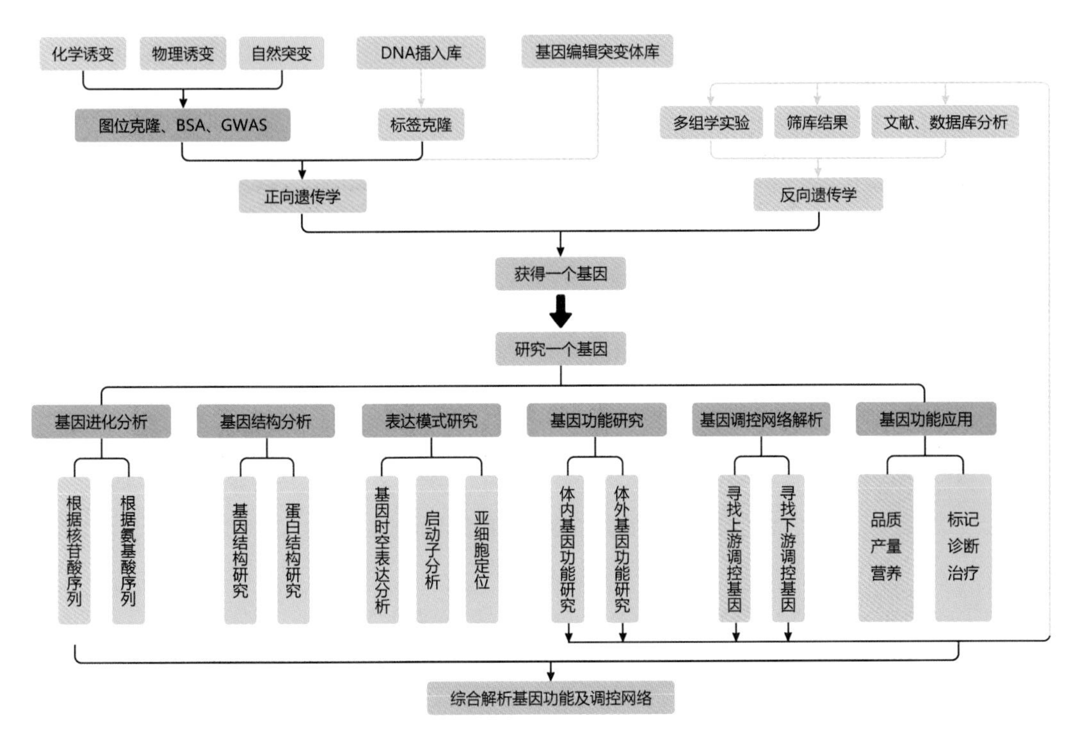

图 4-5　研究框架

（二）文献案例二：反向遗传学获得目的基因

小麦是世界上主要的粮食作物之一，其产量与全球粮食安全密切相关。干旱是制约小麦产量的主要非生物因素。开展小麦抗旱机理研究对抗旱品种选育及保障全球粮食安全具有重要意义。泛素-蛋白酶体系统（ubiquitin-proteasome system）介导的蛋白质翻译后修饰是植物应对逆境胁迫的有效策略。其中，E3 泛素连接酶能特异性结合靶标底物蛋白，在泛素化过程中起着关键作用。

2023 年 11 月，西北农林科技大学李学军课题组在 *Plant Biotechnology Journal* 杂志上发表了一篇题为“E3 ubiquitin ligase TaSDIR1-4A activates membrane-bound transcription factor TaWRKY29 to positively regulate drought resistance”的研究论文。该研究发现小麦 E3 泛素连接酶 TaSDIR1-4A 介导了膜结合转录因子 TaWRKY29 的泛素化降解，进而增强了小麦的抗旱性，该研究为小麦抗旱分子育种提供了重要的理论依据。

实验结果如下：

1. *TaSDIR1-4A* 的鉴定以及表达模式分析

首先，作者根据拟南芥中 *AtSDIR1* 基因的序列进行同源克隆，获得了六倍体中国春小麦 *TaSDIR1* 基因的序列。cDNA 和基因组比对结果显示 *TaSDIR1* 有 8 个外显子和 7 个内含子（图 4-6a）。此外，与小麦数据库比较发现 *TaSDIR1* 位于 4A 染色体上。进化分析表明，TaSDIR1-4A 与水稻中的同源蛋白亲缘关系较近。组织特异性分析实验表明，*TaSDIR1-4A* 在穗中表达量最高，其次是叶、茎和根（图 4-6b）。RT-qPCR 分析表明，在 PEG6000、NaCl 和 ABA 处理条件下，*TaSDIR1-4A* 的表达水平显著升高（图 4-6c～e），这说明 *TaSDIR1-4A* 可能正向调控小麦的抗旱性。

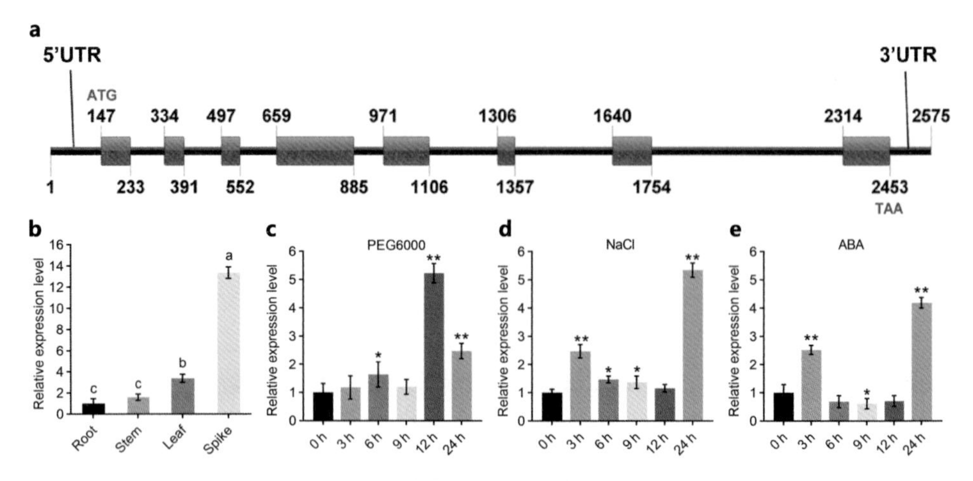

图 4-6　*TaSDIR1-4A* 的鉴定及其表达模式分析(Meng et al.,2023)

2. TaSDIR1-4A 的结构域分析、功能验证及亚细胞定位分析

已有研究表明,*TaSDIR1-4A* 编码一个具有 E3 连接酶活性的 C3H2C3 RING 蛋白。为了证明这一点,作者通过体外验证 TaSDIR1-4A 的 E3 连接酶活性,结果发现 TaSDIR1-4A^{H244Y}(244 位 His 突变成 Tyr)和对照组没有 E3 连接酶活性,而 TaSDIR1-4A^{A230S}(230 位 Ala 突变成 Ser)和 TaSDIR1-4A 有 E3 连接酶活性(图 4-7a、b)。有趣的是,作者还发现 TaSDIR1-4A 和 TaSDIR1-4A^{H244Y}具有不同的亚细胞定位。TaSDIR1-4A 定位于质膜和细胞核,而 TaSDIR1-4A^{H244Y}只定位于质膜(图 4-7c)。这些结果表明,TaSDIR1-4A 具有 E3 连接酶活性,并且保守结构域对其活性和定位至关重要。

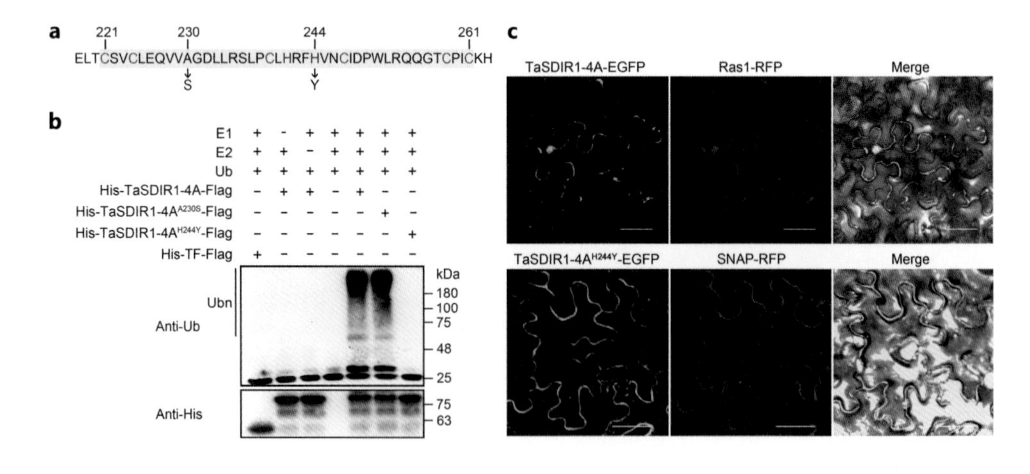

图 4-7　TaSDIR1-4A 具有 E3 泛素连接酶功能(Meng et al.,2023)

3. 进一步探究 *TaSDIR1-4A* 对小麦抗旱性的调控

为了进一步研究 *TaSDIR1-4A* 的功能，作者利用泛素启动子在小麦品种 Fielder 中过表达了 *TaSDIR1-4A*，获得了 3 个 T_3 纯合转基因株系用于后续的功能验证实验。在正常生长条件下，过表达植株与野生型之间无显著差异。然而，在干旱处理下，转基因植株可以继续生长，而野生型表现出枯萎(图 4-8a)，并且复水后转基因植株的存活率高于野生型(图 4-8b)，说明 *TaSDIR1-4A* 对小麦的抗旱性具有正向调控作用。此外，经过干旱处理后，过表达植株的气孔孔径比野生型小(图 4-8c、d)，这可能使得过表达植株的失水率低于野生型(图 4-8e)。进一步研究发现，在干旱条件下，转基因植株的 ABA 含量高于野生型植株(图 4-8f)。同样地，作者用 15%的 PEG6000 处理过表达植株以及野生型的幼苗后，过表达植株的根比野生型长，但在正常条件下没有显著差异(图 4-8g)。以上结果说明，*TaSDIR1-4A* 可以正向调控小麦的抗旱性。

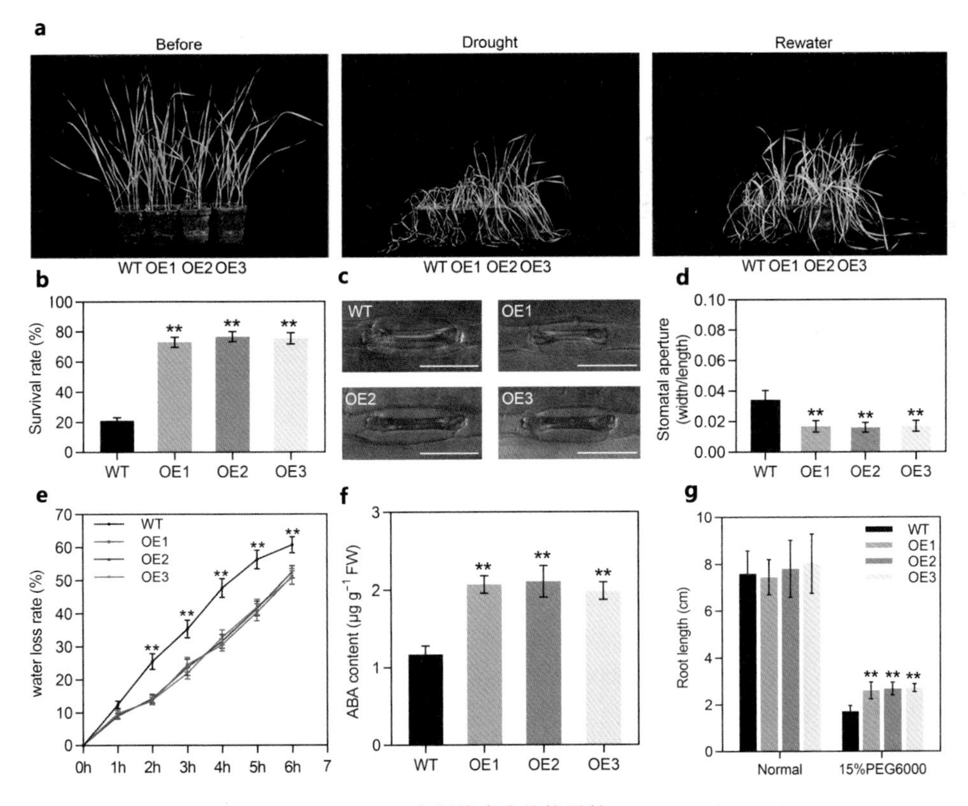

图 4-8 TaSDIR1-4A 正向调控小麦的抗旱性(Meng et al.,2023)

4. 筛选 TaSDIR1-4A 的互作蛋白

为了鉴定与 TaSDIR1-4A 相互作用的蛋白，作者通过酵母双杂筛库获得了一个 WRKY 转录因子，并将其命名为 TaWRKY29(图 4-9a)。为了进一步验证 TaSDIR1-4A 和 TaWRKY29 的互作关系，作者通过 Y2H、Pull-down、BiFC 以及 Co-IP 实验证明了两者的互作(图 4-9b～d)。

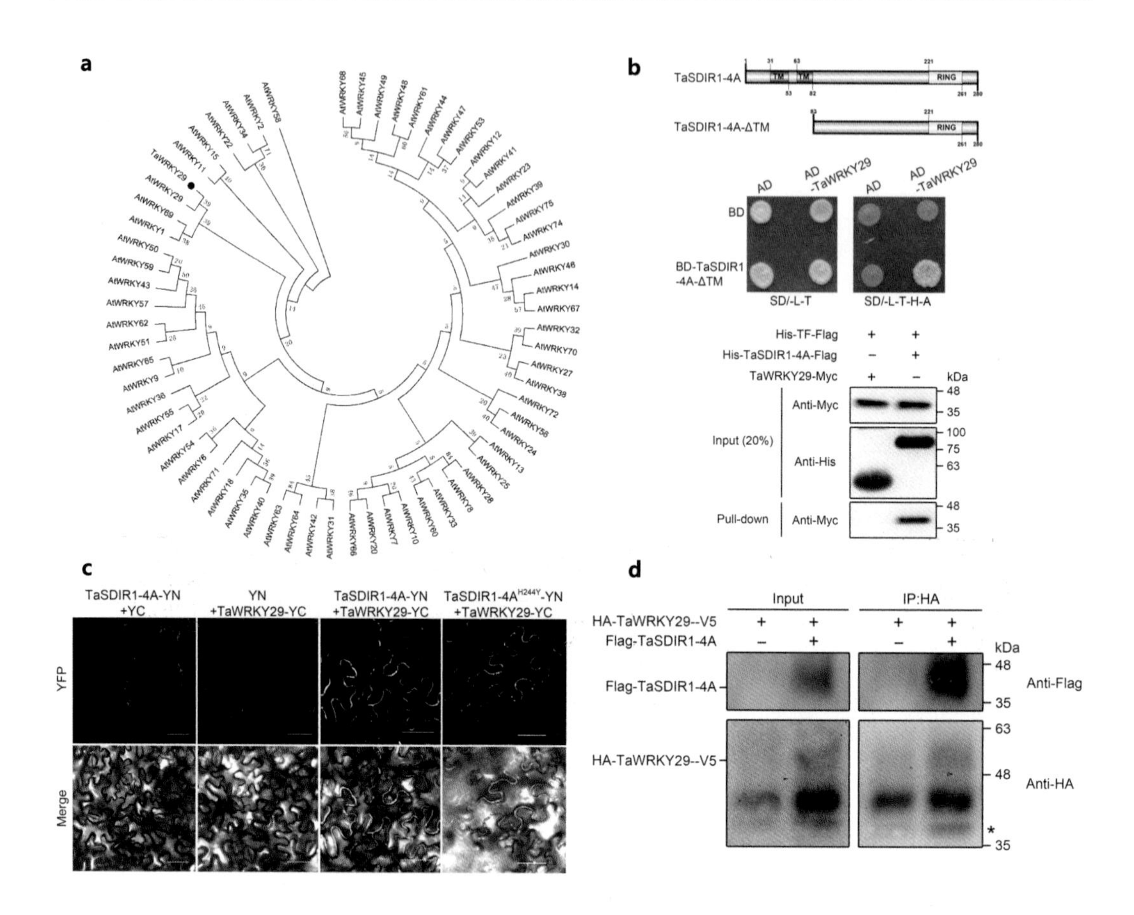

图 4-9　TaSDIR1-4A 和 TaWRKY29 能够发生互作(Meng et al. ,2023)

5.探究 *TaWRKY29* 的功能

为了进一步探究 *TaWRKY29* 的功能,作者通过亚细胞定位实验发现 TaWRKY29 定位于质膜(图 4-10b)。分析 TaWRKY29 的蛋白结构发现,TaWRKY29 的 N 端和 C 端都有较强的疏水结构域,因此,作者构建了 TaWRKY29 不同截短情况的亚细胞定位载体,通过观察 TaWRKY29 亚细胞定位情况来确定 TaWRKY29 膜定位的关键区域(图 4-10a)。有趣的是,当 TaWRKY29 的 C 端疏水结构域被截短后(TaWRKY29-ΔC1 和 TaWRKY29-ΔC2),荧光信号从质膜转移到细胞核,而 N 端疏水结构域截短后不会导致这种定位的改变。因此,作者推断 TaWRKY29 的 C 端疏水结构域的缺失导致 TaWRKY29 从质膜到细胞核的易位(图 4-9b)。此外,ABA 处理会强烈促进 TaWRKY29 进入细胞核(图 4-10c),这说明 TaWRKY29 能够对 ABA 处理作出响应。

6.探索 TaSDIR1-4A 如何介导 TaWRKY29 对干旱信号的响应

为了进一步确定 TaSDIR1-4A 是否介导了 TaWRKY29 对干旱信号的响应,作者通过体外泛素化分析实验,发现 TaWRKY29 可以被 TaSDIR1-4A 特异性泛素化,而 TaWRKY29-ΔC2 不能被泛素化(图 4-11)。这说明 TaWRKY29 发生定位转移的原因可能是其被 TaSDIR1-4A 泛素化,进而 TaWRKY29 入核对干旱信号作出响应。

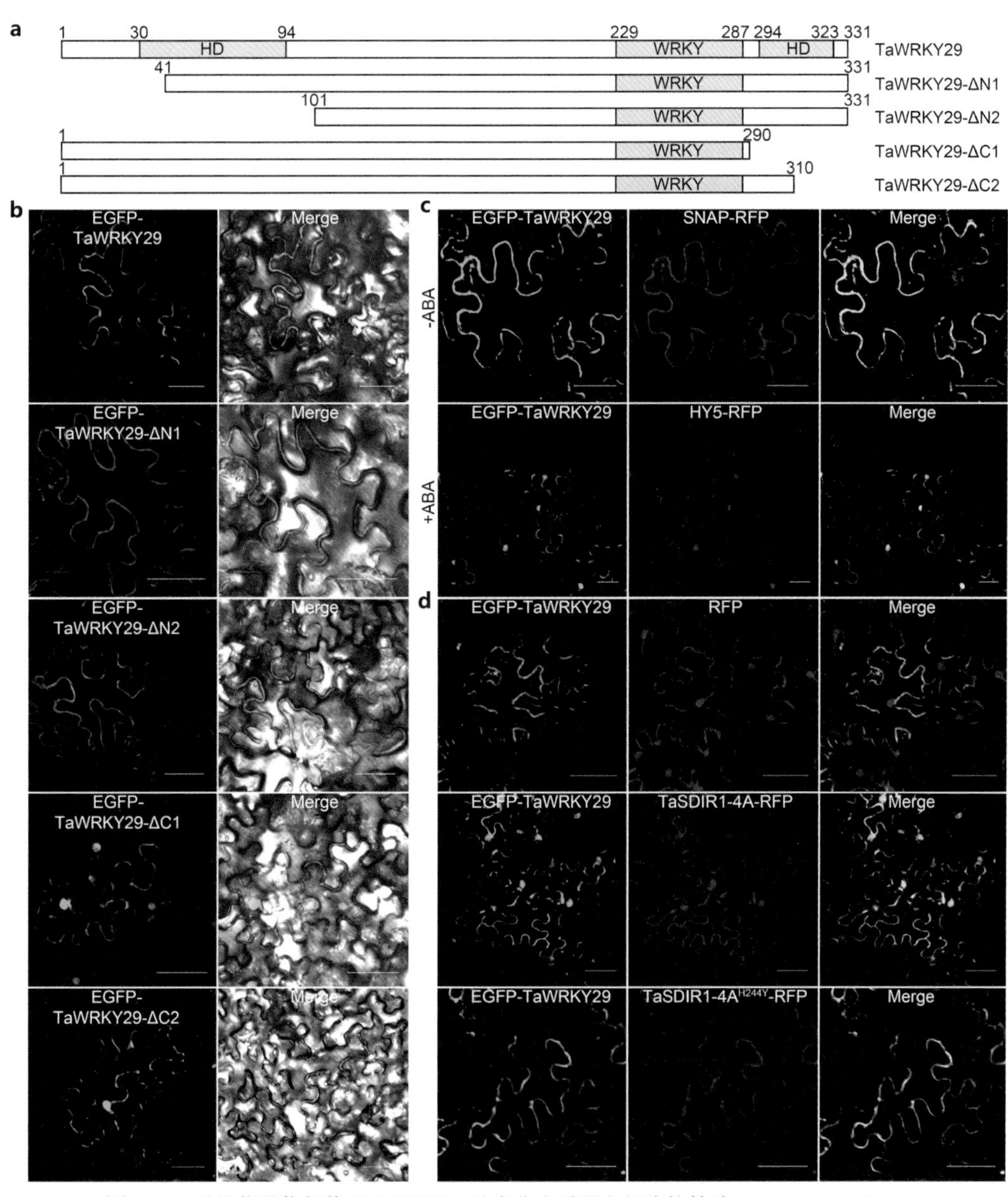

图 4-10　干旱信号能促使 TaWRKY29 的定位由质膜向细胞核转移(Meng et al.,2023)

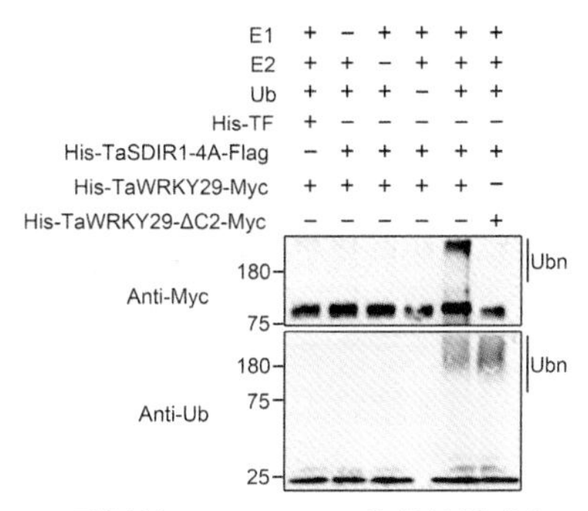

图 4-11　TaWRKY29 可以被 TaSDIR1-4A 特异性泛素化(Meng et al.,2023)

7. 深入挖掘 TaWRKY29 如何对干旱信号作出响应

在找到了转录因子 TaWRKY29 后，作者想进一步探究该转录因子的下游基因，以及如何调控下游基因使小麦响应干旱信号。作者进行了 Y1H 和 EMSA 实验，验证了 TaWRKY29 可以与 *TaABI5*（干旱信号响应因子）的启动子的结合（图 4-12a、b），这说明 *TaABI5* 是 TaWRKY29 的下游基因。紧接着，作者通过 GUS 染色实验证明了 TaWRKY29 可以在 TaSDIR1-4A 的作用下调控 *TaABI5* 的表达（图 4-12c、d）。此外，Dual-LUC 实验显示，TaWRKY29 和 TaSDIR1-4A 都存在的实验组表现出最高的荧光素酶活性（图 4-12e）。这些结果说明被 TaSDIR1-4A 泛素化的 TaWRKY29 可促进 *TaABI5* 的表达，从而响应干旱信号。

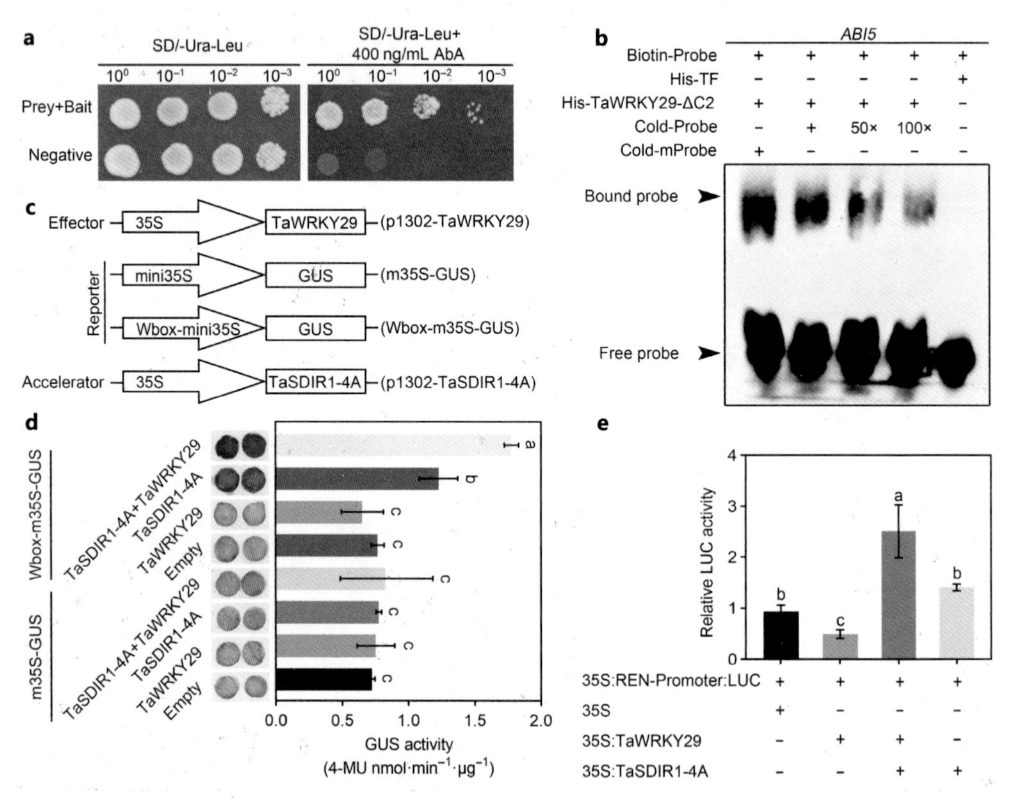

图 4-12　被 TaSDIR1-4A 泛素化的 TaWRKY29 可促进 *TaABI5* 的表达（Meng et al.，2023）

综上，作者提出了一个 TaSDIR1-4A 介导的抗旱分子模型（图 4-13）。在干旱胁迫下，TaSDIR1-4A 快速响应并介导 TaWRKY29 的蛋白水解，导致 TaWRKY29 从质膜转移到细胞核。被激活的 TaWRKY29 通过调控 ABA 相关信号通路响应因子 *TaABI5* 的表达，从而正向调控植物的抗旱性。

该文献的研究框架如图 4-14 所示。

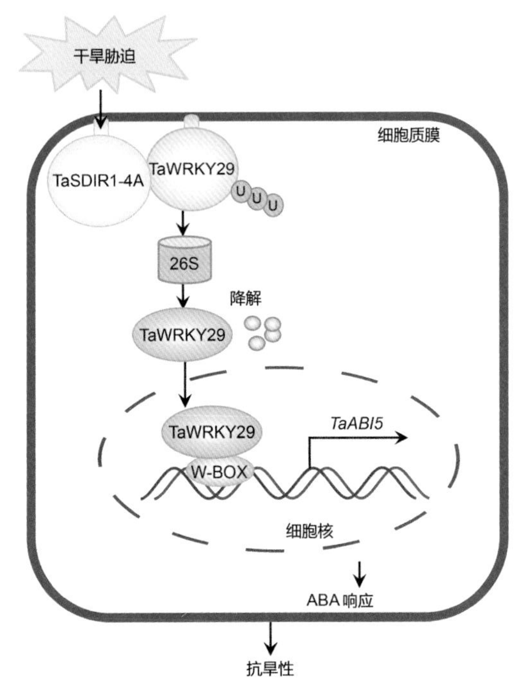

图 4-13　TaSDIR1-4A 介导小麦抗旱性的分子模型(Meng et al.,2023)

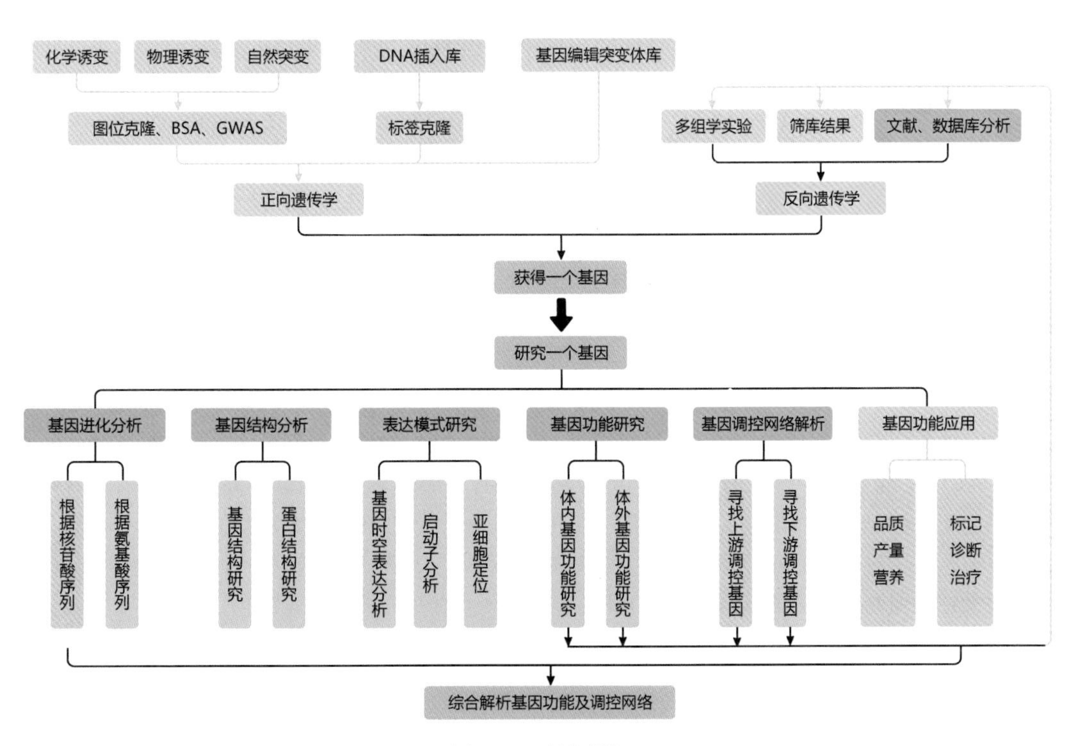

图 4-14　研究框架

二、转录因子基因功能研究思路

转录因子在植物生长发育和逆境防御反应等过程中具有重要的调控作用。对转录因子及其相互作用因子进行基因功能研究,有助于了解它们在信号级联反应中发挥的作用,同时也能为基础研究及生产应用提供理论依据。因此,这里将转录因子单独作为一个类别,分别从正向遗传学和反向遗传学两个方向获得一个转录因子,多角度验证"植物基因功能研究范式"的通用性。

通过正向遗传学或者反向遗传学筛选到一个可能的转录因子后,研究者一般可以按照以下思路来对其进行研究,首先可以通过亚细胞定位、转录激活分析明确其是否为转录因子;然后结合过表达和敲除的表型差异推测其功能;最后通过鉴定转录因子调控的下游靶基因和调控转录因子的上游基因,综合解析其作用机制,构建转录因子的调控网络。

(一) 文献案例一:正向遗传学获得目的基因

干旱胁迫是影响树木生长和森林生产力最常见的非生物胁迫因素之一,探究干旱胁迫下树木生理和光合变化的机制,有助于提高树木的耐旱性,维持其生长。

2023 年 8 月,北京林业大学张德强课题组在 *Plant Physiology* 杂志上发表了一篇题为"Allelic variation in transcription factor *PtoWRKY68* contributes to drought tolerance in *Populus*"的研究论文,揭示了杨树耐旱调节模块中 *PtoWRKY68* 调节 ABA 信号传导和积累是树木应对干旱胁迫的重要遗传基础。

在该研究论文中,作者首先利用正向遗传学的手段筛选到了转录因子 PtoWRKY68,接着对其功能进行了研究,确定 *PtoWRKY68* 的功能后,作者利用 DAP-seq 寻找到了 PtoWRKY68 的下游靶基因,并利用表达数量性状位点(expression quantitative trait locus,eQTL)分析、EMSA 和 Dual-LUC 等寻找到了调控 *PtoWRKY68* 的上游基因,最终综合解析了 *PtoWRKY68* 的调控机制。

实验结果如下:

1. 筛选转录因子 PtoWRKY68

作者首先对采集自不同地区的 300 份毛白杨自然群体进行干旱胁迫处理,发现与水分充足条件相比,干旱条件下的植物水分利用效率(WUE)、ABA 水平和脯氨酸水平(PRO)显著提高,并且气孔导度(Gs)、细胞间 CO_2 浓度(Ci)、蒸腾速率(Tr)、叶绿素含量(Chl)均降低(图 4-15a~g)。接着,对这 300 份毛白杨进行干旱胁迫相关性状的全基因组关联分析(GWAS),筛选到了和干旱显著相关的 SNP 位点及其关联基因 *PtoWRKY68*(图 4-15h)。结合系统发育分析表明 PtoWRKY68 是 AtWRKY3 的同源物,AtWRKY3 被报道可以参与病原体和盐胁迫的防御反应(Lai et al.,2008;Li et al.,2021)。此外,在干旱胁迫下,*PtoWRKY68* 在叶片中的转录水平显著提高(图 4-15i、j),因此,作者推测 *PtoWRKY68* 可能参与毛白杨的干旱响应。为了评估 *PtoWRKY68* 在耐旱性中的作用,作者在拟南芥中过表达 *PtoWRKY68*,并对其进行干旱胁迫处理。结果显示,转基因株系对干旱胁迫的耐受性明显高于野生型,这表明 *PtoWRKY68* 在耐旱性中发挥正向调节作用(图 4-15k~m)。

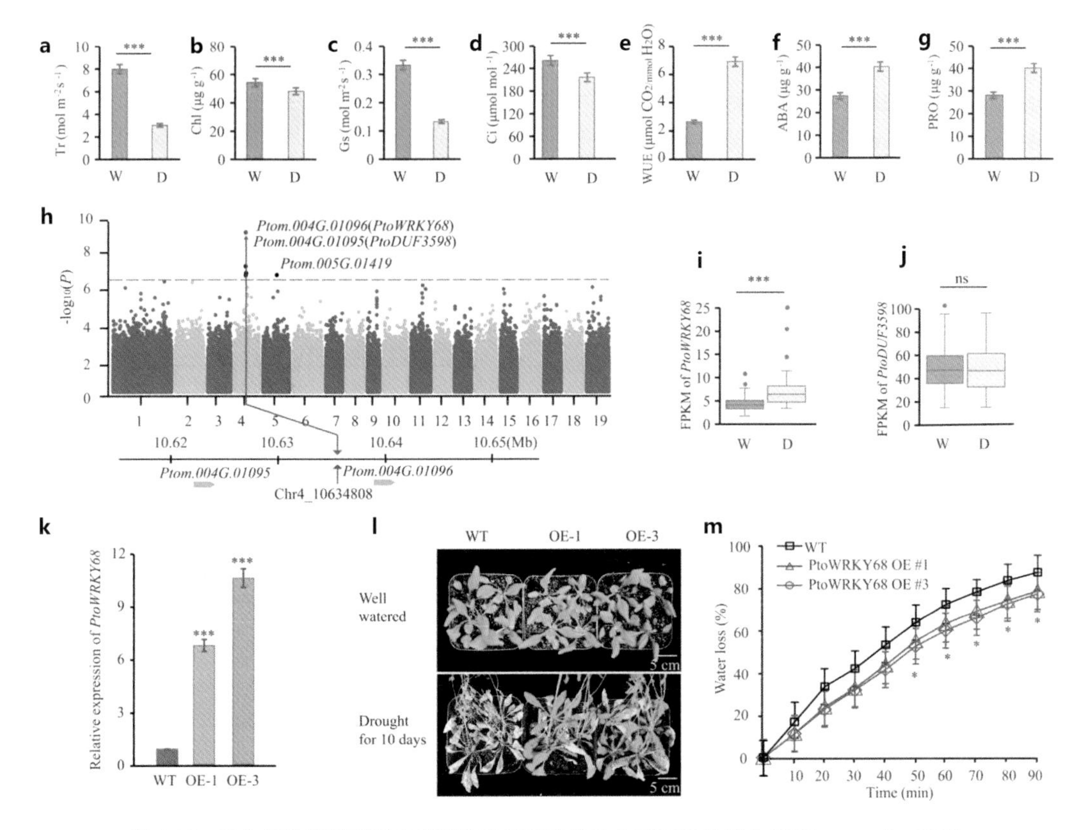

图 4-15 毛白杨种质资源群体干旱胁迫相关性状的全基因组关联分析(Fang et al.,2023)

2.研究 *PtoWRKY68* 等位基因的功能

为了确定 *PtoWRKY68* 在毛白杨中自然变异的分子基础,作者对 300 份材料进行了重测序,并将毛白杨的 300 份材料分为两个单倍型组:$PtoWRKY68^{hap1}$ 和 $PtoWRKY68^{hap2}$(图 4-16a、b),通过等位基因频率调查明确了 hap1 和 hap2 的区域分布(图 4-16c)。结合干旱相关性状分析发现 hap1 材料对干旱的响应明显强于 hap2 材料(图 4-16d)。在干旱胁迫下,$PtoWRKY68^{hap1}$ 和 $PtoWRKY68^{hap2}$ 转录表达显著上调且水平相当(图 4-16e～g),这表明二者对干旱胁迫响应的差异并不是由于 *PtoWRKY68* 等位基因表达水平的差异导致的。

为了探究等位基因变异是否与耐旱性有关,作者通过转基因拟南芥的干旱胁迫实验发现,$PtoWRKY68^{hap1}$ 过表达植物比野生型和 $PtoWRKY68^{hap2}$ 过表达植株具有更高的耐旱性。此外,作者通过碱基序列比对,发现毛果杨的 *PtrWRKY68* 和 84K 杨的 *PagWRKY68* 中也存在 Asn-Thr 重复序列和非同义变体,其单倍型与 $PtoWRKY68^{hap1}$ 或 $PtoWRKY68^{hap2}$ 相似。因此,作者推测 *PtoWRKY68* 的等位基因变异与杨树的耐旱性有关,其中 $PtoWRKY68^{hap1}$ 和 $PtoWRKY68^{hap2}$ 分别被称为耐旱和干旱敏感等位基因。

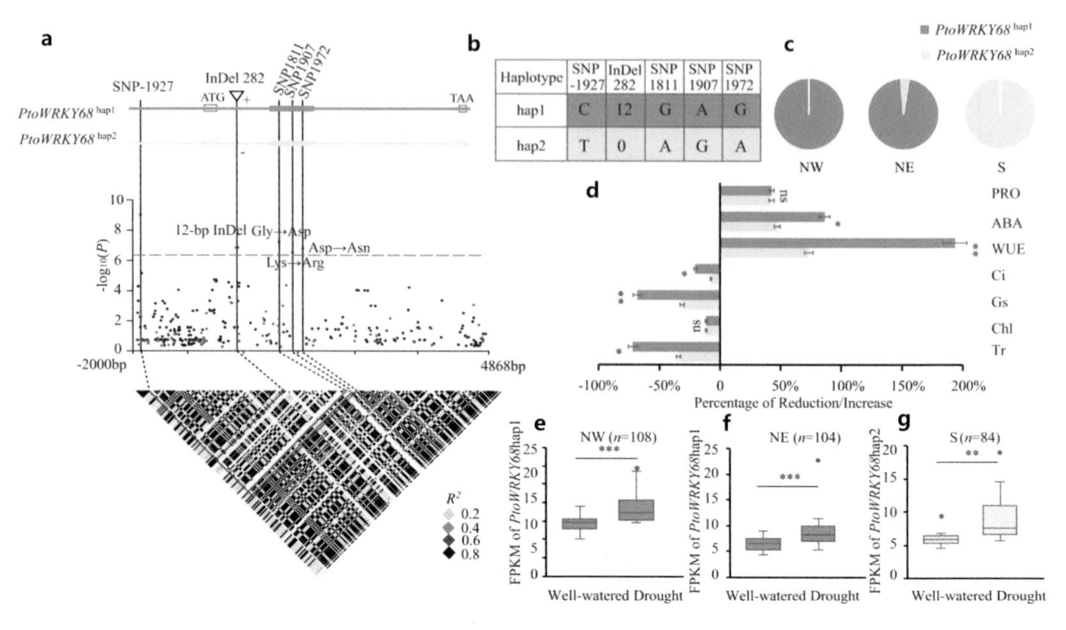

图 4-16　*PtoWRKY68* 的自然变异与毛白杨的耐旱性显著相关(Fang et al.,2023)

3. 鉴定 *PtoWRKY68* 的下游靶基因

为了揭示 *PtoWRKY68* 响应干旱胁迫的遗传调控网络,作者通过对共表达网络、差异基因以及 DAP-seq 数据进行分析,鉴定到 ABA 信号响应通路基因 *PtoABF2.1* 和 *PtoRD26.1*,以及 ABA 转运蛋白基因 *PtoDTX49.1* 这 3 个基因为 *PtoWRKY68* 的潜在下游靶基因(图 4-17a～h)。在干旱胁迫下与 *PtoWRKY68*$^{\text{hap2}}$ 材料相比,*PtoABF2.1* 和 *PtoRD26.1* 在 *PtoWRKY68*$^{\text{hap1}}$ 材料中具有更高的表达量,而 *PtoDTX49.1* 基因则相反(图 4-17i～k)。以上数据表明,*PtoWRKY68* 调控了 *PtoDTX49.1*、*PtoABF2.1* 和 *PtoRD26.1* 在干旱胁迫下的转录水平。

为了研究 *PtoWRKY68* 等位基因的变异是否影响其与下游靶基因结合亲和力,作者基于 DAP-seq 数据分析发现在下游靶基因启动子的同一区域,PtoWRKY68$^{\text{hap1}}$ 的结合峰大于 PtoWRKY68$^{\text{hap2}}$ 的结合峰(图 4-18a)。接下来,作者利用 Dual-LUC、EMSA 实验证实了 PtoWRKY68$^{\text{hap1}}$ 和 PtoWRKY68$^{\text{hap2}}$ 通过结合靶基因启动子激活或抑制下游基因,而 *PtoWRKY68* 的自然变异是导致 PtoWRKY68 与三个下游靶基因启动子结合能力差异的原因(图 4-18b～d)。此外,作者还测量了植株离体叶片的水分损失率和气孔运动对 ABA 的响应。结果显示,含有 *PtoWRKY68*$^{\text{hap1}}$ 的植株水分流失较慢,气孔关闭较快(图 4-18e～f)。综上所述,*PtoWRKY68*$^{\text{hap1}}$ 在调控 ABA 外排和 ABA 信号通路以响应干旱胁迫中发挥着重要的作用。

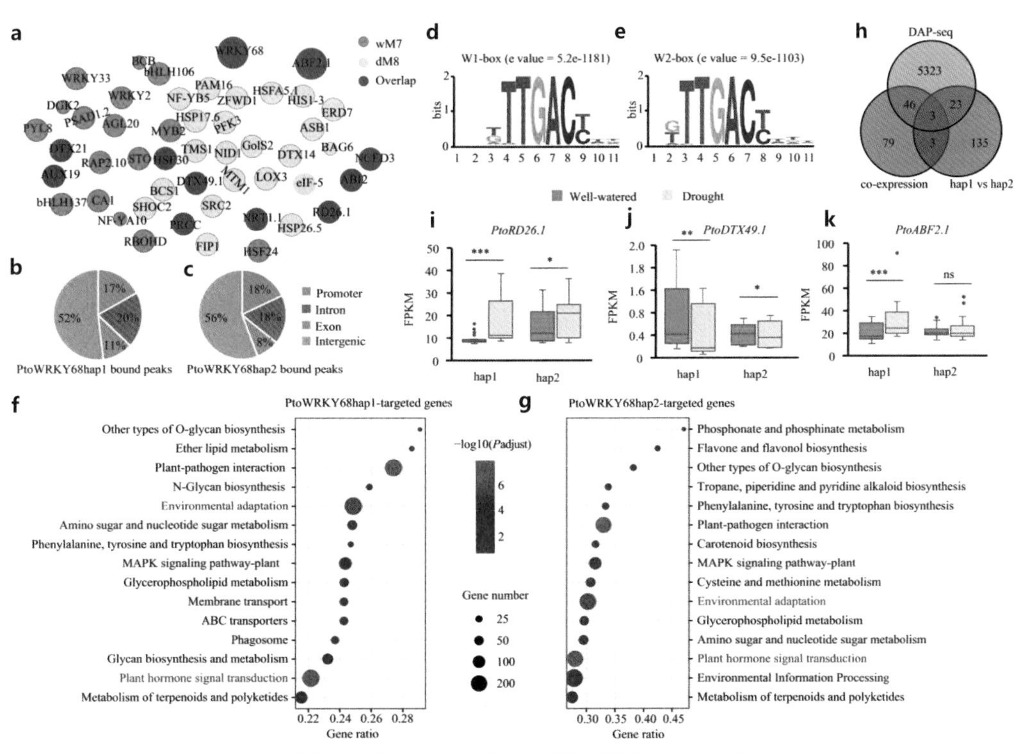

图 4-17 鉴定 PtoWRKY68 的潜在下游靶基因(Fang et al.,2023)

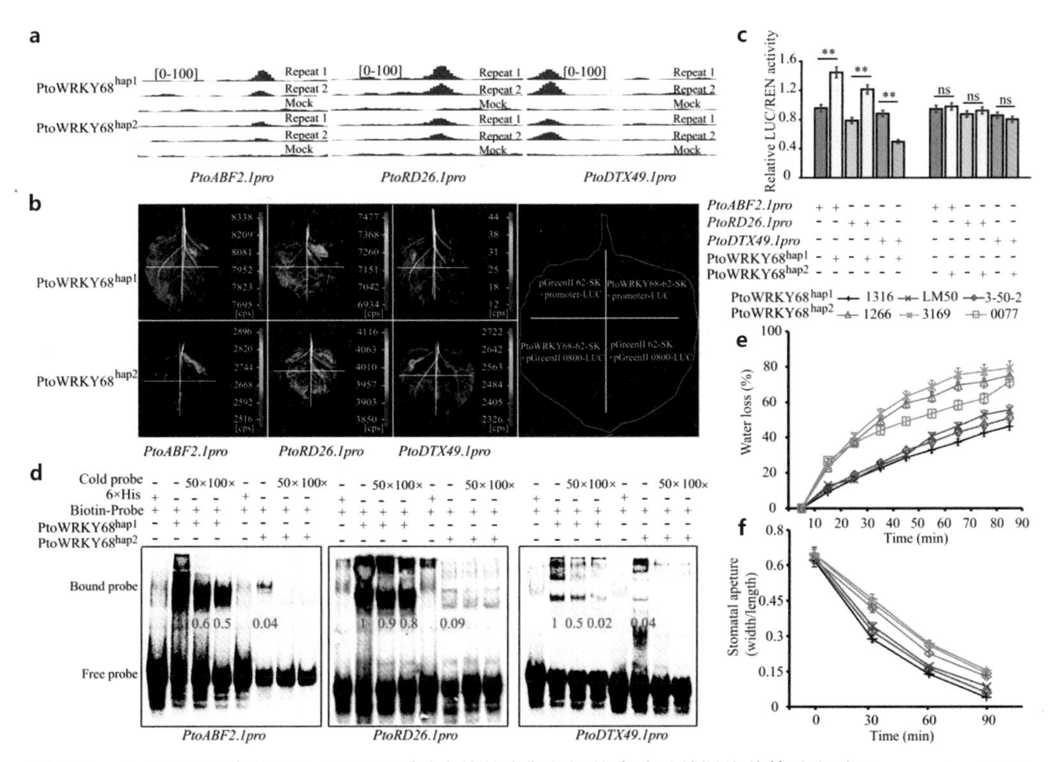

图 4-18 PtoWRKY68^{hap1} 和 PtoWRKY68^{hap2} 直接结合靶基因的启动子并调控其转录水平(Fang et al.,2023)

4. 鉴定调控 *PtoWRKY68* 的上游基因

为了寻找调控 *PtoWRKY68* 的上游基因，作者通过 eQTL 分析，筛选到了一个 MADS-box 转录因子，命名为 *PtoSVP. 3*，其表达受干旱胁迫诱导，并且表达水平与 *PtoWRKY68* 呈正相关（图 4-19a～d）。先前的研究表明，*PtoSVP. 3* 在拟南芥中的同源基因 *AtSVP* 通过直接与下游基因启动子的 CArG 基序结合，正调控 ABA 的积累以响应干旱胁迫（Wang et al.，2018）。为了评估 *PtoWRKY68* 是否是 PtoSVP. 3 的直接靶标，作者分析了 *PtoWRKY68* 的启动子，并鉴定到 3 个 CArG 基序（图 4-19e）。EMSA 实验显示 PtoSVP. 3 与 *PtoWRKY68* 启动子区的 CArG 基序发生强而特异地结合（图 4-19f）。Dual-LUC 实验也证实 PtoSVP. 3 可以与 *PtoWRKY68* 启动子的 CArG 基序在植物体内发生互作（图 4-19g、h）。由此可以确认 PtoSVP. 3 是通过结合 *PtoWRKY68* 启动子区域的 CArG 顺式作用元件来调控其在干旱胁迫下的转录。

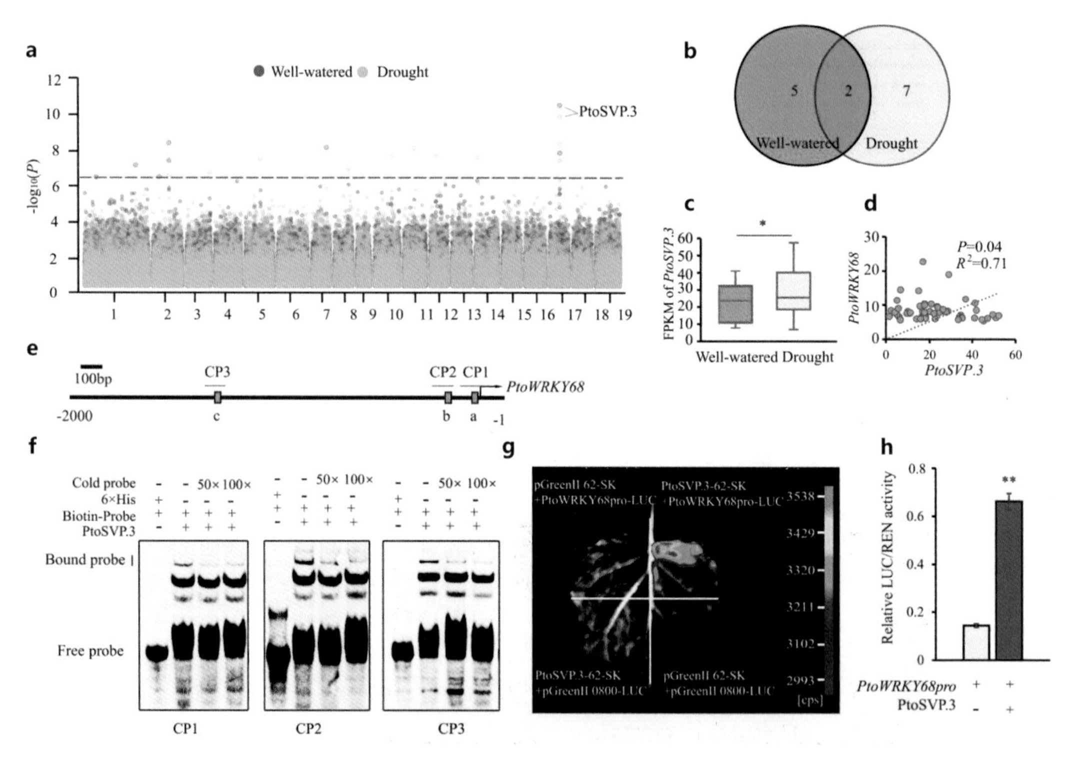

图 4-19 鉴定 *PtoWRKY68* 的上游调控因子（Fang et al.，2023）

5. 构建 *PtoWRKY68* 调控杨树耐旱性的分子机制模型

根据上述结果，作者提出了 *PtoWRKY68* 调控杨树耐旱性的分子机制模型（图 4-20）。在响应干旱胁迫时 *PtoWRKY68* 受到 PtoSVP. 3 的正调控。*PtoWRKY68*^{hap1} 等位基因变异增强了其对 *PtoRD26. 1* 和 *PtoABF2. 1* 的结合和激活，并抑制了 *PtoDTX49. 1* 的表达，从而通过调节 ABA 的外排和信号转导来提高耐旱性。由于 *PtoWRKY68*^{hap2} 比 *PtoWRKY68*^{hap1} 具有更低的下游靶基因结合亲和力和激活能力。因此，杨树 *PtoWRKY68*^{hap1} 材料的耐旱性优于杨树 *PtoWRKY68*^{hap2} 材料。

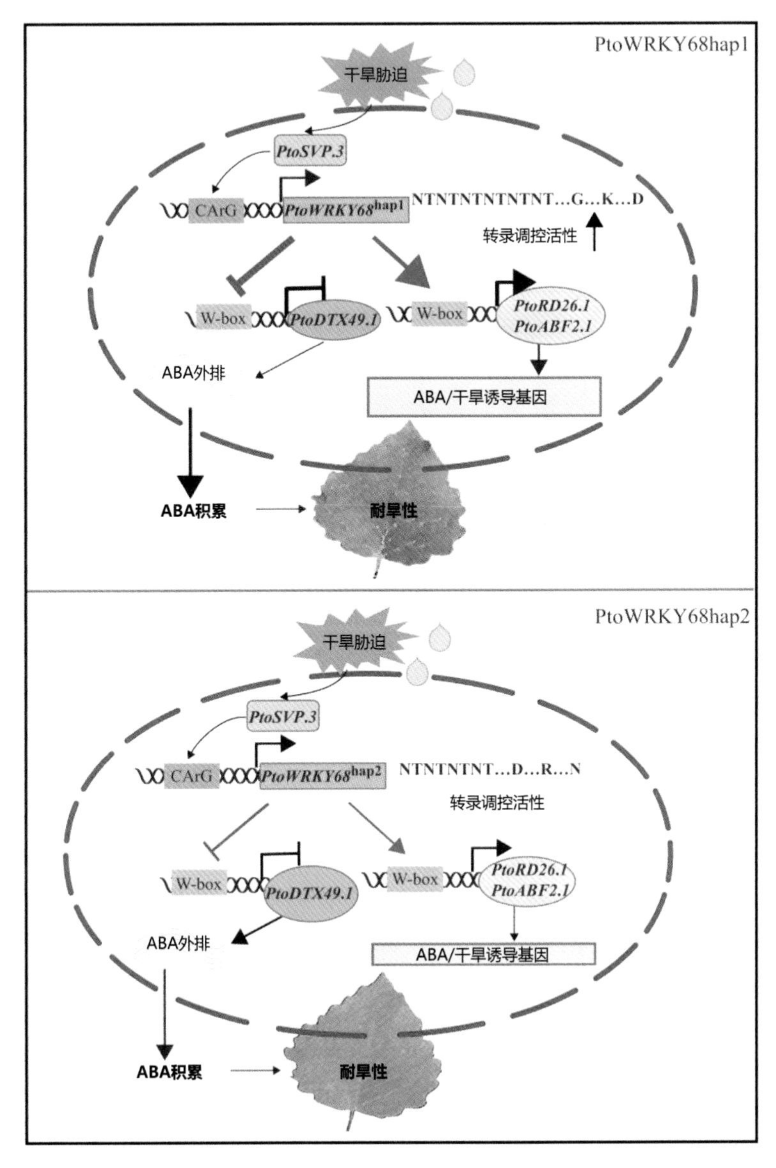

图 4-20 *PtoWRKY68* 调控杨树耐旱性的分子机制模型(Fang et al.,2023)

该文献的研究框架如图 4-21 所示。

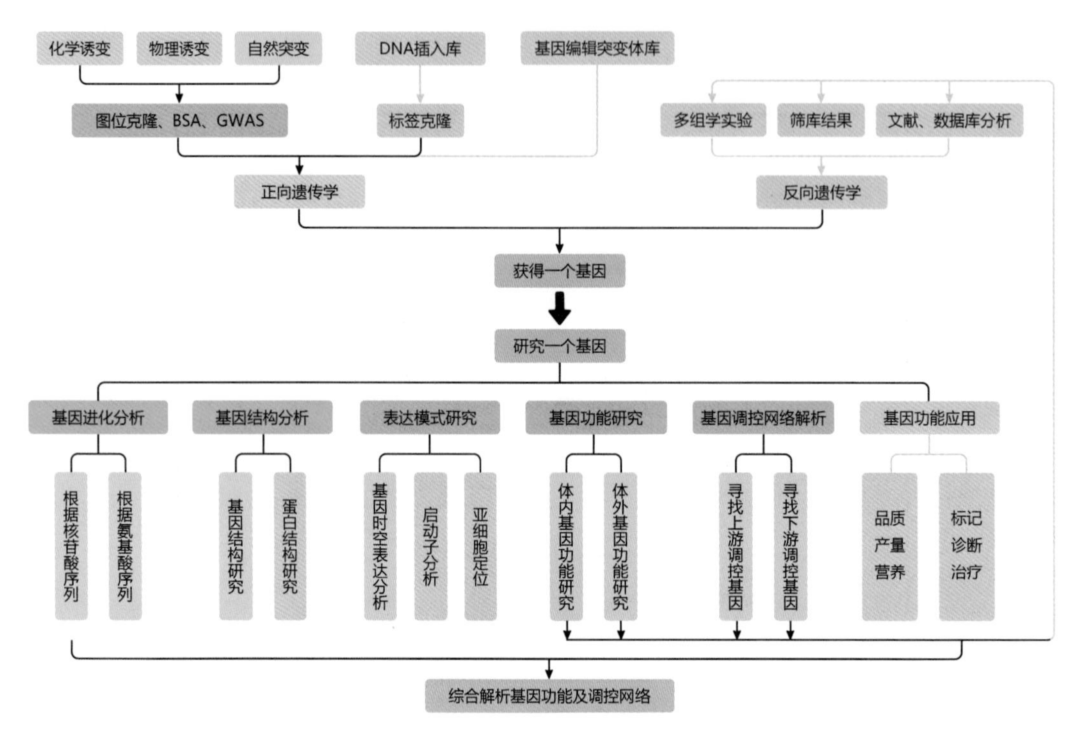

图 4-21　研究框架

（二）文献案例二：反向遗传学获得目的基因

棉花(*Gossypium hirsutum*)是世界上最重要的天然纺织原料之一，其纤维是胚珠表皮细胞分化形成的单细胞毛状突起。棉花纤维具有独特的次生细胞壁(SCW)结构，含有 90%以上的纤维素，但几乎不含半纤维素或木质素。植物激素乙烯和生长素在植物生长发育中发挥着不可或缺的作用，但乙烯和生长素是否以及如何调节棉纤维 SCW 形成的分子机制仍未得到充分研究。

2023 年 10 月，华中师范大学李学宝/郑勇课题组与华中农业大学李瓅课题组联合在 *The Plant Cell* 杂志上发表了一篇题为“The transcription factor ERF108 interacts with AUXIN RESPONSE FACTORs to mediate cotton fiber secondary cell wall biosynthesis”的研究论文，揭示了 AP2/ERF 转录因子 GhERF108 与生长素响应因子 GhARF7-1 和 GhARF7-2 通过乙烯-生长素交互信号通路调控棉花纤维次生细胞壁发育的新机制。

在该研究论文中，作者首先根据反向遗传学的手段确定了目的基因 *GhERF*108，通过蛋白结构分析、亚细胞定位和转录激活分析确定了 GhERF108 的转录因子“身份”。接着，作者对其功能进行了研究，并寻找到与其相互作用的蛋白 GhARF7-1/7-2 以及下游靶基因 *GhMYBL1*。作者进一步对下游靶基因 *GhMYBL1* 的功能进行了研究并寻找到 *GhMYBL1* 的下游靶基因 *GhCesAs*，通过培养棉花离体胚珠确定 GhMYBL1 可以整合乙烯和生长素信号以促进棉花纤维次生细胞壁的形成。最后，作者综合解析了 GhERF108 与 GhARF7-1/7-2 通过乙烯-生长素交互信号通路来调控棉花纤维次生细胞壁发育的新机制。

实验结果如下：

1. 筛选转录因子 GhERF108

作者首先使用乙烯前体 ACC 处理棉花离体胚珠，发现与未经 ACC 或乙烯抑制剂 AVG 处理的纤维(CK)相比，ACC 处理显著增加了纤维的细胞壁厚度(图 4-22a、b)，这表明乙烯在棉花纤维次生细胞壁增厚过程中起到正向调控作用。ERF 转录因子是一类能够响应乙烯信号的 AP2/ERF 转录因子，因此作者分析了 9 个在纤维中高表达的 *GhERFs* 基因在次生细胞壁合成期的表达情况(Zafar et al.，2022)。结果显示，*Gh_D08G1310* 的表达受 ACC 显著诱导(图 4-22c、d)。基于以上结果，作者推测 *Gh_D08G1310* 基因可能通过乙烯信号途径在棉花纤维次生细胞壁形成中发挥重要作用。

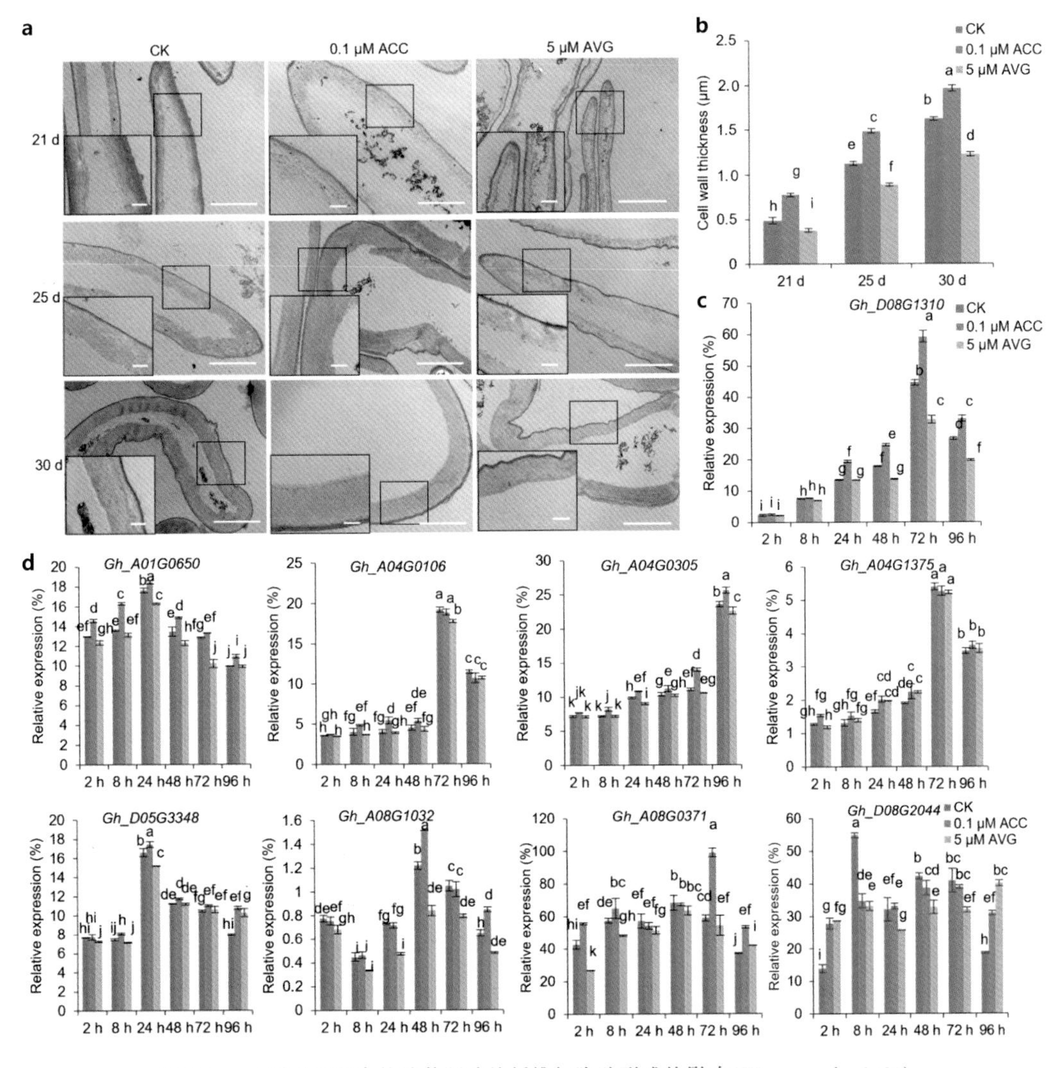

图 4-22　乙烯对棉花离体培养胚珠的纤维细胞壁形成的影响(Wang et al.，2023)

2. 分析 GhERF108 的结构及表达模式

通过分析 Gh_D08G1310 的氨基酸序列，作者发现该蛋白属于 AP2/ERF 转录因子中的 ERF 亚家族，并将其命名为 GhERF108(图 4-23b)。进一步的实验表明，GhERF108 蛋白主要定位于细胞核(图 4-23c)，并具有转录激活活性(图 4-23d)，这说明 GhERF108 是典型的 ERF 转录因子。此外，*GhERF108* 在整个棉花纤维发育过程中都有表达(图 4-23e)。

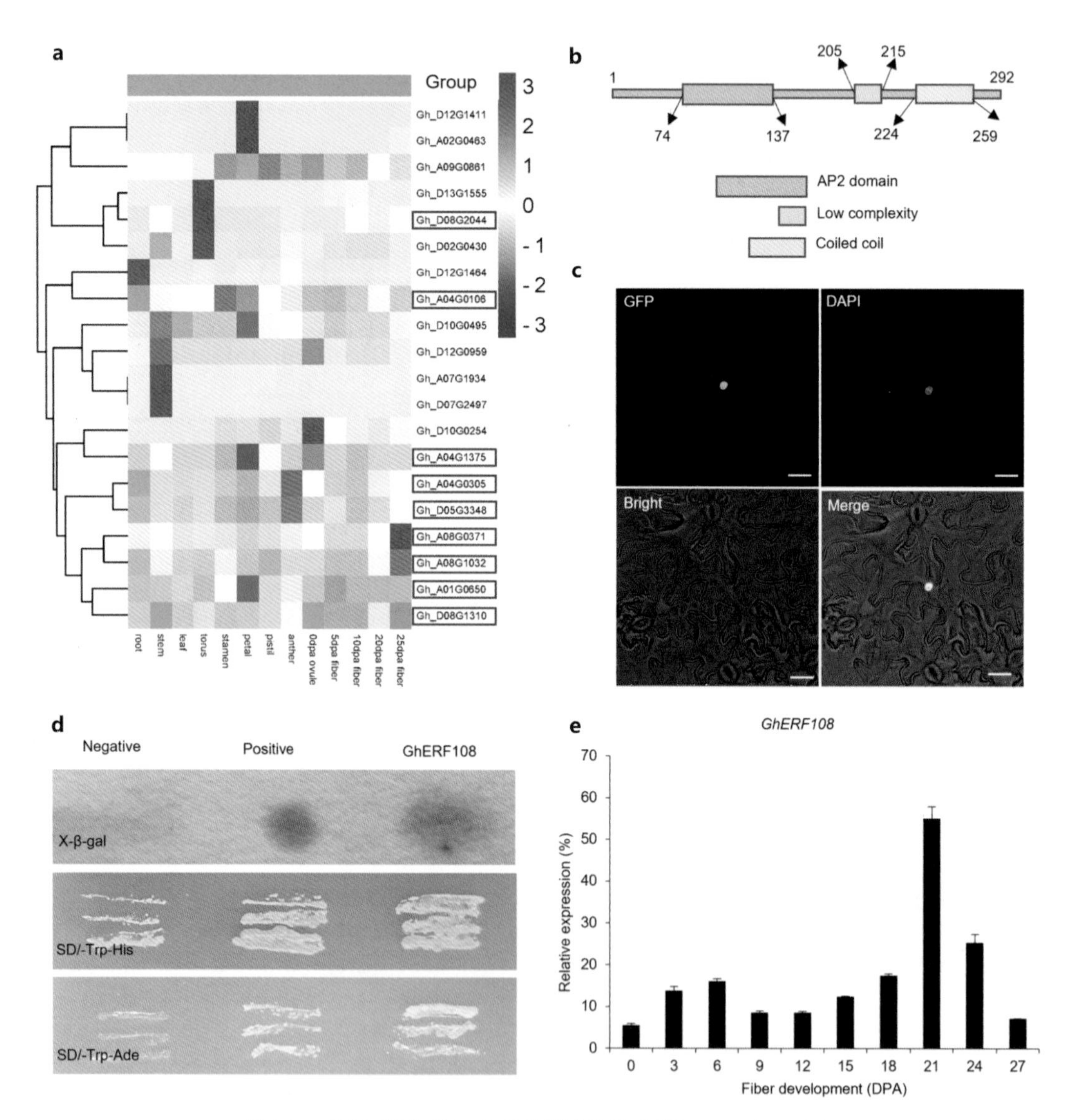

图 4-23　分析 GhERF108 的结构及表达模式(Wang et al.,2023)

3. 研究 *GhERF108* 的功能

为了研究 *GhERF108* 在棉花纤维发育中的功能，作者创制了 *GhERF108* 的 RNAi 转基因株系(RiL2、RiL3、RiL4、RiL6)。与对照(空载转基因(Null)和野生型(WT))相比，*GhERF108*-RNAi 株系的纤维长度变短(图 4-24b、c),但营养生长、种子大小和萌发情况与对照相比没有变化。进一步研究发现,*GhERF108*-RNAi 株系表现出纤维细胞壁变薄和纤维次生细胞壁(T_2 代)中结晶纤维素含量降低(图 4-24d～f)。并且,这一表型可以在后代中稳定遗传。以上结果表明 *GhERF108* 在棉花纤维次生细胞壁的形成过程中发挥了重要作用。

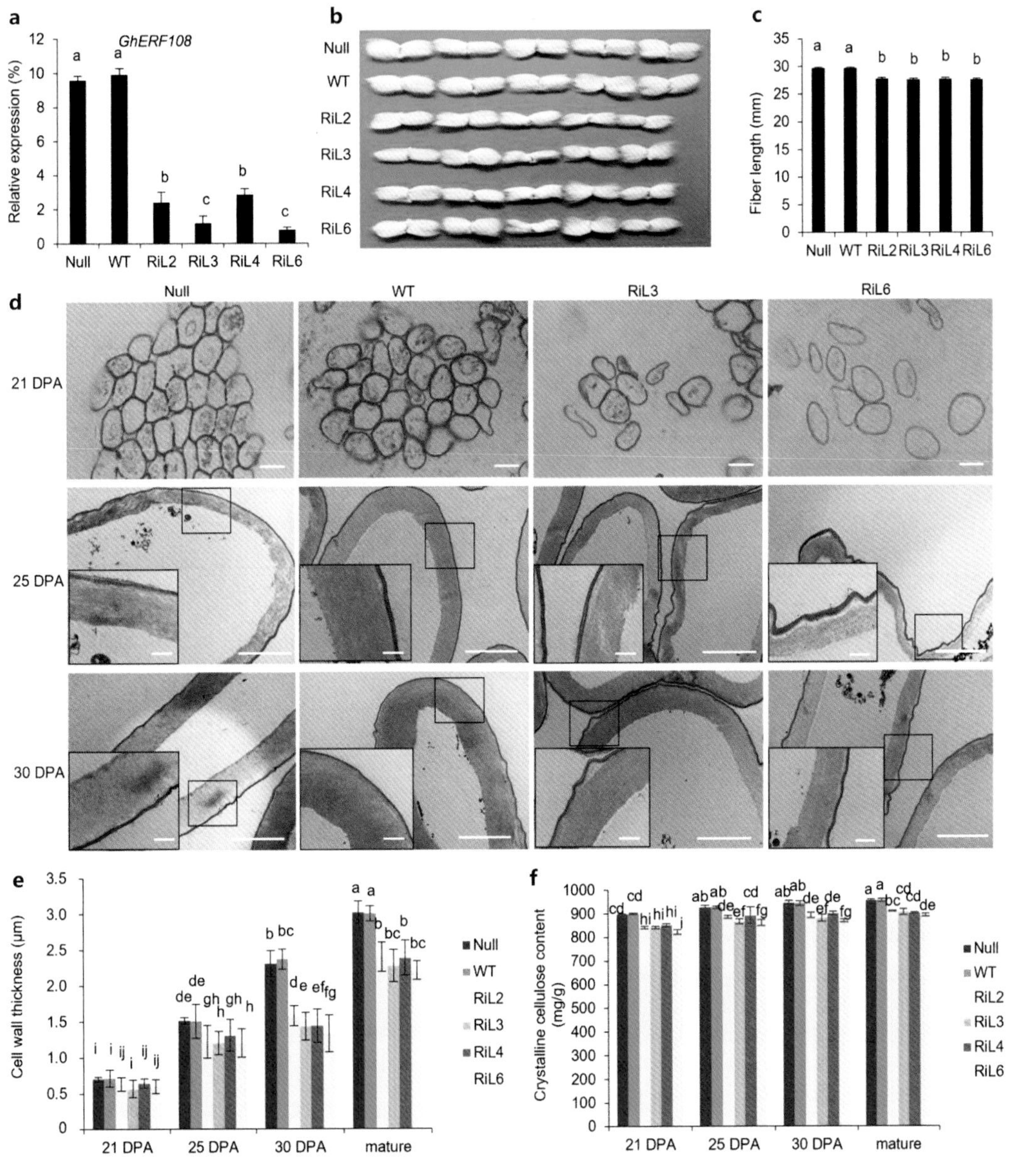

图 4-24　*GhERF108*-RNAi 棉花的表型分析(Wang et al.,2023)

为了进一步确定 GhERF108 与棉花纤维品质是否有关,作者利用高通量仪器(HVI)和高级纤维信息系统(AFIS)对 *GhERF108*-RNAi 和对照植株的成熟纤维进行品质分析,测定结果表明 *GhERF108*-RNAi 与对照相比,纤维更短更细,也更易断裂(表 4-1)。随后,作者在含有 ACC 的液体培养基中培养棉花的离体胚珠，发现 RNAi 株系的纤维细胞壁厚度略薄，证实了乙烯信号可以通过 GhERF108 蛋白影响棉花纤维次生细胞壁的发育。

表 4-1　利用 HVI 和 AFIS 比较 *GhERF108*-RNAi 棉花与对照组的纤维品质参数(Wang et al.，2023)

Line no.[a]	HVI			Line no.[a]	AFIS		
	Fiber length (mm)[b]	Micronaire value	Fiber breaking strength (g. tex^{-1})[b]		Upper quartile fiber length (mm)[b]	Short fiber rate < 12.7 mm/%[b]	Fineness (m. tex)[b]
T_2(year 2020)							
Null	30.24±0.55	4.08±0.77	30.41±0.75	Null	32.30±0.26	4.90±1.05	187.0±2.00
WT	30.27±0.57	4.12±1.12	30.26±1.04	WT	32.87±0.40	4.17±0.72	185.0±2.00
RiL2	29.48±0.66[c]	4.15±1.03	30.14±0.89	RiL2	30.77±0.91[c]	3.87±0.32	180.3±3.79[c]
RiL3	28.48±1.02[c]	3.81±0.73	29.30±1.0[c]	RiL3	30.03±1.01[c]	2.73±0.12[c]	172.0±4.36[c]
RiL4	29.36±1.15[c]	3.81±1.06	28.84±1.21[c]	RiL4	30.10±1.14[c]	3.67±1.11[c]	180.0±4.58[c]
RiL6	26.72±1.26[c]	3.76±0.79[c]	26.93±0.78[c]	RiL6	29.97±0.97[c]	3.30±0.56[c]	170.7±4.04[c]
T_3(year 2021)							
Null	30.04±0.56	4.09±0.78	32.1±1.11	Null	32.13±0.68	5.03±0.84	184.0±2.65
WT	29.87±1.14	3.97±0.99	31.9±1.11	WT	32.07±0.57	5.20±0.72	184.7±1.53
RiL2	28.86±0.77[c]	3.95±1.11	30.7±1.05[c]	RiL2	30.57±0.35[c]	3.10±0.26[c]	178.0±2.65[c]
RiL3	27.94±1.12[c]	3.90±0.82	30.1±0.96[c]	RiL3	30.10±0.44[c]	2.73±0.21[c]	180.0±1.00[c]
RiL4	28.88±1.23[c]	4.01±1.11	31.0±0.78[c]	RiL4	30.83±0.32[c]	3.83±0.85[c]	177.7±1.53[c]
RiL6	26.99±0.77[c]	3.71±1.21[c]	30.3±1.04[c]	RiL6	29.97±0.97[c]	3.00±0.26[c]	171.7±3.79[c]

注：a. 纤维是从棉花第三和第四分枝的枝条上的棉铃中手工挑选的。$n>100$ 个棉花种子(HVI 分析中每个样品至少有 12g 纤维，AFIS 分析中每个样本至少有 6g 纤维)。Null：*GhMYBL1*-RNAi 空载转基因株系；RiL：*GhMYBL1*-RNAi 株系。

b. 平均值±标准差。平均值和标准差是由 3 个生物学重复计算得出。

c. *GhMYBL1*-RNAi 转基因株系与对照植株存在显著性差异($P<0.05$)。

4. 寻找 GhERF108 的互作蛋白

为了研究 GhERF108 如何调控纤维次生细胞壁的发育。作者检测了 RNAi 株系中可能与纤维次生细胞壁合成相关的一些基因的表达情况，与 WT 相比，*GhERF108*-RNAi 棉花纤维中 *GhCesAs*、*GhLBDs*、*GhMYB46* 和 *GhMYBL1* 的表达量显著降低。进一步的实验表明 GhERF108 不能直接激活以上基因的表达，因此，GhERF108 可能是通过形成异源二聚体来行使调控功能的。基于此推测，作者利用酵母双杂筛库筛选了 GhERF108 的互作蛋白，最终鉴定到两个互作的 ARFs(GhARF7-1 和 GhARF7-2)。随后，作者又挑选了在次生细胞壁合成阶段纤维中表达量较高的 *GhARFs* 基因，通过 Y2H 实验发现 GhERF108 还是仅能与 GhARF7-1 和 GhARF7-2 互作(图 4-25a)。Split-LUC、GST Pull-down 和 Co-IP 实验也进一步证实了 GhERF108 与 GhARF7-1/7-2 的互作(图 4-25b～k)。

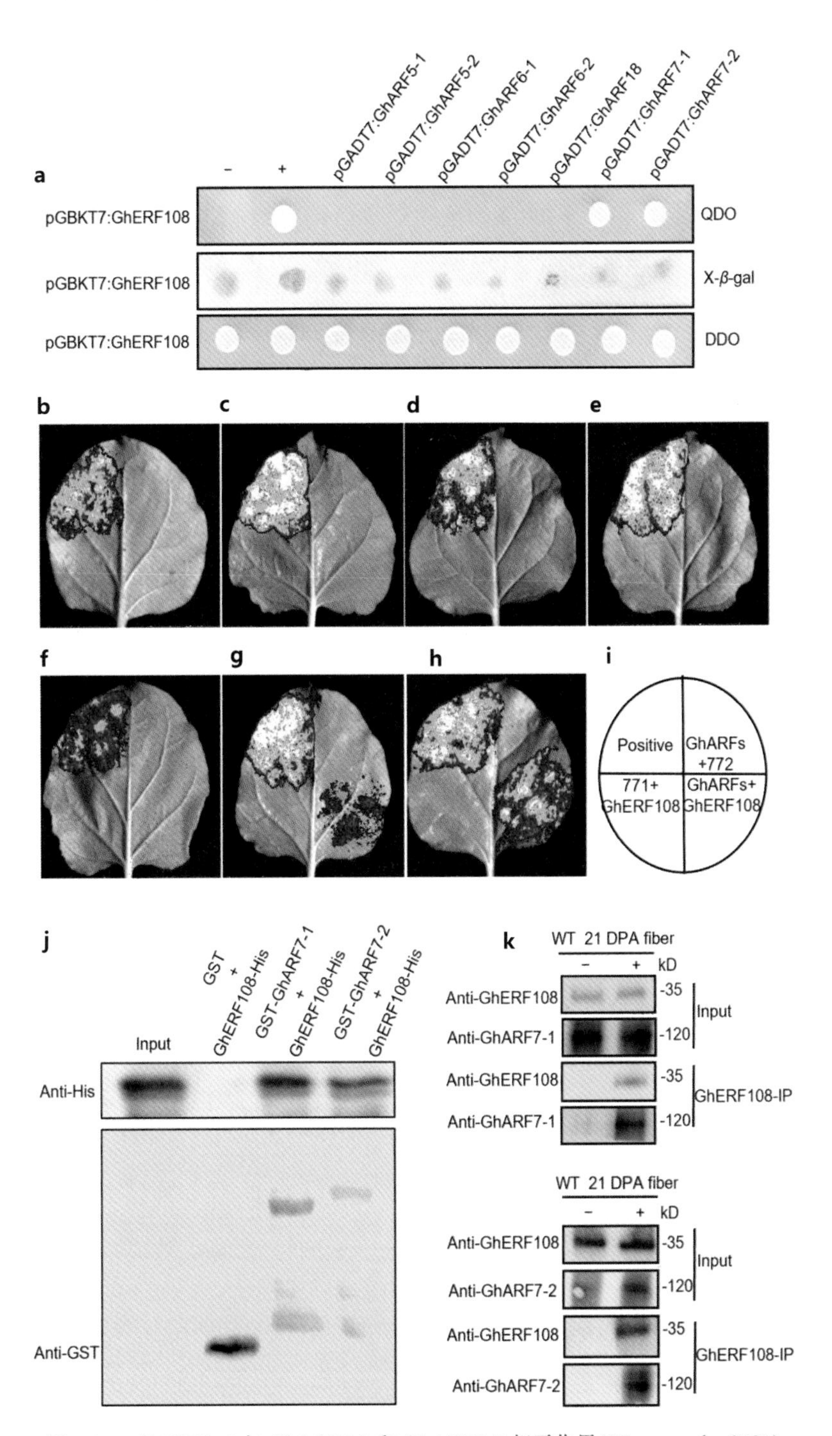

图 4-25 GhERF108 与 GhARF7-1 和 GhARF7-2 相互作用(Wang et al.,2023)

5. 寻找 GhERF108 和 GhARF7-1/7-2 的下游靶基因

结合先前的研究报道，作者选择在加厚纤维次生细胞壁中特异性表达的 *GhMYBL1* 作为 GhARF7-1 和 GhARF7-2 的候选靶基因进行进一步研究（Zhang et al.，2018）。结果显示，GhARF7-1 和 GhARF7-2 能够激活 *GhMYBL1* 的表达（图 4-26a、b）。结合 EMSA 和 ChIP-qPCR 实验进一步证实了 GhARF7-1/7-2 在体外和体内均可以直接和 *GhMYBL1* 的启动子结合（图 4-26c～f）。由于 GhERF108 不能直接激活 *GhMYBL1* 的表达（图 4-26b），因此作者利用 Dual-LUC、ChIP-qPCR 和 GST Pull-down 实验证实了 GhERF108 蛋白能够与 GhARF7-1 和 GhARF7-2 互作，并特异性地促进 GhARF7-1 和 GhARF7-2 与 *GhMYBL1* 启动子的结合（图 4-26b、e～h），这一结果表明 GhERF108 可以作为 GhARF7-1 和 GhARF7-2 的共激活因子调控下游靶基因 *GhMYBL1* 的表达。

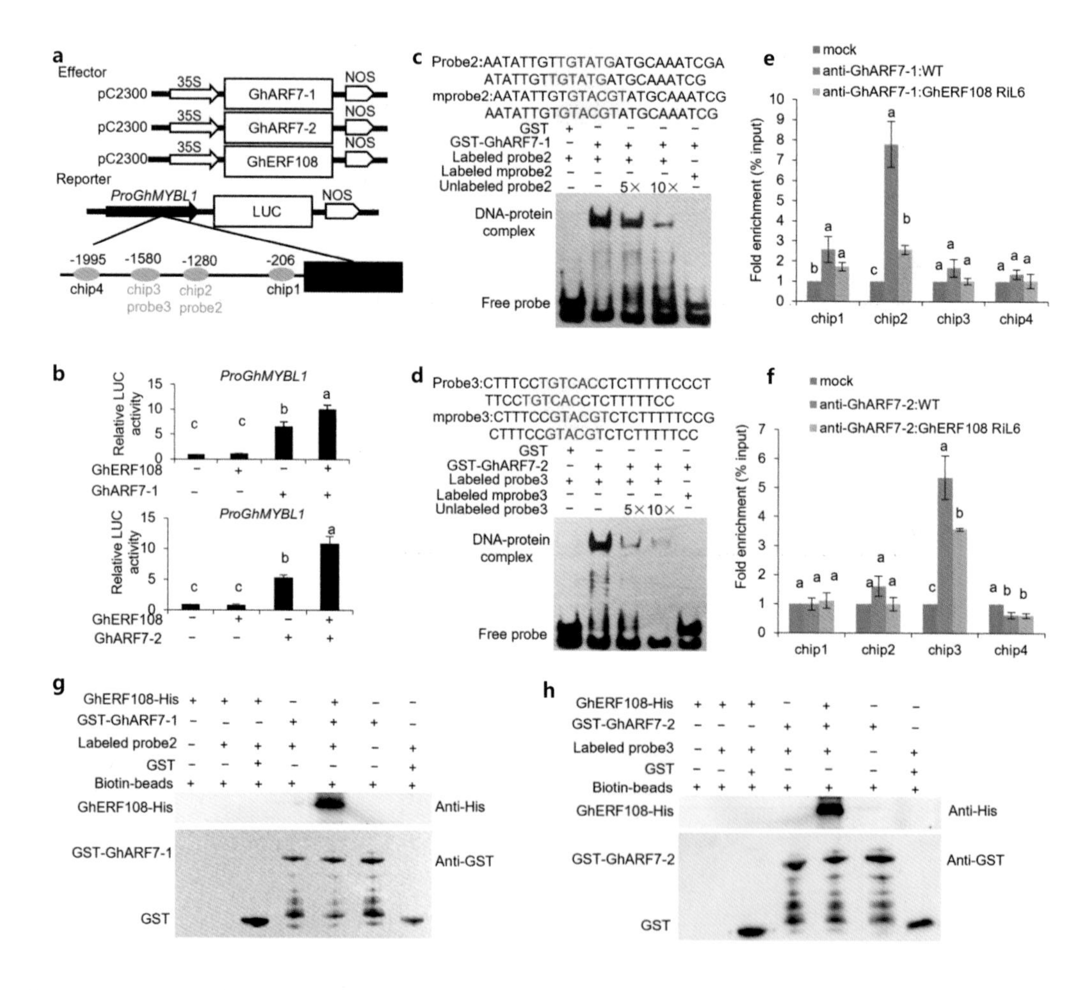

图 4-26　GhERF108 作为 GhARF7-1 和 GhARF7-2 的共激活因子共同调节 *GhMYBL1* 的表达（Wang et al.，2023）

6. 研究 *GhMYBL1* 的功能

为了研究 *GhMYBL1* 的功能，作者首先得到了 *GhMYBL1*-RNAi 转基因株系（图 4-27a），并对其

表型进行分析，发现 RNAi 株系与对照相比在营养生长、种子大小、种子萌发、纤维长度等方面并无差异(图 4-27b、c)。进一步检测发现 *GhMYBL1*-RNAi 株系的纤维细胞壁厚度和纤维细胞壁中结晶纤维素含量显著降低(图 4-27d～f)。

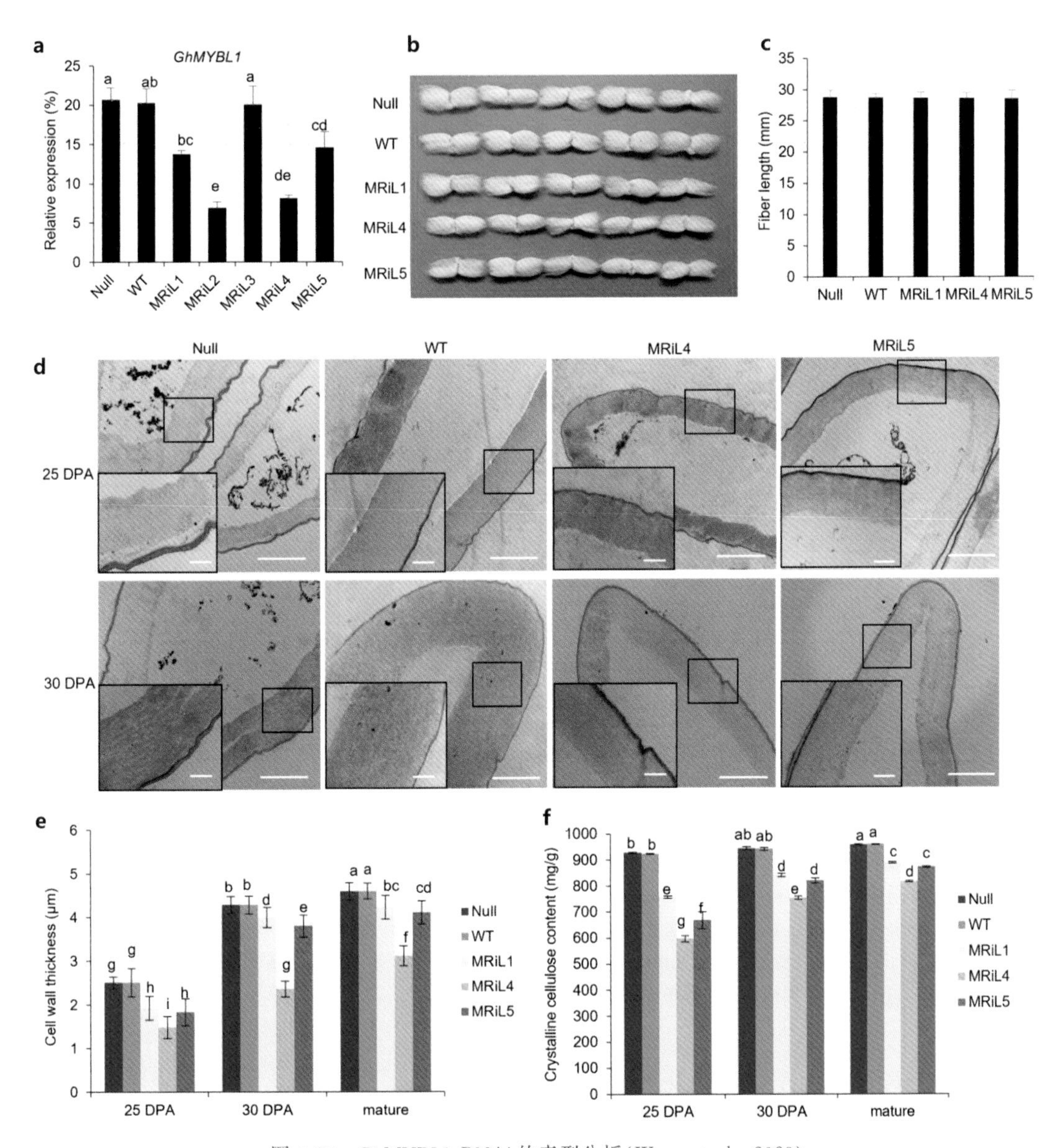

图 4-27 *GhMYBL1*-RNAi 的表型分析(Wang et al.,2023)

此外，作者还通过 HVI 和 AFIS 测定了 *GhMYBL1*-RNAi 株系和对照的成熟纤维品质，发现与对照相比 RNAi 株系棉花纤维更易断裂且纤维厚度更薄(表 4-2)，这一结果表明 *GhMYBL1* 在棉花纤维次生细胞壁发育中发挥了功能。

表 4-2　用 HVI 和 AFIS 比较 *GhMYBL1*-RNAi 棉花与对照的纤维品质参数(Wang et al. ,2023)

Line no.[a]	HVI			Line no.[a]	AFIS		
	Fiber length (mm)[b]	Micronaire value	Fiber breaking strength (g. tex^{-1})[b]		Upper quartile fiber length (mm)[b]	Short fiber rate < 12.7 mm/%[b]	Fineness (m. tex)[b]
T_2(year 2021)							
Null	30.63±0.86	5.13±0.12	32.37±0.50	Null	32.40±0.10	4.90±1.05	187.0±2.0
WT	30.27±1.21	4.93±0.06	31.87±0.15	WT	32.90±0.44	4.17±0.72	185.0±2.0
MRiL1	28.73±0.76	4.57±0.29	30.47±0.51[c]	MRiL1	32.23±0.76	4.37±1.27	174.0±3.0[c]
MRiL4	29.33±0.29	4.43±0.15[c]	30.63±1.07[c]	MRiL4	32.03±0.31	4.17±1.25	172.0±6.0[c]
MRiL5	30.00±0.62	4.37±0.06[c]	30.93±0.31[c]	MRiL5	32.47±1.02	4.07±0.47	160.7±2.5[c]
T_3(year 2022)							
Null	30.97±0.31	4.96±0.15	32.00±0.36	Null	32.16±0.64	5.03±0.84	184.0±2.6
WT	31.23±0.27	4.93±0.25	32.33±0.61	WT	32.73±0.85	4.93±0.31	184.7±1.5
MRiL1	30.17±0.54	4.26±0.15[c]	29.93±0.59[c]	MRiL1	32.57±0.06	4.83±0.23	169.7±5.1[c]
MRiL4	30.47±1.34	4.30±0.10[c]	29.63±0.83[c]	MRiL4	32.90±0.70	4.90±0.96	167.7±9.3[c]
MRiL5	30.80±0.15	4.37±0.02[c]	30.13±1.08[c]	MRiL5	32.17±0.51	4.37±0.97	160.7±3.8[c]

注:a. 纤维是从棉花第三和第四分枝的枝条上的棉铃中手工挑选的。$n>100$ 个棉花种子(HVI 分析中每个样品至少有 12g 纤维,AFIS 分析中每个样本至少有 6g 纤维)。Null:*GhMYBL1*-RNAi 空载转基因株系;MRiL:*GhMYBL1*-RNAi 株系。

b. 平均值±标准差。平均值和标准差是由 3 个生物学重复计算得出。

c. *GhMYBL1*-RNAi 转基因株系与对照植株存在显著性差异($P<0.05$)。

7. 寻找 GhMYBL1 的下游靶基因

前期的研究表明,R2R3-MYB 转录因子可能通过调控纤维素生物合成影响纤维次生细胞壁发育(Sun et al. ,2015)。为了研究 GhMYBL1 的调控机制,作者分析了 *GhMYBL1*-RNAi 和 WT 棉花纤维发育过程中多个次生细胞壁相关基因的启动子,在这些启动子上发现了几个可能的 MYB 响应元件(图 4-28a)。利用 Dual-LUC、ChIP-qPCR 和 EMSA 实验,作者证实了 GhMYBL1 可以直接结合 *GhCesA4-1-A07*,*GhCesA4-1-D07*,*GhCesA4-2-A08*,*GhCesA4-2D08*,*GhCesA8-1-A10*,*GhCesA8-1-D10* 的启动子(图 4-28b～d)。

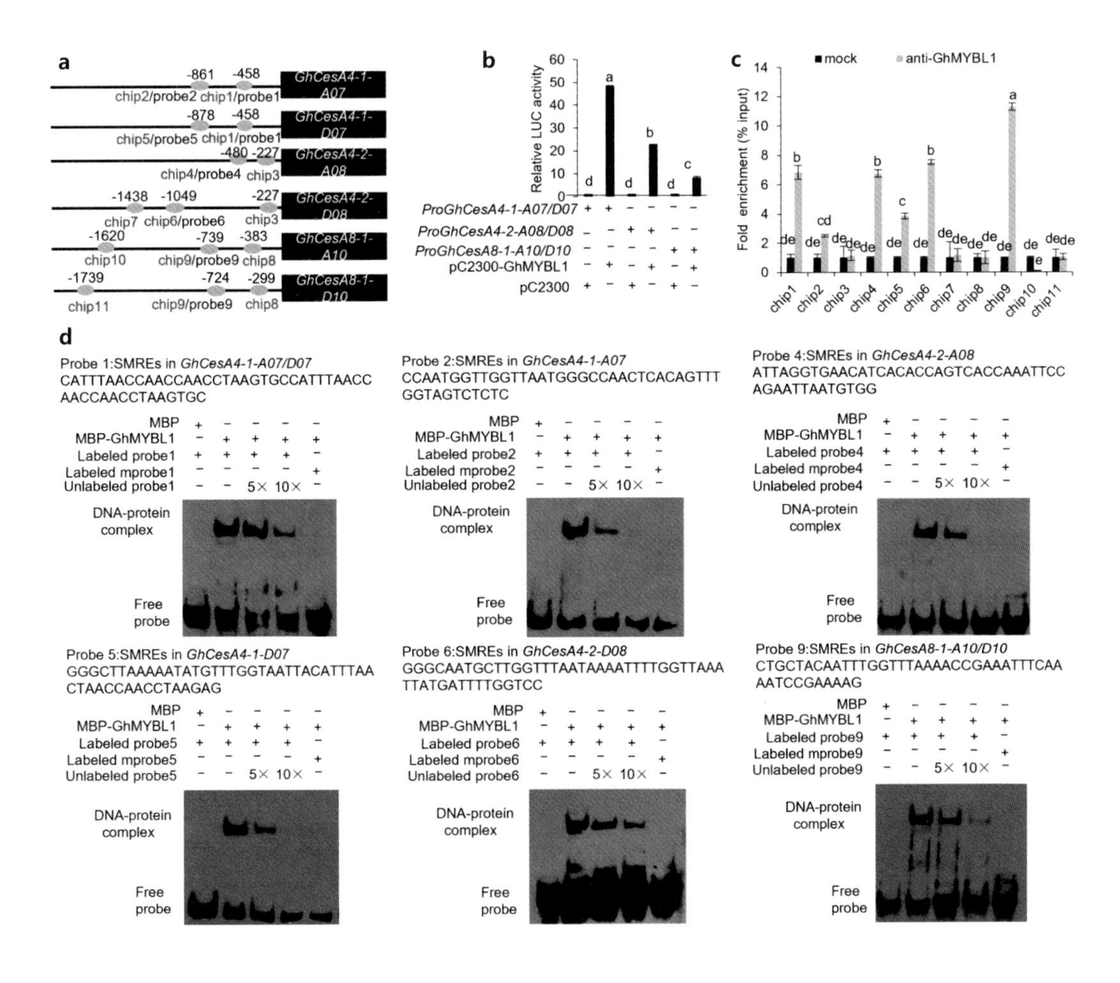

图 4-28 GhMYBL1 直接与棉花次生细胞壁发育相关的 *GhCesAs* 的启动子结合(Wang et al.,2023)

8.探究 GhMYBL1 是否整合乙烯和生长素信号促进棉花纤维次生细胞壁形成

通过在含有不同浓度生长素的 BT 培养基中培养棉花离体胚珠,作者发现,生长素可以促进棉花纤维细胞壁的加厚。为了进一步探究生长素在促进棉花纤维细胞壁增厚中的作用,作者分析了不同浓度的生长素对 *GhMYBL1*-RNAi 株系纤维细胞壁发育的影响。结果显示,*GhMYBL1*-RNAi 株系的纤维细胞壁厚度在不同浓度的生长素处理下变化不显著(图 4-29a、b)。在 WT 植株中,与正常浓度的生长素(5μM)相比,棉花纤维中 *GhMYBL1* 的表达在低浓度(2.5μM)处理时被显著抑制,而高浓度(10μM)处理时表达显著升高。但 *GhMYBL1*-RNAi 株系中 *GhMYBL1* 的表达量不受生长素浓度的影响(图 4-29c)。纤维素合成酶基因的表达水平变化与 *GhMYBL1* 相似(图 4-29d～i)。这一结果表明 *GhMYBL1* 可能在生长素调控棉花纤维次生细胞壁发育中发挥了重要作用。

接着,作者在 *GhMYBL1*-RNAi 株系中检测了乙烯的响应。结果显示,用 ACC 或 AVG 处理后,RNAi 株系的细胞壁厚度略有变化(图 4-29a、b),*GhMYBL1* 及其靶基因纤维素合成酶基因的表达水平几乎没有变化(图 4-29c～i)。相反,在 WT 植株中,经 ACC 处理后,*GhMYBL1* 和纤维素合成酶相关基因的表达显著增加。以上结果表明，GhMYBL1 能够整合乙烯和生长素信号通路来正向调控棉花纤维次生细胞壁的形成。

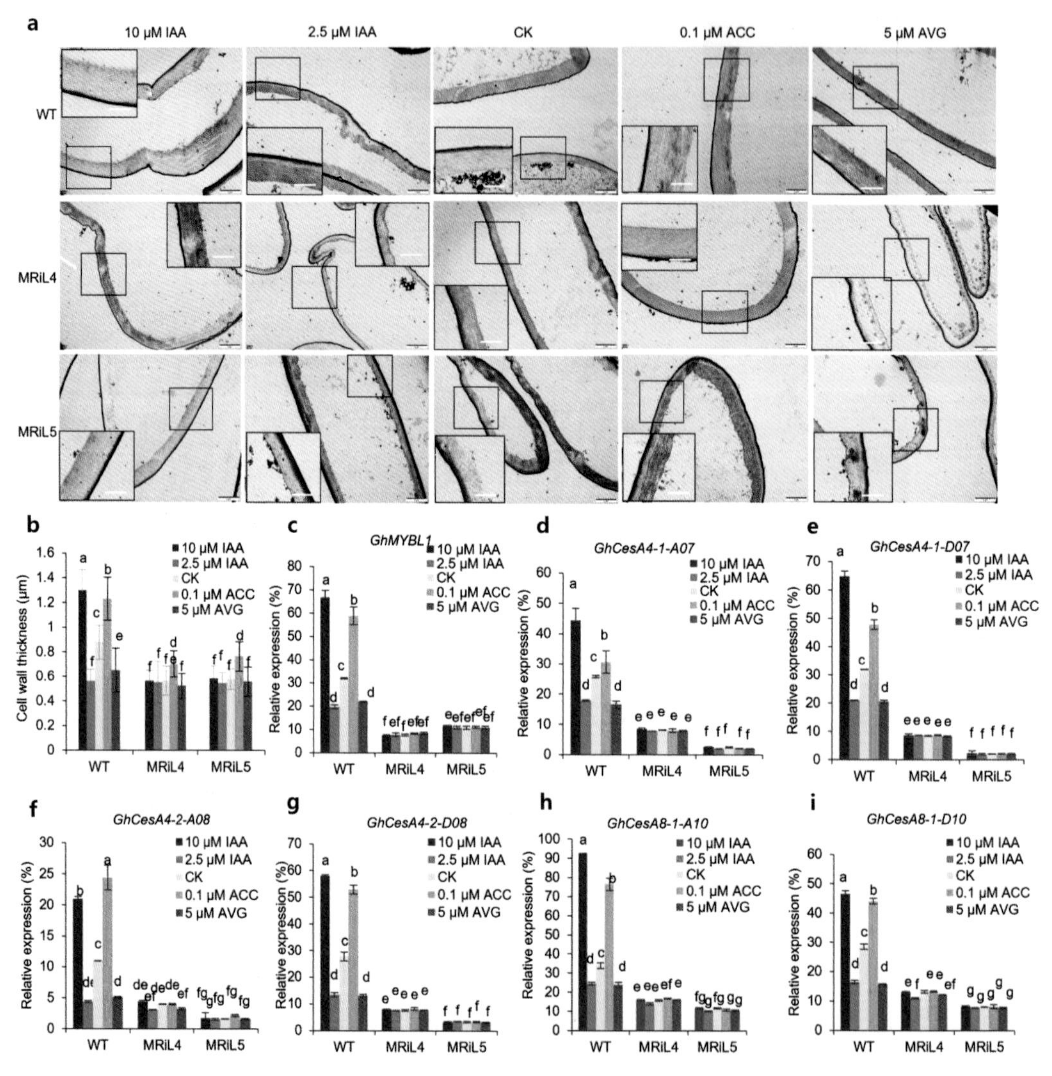

图 4-29　生长素和乙烯对 *GhMYBL1*-RNAi 棉花离体培养胚珠纤维细胞壁形成的影响（Wang et al.，2023）

9. 解析 GhERF108 调控棉花纤维次生细胞壁形成的分子机制

综合以上结果，作者构建了乙烯和生长素信号介导的棉花纤维细胞壁形成的分子模型（图 4-30）。在纤维细胞发育阶段，GhERF108 可能通过影响 *GhEXPA* 相关基因的表达，来调节纤维细胞的伸长。在纤维次生细胞壁发育阶段，*GhERF108* 的表达受乙烯诱导显著上调，并通过乙烯信号通路调节次生细胞壁的形成。此外，GhERF108 作为转录共激活因子，可以与生长素响应因子（GhARF7-1 和 GhARF7-2）相互作用，调控下游靶基因 *GhMYBL1* 的表达。从而使 GhMYBL1 介导的纤维素生物合成相关基因被激活，并促进棉花纤维次生细胞壁的增厚。

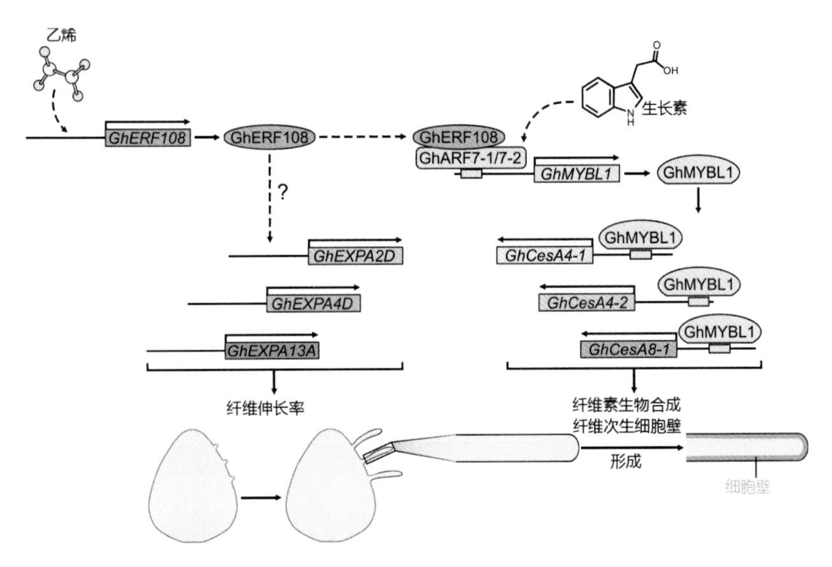

图 4-30　GhERF108 调控棉花纤维次生细胞壁形成的分子模型(Wang et al.,2023)

该文献的研究框架如图 4-31 所示。

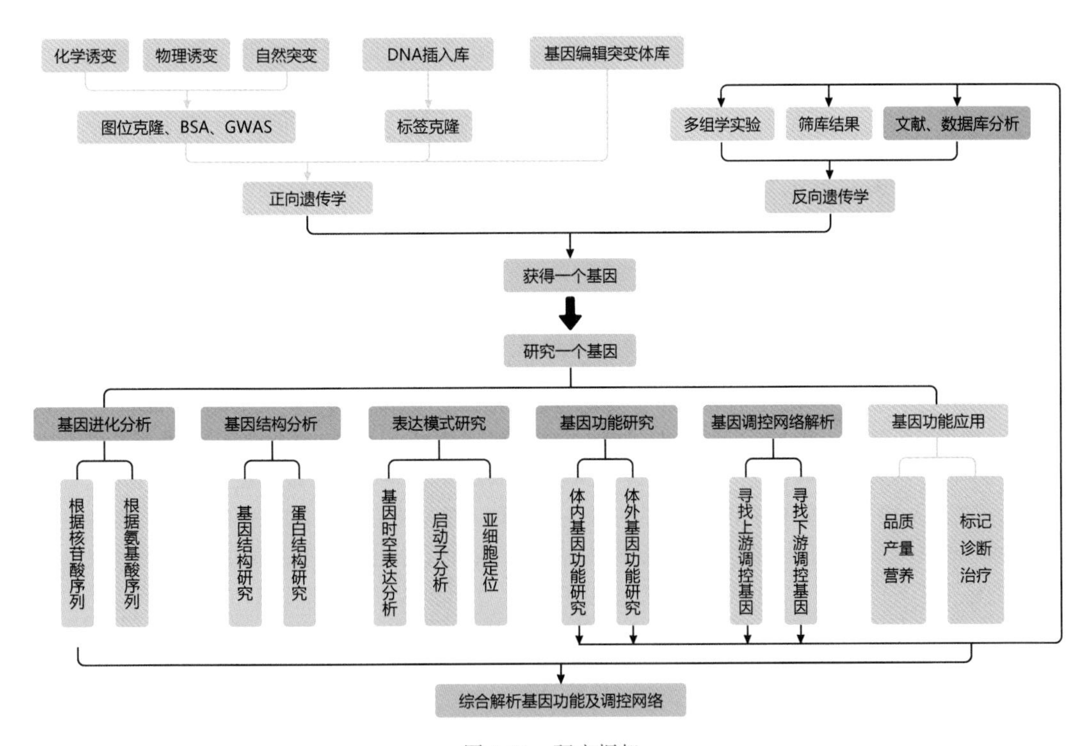

图 4-31　研究框架

三、miRNA 基因功能研究思路

微小 RNA(microRNA,miRNA)是一类广泛存在的非编码小分子 RNA,可以通过直接切割或抑制翻译在转录后水平控制靶基因表达,在植物的生长发育和应激反应等过程中起到重要的调控作用,包括根、茎、叶、花等器官的发育,以及各类逆境应答、激素响应等。因此,这里将 miRNA 作为非编码基因的一个代表,结合“植物基因功能研究范式”介绍范式的通用性。

(一) 文献案例

叶片结构是水稻(*Oryza sativa*)的一个重要农艺性状,可调节光合作用,从而调节植物的生长和发育。叶片经常改变其结构以应对光照强度、湿度、温度等环境的变化,适度的卷叶可以从多个方面提高水稻产量(Sakamoto et al.,2006;Lang et al.,2003;Eshed et al.,2001;Wu,2009;Yan et al.,2012a)。miRNAs 是 19～22 个核苷酸的非编码小分子 RNA,参与非生物胁迫反应,但目前不清楚 miRNA 是否可以改变单子叶植物的叶片结构,从而提高产量。

2018 年 1 月,中国科学院上海植物逆境生物学研究中心朱健康课题组在 *Plant Physiology* 上发表了一篇题为“Knockdown of rice microRNA166 confers drought resistance by causing leaf rolling and altering stem xylem development”的研究论文,该文章揭示了 miRNA 介导水稻的抗旱性,通过调控 miRNA 可以获得抗旱性增强的水稻株系。

在研究论文中,作者利用 STTM 技术大规模敲低水稻中不同的 miRNA 家族,并在自然水田条件下对转基因株系进行表型分析,最终发现敲低 miR166 可以使水稻叶片卷曲。接着,作者通过分子分析找到了水稻中 miR166 的靶基因 *OsHB4*,并通过对比过表达 *OsHB4* 与敲低 miR166 的株系表型,确定了 miR166 介导的 OsHB4 水稻抗旱。最后,作者通过 RNA-seq 找到了 OsHB4 调控的下游与细胞壁和多糖代谢相关基因,这些基因影响细胞壁形成和维管发育,从而综合解析了 miR166 介导水稻抗旱的分子机制。

(二) 实验结果

1. 获得 miR166 敲低株系 STTM166,并观察其表型

为了鉴定调节植物形态和其他农艺性状的 miRNA,作者在水稻中选择了 37 个不同的 miRNA 家族,并使用 STTM 技术生成了敲低系(Tang et al.,2012;Yan et al.,2012b)。自然水田条件下生长的 STTM 株系表型分析显示,miR166 敲低株系 STTM166 表现出多种表型改变,包括株高、叶片形态和种子大小等。虽然 STTM166 株系的种子大小和重量发生了变化,但 STTM166 与野生型之间的结实率相当,这表明 miR166 敲低不影响有性生殖。与正常生长条件下的野生型相比,STTM166-1 和 STTM166-2 的单株籽粒产量分别降低了 16.5%和 23.2%。STTM166 株系的另一个突出特征是叶片轴向卷曲(图 4-32b),这是Ⅲ类 HD-Zip 突变体的典型表型(Emery et al.,2003;Juarez et al.,2004)。利用茎环定量 RT-PCR(图 4-32c)和小 RNA Northern blot(图 4-32d)对 STTM166 两个独立株系中 miR166 的表达水平进行了定量分析,两种方法均检测到两个独立 STTM166 株系中 miR166 成熟体显著降低。这些结果表明,STTM166 株系的表型与 miR166 的下调有关。

通过叶片解剖分析 STTM166 株系在细胞和组织水平上的变化。从 STTM166 株系叶片的圆形截面可以清楚地证明 miR166 敲低会导致叶片的近轴卷曲(图 4-32e,左)。与野生型相比,侧卷区域的

一些小静脉在背面没有形成正常的厚壁细胞(图 4-32e,右图)。然而,STTM166 叶片的中肋区和大部分次生脉的细胞组织与野生型相似。STTM166 株系叶片正面的球状细胞被压缩(图 4-32e,右)。由于球状细胞的大小和数量取决于它们在叶片中的位置,因此作者选择靠近中脉的球状细胞并测量球状细胞的宽度。STTM166 叶片球状细胞的平均宽度比野生型减少了 43.9%(图 4-32f)。因此,厚壁组织细胞和球状细胞的异常可能是造成 STTM166 株系叶片正面卷叶型的原因之一。

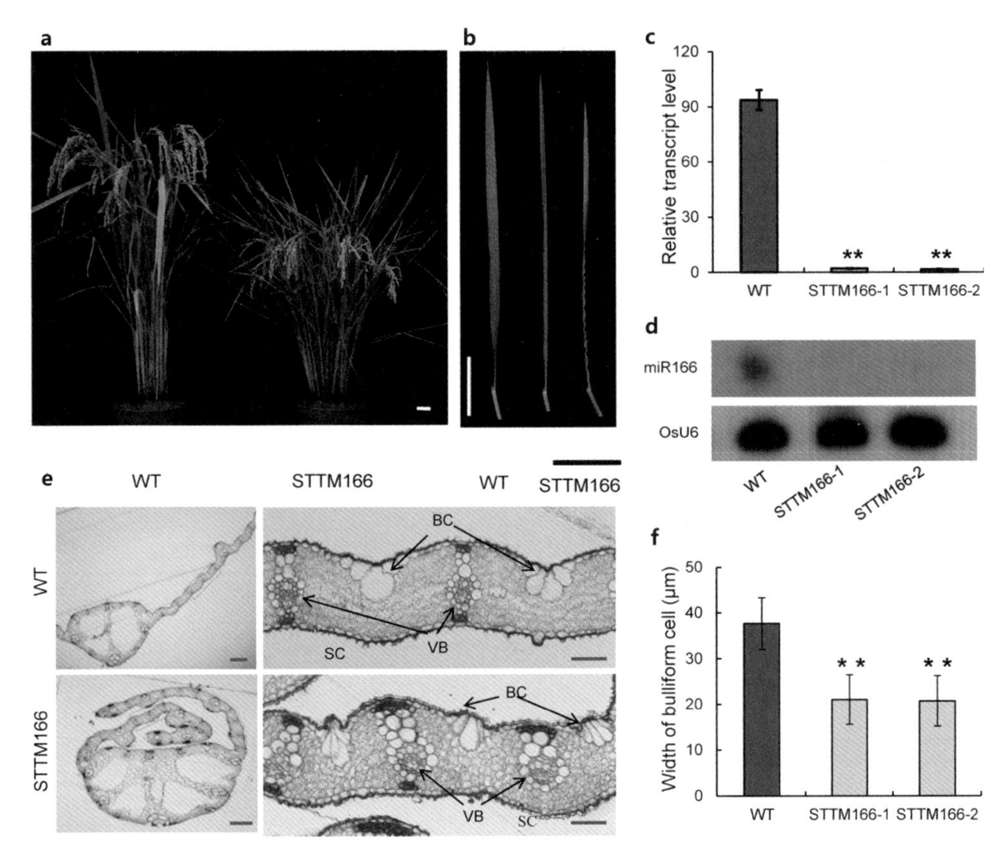

图 4-32　STTM166 株系的形态和生长表型(Zhang et al.,2018)

2. 进一步研究 STTM166 株系如何提高水稻的抗旱性

由于卷叶被认为是一种自适应节水机制,因此作者想要探究 STTM166 株系是否更能抵抗干旱胁迫。抗旱性实验采用盆栽植物在植物生长室内进行。幼苗在正常生长条件下培养 15 天,然后通过不浇水引起干旱。野生型植株在停水后第 5 天出现卷叶,第 8 天叶片枯萎,而 STTM166 叶片在 10 天干旱处理期间不枯萎(图 4-33a)。在干旱胁迫处理后第 10 天尝试复水恢复植株,并在复水后第 8 天记录成活率。长出新叶的植物被认为是存活的植物。与野生型相比,STTM166-1 和 STTM166-2 的存活率分别提高了 53.2%和 49.3%(图 4-33b)。在水田中,正常生长条件下,STTM 株系的小穗繁殖力(抗旱性的主要指标)与野生型相比没有变化,但在干旱胁迫条件下,STTM166 株系的小穗繁殖力明显高于野生型。在干旱胁迫处理期间,还监测了失水情况,结果表明,STTM166 株系的失水速度比野生型慢(图 4-33c)。

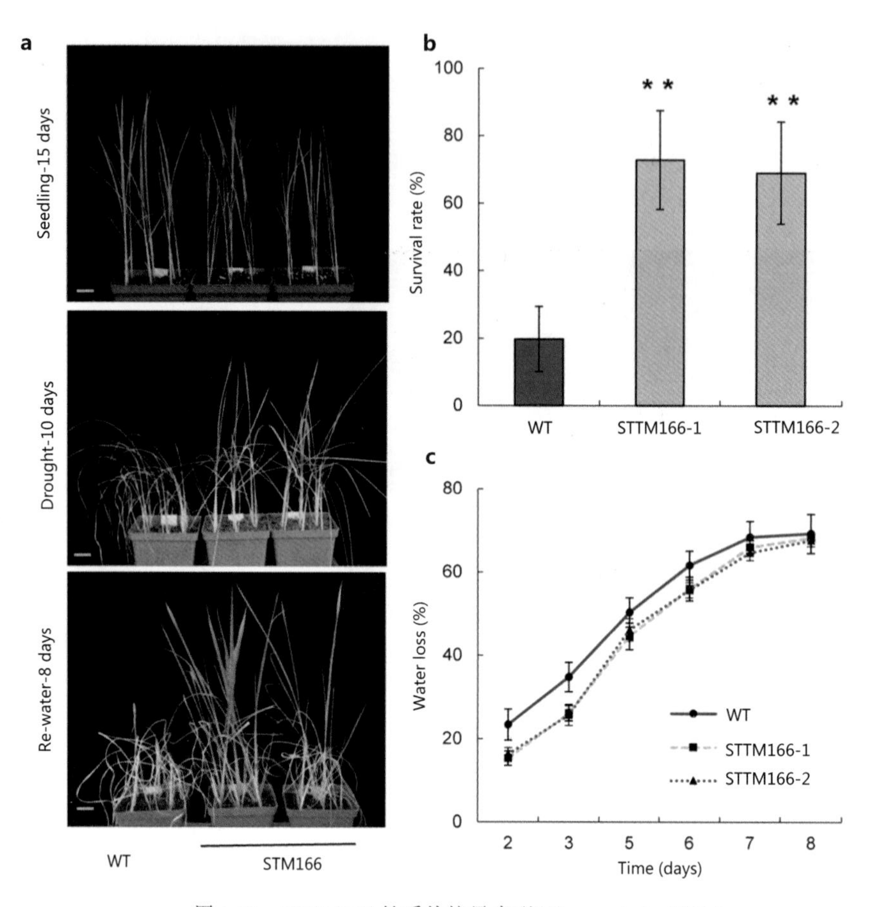

图 4-33 STTM166 株系的抗旱表型(Zhang et al.,2018)

为了证实水分流失数据,作者使用红外成像技术检测了叶片表面温度。在植物生长室的正常生长条件下,STTM166 叶片表面温度高于野生型(图 4-34a),表明 STTM166 株系叶片蒸腾作用减少。此外,在水田条件下,白天测试的三个时间点,STTM166 株系的蒸腾速率始终低于野生型($P<0.001$)(图 4-34b)。由于蒸腾作用与气孔密切相关,作者对气孔的密度和大小进行了量化。与野生型相比,STTM166-1 和 STTM166-2 的气孔密度分别增加了 23.4%和 16.8%,气孔大小分别减小了 49.3%和 50.2%。正常生长条件下,与野生型相比,这两个 STTM 株系的气孔导度显著降低(图 4-33c),而叶片水势保持不变(图 4-33d)。然而,在干旱胁迫条件下,STTM166 株系的叶片水势明显高于野生型(图 4-33d)。在野生型和 STTM166 株系中,叶片正面和背面的气孔密度和大小没有差异。ABA 含量的测量表明,STTM166 和野生型植株在正常和干旱胁迫条件下的 ABA 水平相当。上述结果表明,STTM166 叶片水势升高和蒸腾速率降低不是由 ABA 含量变化引起的,而更可能是由于 STTM166 叶片和茎的形态变化引起的。

3. 研究 miR166 与茎的维管系统和水力传导的关系

作者的解剖分析还揭示了 STTM166 株系茎维管束的结构变化。与野生型相比,STTM166 茎的木质部导管直径明显减小(图 4-35a)。STTM166 木质部面积的减少可能导致茎水力导度(Kshoot)的变化。利用高压流量计(HPFM)对茎支撑叶面积进行归一化后的 Kshoot 测量结果显

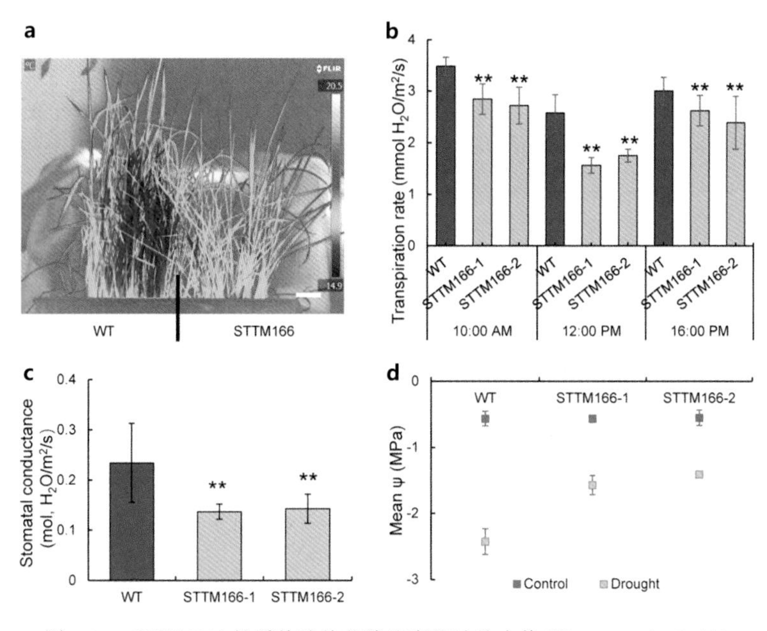

图 4-34 STTM166 株系的叶片蒸腾速率和叶片水势(Zhang et al.,2018)

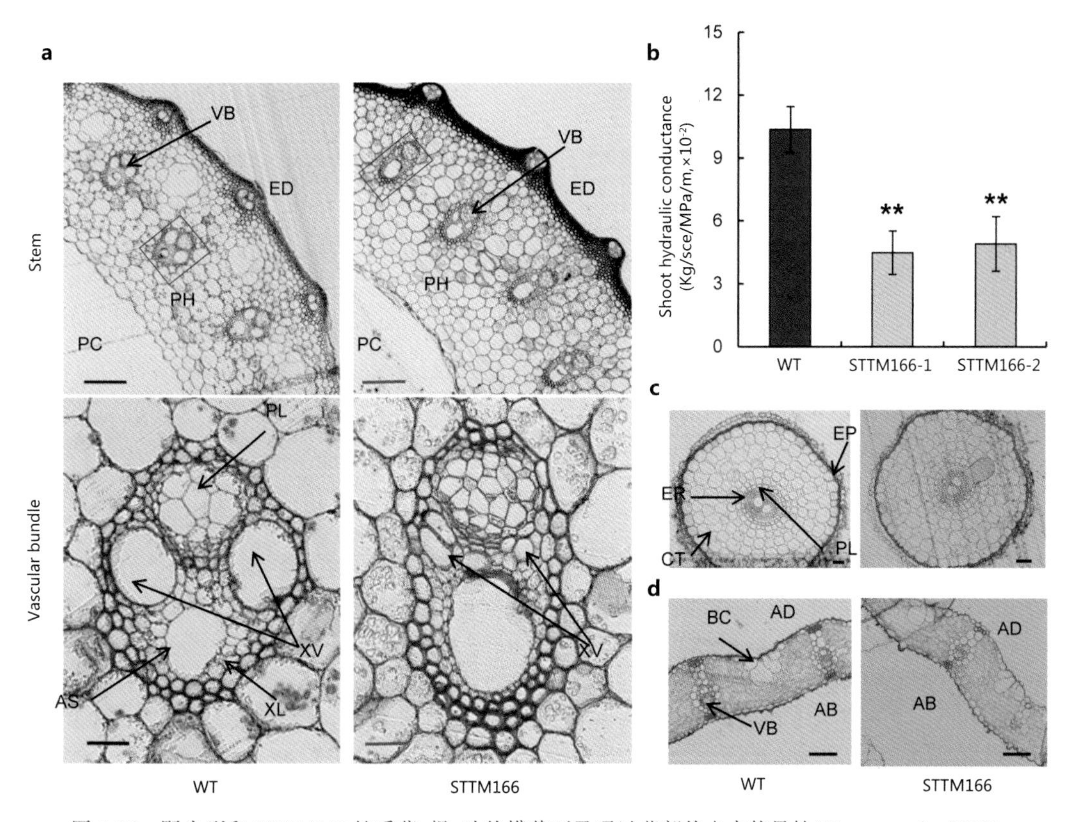

图 4-35 野生型和 STTM166 株系茎、根、叶的横截面及通过茎部的水力传导性(Zhang et al.,2018)

示,在植物生长室和水田条件下,与野生型相比,STTM166-1 和 STTM166-2 的 Kshoot 分别减少了 56.8%和 52.7%(图 4-35b)。有趣的是,作为相互连接的维管系统的一部分,STTM166 根(图 4-35c)和叶(图 4-35d)的维管束在正常生长条件下与野生型植株没有明显的形态差异。这些结果表明,miR166 在茎部维管系统的发育中起着重要作用。对 miR166 的定位研究进一步支持了这一观点。利用 LNA-miR166 反义探针原位杂交,在野生型植株的茎维管束中检测到 miR166,包括韧皮部和形成层(图 4-36a),形成层细胞显示出最高水平的 miR166,这可能与 miR166 前体形成的来源有关。早前已证实分生细胞中 miRNA 前体的形成和成熟 miRNA 的移动性(Tretter et al.,2008; Chitwood et al.,2009)。在 STTM166 株系中,仅在形成层中检测到微弱的 miR166 信号(图 4-36a、b)。此外,作者还分析了五个水通道蛋白基因在根中的表达情况,发现 STTM166 与野生型植株之间没有显著差异。这表明,蒸腾速率的降低或许不是由 STTM166 株系根系水分吸收的差异所导致的。

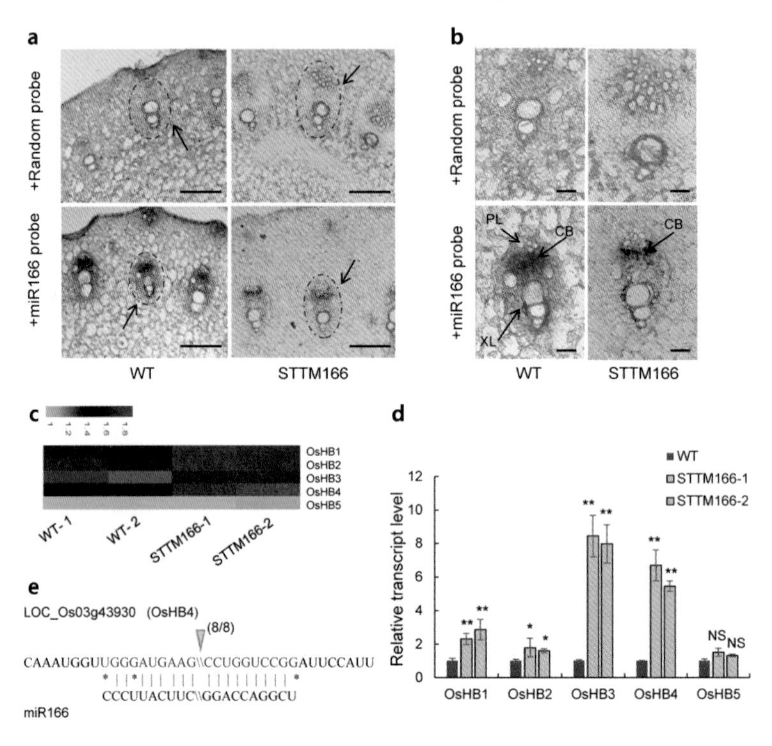

图 4-36 miR166 的原位杂交与 *OsHB* 基因的表达谱(Zhang et al.,2018)

4. 寻找 miR166 调控的靶基因——一组 HD-Zip III 基因

在拟南芥(*Arabidopsis thaliana*)中,miR165/166 靶向 HD-Zip III 基因的转录本(Floyd and Bowman,2004;Mallory et al.,2004)。拟南芥中 miR165 和 miR166 的序列只有一个核苷酸差异,这两个 miRNA 被认为靶向相同的基因(Rhoades et al.,2002)。水稻中已经报道了 miR166,但没有报道 miR165,并且发现五个 *OsHB* 基因都含有 miR166 结合序列,因此,这五个基因可能是 miR166 的靶标(Nagasaki et al.,2007;Luo et al.,2013)。但是,miR166 介导的 *OsHB* 基因剪切的实验证据仍然缺乏。

基因表达分析显示,所有 *OsHB* 基因在叶片中高表达,其中 *OsHB1-4* 在茎中也高表达,但

OsHB5 不表达。*OsHB1* 和 *OsHB4* 被干旱胁迫诱导，而 *OsHB2*、*OsHB3* 和 *OsHB5* 被干旱胁迫抑制。为了确定哪个 *OsHB* 基因主要决定 STTM166 株系的表型，作者从 RNA-seq 数据中检测了五个 *OsHB* 基因在 STTM166 株系和野生型植株中的表达水平。与野生型相比，STTM166 株系叶片中 *OsHB3* 和 *OsHB4* 的表达水平显著升高，而 *OsHB1*、*OsHB2* 和 *OsHB5* 的表达水平不变或仅适度升高(图 4-36c)。RT-qPCR 的实验结果进一步验证了 RNA-seq 数据(图 4-36d)。这些结果表明，*OsHB3* 和 *OsHB4* 可能是水稻 miR166 的主要靶点。这与 *OsHB3* 和 *OsHB4* 在茎中的表达水平相对高于其他组织的发现是一致的(Itoh et al.，2008)。使用改进的 RLM-RACE 方法检测五个 *OsHB* 基因的剪切，但仅在 *OsHB4* 转录本中确认了剪切(图 4-36e)，绘制的剪切位点与拟南芥中报道的相同(Emery et al.，2003；Tang et al.，2003)。

5. 探究 miR166 是否通过调控 *OsHB4* 介导水稻的抗旱性

通过过表达水稻中抗 miR166 剪切的 *OsHB4*(*rOsHB4*)，作者进一步研究了 miR166 通过调控 *OsHB4* 介导的形态变化和抗旱性(图 4-37a)。在苗期，几个独立的转基因株系表现出正面卷叶表型(图 4-37b)。此外，*rOsHB4* 过表达也使得水稻抗旱性提高(图 4-37b)。干旱处理 10 天后，*rOsHB4* 独立过表达株系 *rOsHB4-1* 和 *rOsHB4-2* 的存活率分别比野生型提高了 22.3%和 28.3%(图 4-37c)。

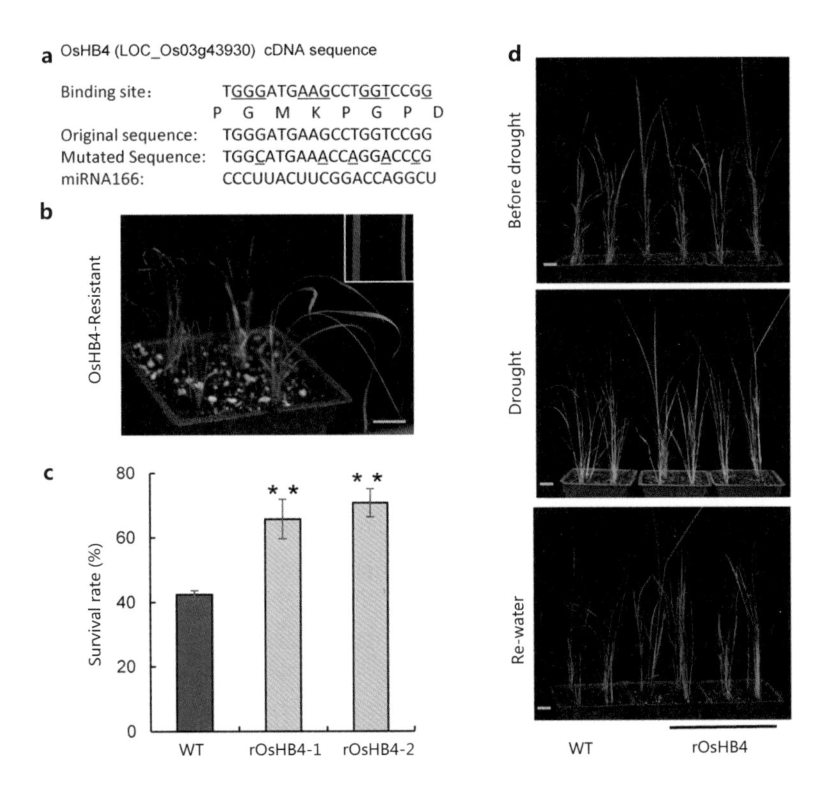

图 4-37　*rOsHB4* 过表达株系的表型(Zhang et al.，2018)

作者利用 CRISPR/Cas9 产生 *OsHB4* 基因单核苷酸缺失的突变体，通过过表达 miR166 前体序列获得 miR166 过表达株系(*OE-MIR166*)，并进行表型分析。结果表明，与野生型相比，*Oshb4* 突变体和 *OE-MIR166* 株系在叶片和维管系统形态和发育方面都没有显著差异。

6. 利用转录组学分析鉴定 miR166 调控的基因

已知 miR166 可调控Ⅲ类 HD-Zip 基因，该基因编码一个转录因子家族，这些转录因子介导下游参与器官和维管发育或分生组织维持的功能基因(Ariel et al.，2007)。为了鉴定 STTM166 株系中与野生型相比表达水平发生改变的基因，作者进行了 RNA-seq 分析。有趣的是，与野生型相比，STTM166 株系中与非生物胁迫相关的标记基因，如过氧化物酶相关基因、应激反应相关基因 *NAC*、*NAM*、*ATAF1/2* 和 *CUC2* 都没有发生变化(Hou et al.，2009)。使用 AgriGO 对 STTM166 株系中上调和下调的基因进行 GO 分析(Du et al.，2010)。结果显示，在差异表达基因中，参与细胞壁组织或生物发生和多糖代谢过程的基因被强烈富集(图 4-38a)。热图显示了三个多糖合成酶基因和 *CLAVATA1*(细胞壁生物发生相关基因)的表达水平变化，该结果被 RT-qPCR 数据进一步证实(图 4-38b)。

为了确定这些多糖合酶基因和 *CLAVATA1* 相关基因是否为 OsHB4 的下游靶基因，作者首先鉴定了可能的 HD-Zip Ⅲ蛋白结合的顺式调控基序。使用 HD-Zip Ⅲ蛋白的体外结合数据(Sessa et al.，1998)，利用 MEME(http://meme-suite.org，图 4-38c)鉴定的结合基序为 AT[C/G]ATT[A/C]，也被确定为拟南芥的 REVOLUTA(HD-Zip Ⅲ转录因子)结合位点(Brandt et al.，2012)。该结合基序存在于这三个多糖合成酶基因和 *CLAVATA1* 相关基因的 5′启动子区域(图 4-38d)。综上所述，miR166 介导 *OsHB4* 转录物的剪切，OsHB4 转录因子直接调节一些细胞壁和多糖代谢相关基因，影响细胞壁形成和维管发育。

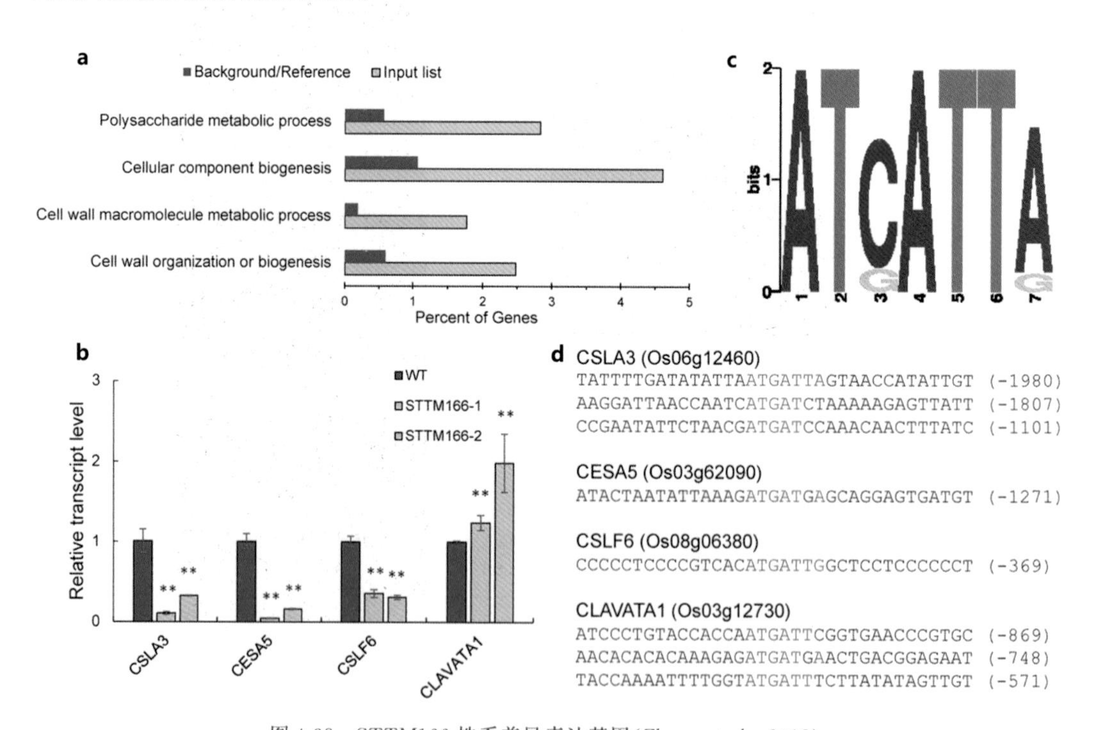

图 4-38　STTM166 株系差异表达基因(Zhang et al.，2018)

该文献的研究框架如图 4-39 所示。

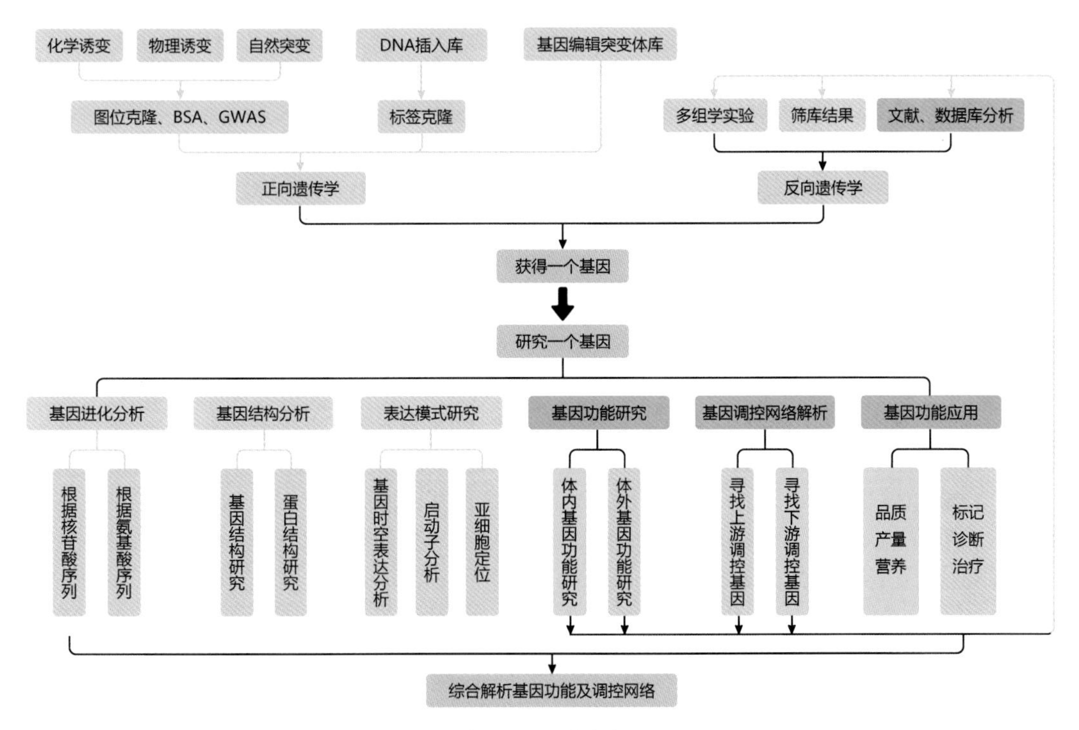

图 4-39　研究框架

四、lncRNA 基因功能研究思路

长链非编码 RNA(long non-coding RNA,lncRNA)是一类长度大于 200nt 的非编码 RNA。在植物中已发现了数以万计的 lncRNA,有研究表明,lncRNA 在植物开花、雄性不育、营养代谢、生物和非生物胁迫等多种生物过程中起着调节因子的作用(Palos et al.,2023),但很少有人对其发挥生物功能背后的分子作用机制进行全面的研究。在植物中对 lncRNA 进行功能研究具有极大的价值。因此,这里将 lncRNA 作为非编码基因的另一个代表,结合“植物基因功能研究范式”讲一讲该范式的通用性。

(一)文献案例

干旱胁迫是一个严重影响全球性作物生产的问题。在干旱胁迫下,植物通过关闭气孔、诱导干旱响应基因等复杂的调控过程,减轻干旱对其生长和繁殖的不利影响。参与干旱响应的编码蛋白质的基因已被广泛研究,但对 lncRNA 在植物干旱响应中的调节作用知之甚少。

2023 年 8 月,南昌大学王东课题组和中国科学院遗传与发育生物学研究所曹晓风课题组在 *Molecular Plant* 杂志上发表了一篇题为“The long non-coding RNA *DANA2* positively regulates drought tolerance by recruiting ERF84 to promote JMJ29-mediated histone demethylation”的研究论文。该研究发现拟南芥 lncRNA *DANA2* 通过招募转录因子 ERF84 来促进 *JMJ29* 的表达,从而正调控植物对干旱胁迫的应答。

在这篇研究论文中,作者首先利用过表达和 T-DNA 插入突变,鉴定出一个植物响应干旱的正

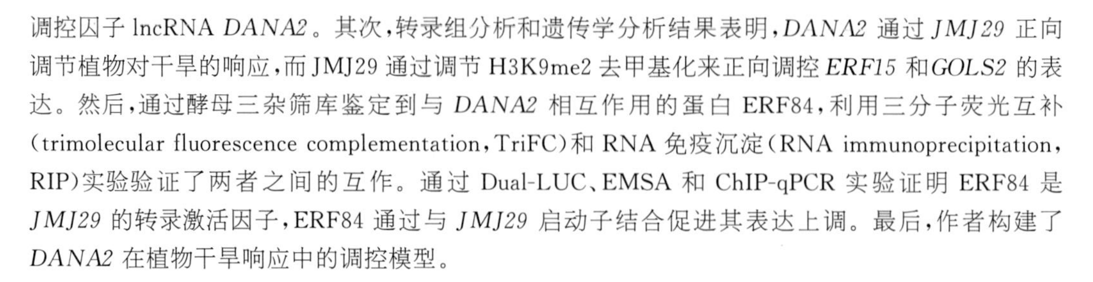

调控因子 lncRNA *DANA2*。其次，转录组分析和遗传学分析结果表明，*DANA2* 通过 *JMJ29* 正向调节植物对干旱的响应，而 JMJ29 通过调节 H3K9me2 去甲基化来正向调控 *ERF15* 和 *GOLS2* 的表达。然后，通过酵母三杂筛库鉴定到与 *DANA2* 相互作用的蛋白 ERF84，利用三分子荧光互补（trimolecular fluorescence complementation，TriFC）和 RNA 免疫沉淀（RNA immunoprecipitation，RIP）实验验证了两者之间的互作。通过 Dual-LUC、EMSA 和 ChIP-qPCR 实验证明 ERF84 是 *JMJ29* 的转录激活因子，ERF84 通过与 *JMJ29* 启动子结合促进其表达上调。最后，作者构建了 *DANA2* 在植物干旱响应中的调控模型。

（二）实验结果

1. *DANA2* 的突变会降低拟南芥的抗旱能力

为了研究 lncRNA 在植物干旱响应中的功能，首先，作者对先前研究报道的拟南芥 lncRNA 构建了 T-DNA 插入突变体库，鉴定了纯合的 T-DNA 插入突变体。然后，在干旱胁迫条件下筛选与干旱相关的突变体（图 4-40a～c）。其中，*DANA2* 两个等位基因的 T-DNA 插入突变体（*dana2-1* 和 *dana2-2*）对干旱敏感（图 4-40d～f）。此外，在 *dana2-1* 突变体背景下过表达 *DANA2* 能够将突变体的抗旱能力恢复到野生型（Col-0）（图 4-40g～i）。这些结果表明，*DANA2* 的突变降低了拟南芥的抗旱能力。

2. *DANA2* 调节干旱响应基因和 *JMJ29* 的表达

为了深入了解 *DANA2* 在植物响应干旱胁迫中的分子机制，作者对 10 天龄的 Col-0 和 *dana2-1* 突变体进行了 RNA-seq 分析（图 4-41a）。在差异表达基因（differentially expressed genes，DEGs）中发现了一组干旱响应基因，作者随机选择了六个与干旱响应相关的 DEGs（包括 *ERF15*、*GOLS2*、*NPC4*、*RDUF1*、*ZAT6* 和 *AP2C1*），通过 RT-qPCR 验证了 RNA-seq 的结果，并且证实了在 *dana2* 突变体中干旱响应基因的表达水平下调（图 4-41b）。在 *dana2* 突变体中与 *DANA2* 基因座位相邻的 *JMJ29* 的表达也显著下调（图 4-41c）。此外，在 Col-0 中聚乙二醇（Polyethylene glycol，PEG）模拟的干旱胁迫使 *JMJ29* 的表达上调（图 4-41d），这与干旱胁迫下 *DANA2* 的表达趋势一致。这些结果表明 *DANA2* 不仅调控一组干旱响应基因的表达，还调控邻近基因 *JMJ29* 的表达。

3. *DANA2* 调节 JMJ29 介导的干旱响应

由于 *DANA2* 的突变会抑制 *JMJ29* 的表达（图 4-41c），作者假设 *JMJ29* 是 *DANA2* 直接作用的下游靶基因，对 *JMJ29* 两个等位基因的 T-DNA 插入突变体 *jmj29-1* 和 *jmj29-2* 进行干旱胁迫实验。结果显示，与 Col-0 相比，这两个突变体对干旱胁迫更加敏感（图 4-42a～c），这与 *DANA2* 突变后的表型一致。*JMJ29* 两个过表达株系 *JMJ29* OE-1 和 *JMJ29* OE-2 比 Col-0 更能抵御干旱胁迫（图 4-42d～g）。以上结果表明，JMJ29 是一种重要的抗旱正调控因子。

作者对 10 天龄的 Col-0 和 *jmj29-1* 突变体进行 RNA-seq 分析，与 Col-0 相比，*jmj29-1* 中有 1059 个显著下调的 DEGs 和 843 个显著上调的 DEGs，其中 281 个显著下调的 DEGs 和 348 个显著上调的 DEGs 在 *dana2-1* 突变体中也分别显著下调和上调（图 4-43），表明 *JMJ29* 可能是 *DANA2* 的直接靶标。

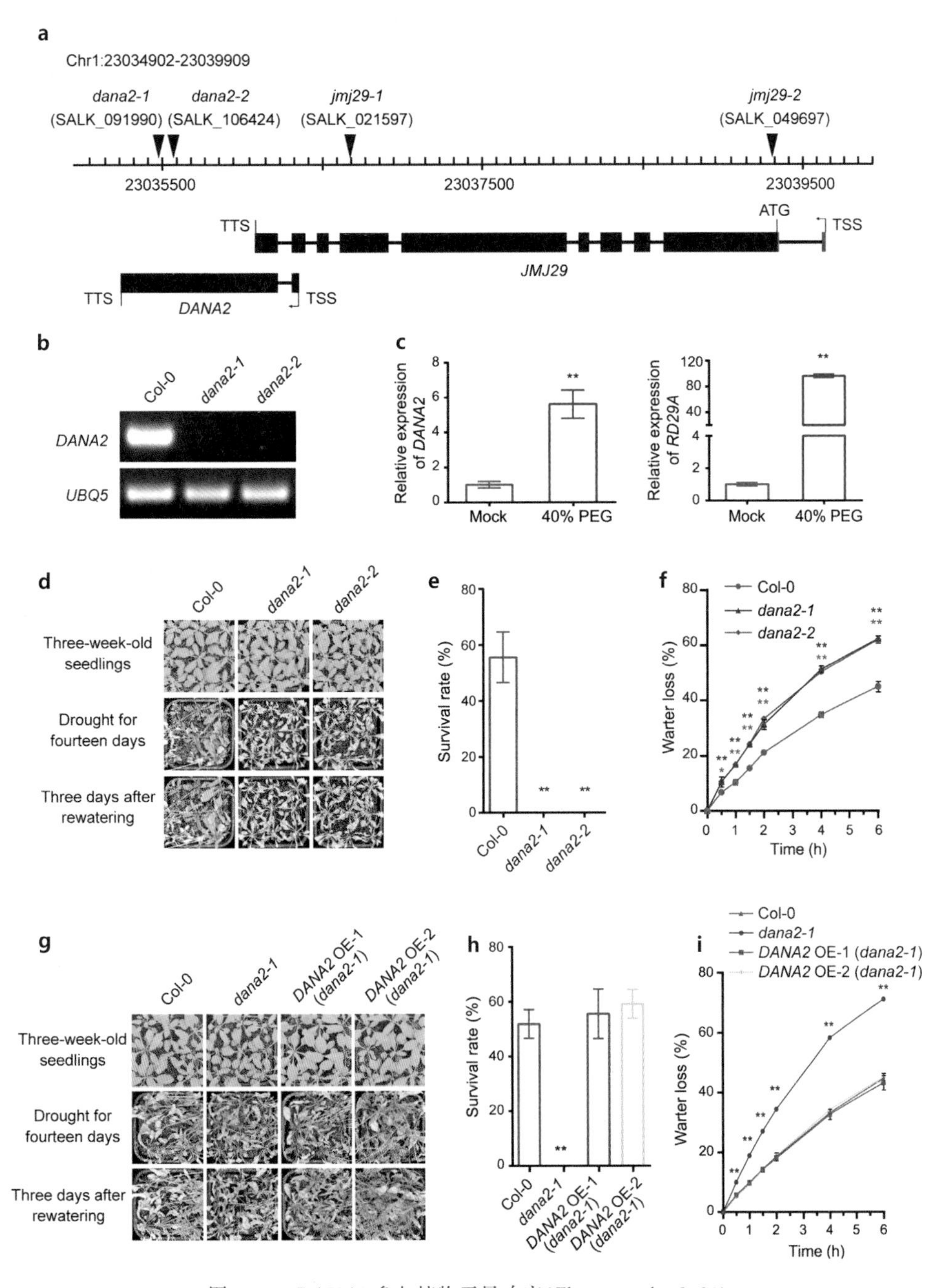

图 4-40 *DANA2* 参与植物干旱响应(Zhang et al.,2023)

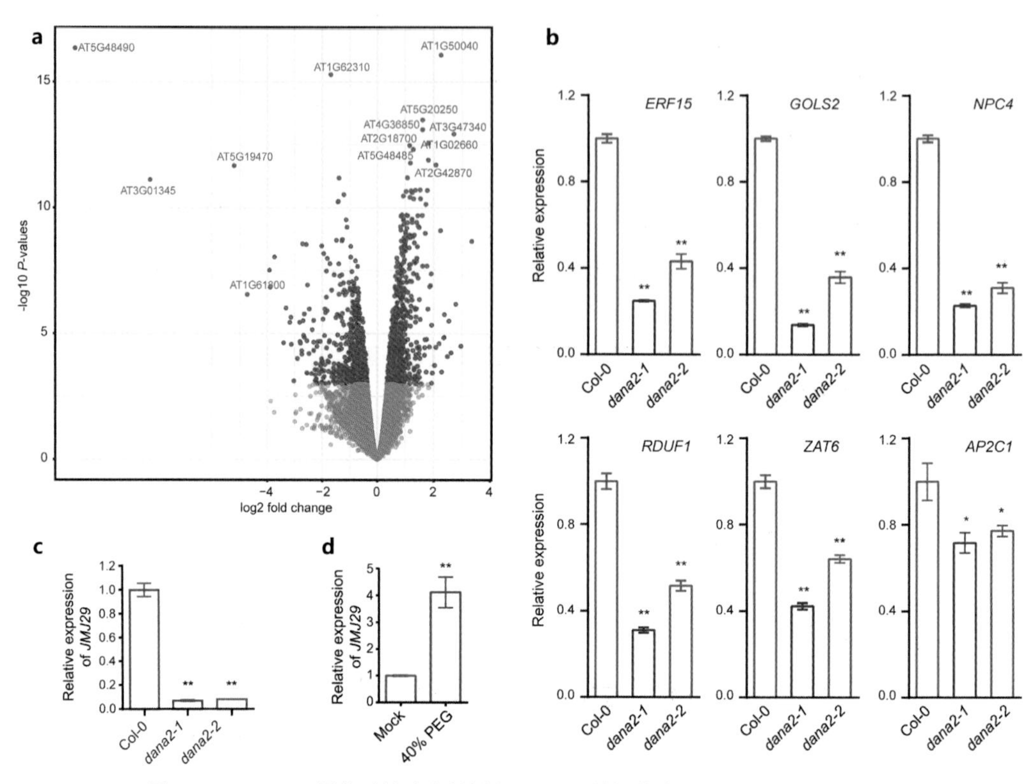

图 4-41　*DANA2* 调节干旱响应基因和 *JMJ29* 基因的表达(Zhang et al.,2023)

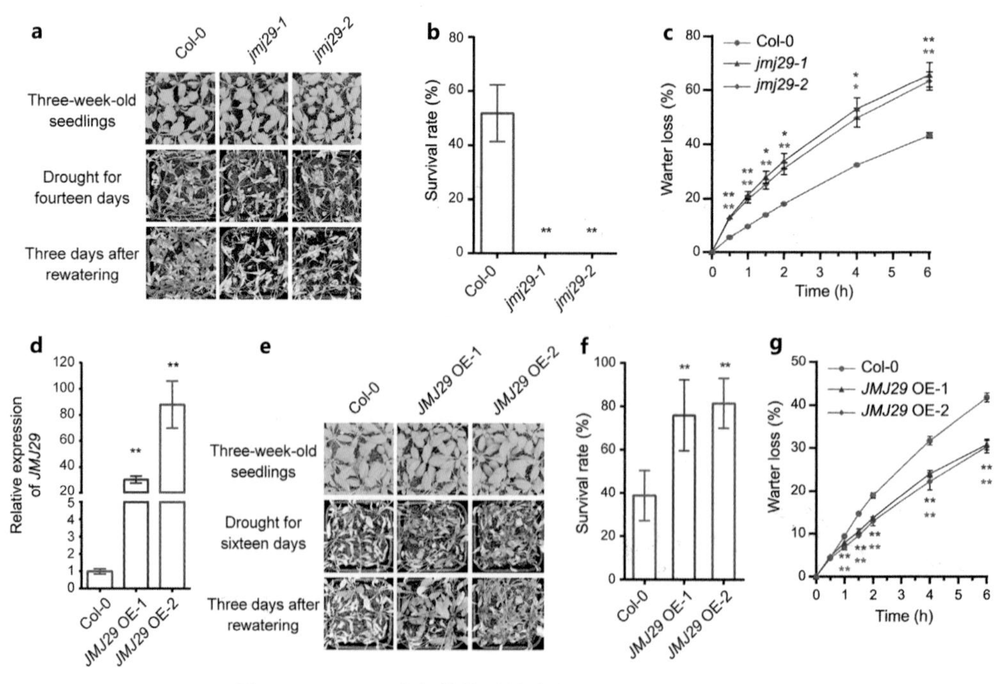

图 4-42　*JMJ29* 参与植物干旱响应(Zhang et al.,2023)

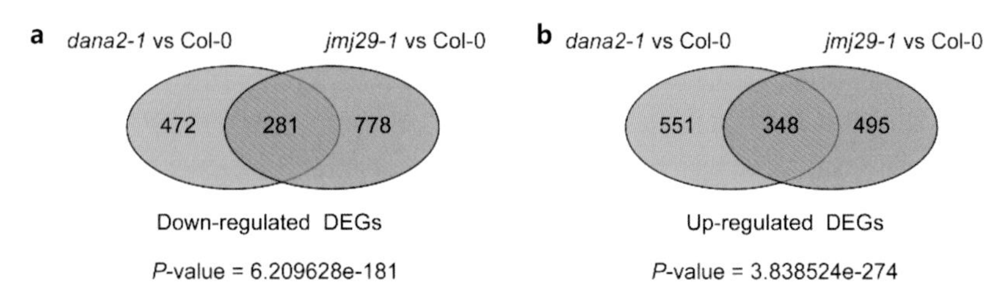

图 4-43 与 Col-0 幼苗相比，*dana2* 和 *jmj29* 突变体中显著下调和显著上调的 DEGs 数量(Zhang et al.,2023)

为了进一步证实在干旱胁迫条件下 *DANA2* 和 *JMJ29* 的上下游关系，作者在 *jmj29-1* 突变体中过表达 *DANA2*，构建转基因株系 *DANA2* OE-1(*jmj29-1*)和 *DANA2* OE-2(*jmj29-1*)，同时，也在 *dana2-1* 突变体中过表达 *JMJ29*，构建转基因株系 *JMJ29* OE-1(*dana2-1*)和 *JMJ29* OE-2(*dana2-1*)。进行干旱胁迫处理后，*JMJ29* OE-1(*dana2-1*)和 *JMJ29* OE-2(*dana2-1*)都成功回补了 *dana2* 突变体对干旱敏感的表型(图 4-44a～c)，但 *DANA2* OE-1(*jmj29-1*)和 *DANA2* OE-2(*jmj29-1*)不能回补 *jmj29* 突变体对干旱敏感的表型(图 4-44d～f)。这些结果表明 *JMJ29* 是 *DANA2* 的下游靶基因。

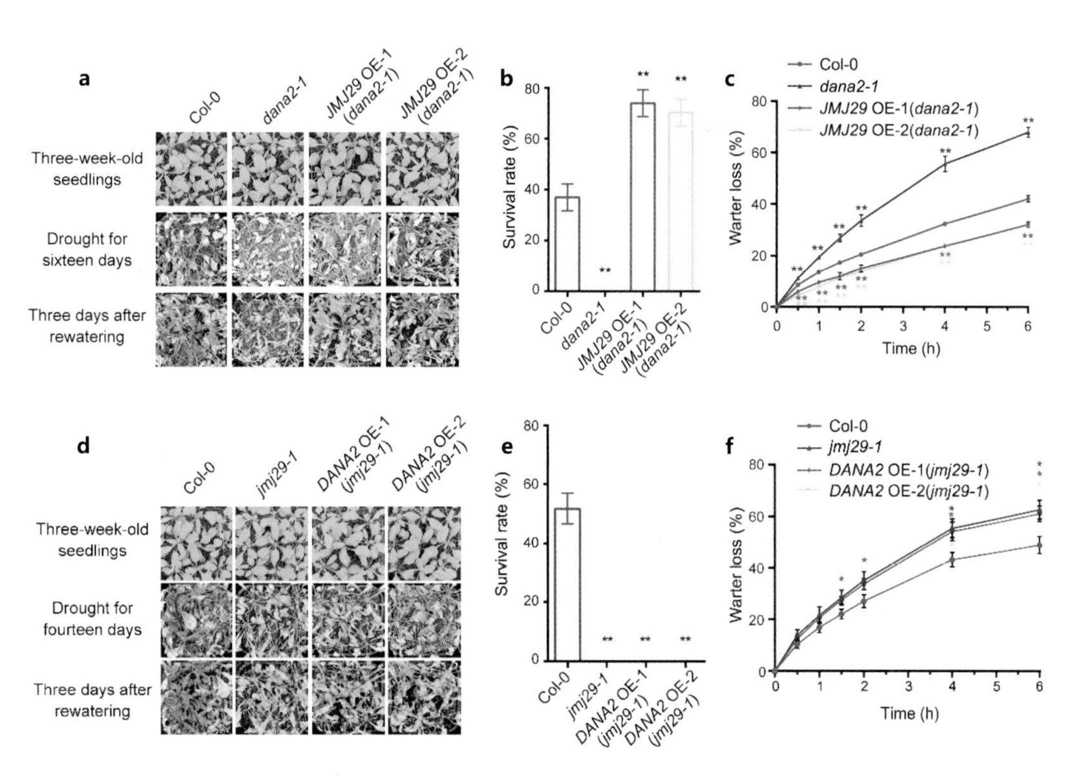

图 4-44 遗传学实验表明 *JMJ29* 是 *DANA2* 的下游靶基因(Zhang et al.,2023)

RT-qPCR 分析显示，在 *dana2* 突变体中 *ERF15* 和 *GOLS2* 的表达下调，同时在 *jmj29* 突变体中这两个基因的表达也下调，它们是编码气孔关闭和干旱胁迫响应的正调控蛋白。基于这些结果，作者认

为 *DANA2* 是通过影响 JMJ29 调节 *ERF15* 和 *GOLS2* 基因的表达进而调控植物的干旱响应。

JMJ29 是一种含有 Jumonji C(JMJC)结构域的组蛋白去甲基化酶，属于 KDM3/JHDM2 组(Lu et al.,2008)，在拟南芥中具有 H3K9me2(H3 组蛋白的第 9 位赖氨酸的二甲基化)去甲基化活性(Hung et al.,2020)。与 Col-0 相比，*JMJ29* 发生突变会提高 H3K9me2 修饰水平(Hung et al.,2020)，在 *dana2-1* 突变体中也观察到了相同的趋势，这些结果支持了 *JMJ29* 是 *DANA2* 下游靶基因的结论(图 4-45a)。此外，在 PEG 处理的 Col-0 植株中，H3K9me2 修饰水平降低(图 4-45b)。

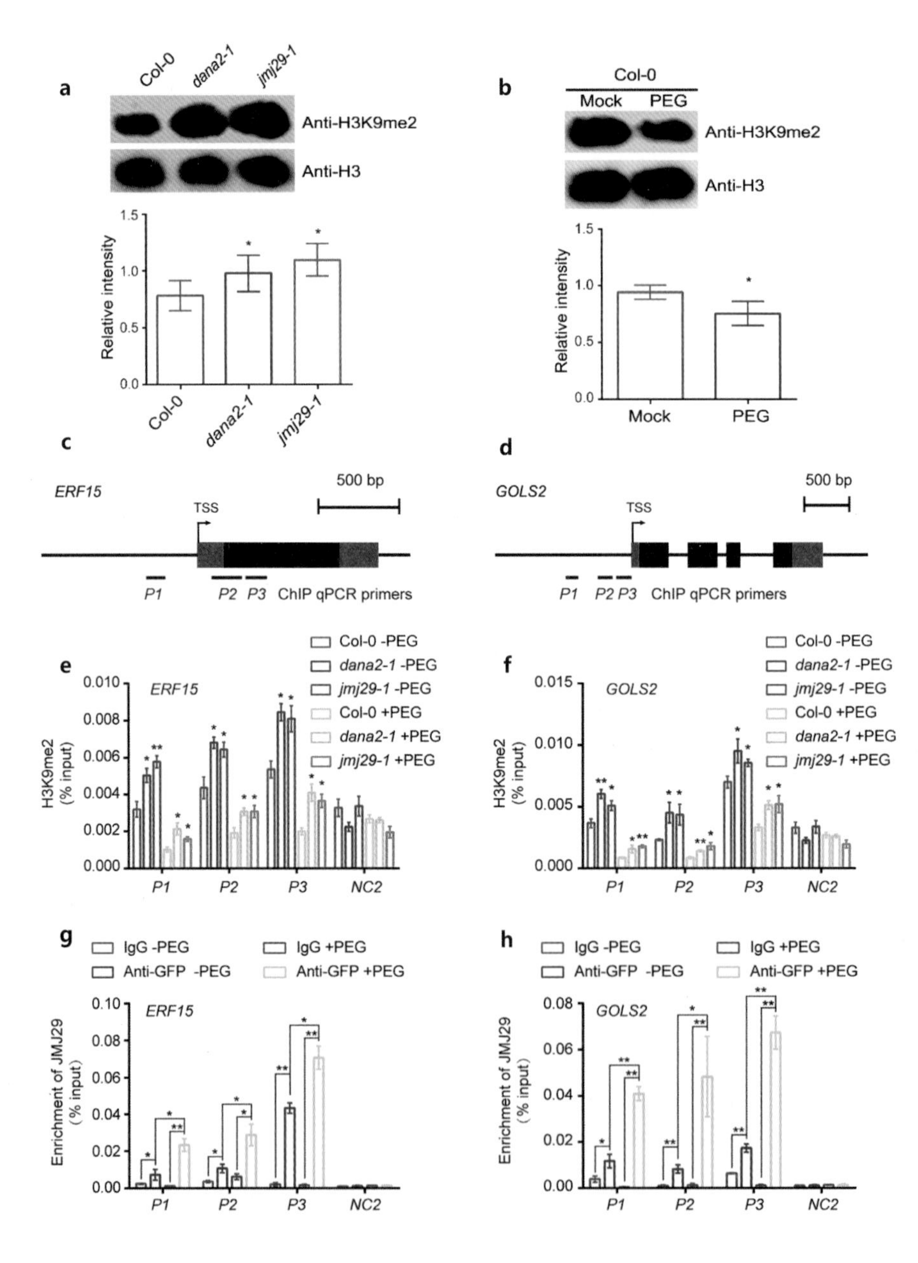

图 4-45　*ERF15* 和 *GOLS2* 基因座位上 H3K9me2 修饰水平受 *DANA2* 介导的 JMJ29 的调控(Zhang, et al.,2023)

作者利用 ChIP-qPCR 在 Col-0、*jmj29-1* 突变体和 *dana2-1* 突变体中检测了 *ERF15* 和 *GOLS2* 座位上 H3K9me2 的修饰水平，并发现在 *jmj29-1* 和 *dana2-1* 突变体中，这两个基因座位上的 H3K9me2 修饰水平提高(图 4-45c～f)。此外，通过 ChIP-qPCR 还发现 JMJ29 与 *ERF15* 和 *GOLS2* 发生了结合，使这两个基因座位上的 H3K9me2 修饰去甲基化(图 4-45g、h)，从而使 *ERF15* 和 *GOLS2* 的表达上调。此外，PEG 处理会使 *ERF15* 和 *GOLS2* 座位上的 H3K9me2 修饰水平降低和 JMJ29 蛋白大量积累(图 4-45e～h)。这些结果说明，JMJ29 通过 H3K9me2 去甲基化来正向调节 *ERF15* 和 *GOLS2* 的表达。

最后，作者还利用免疫共沉淀-荧光定量(chromatin isolation by RNA purification and quantitative real-time PCR，ChIRP-qPCR)实验证实了 *DANA2* 与 *JMJ29* 直接相互作用(图 4-46)。总之，这些结果都表明，*DANA2* 通过调节 *JMJ29* 的表达来调控植物的干旱响应。

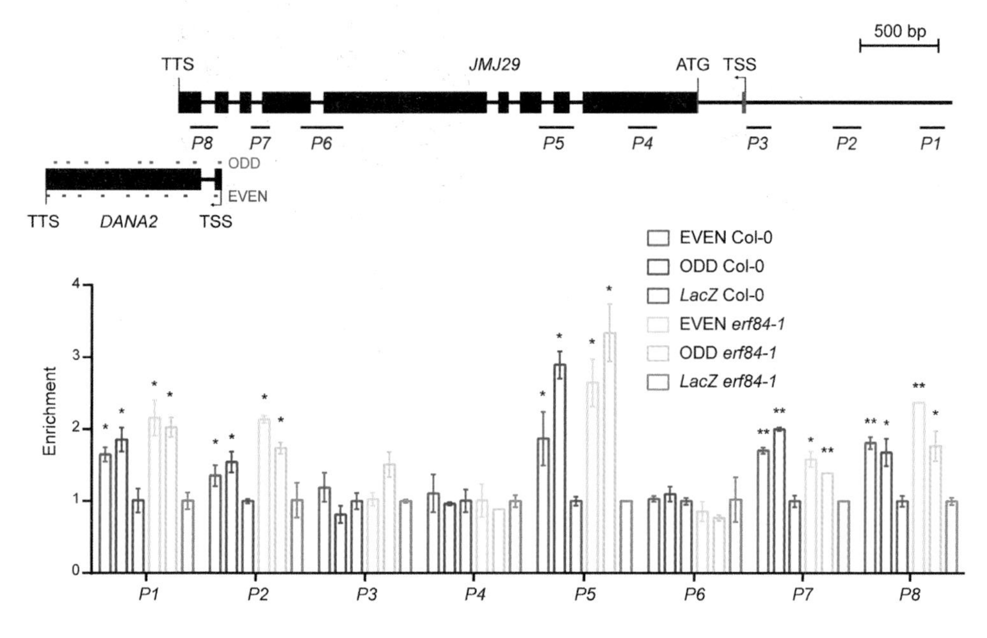

图 4-46 *DANA2* 通过调节 *JMJ29* 的表达来调节植物的干旱响应(Zhang et al.，2023)

4. *DANA2* 与 ERF84 相互作用

在 *dana2-1* 突变体中过表达 *DANA2* 能够成功回补由于 *DANA2* 功能缺失所引起的 *JMJ29* 转录抑制。因此，作者猜测 *DANA2* 可能与其他组分一起调节 *JMJ29* 的表达。为了验证这一猜测，作者通过酵母三杂交筛库鉴定到一个与 *DANA2* 相互作用的蛋白 ERF84，它是 AP2/ERF 转录因子(图 4-47a)。然后，将含有链霉亲和素适配体的 tRNA 支架(tRSA)与 *DANA2* 的全长融合，证实了 ERF84 能够特异性结合 tRSA-*DANA2*，但不单独结合 tRSA(图 4-47b)。还使用 TriFC 分析检测了 *DANA2* 与 ERF84 的体内结合，并观察到在细胞核中 *DANA2* 与 ERF84 结合(图 4-47c)。此外，在 *UBQ10*:*ERF84-HA* 转基因株系中，通过 RIP 实验证实了 *DANA2* 与 ERF84 体内的相互作用，在 PEG 处理过程中，*DANA2* 与 ERF84 的相互作用增强(图 4-47d)。这些结果表明，ERF84 能够与 *DANA2* 特异性结合。

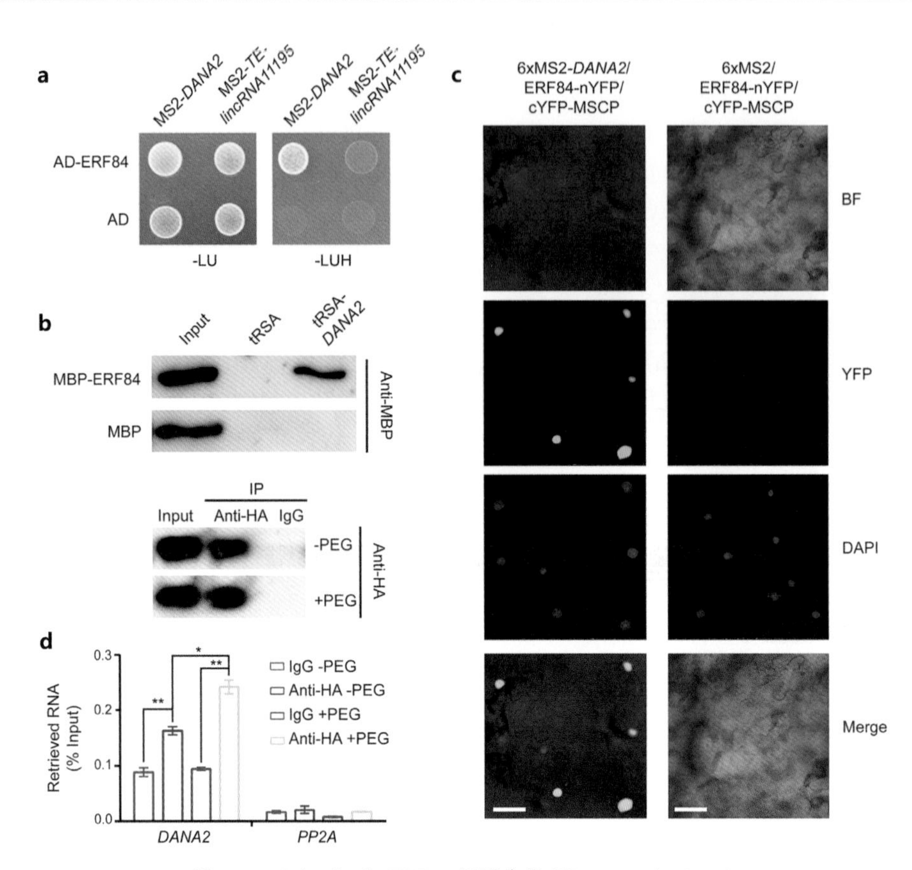

图 4-47 *DANA2* 与 ERF84 相互作用(Zhang et al.,2023)

5. *DANA2* 与 ERF84 相互作用以调节植物对干旱的响应

为了探索 ERF84 在植物干旱响应中的作用,作者利用 CRISPR/Cas9 技术产生了两个 *erf84* 突变体:*erf84-1* 和 *erf84-2*。这两个 *erf84* 突变体比 Col-0 表现出更高的干旱敏感性(图 4-48a~c),与 *dana2-1* 突变体的结果一致。总之,这些结果表明 *DANA2* 与 ERF84 相互作用以调节植物对干旱的响应。

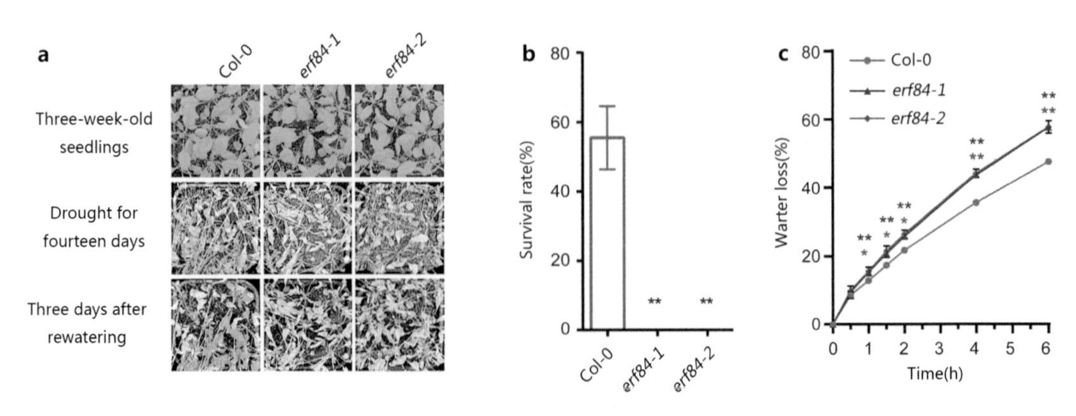

图 4-48 ERF84 能够调节植物对干旱的响应(Zhang et al.,2023)

6. ERF84 是 *JMJ29* 的转录激活因子

ERF84 是 AP2/ERF 转录因子，但其在转录调控中的作用尚不清楚。作者使用 Dual-LUC 实验在原生质体中分析出 ERF84 具有转录激活活性(图 4-49a)并与 *JMJ29* 启动子结合(图 4-49b)，还发

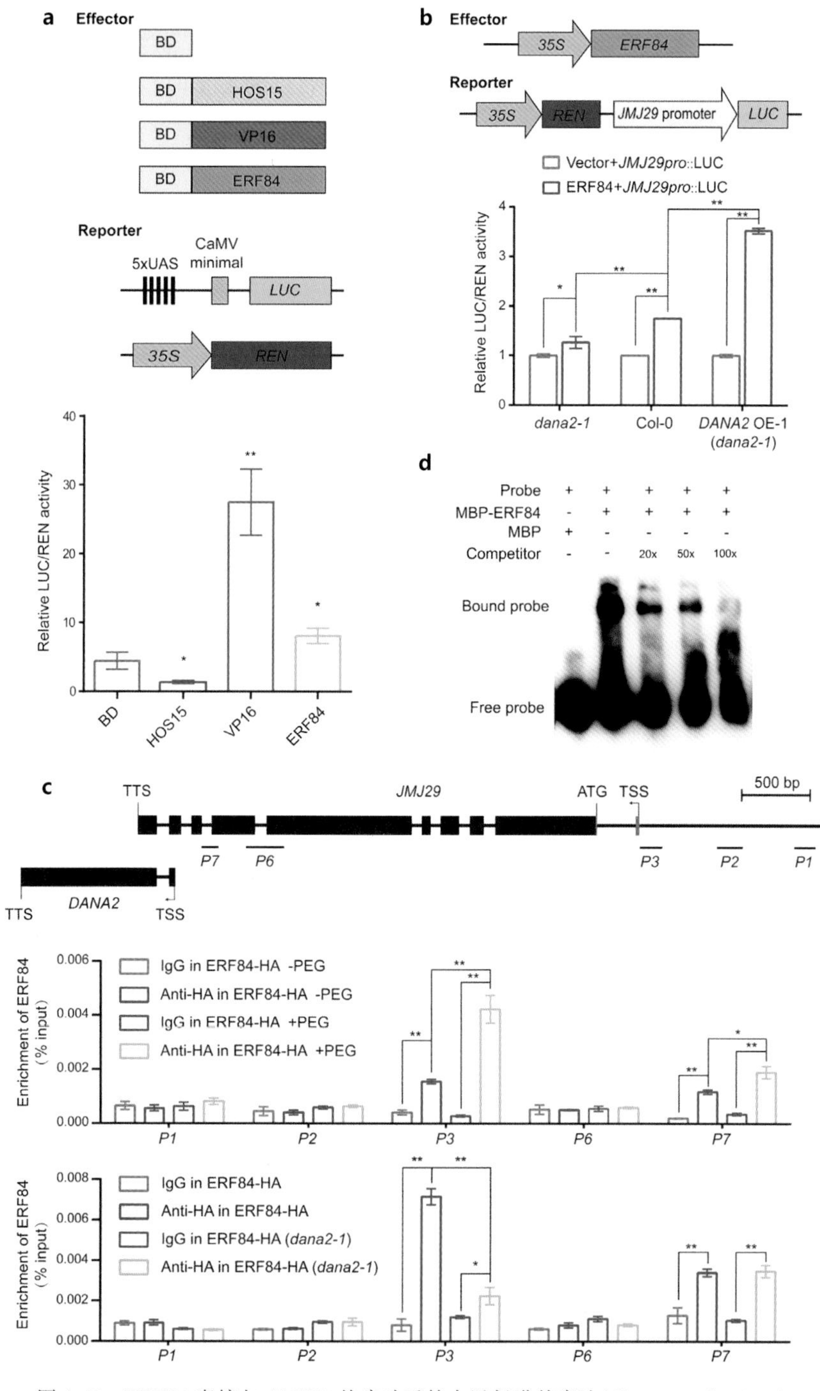

图 4-49　ERF84 直接与 *JMJ29* 的启动子结合以促进其表达(Zhang et al.,2023)

现 ERF84 对 *JMJ29* 的转录激活活性与 *DANA2* 的转录水平正相关，这表明 *DANA2* 与 ERF84 相互作用进一步激活了 *JMJ29* 的表达。为了进一步证实 ERF84 与 *JMJ29* 启动子结合，作者进行了 ChIP-qPCR 实验，结果表明，ERF84 与 *JMJ29* 基因启动子序列 P3 区（ATG 翻译起始密码子上游 311bp 处）显著结合，PEG 处理会增强 ERF84 与 *JMJ29* 启动子的结合，但这种显著结合的情况在 *dana2-1* 突变体中会受到影响（图 4-49c），同时 *DANA2* RNA-*JMJ29* DNA 之间的相互作用在 *erf84* 突变体背景中不受影响，这表明 *DANA2* 参与 ERF84 与 *JMJ29* 的结合，但 ERF84 不影响 *DANA2* 与 *JMJ29* 的结合。EMSA 实验证明 ERF84 与 *JMJ29* 启动子的 P3 区结合（图 4-49d）。此外，作者通过 ChIP-qPCR 实验发现 ERF84 也可以与 *DANA2* 启动子结合。PEG 处理可增强 ERF84 与 *JMJ29* 和 *DANA2* 启动子的结合。这些结果证明 ERF84 通过与 *JMJ29* 启动子结合来促进其转录。

最终，作者构建了 *DANA2* 在植物干旱响应中的调控模型。在正常条件下，具有适当 H3K9me2 修饰水平的 *ERF15* 和 *GOLS2* 维持在正常转录水平（图 4-50a）。但发生干旱胁迫时，*DANA2* 基因的转录物增多，并与转录激活因子 ERF84 结合，从而导致 ERF84 在 *JMJ29* 基因启动子上的富集，随后 *JMJ29* 的表达上调。而 *JMJ29* 的表达上调会导致 *ERF15* 和 *GOLS2* 基因对应的 H3K9me2 修饰水平降低，使 *FRF15* 和 *GOLS2* 的表达上调，从而增强植物的抗旱能力（图 4-50b）。

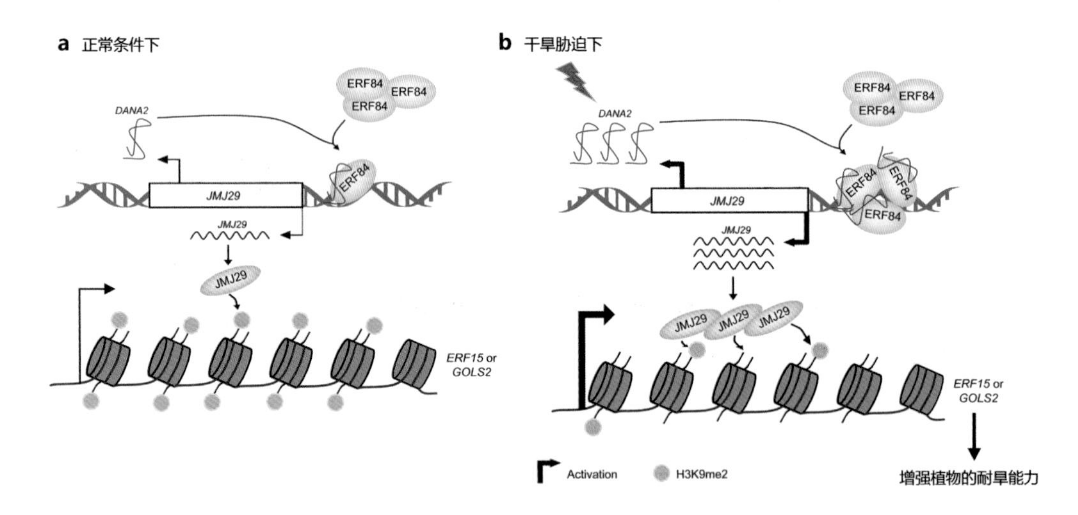

图 4-50　*DANA2* 在植物干旱响应中的调控模型（Zhang et al.，2023）

该文献的研究框架如图 4-51 所示。

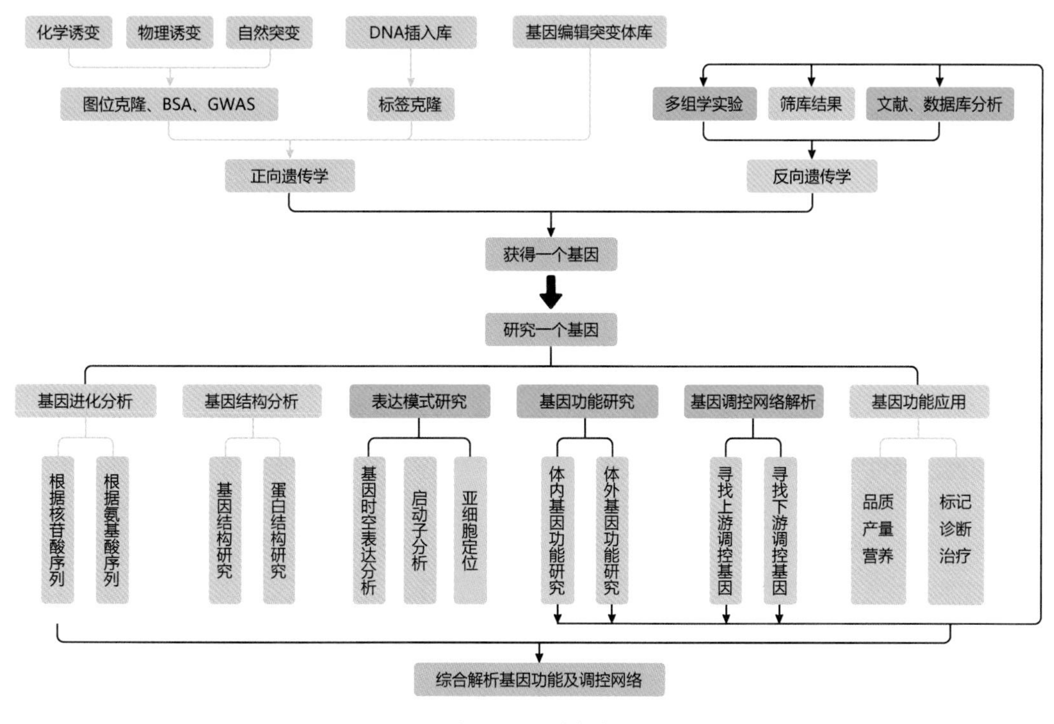

图 4-51　研究框架

五、无转化体系物种基因功能研究思路

有些物种没有开发出遗传转化体系，有些物种是基因型依赖性太强，仅有极少数品种可以进行遗传转化，有些物种是遗传转化效率极低导致大多数实验室几乎不具备转化成功的条件，为了书写方便，本节将以上这些物种统称为“无转化体系物种”。对无转化体系物种来说，通过遗传转化实验获得过表达株系、干扰株系或敲除株系都无法实现，而这是前面讲过的“基因功能研究范式”中“体内基因功能研究”的重要内容，这是否意味着这些无转化体系物种无法利用分子生物学技术研究基因功能呢？并不是。

对照前面讲过的“基因功能研究范式”，现在重新梳理一下思路。对于无转化体系物种来说，如果它的基因组数据库资源充足，可通过多组学实验结果、蛋白筛库结果、文献和数据库分析等反向遗传学手段获得目的基因。在研究目的基因时，对于基因进化分析、基因结构分析、表达模式研究以及基因调控网络解析这些研究，无转化体系物种和其他有遗传转化体系的物种并无不同，它们不同的地方只在于“基因功能研究”部分，虽然无转化体系物种无法在本物种中进行遗传转化，但可选择转化模式植物来进行基因功能研究，大多数情况下首选水稻、拟南芥、烟草和番茄等模式植物。

具体选择哪种模式植物呢？许多研究者通常会从以下三个方面进行考虑：

① 植物类型：根据研究对象是单子叶还是双子叶植物来选择合适的模式植物。如果研究对象是单子叶植物，常选择转化水稻、玉米等；如果是双子叶植物，则常选择转化拟南芥、烟草等。

② 亲缘关系：选择与研究对象亲缘关系较近且已有遗传转化体系的模式植物，这样可以更方便

地利用已有的遗传转化技术和研究方法，减少研究的复杂性和难度。

③ 基因功能：根据目的基因的功能来选择合适的模式植物。例如，研究与花发育相关的基因可考虑转化拟南芥、烟草等，研究果实发育相关的基因可考虑转化番茄等。

对于无转化体系物种，“基因功能研究”这一部分的方法除了上述异源稳定转化模式植物外，还可以在本物种或其他物种中做瞬时转化实验，包括瞬时过表达实验、瞬时干扰实验（例如 VIGS）等，当然，这也依赖于被转化的物种已建立瞬时转化体系。例如，在研究苹果的 *MdMYB* 基因对花青素积累的影响时，在苹果本物种的愈伤中做了瞬时转化实验（Zheng et al.，2021）；在研究百合的 *LhWRKY44* 基因对花青素积累的影响时，不仅在百合本物种中做了瞬时转化实验，还在苹果愈伤组织中进行了验证（Bi et al.，2023）。另外，瞬时转化实验除了以愈伤作为受体材料，还可以利用悬浮细胞、原生质体、毛状根、叶片、果实和下胚轴等作为受体材料来研究目的基因的功能。

根据上述方法其实可以设计多种实验组合，在这里给大家提供一种常用的无转化体系物种的“基因功能研究”思路：

过表达实验：在模式植物中稳定过表达目的基因；

沉默实验：在研究的物种中利用 VIGS 技术瞬时沉默目的基因；

回补实验：以模式植物突变体或目的基因同源基因的敲除材料作为遗传转化受体材料，回补目的基因。

通过上述适当的实验组合，可以更好地了解目的基因的功能和作用机制。在此，举两个文献案例来进行说明。

2022 年 2 月，华中农业大学产祝龙、王艳平和向林课题组在 *Horticulture Research* 杂志上发表了一篇题为“Jasmonic acid biosynthetic genes *TgLOX4* and *TgLOX5* are involved in daughter bulb development in tulip (*Tulipa gesneriana*)”的研究论文，作者以郁金香（*Tulipa gesneriana*）为材料，研究了茉莉酸（JA）对其种球发育的影响。

为了研究郁金香 *TgLOX4* 和 *TgLOX5* 脂氧合酶基因的功能，并将它们与 JA 合成途径联系起来，作者选择在模式植物拟南芥中进行异源过表达实验。结果显示，拟南芥内源的 JA 含量增加，侧根数量增加，此外，这两个基因过表达还促进了植株的叶片生长及分枝（图 4-52、图 4-53）。

接着，作者在郁金香本物种中利用 VIGS 技术沉默 *TgLOX4* 和 *TgLOX5* 基因。结果显示，这两个基因的沉默抑制了郁金香种球的生长（图 4-54）。

2022 年 4 月，安徽农业大学王云生和夏涛课题组在 *Horticulture Research* 杂志上发表了一篇题为“Functional analysis of the dihydroflavonol 4-reductase family of *Camellia sinensis*: exploiting key amino acids to reconstruct reduction activity”的研究论文，作者以茶树（*Camellia sinensis*）为材料，研究了二氢黄酮醇 4-还原酶（*CsDFRs*）基因在类黄酮代谢途径中的作用。

作者首先克隆了 *CsDFRs* 基因，基于转录组和代谢组分析发现 *CsDFRs* 的表达与花青素和原花青素积累密切相关。体外酶活实验证明 CsDFRa 和 CsDFRc 具有 DFR 的还原酶活性，而 CsDFRb1 几乎没有还原酶活性，如何在体内实验中证明它们的功能呢？

模式植物拟南芥 *AtDFR* 突变体 *tt3* 表现出花青素合成不足，并且缺乏种皮色素。作者利用拟南芥突变体 *tt3* 作为受体材料，将茶树基因 *CsDFRa*、*CsDFRb1* 和 *CsDFRc* 分别进行回补（图 4-55）。结果显示，回补 *CsDFRa* 和 *CsDFRc* 不仅恢复了植株紫色叶柄的表型，而且恢复了种皮的颜色，而回补 *CsDFRb1* 无此表型，该结果直接证实了 *CsDFRs* 参与了花青素和原花青素的生物合成。

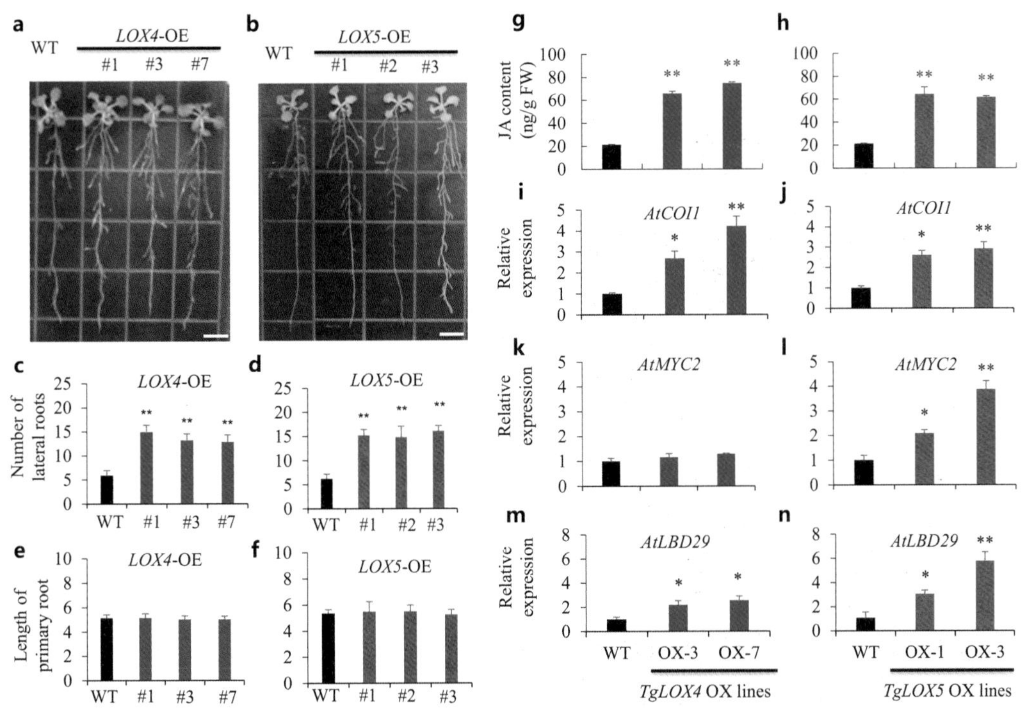

图 4-52　在拟南芥中分别过表达 *TgLOX4* 和 *TgLOX5* 基因，萌发两周后观察并检测这两个基因对拟南芥根系生长和内源基因表达的影响（Sun et al.，2022）

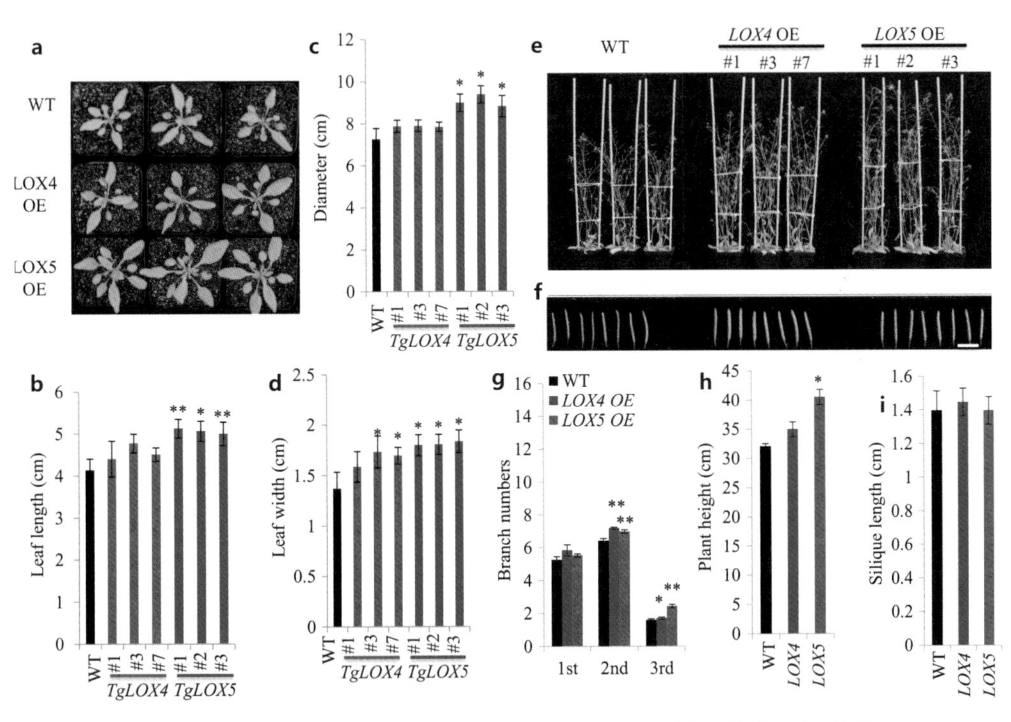

图 4-53　在拟南芥中分别过表达 *TgLOX4* 和 *TgLOX5* 基因，检测这两个基因对植株地上部分的影响（Sun et al.，2022）

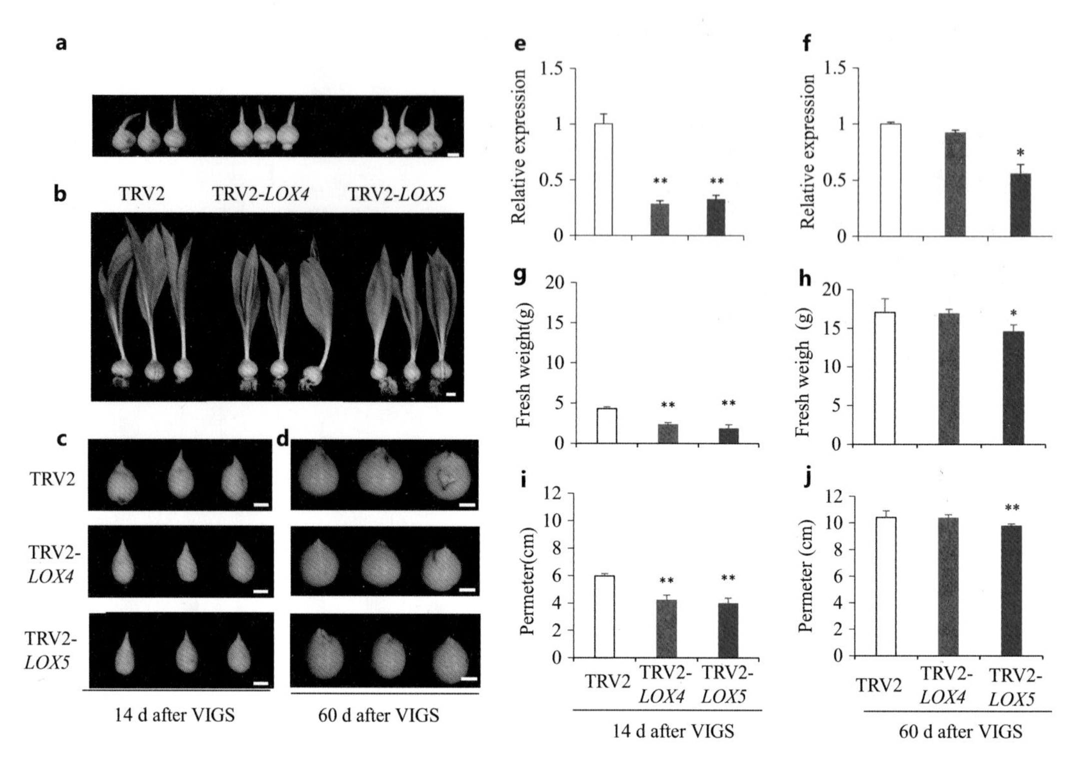

图 4-54　利用 VIGS 技术沉默郁金香中的 *TgLOX4* 和 *TgLOX5* 基因(Sun et al.,2022)

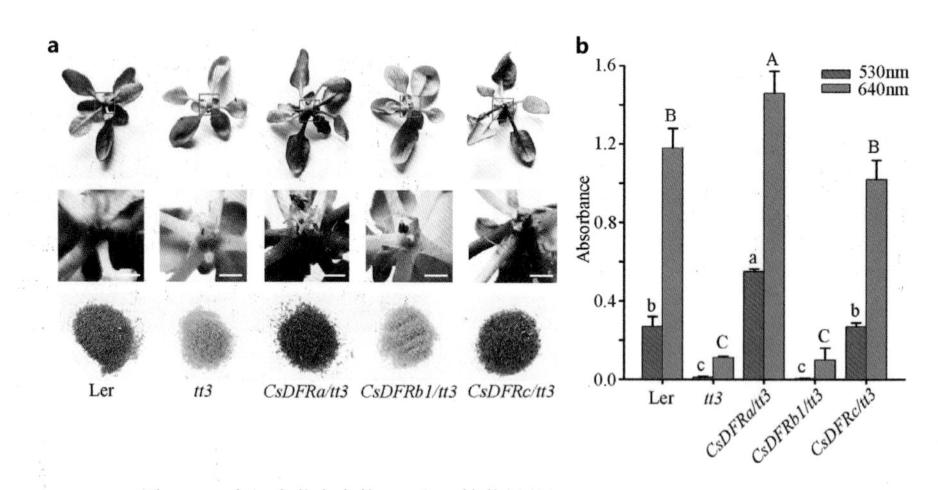

图 4-55　在拟南芥突变体 *tt3* 中回补茶树基因,证明 *CsDFRs* 基因参与花青素和原花青素的生物合成(Ruan et al.,2022)

本书根据多篇文献总结出无转化体系物种的基因功能研究思路(图 4-56)。

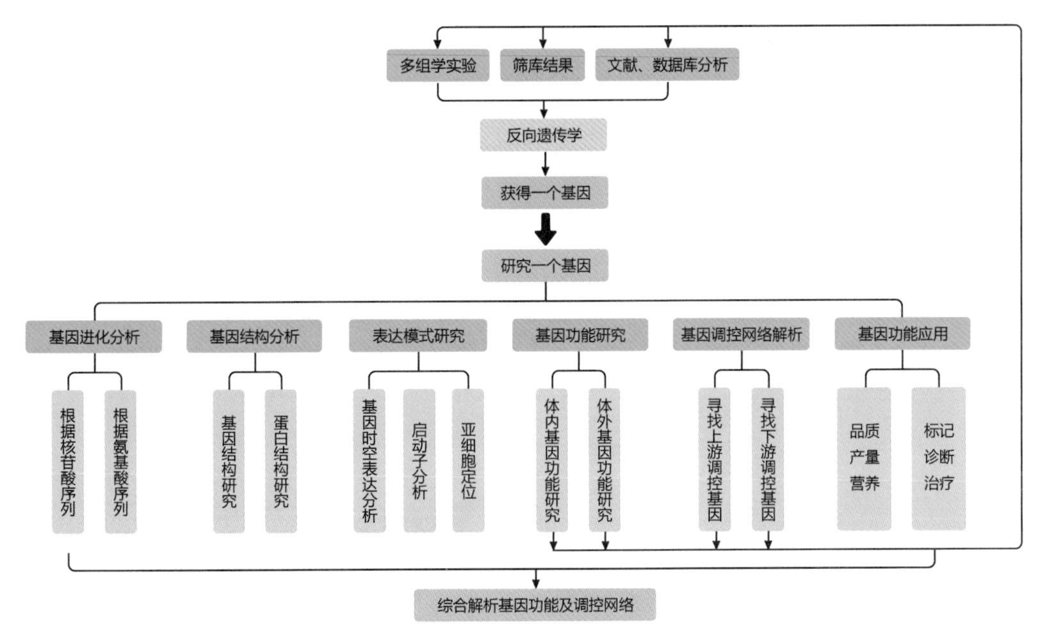

图 4-56　研究思路

（一）文献案例

前面介绍了一种常用的无转化体系物种的“基因功能研究”思路并介绍了两个文献案例。下面，再通过一篇文献案例来详细解读无转化体系物种的研究思路。

植物特异性蛋白 Remorins(REM)，是所有陆生植物质膜的典型标记蛋白，其包含一个可变的 N 端和一个保守的 C 端。REM 在参与植物生长、发育、胁迫响应、信号转导和果实成熟方面都有重要的作用。REM 在水稻、番茄和玉米等模式植物中有较多的研究，但在茄科植物中尤其是辣椒中研究极少。

2023 年 3 月，西北农林科技大学张新梅和康振生课题组在 *Horticulture Research* 杂志上发表了一篇题为“CaREM1. 4 interacts with CaRIN4 to regulate *Ralstonia solanacearum* tolerance by triggering cell death in pepper”的研究论文，作者主要研究了辣椒中 *CaREM1. 4* 在抗青枯病菌中的正向调控作用，后又通过实验证明了 CaREM1. 4 与 CaRIN4-12 相互作用，对 *CaRIN4-12* 的基因功能研究证明了其在辣椒抗青枯菌过程中的负向调控作用。

（二）实验结果

1. 辣椒 *REM* 基因家族的鉴定及系统发育分析

作者使用 REM 蛋白 C 端的保守序列搜索了辣椒的基因组序列，鉴定出了 18 个 *CaREM* 基因，并与拟南芥、番茄和水稻中的 REM 成员构建了发育进化树(图 4-57)。

2. 分析 *CaREM* 基因的结构

作者对 18 个 *CaREM* 进行基因结构分析(可参考原文表格)和蛋白保守结构域分析(图 4-58)，分析表明，这些 *CaREM* 基因在进化上是保守的，并且存在基因结构的多样性，另外，作者也对 *CaREM* 基因的启动子进行了分析，发现了 15 个顺式作用元件(可参考原文补充数据)。

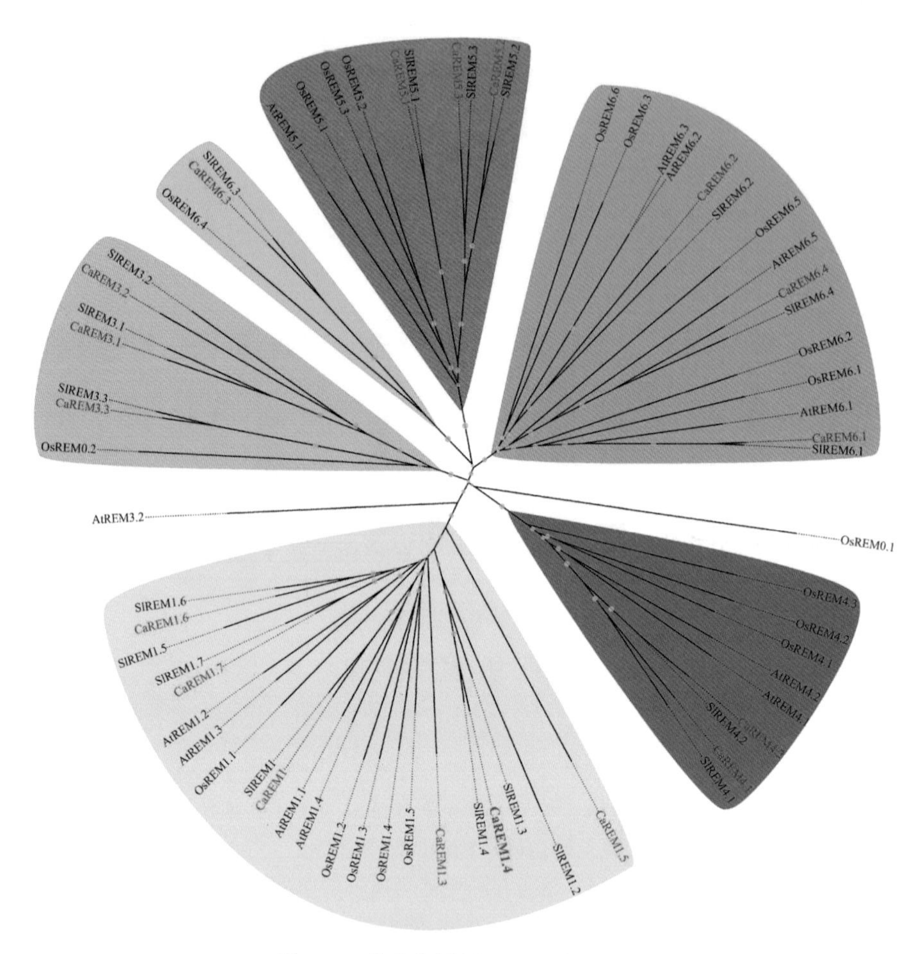

图 4-57　进化分析(Zhang et al. ,2023)

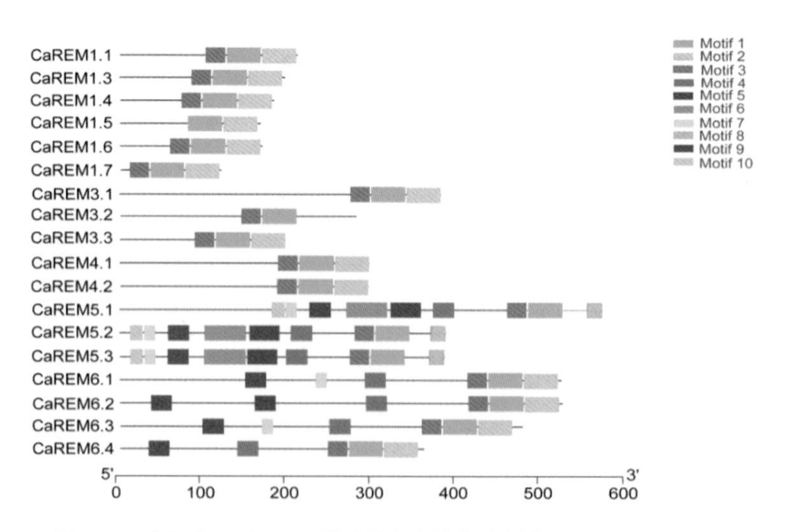

图 4-58　辣椒中 18 个 REM 蛋白的保守基序示意图(Zhang et al. ,2023)

3.检测接种青枯菌的辣椒叶片中 *CaREM1.4* 基因的转录水平

对接种了青枯菌的辣椒进行 *CaREM* 基因的表达模式分析，作者发现 *CaREM1.4* 基因对青枯菌的反应最为显著，RT-qPCR 结果显示接种青枯菌 12h 和 24h 时，*CaREM1.4* 基因的转录水平会显著高于对照(图 4-59)。因此，作者在后面的文章中重点研究了 *CaREM1.4* 基因在辣椒受青枯菌胁迫下所发挥的作用。

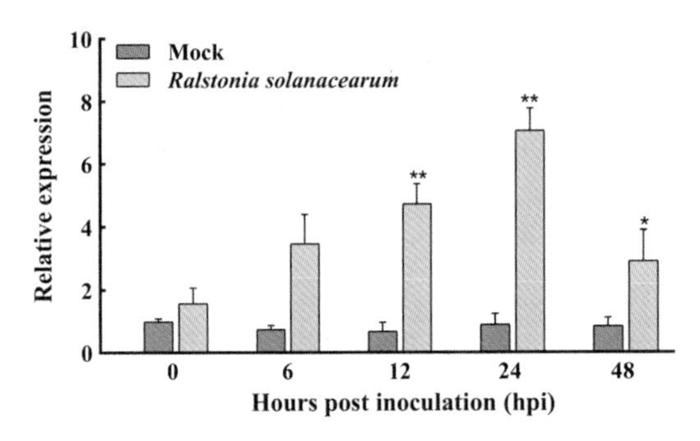

图 4-59　*CaREM1.4* 基因在受到青枯菌胁迫下转录水平提高(Zhang et al.,2023)

4.研究 *CaREM1.4* 在辣椒与青枯菌相互作用中的功能

作者对 *CaREM1.4* 进行基因功能研究，包括 VIGS 实验以及对应的表型、疾病指数、青枯菌生长情况、各 *CaREM* 基因的转录水平检测和各免疫相关基因的转录水平检测(图 4-60)，瞬时过表达实验以及对应的表型、相关生理生化实验和各免疫相关基因的转录水平检测(图 4-61)。另外，作者也检测了 CaREM1.4 的 C 端、N 端及完整蛋白的亚细胞定位情况，以及其 C 端和 N 端在抗病中的作用(可参考原文补充数据)。以上实验表明，CaREM1.4 为辣椒与青枯菌相互作用的正调控因子，并且其 C 端是引起细胞死亡的主要功能结构域。

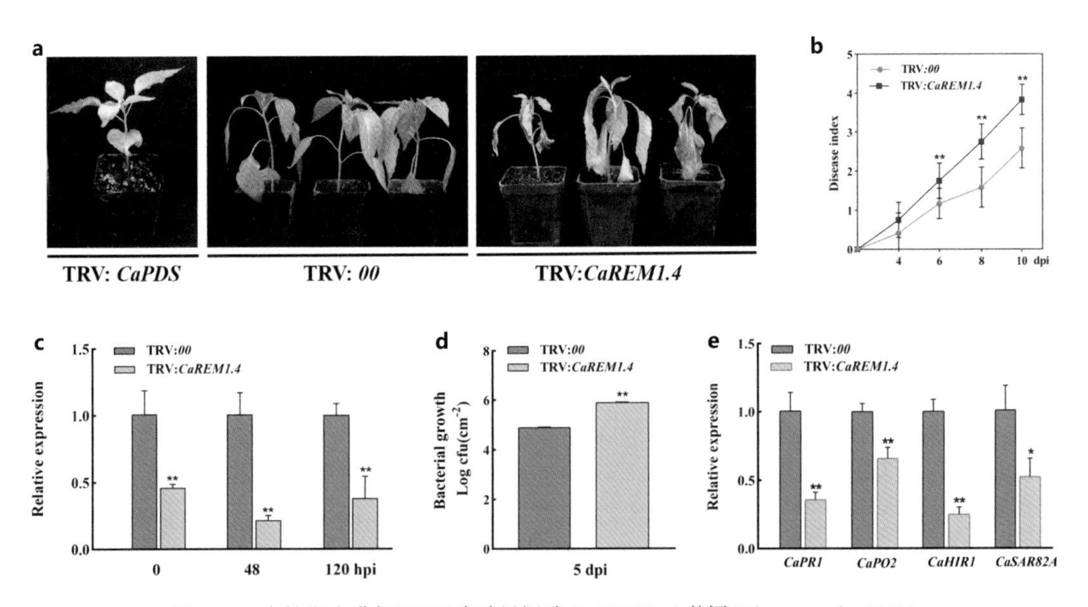

图 4-60　在辣椒中进行 VIGS 实验以沉默 *CaREM1.4* 基因(Zhang et al.,2023)

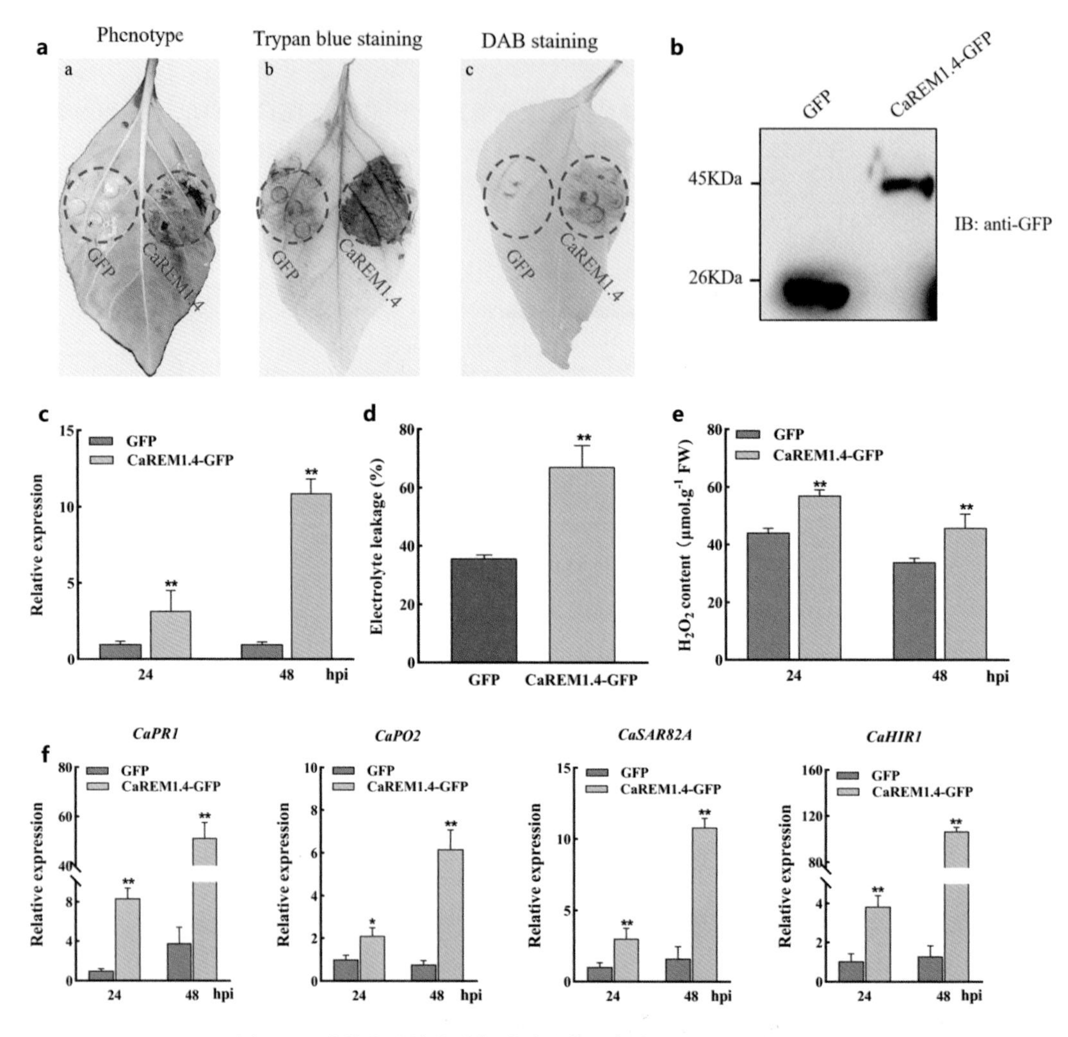

图 4-61 在辣椒叶片中进行瞬时过表达实验(Zhang et al.,2023)

5.寻找 CaREM1.4 的互作蛋白

在其他物种中已经证明 REM 蛋白与 RIN 蛋白互作(Zhang et al.,2020),因此作者通过数据库比对鉴定出辣椒中存在 13 个 *CaRIN4* 基因。Split-LUC 实验显示 CaREM1.4 与 CaRIN4 的 4 个成员存在相互作用(可参考原文补充数据),并最终选择 CaRIN4-12 进行后续实验,通过 Y2H、Split-LUC、BiFC 以及 Co-IP 这四种实验证明了 CaREM1.4 和 CaRIN4-12 存在相互作用(图 4-62)。

6.研究 *CaRIN4-12* 在辣椒与青枯菌相互作用中的功能

通过在辣椒叶片中共表达 *CaREM1.4* 和 *CaRIN4-12*(图 4-63)以及沉默 *CaRIN4-12*(图 4-64)发现,*CaRIN4-12* 能显著减少 *CaREM1.4* 产生的活性氧和细胞死亡,*CaRIN4-12* 负向调节 *CaREM1.4* 的表达,其表达量下降时可增强辣椒对青枯菌的抗性(图 4-65)。

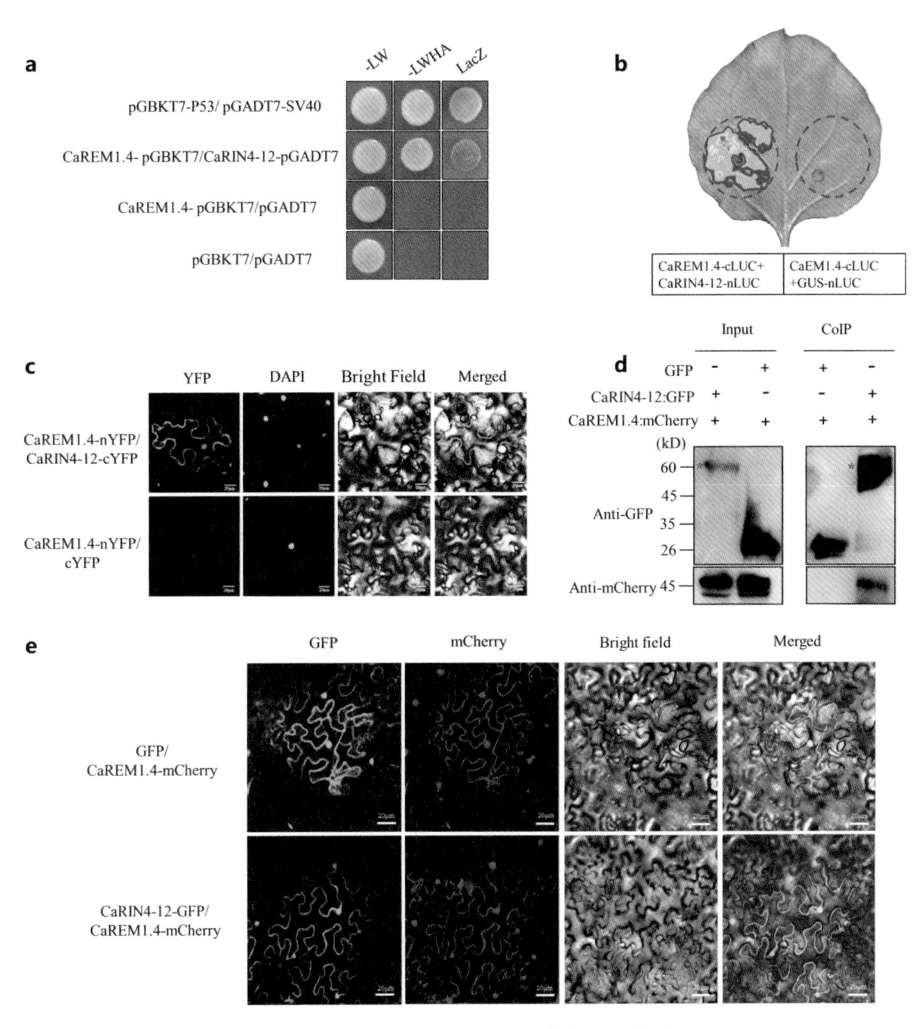

图 4-62　多种实验证明 CaREM1.4 和 CaRIN4-12 存在相互作用(Zhang et al.,2023)

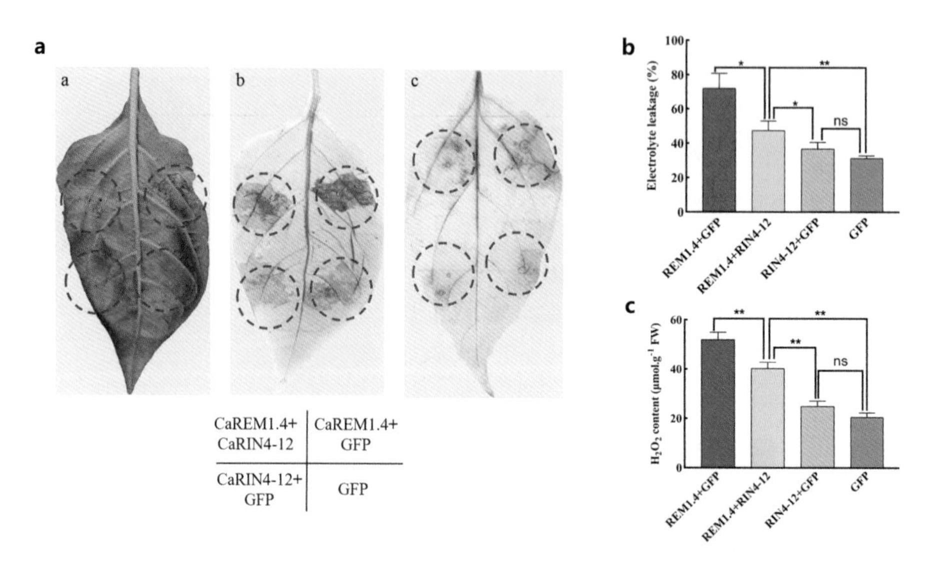

图 4-63　共表达 *CaREM1.4* 和 *CaRIN4-12* 可减少活性氧含量和细胞死亡(Zhang et al.,2023)

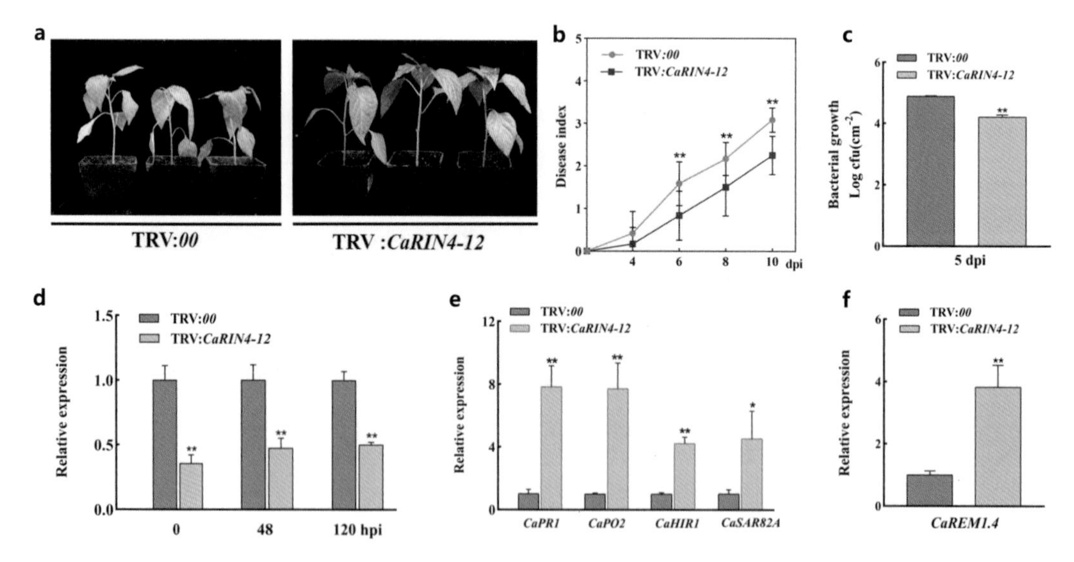

图 4-64　沉默 *CaRIN4-12* 会降低辣椒对青枯菌的敏感性(Zhang et al.,2023)

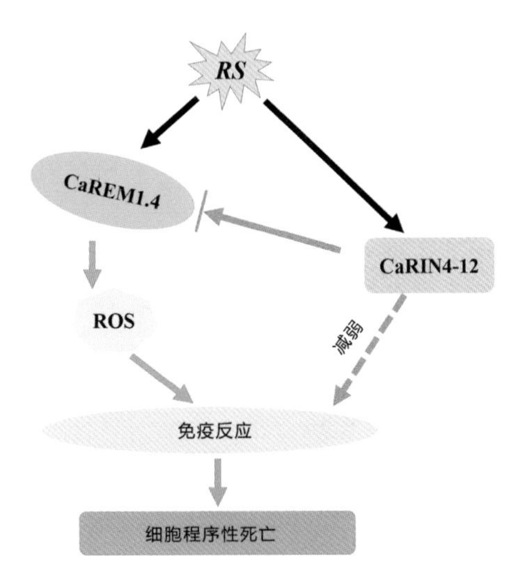

图 4-65　CaREM1.4 和 CaRIN4-12 介导的辣椒抗青枯病菌的免疫反应模型(Zhang et al.,2023)

注:当辣椒被青枯菌感染后,CaREM1.4 通过促进活性氧产生引起细胞死亡进而诱导免疫反应,而 CaRIN4-12 作为植物免疫的负调控因子,可以与 CaREM1.4 相互作用,减少活性氧的产生和细胞死亡

该文献的研究框架如图 4-66 所示。

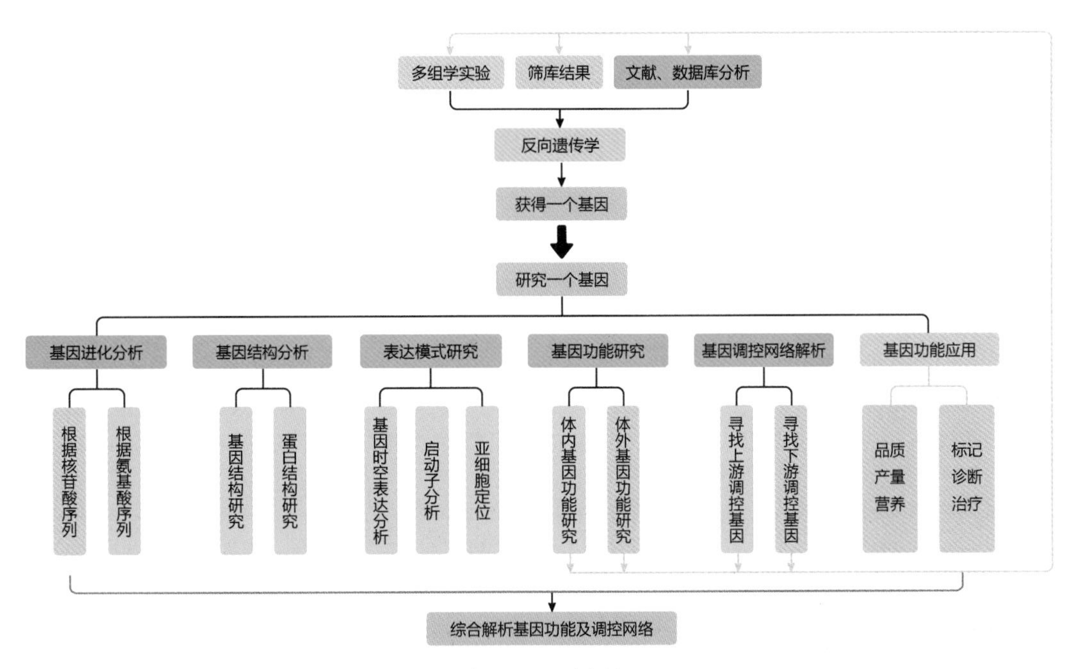

图 4-66　研究框架

在近年来发表的较高水平的文章中,无转化体系物种所研究的目的基因在其他模式物种中通常都有比较深入的分子机制研究,比如目的蛋白的互作蛋白有哪些、目的蛋白能结合哪些下游基因

的启动子、某种胁迫又会诱导哪些基因发生变化等，这些对于研究无转化体系的物种提供了宝贵的参考。因此，当无转化体系物种的基因数据库资源充足时，可以利用这些资源通过反向遗传学的方法找到目的基因，开展深入的分子研究工作。

通过上述具体文献案例的解读，可以看到，无论是普通基因、转录因子、miRNA、lncRNA还是无转化体系物种的研究，都可以在"基因功能研究范式"这一科研框架下进行，这个通用的科研框架为植物基因功能研究提供了系统的研究思路。研究者可以选择"基因功能研究范式"中所需要的模块来搭建自己课题专属的研究框架，之后就可以在框架的指导下开展相关的研究了。

参考文献

[1] Ariel F D, Manavella P A, Dezar C A, et al. The true story of the HD-Zip family[J]. *Trends in Plant Science*, 2007, 12(9): 419-426.

[2] Bi M, Liang R, Wang J, et al. Multifaceted roles of LhWRKY44 in promoting anthocyanin accumulation in Asiatic hybrid lilies (Lilium spp.)[J]. *Horticulture Research*, 2023, 10(9): uhad167.

[3] Brandt R, Salla-Martret M, Bou-Torrent J, et al. Genome-wide binding-site analysis of REVOLUTA reveals a link between leaf patterning and light-mediated growth responses[J]. *The Plant Journal*, 2012, 72(1): 31-42.

[4] Chitwood D H, Nogueira F T S, Howell M D, et al. Pattern formation via small RNA mobility [J]. *Genes & Development*, 2009, 23(5): 549-554.

[5] Du Z, Zhou X, Ling Y, et al. agriGO: A GO analysis toolkit for the agricultural community[J]. *Nucleic Acids Research*, 2010, 38(suppl_2): W64-W70.

[6] Emery J F, Floyd S K, Alvarez J, et al. Radial patterning of *Arabidopsis* shoots by class Ⅲ HD-ZIP and KANADI genes[J]. *Current Biology*, 2003, 13(20): 1768-1774.

[7] Eshed Y, Baum S F, Perea J V, et al. Establishment of polarity in lateral organs of plants[J]. *Current Biology*, 2001, 11(16): 1251-1260.

[8] Fang Y, Wang D, Xiao L, et al. Allelic variation in transcription factor *PtoWRKY68* contributes to drought tolerance in *Populus*[J]. *Plant Physiology*, 2023: kiad315.

[9] Floyd S K, Bowman J L. Ancient microRNA target sequences in plants[J]. *Nature*, 2004, 428 (6982): 485-486.

[10] Hou X, Xie K, Yao J, et al. A homolog of human ski-interacting protein in rice positively regulates cell viability and stress tolerance[J]. *Proceedings of the National Academy of Sciences*, 2009, 106(15): 6410-6415.

[11] Hung F Y, Chen J H, Feng Y R, et al. Arabidopsis JMJ29 is involved in trichome development by regulating the core trichome initiation gene *GLABRA3*[J]. The Plant Journal, 2020, 103(5): 1735-1743.

[12] Itoh J I, Hibara K I, Sato Y, et al. Developmental role and auxin responsiveness of class Ⅲ homeodomain leucine zipper gene family members in rice[J]. *Plant Physiology*, 2008, 147(4): 1960-1975.

[13] Juarez M T, Kui J S, Thomas J, et al. microRNA-mediated repression of rolled leaf1 specifies maize leaf polarity[J]. *Nature*, 2004, 428(6978): 84-88.

[14] Lai Z, Vinod K M, Zheng Z, et al. Roles of Arabidopsis WRKY3 and WRKY4 transcription

factors in plant responses to pathogens[J]. *BMC Plant Biology*,2008,8:1-13.

[15] Li P,Li X,Jiang M. CRISPR/Cas9-mediated mutagenesis of WRKY3 and WRKY4 function decreases salt and Me-JA stress tolerance in Arabidopsis thaliana[J]. *Molecular Biology Reports*,2021,48(8):5821-5832.

[16] Luo Y,Guo Z,Li L. Evolutionary conservation of microRNA regulatory programs in plant flower development[J]. *Developmental Biology*,2013,380(2):133-144.

[17] Lu F,Li G,Cui X,et al. Comparative analysis of JmjC domain-containing proteins reveals the potential histone demethylases in Arabidopsis and rice[J]. *Journal of Integrative Plant Biology*,2008,50(7):886-896.

[18] Mallory A C,Reinhart B J,Jones-Rhoades M W,et al. MicroRNA control of PHABULOSA in leaf development:importance of pairing to the microRNA 5′ region[J]. *The EMBO Journal*, 2004,23(16):3356-3364.

[19] Meng Y, Lv Q, Li L, et al. E3 ubiquitin ligase TaSDIR1-4A activates membrane-bound transcription factor TaWRKY29 to positively regulate drought resistance [J]. *Plant Biotechnology Journal*,2023.

[20] Nagasaki H, Itoh J, Hayashi K, et al. The small interfering RNA production pathway is required for shoot meristem initiation in rice[J]. *Proceedings of the National Academy of Sciences*,2007,104(37):14867-14871.

[21] Palos K,Yu L,Railey C E,et al. Linking discoveries,mechanisms,and technologies to develop a clearer perspective on plant long noncoding RNAs[J]. *The Plant Cell*,2023,35(6):1762-1786.

[22] Ruan H,Shi X,Gao L,et al. Functional analysis of the dihydroflavonol 4-reductase family of *Camellia sinensis*:Exploiting key amino acids to reconstruct reduction activity[J]. *Horticulture Research*,2022,9:uhac098.

[23] Rhoades M W,Reinhart B J,Lim L P,et al. Prediction of plant microRNA targets[J]. *Cell*, 2002,110(4):513-520.

[24] Sakamoto T,Morinaka Y,Ohnishi T,et al. Erect leaves caused by brassinosteroid deficiency increase biomass production and grain yield in rice[J]. *Nature Biotechnology*,2006,24(1):105-109.

[25] Sessa G,Steindler C,Morelli G,et al. The Arabidopsis Athb-8,-9 and genes are members of a small gene family coding for highly related HD-ZIP proteins[J]. *Plant Molecular Biology*, 1998,38:609-622.

[26] Sun Q,Zhang B,Yang C,et al. Jasmonic acid biosynthetic genes *TgLOX4* and *TgLOX5* are involved in daughter bulb development in tulip (*Tulipa gesneriana*)[J]. *Horticulture Research*,2022,9:uhac006.

[27] Sun X, Gong S Y, Nie X Y, et al. A R2R3-MYB transcription factor that is specifically expressed in cotton (Gossypium hirsutum) fibers affects secondary cell wall biosynthesis and deposition in transgenic Arabidopsis[J]. *Physiologia Plantarum*,2015,154(3):420-432.

[28] Tang G,Reinhart B J,Bartel D P,et al. A biochemical framework for RNA silencing in plants [J]. *Genes & Development*,2003,17(1):49-63.

[29] Tang G,Yan J,Gu Y,et al. Construction of short tandem target mimic (STTM) to block the functions of plant and animal microRNAs[J]. *Methods*,2012,58(2):118-125.

[30] Tretter E M, Alvarez J P, Eshed Y, et al. Activity range of *Arabidopsis* small RNAs derived from different biogenesis pathways[J]. *Plant Physiology*, 2008, 147(1): 58-62.

[31] Wang Y, Li Y, He S P, et al. The transcription factor ERF108 interacts with AUXIN RESPONSE FACTORs to mediate cotton fiber secondary cell wall biosynthesis[J]. *The Plant Cell*, 2023: koad214.

[32] Wang Z, Wang F, Hong Y, et al. The flowering repressor SVP confers drought resistance in Arabidopsis by regulating abscisic acid catabolism [J]. *Molecular Plant*, 2018, 11 (9): 1184-1197.

[33] Wu X. Prospects of developing hybrid rice with super high yield[J]. *Agronomy Journal*, 2009, 101(3): 688-695.

[34] Zafar M M, Rehman A, Razzaq A, et al. Genome-wide characterization and expression analysis of Erf gene family in cotton[J]. *BMC Plant Biology*, 2022, 22(1): 134.

[35] Zhang J, Huang G Q, Zou D, et al. The cotton (Gossypium hirsutum) NAC transcription factor (FSN1) as a positive regulator participates in controlling secondary cell wall biosynthesis and modification of fibers[J]. *New Phytologist*, 2018, 217(2): 625-640.

[36] Zhang H, Deng C, Wu X, et al. Populus euphratica remorin 6. 5 activates plasma membrane H^+-ATPases to mediate salt tolerance[J]. *Tree Physiology*, 2020, 40(6): 731-745.

[37] Zhang P, He R, Yang J, et al. The long non-coding RNADANA2 positively regulates drought tolerance by recruiting ERF84 to promote JMJ29-mediated histone demethylation [J]. *Molecular Plant*, 2023, 16(8): 1339-1353.

[38] Zhang Y, Guo S, Zhang F, et al. CaREM1. 4 interacts with CaRIN4 to regulate *Ralstonia solanacearum* tolerance by triggering cell death in pepper[J]. *Horticulture Research*, 2023, 10 (5): uhad053.

[39] Zheng J, Liu L, Tao H, et al. Transcriptomic profiling of apple calli with a focus on the key genes for ALA-induced anthocyanin accumulation [J]. *Frontiers in Plant Science*, 2021, 12: 640606.

[40] Zhang J, Zhang H, Srivastava A K, et al. Knockdown of rice microRNA166 confers drought resistance by causing leaf rolling and altering stem xylem development[J]. *Plant Physiology*, 2018, 176(3): 2082-2094.

[41] Zhao K, Wang L, Qiu D, et al. PSW1, an LRR receptor kinase, regulates pod size in peanut[J]. *Plant Biotechnology Journal*, 2023, 21(10): 2113-2124.

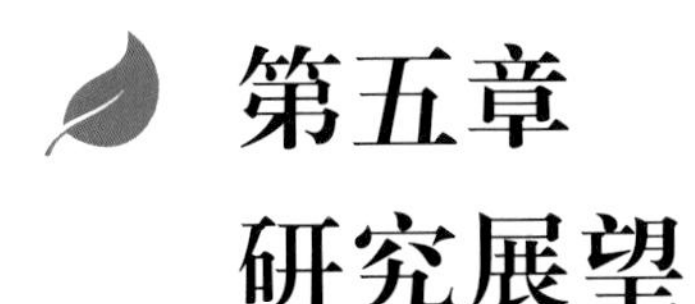

第五章 研究展望

研究一个基因，首先需要研究目的基因的起源和进化过程；然后研究目的基因本身的特征，其序列是什么，包括启动子、终止子、外显子、内含子、5′UTR 和 3′UTR 等；接着研究目的基因编码的蛋白质，包括探索其结构和功能结构域的特征；此外，还可以研究目的基因在时间和空间上的表达特征，包括在什么部位、时间和条件下表达，以及目的基因编码的蛋白质在细胞中的具体定位，因为其功能的体现离不开这种时空表达关系和亚细胞定位情况；进一步研究目的基因的功能，这是生命科学从研究转向应用的根本和基础，也是基因功能研究中最重要的部分，主要通过过表达、干扰或敲除目的基因来论证目的基因的功能，然后考虑其功能在未来将用于生物制造或者疾病治疗；最后，也是最复杂的，是研究在整个生命过程中目的基因和其他基因的相互作用和调控关系。细胞内各种信号错综复杂的相互作用关系并不是像机械系统那样严格的预定关系，而是受热力学影响的概率性事件。假如某个生物有 3 万个基因，基因的直接和间接相互作用关系的数量更是一个天文数字。要解开所有这些相互作用关系，是一项艰巨的任务，但借助现有的寻找和验证相互作用的实验技术，我们完全有可能深入研究基因间的相互作用。

随着技术的进步和完善，上述几方面都有对应的基本解决方案，本书对其都进行了详细的介绍。未来在这些方面的研究会有更好、更高效的技术，但就实验思路来说已经不存在太多的问题，未来生命科学研究可能只是多次重复利用这些思路来研究不同的基因，这是一个可以模式化的事情，理论上是完全可以用流水线作业去实现的，基因功能研究将迎来工业化生产的时代。也许十年后，生物科研速度会远高于现在。以水稻为例，水稻是全世界重要的粮食作物，也是重要的模式植物。水稻转基因技术的出现已有 30 年的时间，全球至少有几千个课题组在研究水稻，然而被克隆的基因也才数千个，而且这些基因并没有被完全研究清楚，尤其是这些基因和其他基因的相互作用关系。如果按照这个速度，再过几百年我们也无法研究清楚一个物种所有的生命活动规律。

众所周知，21 世纪是生物的世纪，也是生物产业大爆发的时代。基因是生命遗传的基本单位，所谓的生物产业，一定是在基因功能清楚、生命科学规律透彻的基础上，对基因功能大规模应用的结果。但是我们必须先过科学这一关，所谓的科学，就是要先回答“是什么”的问题，要先搞清楚每个基因的功能是什么。在生物产业中，只有充分了解生命活动的客观规律，我们才能按照预想的设计得到想要的生命形态，完成某些特定的功能。我们目前还处于生物产业非常初级的阶段，对生命科学规律的认识还不到 10%，更不要说用这些规律去设计某些产品了。当下，我们这代人的首要任务还是要想办法快速、批量地搞清楚每个基因的功能。

就像本书所阐述的，首先要确定研究哪一个基因，目前常用的方式还是克隆认为重要的基因去研究，我们把这种研究方式称为“挑肥拣瘦”式的研究模式。现在研究基因功能的时间主要花费在基因克隆上。令人困扰的是，研究者常常付出了数年的辛勤努力，通过图位克隆获得一个基因，这个基因却可能已经被其他研究者研究过。而且随着被研究的基因越来越多，这种研究模式会越来越低效。每个基因可能都具有其重要性，因此，直接对这个物种的所有基因进行逐个研究，可能是最高效、最明智的方式。

如果要进行这种新的生命科学的科研方式，我们可以推演一下该怎么样去做，包括其经费预算如何。以水稻为例，目前从伯远生物客户数量来看，中国参与水稻研究的课题组大概有 4000 个，如果水稻按照 30000 个基因计算的话，每个课题组可能分到不足 10 个基因的任务量，平均每个课题组 10 个人的话，每个人分到的基因不足 1 个，这对于目前庞大的生物科研人员的基数来说，任务量并不算大。如果按照目前伯远生物平台每年 20000 个基因的通量，那么水稻基因 2 年内就可以被研究完。按照本书所描述的基因功能研究范式对每个基因进行标准化研究，基于伯远生物目前平台的运营成本情况，每个基因的研究费用在 5 万～10 万元。研究完所有的水稻基因耗费在 15 亿～30 亿元，这个经费远远不及国家在水稻研究领域一年投入的科研经费。

目前，生物科研领域的研究除了慢，还有一个致命的问题是不能进行标准化输出，大量的结果以非结构化的文本呈现出来——科研论文。非标准化的输出很难做到数据互通和应用，需要通过人工去解读，这对于大数据处理非常不利，即使利用人工智能来处理这些问题，帮助仍然有限。每个细胞都是一个高度复杂的有机体，而科研论文报道的研究数据如同孤岛。不同的科研论文之间的数据因为不够结构化，不能够进行有效对接，最终不能够让所有的研究结果自然地形成一个有机的整体，去综合解释生命活动的规律。基因功能范式化的研究将推动实验结果的标准化输出。理论上，只需清晰定义每个基因及其与其他基因的直接相互作用，便可计算模拟出整个细胞内所有的直接和间接相互作用，从而构建一个数字化细胞，与真实细胞相对应。通过在数字化细胞中模拟输入(刺激)，可快速、准确地获取结果输出，无需进行漫长实验。基于数字化细胞，可以迅速模拟并设计所需的物种特征，精确构建具有特定功能的生命体，并通过合成生物学实验准确合成。

本书的编写，首先希望能够给研究生们提供一个完整的科研思路，助其减少迷茫，更快进入状态；其次希望能够唤起更多志同道合者的共鸣，形成力量，推动生命科学研究进入快车道。

附录一
实验室常用试剂耗材(伯远严选)

分类	产品名称	品牌	货号	规格
qPCR耗材	96孔半裙边qPCR板(200μL)	BioRun	#CCA00	10个/盒
	高透光黏性封板膜	BioRun	#CDA00-100	100张/盒
组培耗材	PC组培瓶300mL	BioRun	#CBF01	1个
	PC培养皿9cm	BioRun	#CBF02	1个
	PC培养皿9*4cm	BioRun	#CBF04	500个/箱
	PC培养皿9*4cm	BioRun	#CBF04S	1个
	无凝水培养皿82%	BioRun	#CBE01	500个/箱
	植物运输管(带盖子)	BioRun	#CBA01	200个/袋
	生根方盒(大)	BioRun	#CBC00	30个/袋
	Easyfilm封口膜(1.7cm)	BioRun	#CAA00	1个/盒
	Easyfilm封口膜(2.0cm)	BioRun	#CAB00	1个/盒
	Easyfilm封口膜(2.3cm)	BioRun	#CAC00	1个/盒
电泳系列	DNA Marker 5000(500μL/支)	BioRun	#RBD02	2支/盒
	DNA Marker 2000(500μL/支)	BioRun	#RBD01	2支/盒
	DNA Marker 1000(500μL/支)	BioRun	#RBA00	2支/盒
	低电渗琼脂糖	BioRun	#RFQ00	100g/瓶
	GelRed核酸染料	BioRun	#RBD04	500μL/支
	蛋白快速染色液	BioRun	#RGB05	500mL/瓶
PCR系列	2×BioRun Phusion PCR Mix	BioRun	#RAC00	5mL/包
	2×BioRun Master PCR Mix	BioRun	#RAC01	5mL/包
	SYBR High-Sensitivity qPCR SuperMix	BioRun	#RAM01	5mL/包
	All-in-one 1st Strand cDNA Synthesis SuperMix	BioRun	#RAM05	100次/盒
	2×Taq PCR Mix(+dye)	BioRun	#RAB01	5mL/包
	dNTPs(25mM Each)	BioRun	#RAR01	5mL/包

续表

分类	产品名称	品牌	货号	规格
克隆系列	2×Seamless Cloning Mix	BioRun	#RDA01	20次/包
	2×Seamless Cloning Mix	BioRun	#RDA01L	50次/包
	BP克隆试剂盒	BioRun	#RDA14	20Rnxs
	LR克隆试剂盒	BioRun	#RDA13	20Rnxs
	BioRun BsmBI/Esp3I	BioRun	#RCA01	500units
	BioRun Eco31I/BsaI	BioRun	#RCA02	500units
	BioRun BpiI/BbsI	BioRun	#RCA03	500units
	BioRun BspQI/LguI	BioRun	#RCA04	500units
	BioRun AarI/PaqCI	BioRun	#RCA05	200units
	BioRun EcoRV/Eco32I	BioRun	#RCA07	2500units
	BioRun DpnI	BioRun	#RCA10	1000units
	T4 DNA Ligase	BioRun	#RLA00	1000units
组培试剂	潮霉素B	BioRun	#RJA00-1g	1g/瓶
	潮霉素B	BioRun	#RJA00-10g	10g/瓶
	草铵膦	BioRun	#RJK00	1g/支
	G418(Geneticin)	BioRun	#RJC00	1g/瓶
	乙酰丁香酮	BioRun	#RJB04	1g/瓶
	特美汀	BioRun	#RJJ00	5g/瓶
	特美汀	BioRun	#RJJ00L	100g/瓶
	头孢噻肟钠	BioRun	#RJB00	100g/瓶
	羧苄青霉素	BioRun	#RJD00	10g/瓶
	氨苄青霉素	BioRun	#RJE00	10g/瓶
	利福平	BioRun	#RJF00	1g/瓶
	卡那霉素	BioRun	#RJG00	10g/瓶
	壮观霉素	BioRun	#RJH00	5g/瓶
	硫酸链霉素	BioRun	#RJL00	25g/瓶
	氯霉素	BioRun	#RJI00	10g/瓶
	头孢噻肟钠母液(250mg/mL)	BioRun	#RJB02	5mL/包
	潮霉素B母液(50mg/mL)	BioRun	#RJA02	2mL/包
	特美汀母液(250mg/mL)	BioRun	#RJJ02	2mL/包
	G418(Geneticin)母液(50mg/mL)	BioRun	#RJC02	2mL/包
	羧苄青霉素母液(50mg/mL)	BioRun	#RJD02	5mL/包
	氨苄青霉素母液(50mg/mL)	BioRun	#RJE02	5mL/包

续表

分类	产品名称	品牌	货号	规格
组培试剂	利福平母液(50mg/mL)	BioRun	#RJF02	5mL/包
	卡那霉素母液(50mg/mL)	BioRun	#RJG02	5mL/包
	壮观霉素母液(50mg/mL)	BioRun	#RJH02	5mL/包
	硫酸链霉素母液(50mg/mL)	BioRun	#RJL02	5mL/包
	硫酸庆大霉素母液(50mg/mL)	BioRun	#RJM02	5mL/包
	氯霉素母液(35mg/mL)	BioRun	#RJI01	5mL/包
	乙酰丁香酮母液(20mg/mL)	BioRun	#RJB03	5mL/包
	LY 组培试剂盒	BioRun	#RFD00	50L/瓶
	MS 培养基	BioRun	#RFA01	50L/瓶
	1/2MS 培养基	BioRun	#RFA02	100L/瓶
	N_6 培养基	BioRun	#RFB01	50L/瓶
	B5 培养基	BioRun	#RFC01	50L/瓶
	琼脂粉	BioRun	#RFR01	1000g/瓶
	6-苄氨基嘌呤(6-BA)	BioRun	#RJN00	10g/瓶
	2,4 二氯苯氧乙酸(2,4-D)母液(10mg/mL)	BioRun	#RJO01	5mL/包
	α-萘乙酸(NAA)	BioRun	#RJQ00	10g/瓶
	激动素(KT)	BioRun	#RJR00	1g/支
	phytagel	BioRun	#RFR06	1kg/瓶
	phytagel	BioRun	#RFR06S	100g/瓶
蛋白系列	GUS 染色试剂盒	BioRun	#RIA01	20mL
	转基因 PAT/bar 胶体金试纸条	BioRun	#RIA03	100 条/盒
	转基因 HPT/潮霉素胶体金试纸条	BioRun	#RIA04	100 条/盒
载体构建试剂盒	双子叶亚细胞定位载体试剂盒(Hyg)	BioRun	#REC10D	20Rnxs
	双子叶亚细胞定位载体试剂盒(G418)	BioRun	#REC11D	20Rnxs
	双子叶亚细胞定位载体试剂盒(Basta)	BioRun	#REC12D	20Rnxs
	单子叶亚细胞定位载体试剂盒(Hyg)	BioRun	#REC10M	20Rnxs
	单子叶亚细胞定位载体试剂盒(G418)	BioRun	#REC11M	20Rnxs
	单子叶亚细胞定位载体试剂盒(Basta)	BioRun	#REC12M	20Rnxs
	双子叶 RNAi 载体试剂盒(Hyg)	BioRun	#REC20D	20Rnxs
	双子叶 RNAi 载体试剂盒(G418)	BioRun	#REC21D	20Rnxs
	双子叶 RNAi 载体试剂盒(Basta)	BioRun	#REC22D	20Rnxs
	单子叶 RNAi 载体试剂盒(Hyg)	BioRun	#REC20M	20Rnxs
	单子叶 RNAi 载体试剂盒(G418)	BioRun	#REC21M	20Rnxs

续表

分类	产品名称	品牌	货号	规格
载体构建试剂盒	单子叶 RNAi 载体试剂盒(Basta)	BioRun	#REC22M	20Rnxs
	双子叶过表达载体试剂盒(G418)	BioRun	#REC30D	20Rnxs
	双子叶过表达载体试剂盒(Basta)	BioRun	#REC31D	20Rnxs
	双子叶过表达载体试剂盒(Hyg)	BioRun	#REC32D	20Rnxs
	单子叶过表达载体试剂盒(G418)	BioRun	#REC30M	20Rnxs
	单子叶过表达载体试剂盒(Basta)	BioRun	#REC31M	20Rnxs
	单子叶过表达载体试剂盒(Hyg)	BioRun	#REC32M	20Rnxs
	双子叶过表达载体试剂盒 3 * Flag(G418)	BioRun	#REC33D	20Rnxs
	双子叶过表达载体试剂盒 3 * Flag(Basta)	BioRun	#REC34D	20Rnxs
	双子叶过表达载体试剂盒 3 * Flag(Hyg)	BioRun	#REC35D	20Rnxs
	单子叶过表达载体试剂盒 3 * Flag(G418)	BioRun	#REC33M	20Rnxs
	单子叶过表达载体试剂盒 3 * Flag(Basta)	BioRun	#REC34M	20Rnxs
	单子叶过表达载体试剂盒 3 * Flag(Hyg)	BioRun	#REC35M	20Rnxs
	双子叶过表达载体试剂盒 3 * HA(G418)	BioRun	#REC36D	20Rnxs
	双子叶过表达载体试剂盒 3 * HA(Basta)	BioRun	#REC37D	20Rnxs
	双子叶过表达载体试剂盒 3 * HA(Hyg)	BioRun	#REC38D	20Rnxs
	单子叶过表达载体试剂盒 3 * HA(G418)	BioRun	#REC36M	20Rnxs
	单子叶过表达载体试剂盒 3 * HA(Basta)	BioRun	#REC37M	20Rnxs
	单子叶过表达载体试剂盒 3 * HA(Hyg)	BioRun	#REC38M	20Rnxs
	双子叶过表达载体试剂盒 6 * His(G418)	BioRun	#REC39D	20Rnxs
	双子叶过表达载体试剂盒 6 * His(Basta)	BioRun	#REC40D	20Rnxs
	双子叶过表达载体试剂盒 6 * His(Hyg)	BioRun	#REC41D	20Rnxs
	单子叶过表达载体试剂盒 6 * His(G418)	BioRun	#REC39M	20Rnxs
	单子叶过表达载体试剂盒 6 * His(Basta)	BioRun	#REC40M	20Rnxs
	单子叶过表达载体试剂盒 6 * His(Hyg)	BioRun	#REC41M	20Rnxs
	单子叶基因编辑载体试剂盒(Hyg)	BioRun	#REC50M	20Rnxs
	单子叶基因编辑载体试剂盒(Basta)	BioRun	#REC51M	20Rnxs
	单子叶基因编辑载体试剂盒(G418)	BioRun	#REC52M	20Rnxs
	双子叶基因编辑载体试剂盒(Hyg)	BioRun	#REC50D	20Rnxs
	双子叶基因编辑载体试剂盒(Basta)	BioRun	#REC51D	20Rnxs
	双子叶基因编辑载体试剂盒(G418)	BioRun	#REC52D	20Rnxs
	拟南芥基因编辑载体试剂盒(Basta)	BioRun	#REC53D	20Rnxs
	拟南芥基因编辑载体试剂盒(Hyg)	BioRun	#REC54D	20Rnxs

续表

分类	产品名称	品牌	货号	规格
载体构建试剂盒	单子叶 ABE 点编辑载体试剂盒(Hyg)	BioRun	#REC53M	20Rnxs
	单子叶 CBE 点编辑载体试剂盒(Hyg)	BioRun	#REC54M	20Rnxs
	单子叶 ABE 点编辑载体试剂盒(Basta)	BioRun	#REC55M	20Rnxs
	单子叶 CBE 点编辑载体试剂盒(Basta)	BioRun	#REC56M	20Rnxs
	单子叶 PE 精准编辑载体试剂盒(Hyg)	BioRun	#REC57M	20Rnxs
	单子叶 PE 精准编辑载体试剂盒(Basta)	BioRun	#REC58M	20Rnxs
	BiFC 载体构建试剂盒	BioRun	#REC60	20Rnxs
	双荧光素酶载体构建试剂盒	BioRun	#REC61	20Rnxs
	双荧光素酶载体构建试剂盒(miRNA 与靶基因的靶向互作)	BioRun	#REC62	20Rnxs
生物资源	中花 11 突变体库	BioRun	#BPB00	20 粒/份

附录二 植物组培与种植实验室工程设备（伯远工程）

人工气候室

结构	设计标准	GB/T 27428
	结构板材	专用净化板，强度＞0.426mm，导热系数＜1W/(mK)，防火等级 A 级
	创新措施	外墙保温，夹层结构，可视观察窗
	安装工艺	GB 50346—2011
生长架	规格	1200×600×2000mm，可定制
	LED 面板灯	LED 组合灯珠，光谱定制，光谱结构可调
	光强范围	0～65000Lux，无级可调
	光周期	分层独立可控，至少 2 段可调
	光源节能	高效 LED 冷光源，光能转化率＞90%
	光源屏闪	平滑直流供电，拍照录像无闪烁
	升降模式	精密电动调节，单层承重＞100kg
温湿度控制	温度环境	范围：－5～40℃，精度：±0.5℃
	湿度环境	范围：45%～85%RH，精度：±5%RH
	周期	不低于 2 段
	均匀度	内循环方式，均匀度偏差＜10%
	专利创新	设定阈值，自动检测室内外温度，实现外部净化空气来降温，适用于北方地区，外机冬天无法工作的状况
控制系统	物联网	数据上传，远程可查可控
	集成控制	集成控制，光、温、湿强度及周期；CO_2 浓度、土壤湿度、紫外、新风等
	数据处理	数据记录检测、储存、导出、报警等
	通风系统	设定周期智能独立排风

续表

种植系统	智能灌溉	种植盆独立设置土壤湿度,精密检测,自动定量灌溉
	无土栽培	通过智能浇灌系统,实现水肥药一体供给
	灌溉模式	自定义多段模式
	新风换气	检测 CO_2 浓度自动换气,周期换气
定制	逆境气候室、种质资源库、昆虫/藻类/菌类气候室	

植物组培室

结构	设计标准	GB/T 27428
	结构板材	专用净化板,强度＞0.426mm,导热系数＜1W/(mK),防火等级A级
	创新措施	外墙保温,夹层结构,可视观察窗
	安装工艺	GB 50346—2011
组培箱	型号	无凝水贯流组培箱(BF-C3L6CF)
	专利创新	贯流风道设计,彻底解决培养皿凝水问题
	光强范围	0～10000Lux,无级可调
	光谱结构	光谱结构可调
	光周期	至少2段可调
	光源节能	高效LED冷光源,光能转化率＞90%
	光源屏闪	平滑直流供电,拍照录像无闪烁
	优势特点	节能60%,空间利用率提高一倍,独立洁净环境
温度控制	温度环境	范围:10～40℃,精度:±0.5℃
	周期	不低于2段
	均匀度	内循环方式,均匀度偏差＜10%
	专利创新	设定阈值,自动检测室内外温度,实现外部净化空气来降温,适用于北方地区,外机冬天无法工作的状况
控制系统	物联网	数据上传,远程可查可控
	集成控制	集成控制,温度、紫外、新风等
	数据处理	数据记录检测、储存、导出、报警等
	通风系统	设定周期智能独立排风,新风过滤
洁净度	洁净度等级	十万级,三级过滤
定制	光照培养室、炼苗室、育种室、昆虫/藻类/菌类组培室	

顶置 LED 光照板式 RDN 型人工气候箱(冷光源)

型号	RDN-1000
容积(L)	1000
外形尺寸 (长×宽×高)(mm)	1210×743×1940
核心特点	光照无极可调,光照均匀(控制光,温,湿,风)
程控方式	手动模式、定时模式、可编程控制模式、可选配手机 App 远程控制
控制屏幕	32 位微电脑控制器,4.3 寸触摸屏
界面语言	中文
外形材质	1.5mm 不锈钢板,5cm 发泡保温板
内胆材质	0.6mm 镜面不锈钢板
外观工艺	防指纹处理的不锈钢(喷塑)
底座	2mm 不锈钢板
制冷方式	进口压缩机+冷凝器
温度范围(室温 25℃)	(0～50℃无光照)(5～50℃有光照)(温度波动±0.5℃)
湿度范围(%RH)	50%～95%RH(精度±5%RH)
光源类型	LED 面板、无极可调
光照强度(Lux)	A(0～10000);B(0～20000);C(0～30000);D(0～65000 或 100000)
光照周期	多时段设定
光谱选择	可选红光 650nm、黄光 570nm、蓝光 480nm、白光 6500K、组合光
标配隔板数量	3 层可调
用户权限	控制器界面具有 2 级密码锁控,防止他人进行数据改动
断电恢复	有
安全装置	过载、漏电
数据记录	U 盘导出
产品适用	用于植物的生长和组织培养,种子发芽、育苗、微生物的培养实验;为昆虫等动物的饲养,提供了精准的恒温、模拟光照的实验条件

新型贯流组培箱

型号	BF-C3L6CF
容积(L)	≥700
外形尺寸 (长×宽×高)(mm)	1200×500×1950
核心特点	贯流无凝水、独立洁净空间、上下无温差、洁净循环风、节能均匀;光照、温、湿度显示
程控方式	手动模式、定时模式
控制方式	时控定时开关;电路内置,双路控制,风机 F2 与光源 F1 分别控制,且光源分层分组控制
界面语言	中文
材质	喷塑钢、高反光漆面;上,下各安装带锁双开全反光漆面不锈钢门,且加装亚克力观察窗
层数	6 层,层高 268mm
温度监控	0～60℃
温度偏差	±1℃,温度均匀度:±1℃
光照强度(Lux)	10000
光照周期	多时段设定
循环风速	0.5m/s;风孔:直径 10mm
光周期	各贯流组培箱体独立光周期控制,自主设定
安全装置	过载、漏电
产品适用	用于植物的组织培养,适用于恒温组培室